高职高专建筑工程专业工学结合规划教材

建筑施工技术

第二版

主　编　吴继伟
副主编　应志成　赵修健
汪小超　杨海平

ZHEJIANG UNIVERSITY PRESS
浙江大学出版社

图书在版编目（CIP）数据

建筑施工技术／吴继伟主编. —2 版. —杭州：浙江大学出版社，2015.11

ISBN 978-7-308-15195-5

Ⅰ.①建… Ⅱ.①吴… Ⅲ.①建筑工程－工程施工－高等职业教育－教材 Ⅳ.①TU74

中国版本图书馆 CIP 数据核字（2015）第 234069 号

内容提要

本书是浙江省"十一五"重点规划教材，是高职高专建筑工程专业工学结合规划教材之一。本书以项目为载体，将土建工程项目划分为土方工程、地基处理与基础工程、脚手架工程与垂直运输、砌体工程、钢筋混凝土工程、预应力混凝土工程、轻钢结构工程、结构安装工程、防水工程和装饰装修工程等 10 个子项目，每个子项目划分为若干个工作情境，详细介绍了完成每一个工作情境的施工工艺、施工方法、质量验收规范和安全技术标准。本书力求结合工程实际、内容精练、文字表达通畅，所附插图力求准确、直观，利于读者自主学习。

本书适用于实施"工学结合"课程改革的高等职业学校、高等专科学校和本科院校开设的二级职业技术学院的建筑工程专业及其他相关类专业的学生使用，也可作为土建工程技术人员参考用书。

建筑施工技术（第二版）

主编　吴继伟

责任编辑　邹小宁
责任校对　余梦洁　丁佳雯
封面设计　涂青岚
出版发行　浙江大学出版社
（杭州市天目山路 148 号　邮政编码 310007）
（网址：http://www.zjupress.com）
排　　版　杭州中大图文设计有限公司
印　　刷　富阳市育才印刷有限公司
开　　本　787mm×1092mm　1/16
印　　张　28.25
插　　页　64
字　　数　798 千
版 印 次　2015 年 11 月第 2 版　2015 年 11 月第 1 次印刷
书　　号　ISBN 978-7-308-15195-5
定　　价　58.00 元

再版前言

《建筑施工技术》出版使用近5年来，得到了使用院校教师的一致好评，同时也提出了许多宝贵的建议。编者在使用过程中也发现了书中的一些不足。比如某些规范、标准的淘汰与更新，部分插图不是很清晰，附录建筑施工图比例过小，部分情境内容欠全面，另外还有一些文字方面的差错。

借此再版机会，在本书的内容选取、组织编排模式保留了第一版风格的前提下，着重从以下几个方面作了补充和修订：

1. 采用工程施工中最新使用的规范、标准。

2. 调换了不清晰的插图。

3. 补充、完善、调整了部分情境的内容。

4. 附录建筑施工图比例扩大一倍，并单独另附一小册子。

5. 仔细校核了文字的正确与适配性。

另外，学前习题和完成的任务也做了调整。

限于时间和业务水平，再版书中难免还存在不足之处，真诚欢迎广大读者在使用过程中批评指正。

真诚感谢浙江大学出版社对该书的再版给予支持！

编者

2015年8月

一版前言

高职高专沿用专科传统的、学科式的教学模式已有许多年，使用的教材也是传统的、学科式的编排体系。理论性强，知识性强，但实用性显得苍白。

随着《国务院关于大力发展职业教育的决定》的发布，以及教高〔2006〕16 号《关于全面提高高等职业教育教学质量的若干意见》的实施，全国掀起职业教育模式改革的热潮。首先是国家建设 100 所示范性高职院校（2006、2007、2008 年已评选推出），接着各省市推出建设省示范高职院校。“百花齐放，百家争鸣。”改革的焦点集中在“工学结合，校企结合”，“项目驱动”，“学中做，做中学”等。经过几年的改革，涌现出了许多教学模式，编写出的教材也有一定的改进。但大多数还采用的是传统的、学科式的内容编排，有的增加了一些内容，有的把章、节换成了模块、任务，内容、形式无多大改变。真正体现“做中学，学中做”、“项目驱动，工学结合”的教材，还不是很多，就是有，其实用性、广泛性也有待商榷。

本书编写的出发点是基于项目作为载体，将整体项目划分为若干子项目，按照实际施工过程中的工作内容、程序将每个子项目划分为若干个工作情境。学生学习的过程，是在情境中完成任务的过程。充分体现“做中学，学中做”。

本书力求利于教学实施、利于教师教授、利于学生自主学习、利于实际操作；突出施工工艺、方法、质量验收和安全技术，即“实用”。

本书提供一套真实工程项目的施工图纸（框架结构类型）。学生学习这门课程的过程，就是理论、实践（实际或模拟实际）相结合，完成工程项目建造的过程。

本书的学习以教师指导、学生自主学习为主。教师给学生布置任务，学生分组完成任务，在完成任务的过程中学习、掌握必要的知识、技能。

本书由台州职业技术学院吴继伟担任主编，丽水职业技术学院应志成、台州职业技术学院赵修健、浙江工业大学浙西分校汪小超和浙江同济科技职业学院杨海平担任副主编，台州标力建设集团有限公司陈宝弟参与编写。分工为：吴继伟编写绪论、项目一

Ⅰ,Ⅱ:情境1～5,项目五 Ⅰ,Ⅱ:情境1～3,项目十 Ⅰ,Ⅱ:情境1～3;赵修健编写项目一 Ⅱ:情境6,项目三Ⅱ:情境4,项目四 Ⅱ:情境5,项目五,项目六 Ⅱ:情境4,项目九Ⅱ:情境1～4,项目七 Ⅱ:情境2,项目八 Ⅱ:情境3;应志成编写项目四 Ⅰ,Ⅱ:情境1～4,项目七 Ⅰ,Ⅱ:情境1,项目十 Ⅱ:情境4～6;汪小超编写项目二 Ⅰ,Ⅱ:情境1～5,项目三 Ⅰ,Ⅱ:情境1～3;杨海平编写项目六 Ⅰ,Ⅱ:情境1～3,项目八 Ⅰ,Ⅱ:情境1～2;陈宝弟编写项目一～项目十 Ⅰ。全书由吴继伟统稿。

限于时间和业务水平,书中难免存在不足之处,真诚欢迎广大读者批评指正。

编者

2010年7月

CONTENTS

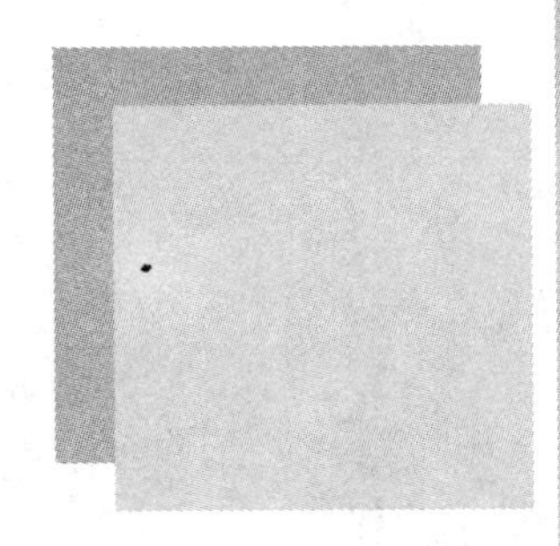

绪　　论

一、《建筑施工技术》课程的学习目的和任务

（一）学习目的

通过本课程的学习，掌握建筑工程施工中各主要工程（土方工程、基础工程、砌筑工程、钢筋混凝土工程、预应力混凝土工程、结构安装工程、防水工程、装饰工程等）建造过程的施工工艺、技术、方法及质量、安全措施。

（二）任务

了解我国的建设方针、政策、规范及国内外新技术的发展动态；编制施工组织设计或施工方案，按照施工组织设计要求组织科学的施工，探索建筑施工的一般规律。

二、我国建筑施工技术的发展概况

（一）我国的建筑业有辉煌的历史

例如：殷代用木结构建造宫室。

宁波保国寺

太原晋祠

（二）新中国建立后，建筑业得到了不断发展和提高

一方面，标志性建筑层出不穷；另一方面，建筑施工技术突飞猛进。

(1)基础工程中推广了钻孔灌注桩、旋喷桩、深层搅拌法、强夯法、地下连续墙、土层锚杆、“逆作法”施工等。

北京火车站(1959 年)

上海东方明珠(1994 年)

上海金茂大厦(1999 年)

杭州湾跨海大桥(2007年)

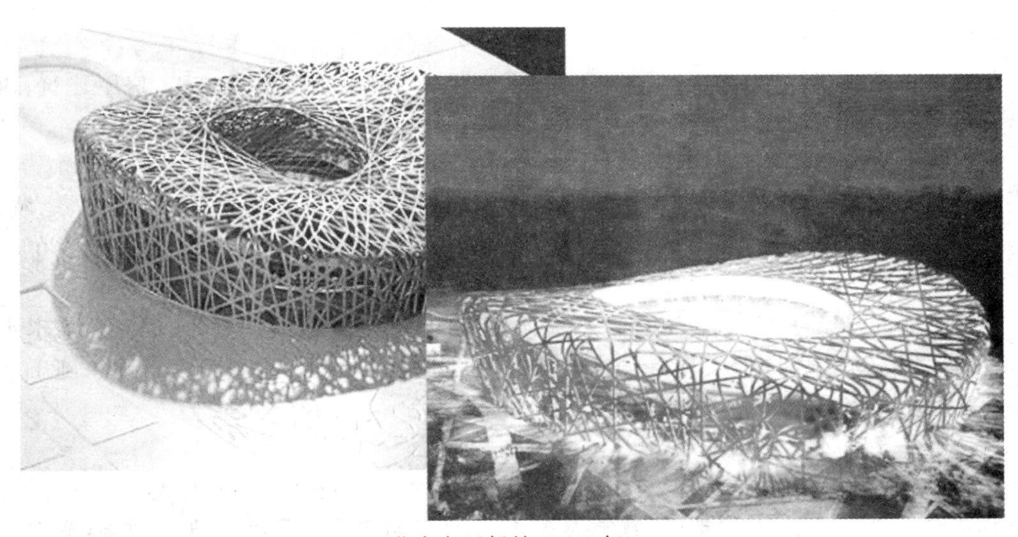

北京奥运场馆(2008年)

(2)模板工程中推广了爬模、滑模、台模、筒子模、隧道模、组合钢模板、大模板、早拆模板体系等。

(3)混凝土工程中采用了泵送混凝土、喷射混凝土和高强混凝土等新型混凝土。

(4)钢筋连接引用了电渣压力焊、气压焊;冷拉挤压连接和锥螺纹连接等施工工艺。

(5)钢结构方面采用了高层钢结构技术、空间钢结构技术、轻钢结构技术、钢—混凝土组合结构技术、高强螺栓连接与焊接技术、钢结构防腐技术等。

三、施工规范与施工规程

建筑施工规范和规程是我国建筑界常用的标准。由国务院有关部委批准颁发，作为全国建筑界共同遵守的准则和依据。它分为国家、专业、地方和企业四级。建筑施工方面的规范，适用于工业与民用建筑的有：

《混凝土结构设计规范》(GB 50010—2010)

《建筑工程施工质量验收统一标准》(GB 50300—2013)

《建筑地基基础施工质量验收规范》(GB 50202—2002)

《建筑基坑工程监测技术规范》(GB 50497—2009)

《砌体结构工程施工质量验收规范》(GB 50203—2011)

《混凝土结构工程施工质量验收规范》(GB 50204—2002)

《屋面工程质量验收规范》(GB 50207—2012)

《建筑地面工程施工质量验收规范》(GB 50209—2010)

《施工规程(规定)》(为新结构、新技术、新工艺而制定的标准)

四、本课程的特点和学习要求

(一)课程特点

1. 综合性强

本课程涉及知识、能力内容。包括测量、建筑材料、建筑机械、建筑电工、房屋建筑、建筑力学、建筑结构、施工组织与管理、土力学等，知识、能力相互渗透、补充。

2. 实践性强

建筑工程施工是将设计的工程图纸变成工程实物。工程个体的差异性(规模、地域、结构类型等)造成工程施工的复杂性，必然导致课程内容涉及面广，操作性、实践性强。

3. 发展快

工程实际的复杂性，不断促使人们开发新技术、新工艺，解决新问题；人们生活需求水平的不断提高促使人们不断研发环保、节能、可持续利用的新材料。这些都使得建筑施工技术飞快发展。

(二)学习要求

正因为建筑施工技术课程有以上显著特点，教师在教学过程中，设计出以项目为导向、以学生为主体，“学中做，做中学”的教学模式，突出课堂教学和工程实体现场教学，变学生厌学、无趣、被动为爱学、有趣、主动；学生在学习的过程中，积极、主动地结合工程项目，不断涉猎新的知识、技术、工艺，融会知识、能力，提升综合素质。

项目一 土方工程施工

Ⅰ 背景知识

基本概念

1. 土方工程

土方工程包括一切土的挖掘、填筑和运输等过程以及排水、降水、土壁支撑等准备工作和辅助工程。在建筑工程中最常见的土方工程包括：

(1)场地平整。高差 h 在 ± 300mm 以内土方的挖填、找平工作。

(2)挖基槽。宽 $b \leqslant 3$m、长 $l > 3b$ 的挖土。

(3)挖基坑。底面积 $A \leqslant 27\text{m}^2$、长 $l \leqslant 3b$ 的挖土。

(4)挖土方。其他情况。

(5)回填土。夯填和松填。

2. 土的工程分类

按土的开挖难易程度将土分为八类(见表 1.1)，土的类别是确定建筑工程劳动定额的依据。

表 1.1 土的工程分类及现场鉴别方法

土的分类	土的级别	土的名称	开挖方法及工具
一类土 松软土	Ⅰ	砂土、粉土、冲积砂土层、疏松的种植土、淤泥(泥炭)	用锹、锄头挖掘，少许用脚蹬
二类土 普通土	Ⅱ	粉质黏土，潮湿的黄土，夹有碎石、卵石的砂，种植土、填土	用锹、锄头挖掘，少许用镐翻松
三类土 坚土	Ⅲ	软及中等密实黏土，重粉质黏土，砾石土，干黄土，含有碎石、卵石的黄土，粉质黏土，压实的填土	主要用镐，少许用锹、锄头挖掘，部分用撬棍
四类土 砂砾坚土	Ⅳ	坚硬密实的黏性土或黄土，含碎石、卵石的中等密实的黏性土或黄土，粗卵石，天然级配砂石，软泥灰岩	整个先用镐、撬棍，后用锹挖掘，部分用楔子及大锤
五类土 软石	Ⅴ、Ⅵ	硬质黏土，中密的页岩、泥灰岩、白垩土，胶结不紧的砾岩，软石灰及贝壳石灰石	用镐或撬棍、大锤挖掘，部分使用爆破方法

续表

土的分类	土的级别	土的名称	开挖方法及工具
六类土 次坚石	Ⅶ～Ⅸ	泥岩、砂岩、砾岩,坚实的页岩、泥灰岩,密实的石灰岩,风化花岗岩、片麻岩及正长岩	用爆破方法开挖,部分用风镐
七类土 坚石	Ⅹ～ⅩⅢ	大理石,辉绿岩,粉岩,粗、中粒花岗岩,坚实的白云岩、砂岩、砾岩、片麻岩、石灰岩,微风化安山岩,玄武岩	用爆破方法开挖
八类土 特坚石	ⅩⅣ、ⅩⅤ	安山岩,玄武岩,花岗片麻岩,坚实的细粒花岗岩、石英岩、辉长岩、粉岩、角闪岩	用爆破方法开挖

3.土的可松性

天然土经开挖后,其体积因松散而增加,虽经振动夯实,仍然不能完全复原,土的这种性质称为土的可松性。土的可松性用可松性系数表示,即

$$K_S = \frac{V_2}{V_1} \tag{1.1}$$

$$K_S' = \frac{V_3}{V_1} \tag{1.2}$$

式中:K_S、K_S' 分别为土的最初、最终可松性系数;V_1 为土在天然状态下的体积,m^3;V_2 为土挖出后在松散状态下的体积,m^3;V_3 为土经压(夯)实后的体积,m^3。

各种土的可松性系数见表1.2。

表1.2 各种土的可松性系数参考数值

土的类别	可松性系数	
	K_S	K_S'
一类(种植土除外)	1.08～1.17	1.01～1.03
一类(植物性土、泥炭)	1.20～1.30	1.03～1.04
二类	1.14～1.28	1.02～1.05
三类	1.24～1.30	1.04～1.07
四类(泥灰岩、蛋白石除外)	1.26～1.32	1.06～1.09
四类(泥灰岩、蛋白石)	1.33～1.37	1.11～1.15
五～七类	1.30～1.45	1.10～1.20
八类	1.45～1.5	1.20～1.30

土的可松性对土方量的平衡调配,确定场地设计标高,计算运土机具的数量、弃土坑的容积、填土所需挖方体积等均有很大影响。

4.土的天然含水量 ω

土的天然含水量是指土中水的质量与固体颗粒质量之比,以百分数表示,即

$$\omega = \frac{m_w}{m_s} \times 100\% \tag{1.3}$$

式中:m_w 为土中水的质量;m_s 为土中固体颗粒的质量。

含水量在5%以下的称干土,在5%～30%的称湿土,大于30%的称饱和土。

5. 土的密度

(1)土的天然密度 ρ :土在天然状态下单位体积的质量,即

$$\rho = \frac{m}{V} \tag{1.4}$$

式中: m 为土的总质量; V 为土的天然体积。

(2)干密度 ρ_d :单位体积中土的固体颗粒的质量,即

$$\rho_d = \frac{m_s}{V} \tag{1.5}$$

式中: m_s 为土中固体颗粒的质量; V 为土的天然体积。

土的干密度越大,表示土越密实。

6. 土的渗透性

土的渗透性是指水流通过土中空隙的难易程度,用渗透系数 k 表示,单位为 m/d。一般土的渗透系数见表 1.3。

表 1.3　土的渗透条数

土的名称	渗透系数 k (m/d)	土的名称	渗透系数 k (m/d)
黏土	<0.005	含黏土的中砂	3～15
粉质黏土	0.005～0.1	粗砂	20～50
粉土	0.1～0.5	均质粗砂	60～75
黄土	0.25～5	圆砾石	50～100
粉砂	0.5～1	卵石	100～500
细砂	1～5	漂石	500～1000
中砂	5～20	稍有裂缝的岩石	20～60
均质中砂	35～50	裂缝多的岩石	>60

7. 土的压缩性

土的压缩性是指土在压力的作用下体积变小的性质。一般土的压缩率见表 1.4。

表 1.4　一般土的压缩率

土的类别	土的名称	土的压缩率	每 m^3 松散土压实后的体积(m^3)
一、二类	种植土	20%	0.8
	一般土	10%	0.9
	砂土	5%	0.95
三类	天然湿度黄土	12%～17%	0.85
	一般土	5%	0.95
	干燥坚实黄土	5%～7%	0.94

8. 土的孔隙比 e 和孔隙率 n

孔隙比 e 是土的空隙体积 V_V 与固体体积 V_s 的比值,即

$$e=\frac{V_V}{V_s} \tag{1.6}$$

空隙率 n 是土的空隙体积 V_V 与总体积 V 的比值，用百分率表示，即

$$n=\frac{V_V}{V}\times 100\% \tag{1.7}$$

9.土的压实系数 λ_c

土的压实系数表示土的紧密程度，表示为

$$\lambda_c=\frac{\rho_d}{\rho_{d\max}} \tag{1.8}$$

式中：λ_c 为土的压实系数；ρ_d 为土的实际干密度；$\rho_{d\max}$ 为土的最大干密度。

10.土的干密度测试方法

(1)环刀法：用环刀取样，测出天然密度 ρ，烘干后测出含水量 ω，用下式计算土的干密度：

$$\rho_d=\frac{\rho}{1+0.01\omega} \tag{1.9}$$

(2)标准砂法：取一定量的标准砂，现场取样后，将标准砂填满样坑(表面平齐)，原标准砂的体积减去剩余的标准砂体积即为样品体积。测出天然密度 ρ，烘干后测出含水量 ω。同样用上式计算土的干密度。

相关规范及标准

《建筑工程施工质量验收统一标准》(GB 50300—2013)

《建筑桩基技术规范》(JGJ 94—2008)

《建筑基坑支护技术规程》(JGJ 120—2012)

《建筑基坑工程监测技术规范》(GB 50497—2009)

《建筑地基基础设计规范》(GB 50007—2002)

《建筑地基基础工程施工质量验收规范》(GB 50202—2002)

《建筑分项工程施工工艺标准》(第三版)，北京建工集团有限公司，2008 年 2 月

《建筑分项工程施工工艺标准》，标力建设集团有限公司，2009 年 6 月

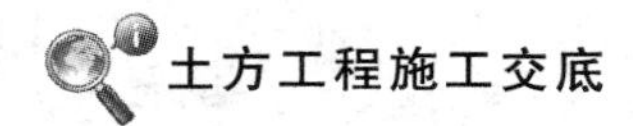

土方工程施工交底

<table>
<tr><td colspan="2">安全技术交底
表 C2－1</td><td>编号</td><td></td></tr>
<tr><td>工程名称</td><td></td><td>交底日期</td><td>年　月　日</td></tr>
<tr><td>施工单位</td><td></td><td>分项工程名称</td><td>土方作业</td></tr>
<tr><td>交底提要</td><td colspan="3"></td></tr>
<tr><td colspan="4">1. 工人入场前必须进行三级教育，经考试合格后，方可进入施工现场。
2. 所有人员进入施工现场必须戴合格安全帽，系好下颚带，锁好带扣。
3. 土方开挖必须严格按照施工组织设计和土方开挖方案进行。
4. 开挖深度超过 1.5m 的，应设人员上下坡道和爬梯，以免发生坠落；开挖深度超过 2m 的，必须在边沿设两道 1.2～1.5m 高护身栏杆；危险处，夜间应设红色标志灯。
5. 任何人严禁在坑底休息。
6. 基坑上口周边必须用细石混凝土做挡水台和排水沟，确保排水通畅，保证边坡的稳定。
7. 夜间挖土时，施工场地应有足够的照明。
8. 土方施工中，施工人员要经常注意边坡是否有裂缝，一旦发现，立即停止一切作业，待处理和加固后，才能进行施工。
9. 开挖土方时，应有专人指挥，防止机械伤人或坠土伤人，在挖土机的工作范围内，不准进行其他工作。
10. 基坑边 1m 以内不得堆土、堆料、停置机具。
11. 基坑开挖时，两人操作间距应大于 2.5m。多台机械开挖，挖土机间距应大于 10m。在挖土机工作范围内，不许进行其他作业。
12. 挖土应自上而下，逐层进行，严禁先挖坡脚或逆坡挖土。
13. 基坑开挖应严格按要求放坡，操作时应随时注意土壁的变动情况，如发现有裂纹或部分坍塌现象，应及时放坡桩或支撑处理，并注意支撑、防护的稳固和土壁的变化，确定安全后方可进行下道工作，有护坡桩和护坡墙的基坑在开挖时，定人定时对边坡进行监测。
14. 基坑四周应设安全栏杆，高度不低于 1.2m，人员不得趴在栏杆上往坡底看。
15. 基坑上下应先挖好阶梯或开斜坡道，采取防滑措施，禁止攀边坡上下。
16. 用手推车运土，应先平整好道路，不得放手让车自动翻转。
17. 基坑清土时，应从中央开始，退向坑边已清理好的地方不再上人，浇筑混凝土时施工人员可在木板上操作，尽可能减少对基底土的扰动。
18. 重物距边坡应有一定距离，汽车不小于 3m，起重机不小于 4m，土方堆放不小于 1m，堆土高度不超过 1.5m，材料堆放不小于 1m。
19. 挖土机也应按规定离坡边有一定的安全距离，以防塌方，造成翻车事故，一般距离不小于 1～1.5m。
20. 坑上人员不得向坑内扔抛物品，避免物体打击事故。
21. 土方外运时，在门口设立清洗站，将车轮上的泥土冲洗干净。确保道路上无遗洒，并设专人洒水降尘。
22. 土方开挖时，禁止酒后作业，严禁嬉戏打闹，禁止操作与自己无关的机械设备。
注：班组长在给施工人员书面或口头交底后，所有接受交底人员在交底书最后一页的背面上签字后转交给工地安全员存档。
补充内容：（包括以下几点内容，由交底人负责编写）
1. 使用工具；2. 涉及的防护用品；3. 施工作业顺序；4. 安全技术其他要求；5. 作业环境要求和危险区域告知；6. 旁站部位及要求；7. 使用新材料、新设备、新技术的安全措施；8. 其他要求。</td></tr>
</table>

审核人		交底人		接受交底人	

①本表表头由交底人填写，交底人与接受交底人各保存一份，安全员一份。

②当作分部、分项施工作业安全交底时，应填写“分部、分项工程名称”栏。

③交底提要应根据交底内容把交底重要内容写上。

Ⅱ　工作情境

情境 1　土方量计算与土方调配

能力目标

通过本情境的学习，能够应用所学知识，按照设计图纸、规范，进行常见的土方量计算，并能按照土方调配原则，进行土方调配。

学习内容

基坑、基槽土方量计算；场地平整土方量计算；土方调配。

任务引领

教师布置任务，帮助学生理解任务要求，辅导学生完成任务需要掌握的知识。

任务一　某基坑底长 60m、宽 25m、深 5m，四边放坡，边坡坡度 1∶0.5。已知 $K_S=1.20$，$K_S'=1.05$。

(1)试计算土方开挖工程量。

(2)混凝土基础和地下室占有体积为 3000m³，则应预留多少回填土？(以自然状态土体积计算)

(3)若有多余土外运，外运土方为多少？(以自然状态土体积计算)

(4)现有斗容量为 4.0m³ 的汽车运土，需运多少车？

任务二　某场地如图 1.1 所示，方格边长为 30m。

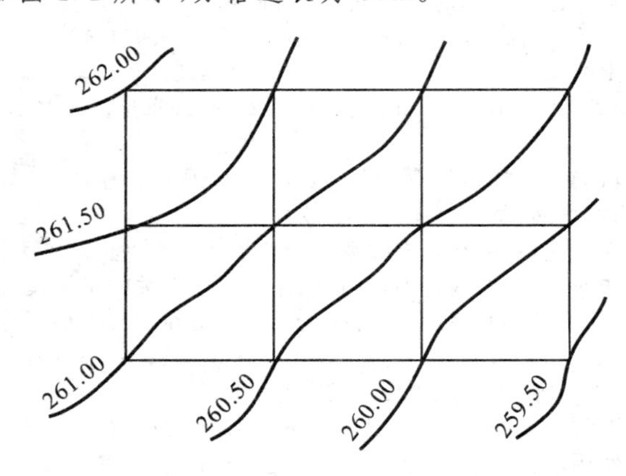

图 1.1　某场地边坡计算简图

(1)试按挖填平衡的原则确定场地平整的计划标高 H_0，然后据此算出方格角点的施工高度，绘出零线，分别计算挖方量和填方量。

(2)当 $i_y=0$，$i_x=3‰$ 时，试确定方格角点的计划标高。

(3)当 $i_y=2‰$，$i_x=3‰$ 时，试确定方格角点的计划标高。

问题导入

以下问题是完成任务必须掌握的知识，教师引导，学生完成。

1. 试述土的组成。
2. 试述土的可松性及其对土方施工的影响。
3. 试述基坑及基槽土方量的计算方法。
4. 试述场地平整土方量计算的步骤和方法。
5. 为什么对场地设计标高要进行调整？
6. 土方调配应遵循哪些原则？调配区如何划分？怎样确定平均运距？
7. 试述土方边坡的表示方法及影响边坡的因素。

自主学习

学生以小组形式工作(4～6 人一组)。通过查资料、规范、学材以及网上资源解答以上问题；初步形成完成以上两项任务的思路和工作计划，组内学生讨论、向教师或辅导教师咨询，修改、完善计划，形成实施计划；实施计划，完成任务。

学生发言

各小组选派一名代表，回答问题，讲解本小组完成情境的过程及结果，小组其他成员补充。

学生互评

小组之间按照统一标准，对各小组回答问题、完成情境的过程及结果进行互评。

学生完成学习情境 1 成绩评定表

学生姓名________　教师________　班级________　学号____________

序号	考评项目	分值	考核内容	教师评价(权重 50%)	组长评价(权重 25%)	学生评价(权重 25%)
1	学习态度	15	出勤率、听课态度、实操表现等			
2	学习能力	25	上课回答问题、完成工作质量			
3	计算、操作能力	25	计算、实操记录、作品成果质量			
4	团结协作能力	15	自己在所在小组的表现，小组完成工作质量、速度			
合计		80				
综合得分						

知识拓展

教师提供 3～5 个土方工程的实例，供学生选择，加强实操练习。在规定期限内，学生编写出场地平整、土方量计算和土方调配方案。此项内容占情境 1 学习成绩的 20%。

学　材

一、基坑、基槽土方量计算

1. 边坡形式

边坡形式有多种，见图 1.2。

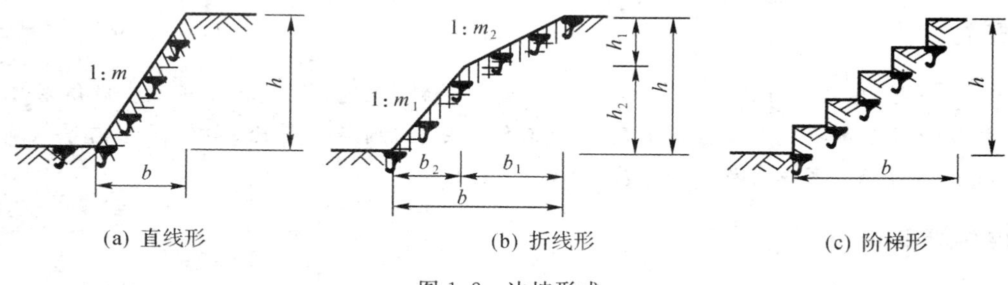

(a) 直线形　(b) 折线形　(c) 阶梯形

图 1.2　边坡形式

土方边坡坡度 $i = \frac{h}{b} = 1:m$　土方边坡系数 $m = \frac{b}{h}$

i、m 可以根据土质查规范确定，也可由施工经验确定；在保证质量、安全的前提下，i 尽可能大，m 尽可能小。

2. 基槽土方量计算（两面放坡）

基槽不放坡时，

$$V = h \cdot (a + 2c) \cdot L \tag{1.10}$$

基槽放坡时，

$$V = h \cdot (a + 2c + mh) \cdot L \tag{1.11}$$

式中：h 为基槽深；a 为基础底宽；c 为基础两侧工作面宽度；m 为土方边坡系数；L 为基槽长。

3. 基坑土方量计算（四面放坡）

基坑不放坡时，

$$V = h \cdot (a + 2c) \cdot (b + 2c) \tag{1.12}$$

基坑放坡时，

$$V = h \cdot (a + 2c + mh) \cdot (b + 2c + mh) + \frac{1}{3}m^2h^3 \tag{1.13}$$

二、场地平整土方工程量计算

场地平整需做的工作：①确定场地设计标高；②计算挖、填土方工程量；③确定土方平衡调配方案；④根据工程规模、施工期限、土的性质及现有机械设备条件，选择土方机械，拟订施工方案。

(一)场地设计标高的确定

一般采用方格网法计算。计算步骤如下。

1.划分方格网

在地形图上的工程范围内按比例画方格网,方格的边长一般采用10～40m,并对方格各角点编号。

2.计算方格各角点的自然标高

①由地形图上的等高线插入法计算。

②若无地形图,在地面用木桩或钢钎打好方格网,用仪器直接测出方格网角点标高。

3.计算方格各角点的设计标高

设计标高确定:

①由设计单位按竖向规划选定。

②施工单位自行确定(按照挖填平衡原则)。

(1)初步确定场地设计标高。

$$H_0 = \frac{\sum H_1 + 2\sum H_2 + 3\sum H_3 + 4\sum H_4}{4n} \tag{1.14}$$

式中:H_0 为所计算场地的初定设计标高;H_1 为一个方格独有的角点标高;H_2、H_3、H_4 分别为两个、三个、四个方格共有的角点标高;n 为方格数。

(2)场地设计标高的调整(考虑到土可松性、挖填方量、土方运输等影响)。

(3)泄水坡度对角点设计标高的影响。

(4)计算方格各角点的设计标高。

①单向泄水时,各角点设计标高

$$H_n = H_0 \pm li \tag{1.15}$$

②双向泄水时,场地各点设计标高

$$H_n = H_0 \pm l_x i_x \pm l_y i_y \tag{1.16}$$

式中:H_n 为场地内各角点的设计标高;l、l_x、l_y 为该点至场地中心线的距离;i、i_x、i_y 为场地泄水坡度(不小于2‰)。如图1.3所示。

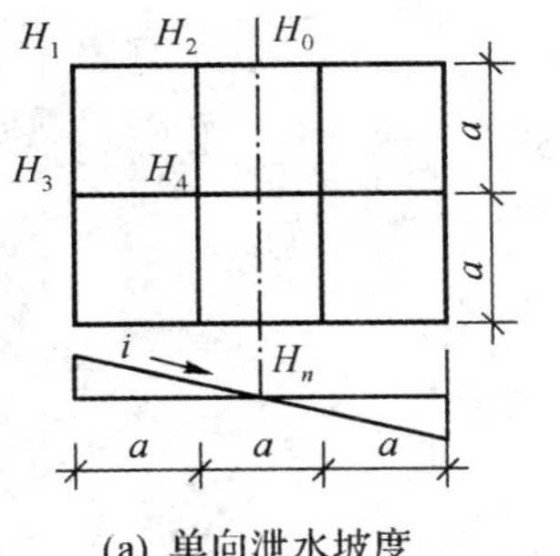

(a) 单向泄水坡度

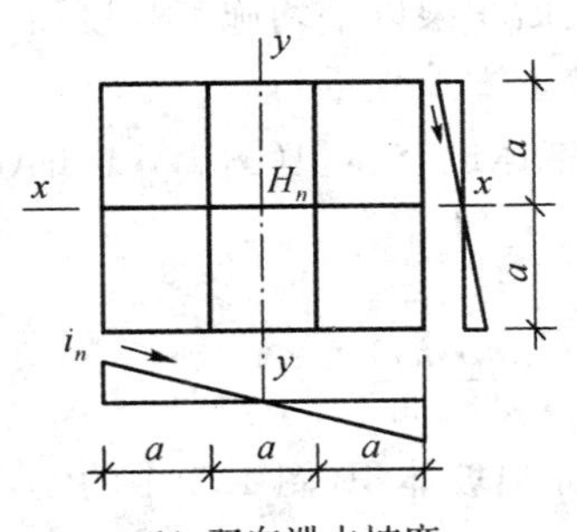

(b) 双向泄水坡度

图1.3　泄水坡度场地

4. 计算方格各角点的施工高度

$$h_n = H_{ij} - H_n \tag{1.17}$$

式中：h_n 为角点施工高度，“+”为填，“−”为挖；H_{ij} 为角点的设计标高；H_n 为角点的自然标高。

5. 计算零点位置

零点是方格网内不挖也不填的点，零点的连线称为零线，零线是填方区与挖方区的分界线。

零点的位置按下式计算：

$$x_1 = \frac{h_1}{h_1 + h_2} \cdot a \tag{1.18}$$

$$x_2 = \frac{h_2}{h_1 + h_2} \cdot a \tag{1.19}$$

式中：x_1、x_2 为角点至零点的距离；h_1、h_2 为相邻两角点的施工高度；a 为方格网的边长。如图 1.4 所示。

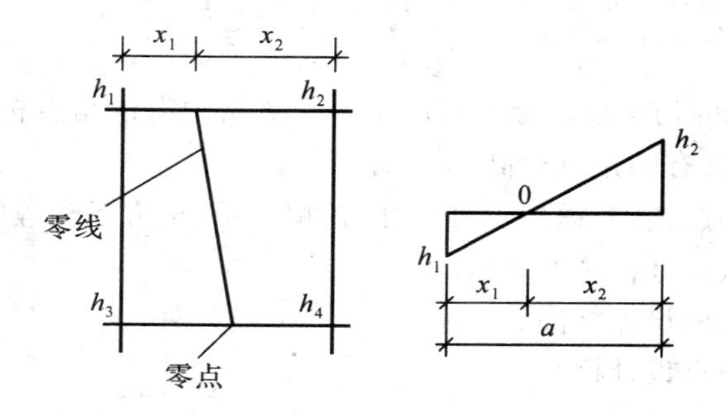

图 1.4 零点位置计算简图

（二）土方量计算

1. 计算方格土方工程量

按方格网底面积图形和公式，计算每个方格内的挖方或填方量。

计算图形底面积乘以平均施工高度而得出。

2. 计算边坡土方工程量

（1）三角棱锥体边坡体积（图 1.5 中的①）计算公式：

$$V_1 = \frac{1}{3} A_1 \cdot l_1 \tag{1.20}$$

式中：$A_1 = \dfrac{h_2 \cdot (m \cdot h_2)}{2}$。

（2）三棱柱体边坡体积（图 1.5 中的④）计算公式：

$$V_4 = \frac{A_1 + A_2}{2} l_4 \tag{1.21}$$

常用方格网点计算公式见表 1.5。

表 1.5　方格土方量计算公式

项　目	图　式	计算公式
一点填方或挖方（三角形）		$V=\frac{1}{2}bc\frac{\sum h}{3}=\frac{bch_3}{6}$ 当 $b=c=a$ 时，$V=\frac{a^2h_3}{6}$
二点填方或挖方（梯形）		$V_+=\frac{b+c}{2}a\frac{\sum h}{4}=\frac{a}{8}(b+c)(h_1+h_3)$ $V_-=\frac{d+e}{2}a\frac{\sum h}{4}=\frac{a}{8}(d+e)(h_2+h_4)$
三点填方或挖方（五角形）		$V=\left(a^2-\frac{bc}{2}\right)\frac{\sum h}{5}=\left(a^2-\frac{bc}{2}\right)\frac{h_1+h_2+h_4}{5}$
四点填方或挖方（正方形）		$V=\frac{a^2}{4}\sum h=\frac{a^2}{4}(h_1+h_2+h_3+h_4)$

若两端横端面面积相差很大，则

$$V_4=\frac{l_4}{6}(A_1+4A_0+A_2) \tag{1.22}$$

公式(1.20)、(1.21)、(1.22)中字母含义：A_1 为1—1断面面积，A_2 为2—2断面面积，A_0 为 A_1、A_2 的平均值，见图1.5。

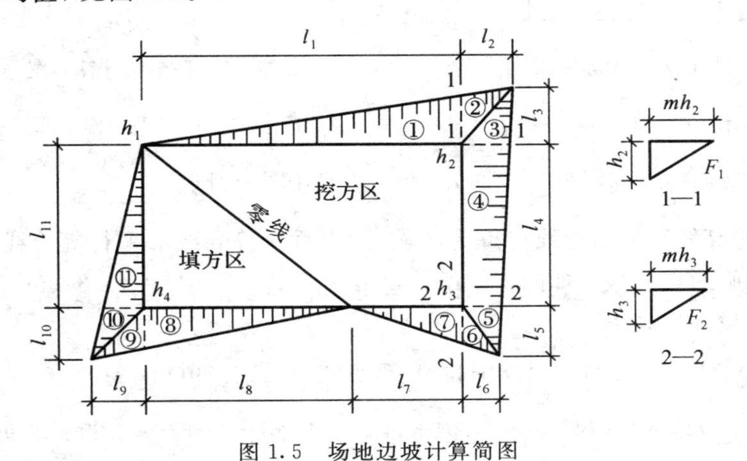

图 1.5　场地边坡计算简图

3.计算总土方量

$$V_{挖总}=\sum_{i=1}^{n}V_{挖i} \tag{1.23}$$

$$V_{填总} = \sum_{i=1}^{n} V_{填i} \tag{1.24}$$

【例 1-1】 某建筑场地地形图如图 1.6 所示，方格网 $a=20\text{m}$，土质为中密的砂土，设计泄水坡度 $i_x=3‰$，$i_y=2‰$，不考虑土的可松性对设计标高的影响。试确定场地各方格角点的设计标高，并计算挖、填土方量。

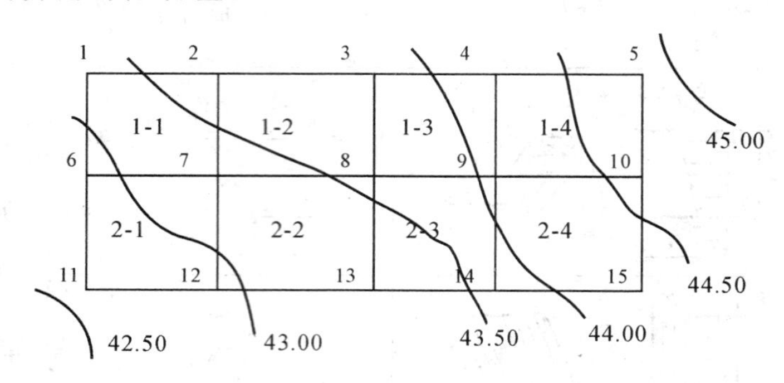

图 1.6 场地边坡计算简图

解 ①计算角点地面标高 H_n

插入法：根据地形图上所标的等高线，假定两等高线间的地面坡度按直线变化，用插入法求出各方格角点的地面标高，如图等高线 44.00～44.50 间角点 4 的地面标高 H_4。

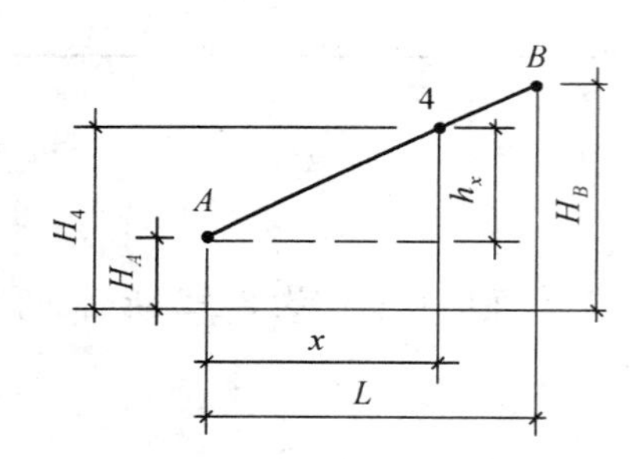

图 1.7 插入法计算简图

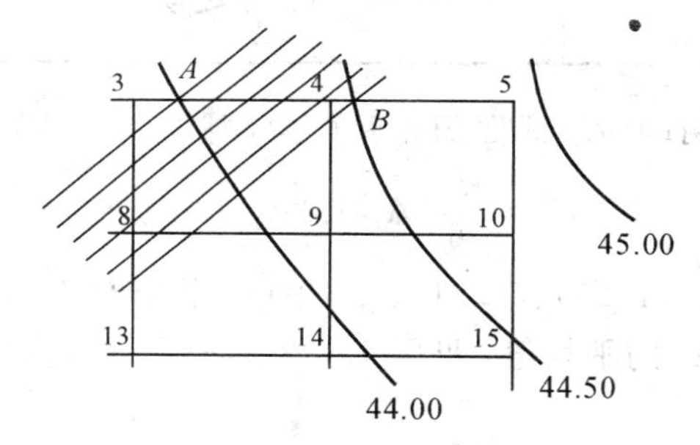

图 1.8 图解法计算简图

如图 1.7 所示，$h_x : 0.5 = x : l$

即 $$h_x = \frac{0.5}{l}x,\ h_4 = 44.0 + h_x \quad (x、l\ 值在图上量取)$$

图解法：以等高线与方格边线交点为区域，画出垂直等高线的平行等分线，等分距离为方格边线上的相临两点高差。如图 1.8 所示，$H_4=44.50-0.16=44.34(\text{m})$。

②计算场地设计标高 H_0

$$\sum H_1 = 43.24+44.8+44.17+42.58=174.79(\text{m})$$

$$2\sum H_2 = 2\times(43.67+43.94+44.34+44.67+43.67+43.23+42.9+42.94)$$
$$=698.72(\text{m})$$

$$3\sum H_3 = 0$$

$$4\sum H_4 = 4\times(43.35+43.76+44.17)=525.12(\text{m})$$

$$H_0 = \frac{\sum H_1 + 2\sum H_2 + 3\sum H_3 + 4\sum H_4}{4n}$$

$$= \frac{174.79 + 698.72 + 525.12}{4 \times 8} = 43.71(\text{m})$$

③场地设计标高的调整

考虑泄水坡度的影响，以场地中心点 8 为 H_0，其余各角点设计标高为

$$H_1 = H_0 - 40 \times 0.003 + 20 \times 0.002 = 43.71 - 0.12 + 0.04 = 43.63(\text{m})$$

$$H_2 = H_0 - 20 \times 0.003 + 20 \times 0.002 = 43.71 - 0.06 + 0.04 = 43.69(\text{m})$$

$$H_6 = H_0 - 40 \times 0.003 + 0 = 43.71 - 0.12 = 43.59(\text{m})$$

$$H_7 = H_0 - 20 \times 0.003 = 43.71 - 0.06 = 43.65(\text{m})$$

$$H_{11} = H_0 - 40 \times 0.003 - 20 \times 0.002 = 43.71 - 0.12 - 0.04 = 43.55(\text{m})$$

④计算各方格角点施工高度 h_n

$$h_n = H_{ij} - H_n$$

式中：H_n 为自然地面标高；H_{ij} 为设计标高。如，

$$h_1 = 43.63 - 43.24 = +0.39(\text{m})$$

$$h_2 = 43.69 - 43.67 = +0.02(\text{m})$$

$$h_3 = 43.75 - 43.94 = -0.19(\text{m})$$

其余各点的施工高度见图 1.9。

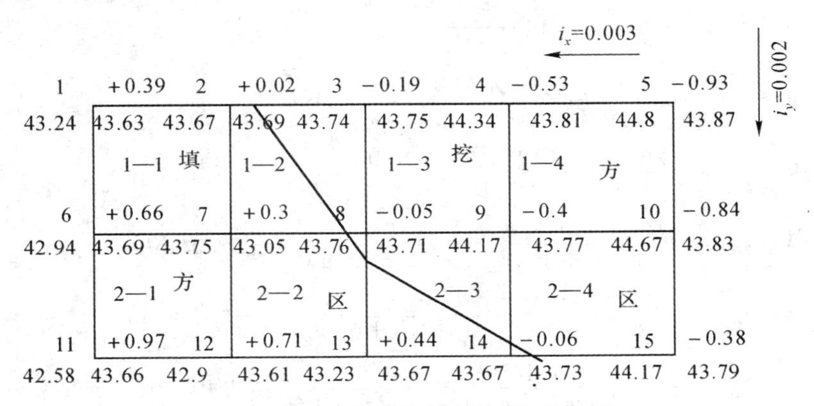

图 1.9　方格网法计算土方工程量简图

⑤计算零点，标出零线

首先计算零点，零点在相邻两角点为一挖一填的方格边线上，在图 1.9 中，角点 2 为填方，角点 3 为挖方，角点 2、3 之间必定存在零点。如图 1.10 所示。

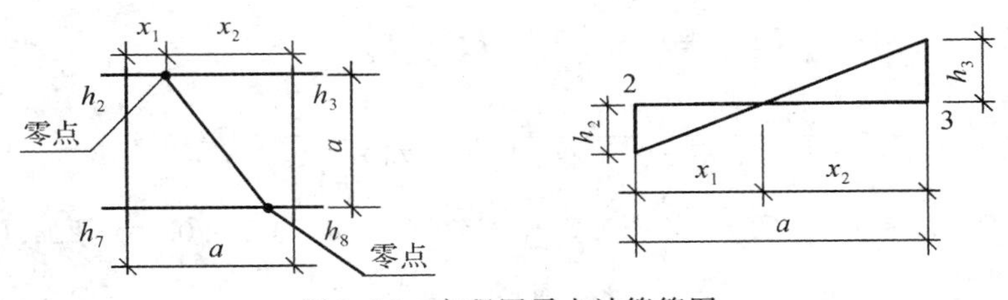

图 1.10　方程网零点计算简图

$$x_1 = \frac{h_2}{h_2 + h_3}a\ ,\ x_2 = \frac{h_3}{h_2 + h_3}a\ ,\ h_2 = +0.02(\text{m}),\ h_3 = -0.19(\text{m})$$

$$x_1 = \frac{20 \times 0.02}{0.02 + 0.19} = 1.9(\text{m}),\ x_2 = \frac{20 \times 0.19}{0.02 + 0.19} = 18.1(\text{m})$$

同理求出 7—8、8—13、9—14、14—15 之间的零点，把所有零点求出标在图上，零点连线即为零线。

⑥计算土方量

(a)全挖、全填方格时(见图 1.9)，其挖方或填方体积分别为

$$V_{填(挖)} = \pm \frac{a^2}{4}(h_1^2 + h_2^2 + h_3^2 + h_4^2)$$

$$V_{1-1填} = +\frac{20^2}{4}(0.39 + 0.02 + 0.3 + 0.65) = +136(\text{m}^3)$$

$$V_{2-1填} = +\frac{20^2}{4}(0.65 + 0.3 + 0.71 + 0.97) = +263(\text{m}^3)$$

$$V_{1-3挖} = -\frac{20^2}{4}(0.19 + 0.53 + 0.4 + 0.05) = -117(\text{m}^3)$$

$$V_{1-4挖} = -\frac{20^2}{4}(0.53 + 0.93 + 0.84 + 0.4) = -270(\text{m}^3)$$

(b)方格四个角点中，部分是挖方，部分是填方时(见图 1.9)，其挖方或填方体积分别为

$$V_{挖} = +\frac{a^2}{4}\left(\frac{h_1^2}{h_1 + h_2} + \frac{h_2^2}{h_2 + h_3}\right)$$

$$V_{填} = -\frac{a^2}{4}\left(\frac{h_3^2}{h_2 + h_3} + \frac{h_4^2}{h_1 + h_4}\right)$$

$$V_{1-2挖} = -\frac{20^2}{4}\left(\frac{0.19^2}{0.19 + 0.02} + \frac{0.05^2}{0.05 + 0.3}\right) = -17.91(\text{m}^3)$$

$$V_{1-2填} = +\frac{20^2}{4}\left(\frac{0.3^2}{0.3 + 0.5} + \frac{0.02^2}{0.02 + 0.19}\right) = +25.9(\text{m}^3)$$

$$V_{2-3挖} = -\frac{20^2}{4}\left(\frac{0.05^2}{0.05 + 0.44} + \frac{0.4^2}{0.4 + 0.06}\right) = -35.28(\text{m}^3)$$

$$V_{2-3填} = +\frac{20^2}{4}\left(\frac{0.44^2}{0.44 + 0.05} + \frac{0.06^2}{0.06 + 0.04}\right) = +40.30(\text{m}^3)$$

(c)方格三个角点为挖方，另一个角点为填方时(见图 1.9)，或者相反，其挖方或填方体积分别为

$$V_{填4} = +\frac{a^2}{4}\frac{h_4^3}{(h_1 + h_4)(h_2 + h_3)}$$

$$V_{挖1、2、3} = -\frac{a^2}{4}(2h_1 + h_2 + 2h_3 - h_4) + V_4$$

$$V_{2-2挖} = -\frac{20^2}{4}\frac{0.05^2}{(0.05 + 0.3)(0.44 + 0.71)} = -0.03(\text{m}^3)$$

$$V_{2-2填} = +\frac{20^2}{4}(2 \times 0.3 + 0.71 + 2 \times 0.44 - 0.5) + 0.03 = +214.03(\text{m}^3)$$

$$V_{2-4填} = +\frac{20^2}{4}\frac{0.06^3}{(0.06 + 0.4)(0.38 + 0.84)} = +0.038(\text{m}^3)$$

$$V_{2-4挖}=-\frac{20^2}{4}(2\times0.4+0.84+2\times0.38-0.06)+0.038=-234.04(m^3)$$

$$V_{挖总}=-\sum_{i=1}^{n}V_{挖i}=17.91+117+270+0.03+35.28+234.04=-674.26(m^3)$$

$$V_{填总}=+\sum_{i=1}^{n}V_{填i}=136+25.9+263+214.03+40.3+0.038=+679.27(m^3)$$

三、土方调配

土方调配就是对挖土的利用、堆弃和填土的取得三者之间的关系进行综合协调的处理。

(一)土方调配的原则

(1)应力求达到挖方与填方基本平衡和就近调配、运距最短。

(2)土方调配应考虑近期施工与后期利用相结合的原则。

(3)应考虑分区与全场相结合的原则。

(4)合理布置挖、填方分区线,选择恰当的调配方向、运输线路,使土方机械和运输车辆的性能得到充分发挥。

(5)好土用在回填质量要求高的地区。

(6)土方调配还应尽可能与大型地下建筑物的施工相结合。

(二)土方调配工作程序

1.划分调配区

在划分调配区时应注意:

(1)调配区的划分应与房屋和构筑物的位置相协调,满足施工顺序和分期施工的要求。

(2)调配区的大小应使土方机械和运输车辆的功效得到充分发挥。

(3)调配区的范围应与计算土方量的方格网相协调。

(4)考虑就近借土或就近弃土,这时一个借土区或一个弃土区均作为一个独立的调配区。

2.计算土方量

计算各调配区的挖、填方土方量,并标在图上(计算方法如前所述)。

3.计算调配区之间的平均运距

平均运距是指挖方区土方重心至填方区土方重心的距离。

求土方重心的方法:取场地或方格网中的纵横两边的坐标轴,分别求出各区土方的重心位置,即

$$X_g=\frac{\sum V_x}{\sum V} \tag{1.25}$$

$$Y_g=\frac{\sum V_y}{\sum V} \tag{1.26}$$

式中:X_g、Y_g 分别为挖、填调配区的重心坐标;V 为各个方格的土方量;x、y 分别为各个方格的重心坐标。

可用作图法近似计算出形心位置来代替重心位置。

重心求出后,标于相应的调配区图上,然后用比例尺量出(或计算出)每对调配区之间的

平均运距。

4.确定最优土方调配方案

最优调配方案的确定，是以线性规则为理论基础，常用“表土作业法”来求得。

5.绘制土方调配图

将土方调配方案绘成土方调配图(图 1.11)。在土方调配图上标出土方调配区、土方调配方向、土方数量以及每对挖、填之间的平均运距。

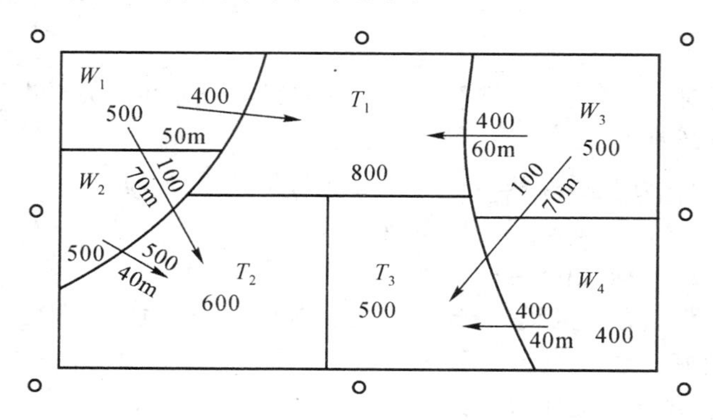

图 1.11　土方调配图

情境 2　基坑(槽)的土方开挖

能力目标

通过本情境的学习，能够应用所学知识，确定土方边坡的类型，编写基坑支护、边坡保护和基坑土方开挖方案，并组织施工。

学习内容

土方边坡的确定；基坑开挖程序、方法；浅、深基坑的支护和保护。

任务引领

教师布置任务，帮助学生理解任务要求，辅导学生完成任务需要掌握的知识。

任务一　依据使用时间(临时或永久性)、土的种类、物理力学性质(内摩擦角、黏聚力、密度、温度)、水文情况等确定土方边坡。

任务二　依据场地及周边环境情况编制基坑支护、边坡保护方案。

任务三　依据编制的基坑支护、边坡保护方案，编写基坑土方开挖方案。

问题导入

以下问题是完成任务必须掌握的知识，教师引导，学生完成。

1.土体的内摩阻力和内聚力。

2.挖土性质与边坡坡度。

3. 土的种类与基坑(槽)不加支撑时的容许深度关系。
4. 临时性挖方边坡值的确定方法。
5. 基坑开挖的程序如何?
6. 浅基坑支护常用的方法有哪些?
7. 基坑边坡如何保护?
8. 深基坑支护常用方案及其选择。

自主学习

学生以小组形式工作(4～6人一组)。通过查资料、规范、学材以及网上资源解答以上问题;初步形成完成以上三项任务的思路和工作计划,组内学生讨论、向教师或辅导教师咨询,修改、完善计划,形成实施计划;实施计划,完成任务。

学生发言

各小组选派一名代表,回答问题,讲解本小组完成任务的过程及结果,小组其他成员补充。

学生互评

小组之间按照统一标准,对各小组回答问题、完成任务的过程及结果进行互评。

学生完成学习情境2成绩评定表

学生姓名________　教师________　班级________　学号____________

序号	考评项目	分值	考核内容	教师评价（权重50%）	组长评价（权重25%）	学生评价（权重25%）
1	学习态度	15	出勤率、听课态度、实操表现等			
2	学习能力	25	上课回答问题、完成工作质量			
3	计算、操作能力	25	计算、实操记录、作品成果质量			
4	团结协作能力	15	自己在所在小组的表现,小组完成工作质量、速度			
合计		80				
综合得分						

知识拓展

教师提供1～3个土方工程的实例,供学生选择,加强实操练习。在规定期限内,学生编写出基坑支护、边坡保护和基坑土方开挖方案。此项内容占情境2学习成绩的20%。

学 材

一、土方边坡的确定

开挖土方时，边坡土体的下滑力产生剪应力，此剪应力主要由土体的内摩阻力和内聚力平衡，一旦土体失去平衡，边坡就会塌方。为了防止塌方，保证施工安全，在基坑(槽)开挖超过一定限度时，土壁应放坡开挖，或者加以临时支撑或支护以保证土壁的稳定。

土方边坡的大小主要与土质、开挖深度、开挖方法、边坡留置时间的长短、边坡附近的各种荷载状况及排水情况有关。

1. 场地永久性边坡的确定

依据：使用时间(临时或永久性)、土的种类、物理力学性质(内摩擦角、黏聚力、密度、温度)、水文情况等。

①按设计要求放坡。

②如设计无规定，永久性边坡可按表 1.6 采用。

表 1.6 永久性土工构筑物挖方的边坡坡度

项 次	挖土性质	边坡坡度
1	在天然湿度、层理均匀、不易膨胀的黏土、粉质黏土和砂土(不包括细砂、粉砂)内，挖方深度不超过 3m	1∶1.00～1∶1.25
2	土质同上，深度为 3～12m	1∶1.25～1∶1.50
3	干燥地区内土质结构未经破坏的干燥黄土及类黄土，深度不超过 12m	1∶0.10～1∶1.25
4	在碎石土和泥灰岩土的地方，深度不超过 12m，根据土的性质、层理特性和挖方深度确定	1∶0.50～1∶1.50
5	在风化岩内的挖方，根据岩石性质、风化程度、层理特性和挖方深度确定	1∶0.20～1∶1.50
6	在微风化岩石内的挖方，岩石无裂缝且无倾向挖方坡脚的岩层	1∶0.10
7	在未风化的完整岩石内的挖方	直立的

2. 场地临时性挖坡边坡值的确定

开挖基坑(槽)不放坡，采取直立开挖不加支护的挖方深度应符合表 1.7 的规定。

表 1.7 基坑(槽)不加支撑时的容许深度

项 次	土的种类	容许深度(m)
1	密实、中密的砂子和碎石类土(充填物为砂土)	1.00
2	硬塑、可塑的粉质黏土及粉土	1.25
3	硬塑、可塑的黏土和碎石类土(充填物为黏性土)	1.50
4	坚硬的黏土	2.00

超过表 1.7 规定的深度,应根据土质和施工具体情况进行放坡,以保证不塌方。其临时性挖方的边坡值可按表 1.8 采用。

表 1.8　临时性挖方边坡值

土的类别		边坡值(高∶宽)
砂土(不包括细砂、粉砂)		1∶1.25～1∶1.50
一般性黏土	硬	1∶0.75～1∶1.00
	硬塑	1∶0.75～1∶1.00
	软	1∶1.5 或更缓
碎石类土	充填坚硬、硬塑黏性土	1∶0.5～1∶1.0
	充填砂土	1∶1～1∶1.5

二、基坑(槽)开挖

(1)基坑(槽)开挖,应先进行测量定位,抄平放线,定出开挖长度,按放线分块(段)分层挖土。

(2)基坑(槽)开挖程序一般是:测量放线→切线分层开挖→排降水→修坡→整平→留足预留土层等。

土方开挖示例如图 1.12 所示。

图 1.12　土方开挖示例

三、浅基坑(槽)的支撑方法

浅基坑(槽)的常用支撑方法见表1.9和表1.10。

表1.9 浅基槽(管沟)的支撑方法

支撑方式	简　图	支撑方法及适用条件
间断式 水平支撑	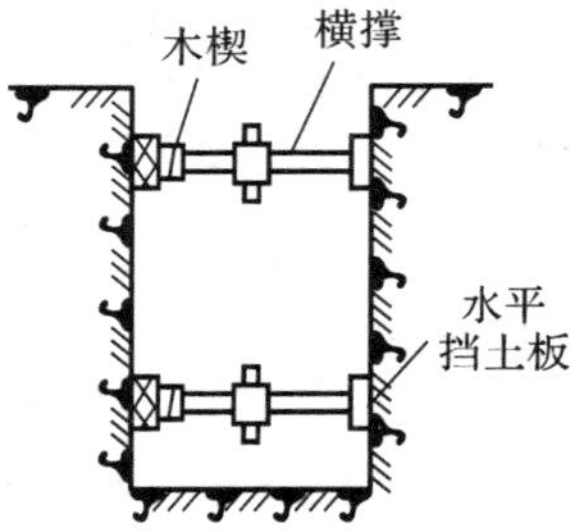 木楔 横撑 水平挡土板	两侧挡土板水平放置,用工具式或木横撑借木楔顶紧,挖一层土,支顶一层 适于能保持立壁的干土或天然湿度的黏土类土,地下水很少、深度在2m以内
断续式 水平支撑	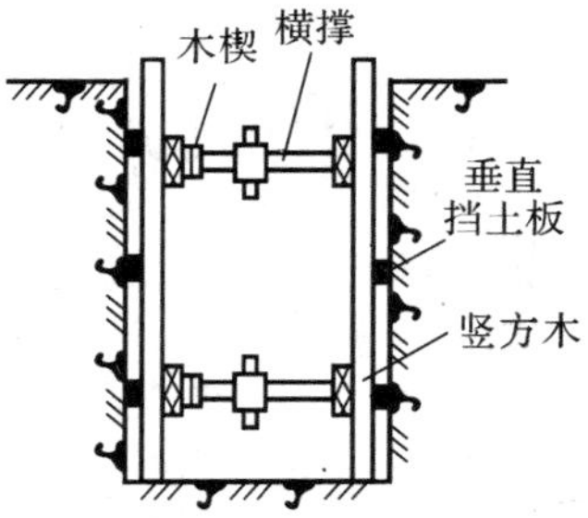 木楔 横撑 垂直挡土板 竖方木	挡土板水平放置,中间留出间隔,并在两侧同时对称立竖方木,再用工具式或木横撑上下顶紧 适于能保持直立壁的干土或天然湿度的黏土类土,地下水很少、深度在3m以内
连续式 水平支撑	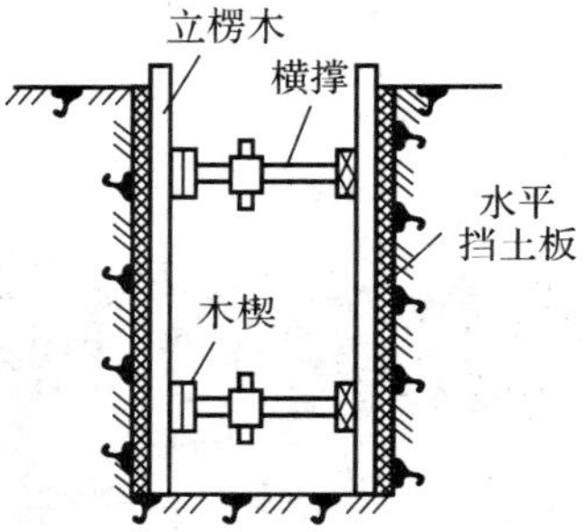 立楞木 横撑 水平挡土板 木楔	挡土板水平连续放置,不留间隙,然后两侧同时对称立竖方木,上下各顶一根撑木,端头加木楔顶紧 适于较松散的干土或天然湿度的黏土类土,地下水很少、深度为3～5m
连续或 间断式 垂直支撑	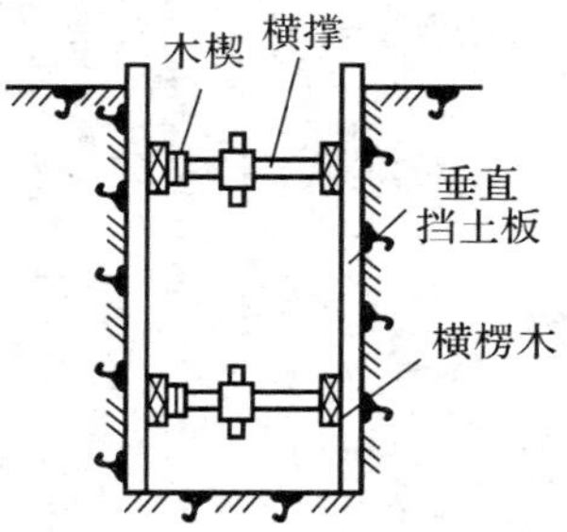 木楔 横撑 垂直挡土板 横楞木	挡土板垂直放置,可连续或留适当间隙,然后每侧上下各水平顶一根方木,再用横撑顶紧 适于土质较松散或湿度很高的土,地下水较少、深度不限

续表

支撑方式	简　图	支撑方法及适用条件
水平垂直混合式支撑	立楞木、横撑、水平挡土板、木楔、垂直挡土板、横楞木	沟槽上部设连续式水平支撑，下部设连续式垂直支撑 适于沟槽深度较大，下部有含水土层的情况

表 1.10　一般浅基坑的支撑方法

支撑方式	简　图	支撑方法及适用条件
斜撑支撑	柱桩、回填土、斜撑、短桩、挡板	水平挡土板钉在柱桩内侧，柱桩外侧用斜撑支顶，斜撑底端支在木桩上，在挡土板内侧回填土 适于开挖较大型、深度不大的基坑或使用机械挖土时
锚拉支撑	$\geqslant \frac{H}{\tan\phi}$、柱桩、拉杆、回填土、$H$、挡板	水平挡土板支在柱桩的内侧，柱桩一端打入土中，另一端用拉杆与锚桩拉紧，在挡土板内侧回填土 适于开挖较大型、深度不大的基坑或使用机械挖土，不能安设横撑时使用
型钢桩横挡板支撑	型钢桩、挡土板、1、1、楔子、型钢桩、挡土板	沿挡土板位置预先打入钢轨、工字型或H型钢桩，间距1.0～1.5m，然后边挖方边将3～6cm厚的挡土板塞进钢桩之间挡土，并在横向挡板与型钢桩之间打上楔子，使横板与土体紧密接触 适于地下水位较低、深度不是很大的一般黏土或砂土层中使用

续表

支撑方式	简　图	支撑方法及适用条件
短桩横隔板支撑	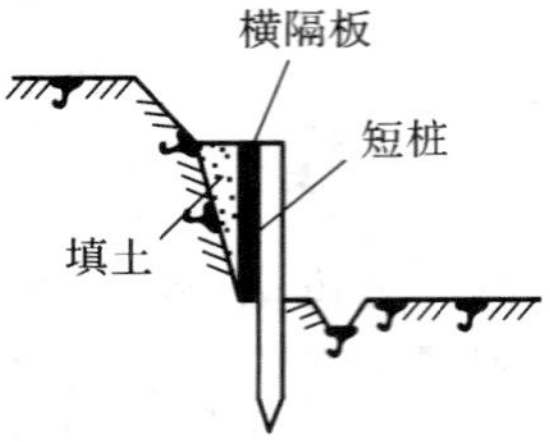 横隔板 短桩 填土	打入小短木桩，部分打入土中，部分露出地面，钉上水平挡土板，在背面填土、夯实 适于开挖宽度大的基坑，当部分地段下部放坡不够时使用
临时挡土墙支撑	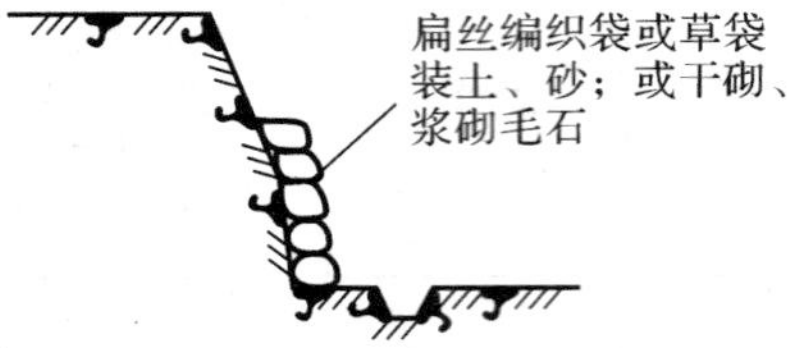 扁丝编织袋或草袋装土、砂；或干砌、浆砌毛石	沿坡脚用砖、石叠砌或用装水泥的聚丙烯扁丝编织袋、草袋装土、砂堆砌，使坡脚保持稳定 适于开挖宽度大的基坑，当部分地段下部放坡不够时使用
挡土灌注桩支护	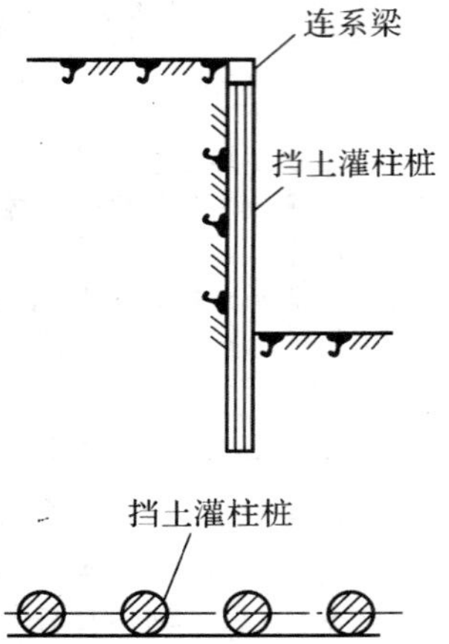 连系梁 挡土灌柱桩 挡土灌柱桩	在开挖基坑的周围，用钻机或洛阳铲成孔，桩径ϕ 400～500mm，现场灌筑钢筋混凝土桩，桩间距为 1.0～1.5m，在桩间土方挖成外拱形使之起土拱作用 适于开挖较大、较浅（<5m）基坑，邻近有建筑物，不允许背面地基有下沉、位移时采用
叠袋式挡墙支护	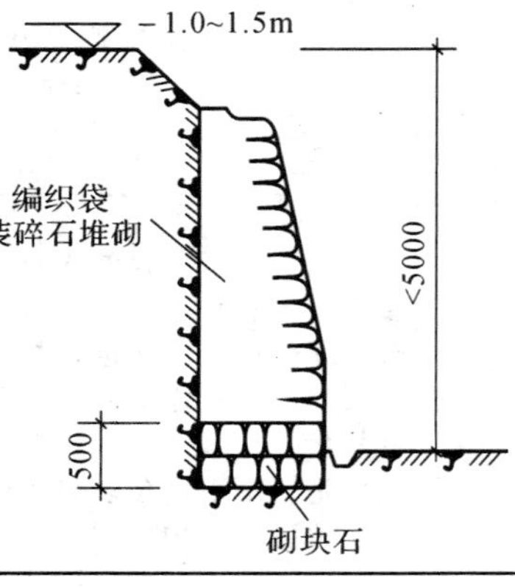 −1.0~1.5m 编织袋装碎石堆砌 <5000 500 砌块石	采用编织袋或草袋装碎石（砂砾石或土）堆砌成重力式挡墙作为基坑的支护，在墙下部砌 500mm 厚块石基础，墙底宽 1500～2000mm，顶宽 500～1200mm，顶部适当放坡卸土 1.0～1.5m，表面抹砂浆保护 适于一般黏性土、面积大、开挖深度应在 5m 以内的浅基坑支护

四、基坑边坡保护

当基坑放坡高度较大，施工期和暴露时间较长，易于疏松或滑塌。为防止基坑边坡因气温变化，或失水过多而疏松或滑塌；或防止坡面受雨水冲刷而产生溜坡现象。应根据土质情况和实际条件采取边坡保护措施，以保护基坑边坡的稳定。常用基坑坡面保护方法如下。

1. 薄膜或砂浆覆盖法

对基础施工期较短的临时性基坑边坡，采取在边坡上铺塑料薄膜，在坡顶及坡脚用草袋或编织袋装土压住；或在边坡上抹水泥砂浆2～2.5cm厚保护。为防止薄膜脱落，在上部及底部的搭盖长度均应不少于80cm，同时在土中插适当锚筋连接，在坡脚设排水沟。(图1.13(a))

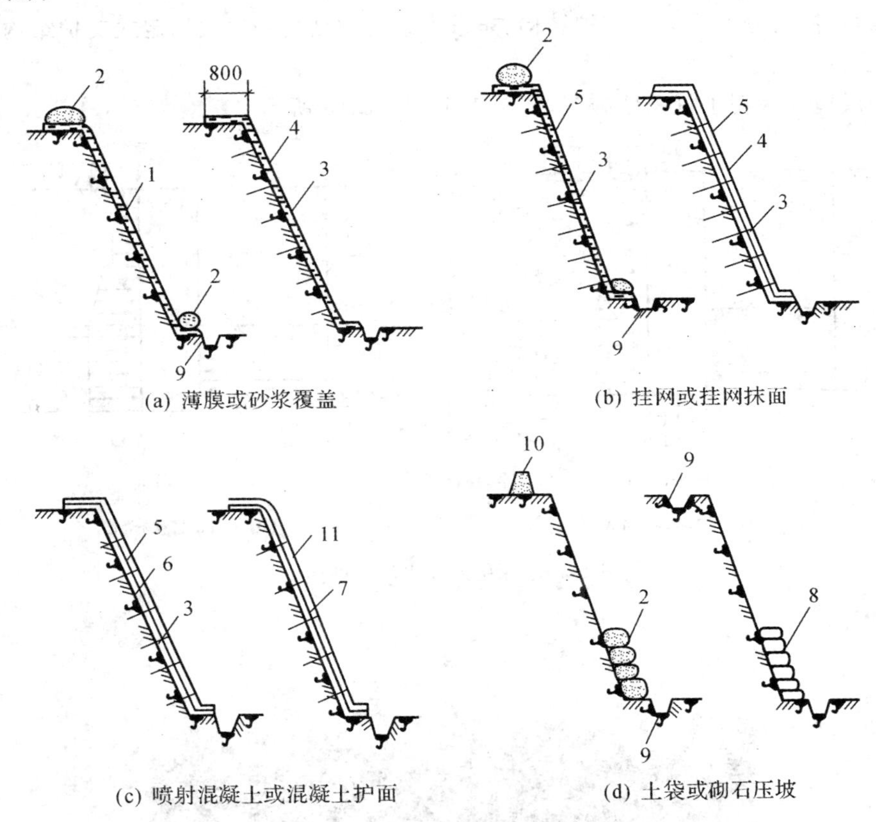

图1.13　基坑边坡护面方法

1—塑料薄膜；2—草袋或编织袋装土；3—插筋ϕ 1～12mm；4—抹M5水泥砂浆；5—20号钢丝网；6—C15喷射混凝土；7—C15细石混凝土；8—M5砂浆砌石；9—排水沟；10—土堤；11—ϕ 4～6mm钢筋网片，纵横间距250～300mm

2. 挂网或挂网抹面法

对基础施工期短、土质较差的临时性基坑边坡，可在垂直坡面楔入直径10～12mm、长40～60cm插筋，纵横间距1m，上铺20号铁丝网，上下用草袋或编织袋装土或砂压住，或在铁丝网上抹2.5～3.5cm厚的M5水泥砂浆。在坡顶坡脚设排水沟。(图1.13(b))

3. 喷射混凝土或混凝土护面法

对邻近有建筑物的深基坑边坡，可在坡面垂直楔入直径10～12mm、长40～60cm插筋，纵横间距1m，上铺20号铁丝网，在表面喷射40～60mm厚的C15细石混凝土直到坡顶和坡脚；亦可不铺铁丝网，而坡面铺ϕ 4～6mm、纵横间距250～300mm钢筋网片，浇筑50～60mm

厚的细石混凝土，表面抹光。(图 1.13(c))

4. 土袋或砌石压坡法

对深度在 5m 以内的临时基坑边坡，在边坡下部用草袋或编织袋装土堆砌或砌石压住坡脚。在坡顶设挡水土堤或排水沟，防止冲刷坡面，在底部作排水沟，防止冲坏坡脚。(图 1.13(d))

五、深基坑支护方案

按受力不同可分为重力式支护结构、非重力式支护结构和边坡稳定式支护结构。

(一)重力式支护结构

如：深层搅拌水泥土桩挡墙施工，如图 1.14、图 1.15 所示。

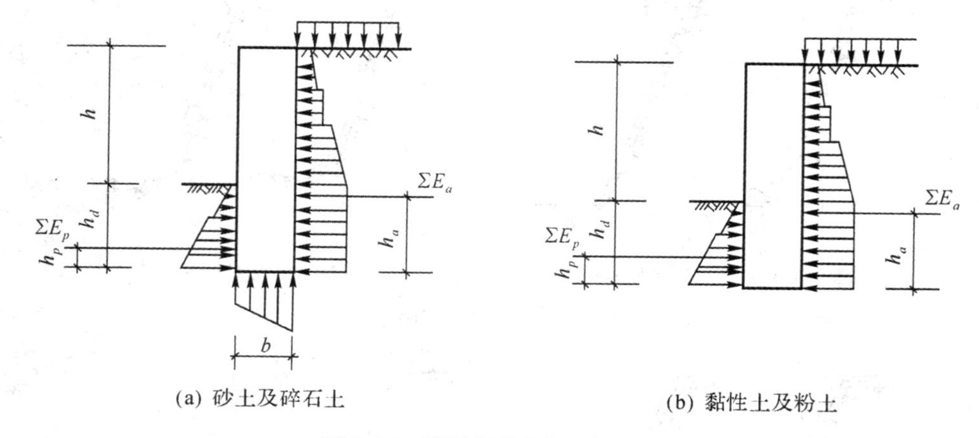

图 1.14 深层搅拌水泥土桩挡墙

图 1.15 深层搅拌水泥土桩挡墙施工

原理：利用特制的深层搅拌机在边坡土体需要加固的范围内，将软土与固化剂强制拌和，使软土硬结成具有整体性、水稳性和足够强度的水泥加固土，又称为水泥土搅拌桩。

施工程序：定位→预拌下沉制备水泥浆→提升、喷浆、搅拌→重复上下搅拌→清洗、移位。

适用：淤泥、淤泥质土、粉质黏土等地基承载力特征值不大于 150kPa 的土层。

(二)非重力式支护结构

1.锁口钢板桩

锁口钢板桩(图 1.16)的形式有 U 型、L 型、一字型、H 型和组合型。建筑工程中常用前两种,基坑深度较大时才用后两种。

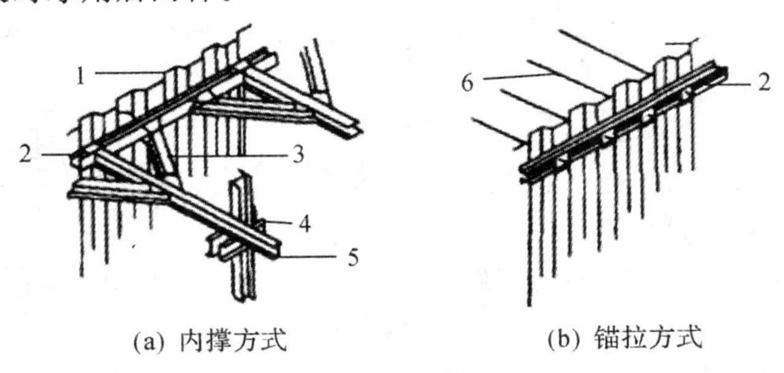

图 1.16 锁口钢板桩

1—钢板桩;2—围檩;3—角撑;4—立柱与支撑;5—支撑;6—锚拉杆

2.型钢桩横挡板支护

施工程序:打型钢桩→挖土→塞挡土板→挖土。

适用:土质好,地下水位低,深度不很大的一般黏性土、砂土基坑中。(图 1.17)

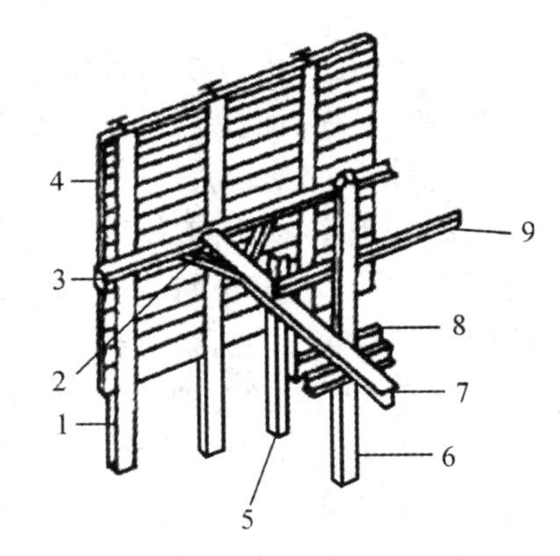

图 1.17 型钢桩横挡板支护

1—工字钢(H 型钢);2—八字撑;3—腰梁;4—横挡板;5—垂直联系杆件;6—立柱;7—横撑;8—立柱上的支撑件;9—水平联系杆

3.挡土灌注桩支护

施工程序:钻孔→吊钢筋笼→灌注混凝土→形成桩排。

适用:黏性土,开挖面积较大、较深(大于 6m)的基坑。

4.排桩内支撑支护

施工程序:围护排桩→(在桩上)设竖向立柱支撑→(在围护排桩上设围檩)加纵、横向水平支撑。

适用:各种不宜设置锚杆的松软土层及软土地基支护。

5.挡土灌注桩与深层搅拌水泥土桩组合

施工程序:内侧设混凝土灌注桩→外切水泥搅拌桩→组成防渗帷幕。

适用:土质差、地下水位高、能挡土防渗。

(三)土层锚杆支护结构

原理:锚杆一端插入土层中,另一端与挡土结构拉结,借助锚杆与土层的摩擦力产生的水平抗力抵抗土侧压力来维护挡土结构的稳定。(图 1.18)

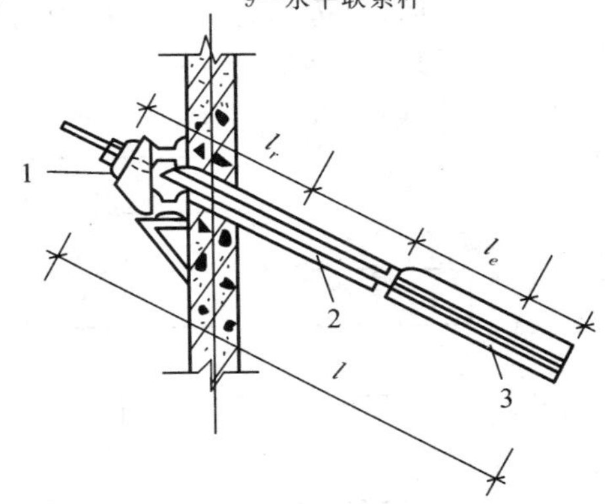

图 1.18 粗钢筋加螺帽锚杆

1—锚头;2—拉杆;3—锚固体

1.土层锚杆的分类

一般灌浆锚杆、压力灌浆锚杆、预应力锚杆、扩孔灌浆锚杆。

土层锚杆按使用时间又分永久性和临时性两类。

土层锚杆根据支护深度和土质条件可设置一层

或多层。

2.土层锚杆的构造与布置

构造：锚杆由锚头、垫座、拉杆和锚固体组成；锚杆全长按主动滑动面分为锚固段和非锚固段。

布置：包括确定锚杆的尺寸、埋置深度、锚杆层数、锚杆的垂直间距和水平间距、锚杆的倾角等。

3.施工要点

土层锚杆施工一般先将支护结构施工完成，开挖基坑至土层锚杆标高，随挖随设置一层土层锚杆，逐层向下设置，直至完成。

施工程序：施工准备→土方开挖→测量放线→钻机就位→钻孔、成孔→插放钢筋→灌注水泥浆→养护→锚头锁定。

成孔机具设备：使用较多的有螺旋式钻孔机、气动冲击式钻孔机和旋转冲击式钻孔机、履带全行走全液压万能钻孔机。

（四）土钉墙支护结构

原理：在开挖边坡表面每隔一定距离埋设土钉，铺钢筋网喷射细石混凝土，使与边坡土体形成复合体，从而提高边坡稳定性，对土坡进行加固。（图1.19）

施工程序：开挖工作面→修整边坡→喷射第一层混凝土钻孔、安设土钉→注浆、安设连接件→绑扎钢筋网→喷射第二层混凝土。

适用：土钉墙支护为一种边坡稳定式支护结构，适用于淤泥、淤泥质土、黏土、粉质黏土、粉土等地基，地下水位较低、基坑开挖深度在12m以内时采用。

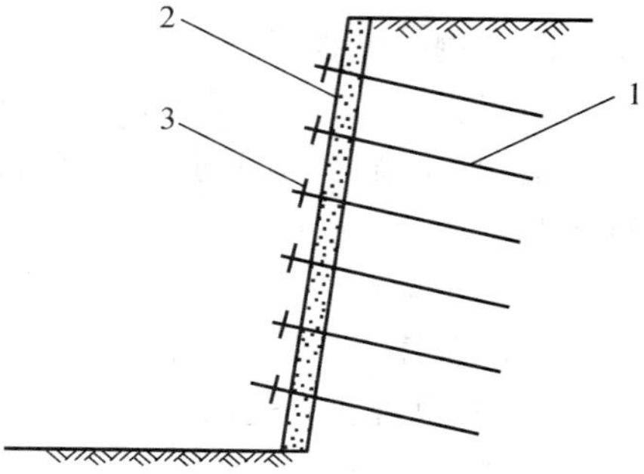

图1.19 土钉墙

1—土钉；2—喷射细石混凝土面层；3—垫板.

（五）地下连续墙支护结构

地下连续墙，是在地面上采用专用挖槽机械设备，按一个单元槽段长度（一般6～8m），沿着深基础或地下构筑物周边轴线，利用膨润土泥浆护壁开挖深槽、放置钢筋笼、浇筑混凝土，形成连续、封闭的地下钢筋混凝土墙。主要起挡土、支护作用，也可作为地下室结构的外墙。

施工程序：导墙施工→挖土→安放锁口管→安放钢筋笼→浇筑混凝土→拔除锁口管→墙段施工完毕。（图1.20）

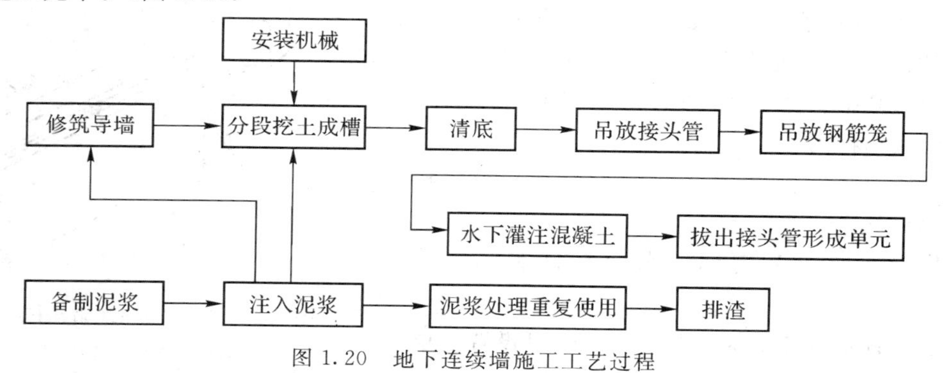

图1.20 地下连续墙施工工艺过程

情境 3　土方填筑与压实

能力目标

通过本情境的学习，能够应用所学知识，正确选用填土的土料，正确选用土方压实方法和压实机械，并组织施工。

学习内容

填土基底处理；填土土料的选择与含水量控制；土方压实方法和压实机械的选择。

任务引领

教师布置任务，帮助学生理解任务要求，辅导学生完成任务需要掌握的知识。

任务　某开发区地块长 60m、宽 25m。地表环境复杂，软弱土层、建筑垃圾、杂物、草皮和水塘等均有分布。在桩基础施工前，需统一填筑 1m 厚方可施工。

1. 试做出填土基地处理方案。
2. 试选择填土土料并做好含水量预控。
3. 选择填土压实方法。
4. 选择填土压实机械。
5. 试编制该土方填筑与压实项目的施工组织设计。

问题导入

以下问题是完成任务必须掌握的知识，教师引导，学生完成。

1. 填土基底如何处理？
2. 填土土料有何要求？
3. 填土土料含水量如何控制？
4. 填土常用的压实方法有哪些？
5. 填土压实机械如何选择？

自主学习

学生以小组形式工作（4～6 人一组）。通过查资料、规范、学材以及网上资源解答以上问题；初步形成完成以上任务的思路和工作计划，组内学生讨论、向教师或辅导教师咨询，修改、完善计划，形成实施计划；实施计划，完成任务。

学生发言

各小组选派一名代表，回答问题，讲解本小组完成任务的过程及结果，小组其他成员补充。

学生互评

小组之间按照统一标准，对各小组回答问题、完成任务的过程及结果进行互评。

学生完成学习情境3成绩评定表

学生姓名________ 教师________ 班级________ 学号____________

序号	考评项目	分值	考核内容	教师评价（权重50%）	组长评价（权重25%）	学生评价（权重25%）
1	学习态度	15	出勤率、听课态度、实操表现等			
2	学习能力	25	上课回答问题、完成工作质量			
3	计算、操作能力	25	计算、实操记录、作品成果质量			
4	团结协作能力	15	自己在所在小组的表现，小组完成工作质量、速度			
合计		80				
综合得分						

知识拓展

教师提供1～2个土方填筑与压实的实例，供学生选择，加强实操练习。在规定期限内，学生编写出填土基底处理、填土土料选择和填土土料含水量控制、填土压实方法和压实机械选择的方案，编制出土方填筑与压实的施工组织设计，指导实际施工。此项内容占情境3学习成绩的20%。

学　材

一、填土基底处理

（1）回填前应先清除基底上杂物，排除积水，并应采取措施防止地表滞水流入填方区，浸泡地基，造成基土下陷。

（2）当填方基底为耕植土或松土时，应将基底充分夯实和碾压密实。

（3）当填土场地地面陡于1/5时，应先将斜坡挖成阶梯形，阶高0.2～0.3m，阶宽大于1m，然后分层填土，以利接合和防止滑动。

二、填土土料要求与含水量控制

（一）填土土料要求

填方土料应符合设计要求，保证填方的强度与稳定性，选择的填料应为强度高、压缩性小、水稳定性好，便于施工的土、石料。如设计无要求时，应符合下列规定：

(1)含有大量有机物以及淤泥、冻土、膨胀土等,均不应作为填方土料。

(2)一般碎石类土、砂土和爆破石渣可作表层以下填料,其最大粒径不得超过每层铺垫厚度的2/3。

(3)填土应按整个宽度水平分层进行,并尽量用同类土填筑。

(4)填土应分层回填压实。

(二)填土土料含水量控制

填土土料含水量的大小,直接影响到夯实(碾压)质量,在夯实(碾压)前应先试验,以得到符合密实度要求条件下的最优含水量和最少夯实(或碾压)遍数。含水量过小,夯压(碾压)不实;含水量过大,则易成橡皮土。各种土的最优含水量和最大密实度参考数值见表1.11。

表1.11　土的最优含水量和最大密实度参考数值

项　次	土的种类	变动范围	
		最优含水量(重量比)	最大干密度(t/m^3)
1	砂土	8%～12%	1.80～1.88
2	黏土	19%～23%	1.58～1.70
3	粉质黏土	12%～15%	1.85～1.95
4	粉土	16%～22%	1.61～1.80

土料含水量一般以手握成团,落地开花为适宜。若含水量过大,应采取翻松、晾干、换土回填、掺入干土或其他吸水性材料等措施;若土料过干,则应预先洒水润湿。

三、土方压实方法

填土的压实方法一般有碾压、夯实、振动压实等几种。

1.碾压法

碾压法适用于大面积填土工程。碾压机械有平碾(压路机)、振动碾和气胎碾等。碾压机械进行大面积填方碾压,宜采用“薄填、低速、多遍”的方法。

平碾:适用于碾压黏性和非黏性土。按重量分有轻型(3～5t)、中型(6～10t)、重型(12～15t)。(图1.21)

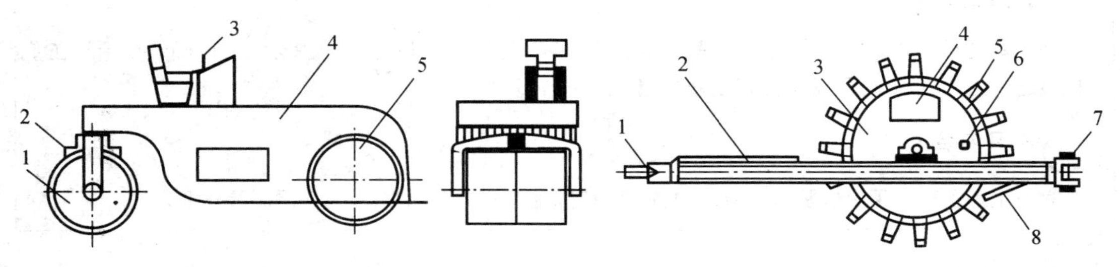

图1.21　轮光碾压路机
1—转向轮;2—刮泥板;3—操纵台;4—机身;5—驱动轮

图1.22　羊足碾
1—连接器;2—框架;3—轮滚;4—投压重物口;5—羊蹄;6—洒水口;7—后连接器;8—铲刀

羊足碾:与平碾不同,它是碾轮表面上装有许多羊蹄形的碾压凸脚(图1.22),一般用拖拉机牵引作业。

一般羊足碾适用于压实中等深度的粉质黏土、粉土、黄土等。行驶速度控制在3km/h。

2.夯实法

夯实法是利用夯锤自由下落的冲击力来夯实填土，适用于小面积填土的压实。夯实机械有蛙式打夯机（图1.23）、夯锤（图1.24）等。

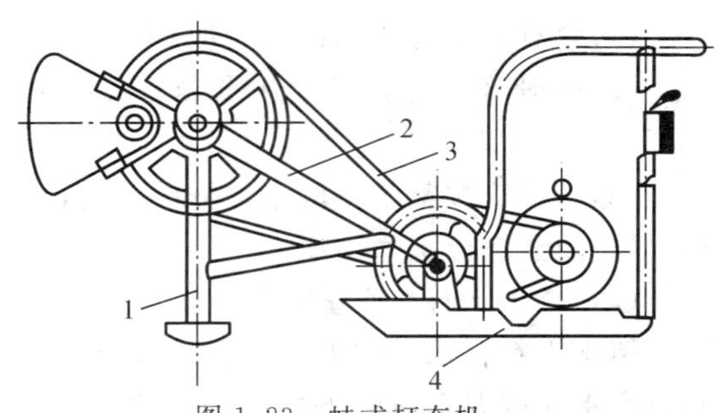

图1.23　蛙式打夯机

1—夯头；2—夯架；3—三角胶带；4—底盘

图1.24　强夯地基机械

图1.25　振动压路机

3.振动压实法

振动压实法是将重锤放在土层的表面或内部，借助于振动设备使重锤振动，土壤颗粒即发生相对位移达到紧密状态。用于振实大面积的非黏性土效果较好。采用的机械主要是振动压路机（图1.25）、平板振动器等。

情境4　土方工程的机械化施工

**能力目标**

通过本情境的学习，能够按照工程的实际情况和常见土方工程施工机械的性能，正确选择合适的施工机械进行土方工程施工；编写土方工程机械化施工方案。

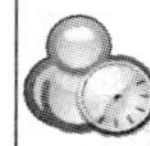**学习内容**

常见土方工程施工机械及其性能，作业特点、协同工作的辅助机械、适用范围以及作业方法。

任务引领

教师布置任务，帮助学生理解任务要求，辅导学生完成任务需要掌握的知识。

任务　某大型商业开发地块，长100m、宽45m，大范围开挖深度在6m左右，局部需要挖去厚 2m 的土坡，还有废弃水井需要挖除。可供使用的土方机械有推土机、铲运机、单斗挖土机、装载机等。

试根据工程实际选择土方机械，并编制机械施工方案。

问题导入

以下问题是完成任务必须掌握的知识，教师引导，学生完成。

1. 常用土方施工机械的性能如何？
2. 常用土方施工机械的适用范围是什么？
3. 常用土方施工机械的使用方法有哪些？
4. 土方机械提高施工效率的措施有哪些？
5. 挖土机数量如何确定？
6. 自卸汽车数量与挖土机数量匹配计算。

自主学习

学生以小组形式工作(4～6 人一组)。通过查资料、规范、学材以及网上资源解答以上问题；初步形成完成以上任务的思路和工作计划，组内学生讨论、向教师或辅导教师咨询，修改、完善计划，形成实施计划；实施计划，完成任务。

学生发言

各小组选派一名代表，回答问题，讲解本小组完成任务的过程及结果，小组其他成员补充。

学生互评

小组之间按照统一标准，对各小组回答问题、完成任务的过程及结果进行互评。

学生完成学习情境 4 成绩评定表

学生姓名________　教师________　班级________　学号__________

序号	考评项目	分值	考核内容	教师评价（权重 50%）	组长评价（权重 25%）	学生评价（权重 25%）
1	学习态度	15	出勤率、听课态度、实操表现等			
2	学习能力	25	上课回答问题、完成工作质量			
3	计算、操作能力	25	计算、实操记录、作品成果质量			
4	团结协作能力	15	自己在所在小组的表现，小组完成工作质量、速度			
合计		80				
综合得分						

教师提供1～3个工程的实例，供学生选择，加强实操练习。在规定期限内，学生选择并编写施工机械的施工方案。此项内容占情境4学习成绩的20%。

学　材

一、土方机械性能及选择

常用的土方施工机械有推土机、铲运机、单斗挖土机、装载机等，施工时应正确选用施工机械，以加快施工进度。

（一）推土机性能及选择

推土机施工见图1.26，其性能见表1.12。

图1.26　推土机施工

表1.12　推土机性能及选择

机械性能	作业特点及辅助机械	适用范围
操作灵活，运转方便，所需工作面小，可挖土、运土，易于转移，行驶速度快，应用广泛	1.作业特点 （1）推平、运距100m内的堆土（效率最高为60m） （2）开挖浅基坑 （3）推送松散的硬土、岩石 （4）回填、压实 （5）配合铲运机助铲、牵引 （6）下坡坡度最大为35°，横坡最大为10°，几台同时作业，前后距离应大于8m 2.辅助机械 （1）土方挖后运出需配备装土、运土 （2）设备推挖三、四类土，应用松土机预先翻松	（1）推一～四类土 （2）找平表面，场地平整 （3）短距离移挖作填，回填基坑（槽）、管沟并压实 （4）开挖深不大于1.5m的基坑（槽） （5）堆筑高1.5m内的路基、堤坝 （6）配合挖土机从事集中土方、清理场地、修路开道等作业

（二）铲运机性能及选择

铲运机施工见图1.27，其性能见表1.13。

图 1.27　铲运机施工

表 1.13　铲运机性能及选择

机械性能	作业特点及辅助机械	适用范围
操作简单灵活，不受地形限制，不需特设道路，准备工作简单，能独立工作，不需其他机械配合；能完成铲土、运土、卸土、填筑、压实等工序；行驶速度快，易于转移；需用劳力少，动力少，生产效率高	1. 作业特点 (1)大面积整平 (2)开挖大型基坑、沟渠 (3)运距 800～1500m 内的挖运土(效率最高为 200～350m) (4)填筑路基、堤坝 (5)回填压实土方 (6)坡度控制在 20°以内 2. 辅助机械 (1)开挖坚土时需用推土机助铲 (2)开挖三、四类土宜先用松土机预先翻松 20～40cm (3)自行式铲运机用轮胎行驶，适合于长距离，但开挖亦须用助铲	(1)开挖含水率 27%以下的一～四类土 (2)大面积场地平整、压实 (3)运距 800m 内的挖运土方 (4)开挖大型基坑(槽)、管沟，填筑路基等。但不适于砾石层、冻土地带及沼泽地区使用

(三)单斗挖土机性能及选择

单斗挖土机分为履带式和轮胎式两类。还可根据工作的需要，更换其工作装置。按其工作装置的不同，分为正铲、反铲、抓铲和拉铲等。按其操纵机械的不同，可分为机械式和液压式两类。

1. 正铲挖土机

正铲挖土机施工见图 1.28，其性能见表 1.14。

图 1.28　正铲挖土机施工

表 1.14 正铲挖土机性能及选择

机械性能	作业特点及辅助机械	适用范围
装车轻便灵活，回转速度快，移位方便；能挖掘坚硬土层，易控制开挖尺寸，工作效率高	1.作业特点 (1)开挖停机面以上土方 (2)工作面应在 1.5m 以上 (3)开挖高度超过挖土机挖掘高度时，可采取分层开挖 (4)装车外运 2.辅助机械 土方外运应配备自卸汽车，工作面应有推土机配合平土、集中土方进行联合作业	(1)开挖含水量不大于 27% 的一～四类土和经爆破后的岩石与冻土碎块 (2)大型场地整平土方 (3)工作面狭小且较深的大型管沟和基槽路堑 (4)独立基坑 (5)边坡开挖

2. 反铲挖土机

反铲挖土机施工见图 1.29，其性能见表 1.15。

图 1.29 加长式反铲挖土机施工

表 1.15 反铲挖土机性能及选择

机械性能	作业特点及辅助机械	适用范围
操作灵活，挖土、卸土均在地面作业	1.作业特点 (1)开挖地面以下深度不大的土方 (2)最大挖土深度 4～6m，经济合理深度为 1.5～3m (3)可装车和两边甩土、堆放 (4)较大、较深基坑可用多层接力挖土 2.辅助机械 土方外运应配备自卸汽车，工作面应由推土机配合推到附近堆放	(1)开挖含水量大的一～三类的砂土或黏土 (2)管沟和基槽 (3)独立基坑 (4)边坡开挖

3. 抓铲挖土机

抓铲挖土机施工见图 1.30，其性能见表 1.16。

图 1.30 抓铲挖土机施工

表 1.16　抓铲挖土机性能及选择

机械性能	作业特点及辅助机械	适用范围
钢绳牵拉灵活性较差，工作效率不高，不能挖掘坚硬土；可以装在简易机械上工作，使用方便	1. 作业特点 (1)开挖直井或沉井土方 (2)可装车或甩土 (3)排水不良也能开挖 (4)吊杆倾斜角度应在45°以上，距边坡应不小于2m 2. 辅助机械 土方外运时，按运距配备自卸汽车	(1)土质比较松软，施工面较狭窄的深基坑、基槽 (2)水中挖取土，清理河床 (3)桥基、桩孔挖土 (4)装卸散装材料

4. 拉铲挖土机

拉铲挖土机施工见图 1.31，其性能见表 1.17。

图 1.31　拉铲挖土机施工

表 1.17　拉铲挖土机性能及选择

机械性能	作业特点及辅助机械	适用范围
可挖深坑，挖掘半径及卸载半径大，操纵灵活性较差	1. 作业特点 (1)开挖停机面以下土方 (2)可装车和甩土 (3)开挖截面误差较大 (4)可将土甩在基坑(槽)两边较远处堆放 2. 辅助机械 土方外运需配备自卸汽车、推土机，创造施工条件	(1)挖掘一～三类土，开挖较深较大的基坑(槽)、管沟 (2)大量外借土方 (3)填筑路基、堤坝 (4)挖掘河床 (5)不排水挖取水中泥土

二、土方机械基本作业方法

(一)推土机作业及提高效率的措施

1. 下坡推土法(图 1.32)

下坡推土法一般可提高效率 30%～40%，但推土坡度应在 15°以内。

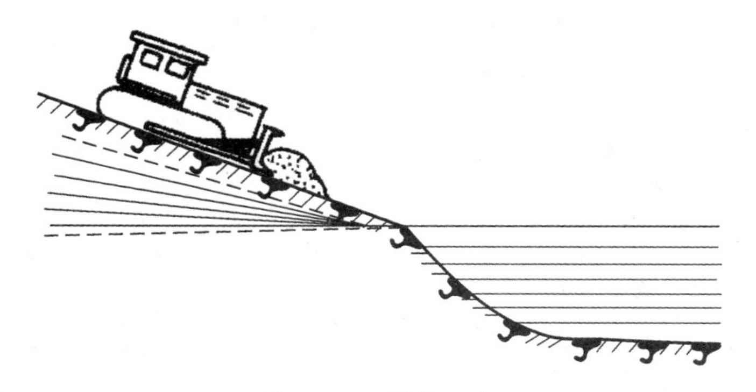

图 1.32　下坡推土法

2. 槽形挖土法(图 1.33)

槽形挖土法可以增加推土量 10％～30％。

图 1.33　槽形挖土法

3. 并列推土法(图 1.34)

一般两机并列推土可增大推土量 15％～30％,但平均运距不宜超过 50～70m,不宜小于 20m。

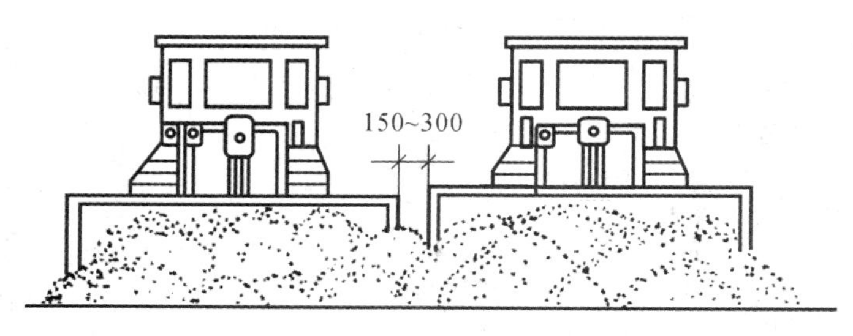

图 1.34　并列推土法

4. 多铲集运法(图 1.35)

可以采用多次铲土、分批集中、一次推送的方法,以便有效地利用推土机的功率,缩短运土时间。

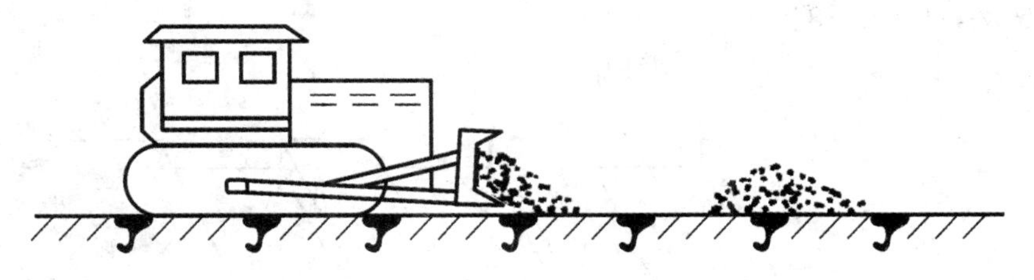

图 1.35　多铲集运法

(二)铲运机作业及提高效率的措施

1. 运行路线

运行路线见图 1.36。

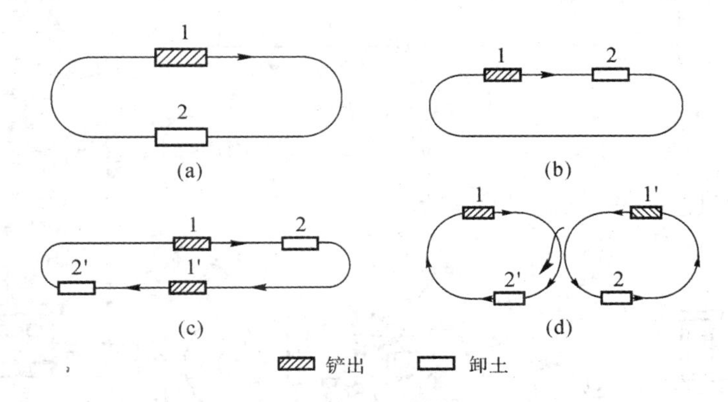

图 1.36　铲运机的运行路线

2. 提高效率的措施

(1)下坡铲土法,见图 1.37。

图 1.37　下坡铲土法

(2)跨铲法,见图1.38。

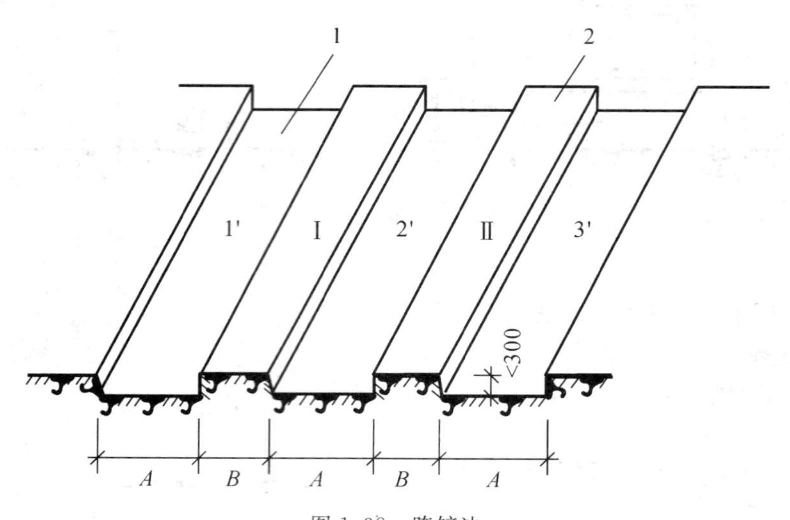

图1.38　跨铲法

1—沟槽;2—土埂;A—铲斗宽;B—不大于拖拉机履带净距

(3)助铲法,见图1.39。

图1.39　助铲法

(4)双联铲运法,见图1.40。

图1.40　双联铲运法

(三)单斗挖土机作业及提高效率的措施

1. 正铲挖土机

(1)作业方法。

根据开挖路线与运输汽车相对位置的不同,一般有以下两种:

①正向开挖,侧向装土法,见图1.41(a)和(b)。

②正向开挖,后方装土法,见图1.41(c)。

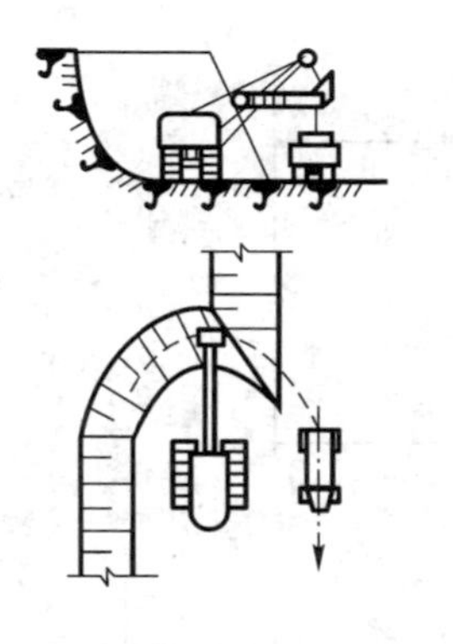

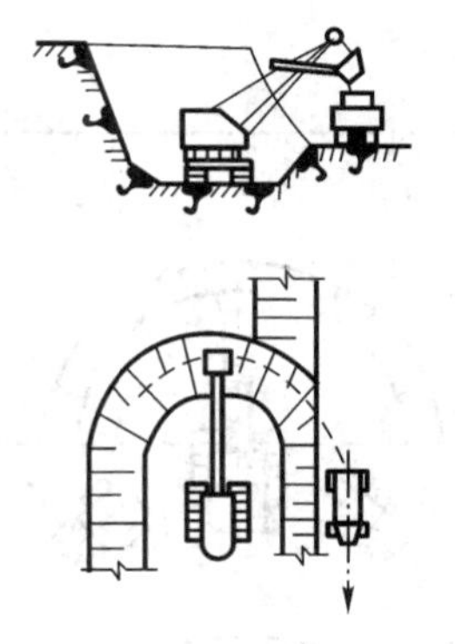

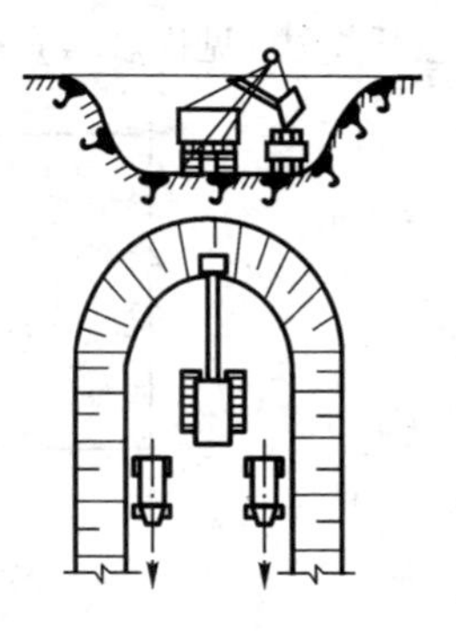

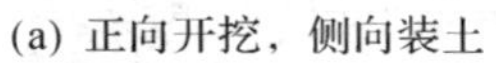

(a) 正向开挖，侧向装土　　(b) 正向开挖，侧向装土　　(c) 正向开挖，后方装土

图 1.41　正铲挖土机

(2)提高生产率的方法。

①分层开挖法，见图 1.42。

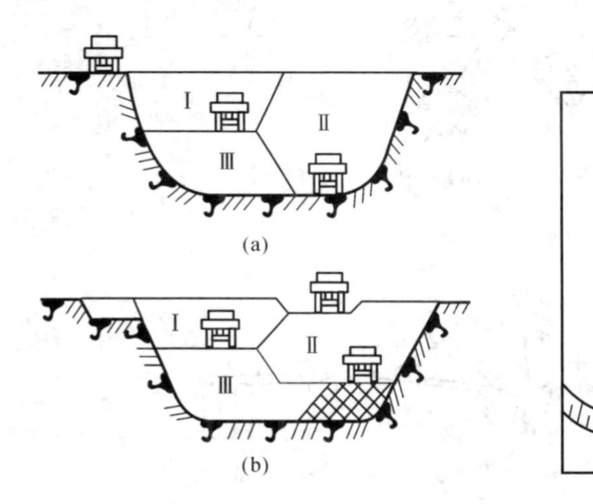

图 1.42　分层开挖法

②多层挖土法，见图 1.43。

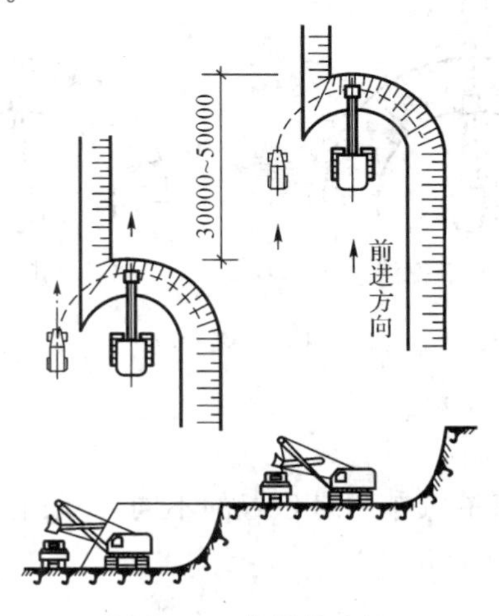

图 1.43　多层挖土法

③中心开挖法，见图 1.44。

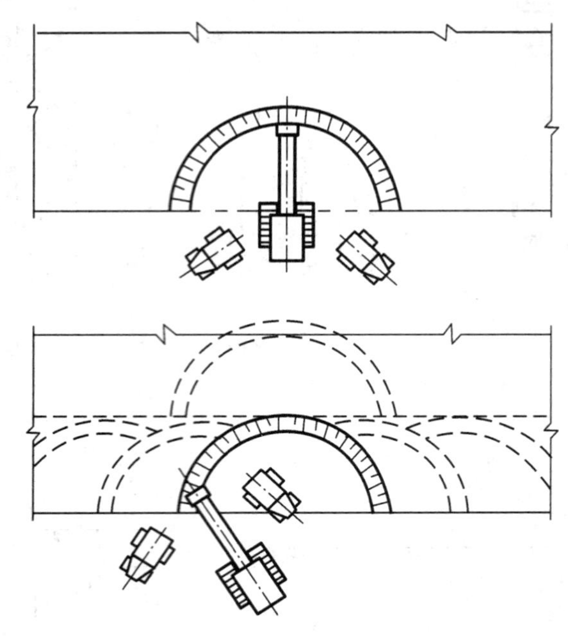

图 1.44　中心开挖法

④上下轮换开挖法，见图 1.45。

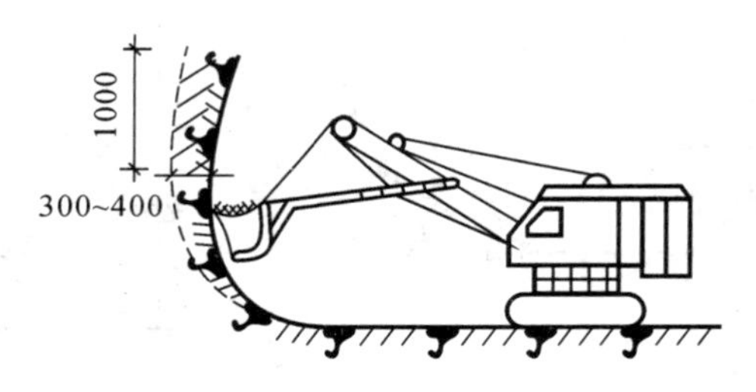

图 1.45　上下轮换开挖法

⑤顺铲开挖法，见图 1.46(a)。

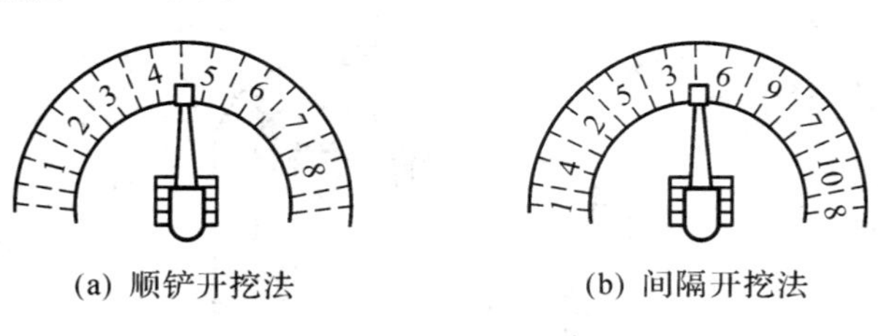

图 1.46

⑥间隔开挖法，见图 1.46(b)。

2. 反铲挖土机

根据挖掘机开挖路线与运输汽车相对位置的不同，一般有以下几种：

①沟端开挖法，见图 1.47(a)和(b)。

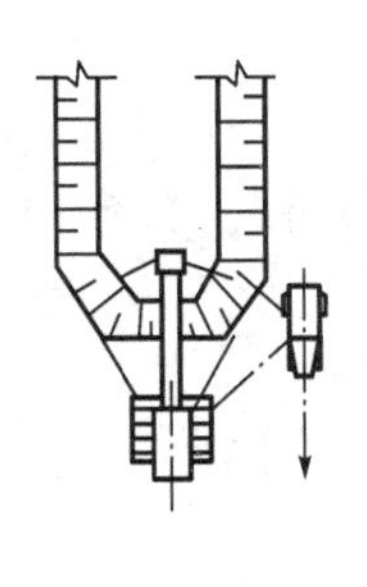

(a) 沟端开挖法

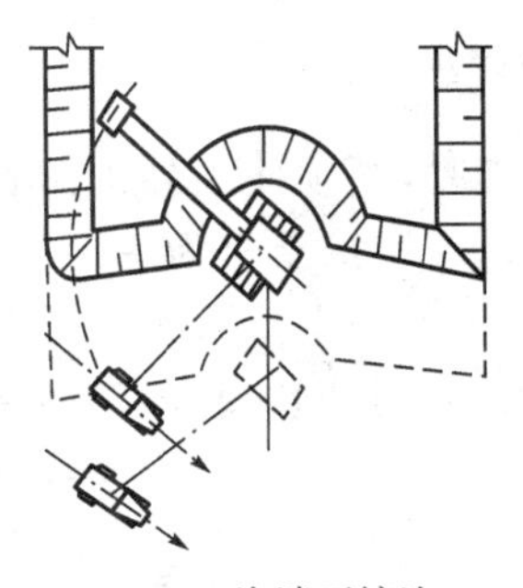

(b) 沟端开挖法

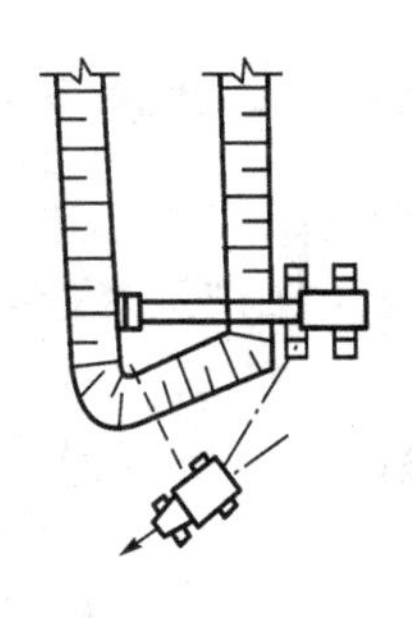

(c) 沟侧开挖法

图 1.47　反铲挖土机

②沟侧开挖法,见图 1.47(c)。

③多层接力开挖法,见图 1.48。

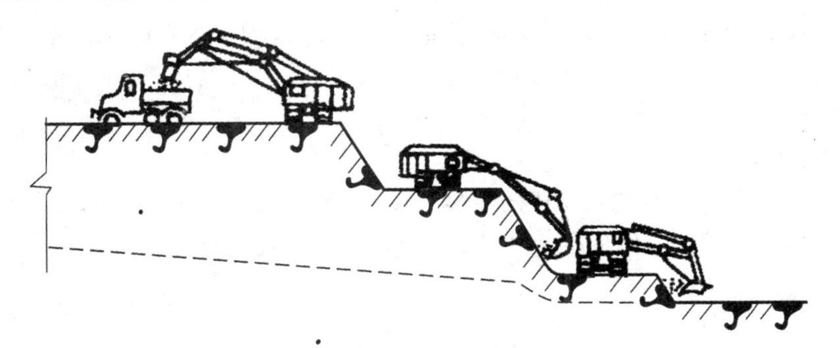

图 1.48　多层接力开挖法

3. 抓铲挖土机(图 1.49)

抓铲挖土机的挖土特点是:直上直下,自重切土。

抓铲能在回转半径范围内开挖基坑上任何位置的土方,并可在任何高度上卸土(装车或弃土)。

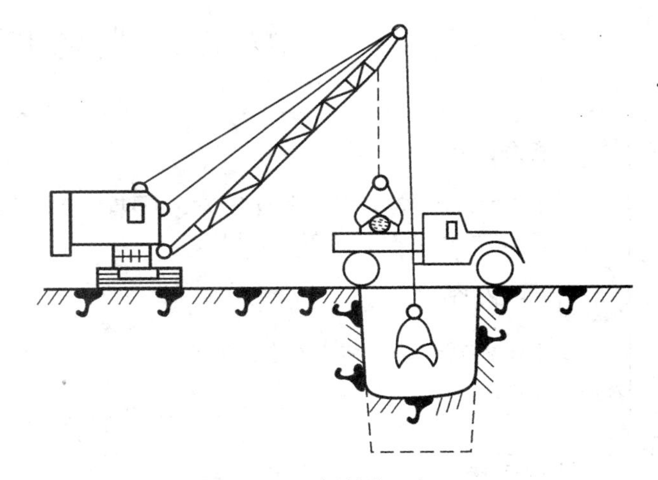

图 1.49　抓铲挖土机

4. 拉铲挖土机

(1)开挖方式。

①沟端开挖法:适用于就地取土填筑路基及修筑堤坝。

②沟侧开挖法:适用于土方就地堆放的基坑、基槽以及填筑路堤等工程。

(2)作业方法。

①分段挖土法:适用于开挖宽度大的基坑、基槽、沟渠工程。

②分层挖土法:适用于开挖较深的基坑,特别是圆形或方形基坑。

③顺序挖土法:适用于开挖土质较硬的基坑。

三、挖土机与运土汽车的配套计算

在组织土方工程机械化综合施工时，必须使主导机械和辅助机械的台数相互配套、协调工作。当用挖土机挖土、汽车运土时，应以挖土机为主导机械。

（一）挖土机数量确定

挖土机数量 N，应根据土方量大小、工期长短、经济效果按下式计算：

$$N=\frac{Q}{P}\cdot\frac{1}{T\cdot C\cdot K} \tag{1.27}$$

式中：Q 为土方量，m^3；P 为挖土机生产率，m^3/台班；T 为工期，工作日；C 为每天工作班数；K 为时间利用系数，0.8～0.9。

挖土机生产率 P，可通过查定额手册求得，也可按下式计算：

$$P=\frac{8\times 3600}{t}\cdot q\cdot\frac{K_c}{K_S}\cdot K_B \tag{1.28}$$

式中：t 为挖土机每次循环作业延续时间，s，即每挖一斗的时间；q 为挖土机斗容量，m^3；K_S 为土的最初可松性系数；K_c 为土斗的充盈系数，可取 0.8～1.1；K_B 为工作时间利用系数，一般取 0.6～0.8。

（二）自卸汽车配合计算

自卸汽车的载重量 Q_1 应与挖土机的斗容量保持一定的关系，一般宜为每斗土重的 3～5 倍。

自卸汽车的数量 N_1 应保证挖土机连续工作，可按下式计算：

$$N_1=\frac{T_s}{t_1} \tag{1.29}$$

式中：T_s 为自卸汽车每一工作循环延续时间，min；t_1 为自卸汽车每次装车时间，min。

情境 5　降低地下水位

能力目标

通过本情境的学习，熟悉土方开挖过程中基坑降水的方法，并能根据工程实际正确选择降低地下水位的方法；编写降低地下水位的施工方案。

学习内容

土方开挖过程中基坑降水的方法；每种降水方法应用的条件和需用的设备；降低地下水位过程中特殊情况的处理。

任务引领

教师布置任务，帮助学生理解任务要求，辅导学生完成任务需要掌握的知识。

任务一　某商业地块，长 150m、宽 100m，大面积开挖深度为 1.750～5.950m，开挖深度局部位置较深；地下水位 1.5～3.0m。以淤泥质土为主，淤泥层厚度较大，含水量较高，达到 65.0%，物理力学性质极差。

试编制土方工程施工降水方案。

任务二　某厂房设备基础施工，基坑底宽8m、长15m、深4.2m；挖土边坡1∶0.5。地质资料表明，在天然地面以下0.8m为黏土层，其下有8m厚的砂砾层（渗透系数K=12m/d），再下面为不透水的黏土层。地下水位在地面以下1.5m。

试编制土方工程施工降水方案。

问题导入

以下问题是完成任务必须掌握的知识，教师引导，学生完成。

1. 集水井降水的方法有哪些？
2. 集水井如何设置？
3. 什么是流沙现象？产生原因？有何危害？如何防治？
4. 何谓井点降水？
5. 何谓轻型井点降水？
6. 轻型井点降水需用哪些设备？有何要求？
7. 轻型井点如何布置？
8. 管井井点的设备有哪些？如何设置？

自主学习

学生以小组形式工作（4～6人一组）。通过查资料、规范、学材以及网上资源解答以上问题；初步形成完成以上两项任务的思路和工作计划，组内学生讨论、向教师或辅导教师咨询，修改、完善计划，形成实施计划；实施计划，完成任务。

学生发言

各小组选派一名代表，回答问题，讲解本小组完成任务的过程及结果，小组其他成员补充。

学生互评

小组之间按照统一标准，对各小组回答问题、完成任务的过程及结果进行互评。

学生完成学习情境5成绩评定表

学生姓名________　教师________　班级________　学号__________

序号	考评项目	分值	考核内容	教师评价（权重50%）	组长评价（权重25%）	学生评价（权重25%）
1	学习态度	15	出勤率、听课态度、实操表现等			
2	学习能力	25	上课回答问题、完成工作质量			
3	计算、操作能力	25	计算、实操记录、作品成果质量			
4	团结协作能力	15	自己在所在小组的表现，小组完成工作质量、速度			
合计		80				
综合得分						

知识拓展

教师提供2～3个工程的实例，供学生选择，加强实操练习。在规定期限内，学生编写出土方施工基坑降水方案。此项内容占情境5学习成绩的20%。

学　材

在基坑开挖过程中，当基底低于地下水位时，由于土的含水层被切断，地下水会不断地渗入坑内。雨期施工时，地面水也会不断流入坑内。如果不采取降水措施，把流入基坑内的水及时排走或把地下水位降低，不仅会使施工条件恶化，而且地基土被水泡软后，容易造成边坡塌方并使地基的承载力下降。另外，当基坑下遇有承压含水层时，若不降水减压，则基底可能被冲溃破坏。因此，为了保证工程质量和施工安全，在基坑开挖前或开挖过程中，必须采取措施，控制地下水位，使地基土在开挖及基础施工时始终处于地下水位以上。

降水方法可分为重力降水（集水井、明渠等）和强制降水（轻型井点、深井点、电渗井点等）。

土方工程中采用较多的是集水井降水和轻型井点降水。

一、集水井降水

集水井降水是一种设备简单、应用普遍的人工降低水方法。

（一）施工方法

开挖基坑或沟槽过程中，在基础范围以外地下水流的上游，沿坑底的周围开挖排水沟，设置集水井，使水在重力作用下经排水沟流入集水井内，然后用水泵将水抽出坑外（图1.50）。根据地下水量、基坑平面形状及水泵能力，集水井每隔20～40m设置一个。

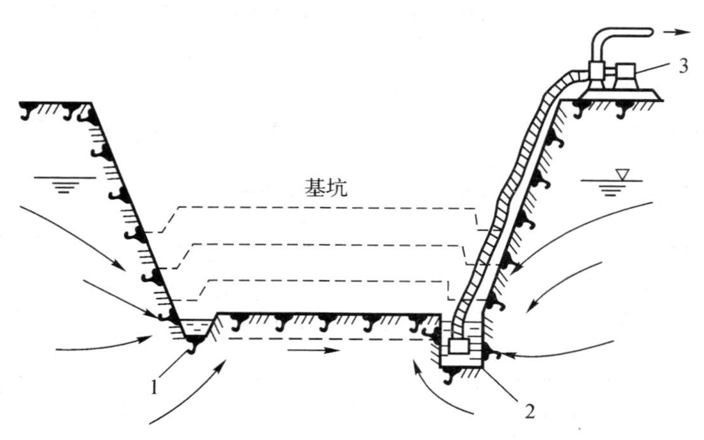

图1.50　集水井降水

1—排水沟；2—集水井；3—水泵

（二）集水井设置

集水井直径或宽度，一般为0.6～0.8m。其深度随着挖土深度逐渐加深，应保持低于挖土面0.7～1.0m；坑壁可用竹、木材料等简易加固；当基坑挖至设计标高后，集水井底面应低于基坑底面1.0～2.0m，并铺设碎石滤水层（0.3m厚）或下部砾石（0.1m厚）上部粗砂

(0.1m)的双层滤水层，以免由于抽水时间过长而将泥砂抽出，并防止坑底土被扰动。

集水井降水适用于水流较大的粗粒土层的降水，也可用于渗水量较小的黏性土层的降水，但不适宜于细砂土和粉砂土层，因为地下水渗出会带走细粒而发生流砂现象。

(三)流砂产生及其防治

1.流砂现象

当基坑(槽)挖土至地下水水位以下时，而土质又是细砂或粉砂，又采用集水井法降水，有时坑底下面的土会形成流动状态，随地下水一起流动涌入基坑，这种现象称为流砂现象。

2.流砂产生原因

当基坑底挖至地下水位以下时，坑底的土就受到动水压力的作用。如果动水压力等于或大于土的浸水容重时，土粒失去自重处于悬浮状态，能随着渗流的水一起流动，带入基坑边发生流砂现象。

3.流砂危害

发生流砂现象时，土完全丧失承载能力，使施工条件恶化，难以达到开挖设计深度；严重时会造成边坡塌方及附近建筑物下降、倾斜、倒塌等。

4.流砂防治

如果土层中产生局部流砂现象，应采取减小动水压力的处理措施，使坑底土颗粒稳定，不受水压干扰。其方法有枯水期施工(使最高地下水位不高于坑底 0.5m)、水下挖土法(不抽水或减少抽水，保持坑内水压与地下水压基本平衡)、井点降水法、打板桩法、地下连续墙法和冻结法施工。

二、井点降水

(一)井点降水

基坑开挖前，在基坑四周预先埋设一定数量的滤水管(井)，在基坑开挖前和开挖过程中，利用抽水设备不断抽出地下水，人工控制地下水流的方向，使地下水位降到坑底以下，直至土方和基础工程施工结束为止。

井点降水有轻型井点和管井类(深井泵)两类。

对不同的土质应采用不同的降水形式，表 1.18 列出了常用的降水形式。

表 1.18　降水类型及适用条件

井点类型	渗透系数 (m/昼夜)	可能降低的水位深度(m)
轻型井点 多级轻型井点	1.1～50	3～6 6～12
喷射井点	0.1～2	8～20
电渗井点	<0.1	宜配合其他形式降水使用
深井井管	10～250	>15

(二)井点降水简介

1.轻型井点

轻型井点就是沿基坑周围或一侧以一定间距将井点管(下端为滤管)埋入蓄水层内，井点管上部与总管连接，利用抽水设备将地下水经滤管进入井管，经总管不断抽出，从而将地下水位降至坑底以下。

轻型井点法适用于土壤的渗透系数为 0.1～50m/d 的土层中；降低水位深度：一级轻型井点 3～6m，二级井点可达 6～9m。轻型井点降低地下水位全貌见图 1.51。

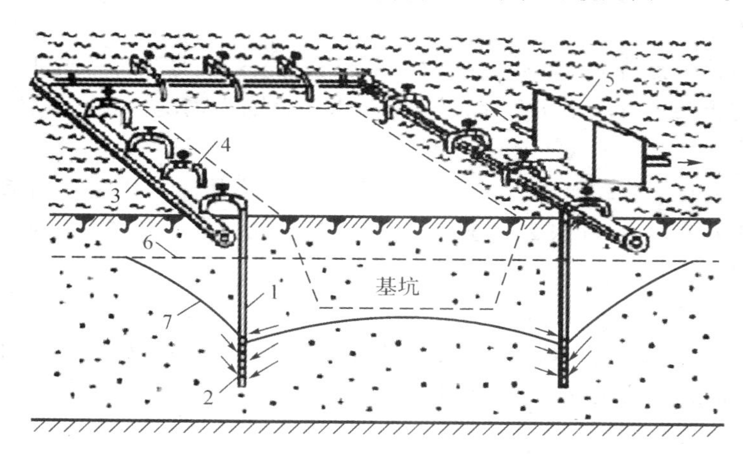

图 1.51 轻型井点降低地下水位全貌

1—井点管；2—滤管；3—总管；4—弯联管；5—水泵房；6—原有地下水位线；7—降低后地下水位线

(1)轻型井点设备：由管路系统和抽水设备组成。管路系统包括滤管、井点管、弯联管及总管等。滤管(图 1.52)为进水设备，其构造是否合理对抽水设备影响很大，滤管必须埋设在含水层中。

井点管：直径 d=38mm 或 51mm、长度 l=5～7m 的钢管，可由整根或分节组成。

集水总管：直径 d=100～125mm 的无缝钢管，长度 l=4m，其上装有与井点管连接的短接头，长度为 0.8m 或 1.2m。

抽水设备：由真空泵、离心泵和水气分离器(又称集水箱)等组成。

(2)轻型井点布置：根据基坑平面形状与大小、土质、地下水位高低与流向、降水深度要求等确定。

当基坑或沟槽宽度小于 6m，水位降低深度不超过 5m 时，可用单排线状井点布置在地下水流的上游一侧，两端延伸长度一般不小于沟槽宽度。(图 1.53)

在考虑到抽水设备的水头损失以后，井点降水深度一般不超过 6m。井点管的埋设深度 H(不包括滤管)按下式计算：

$$H \geqslant H_1 + h + iL \tag{1.30}$$

式中：H_1 为井点管埋设面至基坑底的距离，m；h 为基坑中心处坑底面(单排井点时，为远离井点一侧坑底边缘)至降低后地下水位的距离，一般为 0.5～1.0m；i 为地下水降落坡度，环状井点为 1/10，单排线状井点为 1/4；L 为井点管至基坑中心的水平

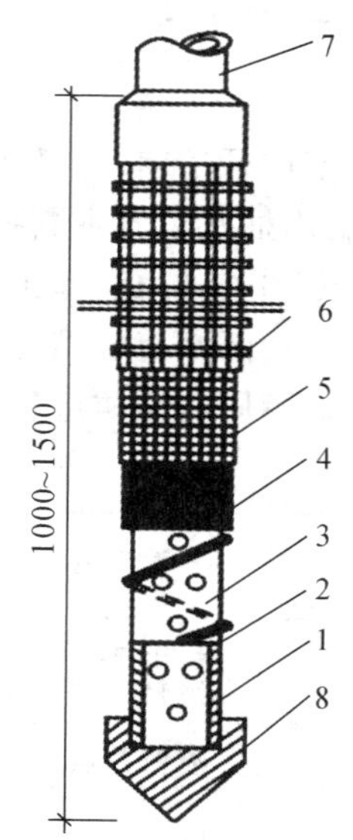

图 1.52 滤管构造

1—钢管；2—管壁上的小孔；3—缠绕的塑料管；4—细滤网；5—粗滤网；6—铁丝保护网；7—井点管；8—铸铁头

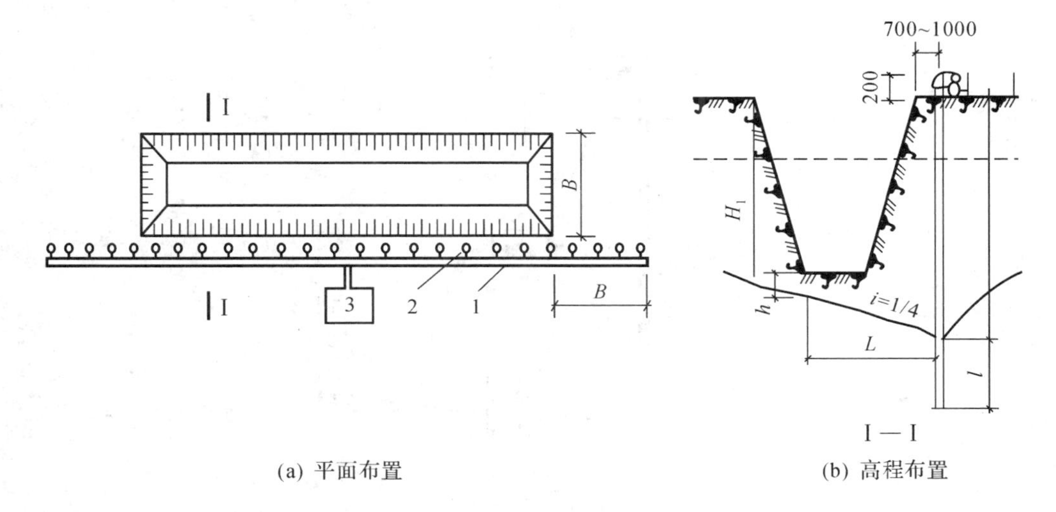

(a) 平面布置　　(b) 高程布置

图 1.53　单排线状井点的布置

1—总管;2—井点管;3—抽水设备

距离(单排井点中为井点管至基坑另一侧的水平距离),m。

若宽度大于 6m 或土质不良,渗透系数较大时,宜用双排井点,面积较大的基坑宜用环状井点(图 1.54);为便于挖土机械和运输车辆出入基坑,可不封闭,布置为 U 形环状井点。

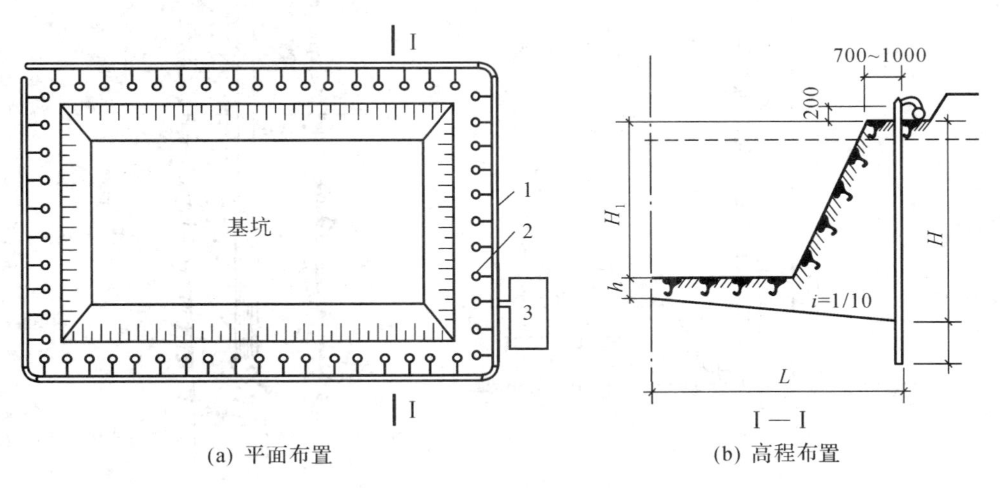

(a) 平面布置　　(b) 高程布置

图 1.54　环形井点的布置

1—总管;2—井点管;3—抽水设备

当一级井点系统达不到降水深度时,可采用二级井点,即先挖去第一级井点所疏干的土,然后在基坑底部装设第二级井点,使降水深度增加。(图 1.55)

(3)轻型井点的安装:轻型井点的施工分为准备工作、井点系统埋设、使用和拆除。

准备工作:包括井点设备、动力、水泵及必要材料准备,排水沟的开挖,附近建筑物的标高监测以及防止附近建筑沉降的措施等。

埋设井点的顺序:根据降水方案放线、挖管沟、布设总管、冲孔、下井点管、埋砂滤层、黏土封口、弯联管连接井点管与总管、安装抽水设备、试抽。

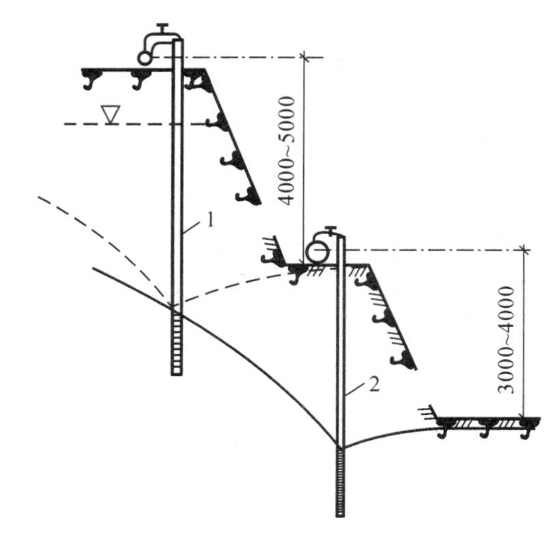

图 1.55 二级轻型井点的布置

1—第一级井点;2—第二级井点

井点管的埋设一般用水冲法施工,分为冲孔和埋管两个过程,见图 1.56。

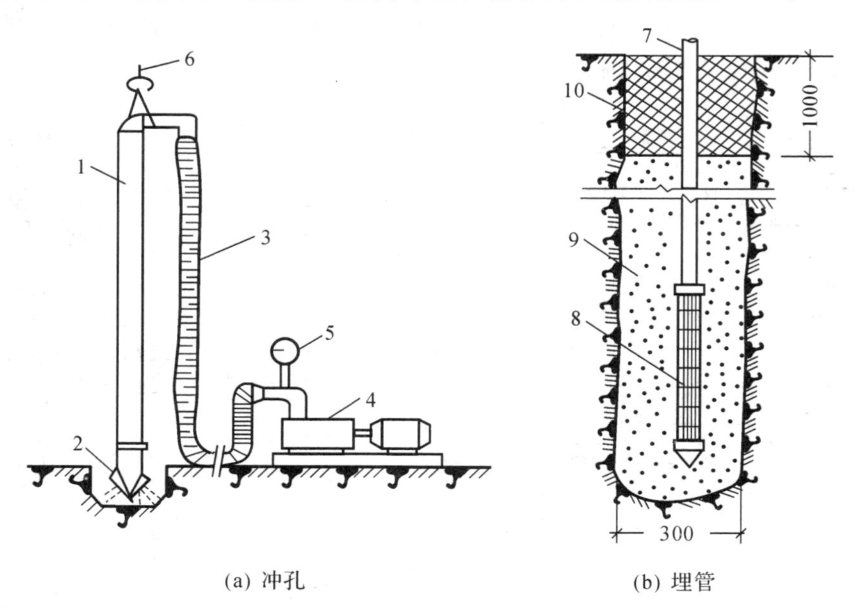

(a) 冲孔 (b) 埋管

图 1.56 井点管的埋设

1—总管;2—冲嘴;3—胶皮管;4—高压水泵;5—压力表;6—起重机吊钩;

7—井点管;8—滤管;9—填砂;10—黏土封口

(4)轻型井点注意事项:轻型井点运行后,应保证连续不断地抽水;井孔冲成后,立即拔出冲管,插入井点管,并在井点管和孔壁之间迅速填灌砂滤层,防止孔壁塌孔;砂滤层的填灌质量是保证轻型井点顺利抽水的关键,一般选用干净粗砂。井点填砂后,须用黏土封口,以防漏气;地下基础工程(或构筑物)竣工并进行回填土后,停机拆除井点排水设备。

2.管井井点

对渗透系数大(如 $K=20\sim200\text{m/d}$)、地下水丰富的土层,可采用管井井点的方法进行降水。即沿基坑每隔一定距离设置一个管井,每个管井单独用一台水泵不断地抽水,以降低地下水位。

管井井点的设备主要由管井、吸水管及水泵组成。管井可用钢管管井和混凝土管管井等。钢管管井的管身采用直径150～250mm的钢管,其过滤部分采用钢筋焊接骨架外缠镀锌铁丝并包滤网(孔眼1～2mm),长度为2～3m。混凝土管管井的内径为400mm,分实管与过滤管两种,过滤管的孔隙率为20%～25%,吸水管可采用直径为50～100mm的钢管或胶管。水泵可采用2～4英寸(5.08～10.16cm)的潜水泵或单击离心泵。

管井的间距,一般为20～50m,管井的深度为8～15m。井内水位降低值可达6～10m,两井中间水位则为3～5m。

情境6　土方工程施工安全技术

能力目标

通过本情境的学习,熟悉土方开挖和基坑支护过程中的安全技术,并能根据工程实际编制土方开挖安全专项方案和基坑支护安全专项施工方案。

学习内容

土方开挖安全技术;基坑支护安全技术。

任务引领

教师布置任务,帮助学生理解任务要求,辅导学生完成任务需要掌握的知识。

任务一　某商业地块,长150m、宽100m,大面积开挖深度为1.750～5.950m,开挖深度局部位置较深;地下水位1.5～3.0m。以淤泥质土为主,淤泥层厚度较大,含水量较高,达到65.0%,物理力学性质极差。

试编制基坑支护安全专项方案。

任务二　某厂房设备基础施工,基坑底宽8m、长15m、深4.2m;挖土边坡1∶0.5。地质资料表明,在天然地面以下0.8m为黏土层,其下有8m厚的砂砾层(渗透系数 $K=12\text{m/d}$),再下面为不透水的黏土层。地下水位在地面以下1.5m。

试编制土方开挖安全专项方案。

问题导入

以下问题是完成任务必须掌握的知识,教师引导,学生完成。

1.土方开挖有哪些安全技术规定?

2.基坑支护有哪些安全技术规定?

自主学习

学生以小组形式工作(4～6人一组)。通过查资料、规范、学材以及网上资源解答以上问题;初步形成完成以上两项任务的思路和工作计划,组内学生讨论、向教师或辅导教师咨询,修改、完善计划,形成实施计划;实施计划,完成任务。

学生发言

各小组选派一名代表,回答问题,讲解本小组完成任务的过程及结果,小组其他成员补充。

学生互评

小组之间按照统一标准,对各小组回答问题、完成任务的过程及结果进行互评。

学生完成学习情境6成绩评定表

学生姓名________ 教师________ 班级________ 学号____________

序号	考评项目	分值	考核内容	教师评价(权重50%)	组长评价(权重25%)	学生评价(权重25%)
1	学习态度	15	出勤率、听课态度、实操表现等			
2	学习能力	25	上课回答问题、完成工作质量			
3	计算、操作能力	25	计算、实操记录、作品成果质量			
4	团结协作能力	15	自己在所在小组的表现,小组完成工作质量、速度			
合计		80				
综合得分						

知识拓展

教师提供2～3个工程的实例,供学生选择,加强实操练习。在规定期限内,学生编写出土方施工基坑降水方案。此项内容占情境6学习成绩的20%。

学　材

一、土方开挖安全技术

(1)土方挖掘方法、挖掘顺序应根据支护方案和降排水要求进行,当采用局部或全部放坡开挖时,放坡坡度应满足其稳定性要求。

(2)挖掘应自上而下进行,严禁先挖坡脚;软土基坑无可靠措施时应分层均衡开挖;层高不宜超过1m;土方每次开挖深度和挖掘顺序必须按设计要求;坑(槽)沟边1m以内不得堆土、堆料,不得停放机械。

(3)当基坑开挖深度大于相邻建筑的基础深度时，应保持一定距离或采取边坡支撑加固措施，并进行沉降和移位观测。

(4)施工中如发现不能辨认的物品时，应停止施工，保护现场，并立即报告所在地有关部门处理，严禁随意敲击或玩弄。

(5)挖土机作业的边坡应验算其稳定性，当不能满足时，应采取加固措施；在停机作业面以下挖土应选用反铲或拉铲作业，当使用正铲作业时，挖掘深度应严格按其说明书规定进行；有支撑的基坑使用机械挖掘时，应防止作业中碰撞支撑。

(6)配合挖土机作业人员，应在其作业半径以外工作，当挖土机停止回转并制动后，方可进入作业半径内工作。

(7)开挖至坑底标高后，应及时进行下道工序基础工程施工，减少暴露时间；如不能立即进行下道工序施工，应预留 300mm 厚的覆盖层。

(8)当基坑施工深度超过 2m 时，坑边应按照高处作业的要求设置临边防护，作业人员上下应有专用梯道；当深基坑施工中形成的立体交叉作业时，应合理布局机位、人员、运输通道，并设置防止落物伤害的防护层。

(9)从事爆破工程设计、施工的企业必须取得相关资质证书，按照批准的允许经营范围并严格遵照爆破作业的相关规定进行。

二、基坑支护安全技术

(1)支护结构的选型应考虑结构的空间效应和基坑特点，选择有利支护的结构形式或采用几种形式相结合。

(2)当采用悬臂式结构支护时，基坑深度不宜大于 6m；基坑深度超过 6m 时，可选用单支点和多支点的支护结构；地下水位低的地区和能保证降水施工时，也可采用土钉支护。

(3)寒冷地区基坑设计应考虑土体冻胀力的影响。

(4)支撑安装必须按设计位置进行，施工过程严禁随意变更，并应切实使围檩与挡土桩墙结合紧密；挡土板或板桩与坑壁间的回填土应分层回填夯实。

(5)支撑的安装和拆除顺序必须与设计工况相符合，并与土方开挖和主体工程的施工顺序相配合；分层开挖时，应先支撑后开挖；同层开挖时，应边开挖边支撑；支撑拆除前，应采取换撑措施，防止边坡卸载过快。

(6)钢筋混凝土支撑强度必须达设计要求(或达 75%)后，方可开挖支撑面以下土方；钢结构支撑必须严格检验材料和保证节点的施工质量，严禁在负荷状态下进行焊接。

(7)应合理布置锚杆的间距与倾角，锚杆上下间距不宜小于 2.0m，水平间距不宜小于 1.5m；锚杆倾角宜为 15°～25°，且不应大于 45°。最上一道锚杆覆土厚不得小于 4m。

(8)锚杆的实际抗拔力除经计算外，还应按规定方法进行现场试验后确定；可采取提高锚杆抗力的二次压力灌浆工艺。

(9)采用逆作法施工时，要求其外围结构必须有自防水功能；基坑上部机械挖土的深度，应按地下墙悬臂结构的应力值确定；基坑下部封闭施工，应采取通风措施；当采用电梯间作为垂直运输的井道时，对洞口楼板的加固方法应由工程设计确定。

(10)逆作法施工时，应合理地解决支撑上部结构的单柱单桩与工程结构的梁柱交叉及节点构造并在方案中预先设计，当采用坑内排水时必须保证封井质量。

情境7　深基坑信息化施工技术

能力目标

通过本情境的学习，熟悉深基坑监测技术，并能根据工程实际编制深基坑信息化施工方案。

学习内容

深基坑信息化施工的内容和方法。

任务引领

教师布置任务，帮助学生理解任务要求，辅导学生完成任务需要掌握的知识。

任务　某商业地块，长100m、宽80m，大面积开挖深度为1.750～5.950m，开挖深度局部位置较深；地下水位1.5～3.0m。以淤泥质土为主，淤泥层厚度较大，含水量较高，达到60.0%，物理力学性质极差。基坑北侧距坑边沿15m处，是一主干道路；东侧距坑边沿10m处，有一座占地面积约100m^2的三层民房。

试编制基坑信息化施工方案。

问题导入

以下问题是完成任务必须掌握的知识，教师引导，学生完成。

1.深基坑信息化施工的目的是什么？

2.深基坑信息化施工有哪些内容？

3.深基坑信息化施工的检测项目有哪些？

4.深基坑信息化施工监测点如何布置？

自主学习

学生以小组形式工作(4～6人一组)。通过查资料、规范、学材以及网上资源解答以上问题；初步形成完成以上任务的思路和工作计划，组内学生讨论、向教师或辅导教师咨询，修改、完善计划，形成实施计划；实施计划，完成任务。

学生发言

各小组选派一名代表，回答问题，讲解本小组完成任务的过程及结果，小组其他成员补充。

学生互评

小组之间按照统一标准，对各小组回答问题、完成任务的过程及结果进行互评。

学生完成学习情境7成绩评定表

学生姓名________　教师________　班级________　学号____________

序号	考评项目	分值	考核内容	教师评价（权重50%）	组长评价（权重25%）	学生评价（权重25%）
1	学习态度	15	出勤率、听课态度、实操表现等			
2	学习能力	25	上课回答问题、完成工作质量			
3	计算、操作能力	25	计算、实操记录、作品成果质量			
4	团结协作能力	15	自己在所在小组的表现，小组完成工作质量、速度			
合计		80				
综合得分						

知识拓展

教师提供1～2个工程的实例，供学生选择，加强实操练习。在规定期限内，学生编写出土方施工基坑降水方案。此项内容占情境7学习成绩的20%。

学　材

一、深基坑信息化施工的监测目的和内容

1. 监测目的

(1)将监测数据与预测值相比较以判断前一步施工工艺和施工参数是否符合预期要求，以确定和优化下一步的施工参数，做好信息化施工。(优化施工参数)

(2)将现场测量结果用于信息化反馈优化设计，使设计达到优质安全、经济合理、施工快捷的目的。(优化设计)

(3)将现场监测的结果与理论预测值相比较，用反分析法导出更接近实际的理论用以指导其他工程。(加强检测)

2. 监测内容

深基坑监测的内容一般可分为以下部分：

(1)坑周土体变位测量。

(2)围护结构变形测量及内力测量。

(3)支撑结构轴力测量。

(4)土压力测量。

(5)地下水位及孔隙水压力测量。

(6)相邻建筑物及地下管线、隧道等保护对象的变形测量。

二、基坑工程信息化施工的监测项目

基坑工程中,现场监测的主要项目有:

(1)基坑围护桩的水平变位,包括桩的侧斜和顶部的隆沉量及水平位移。

(2)地层分层沉降。

(3)各立柱桩的隆沉量及水平位移。

(4)支撑围护檩的变形及弯矩。

(5)基坑围护桩的弯矩。

(6)基坑周围地下管线、房屋及其他重要构筑物的沉降和水平位移。

(7)基坑内外侧的孔隙水压力及水位。

(8)结构底板的反力及弯矩。

(9)基坑内外侧的水土压力值。

在工程中选择监测项目时,应根据工程实际及环境需要而定。一般来说,大型工程均需测量这些项目,中、小型工程则可选择几项来测量。

三、测点布置

按对基坑工程控制变形的要求,设置在围护结构里的测斜管,一般情况下在基坑的每边设1～3点。

测斜管深度与结构入土深度一样。围护桩顶的水平、垂直位移测点沿基坑周边间隔10～20m设置,并在远离基坑的地方设基准点,测量其位移和沉降。

四、监测设备

现场测量常用的仪器有水准仪、经纬仪、测斜仪、分层沉降仪、土压力计和孔隙水压计等。

在监测设备、仪器埋设完成后,立即测读初始值,后在开挖过程中2次/天;挖到设计标高后1次/天;待数据变化不大时改为每5～7天测读一次。每次读数及时整理,绘制变化曲线,及时反馈到基坑开挖单位,以指导安全挖土。

项目二

地基处理与基础工程施工

Ⅰ 背景知识

基本概念

1. 地基

建筑物基础底部下方一定深度与范围内的土层，承受由基础传来的建筑物荷载。

(1)地基要求。

①均应保证具有足够的强度和稳定性。

②在荷载作用下地基土不发生剪切破坏或丧失稳定。

③不产生过大的沉降或不均匀的沉降变形，以确保建筑物的正常使用。

(2)地基分类。

①天然地基。不需人工加固处理，具有足够承载力的土层。

②人工地基。经过人工处理，达到承载力的土层。

2. 基础

基础是建筑物的组成部分，是建筑物的地面以下部分。基础承受建筑物的全部荷载，并将这些荷载连同自重传给地基。

3. 桩基础

桩基础是一种常用的深基础形式，它由若干个沉入土中的桩和连接桩顶的承台组成。

(1)桩的材料。可由混凝土、钢或组合材料组成。

(2)桩的作用。将上部建筑物的荷载传递到深处承载力较强的土层上，或将软弱土层挤密实以提高地基土的承载能力和密实度。

(3)桩的直径。直径不大于250mm的桩称为小直桩；直径在250～800mm的桩称为中等直径桩；直径大于等于800mm的桩称为大直径桩。

(4)桩基础的分类。

①按传力性质可分为端承桩和摩擦桩。

②按制作方式可分为预制桩和灌注桩。

③按预制桩沉入方法可分为锤击法、水冲法、振动法和静力压桩法。

④按灌注桩成孔方法可分为钻孔、冲孔、挖孔灌注法、钻扩孔、沉管和爆扩灌注法等。

⑤按成桩方法可分为非挤土成孔桩、部分挤土桩和挤土桩。

⑥按断面形式可分为圆桩、方桩、多边行桩和管桩等。

⑦按制作材料可分为混凝土桩、钢筋混凝土桩和钢桩等。

(5)几种桩的概念。

①端承桩(图 2.1(a))。端承桩是穿过软弱土层而达到坚硬土层或岩层上的桩，上部结构荷载主要由岩层阻力承受；施工时以控制贯入度为主，桩尖进入持力层深度或桩尖标高可作参考。

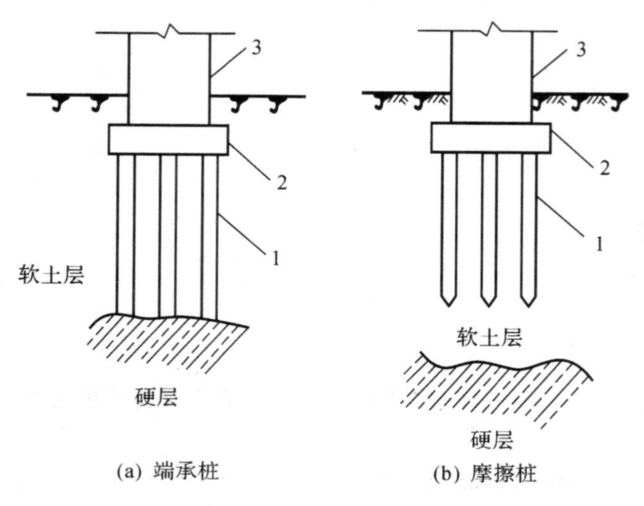

(a) 端承桩　(b) 摩擦桩

图 2.1　端承桩与摩擦桩

1—桩；2—承台；3—上部结构

②摩擦桩(图 2.1(b))。摩擦桩完全设置在软弱土层中，将软弱土层挤密实，以提高土的密实度和承载能力，上部结构的荷载由桩尖阻力和桩身侧面与地基土之间的摩擦阻力共同承受；施工时以控制桩尖设计标高为主，贯入度可作参考。

③预制桩。预先在工厂或现场制作好桩，然后在现场将桩沉入(打入)土中。

④灌注桩。直接在桩位上用机械成孔或人工挖孔，然后放入钢筋骨架，再浇筑混凝土而成的桩。

相关规范及标准

《建筑地基基础设计规范》(GB 50007—2011)

《建筑基坑工程监测技术规范》(GB 50497—2009)

《建筑桩基技术规范》(JGJ 94—2008)

《建筑基坑支护技术规程》(JGJ 120—2012)

《建筑地基基础工程施工质量验收规范》(GB 50202—2002)

《建筑工程施工质量验收统一标准》(GB 50300—2013)

《建筑边坡工程技术规范》(GB 50330—2013)

《混凝土结构设计规范》(GB 50010—2010)

《基坑土钉支护技术规程》(CECS 96:97)

浙江省标准《建筑基坑工程技术规程》(DB 33/T 1096—2014)

浙江省标准《建筑地基基础设计规范》(DB 33/1001—2003)

《建筑分项工程施工工艺标准》(第三版),北京建工集团有限责任公司,2008年6月

《建筑分项工程施工工艺标准》,标力建设集团有限公司,2009年6月

桩基础工程施工交底

安全技术交底 表 C2－1		编　号	
工程名称		交底日期	年　月　日
施工单位		分项工程名称	桩基工程施工
交底内容			

交底内容:

1. 打桩前对临近施工范围的危险房屋,必须会同有关单位经过检查采取有效的加固措施,保证危房的使用和安全。
2. 打桩机械进场要确定进出线路,注意危桥、陡坡、陷坑,防止碰撞电杆、房屋,以免造成事故,设专人指挥。
3. 安设机架应铺垫平稳,架设稳定牢固。
4. 机械司机在施工操作时要思想集中,严禁离开岗位,并经常注意机械的运转情况,发现异常情况及时纠正、处理。
5. 操作时必须服从指挥信号,不许蛮干。
6. 打桩时桩头垫料严禁用手拨正,不要在桩锤未打到桩顶即起锤或过早刹车,以免落土和发生事故。
7. 钻孔灌注桩在已钻成的孔尚未浇混凝土以前,孔口必须用盖板封严,以免落土和发生事故。
8. 冲抓锤或冲孔锤操作时不准任何人进入落锤区工作范围以内,以防砸伤。
9. 成孔钻机操作时,注意钻机安全平稳,以防止钻架突然倾倒或钻具突然下落而发生事故。
10. 爆扩桩包扎药包时不要用牙去咬雷管和电线;遇雷、雨时不要包扎药包。检查雷管和已经包扎的药包线路时,应做好安全防护;引爆时要拟定(一般不小于20m)安全区,并有专人警戒;当日使用的炸药雷管当日领用,并有专人保管,使用剩余的炸药雷管应当日退还入库。

审核人		交底人		接受交底人	

①本表表头由交底人填写,交底人与接受交底人各保存一份,安全员一份。

②当作分部、分项施工作业安全交底时,应填写“分部、分项工程名称”栏。

③交底提要应根据交底内容把交底重要内容写上。

Ⅱ　工作情境

情境1　地基处理与加固

能力目标

通过本情境的学习,能够应用所学知识,按照设计图纸、规范,进行常见地基处理与加固施工方案编制,组织施工和资料整理、归档。

学习内容

常见地基处理方法:换土处理和加固补强法。

任务引领

教师布置任务,帮助学生理解任务要求,辅导学生完成任务需要掌握的知识。

任务一 某场地以黏土、砂土为主,土层厚度为1.5～2.0m,地下水位为−1.0m。场地欲建造大型工业厂房。

1. 试选择场地地基处理方法。
2. 说明选用此方法的理由及施工要点。

任务二 某场地地质勘查资料如下:0～2m为腐殖质土、填土、耕植土;2～6m为粉质黏土;6～20m为淤泥、淤泥质土等地基承载力特征值不大于150kPa的土层。

1. 试选择场地地基处理方法。
2. 说明选用此方法的理由及施工要点。

问题导入

以下问题是完成任务必须掌握的知识,教师引导,学生完成。

1. 常见地基处理的方法主要有哪几种?
2. 简述换土垫层法的材料要求和施工要点。
3. 简述重锤夯实法的原理和适用性。
4. 简述强夯法的原理及施工要点。
5. 振冲法施工前需要做哪些准备工作?
6. 简述水泥搅拌混凝土地基的施工工艺和适用性。

自主学习

学生以小组形式工作(4～6人一组)。通过查资料、规范、学材以及网上资源解答以上问题;初步形成完成以上两项任务的思路和工作计划,组内学生讨论、向教师或辅导教师咨询,修改、完善计划,形成实施计划;实施计划,完成任务。

学生发言

各小组选派一名代表,回答问题,讲解本小组完成任务的过程及结果,小组其他成员补充。

学生互评

小组之间按照统一标准,对各小组回答问题、完成任务的过程及结果进行互评。

学生完成学习情境1成绩评定表

学生姓名________　教师________　班级________　学号____________

序号	考评项目	分值	考核内容	教师评价（权重50%）	组长评价（权重25%）	学生评价（权重25%）
1	学习态度	15	出勤率、听课态度、实操表现等			
2	学习能力	25	上课回答问题、完成工作质量			
3	计算、操作能力	25	计算、实操记录、作品成果质量			
4	团结协作能力	15	自己在所在小组的表现，小组完成工作质量、速度			
合计		80				
综合得分						

知识拓展

教师提供2～3个需进行地基处理的实际工程例子，供学生选择，加强实操练习。在规定期限内，学生编写出实例工程的地基处理方案。此项内容占情境1学习成绩的20%。

学　材

常见地基处理的方法主要有：

(1)换土处理。换土处理主要有换土垫层法、强夯法、强夯置换法和排水固结法。

(2)加固补强。加固补强主要有振冲法、砂石桩法、水泥粉煤灰碎石桩法、夯实水泥土桩法、水泥土搅拌法、高压喷射注浆法和石灰桩法。

一、换土垫层法

1.灰土地基

(1)方法。

用石灰与黏性土拌和均匀，分层夯实而形成垫层。其承载能力可达300kPa。

(2)适用。

一般黏性土地基加固，施工简单，费用较低。

(3)材料要求。

①土料：采用就地挖出的黏性土及塑性指数大于4的粉土，土内不得含有松软杂质或耕植土；土料须过筛，其颗粒不应大于15mm(塑性指数>4，颗粒≤15mm)。

②石灰：应用Ⅲ级以上新鲜的块灰，含氧化钙、氧化镁愈高愈好，使用前1～2d消解并过筛，其颗粒不得大于5mm，且不应夹有未熟化的生石灰块粒及其他杂质，也不得含有过多的水分(颗粒<5mm)。

(4)施工要点。

①铺设前应先检查基槽，待合格后方可施工。(地基验槽)

②灰土配合比满足规定，一般体积比为3∶7或2∶8。(灰土配制)

③施工时，控制其含水量、厚度、夯打遍数。（控制因数）

④应先采取排水措施，在无水情况下施工。（无水施工）

⑤不得在墙角、柱墩及承重窗间墙下接缝，上下错缝不小于500mm，接缝缝隙处的灰土应充分夯实。（接缝规范）

⑥灰土打完后，应及时进行基础施工，并随时准备回填土。（防水）

⑦冬季施工时，应采取有效的防冻措施，不得采用冻土。（防冻）

⑧用环刀取样测量土的干密度。压实系数一般为0.93～0.95g/cm^3。（密实度）

⑨确定贯入度时，应先进行现场试验。（贯入度）

2.砂和砂石地基

参照灰土地基介绍（用砂或砂石做垫层替换基础下部的软土层）。

二、重锤夯实法

1.原理

利用起重机械将夯锤提升到一定高度，然后自由落下，重复夯击基土表面，使地基表面形成一层比较密实的硬壳，从而使地基得到加固。

2.施工工艺

吊锤（1.5～3t，ϕ1.13～1.50m，C20，20mm钢底板）→落锤（2.5～4.5m）→夯击基土（6～10遍）。

3.特点

本法使用轻型设备易于解决，施工简便，费用较低，但布点较密、夯击遍数多，施工期相对较长；同时夯击能量小，孔隙水难以消散。

4.适用

地下水位0.8m以上的黏土、砂土等加固，加固深度1.2～2.0m，强度提高可达30%。

三、强夯法

1.原理

用起重机械吊起夯锤（8～40t），从高处（6～30m）自由落下，迫使土层孔隙压缩，土体局部液化，孔隙水和气体逸出，土粒重新排列，经时效压密达到固结。

2适用

碎石土、砂土、黏性土、湿陷性基土及填土地基加固。加固深度10～40m，强度提高2～5倍。

3.施工机具

(1)夯锤。

整体式（钢壳和混凝土）和装配式（钢板）。

(2)起重设备。

可用15、20、25、30、50t带有离合摩擦器的履带式起重机。

4.施工要点

①地质勘查，制订强夯方案。

②现场试夯，确定施工参数（夯锤质量、尺寸、落距、夯击遍数等）。

③施工步骤为平整场地、测量放线、起重机就位、吊锤落锤、夯坑填平、标高测量。

④夯击时落锤平稳，夯位准确，坑内积水应及时排除。

⑤分段进行，从边缘向中央。

⑥对于高饱和度的粉土、黏性土和新饱和填土，进行强夯时：适当将夯击能量降低；将夯常量差适当加大；减少土内的水分。

四、振冲法（对地基土振冲、射水、成孔、填砂石成桩）

1. 原理

振冲法是以起重机吊起振冲器，启动潜水电机带动偏心块，使振冲器产生高频振动，同时开动水泵，通过喷嘴喷射高压水流成孔，然后分批填以砂石骨料形成一根根桩体，桩体与原地基构成复合地基。

2. 施工准备

(1)技术准备。

①了解现场有无障碍，工作面是否够用，辅助措施是否到位。

②了解现场地质情况。

③设置试验区，确定各项施工参数。

(2)材料要求。

可用粗砂、中砂、砾砂、碎石、卵石、角砾、圆砾等，粒径为5～50mm。

(3)主要机具。

振冲器、起重机、水泵、控制电流操作台、150A电流表、500V电压表、供水管道及加料设备等。

3. 施工工艺

(1)振冲挤密法。

①方法：在中、粗砂地基中，不外加料，利用振冲器的振动使松散砂密实。

②施工顺序：对准加固点→启动吊机→振冲下沉→振冲提升→关机关水和移位→整平场地。

(2)振冲置换法。

①方法：在砂土和粉土中，利用振冲器冲孔，加填料振密成桩。

②施工程序：定位→振冲下沉→成孔→清孔→填料→振密→成桩。

五、深层搅拌水泥土地基

1. 原理

利用特制的深层搅拌机在地基深处，将软土与固化剂强制拌和，使软土硬结成具有整体性、水稳定性和足够强度的水泥加固土，又称为水泥土搅拌桩。

2. 施工工艺

定位→预拌下沉→制备水泥浆→提升、喷浆、搅拌→重复上下搅拌→清洗、移位。

3. 材料要求及截面形状

宜用42.5号水泥，掺灰量应不小于10%，以12%～15%为宜；宜连续施工，形成封闭的实体或格状结构。

4. 适用

深层搅拌水泥土地基适用淤泥、淤泥质土、粉质黏土等地基承载力特征值不大于150kPa的土层。

情境2　浅埋式钢筋混凝土基础施工

能力目标

通过本情境的学习，能够应用所学知识，按照设计图纸、规范，进行常见浅埋式钢筋混凝土基础施工方案编制，组织施工和资料整理、归档。

学习内容

常见浅埋式钢筋混凝土：板式基础、杯形基础、筏式基础和箱形基础。

任务引领

教师布置任务，帮助学生理解任务要求，辅导学生完成任务需要掌握的知识。

任务一　某住宅为五层砖混结构房屋，基础设计为两阶板式基础。

1. 试编制钢筋混凝土板式基础的施工方案。
2. 说明钢筋混凝土板式基础的施工要点。

任务二　某单层工业厂房，基础为钢筋混凝土杯形基础。

1. 试编制钢筋混凝土杯形基础的施工方案。
2. 说明钢筋混凝土杯形基础的施工要点。

任务三　某高层住宅，基础为钢筋混凝土筏式基础，地板厚500mm，地下室面积约500m^2，垫层厚200mm，地板顶面标高−5.4m。

1. 试编制钢筋混凝土筏式基础的施工方案。
2. 说明钢筋混凝土筏式基础的施工要点。

问题导入

以下问题是完成任务必须掌握的知识，教师引导，学生完成。

1. 常见板式基础的类型及施工要点有哪些？
2. 杯形基础的构造要求及施工要点有哪些？
3. 筏式基础的构造要求及施工要点有哪些？
4. 箱形基础的施工要点如何？

自主学习

学生以小组形式工作(4～6人一组)。通过查资料、规范、学材以及网上资源解答以上问题；初步形成完成以上三项任务的思路和工作计划，组内学生讨论、向教师或辅导教师咨询，修改、完善计划，形成实施计划；实施计划，完成任务。

学生发言

各小组选派一名代表，回答问题，讲解本小组完成任务的过程及结果，小组其他成员补充。

学生互评

小组之间按照统一标准，对各小组回答问题、完成任务的过程及结果进行互评。

学生完成学习情境2成绩评定表

学生姓名________ 教师________ 班级________ 学号____________

序号	考评项目	分值	考核内容	教师评价（权重50%）	组长评价（权重25%）	学生评价（权重25%）
1	学习态度	15	出勤率、听课态度、实操表现等			
2	学习能力	25	上课回答问题、完成工作质量			
3	计算、操作能力	25	计算、实操记录、作品成果质量			
4	团结协作能力	15	自己在所在小组的表现，小组完成工作质量、速度			
合计		80				
综合得分						

知识拓展

教师提供2～3个浅埋式钢筋混凝土基础的实际工程例子，供学生选择，加强实操练习。在规定期限内，学生编写出基础施工方案，并说明施工要点。此项内容占情境2学习成绩的20%。

学　材

一般工业与民用建筑在基础设计中多采用天然浅基础，它造价低、施工简便。常用的浅基础类型有板式基础、杯形基础、筏式基础和箱形基础等。

一、板式基础

板式基础包括柱下钢筋混凝土独立基础（图2.2）和墙下钢筋混凝土条形基础（图2.3）。这种基础的抗弯和抗剪性能良好，可在竖向荷载较大、地基承载力不高以及承受水平力和力矩荷载等情况下使用。因高度不受台阶宽高比的限制，故适宜于“宽基浅埋”的场合下采用。

（一）构造要求

①锥形基础（条形基础）边缘高度 h 不宜小于200mm；阶梯形基础的每阶高度 h_1 宜为300～500mm。

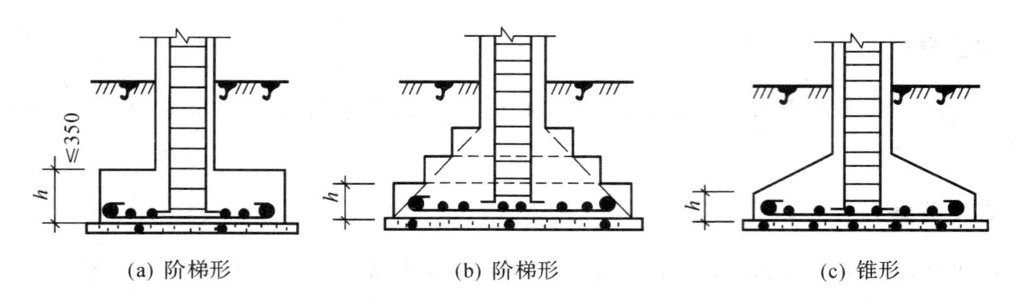

(a) 阶梯形　　(b) 阶梯形　　(c) 锥形

图 2.2　柱下钢筋混凝土独立基础

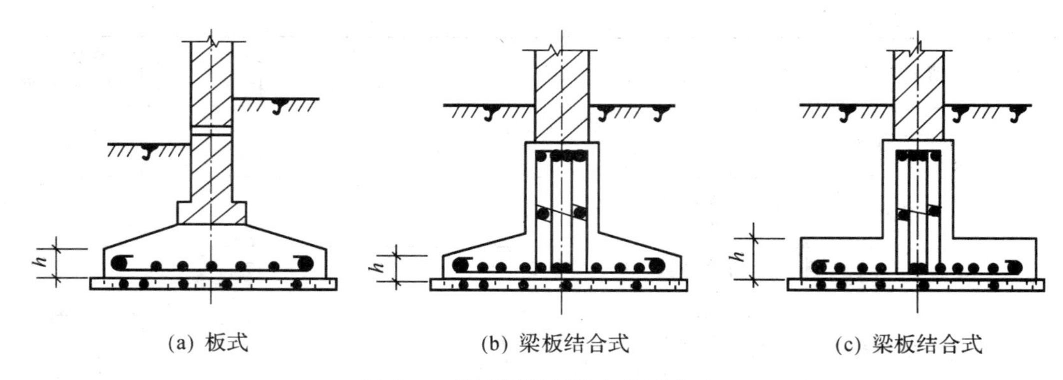

(a) 板式　　(b) 梁板结合式　　(c) 梁板结合式

图 2.3　墙下钢筋混凝土条形基础

②垫层厚度一般为 100mm，混凝土强度等级为 C10，基础混凝土强度等级不宜低于 C15。

③底板受力钢筋的最小直径不宜小于 8mm，间距不宜大于 200mm。当有垫层时钢筋保护层的厚度不宜小于 35mm，无垫层时不宜小于 70mm。

④插筋的数目和直径应与柱内纵向受力钢筋相同。插筋的锚固及柱的纵向受力钢筋的搭接长度，按国家现行《混凝土结构设计规范》的规定执行。

（二）施工要点

①基坑（槽）应进行验槽，局部软弱土层应挖去，用灰土或砂砾分层回填夯实至基底相平。基坑（槽）内浮土、积水、淤泥、垃圾、杂物应清除干净。验槽后垫层混凝土应立即浇筑，以免地基土被扰动。

②垫层达到一定强度后，在其上弹线、支模。铺放钢筋网片时底部用与混凝土保护层同厚度的水泥砂浆垫塞，以保证位置正确。

③在浇筑混凝土前，应清除模板上的垃圾、泥土和钢筋上的油污等杂物，模板应浇水加以湿润。

④基础混凝土宜分层连续浇筑完成。阶梯形基础的每一台阶高度内应整分浇捣层，每浇筑完一层台阶应稍停 0.5～1.0h，待其初步获得沉实后，再浇筑上层，以防止下层台阶混凝土溢出，在上层台阶根部出现“烂脖子”，台阶表面应基本抹平。

⑤锥形基础的斜面部分模板应随混凝土浇捣分段支设并顶压紧，以防模板上浮变形，边角处的混凝土应注意捣实。严禁斜面部分不支模，用铁锹拍实。

⑥基础上有插筋时，要加以固定，保证插筋位置的正确，防止浇捣混凝土发生移位。混凝土浇筑完毕，外露表面应覆盖，浇水养护。

二、杯形基础

杯形基础常用作钢筋混凝土预制柱基础，基础中预留凹槽(即杯口)，然后插入预制柱，临时固定后，即在四周空隙中灌细石混凝土。其形式有一般杯口基础、双杯口基础和高杯口基础等(图2.4)。

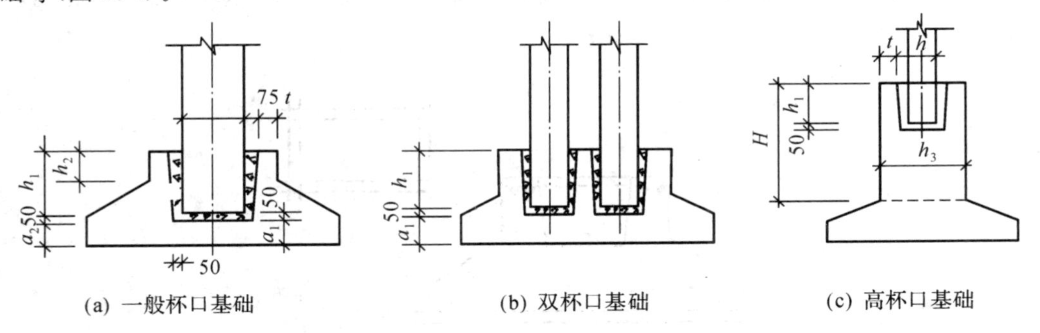

图2.4　杯形基础形式构造示意

H—短柱高度

(一)构造要求

①柱的插入深度 h_1 可按表2.1选用，并应满足锚固长度的要求(一般为20倍纵向受力钢筋直径)和吊装时柱的稳定性的要求(不小于吊装时柱长的0.05倍)。

表2.1　柱的插入深度 h_1　　单位:mm

矩形或工字形柱				单肢管柱	双肢柱
$h<500$	$500\leqslant h<800$	$800\leqslant h<1000$	$h>1000$		
$(1\sim1.2)h$	H	$0.9h\geqslant800$	$0.8h\geqslant1000$	$1.5d\geqslant500$	$(1/3\sim2/3)h_a$ 或 $(1.5\sim1.8)h_b$

注:①h 为柱截面长边尺寸;d 为管柱的外直径;h_a 为双肢柱整个截面长边尺寸;h_b 为双肢柱整个截面短边尺寸。

②柱轴心受压或小偏心受压时，h_1 可以适当减少;偏心距 $e_0>2h$(或 $e_0>2d$)时，h_1 应适当加大。

②基础的杯底厚度和杯壁厚度，可按表2.2采用。

表2.2　基础的杯底厚度和杯壁厚度　　单位:mm

柱截面长边尺寸 h	杯底厚度 a_1	杯壁厚度 t
$h<500$	$\geqslant150$	$150\sim200$
$500\leqslant h<800$	$\geqslant200$	$\geqslant200$
$800\leqslant h<1000$	$\geqslant250$	$\geqslant300$
$1000\leqslant h<1500$	$\geqslant300$	$\geqslant350$
$1500\leqslant h\leqslant2000$	$\geqslant350$	$\geqslant400$

注:①双肢柱的 a_1 值，可适当加大。

②当有基础梁时，基础梁下的杯壁厚度应满足其支承宽度的要求。

③柱子插入杯口部分的表面应尽量凿毛。柱子与杯口之间的空隙，应用细石混凝土(比基础混凝土强度等级高一级)密实充填，其强度达到基础设计强度等级的70%以上(或采取其他相应措施)时，方能进行上部吊装。

③当柱为轴心或小偏心受压且 $t/h_2>0.65$ 时，或大偏心受压且 $t/h_2\geqslant0.75$ 时，杯壁可不配筋;当柱为轴心或小偏心受压且 $0.5\leqslant t/h_2\leqslant0.65$ 时，杯壁可按表2.3和图2.5构造配筋;当柱为轴心或小偏心受压且 $t/h_2<0.5$ 时，或大偏心受压且 $t/h_2<0.75$ 时，按计算配筋。

表 2.3　杯壁构造配筋　　单位：mm

柱截面长边尺寸	＜1000	1000≤h＜1500	1500≤h≤2000
钢筋直径	8～10	10～12	12～16

注：表中钢筋置于杯口顶部，每边两根。

④预制钢筋混凝土柱（包括双肢柱）和高杯口基础的连接与一般杯口基础构造相同。

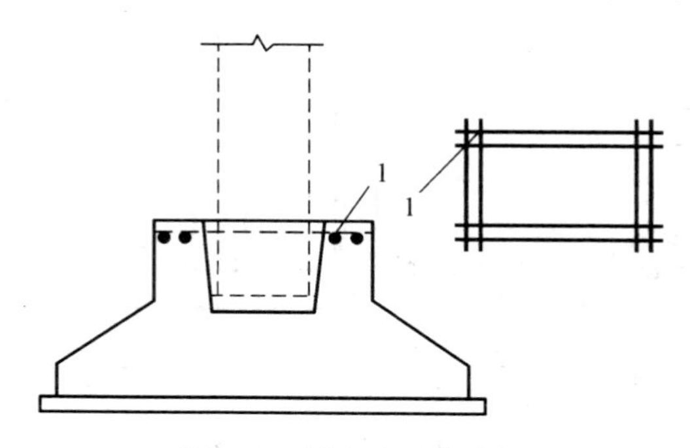

图 2.5　杯壁内配筋示意

1—钢筋焊网或钢筋箍

（二）施工要点

杯形基础除参照板式基础的施工要点外，还应注意以下几点：

①混凝土应按台阶分层浇筑，对高杯口基础的高台阶部分按整段分层浇筑。

②杯口模板可做成两半式的定型模板，中间各加一块楔形板，拆模时，先取出楔形板，然后分别将两半杯口模板取出。为便于周转宜做成工具式的，支模时杯口模板要固定牢固并压浆。

③浇筑杯口混凝土时，应注意四侧要对称均匀进行，避免将杯口模板挤向一侧。

④施工时应先浇筑杯底混凝土并振实，注意在杯底一般有 50mm 厚的细石混凝土找平层，应仔细留出。待杯底混凝土沉实后，再浇筑杯口四周混凝土。基础浇捣完毕，在混凝土初凝后终凝前将杯口模板取出，并将杯口内侧表面混凝土凿毛。

⑤高杯口基础施工时，可采用后安装杯口模板的方法施工，即当混凝土浇捣接近杯口底时，再安装固定杯口模板，继续浇筑杯口四周混凝土。

三、筏式基础

筏式基础由钢筋混凝土底板、梁等组成，适用于地基承载力较低而上部结构荷载很大的场合。其外形和构造上像倒置的钢筋混凝土楼盖，整体刚度较大，能有效将各柱子的沉降调整得较为均匀。筏式基础一般可分为梁板式和平板式两类（图 2.6）。

（一）构造要求

①混凝土强度等级不宜低于 C20，钢筋无特殊要求，钢筋保护层厚度不小于 35mm。

②基础平面布置应尽量对称，以减小基础荷载的偏心距。底板厚度不宜小于 200mm，梁截面和板厚按计算确定，梁顶高出底板顶面不小于 300mm，梁宽不小于 250mm。

③底板下一般宜设厚度为 100mm 的 C10 混凝土垫层，每边伸出基础底板不小于 100mm。

（二）施工要点

①施工前，如地下水位较高，可人工降低地下水位至基坑底不少于 500mm 处，以保证在

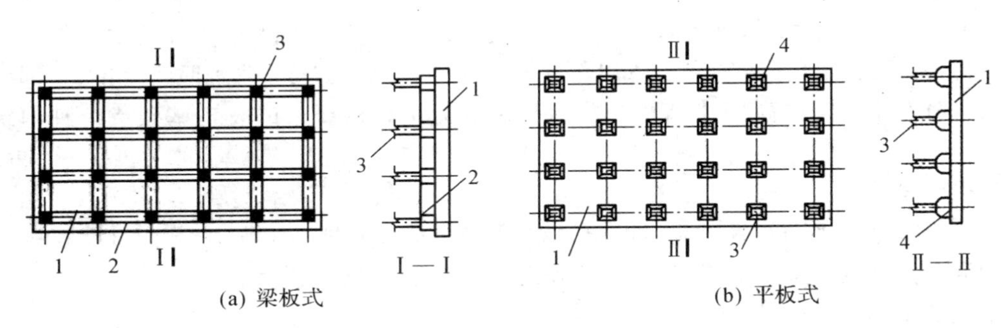

图 2.6　筏式基础

1—底板;2—梁;3—柱;4—支墩

无水情况下进行基坑开挖和基础施工。

②施工时,可采用先在垫层上绑扎底板、梁的钢筋和柱子锚固插筋,浇筑底板混凝土,待达到 25%设计强度后,再在底板上支梁模板,继续浇筑完梁部分混凝土;也可采用底板和梁模板一次同时支好,混凝土一次连续浇筑完成,梁侧模板采用支架支承并固定牢固。

③混凝土浇筑时一般不留施工缝,必须留设时,应按施工缝要求处理,并应设置止水带。

④基础浇筑完毕,表面应覆盖和洒水养护,并防止地基被水浸泡。

四、箱形基础

箱形基础是由钢筋混凝土底板、顶板、外墙以及一定数量的内隔墙构成的封闭箱体(图 2.7),基础中部可在内隔墙开门洞作地下室。该基础具有整体性好,刚度大,调整不均

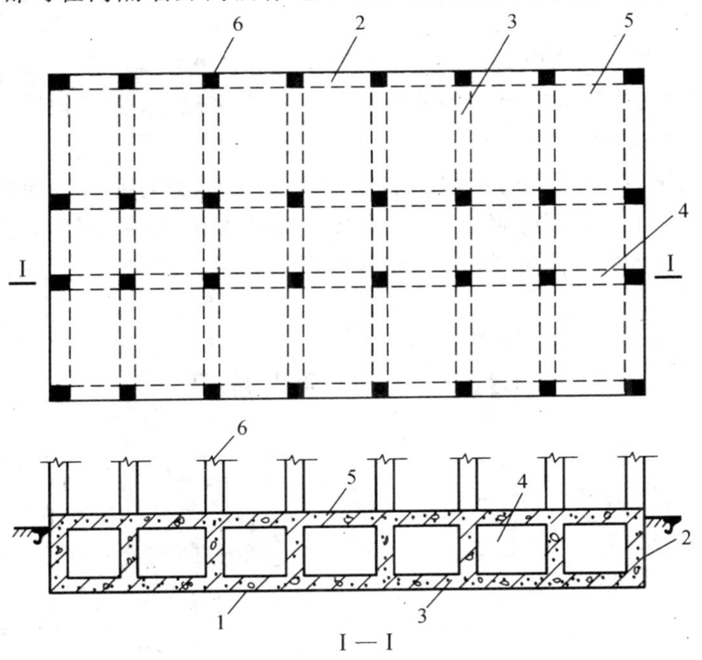

图 2.7　箱形基础

1—底板;2—外墙;3—内横隔墙;4—内纵隔墙;5—顶板;6—柱

匀沉降能力及抗震能力强，可消除因地基变形使建筑物开裂的可能性，减小基底处原有地基自重应力，降低总沉降量等特点。适用作软弱地基上的面积较小，平面形状简单、上部结构荷载大且分布不均匀的高层建筑物的基础和对沉降有严格要求的设备基础或特种构筑物基础。

（一）构造要求

①箱形基础在平面布置上应尽可能对称，以减少荷载的偏心距，防止基础过度倾斜。

②混凝土强度等级不应低于C20，基础高度一般取建筑物高度的1/12～1/8，不宜小于箱形基础长度的1/8～1/6，且不小于3m。

③底、顶板的厚度应满足柱或墙冲切验算要求，并根据实际受力情况通过计算确定。底板厚度一般取隔墙间距的1/10～1/8，约为300～1000mm，顶板厚度约为200～400mm，内墙厚度不宜小于200mm，外墙厚度不应小于250mm。

④为保证箱形基础的整体刚度，平均每平方米基础面积上墙体长度应不小于400mm，或墙体水平截面积不得小于基础面积的1/10，其中纵墙配置量不得小于墙体总配置量的3/5。

（二）施工要点

①基坑开挖时，如地下水位较高，应采取措施降低地下水位至基坑底以下500mm处，并尽量减少对基坑底土的扰动。当采用机械开挖基坑时，在基坑底面以上200～400mm厚的土层，应人工挖除并清理，基坑验槽后，应立即进行基础施工。

②施工时，基础底板、内外墙和顶板的支模、钢筋绑扎和混凝土浇筑，可采取分块进行，其施工缝的留设位置和处理应符合钢筋混凝土工程施工及验收规范有关要求，外墙接缝应设止水带。

③基础的底板、内外墙和顶板宜连续浇筑完毕。为防止出现温度收缩裂缝，一般应设置贯通后浇带，带宽不宜小于800mm，在后浇带处钢筋应贯通，顶板浇筑后，相隔2～4周，用比设计强度提高一级的细石混凝土将后浇带填灌密实，并加强养护。

④基础施工完毕，应立即进行回填土。停止降水时，应验算基础的抗浮稳定性，抗浮稳定系数不宜小于1.2。如果不能满足时，应采取有效措施，比如继续抽水直至上部结构荷载加上后能满足抗浮稳定系数要求为止，或在基础内采取灌水或加重物等措施，防止基础上浮或倾斜。

情境3　预制桩施工

能力目标

通过本情境的学习，能够应用所学知识，按照设计图纸、规范，进行预制桩施工方案编制，组织施工和资料整理、归档。

学习内容

预制桩施工的准备工作内容；桩的制作、起吊、运输和堆放；打入法施工；静力压桩施工。

任务引领

教师布置任务，帮助学生理解任务要求，辅导学生完成任务需要掌握的知识。

任务一 某大学实验楼，地基土主要为淤泥质土层，设计采用静压预应力管桩施工。

1. 试编写桩的制作、运输和堆放的方案。
2. 说明静压预应力管桩施工的施工要点。

任务二 某场地地质勘查资料如下：0～2m为腐殖质土、填土、耕植土；2～6m为粉质黏土；6～20m为粉砂、砂砾土，地基承载力特征值大于500kPa的土层。设计采用预制桩打入法施工。

1. 试选择预制桩方法。
2. 说明选用此方法的理由及施工要点。

问题导入

以下问题是完成任务必须掌握的知识，教师引导，学生完成。

1. 预制桩施工需要做哪些准备工作？打桩设备如何选择？
2. 钢筋混凝土预制桩制作、起吊、运输和堆放过程中各有什么要求？
3. 试述打桩过程及质量控制。
4. 静力压桩有何特点？适用范围如何？施工时应该注意哪些事项？
5. 钢筋混凝土预制桩的质量检验标准如何？
6. 预制桩打桩顺序有何规定？

自主学习

学生以小组形式工作（4～6人一组）。通过查资料、规范、学材以及网上资源解答以上问题；初步形成完成以上两项任务的思路和工作计划，组内学生讨论、向教师或辅导教师咨询，修改、完善计划，形成实施计划；实施计划，完成任务。

学生发言

各小组选派一名代表，回答问题，讲解本小组完成任务的过程及结果，小组其他成员补充。

学生互评

小组之间按照统一标准，对各小组回答问题、完成任务的过程及结果进行互评。

学生完成学习情境3成绩评定表

学生姓名________ 教师________ 班级________ 学号__________

序号	考评项目	分值	考核内容	教师评价（权重50%）	组长评价（权重25%）	学生评价（权重25%）
1	学习态度	15	出勤率、听课态度、实操表现等			
2	学习能力	25	上课回答问题、完成工作质量			
3	计算、操作能力	25	计算、实操记录、作品成果质量			
4	团结协作能力	15	自己在所在小组的表现，小组完成工作质量、速度			
合计		80				
综合得分						

知识拓展

教师提供2～3个预制桩施工的实际工程例子，供学生选择，加强实操练习。在规定期限内，学生编写出地基处理方案。此项内容占情境3学习成绩的20%。

学　材

钢筋混凝土预制桩坚固耐久，不受地下水或潮湿环境影响，能承受较大荷载，施工机械化程度高，进度快，能适应不同土层施工，是我国目前广泛采用的一种桩型。

钢筋混凝土预制桩施工前，应根据施工图设计要求、桩的类型、成孔过程对土的挤压情况、地质探测和试桩等资料，制订施工方案。主要内容包括：确定施工方法，选择打桩机械，确定打桩顺序，桩的预制、运输，以及沉桩过程中的技术和安全措施。

一、准备工作

（1）场地平整及周边障碍物处理。

（2）定桩位及埋设水准点。依据施工图设计要求，把桩基定位轴线桩的位置在施工现场准确地测定出来，并做出明显的标志；在打桩现场附近设置2～4个水准点，用以抄平场地和作为检查桩入土深度的依据；桩基轴线的定位点及水准点，应设置在不受打桩影响的地方。

（3）桩帽、垫衬和送桩设备机具等的准备。

二、桩的制作、起吊、运输、堆放

（一）桩的制作

管桩及长度在10m以内的方桩在预制厂制作，较长的方桩在打桩现场制作；预应力混凝土空心管桩一般在工厂生产。

模板：保证桩的几何尺寸准确，使桩面平整挺直；桩顶面模板应与桩的轴线垂直；桩尖四棱锥面呈正四棱锥体，且桩尖位于桩的轴线上；采用底模板、侧模板及重叠法生产时，桩面间均应涂刷好隔离层，不得粘结。

钢筋骨架：主筋连接宜采用对焊；主筋接头配置在同一截面内数量不超过50%；同一根钢筋两个接头的距离应大于$30d_0$并不小于500mm；桩顶和桩尖直接受到冲击力易产生很高的局部应力，桩顶和桩尖钢筋配置如图2.8所示，应做特殊处理。钢筋骨架制作允许偏差应符合表2.4的规定。

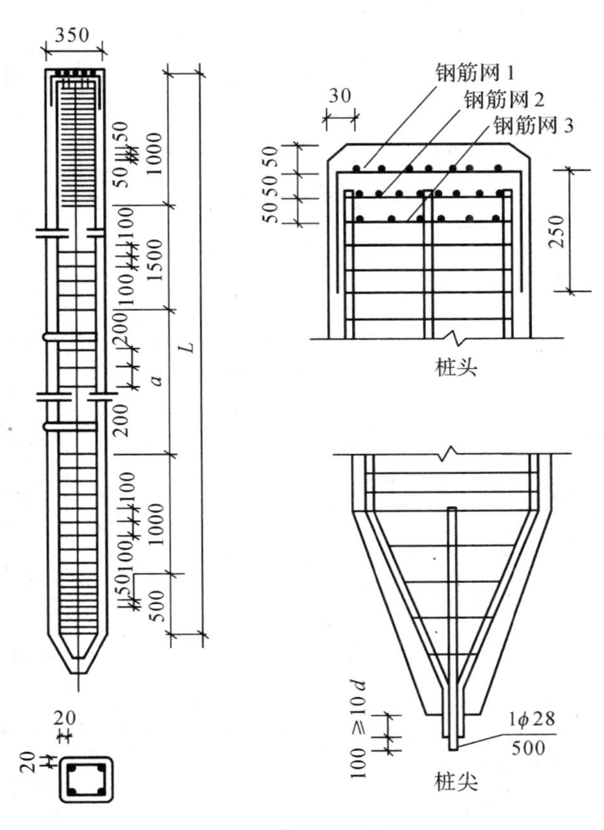

图2.8　混凝土预制桩

表2.4　预制桩钢筋骨架质量检验标准

项　目	序　号	检查项目	允许偏差或允许值(mm)	检查方法
主控项目	1	主筋距桩顶距离	±5	用钢尺量
	2	多节桩锚固钢筋位置	±5	用钢尺量
	3	多节桩预埋铁件	±3	用钢尺量
	4	主筋保护层厚度	±5	用钢尺量
一般项目	1	主筋间距	±5	用钢尺量
	2	桩尖中心线	±10	用钢尺量
	3	箍筋间距	±20	用钢尺量
	4	桩顶钢筋网片	±10	用钢尺量
	5	多节桩锚固钢筋长度	±10	用钢尺量

混凝土制作宜用机械搅拌、机械振捣；浇筑混凝土过程中应严格保证钢筋位置正确，桩尖应对准纵轴线，纵向钢筋顶部保护层不宜过厚，钢筋网片的距离应正确，以防锤击时桩顶破坏及桩身混凝土剥落破坏。

采用叠层法生产时，上层桩和邻桩浇筑必须在下层和邻桩的混凝土强度达到设计强度的 30％以后才能进行。

浇筑完毕后，立即加强养护，防止由于混凝土收缩产生裂缝，养护时间不少于 7d；混凝土预制桩的混凝土强度等级不宜低于 C30。

钢筋混凝土预制桩的质量检验标准应符合表 2.5 的规定。

表 2.5　钢筋混凝土预制桩的质量检验标准

项　目	序　号	允许偏差或允许值		检查方法
		单　位	数　值	
主控项目	1	桩体质量检验	按基桩检测技术规范	按基桩检测技术规范
	2	桩位偏差	见本表	用钢尺量
	3	承载力	按基桩检测技术规范	按基桩检测技术规范
一般项目	1	砂、石、水泥、钢材等原材料(现场预制时)	符合设计要求	查出厂质保文件或抽样送检
	2	混凝土配合比及强度(现场预制时)	符合设计要求	检查称量及查试块记录
	3	成品桩外形	表面平整，颜色均匀，掉角深度<10mm，蜂窝面积小于总面积 0.5％	直观
	4	成品桩裂缝(收缩裂缝或起吊、装、堆放引起的裂缝)	深度<20mm，宽度<0.25mm，横向裂缝不超过边长的一半	裂缝测定仪，该基桩在地下水有侵蚀地区及锤击数超过 500 击的长桩不适用
	5	成品桩尺寸： 横截面边长 桩顶对角线差 桩尖中心线 桩身弯曲矢高 桩顶平整度	 ±5mm <10mm <10mm <L/1000mm <2mm	 用钢尺量 用钢尺量 用钢尺量 用钢尺量，L 为桩长 用钢尺量
	6	电焊接桩：焊缝质量 电焊结束后停歇时间 上下节点平面偏差 节点弯曲矢高	 >1.0min <10mm <L/1000mm	 秒表测定 用钢尺量 用钢尺量
	7	硫磺胶泥接桩： 胶泥浇筑时间 浇筑后停歇时间	 <2min >7min	 秒表测定 秒表测定
	8	桩顶标高	±50mm	水准仪
	9	停锤标准	设计要求	现场实测或查沉桩记录

（二）桩的起吊与运输

①钢筋混凝土预制桩应达到设计强度的70%才可起吊；达到100%设计强度才能运输和打桩。

②若提前吊运，必须采取措施并经过验算合格方可进行。

③桩在起吊搬运时，必须保持平稳，避免冲击和振动；吊点、绑扎点的数量及位置按桩长而定，应符合起吊弯矩最小的原则，可按图2.9所示的位置捆绑。

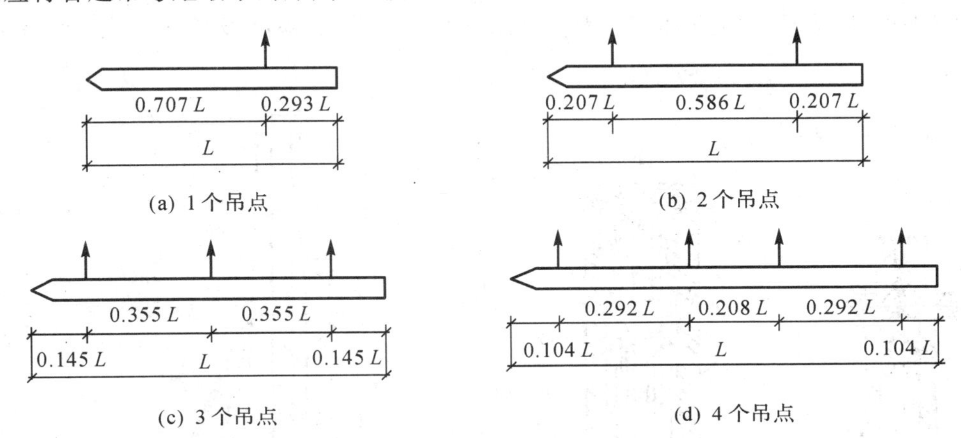

图2.9　吊点的合理位置

（三）桩的堆放

混凝土桩在现场堆放层数不宜超过4层；堆放时垫木间距应与吊点位置相同，各层垫木应位于同一垂直线上。

三、预制桩施工

（一）打入法施工

打入法也称锤击法，是利用桩锤落到桩顶上的冲击力来克服土对桩的阻力，使桩沉到预定的深度或达到持力层的一种打桩施工方法。

锤击沉桩是混凝土预制桩常用的沉桩方法，它施工速度快，机械化程度高，适用范围广，但施工时有冲撞噪声和对地表层有振动，在城区和夜间施工有所限制。

1.打桩设备及选择

打桩设备包括桩锤、桩架和动力装置等。

(1)桩锤：桩锤可选用落锤、蒸汽锤、柴油锤、液压锤和振动锤等。①落锤。它一般由铸铁制成，重0.2～2t。它利用绳索或钢丝绳通过吊钩由卷扬机沿桩架导杆提升到一定高度，然后自由落下击打桩顶(图2.10)。其特点是费用低，但施工速度慢、效率低，桩顶易被打坏。适用于小直径桩，在软土层中应用较多。

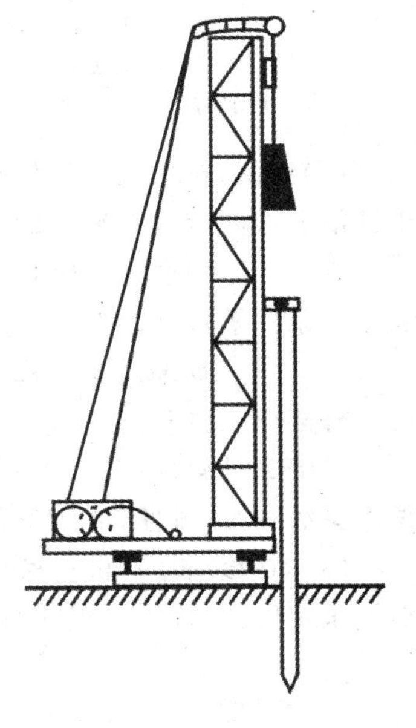

图2.10　打入桩施工

②蒸汽锤。它是以高压蒸汽或压缩空气为动力的打

桩机械，有单动汽锤和双动汽锤两种(图 2.11)。可用于打各种桩，也可在水下打桩并用于拔桩。

③柴油锤。它是利用汽缸内冲击体的冲击力和燃烧压力，推动锤体跳动夯击桩体的打桩机械。其特点是速度快，施工性能好。适用于各种土层及各类桩型。但施工时振动大、噪声大、废气污染严重。

④振动锤。它是利用机械强迫振动，通过桩帽传到桩上使桩下沉的打桩机械。

锤重选择应根据地质条件、工程结构、桩的类型、密集程度及施工条件，参考表 2.6 选用。

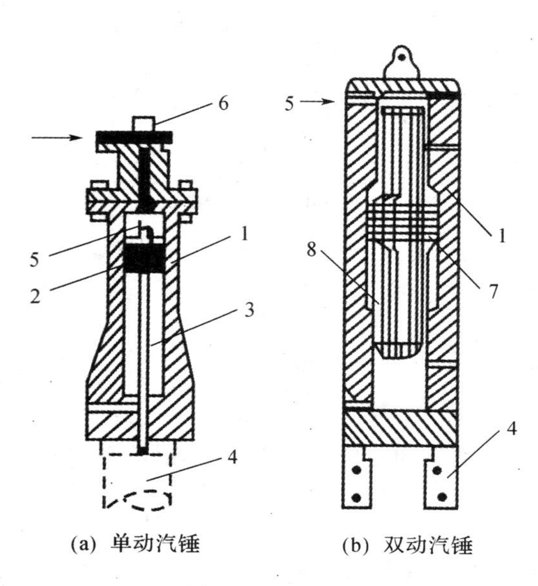

图 2.11 蒸汽锤

1—汽缸；2—活塞；3—活塞杆；4—桩；5—活塞上部；6—换向阀门；7—锤的垫座；8—冲击部分

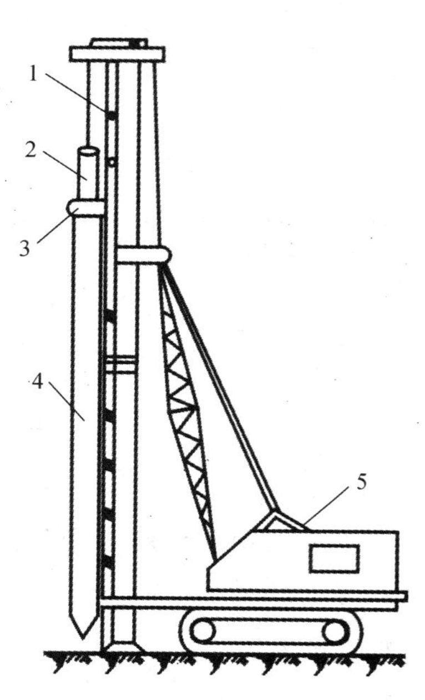

图 2.12 履带式桩架

1—导架；2—桩锤；3—桩帽；4—桩；5—吊车

(2)桩架：桩架是支持桩身和桩锤，在打桩过程中引导桩的方向及维持桩的稳定，并保证桩锤沿着所要求方向冲击的设备。

桩架一般由底盘、导向杆、起吊设备、撑杆等组成。其特点是根据桩的长度、桩锤的高度及施工条件等选择桩架和确定桩架高度。

桩架高度＝桩长＋桩锤高度＋滑轮组高＋桩帽高度＋起锤移位高度

桩架用钢材制作，按移动方式分为轮胎式、履带式和轨道式等。

履带式桩架(图 2.12)是以履带式起重机为主机，配备桩架工作装置而组成。其特点是操作灵活，移动方便，适用于各种预制桩和灌注桩的施工。

(3)动力装置：打桩机械的动力装置是根据所选桩锤而定的。当采用空气锤时，应配备空气压缩机；当选用蒸汽锤时，则要配备蒸汽锅炉和绞盘。

表 2.6　锤重选择表

锤型			柴油锤(t)					
			20	25	35	45	60	72
锤的动力性能		冲击部分重(t)	2.0	2.5	3.5	4.5	6.0	7.2
		总重(t)	4.5	6.5	7.2	9.6	15.0	18.0
		冲击力(kN)	2000	2000～2500	2500～4000	4000～5000	5000～7000	7000～10000
		常用冲程(m)	1.8～2.3					
桩的边长或直径		预制方桩、预应力管桩的边长或直径(cm)	25～35	35～40	40～45	45～50	50～55	55～60
		钢管桩直径(cm)	ϕ 40			ϕ 60	ϕ 90	ϕ 90～100
持力层	黏性土粉土	一般进入深度(m)	1～2	1.5～2.5	2～3	2.5～3.5	3～4	3～5
		静力触探比贯入阻力 P_s 平均值(MPa)	3	4	5	>5	>5	>5
	砂土	一般进入深度(m)	0.5～1	0.5～1.5	1～2	1.5～2.5	2～3	2.～3.5
		标准贯入击数 N(未修正)	15～25	20～30	30～40	40～45	45～50	50
锤的常用控制贯入度(cm/10 击)			—	2～3	—	3～5	4～8	—
设计单桩极限承载力(kN)			400～120	800～1600	2500～4000	3000～5000	5000～7000	7000～10000

2. 打桩顺序的确定

打桩顺序直接影响到桩基础的质量、施工速度及周围环境。

应根据桩的桩距大小、规格、长短、设计标高、工作面布置、工期要求等综合考虑，合理确定打桩顺序。

根据桩的密集程度，打桩顺序一般分为：逐排打设、自中部向四周打设和由中间向两侧打设三种，如图 2.13 所示。

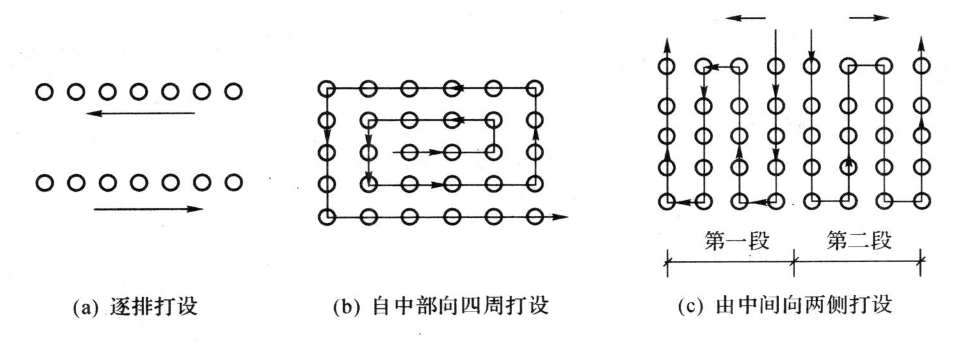

(a) 逐排打设　　(b) 自中部向四周打设　　(c) 由中间向两侧打设

图 2.13　打桩顺序

当桩的中心距小于 4 倍桩的直径或边长时，应由中间向两侧对称施打(图 2.13(c))，或由中间向四周施打(图 2.13(b))。

当桩的中心距大于 4 倍桩的边长或直径时，可采用上述两种打法，或逐排单向打设

（图 2.13(a)）。

根据设计标高和桩的规格，宜按先深后浅、先大后小、先长后短的顺序进行打桩。

3. 打桩

①打桩机就位时，桩架应垂直平稳，导杆中心线与打桩方向一致。

②桩开始打入时，应控制锤的落距，采用短距轻击；待桩入土一定深度（1～2m）稳定以后，再以规定落距施打。

③桩的施打原则是重锤低击，这样桩锤对桩头的冲击小，回弹也小，桩头不易损坏，大部分能量都用于克服桩身与土的摩阻力和桩尖阻力上，桩能较快地沉入土中。

④桩入土深度是否已达到设计位置，是否停止锤击，其判断方法和控制原则与桩的类型有关。

4. 打桩质量要求和测量记录

（1）打桩质量要求。

①端承桩最后贯入度不大于设计规定贯入度数值时，桩端设计标高可作参考；摩擦桩端标高达到设计规定的标高范围时，贯入度可作参考。

②打（压）入桩（预制混凝土方桩、预应力管桩、钢桩）的桩位偏差，必须符合表 2.7 的规定。

③桩的承载力检验。

表 2.7　预制桩（钢桩）桩位的允许偏差

序　号	项　目	允许偏差（mm）
1	盖有基础梁的桩： （1）垂直基础梁的中心线 （2）沿基础梁的中心线	 100＋0.01H 150＋0.01H
2	桩数为 1～3 根桩基中的桩	100
3	桩数为 4～16 根桩基中的桩	1/2 桩径或边长
4	桩数大于 16 根桩基中的桩： （1）最外边的桩 （2）中间桩	 1/3 桩径或边长 1/2 桩径或边长

注：H 为施工现场地面标高与桩顶设计标高的距离。

（2）混凝土预制桩施工记录。

打桩工程是隐蔽工程，施工中应做好每根桩的观测和记录，这是工程验收时检验质量的依据。各项观测数据应记入混凝土预制桩施工记录，如下表所示。

混凝土预制桩施工记录

施工单位＿＿＿＿＿＿　工程名称＿＿＿＿＿＿

打桩小组＿＿＿＿＿＿　桩规格及长度＿＿＿＿＿＿

桩锤类型及冲击部分质量＿＿＿　自然地面标高＿＿＿＿＿＿

桩帽质量＿＿＿＿　气候＿＿＿　桩顶设计标高＿＿＿＿＿＿

编号	打桩日期	桩入土每米锤击次数				落距(mm)	桩顶高出或低于设计标高(m)	最后贯入度	备注
		1	2	…	…				

工程负责人＿＿＿＿＿＿　记录＿＿＿＿＿＿

5. 打桩施工常见问题的分析

在打桩施工过程中会遇见各种各样的问题，例如桩顶破碎，桩身断裂，桩身位移、扭转、倾斜，桩锤回跃，桩身严重回弹等。发生这些问题的原因有钢筋混凝土预制桩制作质量、沉桩操作工艺和复杂土层等三方面的原因。

工程及施工验收规范规定，打桩过程中如遇到上述问题，都应立即暂停打桩，施工单位应与勘察、设计单位共同研究，查明原因，提出明确的处理意见，采取相应的技术措施后，方可继续施工。

(1)桩顶破碎。

桩顶直接受到桩锤的冲击而产生很高的局部应力，如果桩顶钢筋网片配置不当、混凝土保护层过厚、桩顶平面与桩的中心轴线不垂直及桩顶不平整等制作质量问题都会引起桩顶破碎。在沉桩工艺方面，若桩垫材料选择不当、厚度不足，桩锤施打偏心或施打落距过大等也会引起桩顶破碎。

(2)桩身被打断。

制作时,桩身有较大的弯曲凸肚,局部混凝土强度不足,在沉桩时桩尖遇到硬土层或孤石等障碍物,增大落距,反复过度冲击等都可能引起桩身断裂。

(3)桩身位移、扭转或倾斜。

桩尖四棱锥制作偏差大,桩尖与桩中心线不重合,桩架倾斜,桩身与桩帽、桩锤不在同一垂线上的施工操作以及桩尖遇孤石等都会引起桩身位移、扭转或倾斜。

(4)桩锤回跃,桩身回弹严重。

选择桩锤较轻,能引起较大的桩锤回跃;桩尖遇到坚硬的障碍物时,桩身则严重回弹。

6.打桩过程中的注意事项

①桩机就位后,桩架应垂直平稳,桩帽与桩顶应锁紧靠牢,连接成整体。

②打桩时,密切观察桩身下沉贯入度的变化情况。

③正常情况下,沉桩应连续施工,打入土的速度应均匀,应避免因间歇时间过长、土的固结作用而使桩难以下沉。

④打桩时振动大,对土体有挤压作用,可能影响周围建筑物、道路及地下管线的安全和正常使用,施工过程中要由专人巡视检查,及时发现和处理有关问题。

⑤严禁非施工人员进入打桩现场;对桩机的正常运行、桩架的稳定经常进行检查,严格按操作规程进行施工,确保安全。

6.桩头的处理

打完各种预制桩开挖基坑时,按设计要求的桩顶标高将桩头多余的部分截去。截桩头时不能破坏桩身,要保证桩身的主筋伸入承台,长度应符合设计要求。当桩顶标高在设计标高以下时,在桩位上挖成喇叭口,凿掉桩头混凝土,剥出主筋并焊接接长至设计要求长度,与承台钢筋绑扎在一起,用桩身同强度等级的混凝土与承台一起浇筑接长桩身。

(二)静力压桩施工

静力压桩施工原理是利用无噪声、无振动的静压力将桩压入土中,常用于土质均匀的软土地基的沉桩施工。静力压桩(图2.14)广泛应用于闹市中心建筑较密集的地区。

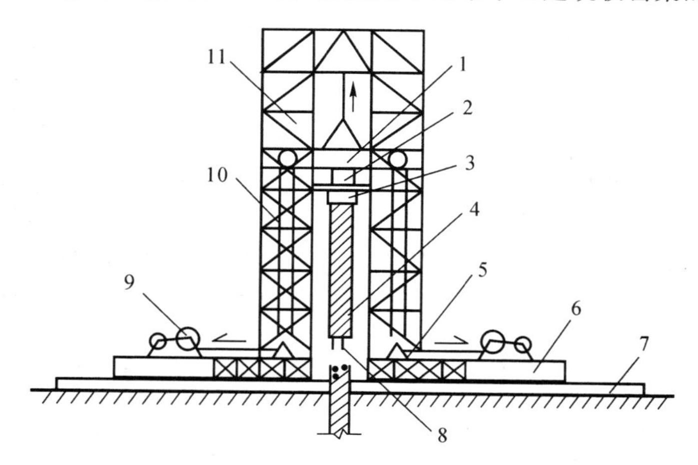

图2.14 静力压桩机示意

1—活动压梁;2—油压表;3—桩帽;4—上段桩;5—加重物仓;6—底盘;7—轨道;8—上段接桩锚筋;9—卷扬机;10—加压钢绳滑轮组;11—桩架导向笼

压桩施工一般采取分节压入、逐段接长的施工方法；当第一节桩压入土中，其上端距地面1m左右时将第二节桩接上，继续压入。

接桩的方法目前有三种：焊接法(图2.15)(应用最多)、法兰螺栓连接法、硫磺胶泥锚接法(图2.16)(对抗震不利，且仅用于软土层)。

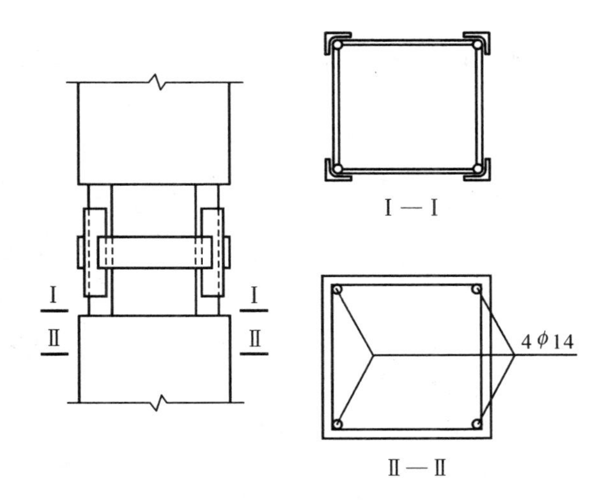

图2.15　焊接法接桩节点构造

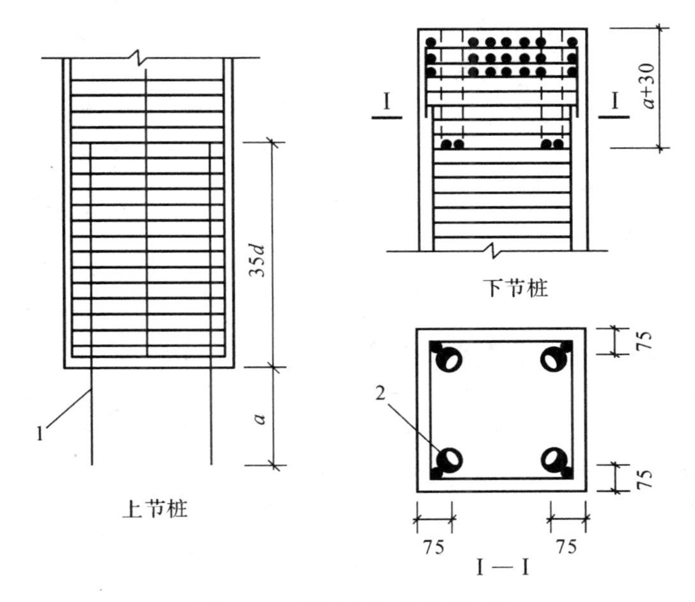

图2.16　浆锚法接桩节点构造

1—锚筋；2—锚筋孔

情境4　混凝土灌注桩施工

能力目标

通过本情境的学习，能够应用所学知识，按照设计图纸、规范，进行混凝土灌注桩施工方案编制，组织施工和资料整理、归档。

学习内容

泥浆护壁成孔灌注桩，沉管灌注桩，干作业钻孔灌注桩，人工挖孔灌注桩施工等。

任务引领

教师布置任务，帮助学生理解任务要求，辅导学生完成任务需要掌握的知识。

任务一　某场地土层分布情况：

①杂填土，全场分布，层顶标高－4.24～－3.30m，层厚0.30～4.10m。

②黏土，局部缺失，层顶标高－3.59～－1.88m，层厚0～2.70m。

③－1淤泥，全场分布，层顶标高－2.55～－0.68m，层厚11.70～21.20m。

③－2淤泥质黏土，局部缺失，层顶标高－20.04～－10.49m，层厚0～14.30m。

1. 采用何种桩基础施工，并说明理由。
2. 说明选用此方法进行施工的要点。

任务二　某场地地质勘查资料如下：0～2m为腐殖质土、填土、耕植土；2～6m为粉质黏土；6～15m为黏土；15～25m为砂砾石层。地下水位达到1.8m。

1. 试选桩基础形式，并说明理由。
2. 说明所选施工方法的施工要点。

问题导入

以下问题是完成任务必须掌握的知识，教师引导，学生完成。

1. 现浇混凝土灌注桩的成孔方法有几种？各种方法的特点及适用范围如何？
2. 干作业成孔灌注桩的施工工艺？
3. 灌注桩常易发生哪些质量问题？如何预防和处理？
4. 护筒的作用和要求有哪些？
5. 反循环清孔和正循环清孔有什么不同？实际施工中采用哪种清孔方法较多？
6. 人工成孔灌注桩成孔施工如何控制孔的垂直度？
7. 桩基检测的方法有几种？验收时应准备哪些资料？

自主学习

学生以小组形式工作（4～6人一组）。通过查资料、规范、学材以及网上资源解答以上问题；初步形成完成以上两项任务的思路和工作计划，组内学生讨论、向教师或辅导教师咨询，修改、完善计划，形成实施计划；实施计划，完成任务。

学生发言

各小组选派一名代表，回答问题，讲解本小组完成任务的过程及结果，小组其他成员补充。

学生互评

小组之间按照统一标准，对各小组回答问题、完成任务的过程及结果进行互评。

学生完成学习情境4成绩评定表

学生姓名________　教师________　班级________　学号____________

序号	考评项目	分值	考核内容	教师评价（权重50%）	组长评价（权重25%）	学生评价（权重25%）
1	学习态度	15	出勤率、听课态度、实操表现等			
2	学习能力	25	上课回答问题、完成工作质量			
3	计算、操作能力	25	计算、实操记录、作品成果质量			
4	团结协作能力	15	自己在所在小组的表现，小组完成工作质量、速度			
合计		80				
综合得分						

知识拓展

教师提供2～3个钢筋混凝土灌注桩实际工程实例，供学生选择，加强实操练习。在规定期限内，学生编写出桩基施工方案。此项内容占情境4学习成绩的20%。

学　材

灌注桩是指直接在桩位上用机械成孔或人工挖孔，在孔内安放钢筋笼、灌注混凝土而成型的桩。与预制桩相比，灌注桩具有不受地层变化限制、不需要接桩和截桩、节约钢材、振动小、噪声小等特点。

灌注桩按成孔方法分为泥浆护壁成孔灌注桩、沉管灌注桩、干作业钻孔灌注桩、人工挖孔灌注桩等。

一、干作业钻孔灌注桩

干作业钻孔灌注桩施工过程如图2.17所示。

干作业成孔一般采用螺旋钻机钻孔。螺旋钻头外径分别有ϕ400mm、ϕ500mm、ϕ600mm三种规格，钻孔深度相应为12m、10m、8m。适用于成孔深度内没有地下水的一般黏土层、砂土及人工填土地基，不适于有地下水的土层和淤泥质土。

施工工艺如下。

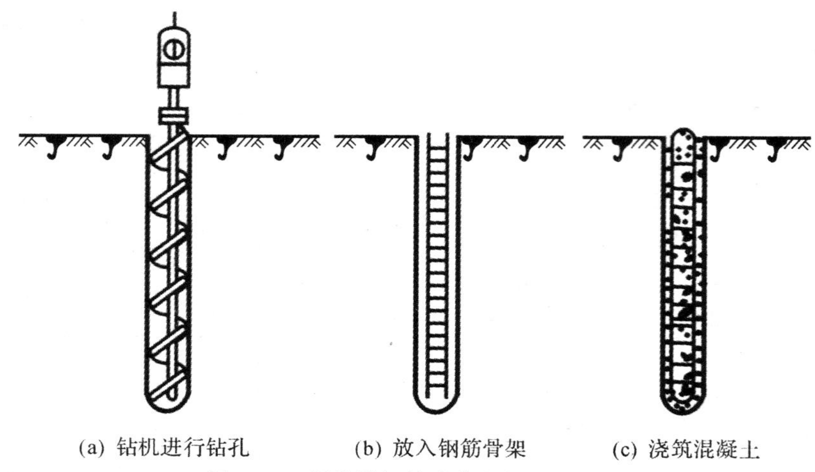

图 2.17 螺旋钻机钻孔灌注桩施工过程

1. 钻机就位

钻机就位后，钻杆垂直对准桩位中心，开钻时先慢后快，减少钻杆的摇晃，及时纠正钻孔的偏斜或位移。

2. 清孔

钻孔至规定要求深度后，进行孔底清土。清孔的目的是将孔内的浮土、虚土取出，减少桩的沉降。方法是钻机在原深处空转清土，然后停止旋转，提钻卸土。

3. 钢筋笼制作与放置

钢筋笼的主筋、箍筋、直径、根数、间距及主筋保护层均应符合设计规定，绑扎牢固，防止变形。用导向钢筋送入孔内，同时防止泥土杂物掉进孔内。

4. 浇筑混凝土

钢筋笼就位后，应立即灌注混凝土，以防塌孔。灌注时，应分层浇筑、分层捣实，每层厚度 50～60cm。

二、泥浆护壁成孔灌注桩

泥浆护壁成孔是利用泥浆保护稳定孔壁的机械钻孔方法。它通过循环泥浆将切削碎的泥渣屑悬浮后排出孔外，适用于有地下水和无地下水的土层。

成孔机械：潜水钻机、冲击钻机、回转钻机等。

泥浆护壁成孔灌注桩的施工工艺流程：测定桩位→埋设护筒→桩机就位→制备泥浆→机械成孔→泥浆循环出渣→清孔→安放钢筋笼→浇筑水下混凝土。

(一)埋设护筒和制备泥浆

钻孔前，在现场放线定位，按桩位挖去桩孔表层土，并埋设护筒。护筒高 2m 左右，上部设 1～2 个溢浆孔。它是用厚 4～8mm 钢板制成的圆筒，其内径应大于钻头直径 200mm。

护筒的作用：定孔，保护孔口，防止地面水流入，维持水头，防止塌孔，成孔时引导钻头的方向等。

在钻孔过程中，向孔中注入相对密度为 1.1～1.3，含沙率不大于 4%，胶体率 95%以上，黏度为 18～22s，pH 值≥6.5 的泥浆。泥浆具有以下作用：保护孔壁，防止塌孔，排出土渣，冷却与润滑钻头。

（二）成孔

1. 潜水钻机成孔

潜水钻机成孔示意如图 2.18 所示。

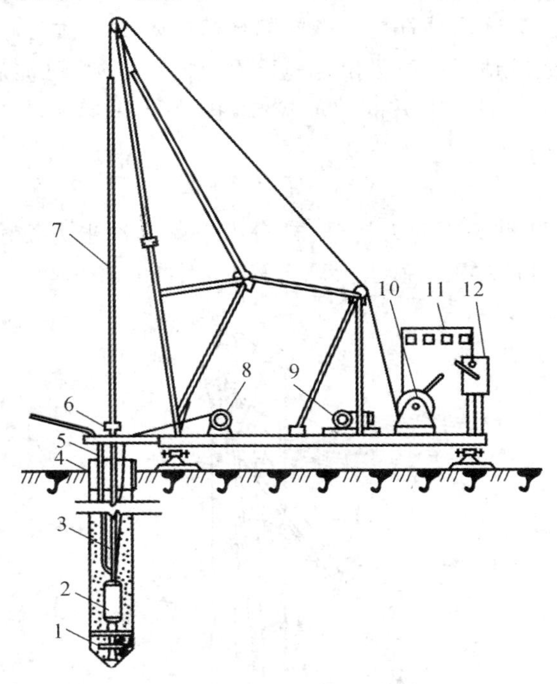

图 2.18　潜水钻机成孔示意

1—钻头；2—潜水钻机；3—电缆；4—护筒；5—水管；6—滚轮（支点）；7—钻杆；8—电缆盘；9—5kN 卷扬机；10—10kN 卷扬机；11—电流电压表；12—启动开关

潜水钻机是一种旋转式钻孔机械，其防水电机、变速机构和钻头密封在一起，由桩架及钻杆定位后可潜入水、泥浆中钻孔。注入泥浆后通过正循环或反循环排渣法将孔内切削土粒、石渣排至孔外。如图 2.19 所示。

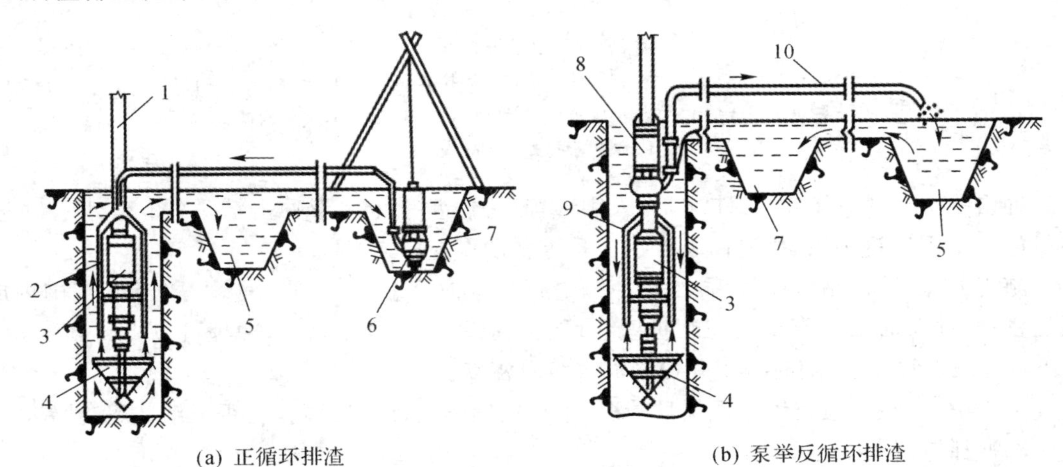

(a) 正循环排渣　　(b) 泵举反循环排渣

图 2.19　循环排渣方法

1—钻杆；2—送水管；3—主机；4—钻头；5—沉淀池；6—潜水泥浆泵；7—泥浆池；8—砂石泵；9—抽渣管；10—排渣胶管

正循环排渣法：泥浆由钻杆内部注入，并从钻杆底部喷出，携带钻下的土渣沿孔壁向上流动，由孔口将土渣带出流入沉淀池，经沉淀的泥浆流入泥浆池再注入钻杆，由此进行循环。正循环工艺是依靠泥浆向上的流动将土渣提升，其提升力较小，孔底沉渣较多。

泵举反循环排渣法：泥浆由钻杆与孔壁间的环状间隙流入钻孔，然后由砂石泵在钻杆内形成真空，使钻下的土渣由钻杆内腔吸出至地面而流向沉淀池，沉淀后再流入泥浆池。反循环通过泵吸作用提升泥浆，泥浆上升的速度较高，排放土渣能力大。孔身大于30m的端承型桩宜采用反循环。

2. 冲击钻成孔

冲击钻机是将冲锤式钻头用动力提升，靠自由下落的冲击力切削破碎岩层或冲击土层成孔(图2.20)。适用于粉质黏土、砂土及砾石等。

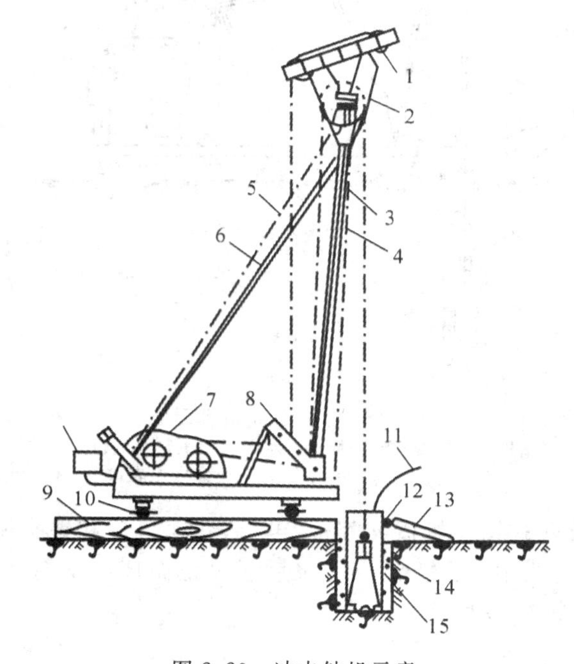

图2.20　冲击钻机示意

1—副滑轮；2—主滑轮；3—主杆；4—前拉索；5—后拉索；6—斜撑；7—双滚筒卷扬机；8—导向轮；9—垫木；10—钢管；11—供浆管；12—溢流口；13—泥浆渡槽；14—护筒回填土；15—钻头

冲击钻头形式有十字形、工字形、人字形等，一般常用十字形冲击钻头(图2.21)。冲击钻机施工中需以钢护筒、掏渣筒及打捞工具等辅助作业。

施工要点：冲击钻机就位后，校正冲锤中心对准护筒中心，在冲程0.4～0.8m范围内应低提密冲，并及时加入石块与泥浆护壁，直至护筒下沉3～4m以后，冲程可以提高到1.5～2.0m，转入正常冲击，随时测定并控制泥浆相对密度。

施工中，应经常检查钢丝绳损坏情况，卡机松紧程度和转向装置是否灵活，以免掉钻。

3. 冲抓锥成孔

冲抓锥(图2.22)锥头上有一重铁块和活动抓片，通过机架和卷扬机将冲抓锥提升到一定高度，下落时松开卷筒刹车，抓片张开，锥头便自由下落冲入土中，然后开动卷扬机提升锥头，这时抓片闭合抓土。冲抓锥整体提升至地面上卸去土渣，依次循环成孔。

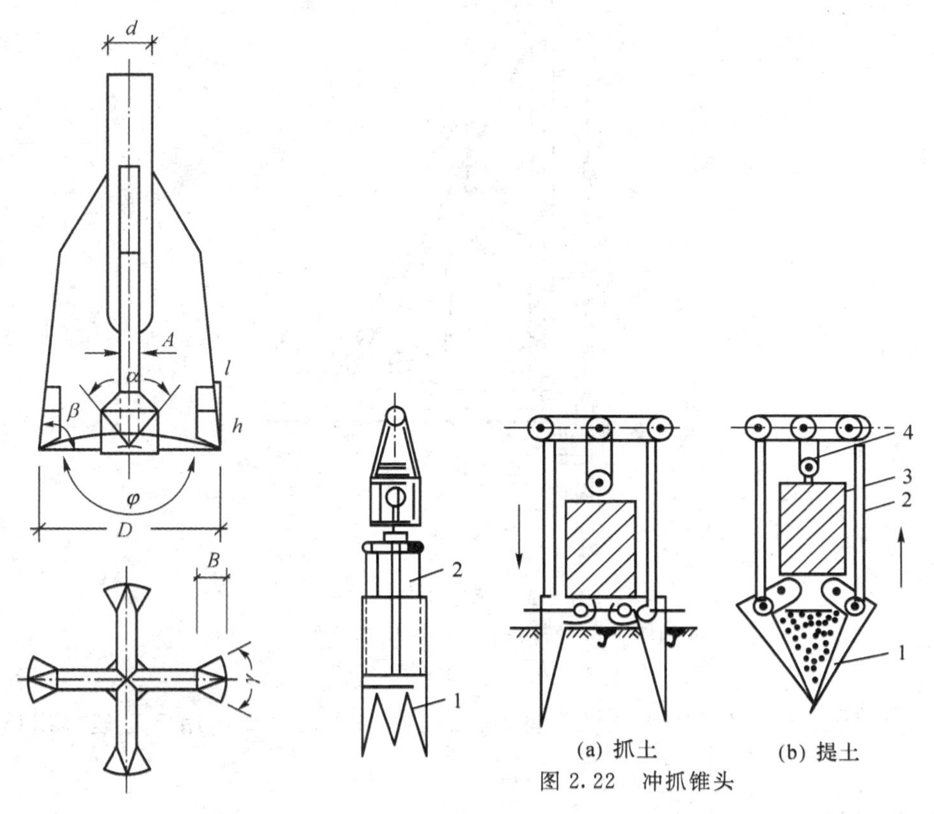

图 2.21　十字形钻头示意

(a) 抓土　(b) 提土

图 2.22　冲抓锥头

1—抓片；2—连杆；3—压重；4—滑轮组

冲抓锥成孔施工过程、护筒安装要求、泥浆护壁循环等与冲击成孔施工相同。适用于松软土层（砂土、黏土）中冲孔，但遇到坚硬土层时宜换用冲击钻施工。

（三）验孔与清孔

验孔是用探测器检查桩位、直径、深度和孔道情况；清孔即清除孔底沉渣、淤泥浮土，以减少桩基的沉降量，提高承载能力。（沉渣厚度：端承桩≤50mm，摩擦端承桩、端承摩擦桩≤100mm，摩擦桩≤300mm）

泥浆护壁成孔清孔：对于土质较好不易坍塌的桩孔，可用空气吸泥机清孔，使管内形成强大高压气流向上涌，同时不断地补足清水，被搅动的泥渣随气流上涌从喷口排出，直至喷出清水为止。

对于稳定性较差的孔壁应采用泥浆循环法清孔或抽筒排渣，清孔后的泥浆相对密度应控制在1.15～1.25。

（四）浇筑水下混凝土

泥浆护壁成孔灌注混凝土的浇筑是在水中或泥浆中进行的，故称为浇筑水下混凝土。

水下混凝土宜比设计强度提高一个强度等级，必须具备良好的和易性，配合比应通过试验确定。

水下混凝土浇筑常用导管法（图2.23）。

浇筑时，先将导管内及漏斗灌满混凝土，其量保证导管下端一次埋入混凝土面以下

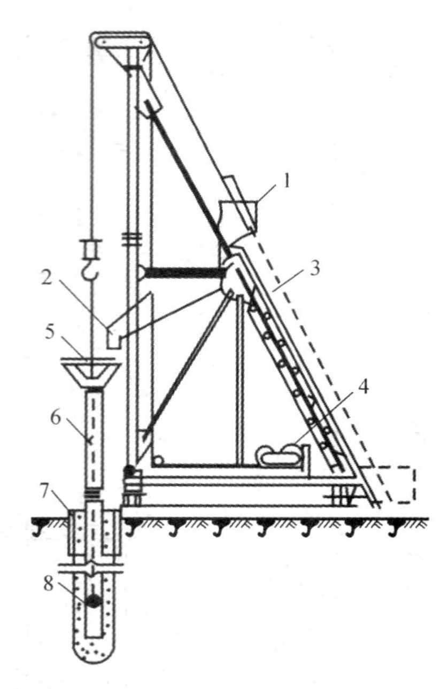

图 2.23　水下浇筑混凝土

1—上料斗；2—贮料斗；3—滑道；4—卷扬机；5—漏斗；
6—导管；7—护筒；8—隔水栓

0.8m 以上，然后剪断悬吊隔水栓的钢丝，混凝土拌和物在自重作用下迅速排出球塞进入水中。

四、沉管灌注桩

沉管灌注桩是利用锤击打桩法或振动沉管法，将带有钢筋混凝土的桩尖或带有活瓣式钢制桩靴的钢管沉入土中(钢管直径应与桩的设计尺寸一致)造成桩孔，然后放入钢筋骨架并浇筑混凝土，随之拔出套管，利用拔管时的振动将混凝土捣实，形成所需要的灌注桩。

利用锤击沉桩设备沉管、拔管成桩，称为锤击沉管灌注桩(图 2.24)；利用振动器振动沉管、拔管成桩，称为振动沉管灌注桩(图 2.25)。

沉管灌注桩施工过程中，对土体有挤密作用和振动影响，施工中应结合现场施工条件，考虑成孔的顺序：

①间隔一个或两个桩位成孔。

②在邻桩混凝土终凝后成孔。

③一个承台下桩数在 5 根以上者，中间的桩先成孔，外围的桩后成孔。

为了提高桩的质量和承载能力，振动灌注桩常采用单打法、复打法、翻插法等施工工艺。

单打法：在沉入土中的套管内灌满混凝土，开动振动器，振动 5～10s，开始拔管，边拔边振。每拔 0.5～1.0m，停拔振动 5～10s，如此反复进行，直至全部拔出。

复打法：在同一桩孔内连续进行两次单打，或根据需要进行局部复打。施工时，应保证前后两次沉管轴线重合，并在混凝土初凝之前进行。

翻插法：在套管内灌满混凝土后，先振动再拔管，每次拔高 0.5～1.0m，向下反插 0.3～0.5m，如此反复进行，直至拔出。

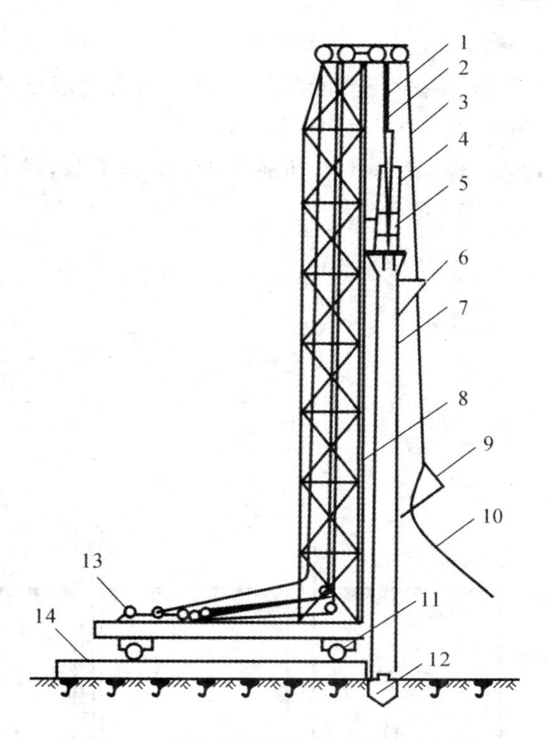

图 2.24　锤击沉管灌注桩机械设备示意

1—桩锤钢丝绳;2—桩管滑轮组;3—吊斗钢丝绳;4—桩锤;5—桩帽;6—混凝土漏斗;7—桩管;8—桩架;9—混凝土吊斗;10—回绳;11—行驶用钢管;12—预制桩靴;13—卷扬机;14—枕木

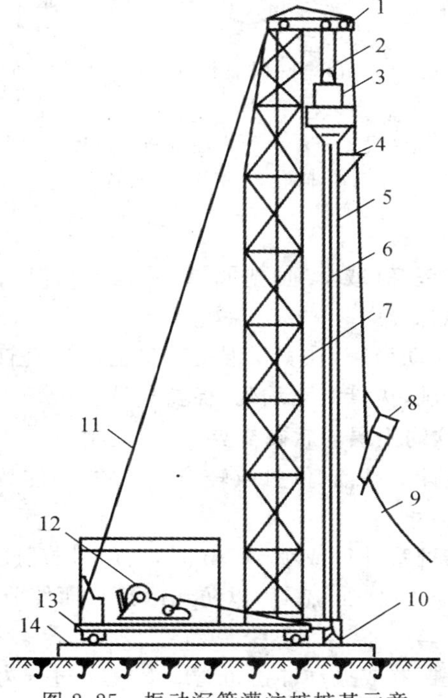

图 2.25　振动沉管灌注桩桩基示意

1—导向滑轮;2—滑轮组;3—激振器;4—混凝土漏斗;5—桩管;6—加压钢丝绳;7—桩架;8—混凝土吊斗;9—回绳;10—活瓣桩靴;11—缆风绳;12—卷扬机;13—行驶用钢管;14—枕木

(一)锤击沉管灌注桩施工

锤击沉管灌注桩适宜于一般黏性土、淤泥质土砂土和人工填土地基。在管底未拔到桩顶设计标高之前,轻击不得中断。

施工中应做好施工记录:每米的锤击数和最后 1m 的锤击数;最后 3 阵,每阵 10 击的贯入度及落锤高度。

其施工过程见图 2.26。

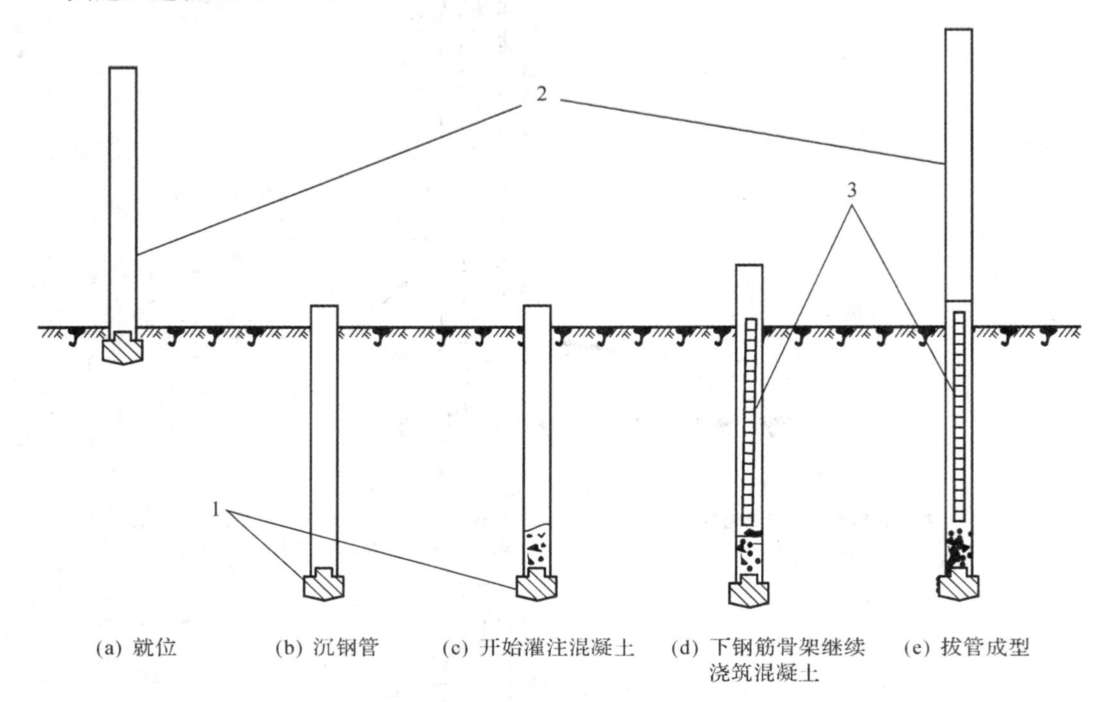

图 2.26 沉管灌注桩施工过程

1—桩靴;2—钢管;3—钢筋

锤击沉管灌注桩施工要点:

①桩尖与桩管接口处应垫麻(或草绳)垫圈,以防地下水渗入管内。沉管时先用低锤轻击,观察无偏移后,才正常施打。

②拔管前,应先锤击或振动套管,在测得混凝土确已流出套管时方可拔管。

③桩管内混凝土尽量填满,拔管时要均匀,保持连续密锤轻击,并控制拔管速度,一般土层以不大于 1m/min 为宜,软弱土层与软硬交界处,应控制在 0.3～0.8m/min 以内。

④在管底未拔到桩顶设计标高前,倒打或轻击不得中断,注意使管内的混凝土保持略高于地面,并保持到全管拔出为止。

⑤桩的中心距小于 5 倍桩管外径或小于 2m 时,均应跳打施工;中间空出的桩须待邻桩混凝土达到设计强度的 50%以后方可施打,以防止因挤土而使前面的桩发生桩身断裂。

(二)振动沉管灌注桩施工

振动沉管灌注桩采用激振器或振动冲击沉管。其施工过程为:

桩机就位→沉管→上料→拔管。

沉管灌注桩容易出现的质量问题及处理方法如下。

1.颈缩

颈缩是指桩身的局部直径小于设计要求的现象。

(1)产生原因:当在淤泥和软土层沉管时,由于受挤压的土壁产生空隙水压,拔管后便挤向新灌注的混凝土,桩局部范围受挤压形成颈缩。

当拔管过快或混凝土量少,或混凝土拌和物和易性差时,周围淤泥质土趁机填充过来,也会形成颈缩。

(2)处理方法:拔管时应保持管内混凝土面高于地面,使之具有足够的扩散压力,混凝土坍落度应控制在50～70mm。拔管时应采用复打法,并严格控制拔管的速度。

2.断桩

断桩是指桩身局部分离或断裂的现象,更为严重的是一段桩没有混凝土。

(1)产生原因:桩距离太近,相邻桩施工时混凝土还未具备足够的强度,已形成的桩受挤压而断裂。

(2)处理方法:施工时,控制中心距离不小于4倍桩径;确定打桩顺序和行车路线,减少对新灌注混凝土桩的影响。采用跳打法或等已成型的桩混凝土达到50%设计强度后,再进行下根桩的施工。

3.吊脚桩

吊脚桩是指桩底部混凝土隔空或松软,没有落实到孔底地基土层上的现象。

(1)产生原因:当地下水压力大时,或预制桩尖被打坏,或桩靴活瓣缝隙大时,水及泥浆进入套筒钢管内,或由于桩尖活瓣受土压力,拔管至一定高度才张开,使得混凝土下落,造成桩脚不密实,形成松软层。

(2)处理方法:为防止活瓣不张开,开始拔管时,可采用密张慢拔的方法,对桩脚底部进行几次局部反插,然后再正常拔管。桩靴与套管接口处使用性能较好的垫衬材料,防止地下水及泥浆的渗入。

4.混凝土灌注过量

如果灌桩时混凝土用量比正常情况下大1倍以上,这可能是由于孔底有洞穴,或者在饱和淤泥中施工时,土体受到扰动,强度大大降低,在混凝土侧压力作用下,桩身扩大而混凝土用量增大所造成的。

因此,施工前应详细了解现场地质情况,对于在饱和淤泥软土中采用沉管灌注桩时,应先打试桩。若发现混凝土用量过大时,应与设计单位联系,改用其他桩型。

五、人工挖孔灌注桩

大直径灌注桩是采用人工挖掘方法成孔,放置钢筋笼,浇筑混凝土而成的桩基础。它由承台、桩身和扩大头组成(图2.27)。

主要施工过程:挖孔(挖土、运土)→辅助工程(支护、降水、通风)和钢筋混凝土工程。

优点:桩身直径大(1～5m),承载能力高;施工时可在孔内直接检查成孔质量,观察地质土质变化情况;桩底清孔除渣彻底、干净,易保证混凝土浇筑质量。

(一)人工挖掘成孔护壁方法施工

支护方法有钢筋混凝土护壁、沉井护壁和钢套管护壁等。

1. 现浇混凝土护壁法施工

分段开挖、分段浇筑混凝土护壁，既能防止孔壁坍塌，又能起到防水作用。

施工要点：

(1)桩孔采取分段开挖，每段高度取决于土壁直立状态的能力，一般0.5～1.0m为一施工段，开挖井孔直径为设计桩径加混凝土护壁厚度。

(2)支设护壁内模板后浇筑混凝土，其强度一般不低于C15，护壁混凝土要振捣密实；当混凝土强度达到1MPa(常温下约24h)可拆除模板，进入下一施工段。如此循环，直至挖到设计要求的深度。

2. 沉井护壁法施工

沉井护壁法适合于强透水层。

施工要点：

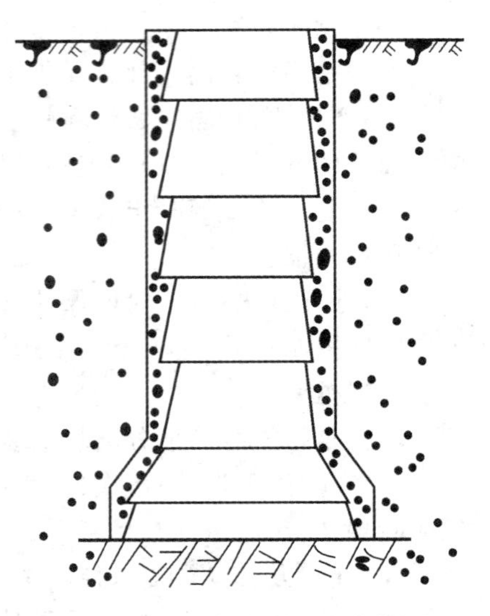

图 2.27　混凝土护圈挖孔桩

沉井护壁施工是先在桩位上制作钢筋混凝土井筒，井筒下捣制钢筋混凝土刃脚，然后在筒内挖土掏空，井筒靠其自重或附加荷载来克服筒壁与土体之间的摩擦阻力，边挖边沉，使其垂直地下沉到设计要求深度。

(二)施工中应该注意的几个问题

(1)桩孔中心线平面位置偏差不宜超过50mm，桩的垂直度偏差不得超过0.5%，桩径不得小于桩设计直径。

(2)挖掘成孔区内，不得堆放余土和建筑材料，并防止局部集中荷载和机械振动。

(3)桩基础一定要坐落在设计要求的持力层上，桩孔的挖掘深度应由设计人员根据现场地基土层的实际情况决定。

(4)人工挖掘成孔应连续施工，成孔验收后立即进行混凝土浇筑。

(5)认真清除孔底浮渣，排净积水，浇筑过程中防止地下水流入。

(6)人工挖掘成孔过程中，应严格按操作规程施工。

(7)井面应设置安全防护栏，当桩孔净距小于2倍桩径且小于2.5m时，应间隔挖孔施工。

六、灌注桩施工质量要求及安全技术

灌注桩施工质量检查包括成孔及清孔、钢筋骨架制作及安放、混凝土搅拌及灌注等三个施工过程的质量检查。

施工前应对水泥、砂、石子、钢材等原材料进行检查，对施工组织设计中制定的施工顺序、监测手段也应进行检查。

(一)成孔质量检查及要求

(1)桩位偏差必须符合表2.8的规定，桩顶标高至少要比设计标高高出0.5m。

表 2.8　灌注桩的平面位置和垂直度的允许偏差

序　号	成孔方法		桩径允许偏差(mm)	垂直度允许偏差(%)	桩位允许偏差(mm)	
					1～3根、单排桩基垂直中心线方向和群桩基础的边桩	条形桩基沿中心线方向和群桩基础的中间桩
1	泥浆护壁灌注桩	$D\leqslant1000$mm	±50	＜1	$D/6$,且不大于100	$D/4$,且不大于150
		$D>1000$mm	±50		$100+0.01H$	$150+0.01H$
2	套管成孔灌注桩	$D\leqslant500$mm	－20	＜1	70	150
		$D\leqslant500$mm			100	150
3	干作业成孔灌注桩		－20	＜1	70	150
4	人工挖孔桩	混凝土护壁	＋50	＜0.5	50	150
		钢套管护壁	＋50	＜1	100	200

(2)灌注桩成孔深度的控制要求。

①锤击套管成孔,桩尖位于坚硬、硬塑黏性土、碎石土、中密以上的砂土、风化岩土层时,应达到设计规定的贯入度;桩尖位于其他软土层时,桩尖应达到设计规定的标高。

②泥浆护壁成孔、干作业成孔,应达到设计规定的深度。

灌注桩的沉渣厚度:当以摩擦力为主时,不得大于150mm;当以端承力为主时,不得大于50mm。

(二)钢筋笼制作及安放要求

钢筋笼制作时,要求主筋沿环向均匀布置,箍筋的直径及间距、主筋的保护层、箍筋的间距等均应符合设计要求。

主筋与箍筋之间宜采用焊接连接;加劲箍应设在主筋外侧,主筋一般不设弯钩,根据施工工艺要求,所设弯钩不得向内圈伸露,以免妨碍施工。

钢筋笼主筋的保护层允许偏差:水下灌注混凝土桩为±20mm;非水下灌注混凝土桩为±10mm。

钢筋笼制作、运输、安装过程中,应采取措施防止变形,并应有保护层垫块(或垫管、垫板);吊放入孔时,应避免碰撞孔壁;灌注混凝土时,应采取措施固定钢筋笼的位置。

(三)混凝土搅拌与灌注

(1)混凝土搅拌主要检查材料质量与配比计量、混凝土坍落度;灌注混凝土应检查防止混凝土离析的措施、浇筑厚度及振捣密实情况。

(2)灌注桩各工序应连续施工;钢筋笼放入泥浆后,4h内必须灌注混凝土。

(3)灌注后,桩顶应高出设计标高0.50m。灌注桩的实际浇筑混凝土量不得小于计算体积。

(4)浇筑混凝土时,同一配比的试块,每班不得少于1组;泥浆护壁成孔的灌注桩,每根不得少于1组。

(5)混凝土灌注桩的质量检验标准应符合表2.9、表2.10的规定。

表 2.9　混凝土灌注桩钢筋笼质量检验标准

项　目	序	检查项目	允许偏差或允许值(mm)	检查方法
主控项目	1	主筋间距	±10	用钢尺量
	2	长度	±100	用钢尺量
一般项目	1	钢筋材质检验	设计要求	抽样送检
	2	箍筋间距	±20	用钢尺量
	3	直径	±20	用钢尺量

表 2.10　混凝土灌注桩质量检验标准

项　目	序	检查项目	允许偏差或允许值(mm)		检查方法
			单　位	数　值	
主控项目	1	桩位	见表 2.7		基坑开挖前量护筒、开挖后量桩中心
	2	孔深	mm	+300	只深不浅，用重锤测，或测钻杆、套管长度，嵌岩桩应确保进入设计要求的嵌岩深度
	3	桩体质量检验	按基桩检测技术规范		按基桩检测技术规范
	4	混凝土强度	设计要求		试件报告或钻芯取样送检
	5	承载力	按基桩检测技术规范		按基桩检测技术规范
一般项目	1	垂直度	见表 2.7		测套管或钻杆，或用超声波探测，干施工时吊锤球
	2	桩径	见表 2.7		井径仪或超声波检测，干施工时用钢尺量，人工挖孔桩不包括内衬厚度
	3	泥浆面标高(高于地下水位)	m	0.5～1.0	目测
	4	沉渣厚度： 端承桩 摩擦桩	mm	 ≤50 ≤150	用沉渣仪或重锤测量
	5	混凝土坍落度： 水下灌注 干施工	mm	 160～220 70～100	坍落度仪
	6	钢筋笼安装深度	mm	±100	用钢尺量
	7	混凝土充盈系数	>1		检查每根桩的实际灌注量
	8	桩顶标高	mm	+30 −50	水准仪，需扣除桩顶浮浆层及劣质桩体

(四)施工验收

1. 桩基验收规定

(1)当桩顶设计标高与施工场地标高相近时，桩基工程验收应待成桩完毕后验收。

(2)当桩顶设计标高低于施工场地标高时，应待开挖到设计标高后进行验收。

2. 桩基验收资料

(1)工程地质勘查报告、桩基施工图、图纸会审纪要、设计变更单等。

(2)经审定的施工组织设计、施工方案及执行中的变更情况。

(3)桩位测量放线图,包括工程桩位线复核签证单。

(4)桩孔、钢筋、混凝土工程施工隐蔽记录及各分项工程质量检查验收单和施工记录。

(5)成桩质量检查报告。

(6)单桩承载力检测报告。

(7)基坑挖至设计标高的桩位竣工平面图及桩顶标高图。

七、桩基础工程安全技术措施

(1)桩基础工程施工区域,应实行封闭式管理,进入现场的各类施工人员,必须接受安全教育,严格按操作规程施工,服从指挥,集中精力操作。

(2)按不同类型桩的施工特点,针对不安全因素,制定可靠的安全措施,严格实施。

(3)对施工危险区域和机具(冲击、锤击桩机,人工挖掘成孔的周围,桩架下),要加强巡视检查,当有险情或异常情况发生时,应立即停止施工并及时报告,待查明原因,排除险情或加固处理后,方能继续施工。

(4)打桩过程中可能引起停机面土体挤压隆起或沉陷,打桩机械、桩架及路轨应随时调整,保持稳定,防止意外事故发生。

(5)加强机械设备的维护管理,机电设备应有防漏电装置。

(6)机具进场要注意危桥、陡坡、陷地和防止碰撞电杆、房屋等,以免造成事故。

(7)施工前应全面检查机械,发现问题要及时解决,严禁带病作业。

(8)打桩时桩头垫料严禁用手拨正,不要在桩锤未打到桩顶即起锤或过早刹车,以免损坏桩机设备。

(9)钻孔灌注桩在已钻成的孔尚未浇筑混凝土前,必须用盖板封严;钢管桩打桩后必须及时加盖临时桩帽;预制混凝土桩送桩入土后的桩孔必须及时用砂子或其他材料填灌,以免发生人身事故。

(10)成孔钻机操作时,注意钻机安定平稳,以防止钻架突然倾倒或钻具突然下落而发生事故。

情境5 地下连续墙施工

能力目标

通过本情境的学习,能够应用所学知识,按照设计图纸、规范,进行地下连续墙施工方案编制,组织施工和资料整理、归档。

学习内容

地下连续墙施工;“逆作法”施工简介。

任务引领

教师布置任务,帮助学生理解任务要求,辅导学生完成任务需要掌握的知识。

任务 某高层写字楼，地下两层。地下室底板底标高－7.8m，地下水－1.2m。基坑支护拟采用地下连续墙施工方案。

试编制地下连续墙施工方案。

问题导入

以下问题是完成任务必须掌握的知识，教师引导，学生完成。

1. 何谓地下连续墙？
2. 试述导墙的作用和形式。
3. 试对比地下连续墙施工中的施工接头和结构接头？
4. 何谓“逆作法”施工？
5. 试对比常规方法施工和逆作法施工的优缺点。

自主学习

学生以小组形式工作（4～6人一组）。通过查资料、规范、学材以及网上资源解答以上问题；初步形成完成以上任务的思路和工作计划，组内学生讨论、向教师或辅导教师咨询，修改、完善计划，形成实施计划；实施计划，完成任务。

学生发言

各小组选派一名代表，回答问题，讲解本小组完成任务的过程及结果，小组其他成员补充。

学生互评

小组之间按照统一标准，对各小组回答问题、完成任务的过程及结果进行互评。

学生完成学习情境5成绩评定表

学生姓名________ 教师________ 班级________ 学号__________

序号	考评项目	分值	考核内容	教师评价（权重50%）	组长评价（权重25%）	学生评价（权重25%）
1	学习态度	15	出勤率、听课态度、实操表现等			
2	学习能力	25	上课回答问题、完成工作质量			
3	计算、操作能力	25	计算、实操记录、作品成果质量			
4	团结协作能力	15	自己在所在小组的表现，小组完成工作质量、速度			
合计		80				
综合得分						

知识拓展

教师提供2～3个基坑支护施工及“逆作法”施工的实际工程例子。在规定期限内，编写出地下连续墙施工方案。此项内容占情境5学习成绩的20%。

学　材

一、地下连续墙施工

地下连续墙施工，即在地面上采用专用挖槽机械设备，按一个单元槽段长度(一般6～8m)，沿着深基础或地下构筑物周边轴线，利用膨润土泥浆护壁开挖深槽。

地下连续墙施工过程主要划分为三个阶段：准备工作阶段、成槽阶段和浇筑混凝土阶段。地下连续墙按单元槽段逐段施工，每段施工程序如图2.28所示。

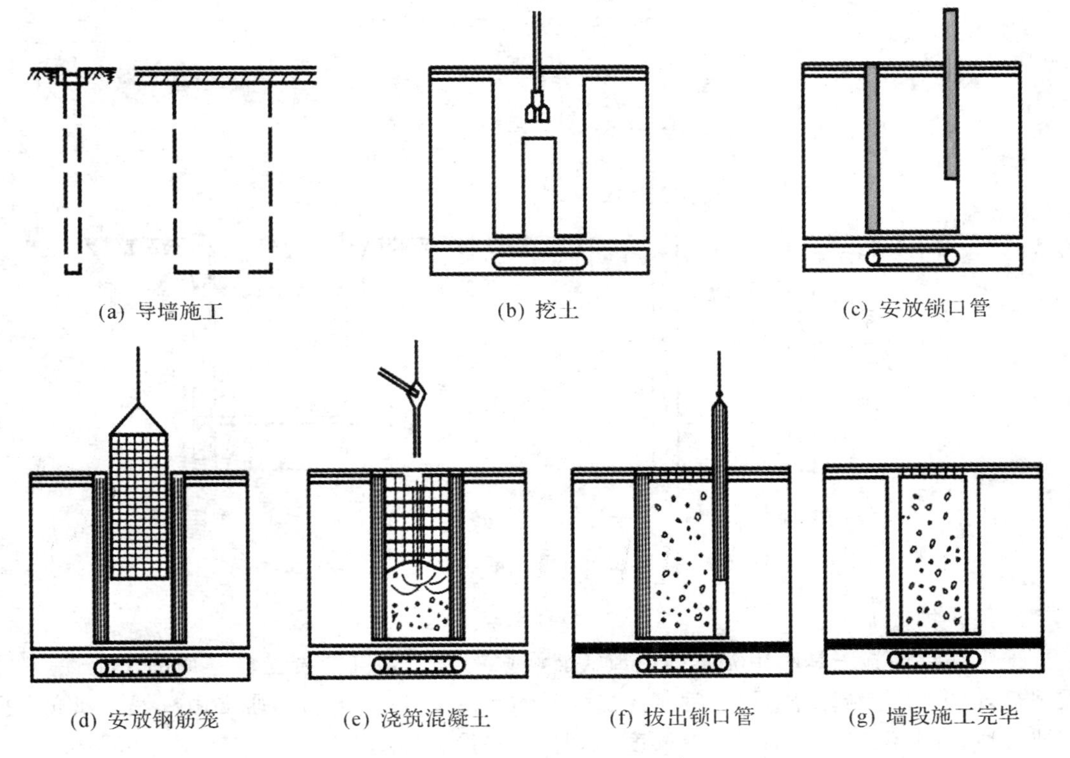

(a) 导墙施工　(b) 挖土　(c) 安放锁口管　(d) 安放钢筋笼　(e) 浇筑混凝土　(f) 拔出锁口管　(g) 墙段施工完毕

图2.28　地下连续墙施工程序

(一)施工准备工作

1. 地下连续墙挖槽机械设备的选择

挖槽机械设备主要是深槽挖掘机、泥浆制备搅拌机及处理机具。地下连续墙挖掘机械有多头钻挖掘机及抓斗式挖掘机，如图2.29所示。

2. 浇筑导墙结构

为了保证挖槽竖直并防止机械碰撞槽壁，成槽施工之前，在地下连续墙设计的纵轴线位置上开挖导沟，在沟的两侧浇筑混凝土或钢筋混凝土导墙。常见导墙断面形式如图2.30所示。

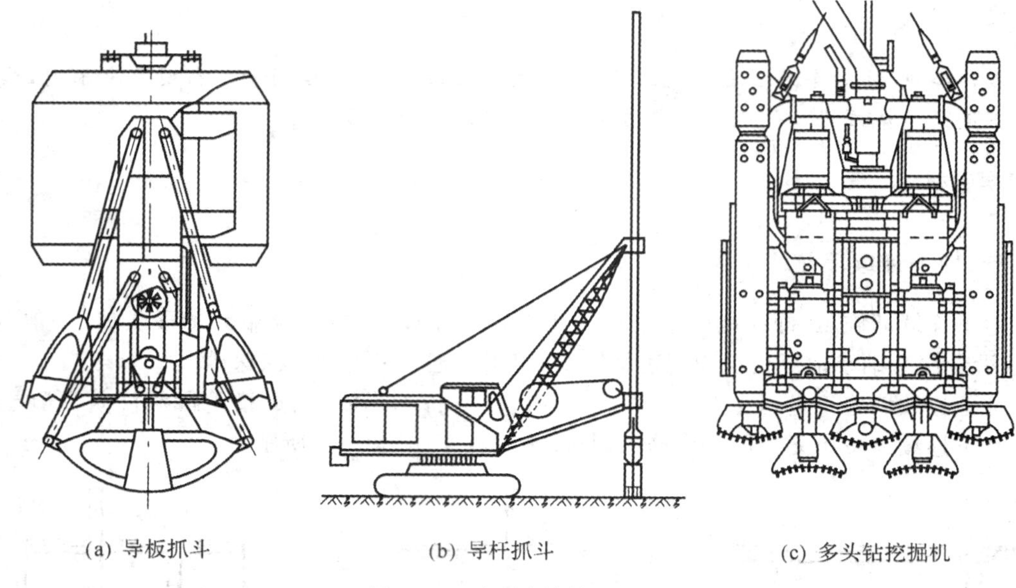
(a) 导板抓斗　(b) 导杆抓斗　(c) 多头钻挖掘机

图 2.29　地下连续挖土机械

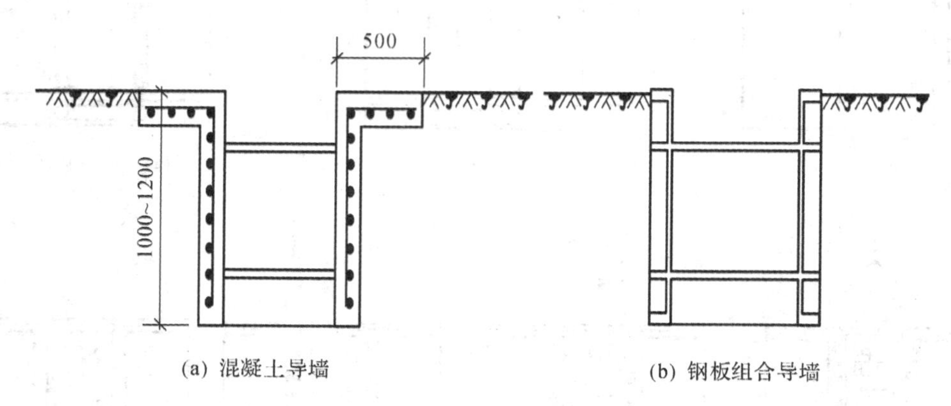

(a) 混凝土导墙　(b) 钢板组合导墙

图 2.30　导墙断面形式

3.制备护壁泥浆

地下连续墙施工是利用泥浆护壁成槽。泥浆的作用是维持直立槽壁面的稳定性，利用泥浆循环携带出挖掘土渣，同时泥浆还能降低钻具温度，减少磨损。通常用机械将膨润土搅拌成泥浆；控制泥浆性能的指标有密度、黏度、失水量和泥皮性质。

(二)成槽施工

地下连续墙施工单元槽段的长度，既是进行一次挖掘槽段的长度，也是浇筑混凝土的长度。

划分单元槽段时，还应考虑槽段之间的接头位置，以保证地下连续墙的整体性。

开挖前，将导沟内施工垃圾清除干净，注入符合要求的泥浆。

机械挖掘成槽时应注意以下事项：

①挖掘时，应严格控制槽壁的垂直度和倾斜度。

②钻机钻进速度应与吸渣、供应泥浆的能力相适应。

③钻进过程中，应使护壁泥浆不低于规定的高度；对有承压力及渗漏水的地层，应加强泥浆性能指标的调整，以防止大量水进入槽内危及槽壁安全。

④成槽应连续进行。成槽后将槽底残渣清除干净，即可安放钢筋笼。

(三)槽段接头与钢筋笼

地下连续墙槽段之间的垂直接头：作为基坑开挖的防渗挡土临时结构时，要求接头密合、不夹泥；作为主体结构侧墙或结构部分的地下墙，除要求接头抗渗挡土外，还要求有抗剪能力。

非抗剪接头常采用接头管的形式。

钢筋笼按单元槽段组成一个整体。

(四)水下浇筑混凝土

水下浇筑混凝土详见情境 4 有关内容。

二、"逆作法"施工简介

"逆作法"施工，是指高层建筑地下结构自上往下逐层施工。即沿建筑物地下室四周施工连续墙或密排桩(当地下水位较高，土层透水性较强，密排桩外围需加上止水帷幕)，作为地下室外墙或基坑的围护结构，同时在建筑物内部(如柱子中心、纵横框架梁与剪力墙相交处等位置)、施工楼层中间支撑柱，组成逆作的竖向承重体系，随之从上向下挖一层土方，利用土模(或木模、钢模)浇筑一层地下室楼层梁板结构，当达到一定强度后，即可作为围护结构的内水平支撑，以满足继续往下施工的安全要求。与此同时，地下室顶面结构的完成，为上部结构施工创造了条件，可以同时逐层向上进行上部结构的施工。如图 2.31 所示。

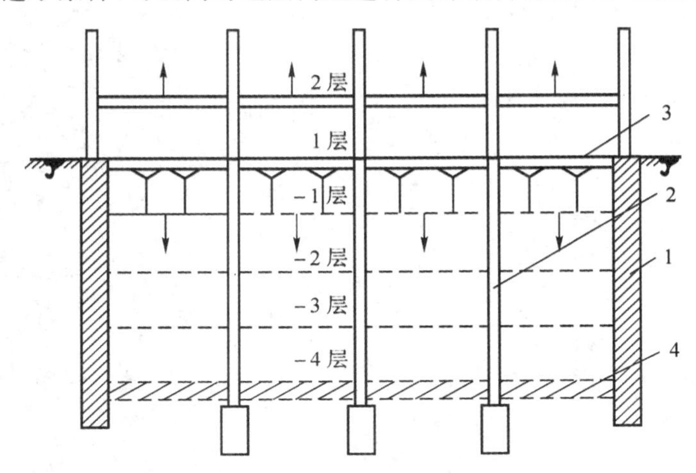

图 2.31　"逆作法"的工艺原理

1—地下连续墙；2—中间支撑柱；3—地面层楼面结构；4—底板

1."逆作法"施工的特点

与传统施工方法相比较，"逆作法"有如下特点：

(1)缩短工程施工总工期。

(2)可节省支护结构的支撑费用。

(3)可节省土方挖填费用和地下室防水层费用。

(4)基坑变形小,相邻建筑物等沉降少。

(5)扩大了施工工作面。

(6)运土较困难。

2.“逆作法”施工的主要内容及施工程序

“逆作法”施工的主要内容,包括地下连续墙、中间支撑柱和地下室结构的施工。

“逆作法”施工程序:中间支撑柱和地下连续墙施工→地下室→一层挖土和浇筑其顶板、内部结构→从地下室2层开始地下结构和地上结构同时施工(地下室底板浇筑之前,地上结构允许施工的高度根据地下连续墙和中间支撑柱的支撑能力确定)→地下室底板封底并养护至设计强度→继续进行地上结构施工,直至工程结束。

项目三 脚手架搭拆与垂直运输机械选择

Ⅰ 背景知识

基本概念

1. 脚手架

脚手架是土木工程施工必备的重要设施，是为保证高处作业安全、堆放材料和工人进行操作的临时设施。

2. 脚手架分类

脚手架按其搭设位置分为外脚手架和里脚手架两大类；按其所用材料分为木脚手架、竹脚手架和金属脚手架；按其构造形式分为多立杆式、框式、桥式、吊式、挂式和升降式等。

3. 外脚手架

外脚手架是指搭设在外墙外面的脚手架。按其搭设安装的方式有四种基本形式：落地式脚手架、悬挑式脚手架、吊挂式脚手架和升降式脚手架。

4. 对脚手架的基本要求

①工作面满足工人操作、材料堆放及运输的要求（宽 1.5～2.0m，每步高砌筑 1.2～1.4m，装饰 1.6～1.8m），一般为 2m 左右，且不得小于 1.5m。

②结构简单，具有足够的强度和稳定性，变形满足要求。

③装拆方便，搬运方便，能多次周转使用。

④因地制宜，就地取材，尽量节约用料。

5. 垂直运输设施

垂直运输设施是指担负垂直输送材料和施工人员上下的机械设备和设施。

相关规范及标准

《建筑工程施工质量验收统一标准》(GB 50300—2013)

《建筑施工扣件式钢管脚手架安全技术规范》(JGJ 130—2011)

《建筑施工碗扣式脚手架安全技术规范》(JGJ 166—2008)

《建筑施工门式钢管脚手架安全技术规范》(JGJ 128—2010)

脚手架搭设、拆除安全交底

安全技术交底 表 C2－1		编号	
工程名称		交底日期	年　月　日
施工单位		分项工程名称	脚手架搭设、拆除作业
交底提要			

一、材料

1. 脚手架所使用的钢管、扣件及零配件等须统一规格，证件齐全，杜绝使用次品和不合格品的钢管。材料管理人员要依据方案和交底检查材料规格和质量，履行验收手续和收存证明材质资料。
2. 使用钢管质量应符合 GB/T 700 中 Q235－A 级钢规定，应采用现行《直缝电焊钢节》(GB/T 13793) 或《低压流件输适用焊缝钢筋》(GB/T 3090) 中规定的 3 号普通钢筋的要求，切口平整，严禁使用变形、裂纹和严重锈蚀钢管。

二、安全事项

1. 架子必须由持有《特种作业人员操作证》的专业架子工进行，上岗前必须进行安全教育考试，合格后方可上岗。
2. 在脚手架上作业人员必须穿防滑鞋，正确佩戴和使用安全带，着装灵便。
3. 进入施工现场必须佩带合格的安全帽，系好下颚带，锁好带扣。
4. 登高(2 米以上)作业时必须系合格的安全带，系挂牢固，高挂低用。
5. 脚手板必须铺严、实、平稳。不得有探头板，要与架体拴牢。
6. 架上作业人员应做好分工、配合，传递杆件应把握好重心，平稳传递。
7. 作业人员应佩带工具袋，不要将工具放在架子上，以免掉落伤人。
8. 架设材料要随上随用，以免放置不当掉落伤人。
9. 在搭设作业中，地面上配合人员应避开可能落物的区域。
10. 严禁在架子上作业时嬉戏、打闹、躺卧，严禁攀爬脚手架。
11. 严禁酒后上岗，严禁高血压、心脏病、癫痫病等不适宜登高作业人员上岗作业。
12. 搭、拆脚手架时，要有专人协调指挥，地面应设警戒区，要有旁站人员看守，严禁非操作人员入内。
13. 架子在使用期间，严禁拆除与架子有关的任何杆件，必须拆除时，应经项目部主管领导批准。
14. 架子每步距均设一层水平安全网(随层)，以后每四层设一道。
15. 脚手架基础必须平整夯实，具有足够的承载力和稳定性，立杆下必须放置垫座和通板，有畅通的排水设施。
16. 搭、拆架子时必须设置物料提上、吊下设施，严禁抛掷。
17. 脚手架作业面外立面设挡脚板加两道护身栏杆，挂满立网。
18. 架子搭设完后，要经有关人员验收，填写验收合格单后方可投入使用。
19. 遇 6 级(含)以上大风天、雪、雾、雷雨等特殊天气应停止架子作业。雨雪天气后作业时必须采取防滑措施。
20. 脚手架必须与建筑物拉结牢固，需安设防雷装置，接地电阻不得大于 4Ω。
21. 扣件应采用锻铸铁制作的扣件，其材质应符合现行国家标准《钢筋脚手架扣件》(GB/15831) 的规定，采用其他材料制作的扣件，应有试验证明其质量符合该材料规定方可使用。搭设和验收必须符合 JGJ 1300—2001。

注：班组长在给施工人员书面或口头交底后，所有接受交底人员在交底书最后一页的背面上签字后转交给工地安全员存档。

补充内容：(包括以下几点内容，由交底人负责编写)

1. 使用工具；2. 涉及的防护用品；3. 施工作业顺序；4. 安全技术规范；5. 作业环境要求和危险区域告知；6. 旁站部位及要求；7. 使用新材料、新设备、新技术的安全措施；8. 其他要求。

审核人		交底人		接受交底人	

①本表头由交底人填写，交底人与接受交底人各保存一份，安全员一份。
②当作分部、分项施工作业安全交底时，应填写“分部、分项工程名称”栏。
③交底提要应根据交底内容把交底重要内容写上。

Ⅱ 工作情境

情境1 扣件式、碗扣式钢管脚手架搭设与拆除

能力目标

通过本情境的学习，能够应用所学知识，按照设计图纸、规范和施工工艺，组织扣件式、碗扣式钢管脚手架搭设与拆除工程施工。

学习内容

扣件式、碗扣式钢管脚手架搭设与拆除的施工方法、质量要求和技术安全。

任务引领

教师布置任务，帮助学生理解任务要求，辅导学生完成任务需要掌握的知识。

任务一 某中学新建教学楼工程，总高31.2m，单排钢管脚手架搭设。

试确定单排钢管脚手架搭设质量等级，并说明单排钢管脚手架搭设层次、要求和施工要点，以及脚手架拆除的注意事项。编写出施工方案。

任务二 某高级办公用房，总高51.2m，双排钢管脚手架搭设。

试确定双排钢管脚手架搭设质量等级，并说明双排钢管脚手架搭设层次、要求和施工要点，以及脚手架拆除的注意事项。编写出施工方案。

任务三 某教学楼，层高4.2m，楼板厚120mm，梁截面尺寸250mm×450mm，内支撑采用碗扣式钢管脚手架搭设。请完成支模架搭设与拆除的施工方案。

问题导入

以下问题是完成任务必须掌握的知识，教师引导，学生完成。

1. 试简述扣件式钢管脚手架的主要组成。
2. 试简述扣件式钢管脚手架的基本形式和特点。
3. 扣件用于钢管之间的连接，有哪几种形式？
4. 试简述扣件式钢管脚手架的构造要求。
5. 扣件式钢管脚手架的搭设和拆除应注意哪些事项？
6. 试简述碗扣式钢管脚手架的安装程序。

自主学习

学生以小组形式工作（4～6人一组）。通过查资料、规范、学材以及网上资源解答以上问题；初步形成完成以上三项任务的思路和工作计划，组内学生讨论、向教师或辅导教师咨询，修改、完善计划，形成实施计划；实施计划，完成任务。

学生发言

各小组选派一名代表，回答问题，讲解本小组完成任务的过程及结果，小组其他成员补充。

学生互评

小组之间按照统一标准，对各小组回答问题、完成任务的过程及结果进行互评。

学生完成学习情境1成绩评定表

学生姓名________ 教师________ 班级________ 学号____________

序号	考评项目	分值	考核内容	教师评价 (权重50%)	组长评价 (权重25%)	学生评价 (权重25%)
1	学习态度	15	出勤率、听课态度、实操表现等			
2	学习能力	25	上课回答问题、完成工作质量			
3	计算、操作能力	25	计算、实操记录、作品成果质量			
4	团结协作能力	15	自己在所在小组的表现，小组完成工作质量、速度			
合计		80				
综合得分						

知识拓展

教师提供1～3个脚手架工程的实例，供学生选择，加强实操练习。在规定期限内，学生按照设计要求，编写出脚手架搭设施工方案。此项内容占情境1学习成绩的20%。

学　材

一、扣件式钢管脚手架

(一)扣件式钢管脚手架的构造要求

1. 扣件式钢管脚手架组成

(1)钢管。直径48mm、管壁厚3.5mm的焊接或无缝钢管，用于立杆、大横杆、小横杆及支撑杆(包括剪刀撑、横向斜撑、水平斜撑等)。

①立杆：外、内立杆，长4～6.5m。

②大横杆：扫地杆离地<200mm，水平杆长<3跨，搭接错开500mm。

③小横杆：长2.1～2.3mm，单排入墙180mm以上。

④剪刀撑：3～5倍立杆纵距，夹角45°～60°。

⑤横向斜撑：高于3步、间距6倍立杆，与水平面夹角45°～60°。

⑥连墙件：每2步3跨布置一个刚性连墙件，并固结于钢管节点处。

⑦防护栏杆：高不小于1m，挡脚板（杆）高0.25～0.4m。

（2）扣件。对接扣件用于两根钢管的对接连接；旋转扣件用于两根钢管呈任意角度交叉的连接；直角扣件用于两根钢管呈垂直交叉的连接。

（3）脚手板。脚手板一般用厚2mm的钢板压制而成，长度2～4m、宽度250mm，表面应有防滑措施；也可采用厚度不小于50mm的杉木板或松木板，长度3～6m、宽度200～250mm；或者采用竹脚手板，有竹笆板和竹片板两种形式。脚手板离墙120～150mm。

（4）底座。底座一般采用厚8mm、边长150～200mm的钢板作底板，其上焊150mm高的钢管。底座形式有内插式和外套式两种。如图3.1所示。

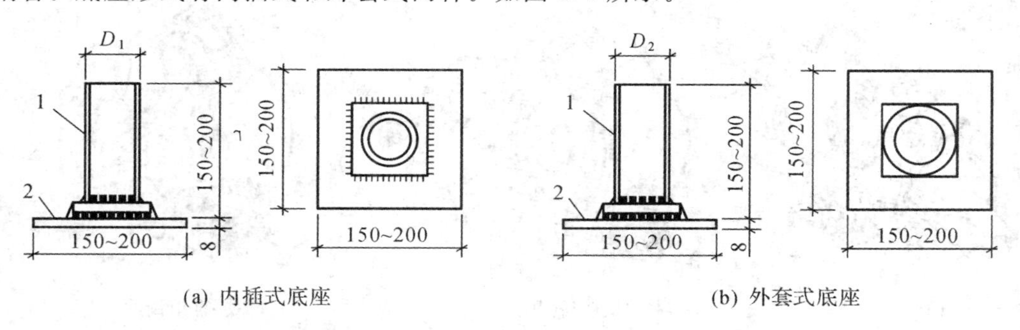

图3.1　扣件钢管架底座

1—承插钢管；2—钢板底座

2.扣件式钢管脚手架的基本形式

扣件式钢管脚手架的基本形式有双排式和单排式两种，其构造如图3.2所示。

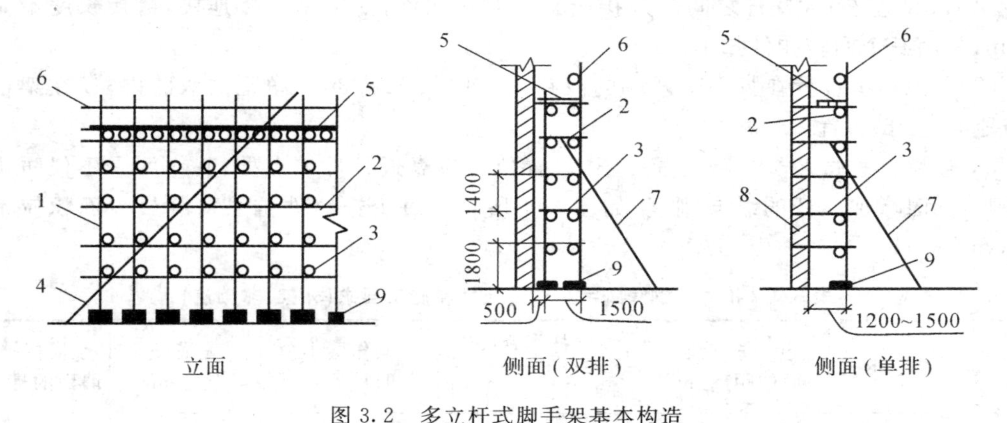

图3.2　多立杆式脚手架基本构造

1—立杆；2—大横杆；3—小横杆；4—斜撑；5—脚手板；6—栏杆；7—抛撑；8—砖墙；9—底座

（1）单排脚手架。节约材料，稳定性较差，需在墙上留置架眼，搭设高度和使用范围受限。

（2）双排脚手架。里外侧均设有立杆，稳定性较好，但费工费料。

注意，不得在下列墙体式部位设置脚手眼：

①120mm厚墙、料石清水墙和独立柱。

②过梁上与过梁成60°的三角形范围及过梁净跨度1/2的高度范围内。

③宽度小于1m的窗间墙。

④砌体门窗口两侧 200mm(石砌体为 300mm)和转角处 450mm(石砌体为 600mm)范围内。

⑤梁和梁垫下及其左右 500mm 范围内。

⑥设计不允许设置脚手眼的部位。

3. 扣件式钢管脚手架的特点

通用性强,搭设高度大,装卸方便,坚固耐用。扣件用于钢管之间的连接,基本形式有三种,如图 3.3 所示。

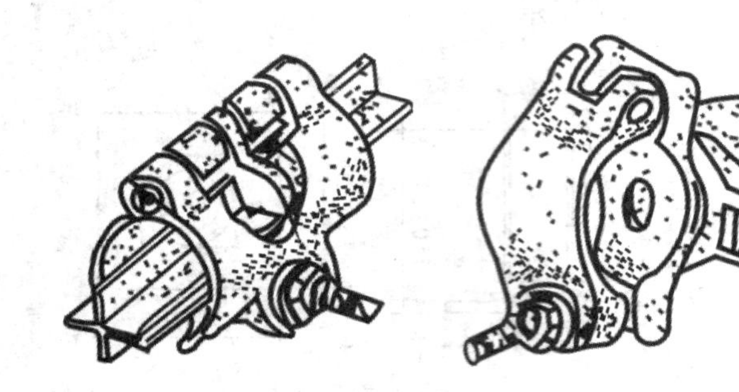

(a) 对接扣件　　(b) 旋转扣件　　(c) 直角扣件

图 3.3　扣件形式

4. 扣件式钢管脚手架的构造要求

(1)立杆间距。大横杆步距和小横杆间距可按表 3.1 选用;上下两层相邻大横杆之间的间距为 1.8m 左右;大横杆之间的连接应采用对接扣件,如采用搭接连接,搭接长度不应小于 1m,并用三个回转扣件扣牢。

(2)剪刀撑。设置在脚手架两端的双跨内和中间每隔 30m 净距的双跨内,仅在架子外侧与地面呈 45°布置。

(3)连墙杆。每 2 步 3 跨设置一根,设置位置应靠近杆件节点处,其作用是不仅防止架子外倾,同时增加立杆的纵向刚度,如图 3.4 所示。每个连墙件抗风荷载最大面积应不大于 $40m^2$。

表 3.1　扣件式钢管脚手架构造尺寸和施工要求(外架、非砌筑)

用　途	构造形式	里立杆离墙面的距离(m)	立杆间距(m)		操作层小横杆间距(m)	大横杆步距(m)	小横杆挑向墙面的悬(m)
			横　向	纵　向			
砌　筑	单　排	1.2~1.4	1.2~1.5	2	0.67	1.2~1.4	0.45
	双　排	0.5	1.5	2	1	1.2~1.4	
装　饰	单　排	0.5	1.2~1.5	2.2	1.1	1.6~1.8	0.45
	双　排		1.5	2.2	1.1	1.6~1.8	

(二)扣件式钢管脚手架的搭设和拆除

搭设范围内的地基要夯实找平,做好排水处理。立杆底座下垫以木板或垫块。杆件搭设时应注意立杆垂直,竖立第一节立柱时,每 6 跨应暂设一根抛撑,直至固定件架设好后方可根据情况拆除。剪刀撑搭设时将一根斜杆扣在小横杆的伸出部分,同时随着墙体的砌筑,设置连墙杆与墙锚拉,扣件要拧紧。

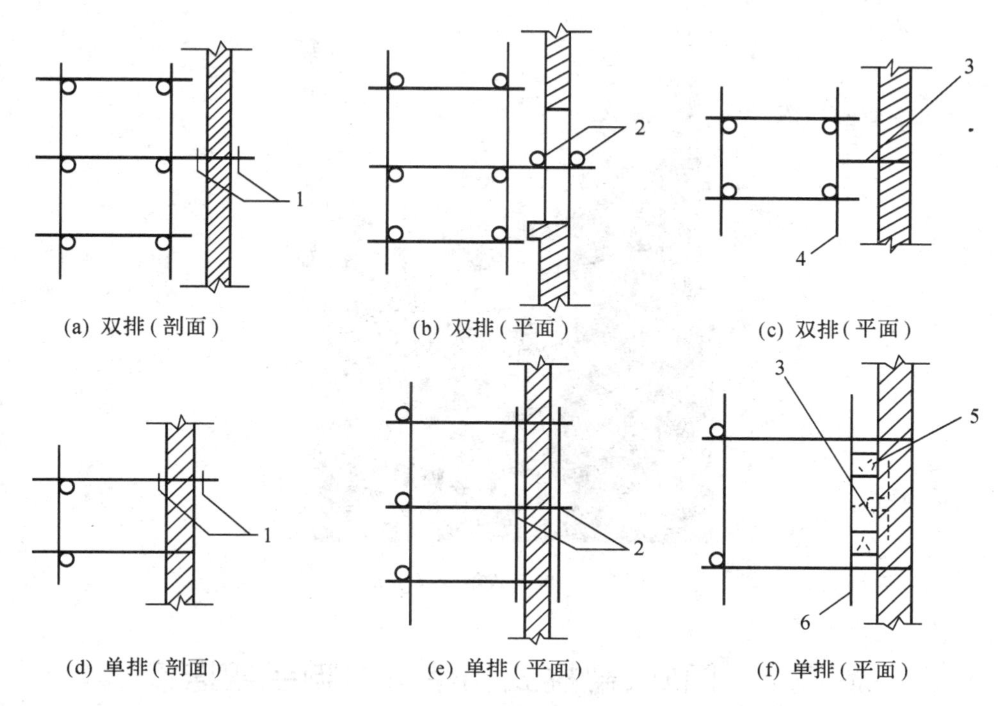

图 3.4　连墙杆的做法

1—扣件;2—短钢管;3—铅丝与墙内埋设的钢筋拉住;4—顶墙横杆;5—木楔;6—短钢管

脚手架的拆除按由上而下逐层向下的顺序进行,严禁上下同时作业。严禁将整层或数层固定件拆除后再拆脚手架。严禁抛扔,卸下的材料应集中。严禁行人进入施工现场,要统一指挥,保证安全。

二、碗扣式钢管脚手架

碗扣式钢管脚手架由钢管立杆、横杆、碗扣接头等组成。其基本构造和搭设要求与扣件式钢管脚手架类似,不同之处主要在于碗扣接头。碗扣接头如图 3.5 所示。

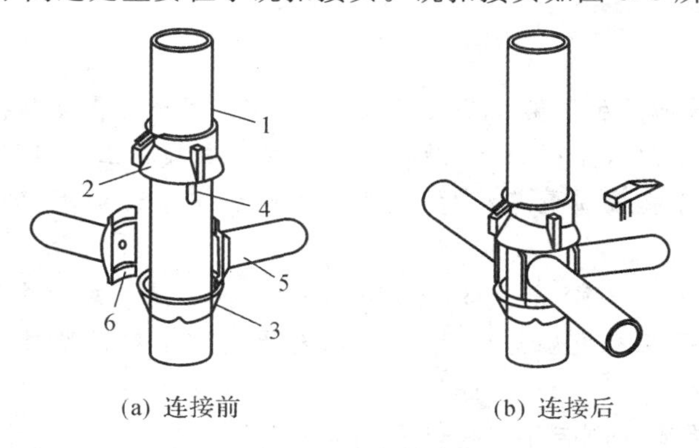

图 3.5　碗扣接头

1—立杆;2—上碗扣;3—下碗扣;4—限位销;5—横杆;6—横杆接头

碗扣式接头可以同时接四根横杆,横杆可相互垂直或偏转一定的角度。如图 3.6 所示。

图 3.6　碗扣式钢管脚手架

情境 2　门式、悬挑式和吊篮式脚手架搭设

能力目标

通过本情境的学习，能够应用所学知识，按照设计图纸、规范和施工工艺，组织门式、悬挑式脚手架搭设工程施工。

学习内容

门式、悬挑式和吊篮式脚手架搭设施工方法；门式、悬挑式和吊篮式脚手架搭设质量要求和安全技术。

任务引领

教师布置任务，帮助学生理解任务要求，辅导学生完成任务需要掌握的知识。

任务一　某中学新建教学楼工程，层高 3.9m，主体工程施工采用门式脚手架。

试确定门式脚手架搭设质量等级，并说明门式脚手架搭设层次、要求和施工要点，编写出施工方案。

任务二　某高级办公用房，总高 32.2m，外墙装饰采用悬挑式脚手架。

试确定悬挑式脚手架搭设质量等级，并说明悬挑式脚手架搭设层次、要求和施工要点，编写出施工方案。

任务三　某 25 层商务酒店外墙装饰采用吊篮式脚手架。

试编制吊篮式脚手架搭设施工方案，并说明吊篮式脚手架搭设的施工要点和安全注意事项。

问题导入

以下问题是完成任务必须掌握的知识，教师引导，学生完成。

1.试简述悬挑式脚手架的搭设要求。

2.门式脚手架和悬挑式脚手架有何区别？

3.试简述门式脚手架的构造及主要部件。

4.试简述门式脚手架的搭设步骤。

5.门式脚手架的搭设与拆除有哪些要求？

6.悬挑脚手架的构造组成如何？

7.试简述吊篮式脚手架的悬吊方法和主要组成。

自主学习

学生以小组形式工作（4～6人一组）。通过查资料、规范、学材以及网上资源解答以上问题；初步形成完成以上三项任务的思路和工作计划，组内学生讨论、向教师或辅导教师咨询，修改、完善计划，形成实施计划；实施计划，完成任务。

学生发言

各小组选派一名代表，回答问题，讲解本小组完成任务的过程及结果，小组其他成员补充。

学生互评

小组之间按照统一标准，对各小组回答问题、完成任务的过程及结果进行互评。

学生完成学习情境2成绩评定表

学生姓名＿＿＿＿　教师＿＿＿＿　班级＿＿＿＿　学号＿＿＿＿＿＿

序号	考评项目	分值	考核内容	教师评价（权重50%）	组长评价（权重25%）	学生评价（权重25%）
1	学习态度	15	出勤率、听课态度、实操表现等			
2	学习能力	25	上课回答问题、完成工作质量			
3	计算、操作能力	25	计算、实操记录、作品成果质量			
4	团结协作能力	15	自己在所在小组的表现，小组完成工作质量、速度			
合计		80				
综合得分						

知识拓展

教师提供1～3个主体工程、外墙装饰工程的实例，供学生选择，加强实操练习。在规定期限内，学生按照设计要求，编写出脚手架搭设的施工方案。此项内容占情境2学习成绩的20%。

学　材

一、门式脚手架

门式脚手架又称多功能门式脚手架，是目前应用较为普遍的脚手架之一。

（一）门式脚手架的构造及主要部件

门式脚手架由2个门式框架、2个剪刀撑、1个水平梁架和4个连接棒组合而成，如图3.7所示。

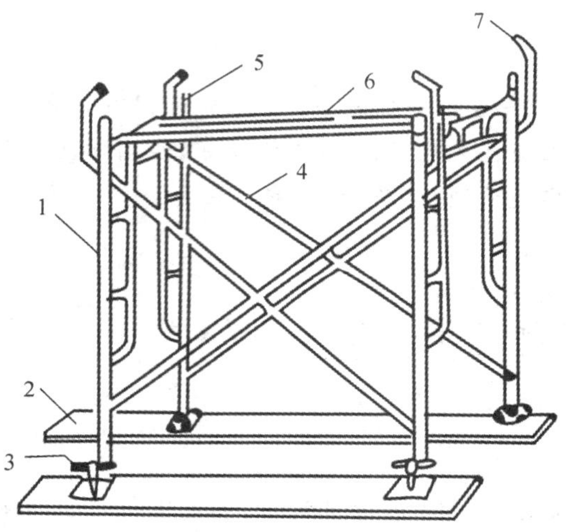

图3.7　门式脚手架的基本单元

1—门架；2—平板；3—螺旋基脚；4—剪刀撑；5—连接棒；6—水平梁架；7—锁臂

将基本单元连接起来即构成整片脚手架，如图3.8所示。

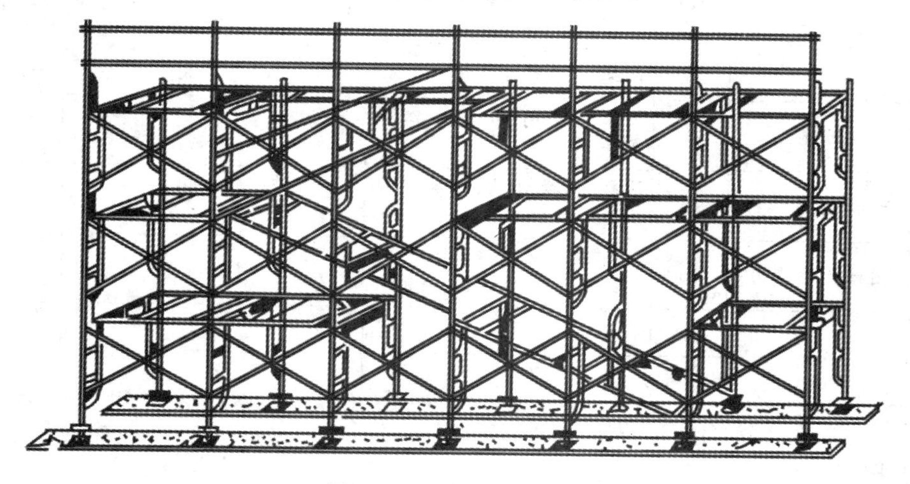

图3.8　整片门式脚手架

门式脚手架的主要部件如图 3.9 所示。

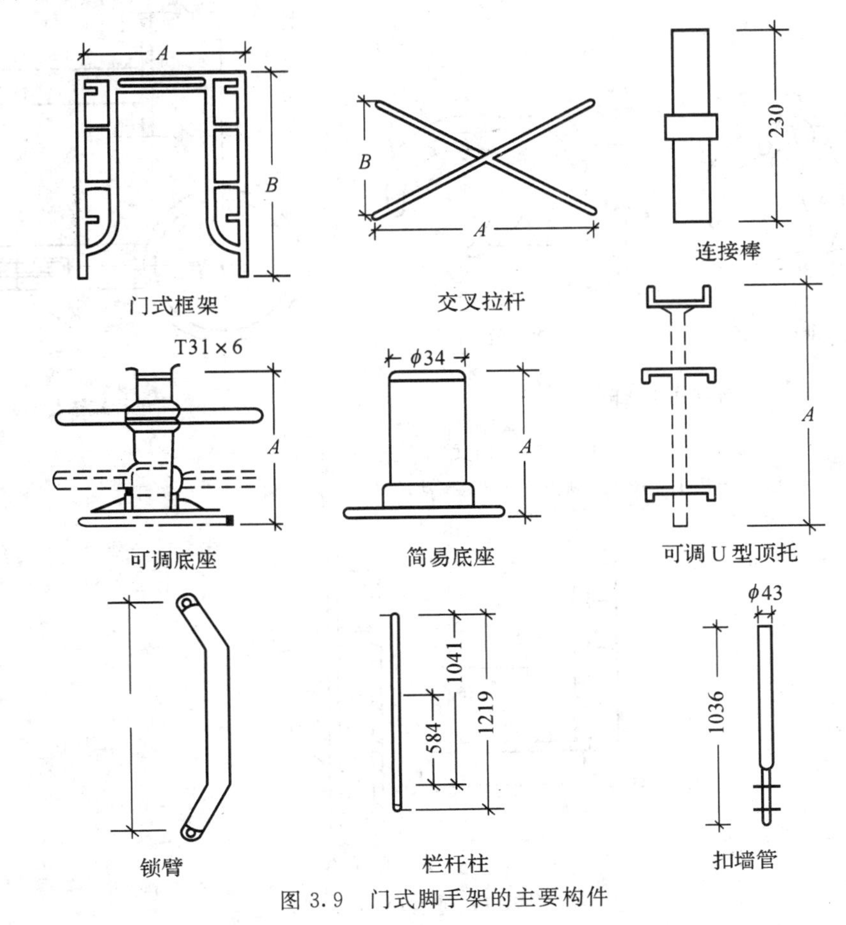

图 3.9　门式脚手架的主要构件

门式脚手架的主要部件之间的连接形式有制动片式(图 3.10(a))和偏重片式(图 3.10(b))。

(二)门式脚手架的搭设程序

门式脚手架一般按以下程序搭设:铺放垫木→放底座→设立门架→安装剪刀撑→安装水平梁架→安装梯子→安装水平加固杆→安设连墙杆,照上述步骤,逐层向上安装→安装加强整体刚度的长剪刀撑→安装顶部栏杆。

(三)门式脚手架的搭设与拆除

搭设门式脚手架时,基底必须先平整夯实。

外墙脚手架必须通过扣墙管与墙体拉结,并用扣件把钢管和处于相交方向的门架连接起来,如图 3.11 所示。

整片脚手架必须适量放置水平加固杆(纵向水平杆),前三层要每层设置,如图 3.12 所示。三层以上则每隔三层设一道。

在架子外侧面设置长剪刀撑;使用连墙管或连墙器将脚手架与建筑物连接;高层脚手架应增加连墙点布设密度。

拆除架子时应自上而下进行,部件拆除顺序与安装顺序相反。

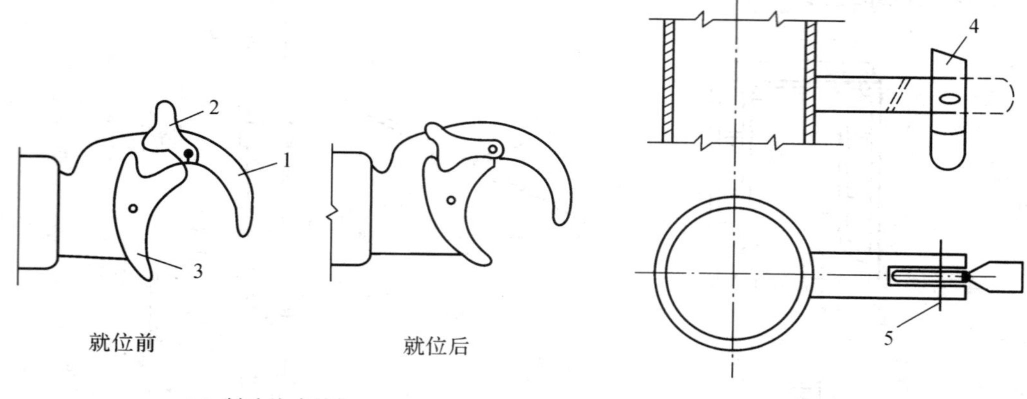

图 3.10　门式脚手架连接形式

1—固定片;2—主制动片;3—被制动片;4—10 圆钢偏重片;5—铆钉

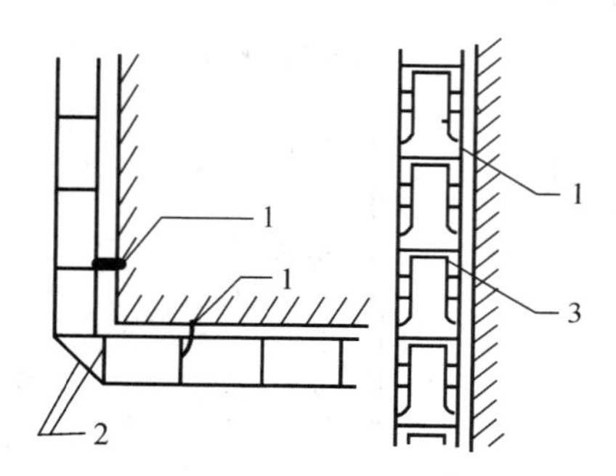

图 3.11　门架扣墙示意

1—扣墙管;2—钢管;3—门式架

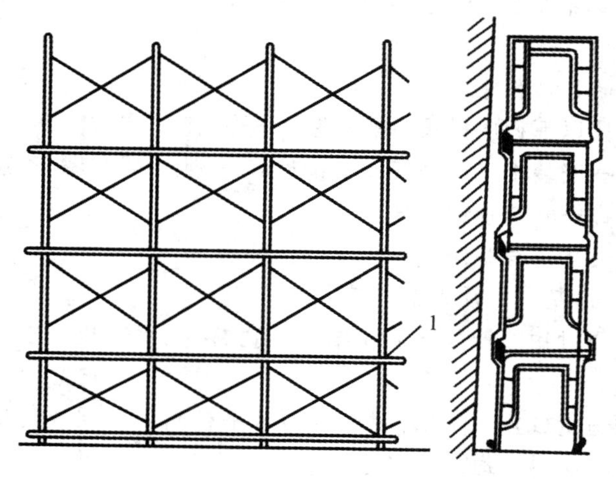

图 3.12　防不均匀沉降的整体加做固法

1—水平加固杆

二、悬挑式脚手架

外脚架在建筑物外悬挑结构上，悬挑支撑结构有三角桁架下撑式结构和用钢丝绳先拉住水平型钢挑梁的斜拉式结构(固定)。

悬挑式脚手架由脚手架、三角桁架、钢丝绳、附墙连接件等组成。

适用于高层建筑施工。

三、吊篮式脚手架

吊篮式脚手架是利用吊索悬吊吊架或吊篮进行砌筑或装饰工程操作的一种脚手架。其悬吊方法是在主体结构上设置支承点。其主要组成部分为吊架(包括桁架式工作台和吊篮)、支承设施(包括支承挑梁和挑架)、吊索(包括钢丝绳、铁链、钢筋)及升降装置等。

图 3.13 为采用屋顶挑架或屋顶挑梁的悬吊方法。

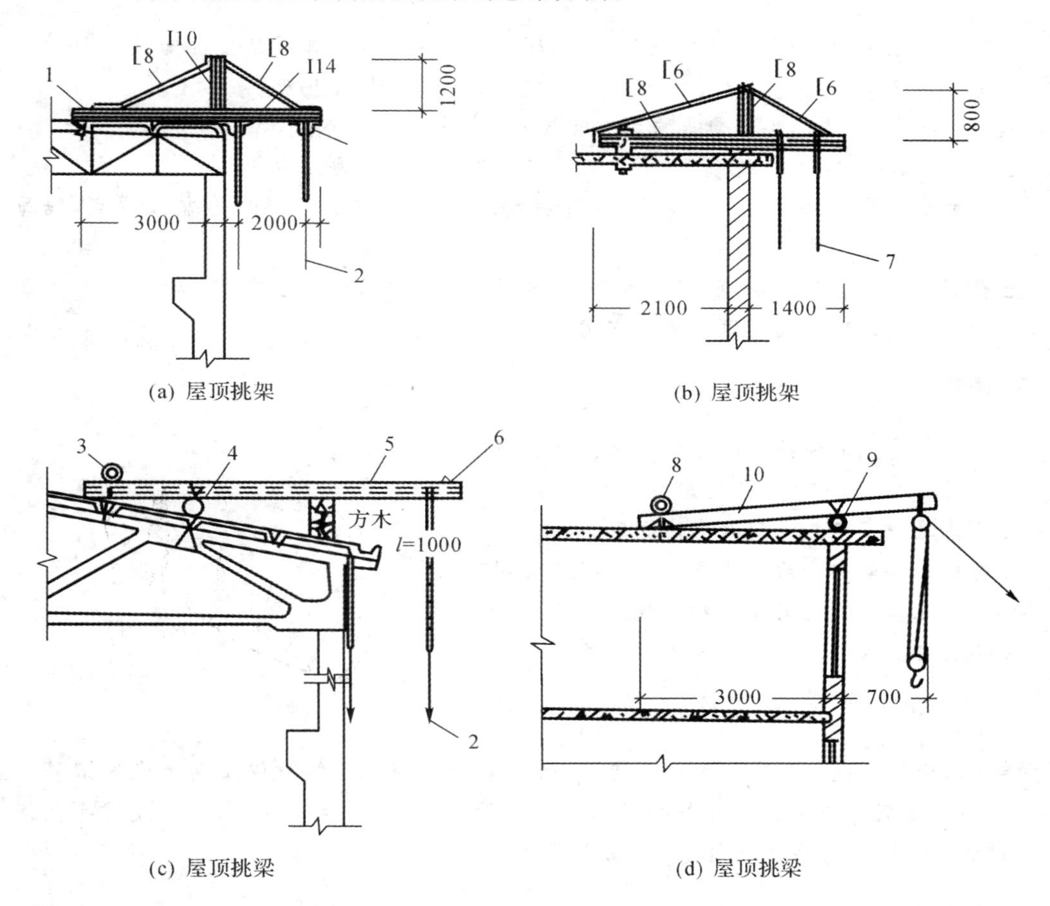

图 3.13　悬吊脚手架的悬吊方法

1—U 型固定环；2—下挂桁架式工作台；3—杉木捆在屋面吊钩上；4—133 钢管与屋架捆牢；5—150 钢管挑梁；6—50×5 挡铁；7—下挂吊篮；8—压木；9—垫木；10—16 圆木挑梁

情境 3　垂直运输设施选择

能力目标

通过本情境的学习，能够应用所学知识，按照设计图纸、规范和施工工艺，学会选择垂直运输设施。

学习内容

垂直运输设施的分类；各种垂直运输设施的构造和作用；各种垂直运输设施施工方法；垂直运输设施的质量要求和安全技术。

任务引领

教师布置任务，帮助学生理解任务要求，辅导学生完成任务需要掌握的知识。

任务一　某中学新建教学楼工程，垂直运输采用井字架、龙门架。

试说明井字架、龙门架质量要求和施工要点，编写出施工方案。

任务二　某 26 层高级行政用房，主体施工垂直运输采用施工电梯。

试确定建筑施工电梯的质量等级，并说明建筑施工电梯层次、要求和施工要点，编写出施工方案。

任务三　某高层建筑，平面正方形布局，电梯井位于建筑物平面中心。

试确定垂直运输方式并编写施工方案。

问题导入

以下问题是完成任务必须掌握的知识，教师引导，学生完成。

1. 试简述龙门架、井字架的组成。
2. 试简述井字架与龙门架有何区别。
3. 建筑施工电梯分为哪几类？各自有何特点？
4. 建筑施工电梯适用于哪些工程施工？
5. 塔式起重机按工作特点分为哪几类？

自主学习

学生以小组形式工作(4～6 人一组)。通过查资料、规范、学材以及网上资源解答以上问题；初步形成完成以上三项任务的思路和工作计划，组内学生讨论、向教师或辅导教师咨询，修改、完善计划，形成实施计划；实施计划，完成任务。

学生发言

各小组选派一名代表，回答问题，讲解本小组完成任务的过程及结果，小组其他成员补充。

学生互评

小组之间按照统一标准，对各小组回答问题、完成任务的过程及结果进行互评。

学生完成学习情境3成绩评定表

学生姓名________　教师________　班级________　学号____________

序号	考评项目	分值	考核内容	教师评价（权重50%）	组长评价（权重25%）	学生评价（权重25%）
1	学习态度	15	出勤率、听课态度、实操表现等			
2	学习能力	25	上课回答问题、完成工作质量			
3	计算、操作能力	25	计算、实操记录、作品成果质量			
4	团结协作能力	15	自己在所在小组的表现，小组完成工作质量、速度			
合计		80				
综合得分						

知识拓展

教师提供1～3个工程实例，供学生选择垂直运输方式，加强实操练习。在规定期限内，学生编写出垂直运输施工方案。此项内容占情境3学习成绩的20%。

学　材

在主体结构施工过程中，各种材料、工具及人员上下，垂直运输量极大，都需要用垂直运输机具来完成。

目前，常用的垂直运输设施有井字架、龙门架、独杆提升机、塔式起重机、建筑施工电梯等。

一、井字架、龙门架

（一）井字架

1.组成

井字架由井架、钢丝绳、缆风绳、滑轮、垫梁、吊盘和辅助吊臂组成。

2.类型

井字架分为单孔、两孔、多孔（3个以上）等。

3.特点

（1）稳定性好、运输量大，可以搭设的高度较大。

（2）设置拔杆可吊长度较大的构件，其起重量为5～15kN，工作幅度可达10m。

图 3.14 是用角钢制作的井架构造图。

(二)龙门架

龙门架是由两立柱及天轮梁(横梁)构成。

立柱是由若干个格构柱用螺栓拼装而成;格构柱是用角钢及钢管焊接而成或直接用厚壁钢管构成门架。

龙门架设有滑轮、导轨、吊盘、安全装置以及起重索、缆风绳等,其构造如图 3.15 所示。

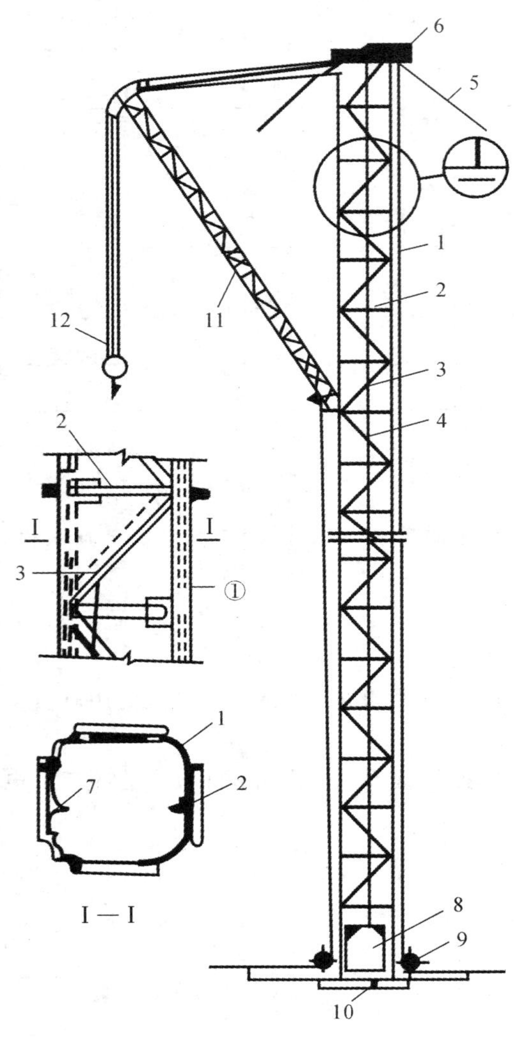

图 3.14　角钢井架

1—立柱;2—平撑;3—斜撑;4—钢丝绳;5—缆风绳;6—天轮;7—导轨;8—吊盘;9—地轮;10—垫木;11—摇臂拔杆;12—滑轮组

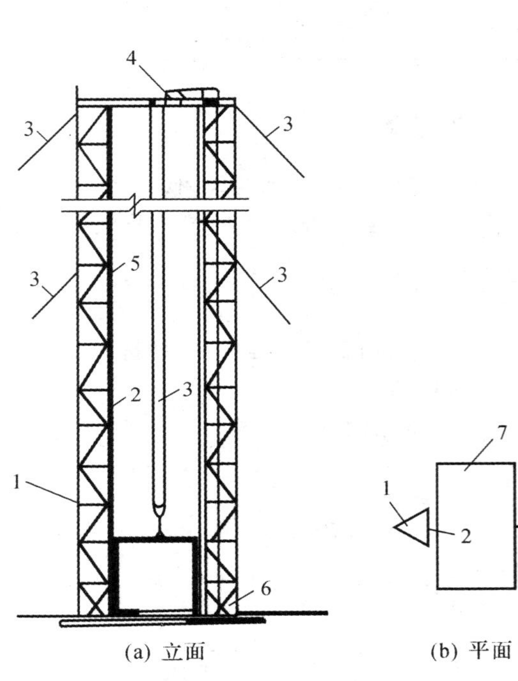

图 3.15　龙门架的基本构造形式

1—立杆;2—导轨;3—缆风绳;4—天轮;5—吊盘停车安全装置;6—地轮;7—吊盘

二、塔式起重机(塔吊)

1.定义

起重臂安装在塔身顶部且可作360度回转的起重机。

2.特点

起重能力大,效率高,安全可靠,装拆方便,可提升、回转、水平运输。

3.用途

用于多层、高层的工业与民用建筑的结构安装。

4.分类

(1)按起重能力分为轻型、中型和重型。

①轻型,起重量0.5～3.0t,六层以下的民用建筑。

②中型,起重量3～15t,一般工业与民用建筑。

③重型,起重量20～40t,重工业厂房施工和高炉等设备吊装。

(2)按工作特点分为轨道(行走)式、爬升式、附着式和固定式等。

①轨道(行走)式塔式起重机:一种能在轨道上行驶的起重机。

特点:可负荷行走,使用灵活,活动空间大。

分类:塔身回转式、塔顶旋转式。

适用:结构安装工程。

②附着式塔式起重机:塔身沿竖向一定距离附着在建筑物主体结构上的起重机械。

组装:需要接高时,利用塔顶的行程液压千斤顶,将塔顶上部结构(起重臂等)顶高,用定位销固定。

适用:高层建筑施工。

③固定式塔式起重机:底架安装在独立的混凝土基础上,塔身不与建筑物拉接。适用于安装大容量的油罐、冷却塔等特殊构筑物。

④爬升式塔式起重机:安装在建筑物内部(电梯井、小开间)的结构上,借助套架托梁和爬升系统自己爬升的起重机械。

适用:高层建筑施工。

爬升过程(每隔1～2层楼爬升1次):固定下支座→提升套架→固定套架→下支座脱空→提升塔身→固定下支座。

塔式起重机外形如图3.16所示。

图 3.16 塔式起重机

三、建筑施工电梯

建筑施工电梯是人货两用梯，高层建筑施工设备中唯一可以运送人员上下的垂直运输设备。其吊笼装在塔架的外侧。

建筑施工电梯可分为：

①齿轮齿条驱动式。利用安装在吊箱上的齿轮与安装在塔架立杆上的齿条相咬合，当电动机经过变速机构带动齿轮转动时吊箱即沿塔架升降（自行车链条）。它的特点是有单、双吊箱之分，安全可靠，自升接高，载重 10kN，12～15 人（慢、安全，可以载人）。适用于高 100～150mm、25～30 层以上高层施工。

②绳轮驱动式。利用卷扬机、滑轮组，通过钢丝绳悬吊吊箱升降（牵引滑轮组）。它的特点是单吊箱，安全可靠，构造简单、结构轻巧，造价低（快、欠安全，不能载人）。适用于 20 层以下高层施工。

注意事项：

①电梯司机身体健康。

②严禁超重，防止偏重。

③定期检查及润滑。

建筑施工电梯如图 3.17 所示。

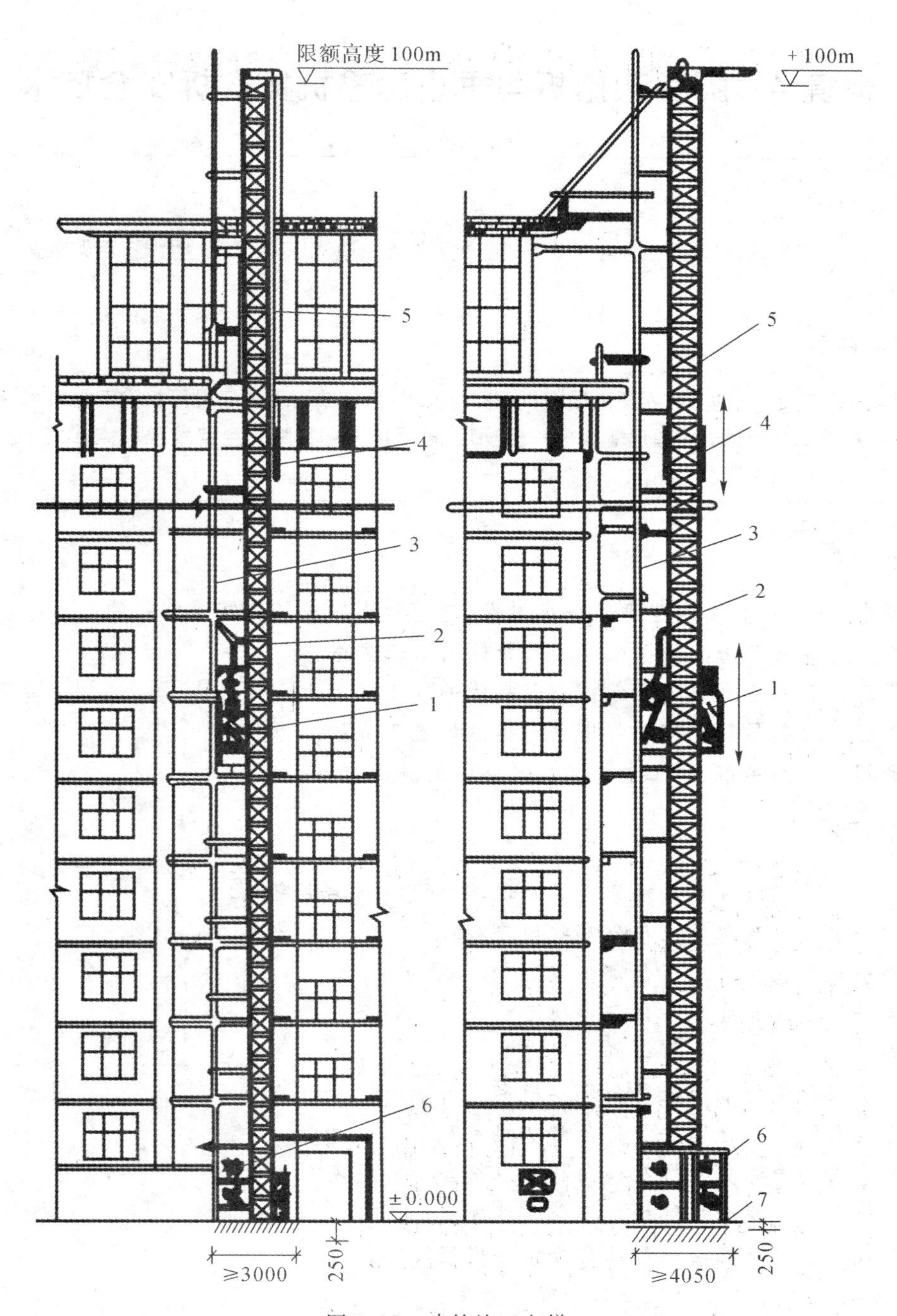

图 3.17　建筑施工电梯

1—吊笼；2—小吊杆；3—架设安装杆；4—平衡箱；5—导轨架；6—底笼；7—混凝土基础

情境 4 脚手架搭拆与垂直运输机械安拆安全技术

能力目标

通过本情境的学习，能够应用所学知识，按照设计图纸、规范和施工工艺，组织脚手架搭拆，正确选择垂直运输机械。

学习内容

脚手架一般规定；落地式脚手架搭设与拆除安全技术；悬挑式脚手架搭设与拆除安全技术；吊篮式脚手架搭设与拆除安全技术。垂直运输机械一般规定；塔吊搭设与拆除安全技术；施工电梯搭设与拆除安全技术；井字架、龙门架搭设与拆除安全技术。

任务引领

教师布置任务，帮助学生理解任务要求，辅导学生完成任务需要掌握的知识。

任务一 编写落地式脚手架搭设与拆除的施工方案。

任务二 编制悬挑式脚手架搭设与拆除的施工方案。

任务三 编制吊篮式脚手架搭设与拆除的施工方案。

任务四 编制塔吊、施工电梯搭设与拆除的施工方案。

问题导入

以下问题是完成任务必须掌握的知识，教师引导，学生完成。

1. 脚手架材料及配件应符合哪些规定？
2. 脚手架绑扎材料应符合哪些规定？
3. 脚手架搭设高度应符合哪些规定？
4. 脚手架构造要求应符合哪些规定？
5. 脚手架荷载标准值应符合哪些规定？
6. 落地式脚手架连墙件应符合哪些规定？
7. 落地式脚手架剪刀撑及横向斜撑应符合哪些规定？
8. 吊篮式脚手架悬挂结构应符合哪些规定？
9. 塔式起重机安装与拆卸应符合哪些规定？
10. 施工电梯安装与拆卸应符合哪些规定？
11. 井字架、龙门架安装与拆卸应符合哪些规定？

自主学习

学生以小组形式工作（4～6 人一组）。通过查资料、规范、学材以及网上资源解答以上问题；初步形成完成以上四项任务的思路和工作计划，组内学生讨论、向教师或辅导教师咨询，修改、完善计划，形成实施计划；实施计划，完成任务。

学生发言

各小组选派一名代表，回答问题，讲解本小组完成任务的过程及结果，小组其他成员补充。

学生互评

小组之间按照统一标准，对各小组回答问题、完成任务的过程及结果进行互评。

学生完成学习情境4成绩评定表

学生姓名________　教师________　班级________　学号____________

序号	考评项目	分值	考核内容	教师评价（权重50%）	组长评价（权重25%）	学生评价（权重25%）
1	学习态度	15	出勤率、听课态度、实操表现等			
2	学习能力	25	上课回答问题、完成工作质量			
3	计算、操作能力	25	计算、实操记录、作品成果质量			
4	团结协作能力	15	自己在所在小组的表现，小组完成工作质量、速度			
合计		80				
综合得分						

知识拓展

教师提供1～3个工程的实例，供学生选择，在规定期限内，编制脚手架搭设与拆除、垂直运输机械安装与拆除施工的安全技术方案，加强实操练习。此项内容占情境4学习成绩的20%。

学　材

一、脚手架搭设与拆除

（一）一般规定

1. 各种脚手架的规定

各种脚手架应根据建筑施工的要求选择合理的构架形式，并制订搭设、拆除作业的程序和安全措施，当搭设高度超过免计算仅构造要求的搭设高度时，必须按规定进行设计计算。

2. 脚手架材料及配件规定

（1）脚手架杆件应符合下列规定。

①木脚手架立杆、纵向水平杆、斜撑、剪刀撑、连墙件应选用剥皮杉、落叶松木杆，横向水平杆应选用杉木、落叶松、柞木、水曲柳；不得使用折裂、扭裂、虫蛀、纵向严重裂缝以及腐朽的木杆；立杆有效部分的小头直径不得小于70mm，纵向水平杆有效部分的小头直径不得小

于80mm。

②竹杆应选用生长期三年以上的毛竹或楠竹，不得使用弯曲、青嫩、枯脆、腐烂、裂纹连通两节以上以及虫蛀的竹杆；立杆、顶撑、斜杆有效部分的小头直径不得小于75mm，横向水平杆有效部分的小头直径不得小于90mm，搁栅、栏杆有效部分的小头直径不得小于60mm；对于小头直径在60mm以上又不足90mm的竹杆可采用双杆。

③钢管材质应符合Q235—A级标准，不得使用有明显变形、裂纹、严重锈蚀的材料；钢管规格宜采用ϕ48×3.5，亦可采用ϕ51×3.0钢管。

④同一脚手架中，不得混用两种材质，也不得将两种规格钢管用于同一脚手架中。

(2)脚手架绑扎材料应符合下列规定。

①镀锌钢丝或回火钢丝严禁有锈蚀和损伤，且严禁重复使用。

②竹篾严禁发霉、虫蛀、断腰、有大节疤和折痕，使用其他绑扎材料时，应符合其他规定。

③扣件应与钢管管径相配合，并符合国家现行标准的规定。

(3)脚手架上脚手板应符合下列规定。

①木脚手板厚度不得小于50mm，板宽宜为200～300mm，两端应用镀锌钢丝扎紧；材质不得低于国家Ⅱ等材标准的杉木和松木，且不得使用腐朽、劈裂的木板。

②竹串片脚手板应使用宽度不小于50mm的竹片，拼接螺栓间距不得大于600mm，螺栓孔径与螺栓应紧密配合。

③各种形式金属脚手板，单块重量不宜超过0.3kN，性能应符合设计使用要求，表面应有防滑构造。

3. 脚手架搭设高度规定

(1)钢管脚手架中扣件式单排架不宜超过24m，扣件式双排架不宜超过50m；门式架不宜超过60m。

(2)木脚手架中单排架不宜超过20m，双排架不宜超过30m。

(3)竹脚手架中不得搭设单排架，双排架不宜超过35m。

4. 脚手架构造要求规定

(1)单、双排脚手架的立杆纵距及水平杆步距不应大于2.1m，立杆横距不应大于1.6m。

(2)应按规定的间隔采用连墙件(或连墙杆)与建筑结构进行连接，在脚手架使用期间不得拆除。

(3)沿脚手架外侧应设置剪刀撑，并随脚手架同步搭设和拆除。

(4)双排扣件式钢管脚手架高度超过24m时，应设置横向斜撑。

(5)门式钢管脚手架的顶层门架上部、连墙件设置层、防护棚设置处必须设置水平架。

(6)竹脚手架应设置顶撑杆，并与立杆绑扎在一起顶紧横向水平杆。

(7)架高超过40m且有风涡流作用时，应设置抗风涡流上翻作用的连墙措施。

(8)脚手板必须按脚手架宽度铺满、铺稳，脚手板与墙面的间隙不应大于200mm，作业层脚手板的下方必须设置防护层。

(9)作业层外侧，应按规定设置防护栏杆和挡脚板。

(10)脚手架应按规定采用密目式安全立网封闭。

5. 脚手架荷载标准值规定

(1)恒荷载应符合以下规定：包括构架、防护设施、脚手板等自重，应按《建筑结构荷载规范》(GB 50009—2012)选用，对木脚手板、竹串片脚手板可取自重标准值为0.35kN/m^2(按厚度50mm计)。

(2)施工荷载应符合下列规定。

施工荷载应包括作业层人员、器具、材料的重量：

结构作业架应取3kN/m^2；

装修作业架应取2kN/m^2；

定型工具式脚手架按标准值取用，但不得低于1kN/m^2。

(3)风荷载应符合下列规定。

作用于脚手架的水平风荷载标准值W_k应按下式计算：

$$W_k=\mu_s\mu_z W_o \tag{3.1}$$

式中：μ_s为脚手架风荷载体型系数，按表3.2选用；μ_z为风压高度变化系数，按现行《建筑结构荷载规范》(GB 50009—2012)的规定取用；W_o为基本风压，按现行《建筑结构荷载规范》(GB 50009—2012)的规定，取$n=5$。

表3.2　脚手架的风荷载体型系数μ_s

背靠建筑物状况	全封闭	敞开、开洞
μ_s	1.0ϕ	1.3ϕ

注：ϕ为挡风系数，按脚手架封闭状况确定；ϕ=脚手架挡风面积/脚手架迎风面积。

6. 钢管脚手架结构设计方法和基本计算模式

(1)钢管脚手架的结构设计应采用概率极限状态计算法，同时要求其计算结果应按单一安全系数法计算的安全度进行校核：强度$K_1\geqslant1.5$；稳定系数$K_2\geqslant2.0$。

(2)钢管脚手架结构设计应采用以下基本计算模式：

$$\gamma_0 S\leqslant R \tag{3.2}$$

式中：γ_0为结构重要性系数，取$\gamma_0\geqslant1.0$；S为荷载效应；R为结构抗力。

(二)落地式脚手架

1. 落地式脚手架的基本规定

落地式脚手架的基础应坚实、平整，并应定期检查。立杆不埋设时，每根立杆底部应设置垫板或底座，并应设置纵、横向扫地杆。

2. 落地式脚手架连墙件规定

(1)扣件式钢管脚手架双排架高在50m以下或单排架在24m以下，按不大于40m^2设置一处；双排架高在50m以上，按不大于27m^2设置一处。

(2)门式钢管脚手架架高在45m以下，基本风压≤0.55kN/m^2，按不大于48m^2设置一处；架高在45m以下，基本风压>0.55kN/m^2，或架高在45m以上，按不大于24m^2设置一处。

(3)木脚手架按垂直不大于双排3倍立杆步距、单排2倍立杆步距，水平不大于3倍立杆纵距设置。

(4)竹脚手架按垂直不大于4m，水平不大于4倍立杆纵距设置。

(5)一字型、开口型脚手架的两端，必须设置连墙件；连墙件必须采用可承受拉力和压力的构造，并与建筑结构连接。

3. 落地式脚手架剪刀撑及横向斜撑规定

(1)扣件式钢管脚手架应沿全高设置剪刀撑。架高在24m以下时,可沿脚手架长度间隔不大于15m设置;架高在24m以上时应沿脚手架全长连续设置剪刀撑,并应设置横向斜撑,横向斜撑由架底至架顶呈“之”字形连续布置,沿脚手架长度间隔6跨设置一道。

(2)碗扣式钢管脚手架,架高在24m以下时,于外侧按框格总数的1/5设置斜杆;架高在24m以上时,按框格总数的1/3设置斜杆。

(3)门式钢管脚手架的内外两个侧面除应满设交叉支撑杆外,当架高超过20m时,还应在脚手架外侧沿长度和高度方向连续设置剪刀撑,剪刀撑钢管规格应与门架钢管规格一致;当剪刀撑钢管直径与门架钢管直径不一致时,应采用异型扣件连接。

(4)满堂扣件式钢管脚手架除沿脚手架外侧四周和中间设置竖向剪刀撑外,当脚手架高于4m时,还应沿脚手架每两步高度设置一道水平剪刀撑。

4. 扣件式钢管脚手架规定

(1)扣件式钢管脚手架的主节点处必须设置横向水平杆,在脚手架使用期间严禁拆除;单排脚手架横向水平杆插入墙内长度不应小于180mm。

(2)扣件式钢管脚手架除顶层外立杆杆件接长时,相临杆件的对接接头不应设在同步内;相临纵向水平杆对接接头不宜设置在同步或同跨内。

(3)扣件式钢管脚手架立杆接长除顶层外应采用对接;木脚手架立杆接头的搭接长度应跨两根纵向水平杆,且不得小于1.5m;竹脚手架立杆接头的搭接长度应超过一个步距,并不得小于1.5m。

(三)悬挑式脚手架

1. 悬挑一层的脚手架规定

(1)悬挑架斜立杆的底部必须搁置在楼板、梁或墙体等建筑结构部位,并有固定措施;立杆与墙面的夹角不得大于30°,挑出墙外宽度不得大于1.2m。

(2)斜立杆必须与建筑结构进行连接固定;不得与模板支架进行连接。

(3)斜立杆纵距不得大于1.5m,底部应设置扫地杆并按不大于1.5m的步距设置纵向水平杆。

(4)作业层除应按规定满铺脚手板和设置临边防护外,还应在脚手板下部挂一层平网,在斜立杆里侧用密目网封严。

2. 悬挑多层的脚手架规定

(1)悬挑支承结构必须专门设计计算,应保证有足够的强度、稳定性和刚度,并将脚手架的荷载传递给建筑结构;悬挑式脚手架的高度不得超过24m。

(2)悬挑支承结构可采用悬挑梁或悬挑架等不同结构形式。悬挑梁应采用型钢制作,悬挑架应采用型钢或钢管制作成三角形桁架,其节点必须是螺栓或焊接的刚性节点,不得采用扣件(或碗扣)连接。

(3)支撑结构以上的脚手架应符合落地式脚手架搭设规定,并按要求设置连墙件;脚手架立杆纵距不得大于1.5m,底部与悬挑结构必须进行可靠连接。

(四)吊篮式脚手架

1. 吊篮式脚手架吊篮平台制作规定

(1)吊篮平台应经设计计算并应采用型钢、钢管制作,其节点应采用焊接或螺栓连接,不得使用钢管和扣件(或碗扣)组装。

(2)吊篮平台宽度宜为0.8～1.0m,长度不宜超过6m;当底板采用木板时,厚度不得小于50mm;采用钢板时应有防滑构造。

(3)吊篮平台四周应设防护栏杆,除靠建筑物一侧的栏杆高度不应低于0.8m外,其余侧面栏杆高度均不得低于1.2m;栏杆底部应设180mm高挡脚板,上部应用钢板网封严。

(4)吊篮应设固定吊环,其位置距底部不应小于800mm;吊篮平台应在明显处标明最大使用荷载(人数)及注意事项。

2. 吊篮式脚手架悬挂结构规定

(1)悬挂结构应经设计计算,可制作成悬挑梁或悬挑架,尾端与建筑结构锚固连接;当采用压重方法平衡挑梁的倾覆力矩时,应确认压重的质量,并应有防止压重移位的锁紧装置;悬挂结构抗倾覆应专门计算。

(2)悬挂结构外伸长度应保证悬挂平台的钢丝绳与地面呈垂直。挑梁与挑梁之间应采用纵向水平杆连成稳定的结构整体。

3. 吊篮式脚手架提升机构规定

(1)提升机构的设计计算应按容许应力法,提升钢丝绳安全系数不应小于10,提升机的安全系数不应小于2。

(2)提升机可采用手搬葫芦或电动葫芦,应采用钢芯钢丝绳。手搬葫芦可用于单跨(两个吊点)的升降,当吊篮平台多跨同时升降时,必须使用电动葫芦且应有同步控制装置。

4. 吊篮式脚手架安全装置规定

(1)使用手搬葫芦应装设防止吊篮平台发生自动下滑的闭锁装置。

(2)吊篮平台必须装设安全锁,并应在各吊篮平台悬挂处增设一根与提升钢丝绳相同型号的安全绳,每根安全绳上应安装安全锁。

(3)当使用电动提升机时,应在吊篮平台上、下两个方向装设对其上、下运行位置、距离进行限定的行程限位器。

(4)电动提升机构宜配两套独立的制动器,每套制动器均可使带有额定荷载125%的吊篮平台停住。

5. 吊篮式脚手架吊篮安装完后的规定

吊篮式脚手架吊篮安装完毕,应以2倍的均布额定荷载进行检验平台和悬挂结构的强度及稳定性的试压试验;提升机构应进行运行试验,其内容应包括空载、额定荷载、偏载及超载试验,并应同时检验各安全装置并进行坠落试验。

6. 吊篮式脚手架其他规定

吊篮式脚手架必须经设计计算、吊篮升降应采用钢丝绳传动、装设安全锁等防护装置并经检验确认;严禁使用悬空吊椅进行高层建筑外装修清洗等高处作业。

二、垂直运输机械安装与拆除

(一)一般规定

(1)各类垂直运输机械的安装及拆卸,应由具备相应承包资质的专业人员进行,其工作程序应严格按照原机械图纸及说明书规定,并根据现场环境条件制订安全作业方案。

(2)转移工地重新安装的垂直运输机械,在交付使用前,应按有关标准进行试验、检验并对各安全装置的可靠度及灵敏度进行测试，确认符合要求后方可投入运行；试验资料应纳入该设备安全技术档案。

(3)起重机的基础必须能承受工作状态的和非工作状态的最大载荷，并应满足起重机稳定性的要求。

(4)除按规定允许载人的施工电梯外，其他起重机严禁在提升和降落过程中载人。

(5)起重机司机及信号指挥人员应经专业培训、考核合格并取得有关部门颁发的操作证后，方可上岗操作。

(6)每班作业前，起重机司机应对制动器、钢丝绳及安全装置进行检查，各机构进行空载运转，发现不正常时，应予排除。

(7)起重机司机开机前，必须鸣铃示警。

(8)必须按照垂直运输机械出厂说明书规定的技术性能、使用条件正确操作，严禁超载作业或扩大使用范围。

(9)起重机处于工作状态时，严禁进行保养、维修及人工润滑作业；当需进行维修作业时，必须在醒目位置挂警示牌。

(10)作业中起重机司机不得擅自离开岗位或交给非本机的司机操作；工作结束后应将所有控制手柄扳至零位，断开主电源，锁好电箱。

(11)维修更换零部件应与原垂直运输机械零部件的材料、性能相同；外购件应有材质、性能说明；材料代用不得降低原设计规定的要求；维修后，应按相关标准要求试验合格；机械维修资料应纳入该机设备档案。

(二)塔式起重机

1. 塔式起重机的基本规定

塔式起重机必须是取得生产许可证的专业生产厂生产的合格产品；使用塔式起重机除需进行日常检查、保养外，还应按规定进行正常使用时的常规检验。

2. 塔式起重机安装与拆卸规定

(1)塔式起重机的基础及轨道铺设，必须严格按照图纸和说明书进行；塔式起重机安装前，应对路基及轨道进行检验，符合要求后，方可进行塔式起重机的安装。

(2)安装及拆卸作业前，必须认真研究作业方案，严格按照架设程序分工负责，统一指挥。

(3)安装塔式起重机必须保证安装过程中各种状态下的稳定性，必须使用专用螺栓，不得随意代用。

(4)用旋转塔身方法进行整体安装及拆卸时，应保证自身的稳定性；详细规定架设程序与安全措施，对主、副地锚的埋设位置、受力性能以及钢丝绳穿绕、起升机构制动等应进行检查，并排除塔式起重机旋转过程中的障碍，确保塔式起重机旋转中途不停机。

(5)塔式起重机附墙杆件的布置和间隔，应符合说明书的规定；当塔身与建筑物水平距离大于说明书规定时，应验算附着杆的稳定性，或重新设计、制作，并经技术部门确认，主管部门验收；在塔式起重机未拆卸至允许悬臂高度前，严禁拆卸附墙杆件。

(6)顶升作业时应遵守下列规定。

①液压系统应空载运转，并检查和排净系统内的空气。

②应按说明书规定调整顶升套架滚轮与塔身标准节的间隙，使起重臂力矩与平衡臂力

矩保持平衡并符合说明书要求，并将回转机构制动住。

③顶升作业应随时监视液压系统压力及套架与标准节间的滚轮间隙。顶升过程中严禁起重机回转和其他作业；顶升作业应在白天进行，风力在四级及以上时必须立即停止，并应紧固上、下塔身连接螺栓。

3. 塔式起重机的其他规定

塔式起重机必须按照现行国家标准《塔式起重机安全规程》(GB 5144—2006)及说明书规定，安装起重力矩限制器、起重量限制器、幅度限制器、起升高度限制器、回转限制器、行走限位开关及夹轨器等安全装置。

4. 塔式起重机操作使用规定

(1)塔式起重机作业前，应检查轨道及清理障碍物；检查金属结构、连接螺栓及钢丝绳磨损情况；送电前，各控制器手柄应在零位，空载运转，试验各机构及安全装置并确认正常。

(2)塔式起重机作业时严禁超载、斜拉和起吊埋在地下等不明重量的物件。

(3)吊运散装物件时，应制作专用吊笼或容器，并应保障在吊运过程中物料不会脱落；吊笼或容器在使用前应按允许承载能力的两倍荷载进行试验，使用中应定期进行检查。

(4)吊运多根钢管、钢筋等细长材料时，必须确认吊索绑扎牢靠，防止吊运中吊索滑移物料散落。

(5)两台及两台以上塔式起重机之间的任何部位(包括吊物)的距离不应小于 2m；当不能满足要求时，应采取调整相临塔式起重机的工作高度、加设行程限位、回转限位装置等措施，并制订交叉作业的操作规程。

(6)塔式起重机在弯道上不得进行吊装作业或吊物行走。

(7)轨道式塔式起重机的供电电缆不得拖地行走；沿塔身垂直悬挂的电缆，应使用不被电缆自重拉伤和磨损的可靠装置悬挂。

(8)作业完毕，塔式起重机应停放在轨道中间位置，起重臂应转到顺风方向，并应松开回转制动器，起重小车及平衡重应置于非工作状态。

(三)施工电梯

1. 施工电梯安装与拆卸规定

(1)施工电梯处于安装工况，应按照现行国家标准《电梯监督检验和定期检验规则——曳引与强制驱动电梯》(TSG T7001—2009)及说明书的规定，依次进行不少于两节导轨架标准节的接高试验。

(2)施工电梯导轨架随接高标准节的同时，必须按说明书规定进行附墙连接，导轨架顶部悬臂部分不得超过说明书规定的高度。

(3)施工电梯吊笼与吊杆不得同时使用；吊笼顶部应装设安全开关，当人员在吊笼顶部作业时，安全开关应处于吊笼不能启动的断路状态。

(4)有对重的施工电梯在安装或拆卸过程吊笼处于无对重运行时，应严格控制吊笼内载荷及避免超速刹车。

(5)施工电梯安装或拆卸导轨架作业不得与铺设或拆除各层通道作业上下同时进行；当搭设或拆除楼层通道时，吊笼严禁运行。

(6)施工电梯拆卸前，应对各机构、制动器及附墙进行检查，确认正常后，方可进行拆卸工作。

2. 施工电梯操作、使用规定

(1)每班使用前应对施工电梯金属结构、导轨接头、吊笼、电源、控制开关在零位、联锁装置等进行检查,并进行空载运行试验及试验制动器的可靠度。

(2)施工电梯额定荷载试验在每班首次载重运行时,应从最低层开始上升,不得自上而下运行,当吊笼升高离地面1～2m时,停机试验制动器的可靠性。

(3)施工电梯吊笼进门明显处必须标明限载重量和允许乘人数量,司机必须经核定后,方可运行;严禁超载运行。

(4)施工电梯司机应按指挥信号操作,作业运行前应鸣声示意;司机离机前,必须将吊笼降到底层,并切断电源、锁好电箱。

(5)施工电梯的防坠安全器,不得任意拆检调整,应按规定的期限,由生产厂家或指定的认可单位进行鉴定或检修。

3. 安装施工电梯的其他规定

(1)按照现行国家标准《电梯监督检验和定期检验规则——曳引与强制驱动电梯》(TSG T7001—2009)及说明书的规定,施工电梯应安装限速器、安全钩、制动器、限位开关、笼门联锁装置、停层门(或停层栏杆)、底层防护栏杆、缓冲装置、地面出入口防护棚等安全防护装置。

(2)凡新安装的施工电梯,应进行额定荷载下的坠落试验;正在使用的施工电梯,按说明书规定的时间(至少每3个月)进行一次额定荷载的坠落试验。

(四)井字架、龙门架

1. 井字架、龙门架使用规定

井字架、龙门架应有图纸、计算书及说明书,并按相关标准进行试验,确认符合要求后,方可投入运行。

2. 井字架、龙门架设计、制作规定

(1)井字架、龙门架的结构设计计算应符合现行行业标准《龙门架及井架物料提升机安全技术规范》(JGJ 88—2010)、现行国家标准《钢结构设计规范》(GB 50017—2003)的有关规定。

(2)井字架、龙门架设计提升机结构的同时,应对其安全防护装置进行设计和选型,不得留给使用单位解决。井字架、龙门架应包括以下安全防护装置:

①安全停靠装置、断绳保护装置。

②楼层口停靠栏杆(门)。

③吊篮安全门。

④上料口防护门。

⑤上极限限位器。

⑥信号、音响装置。

对于高架(30m以上)井字架、龙门架,还应具备下列安全装置:

①下极限限位器。

②缓冲器。

③超载限制器。

④通信装置。

(3)井字架、龙门架应有标牌,标明额定起重量、最大提升高度及制造单位、制造日期。

3. 井字架、龙门架安装与拆卸规定

(1)提升机的安装和拆卸工作必须按照施工方案进行,并设专人统一指挥。

(2)井字架、龙门架安装前,对基础、金属结构配套及节点情况进行检查,并对缆风绳锚固及墙体附着连接处进行检查。

(3)井字架、龙门架架体应边安装边固定,节点采用设计图纸规定的螺栓连接,不得任意扩孔。

(4)井字架、龙门架稳固架体的缆风绳必须采用钢丝绳;附墙杆必须与井字架、龙门架架体材质相同,严禁将附墙杆连接在脚手架上,必须可靠地与建筑结构相连接;架体顶端自由高度与附墙间距应符合设计要求。

(5)井字架、龙门架采用旋转法整体安装或拆卸时,必须对架体采取加固措施,拆卸时必须待起重机吊点索具垂直拉紧后,方可松开缆风绳或拆除附墙杆件;安装时,必须将缆风绳与地锚拉紧或附墙杆与墙体连接牢靠后,起重机方可摘钩。

(6)井字架、龙门架卷扬机应安装在视线良好、远离危险的作业区域;钢丝绳应能在卷筒上整齐排列,其吊篮处于最低工作位置时,卷筒上应留有不少于3圈的钢丝绳。

4. 井字架、龙门架操作使用规定

(1)每班作业前,应对井字架、龙门架架体、缆风绳、附墙架及各安全防护装置进行检查,并经空载运行试验,确认符合要求后,方可投入使用。

(2)井字架、龙门架运行时,物料在吊篮内应均匀分配,不得超载运行和物料超出吊篮外运行。

(3)井字架、龙门架作业时,应设置统一信号指挥,当无可靠联系措施时,司机不得开机;高架提升机应使用通信装置联系,或设置摄像显示装置。

(4)设有起重扒杆的井字架、龙门架,作业时,其吊篮与起重扒杆不得同时使用。

(5)不得随意拆除井字架、龙门架安全装置,发现安全装置失灵时,应立即停机修复。

(6)严禁人员攀登井字架、龙门架或乘其吊篮上下。

(7)井字架、龙门架司机下班或司机暂时离机,必须将吊篮降至地面,并切断电源,锁好电箱。

5. 井字架、龙门架其他规定

凡安装断绳保护装置的井字架、龙门架,除在井字架、龙门架重新安装时进行额定荷载下的坠落试验外,对正在使用的井字架、龙门架,应定期(至少1个月)进行一次额定荷载的坠落试验。

项目四 砌体工程施工

Ⅰ 背景知识

基本概念

1. 砂浆的强度等级

分为M15、M10、M7.5、M5和M2.5五个等级。

2. 砖墙砌筑常见的砌块

(1)普通黏土砖。其尺寸为:240mm×115mm×53mm。

(2)烧结黏土多孔砖。其尺寸为:240mm×115mm×90mm,190mm×90mm×90mm。

(3)混凝土空心砌块。其尺寸为:390mm×190mm×190mm。辅助砌块有290mm×190mm×190mm,190mm×190mm×90mm。

(4)加气混凝土砌块。长度:600mm;高度:200mm、250mm、300mm;厚度:100mm、150mm、200mm、250mm。

3. 砖墙砌体用普通黏土砖的常见组砌形式

(1)一顺一丁。由一皮顺砖与一皮丁砖相互交替砌筑而成,上下皮间的竖缝相互错开1/4砖长。

(2)三顺一丁。由三皮顺砖与一皮丁砖相互交替叠砌而成,上下皮顺砖搭接为1/2砖长。

(3)梅花丁(又称沙包式)。在同一皮砖层内,两块顺砖与一块丁砖间隔砌筑(转角处不受此限),上下两皮间竖缝错开1/4砖长,顶砖必须在顺砖的中间。

(4)全顺(又称条砌法)。每皮砖全部用顺砖砌筑,两皮间竖缝搭接1/2砖长。此种砌法仅用于半砖隔断墙。

(5)全丁。每皮全部用顶砖砌筑,两皮间竖缝搭接为1/4砖长。

(6)两平一侧(18墙)。两皮平砌的顺砖旁砌一皮侧砖,其厚度为18cm。两平砌层间竖缝应错开1/2砖长,平砌层与侧砌层间竖缝可错开1/4或1/2砖长。

(7)空斗。空斗墙砌分有眠空斗墙和无眠空斗墙。有眠空斗墙是将砖侧砌(称斗)与平砌(称眠)相互交替叠砌而成,形式有一斗一眠及多斗一眠等。无眠空斗墙是由两块砖侧砌的平行壁体及互相间用侧砖丁砌横向连接而成。

4."三一"砌砖法

"三一"砌砖法又叫作大铲砌筑法。采用一铲灰、一块砖、一挤揉的砌法。

5.通缝

通缝是指三皮砖上下皮砌块搭接长度小于规定数值的竖向灰缝。

6.砌筑砂浆的配合比

为满足施工所需要的稠度及设计强度等级的要求,应进行砂浆配合比的计算,计算出每立方体砂浆中水泥、石灰膏(粉煤灰)等砂浆材料用量配合的比例。

(1)试配强度的确定。

为保证砂浆强度有90%的保证率,砌筑砂浆的试配强度(R_P)应为

$$R_P = R_C \times 1.15$$

式中:R_C 为砂浆设计强度,MPa。

(2)水泥用量确定。

$$Q_C = \frac{R_P}{K \cdot R_C} \times 1000$$

式中:R_P 为砂浆的配制强度,MPa;R_C 为水泥强度,MPa;Q_C 为 $1m^3$ 砂浆水泥用量,kg;K 为经验系数,具体数据见表4.1。

表4.1　K值表

水泥标号	砂浆强度等级			
R_C	M10.0	M7.5	M5.0	M2.5
52.5	0.885	0.815	0.725	0.584
42.5	0.931	0.885	0.758	0.608
32.5	0.999	0.915	0.806	0.643

7.清水墙

砖墙外墙面砌成后,只需要勾缝,即成为成品,不需要外墙面装饰,砌砖质量要求高,灰浆饱满,砖缝规范美观。

相关规范及标准

《建筑砂浆基本性能试验方法标准》(JGJ/T 70—2009)

《砌体结构设计规范》(GB 50003—2011)

《混凝土小型空心砌体建筑技术规程》(JGJ/T 14—2011)

《砌体工程施工质量验收规范》(GB 50203—2011)

《中型砌块砌筑工程施工工艺标准》(604—1996)

《砖基础砌筑工艺标准》(601—1996)

《空心砖砌筑工艺标准》(605—1996)

《料石砌筑工艺标准》(603—1996)

《一般砖砌体砌筑工艺标准》(602—1996)

《砌筑工程现场检测技术标准》(GB/T 50315—2011)

《烧结普通砖》(GB 5101—1998)

《烧结多孔砖和多孔砌块》(GB 13544—2011)
《蒸压灰砂砖》(GB 11945—1999)
《粉煤灰砖》(JC 239—2001)
《烧结空心砖和空心砌块》(GB 13545—2014)
《普通混凝土小型空心砌块》(GB 8239—1997)
《蒸压加气混凝土砌块》(GB 11968—2006)
《混凝土小型空心砌块砌筑砂浆》(JC 860—2000)

砌筑工程施工交底

安全技术交底 表 D2－1		编号	
工程名称		交底日期	年　月　日
施工单位		分项工程名称	砌筑作业
交底提要			

1. 工人入场前必须进行三级教育，经考试合格后，方可进入施工现场。
2. 所有人员进入施工现场必须戴合格安全帽，系好下颚带，锁好带扣。
3. 砌筑施工必须严格按照施工组织设计和砌筑施工专项施工方案进行。
4. 大风、大雨、冰冻等异常气候之后，应检查砌体是否有垂直度的变化，是否产生了裂缝，是否有不均匀下沉等现象。
5. 脚手架上堆料不得超过规定荷载(均布荷载每 m^2 不得超过 300kg，集中荷载不超过 150kg)，脚手架下堆砖高度不得超过 3 皮侧砖，同一块脚手板上的操作人员不应超过两人。
6. 不得站在墙顶上行走，作业。
7. 在没有可靠安全防护设施的高处(2m 以上(含 2m))施工时，必须系好安全带；高处作业不得穿硬底和带钉易滑的鞋，不得向下投抛物料，严禁赤脚穿拖鞋、高跟鞋进入施工现场。
8. 作业中发生事故，必须及时抢救受伤人员，迅速报告上级，保护事故现场，并采取措施控制事故，如抢救工作可能造成事故扩大或人员伤害时，必须在施工技术管理人员的指导下进行抢救。
9. 砌筑 2m 以上深基础时，应设有爬梯和坡道，不得攀跳槽、沟、坑上下。
10. 作业中出现危险征兆时，作业人员应暂停作业，撤至安全区域，并立即向上级报告。未经施工技术管理人员批准，严禁恢复作业。紧急处理时，必须在施工技术管理人员指挥下进行作业。
11. 服从领导和安全检查人员的指挥，工作思想集中，坚守作业岗位，未经许可，不得从事非本工种作业，严禁酒后作业。
12. 砌筑高度超过 1.2m，应搭设脚手架作业，在一层以上或高度超过 4m 时，采用里脚手架必须支搭安全网，采用外脚手架应设护身栏杆和挡脚板后方可砌筑。
13. 在地坑、地沟砖砌时，严防塌方并注意地下管线、电缆等。
14. 冬季施工遇有霜、雪时，必须将脚手架上、沟槽内等作业环境内的霜、雪清除后方可作业。
15. 砌筑作业面下方不得有人，如在同一垂直作业面上上下交叉作业时，必须设置安全隔离层。
16. 在架子上拆砖，操作人员必须面向里，把砖头斩在架子上。挂线的坠物必须绑扎牢固。作业环境中的碎料、落地灰、杂物、工具集中下运，做到日产日清、自产自清、活完料净场地清。
17. 生产班组(队)在接受生产任务时，应同时组织班组(队)全体人员听取安全技术措施交底讲解，凡没有进行安全技术措施交底或未向全体人员讲解，班组(队)有权拒绝接受任务，并提出意见。
18. 向基坑(槽)内运送材料、砂浆要有溜槽，严禁向下猛倒和抛掷物料工具等。

19. 人工用推车运砖时，两车前后距离平地不得小于 2m，坡道不得小于 10m，装砖时应先取高处，后取低处，分层按顺序拿取。 20. 不准勉强在超过胸部以上的墙体上进行砌砖，以免将墙体碰撞倒塌或上料时失手掉下造成安全事故。 21. 砌体上不宜拉横缆风绳，不宜吊挂重物，也不宜作为其他施工临时设施、支撑的支承点，如果确实需要时，应采取有效的构造措施。 22. 不准徒手移动上墙的料石，以免压迫或擦伤手指。 23. 石块不得往下挪。运石上下时，脚手板要钉装牢固，并钉防滑条及扶手栏杆。 24. 不准用不稳固的工具或物体在脚手板面垫高操作。 25. 作业面暂停作业时，要对刚砌好的砌体采取防雨措施，以防雨水冲走砂浆，致使砌体倒塌。 注：班组长在给施工人员书面或口头交底后，所有接受交底人员在交底书最后一页的背面上签字后转交给工地安全员存档。 补充内容：(包括以下几点内容，由交底人负责编写) 1. 使用工具；2. 涉及的防护用品；3. 施工作业顺序；4. 安全技术其他要求；5. 作业环境要求和危险区域告知；6. 旁站部位及要求；7. 使用新材料、新设备、新技术的安全措施；8. 其他要求。					
审核人		交底人		接受交底人	

①本表头由交底人填写，交底人与接受交底人各保存一份，安全员一份。

②当作分部、分项施工作业安全交底时，应填写“分部、分项工程名称”栏。

③交底提要应根据交底内容把交底重要内容写上。

Ⅱ　工作情境

情境 1　砌筑砂浆配置

能力目标

通过本情境的学习，能够应用所学知识，按照设计图纸、规范及材料质量要求，进行砌筑砂浆的配置。

学习内容

砌筑砂浆的材料要求；砌筑砂浆的制备；砌筑砂浆的强度及质量检验。

任务引领

教师布置任务，帮助学生理解任务要求，辅导学生完成任务需要掌握的知识。

任务一　某砌体为烧结普通砖砌体，M7.5 水泥砂浆砌筑，砂为中砂，水泥强度等级为 32.5 级。

1. 试确定水泥砂浆的稠度。

2. 试确定 $1m^3$ M10 水泥砂浆各组成材料用量。

任务二　某砌体为烧结多孔砖砌体，M7.5 水泥砂浆砌筑，砂为中砂，砂的含水率为 4%，水泥强度等级为 32.5 级。

1. 试确定水泥砂浆的稠度。
2. 试确定 $1m^3$ M7.5 水泥砂浆各组成材料用量。

问题导入

以下问题是完成任务必须掌握的知识，教师引导，学生完成。
1. 简述砌筑水泥砂浆的组成。
2. 简述砌筑水泥砂浆的稠度及影响因素。
3. 简述砌筑水泥砂浆中各组成材料的质量要求。
4. 为提高砌筑水泥砂浆的和易性，一般掺入哪些材料？
5. 如何检验砌筑水泥砂浆的强度？

自主学习

学生以小组形式工作（4～6 人一组）。通过查资料、规范、学材以及网上资源解答以上问题；初步形成完成以上两项任务的思路和工作计划，组内学生讨论、向教师或辅导教师咨询，修改、完善计划，形成实施计划；实施计划，完成任务。

学生发言

各小组选派一名代表，回答问题，讲解本小组完成任务的过程及结果，小组其他成员补充。

学生互评

小组之间按照统一标准，对各小组回答问题、完成任务的过程及结果进行互评。

学生完成学习情境 1 成绩评定表

学生姓名________ 教师________ 班级________ 学号__________

序号	考评项目	分值	考核内容	教师评价（权重 50%）	组长评价（权重 25%）	学生评价（权重 25%）
1	学习态度	15	出勤率、听课态度、实操表现等			
2	学习能力	25	上课回答问题、完成工作质量			
3	计算、操作能力	25	计算、实操记录、作品成果质量			
4	团结协作能力	15	自己在所在小组的表现，小组完成工作质量、速度			
合计		80				
综合得分						

知识拓展

教师提供 1～3 个砌筑砂浆配置的实例，供学生选择，加强实操练习。在规定期限内，学生确定砌筑水泥砂浆的稠度及 $1m^3$ 砌筑水泥砂浆各组成材料用量。此项内容占情境 1 学习成绩的 20%。

学 材

一、材料要求

1. 水泥

砌筑砂浆使用的水泥品种及强度等级，应根据砌体部位和所处环境来选择；水泥进场使用前，应分批对其强度和安定性进行复验；检验批应以同一生产厂家、同一编号为一批；当在使用中对水泥质量有怀疑或水泥出厂超过 3 个月(快硬硅酸盐水泥超过 1 个月)时，应复查试验，并按其结果使用；不同品种的水泥，不得混合使用。

2. 砂

砂宜用中砂，并应过筛。砂中不得含有草根等杂物，其含泥量应满足下列要求：对水泥砂浆和强度等级不小于 M5 的水泥混合砂浆，不应超过 5%；对强度等级小于 M5 的水泥混合砂浆，不应超过 10%；对人工砂、山砂及特细砂，经试配能满足砌筑砂浆技术条件时，含泥量可适当放宽。

3. 水

拌制砂浆用水，宜采用饮用水，否则应符合国家现行标准《混凝土拌和用水标准》(JGJ 63—2006)的规定。

4. 掺加料

为改善砂浆的和易性，节约水泥用量，常掺入一定的掺加料，如石灰膏、黏土膏、电石膏、粉煤灰、石膏等，其掺量应符合相关的规定。

5. 外加剂

砂浆中常用的外加剂有引气剂、早强剂、缓凝剂及防冻剂等，其掺量应经检验和试配符合要求后，方可使用。

二、砂浆稠度

砂浆稠度应符合表 4.2 规定。

表 4.2 砌筑砂浆稠度

砌体种类	砂浆稠度(mm)
烧结普通砖砌体	70～90
轻骨料混凝土小型空心砌块砌体	60～90
烧结多孔砖、空心砖砌体	60～80
烧结普通砖平拱式过梁、空斗墙、普通混凝土小型空心砌块砌体、加气混凝土砌块砌体	50～70
石砌体	30～50

拌制水泥砂浆，应先将砂与水泥干拌均匀，再加水拌和均匀。

拌制水泥混合砂浆，应先将砂与水泥干拌均匀，再加掺加料和水拌和均匀。

掺用外加剂时，应先将外加剂按规定浓度溶于水中，在拌和水加入时加入外加剂溶液，

外加剂不得直接投入拌制的砂浆中。

砌筑砂浆应采用机械搅拌，自投料完算起，搅拌时间应符合下列规定：

(1)水泥砂浆和混合砂浆不得少于2min。

(2)水泥粉煤灰砂浆和掺用外加剂的砂浆不得少于2min。

(3)掺用有机塑化剂的砂浆，应为3～5min。

三、水泥砂浆材料用量

水泥砂浆材料用量应按表4.3选用。

表4.3 水泥砂浆材料用量

强度等级	每立方米砂浆水泥用量(kg)	每立方米砂浆砂子用量(kg)	每立方米砂浆用水量(kg)
M2.5～M5	200～230	$1m^3$ 砂子的堆积密度值	270～330
M7.5～M10	220～280		
M15	280～340		
M20	340～400		

注：①此表水泥强度等级为32.5级，大于32.5级的水泥用量宜取下限。

②根据施工水平选择水泥用量。

③当采用细砂或粗砂时，用水量分别取上限或下限。

④稠度小于70mm时，用水量可小于下限。

⑤气候炎热或干燥季节，施工现场可酌情增加用水量。

情境2　砖砌体施工

能力目标

通过本情境的学习，能够应用所学知识，按照设计图纸、规范、施工工艺、检验标准及材料质量要求，进行砖砌体的施工。

学习内容

砌筑形式；摆砖；放样；砌筑；勾缝。

任务引领

教师布置任务，帮助学生理解任务要求，辅导学生完成任务需要掌握的知识。

任务一　某开间墙体长4m、宽3m、高2m、墙厚240mm，长边墙中间有一门洞1000mm×2000mm。转角设置构造柱并设拉结筋，砌筑砂浆强度为M5，砌筑形式为三顺一丁。

1.编写专项施工方案。

2.试先进行摆砖。

3.按相关规定和要求进行砌筑。

任务二　某开间墙体长4m、宽3m、高2m、墙厚240mm，长边墙中间有一门洞900mm×2000mm。砌筑砂浆强度为M7.5，砌筑形式为梅花丁。

1. 编写专项施工方案。
2. 试先进行摆砖。
3. 按相关规定和要求进行砌筑。

问题导入

以下问题是完成任务必须掌握的知识，教师引导，学生完成。
1. 试述各种砌筑形式的特点。
2. 试述砌筑过程的施工工艺。
3. 试述砌筑前的准备工作。
4. 试述砌筑过程中的质量要点。

自主学习

学生以小组形式工作(4～6 人一组)。通过查资料、规范、学材以及网上资源解答以上问题；初步形成完成以上两项任务的思路和工作计划，组内学生讨论、向教师或辅导教师咨询，修改、完善计划，形成实施计划；实施计划，完成任务。

学生发言

各小组选派一名代表，回答问题，讲解本小组完成任务的过程及结果，小组其他成员补充。

学生互评

小组之间按照统一标准，对各小组回答问题、完成任务的过程及结果进行互评。

学生完成学习情境 2 成绩评定表

学生姓名________ 教师________ 班级________ 学号__________

序号	考评项目	分值	考核内容	教师评价(权重 50%)	组长评价(权重 25%)	学生评价(权重 25%)
1	学习态度	15	出勤率、听课态度、实操表现等			
2	学习能力	25	上课回答问题、完成工作质量			
3	操作能力	25	实操记录、作品成果质量			
4	团结协作能力	15	自己在所在小组的表现，小组完成工作质量、速度			
合计		80				
综合得分						

知识拓展

教师提供 2～4 个砌筑工程的实例，供学生选择，加强实操练习。在规定期限内，学生编写出 1～2 种砌筑形式的专项施工方案。此项内容占情境 2 学习成绩的 20%。

学 材

一、材料质量要求

砖墙砌体砌筑一般采用普通黏土砖，外形为矩形体，其尺寸和各部位名称为：长度，240mm；宽度，115mm；厚度，53mm。砖根据它的表面大小分为大面（240mm×115mm），条面（240mm×53mm），顶面（115mm×53mm）。根据外观分为一等、二等两个等级。根据强度分为MU10、MU15、MU20、MU25、MU30，单位MPa（N/mm^2）。

在砌筑时有时要砍砖，按尺寸不同分为“七分头”（也称七分找）、“半砖”、“二寸条”和“二寸头”（也称二分找），见图4.1。

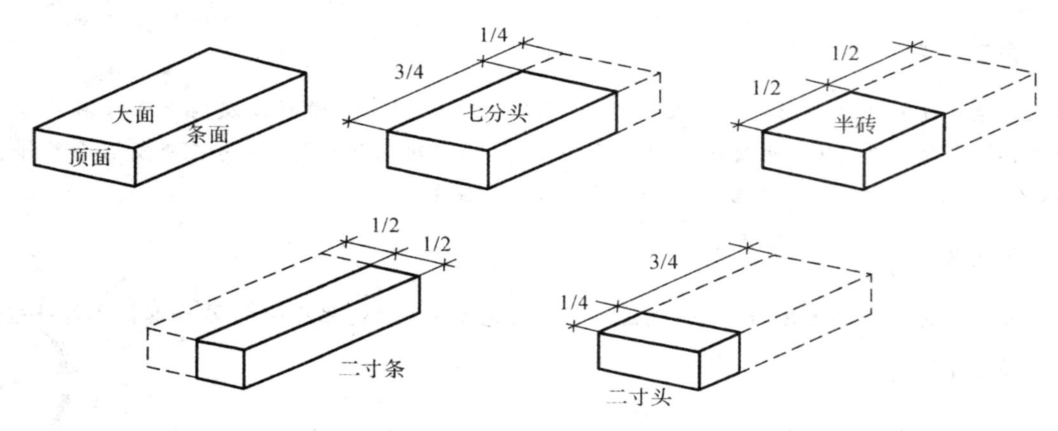

图4.1 砖的名称

用于清水墙、柱表面的砖，应边角整齐，色泽均匀。品质为优等品的砖适用于清水墙和墙体装修；一等品、合格品砖可用于混水墙。中等泛霜的砖不得用于潮湿部位。冻胀地区的地面或防潮层以下的砌体不宜采用多孔砖；水池、化粪池、窨井等不得采用多孔砖。蒸压粉煤灰砖用于基础或受冻融和干湿交替作用的建筑部位时，必须使用一等砖或优等砖。多雨地区砌筑外墙时，不宜将有裂缝的砖面砌在室外表面。

用于砌体工程的钢筋品种、强度等级必须符合设计要求，并应有产品合格证书和性能检测报告，进场后应进行复验。

设置在潮湿环境或有化学侵蚀性介质的环境中的砌体灰缝内的钢筋应采取防腐措施。

二、砖墙砌体的组砌形式

用普通砖砌筑的砖墙，依其墙面组砌形式不同，常用以下几种：一顺一丁、三顺一丁、梅花丁等。如图4.2所示。

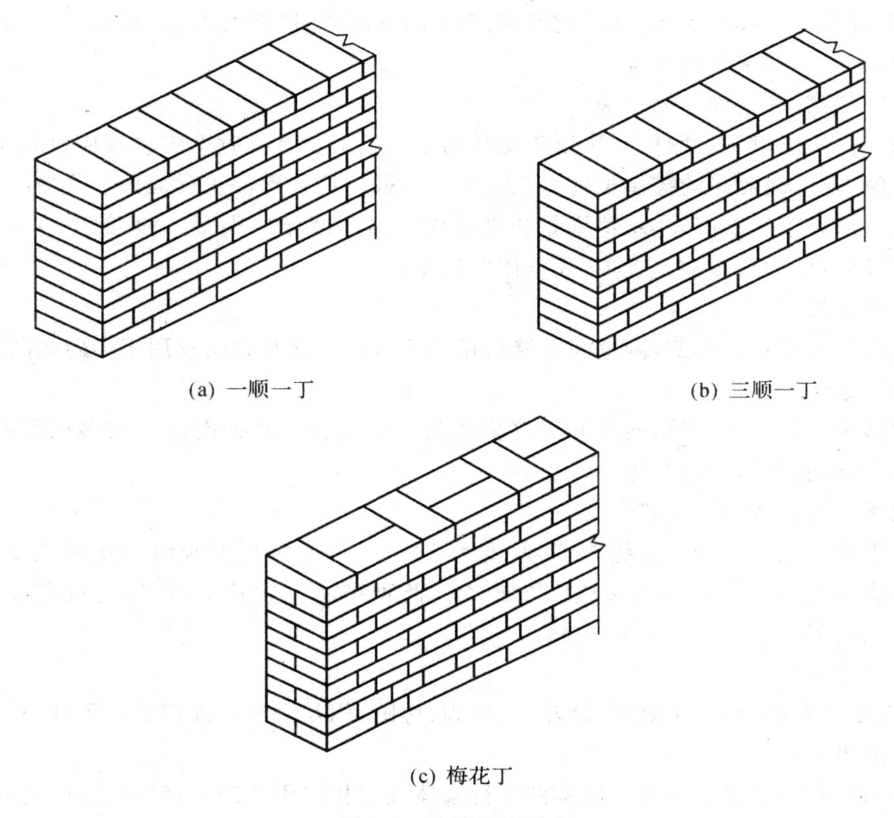

(a) 一顺一丁　　(b) 三顺一丁

(c) 梅花丁

图 4.2　砖墙组砌形式

1. 一顺一丁砌法(满顶满条)

由一皮顺砖与一皮丁砖相互交替砌筑而成,上下皮间的竖缝相互错开 1/4 砖长。

这种砌法各皮间错缝搭接牢靠,墙体整体性较好,操作中变化小,易于掌握,砌筑时墙面也容易控制平直。但竖缝不易对齐,在墙的转角、丁字接头、门窗洞口等处都要砍砖,因此砌筑效率受到一定限制。当砌 24 墙时,顶砖层的砖有两个面露出墙面(也称出面砖较多),故对砖的质量要求较高。这种砌法在砌筑中采用较多,它的墙面形式有两种:一种是顺砖层上下对齐(称十字缝),一种是顺砖层上下相错半砖(称骑马缝)。

2. 三顺一丁砌法

由三皮顺砖与一皮丁砖相互交替叠砌而成。上下皮顺砖搭接为 1/2 砖长,同时要求檐墙与山墙的顶砖层不在同一皮以利于搭接。

这种砌法出面砖较少,同时在墙的转角、丁字与十字接头、门窗洞口处砍砖较少,故可提高工效。但由于顺砖层较多,反面墙面的平整度不易控制,当砖较湿或砂浆较稀时,顺砖层不易砌平且容易向外挤出,影响质量。用该法砌的墙,抗压强度接近一顺一丁砌法,受拉、受剪力学性能均较"一顺一丁"为强。

3. 梅花丁砌法(又称沙包式)

在同一皮砖层内,两块顺砖一块丁砖间隔砌筑(转角处不受此限),上下两皮间竖缝错开 1/4 砖长,丁砖必须在顺砖的中间。该砌法内外竖缝每皮都能错开,故抗压整体性较好,墙面容易控制平整,竖缝易于对齐,特别是当砖长、宽比例出现差异时竖缝易控制。因丁、顺砖交替砌筑，且操作时容易搞错，该法比较费工，砌出墙的抗拉强度不如“三顺一丁”。因外形整齐美观，所以多用于砌筑外墙。

4. 三三一砌法(又称三七缝法)

在同一皮砖层里三块顺砖一块顶砖交替砌成。上下皮叠砌时上皮顶砖应砌在下皮第二块顺砖中间，上下两皮砖的搭接长度为1/4砖长。采用这种砌法正反面墙较平整，可以节约抹灰材料。但施工时砍砖较多，特别是长度不大的窗间墙排砖很不方便，故工效较“三顺一丁”为慢。因砖层的顶砖数量较少，故整体性较差。

5. 全顺砌法(条砌法)

每皮砖全部用顺砖砌筑，两皮间竖缝搭接1/2砖长。此种砌法仅用于半砖隔断墙。

6. 全丁砌法

每皮砖全部用丁砖砌筑，两皮间竖缝搭接为1/4砖长。此种砌法一般多用于圆形建筑物，如水塔、烟囱、水池和圆仓等。

7. 两平一侧砌法(18cm墙)

两皮平砌的顺砖旁砌一皮侧砖，其厚度为18cm。两平砌层间竖缝应错开1/2砖长；平砌层与侧砌层间竖缝可错开1/4或1/2砖长。此种砌法比较费工，墙体的抗震性能较差。但能节约用砖量。

8. 空斗墙砌法

(1)有眠空斗墙：是将砖侧砌(称斗)与平砌(称眠)相互交替叠砌而成。形式有一斗一眠及多斗一眠等。

(2)无眠空斗墙：是由两块砖侧砌的平行壁体及互相间用侧砖丁砌横向连接而成。

三、砖砌体的组砌要求

上下错缝，内外搭接，以保证砌体的整体性；同时组砌要有规律，少砍砖，以提高砌筑效率，节约材料。

当采用一顺一丁组砌时，七分头的顺面方向依次砌顺砖，丁面方向依次砌丁砖，如图4.3(a)所示。

砖墙的丁字接头处，应分皮相互砌通，内角相交处的竖缝应错开1/4砖长，并在横墙端头处加砌七分头砖，如图4.3(b)所示。

砖墙的十字接头处，应分皮相互砌通，立角处的竖缝相互错开1/4砖长，如图4.3(c)所示。

四、砖砌体施工工艺

(一)抄平弹线

抄平弹线，又称抄平放线。

1. 基础垫层上的放线

根据龙门板或轴线控制桩上的轴线钉，用经纬仪将基础轴线投测在垫层上(也可在对应的龙门板间拉小线，然后用线坠将轴线投测在垫层上)；再根据轴线按基础底宽，用墨线标出基础边线，作为砌筑基础的依据。如果未设垫层可在槽底钉木桩，把轴线及基础边线都投测在木桩上，如图4.4所示。

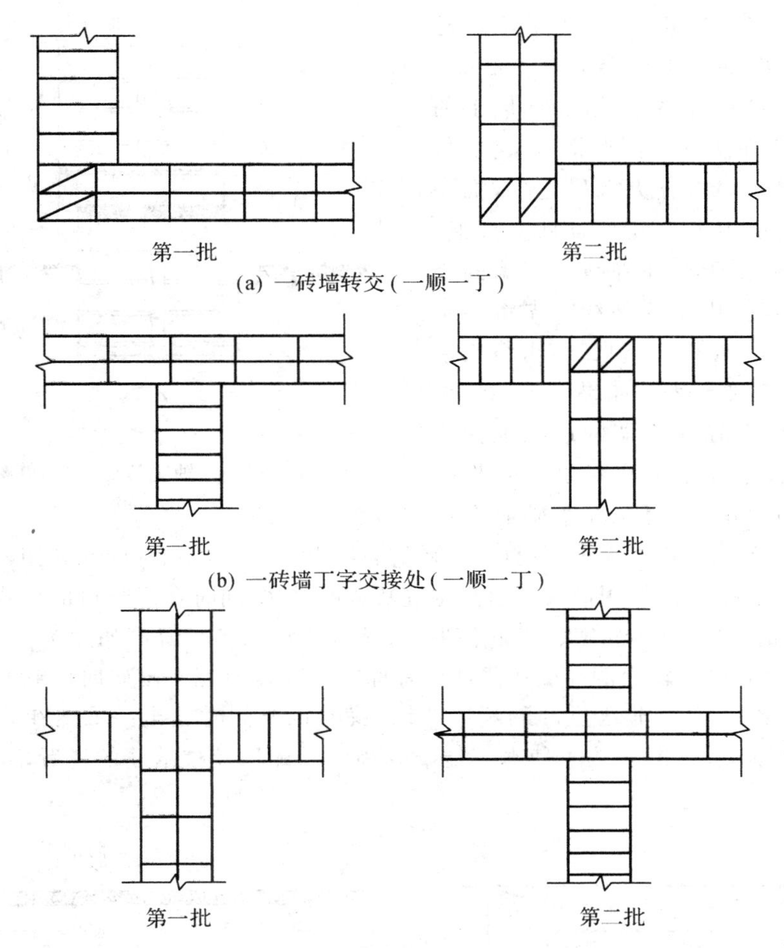

(a) 一砖墙转交(一顺一丁)

(b) 一砖墙丁字交接处(一顺一丁)

(c) 一砖墙十字交接处(一顺一丁)

图 4.3　砖墙交接处组砌

基础放线是保证墙体平面位置的关键工序，是体现定位测量精度的主要环节。稍有疏忽就会造成错位。放线过程中要注意以下环节：

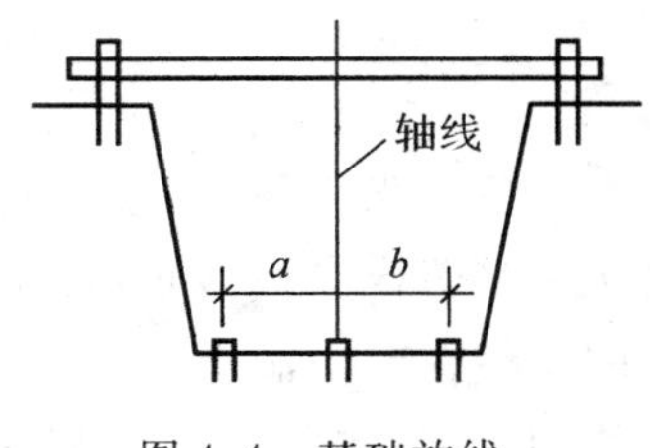

图 4.4　基础放线

①龙门板在挖槽过程中易被碰动。因此，在投线前要对控制桩、龙门板进行复查，发现问题及时纠正。

②对于偏中基础，要注意偏中的方向。附墙垛、烟囱、温度缝、洞口等特殊部位要标清楚，以防遗忘。

③基础砌体宽度不准出现负值。

2. 基础顶面上的放线

建筑物的基础施工完成之后，我们应进行一次基础砌筑情况的复核。利用定位主轴线的位置来检查砌好的基础有无偏移，避免进行上部结构放线后，墙身按轴线砌时出现半面墙跨空的情形(图 4.5)，这是结构上不允许的。当然出现此类情况纯属极个别现象，但对放线人员来说，必须加以注意，才能避免出事故。凡发现该种情形应及时向技术部门汇报，以便及时解决。只有经过复合，认为下部基础施工合格，才能在基础防潮层上正式放线。

在基础墙检查合格之后，利用墙上的主轴线，用小线在防潮层面上将两头拉通，并将线反复弹几次检查无搁碍之处，抽一人在小线通过的地方选几个点划上红痕，间距10～15m，便于墨斗弹线。若墙的长度较短，也可直接用墨斗弹线。先将各主要墙的轴线弹出，检查一下尺寸，再将其余所有墙的轴线都弹出来。如果上部结构墙的厚度比基础窄，还应将墙的边线也弹出来。轴线放完之后，检查无误，我们再根据图纸上标出的门窗口位置，在基础墙上量出尺寸，用墨线弹出门口的大小，并打上交错的斜线以示洞口，不必砌砖，如图4.6所示。窗口一般画在墙的侧立面上，用箭头表示其位置及宽度尺寸，同时在门窗口的放线处还应注上宽、高尺寸。如门口为1.0m宽、2.0m高时，标成1000×2000，窗口如宽为1.5m、高1.8m时，标成1500×1800。窗台的高度在线杆上有标志。这样使泥工砌砖时做到心中有数。主结构墙线放完之后，对于非承重的隔断墙的线，我们也要同时放出。虽然在施工主体结构时，隔断墙不能同时施工，但为了使泥工能准确预留马牙槎及拉结筋的位置，同时放出隔墙线是必须的。

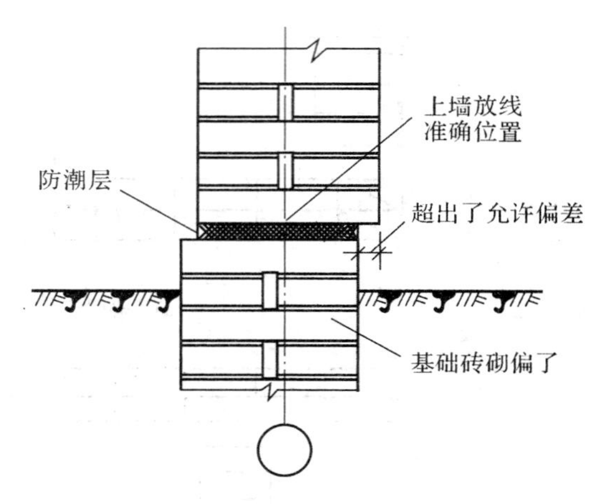

图4.5　轴线偏移、半面墙跨空

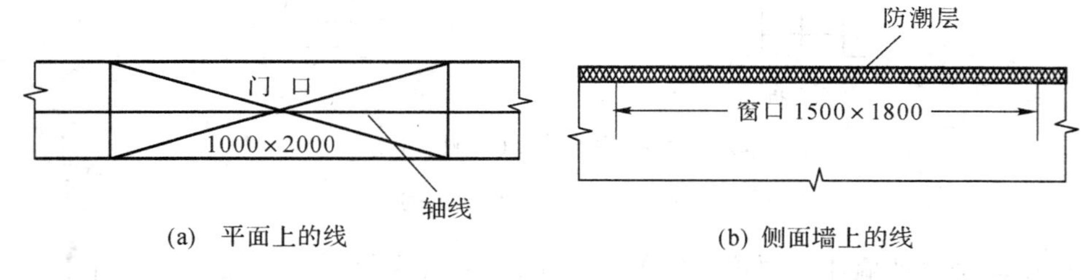

(a) 平面上的线　　(b) 侧面墙上的线

图4.6　门洞、窗口放线

(二)摆砖样

摆砖样也称撂底，是在弹好线的基础顶面上按选定的组砌方式先用砖试摆，核对所弹出的墨线在门窗洞口、墙垛等处是否符合砖模数，以便借助灰缝调整，使砖的排列和砖缝宽度均匀合理。摆砖时，要求山墙摆成丁砖，横墙摆成顺砖，又称“山丁檐跑”。

摆砖结束后，用砂浆把干摆的砖砌好，砌筑时注意其平面位置不得移动。

(三)立皮数杆

砌墙前先要立好皮数杆(又称线杆)，将其作为砌筑的依据之一，皮数杆一般是用截面5cm×7cm的方木做成，沿长度方向相邻两面划有砖的皮数、灰缝厚度、门窗、楼板、圈梁、过梁、屋架等构件位置及建筑物各种预留洞口和加筋的高度，它是墙体竖向尺寸的标志。

划皮数杆时应从±0.000开始。从±0.000向下到基础垫层以上为基础部分皮数杆，±0.000以上为墙身皮数杆。楼房如每层高度相同时，划到二层楼地面标高为止，平房划到前后檐口为止。划完后在杆上以每 5 皮砖为级数，标上砖的皮数，如 5、10、15 等，并标明各种构件和洞口的标高位置及其大致图例，如图 4.7 所示。

由于实际生产的砖厚度不一，在划皮数杆之前，从进场的各砖堆中抽取 10 块砖样，量出总厚度，取其平均值，作为划砖厚度的依据。再加上灰缝的厚度，就可划出砖层的皮数。

墙上的线放完之后，根据瓦工砌砖的需要在一些部位钉立皮数杆，皮数杆应立在墙的转角、内外墙交接处、楼梯间及墙面变化较多的部位(图 4.8)。立皮数杆时可用水准仪测定标高，使各皮数杆立在同一标高上。在砌筑前，应先检查皮数杆上±0.000 与抄平桩上的±0.000 是否符合，所有应立皮数杆的部位是否立了。检查合格后才可砌墙。如一栋长 60m、宽 12m 的住宅，一层得准备 20～25 根线杆，共需准备两层约 60 根，轮流倒着使用。(测量)立线杆时要求：使用外脚手架砌砖时，线杆应立在墙内侧；采用里脚手架砌砖时，线杆则立在墙外面。线杆可以钉在预埋好的木桩上，也可以采用工具式线杆卡子钉在墙上，如图 4.9 所示。当采用线杆卡子，且线杆立在墙内，由于楼板碍事卡子伸不下去，这时就得让泥工先砌起十几皮砖之后才能钉立卡子。立线杆时，先将卡子上的扁钉钉在下部墙的灰缝中，线杆插入套内，根据水准仪抄平者指挥，上下移动线杆使它达到标高，合适时再拧紧卡子上的螺丝。

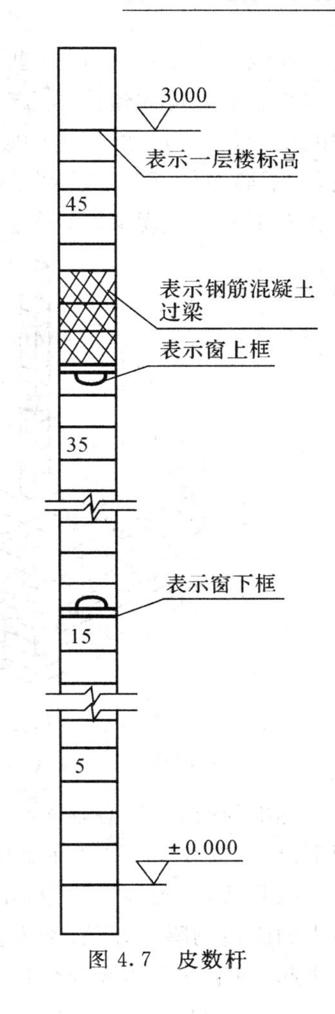

图 4.7 皮数杆

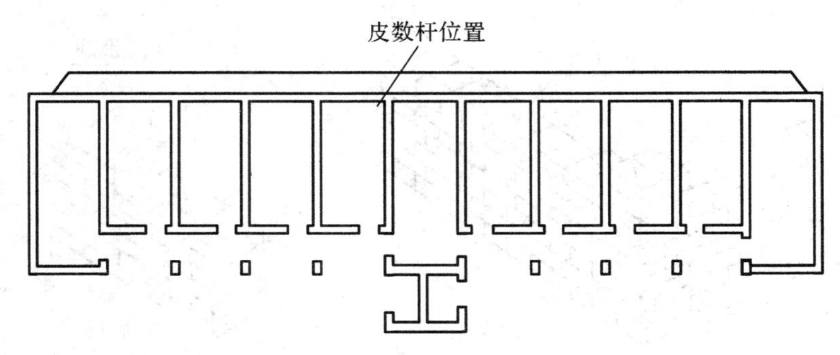

图 4.8 立皮数杆的位置

(四)砌筑、勾缝

墙体砌砖时，一般先砌砖墙两端大角，然后再砌墙身，大角砌筑主要是根据皮数杆标高，依靠线锤、托线板(图 4.10)使之垂直。中间墙身部分主要是依靠准线使其灰缝平直，一般“三七”墙以内单面挂线，“三七”墙以上宜双面挂线。

(砌、抹工艺)托线板(也称靠尺板)的用法：将托线板一侧垂直靠紧墙面进行检查。托线板上挂线锤的线不宜过长(也不要过粗),应使线锤的位置正好对准托线板下端开口处,同时还需注意不要使线锤线贴靠在托线板上,要让线锤自由摆动。这时检查摆动的线锤最后停摆的位置是否与托线板上的竖直墨线重合,重合表示墙面垂直;当线锤向外离开墙面偏离墨线,表示墙向外倾斜,线锤向里靠近墙面偏离墨线,则说明墙向里倾斜(图 4.10)。经托线扳检查有不平整的现象时,则应先校正墙面平整后,再检查其垂直度。

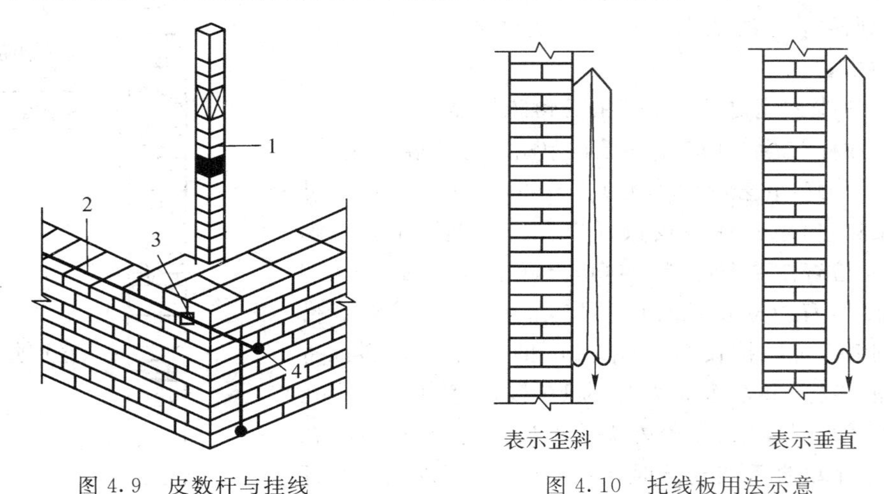

图 4.9 皮数杆与挂线

1—皮数杆;2—准线;3—竹片;4—圆铁钉

图 4.10 托线板用法示意

挂准线时,两端必须将线拉紧。当用砖作坠线时要检查坠重及线的强度,防止线断坠砖掉下砸人(图 4.11)。并在墙角用别棍(小竹片或 22 号铅丝)别住,防止线陷入灰缝中。准线挂好拉紧后,在砌墙过程中,要经常检查有没有抗线或塌腰的地方(中间下垂)。抗线时要把高出的障碍物除去,塌腰地方要垫一块砖,俗称"腰线砖"(图 4.11)。此时要注意准线不能向上拱起,使准线平直无误后再砌筑。

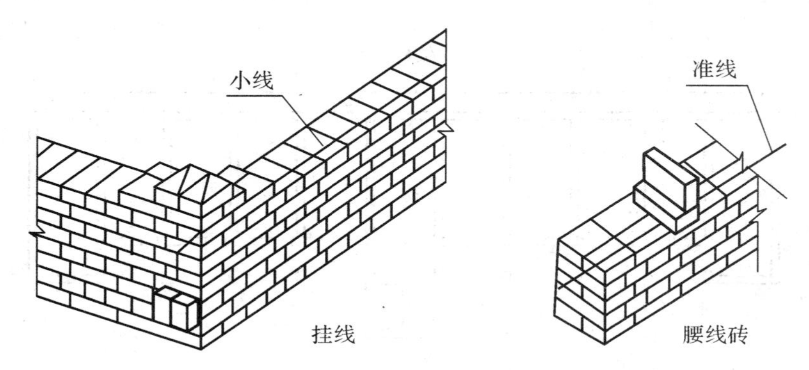

图 4.11 挂线、腰线砖

砌筑砖砌体时,砖应提前 1~2 天浇水湿润。

严禁砖砌筑前浇水,因砖表面存有水膜,影响砌体质量。

施工现场抽查砖的含水率的简易方法是现场断砖,砖截面四周融水深度为 15~20mm 视为符合要求。

砌砖工程宜采用"三一"砌法,当采用铺浆法砌筑时,铺浆长度不宜超过 750mm,施工期间气温超过 30℃，铺浆长度不宜超过 500mm。

"三一"砌法，又叫作大铲砌筑法，采用一铲灰、一块砖、一挤揉的砌法。也叫作满铺满挤操作法，其操作顺序是：

(1)铲灰取砖。砌墙时操作者应顺墙斜站，砌筑方向是由前向后退着砌；这样易于随时检查已砌好的墙面是否平直。铲灰时，取灰量应根据灰缝厚度，以满足一块砖的需要量为标准；取砖时应随拿随挑选；左手拿砖和右手舀砂浆，同时进行，以减少弯腰次数，争取砌筑时间。

(2)铺灰。铺灰是砌筑时比较关键的动作，如果掌握不好就会影响砖墙砌筑质量。一般常用的铺浆手法是甩浆，有正手甩浆和反手甩浆两种方式，如图 4.12 所示。灰不要铺得超过砖长太多，长度约比一块砖稍长 1～2cm，宽约 8～9cm，灰口要缩进外墙 2cm。铺好的灰不要用铲来回去扒或用铲角抠点灰去打头缝，这样容易造成水平灰缝不饱满。

用大铲砌筑时，所用砂浆稠度为 7～9cm 较适宜。不能太稠，过稠不易揉砖，竖缝也填不满，太稀大铲又不易舀上砂浆，容易滑下去，操作不方便。

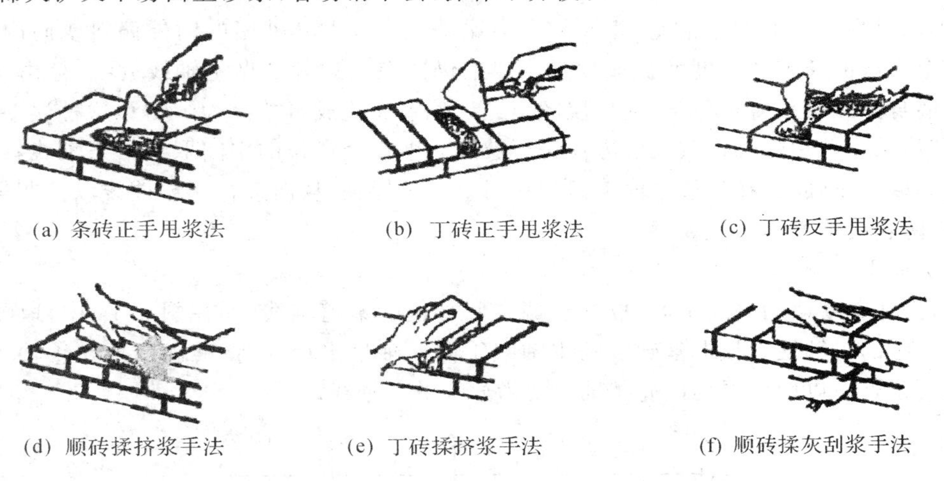

(a) 条砖正手甩浆法　(b) 丁砖正手甩浆法　(c) 丁砖反手甩浆法

(d) 顺砖揉挤浆手法　(e) 丁砖揉挤浆手法　(f) 顺砖揉灰刮浆手法

图 4.12　大铲砌筑法

(3)揉挤。灰浆铺好后，左手拿砖在离已砌好的砖约有 3～4cm 处，开始平放并稍稍蹭着灰面，把灰浆刮起一点到砖顶头的竖缝里，然后把砖揉一揉，顺手用大铲把挤出墙面的灰刮起来，甩到竖缝里，如图 4.12(d)、(e)、(f)所示。揉砖时，眼睛要上看线、下看墙面。揉砖的目的是使砂浆饱满。砂浆铺得薄，要轻揉，砂浆铺得厚，揉时稍用一些劲，并根据铺浆及砖的位置还要前后或左右揉，总之揉到下齐砖棱、上齐线为适宜。

大铲砌筑的特点：由于铺出的砂浆面积相当于一块砖的大小，并且随即就揉砖，因此灰缝容易饱满，粘结力强，能保证砌筑质量。在挤砌时随手刮去挤出墙面的砂浆，使墙面保持清洁。但这种操作法一般都是单人操作，操作过程中取砖、铲灰、铺灰、转身、弯腰的动作较多，劳动强度大，又耗费时间，影响砌筑效率。

(五)楼层轴线的引测

为了保证各层墙身轴线的重合和施工方便，在弹墙身线时，应根据龙门板上标注的轴线位置将轴线引测到房屋的外墙基上。两层以上各层墙的轴线，可用经纬仪或锤球引测到楼层上去，同时还需根据图上轴线尺寸用钢尺进行校核。

1. 将龙门板轴线引测到外墙基上的方法

基础砌完之后，根据控制桩将主要墙的轴线，利用经纬仪反倒基础墙身上，如图 4.13 所示。并用墨线弹出墙轴线，标出轴线号或"中"字形式，这也就确定了上部砖墙的轴线位置。因此控制桩也就失去存在的必要。在此同时，我们用水准仪在基础露出自然地坪的墙身上，抄出－0.10m 标高的平线（也可以是－0.15m，根据具体情况决定），并在墙的四周都弹出墨线来，作为以后砌上部墙身时控制标高的依据。

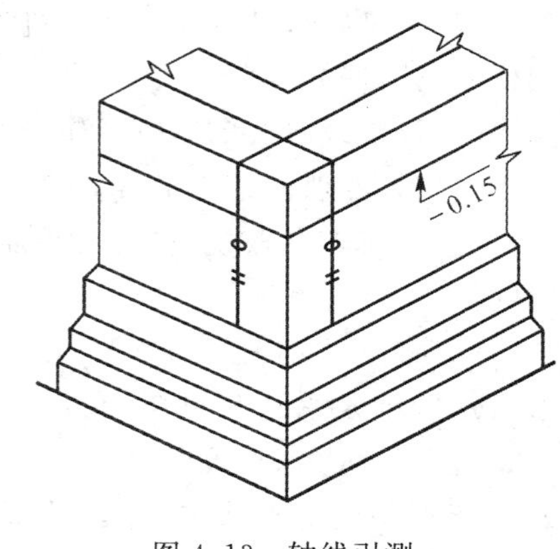

图 4.13　轴线引测

2. 二层以上轴线引测方法

首层的楼板吊装完毕之后，也灌注了板缝，即可进行二层的放线工作。

因为楼层的墙身高度，一般比基础的高度要高 1～2 倍，这样墙身所产生的垂直偏差，相对的也会比基础大。尤其外墙的向外偏斜或向内偏斜，会使整个房屋的长度和宽度增长或缩短。如果仍然在四边外墙做主轴线放线，会由于累计误差使墙身到顶时斜得更厉害，使房屋超出允许偏差而造成事故。为了防止这种误差，在楼层放线时，采用取中间轴线放线的方法进行放线。即在全楼长的中间取某一条轴线，或在两山墙中间取一条轴线，在楼层平面上组成一对直角坐标轴，从而进行楼层放线以控制楼的两端尺寸，防止可能发生的最大误差。

方法如下：

(1)先在各横墙的轴线中，选取在长墙中间部位的某道轴线，如在图 4.14 中，取④轴线作为横墙中的主轴线。根据基础墙的主轴线①向④轴量出尺寸，量准确后再在④轴立墙上标出轴线位置。以后每层均以此④轴立线为放线的主轴线。

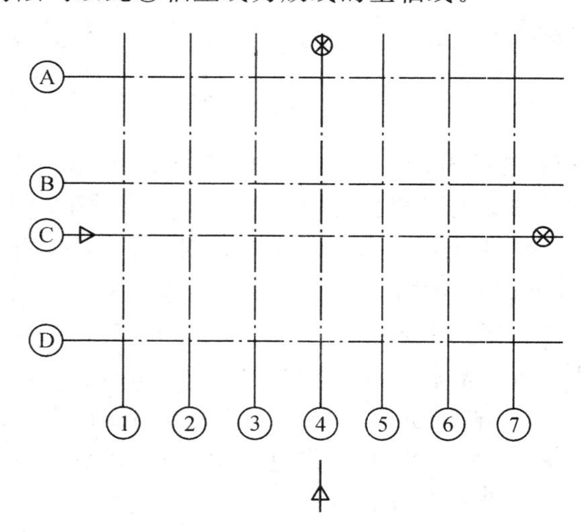

图 4.14　轴线引测顺序

同样，在山墙上选取纵一条在山墙中部的轴线，如图 4.14 中的 C 轴，同样在 C 轴墙根部标出立线，作为以上各层放纵墙线的主轴线。

(2)两条轴线选定之后,将经纬仪支架在选定的轴线面前,一般离开所测高度10m左右,然后进行调平,并用望远镜照准该轴线,照准无误之后,固定水平制动螺旋,扳开竖直制动螺旋,纵转望远镜仰视所需放线的那层楼,在楼层配合操作的人根据观测者的指挥,在楼板边棱上划上铅笔痕,并用圆圈圈出记号以便寻找。

这道横墙轴线的位置定好之后,把经纬仪移到房屋的另一面,用相同的方法定出这道横墙另一面的轴线点。至于山墙处的纵墙主轴线也用同样方法定出来。

(3)楼层上已有的四点位置就等于决定了楼层互相垂直的一对主轴线。在弹墨线时根据楼房长度的不同,采用以下两个方法弹出这对垂直的轴线。

第一种情况,这对轴线的两端点距离如果不超过30m,只要用小线将两头的两点拉通,拽紧,使小线平直,随后在小线通过的地方隔10m点一铅笔痕,用墨线弹出两点间的距离,连通成一对主轴线。

第二种情况,不论哪条轴线两端点的距离已超过30m,就不宜采用小线拉通的办法。因为小线可能会由于气候或小线过长而引起误差,所以此时应用经纬仪测设,将仪器支架在所测轴线的两点中间,并使仪器的中心位置尽量在这两点的连线上,然后观测者先正镜观测前方a点,如图4.15所示;再倒镜反过来观测b点,如果正、倒镜对这两点的观测都正好在十字丝中心,那么经纬仪的视准轴的投影和这条轴线重合。这时利用经纬仪就可以定出这条轴线上的点,再用墨线连成通长的轴线。如果第一次正、倒镜的观测不能重合,这就要稍稍向左或向右侧移动经纬仪,调整到使得两点在照准时正、倒镜能重合为止。如果目估准确,一般只要在4～5cm范围内移动,就能达到重合的目的。如图4.16所示。

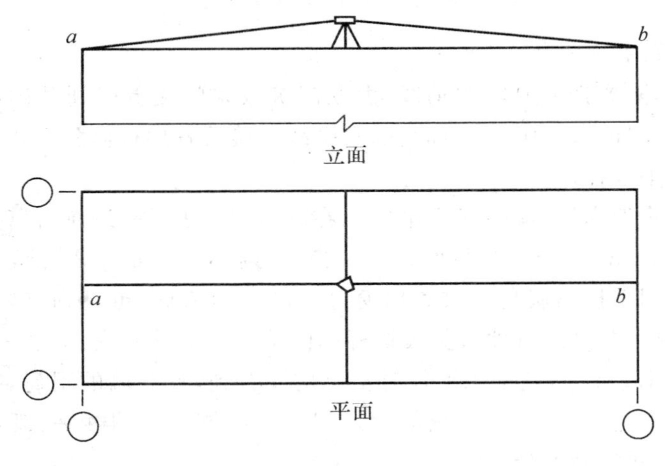

图4.15　平面、立面轴线引测

(4)在楼层上定出了互相垂直的一对主轴线之后,其他各道墙的轴线就可以根据图纸的尺寸,以主轴线为基准线,利用钢尺及小线在楼层上进行放线。其中,对于四周外的轴线一般不必再弹线,而只需把里边线用墨线弹出来,让泥工根据外墙厚度及外墙垂直要求来砌砖。有了外墙的里皮线,也可以用它检查墙厚是否超过规定,从而发现墙身是否有倾斜,以得到及时纠正。

如果没有经纬仪,可采用吊锤球的方法(图4.17)。

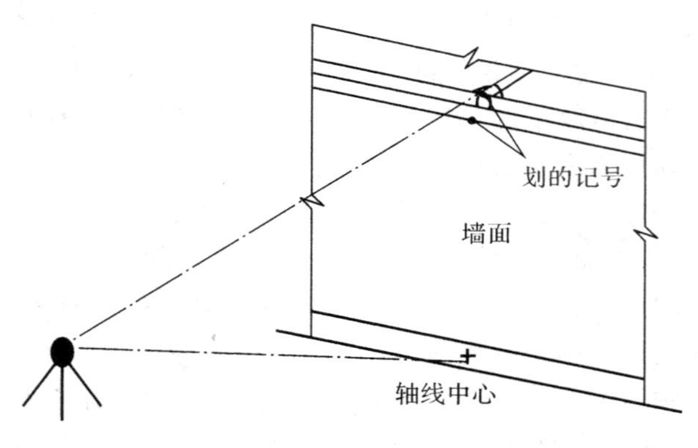

图 4.16　楼层轴线引测

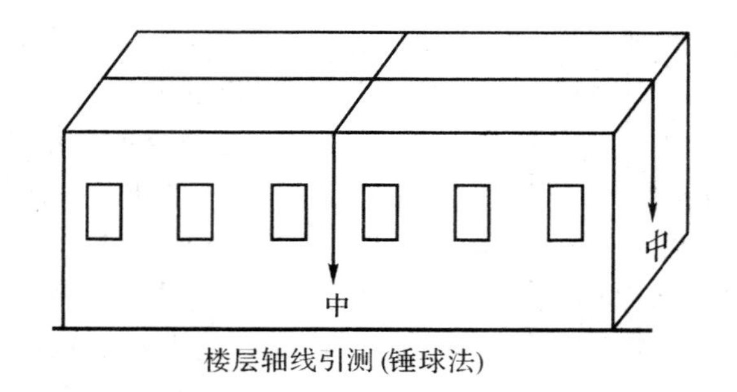

楼层轴线引测 (锤球法)

图 4.17　吊锤球法引轴线

（六）各层标高的控制

基础砌完之后，除要把主要墙的轴线，由龙门桩或龙门板上引到基础墙上外，还要在基础墙上抄出一条－0.1m 或－0.15m 标高的水平线。楼层各层标高除立皮数杆控制外，亦可用在室内弹出的水平线控制。

当砖墙砌起一步架高后，应随即用水准仪在墙内进行抄平，并弹出离室内地面高 50cm 的线，在首层即为 0.5m 标高线（现场叫作 50 线），在以上各层即为该层标高加 0.5m 的标高线。这道水平线是用来控制层高及放置门窗过梁高度的依据，也是到室内装饰施工时做地面标高、墙裙、踢脚线、窗台及其他有关装饰标高的依据。为什么在砌完一步架后就抄平呢？因为一步架一般为 1.2m 高，支架水准仪时全层均能看到，没有墙的阻碍，抄平较方便，也比较准确。如果等墙砌完后再去抄平，只能通过门口来回挪动仪器抄平，既不利于工作，而且增加累计误差，使平线的精度降低。

此外，在抄平中，持尺人必须将尺扶直，不能前后、左右的倾斜，当观测者表示尺的位置正合适时，持尺人应用铅笔在尺底画线，画线时一定要贴尺端划，防止笔尖歪斜而引起误差。有时歪斜可以达到 1cm 的误差，这是不允许的。

在一层砌砖完成之后，要根据室内 0.5m 标高线，用钢尺向墙上端量一个尺寸，一般比楼板安装的板底标高低 10cm，根据量的各点将墙上端每处都弹出一道墨线来，泥工则根据它把板底安装用的找平层抹好，以保证吊装楼板时板面的平整，也有利于以后地面抹面的施工。

首层的楼板吊装完毕之后，紧接着下一步工作是楼板灌缝，灌缝完毕，进行第二层墙体砌筑。当二层墙砌到一步架高后，放线人员随即用钢尺在楼梯间处，把底层的0.5m标高线引入到上层，就得到二层的0.5m标高线，如层高为3.3m，那么从底层0.5m标高线往上量3.3m划一铅笔痕，随后用水准仪及标尺从这点抄平，把楼层的全部0.5m标高线弹出。

五、砌砖的技术要求

(一)砖基础的技术要求

砌筑砖基础前，应校核放线尺寸，允许偏差应符合表4.4的规定。

表4.4　放线尺寸的允许偏差

长度 L(m)、宽度 B(m)	允许偏差(mm)	长度 L(m)、宽度 B(m)	允许偏差(mm)
L(或 B)≤30	±5	60<L(或 B)≤90	±15
30<L(或 B)≤60	±10	L(或 B)>90	±20

(二)砖墙的技术要求

(1)砖的强度等级必须符合设计要求。

(2)砖砌体的水平灰缝厚度和竖缝厚度一般为10mm，但不小于8mm，也不大于12mm。

(3)砖砌体的转角处和交接处应同时砌筑，严禁无可靠措施的内外墙分砌施工。检验方法：观察检查。如图4.18所示。

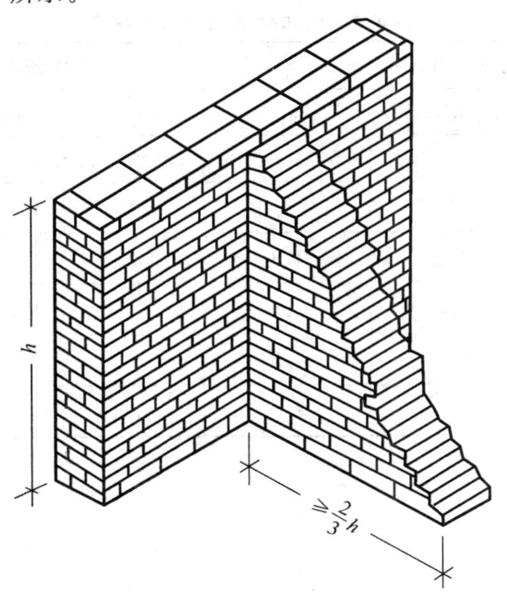

图4.18　斜槎

(4)当不能留斜槎时，除转角处外，可留直槎，但必须做成凸槎。如图4.19所示。抗震设防地区建筑物砌筑工程不得留设直槎。

(5)在墙上留置的临时施工洞口，其侧边离交接处的墙面不应小于500mm，洞口净宽度不应超过1m。

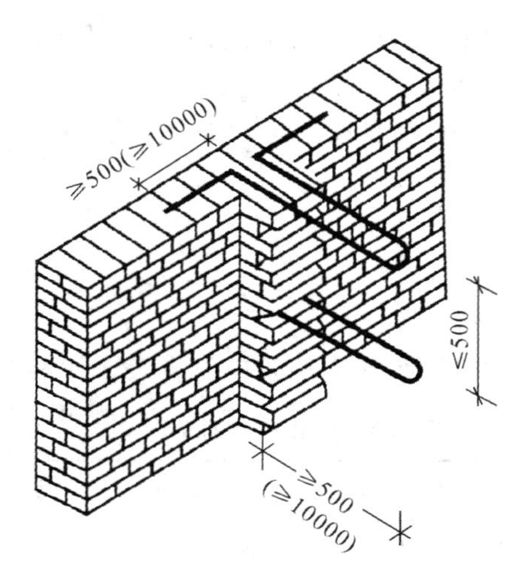

图 4.19 直槎

(6)某些墙体或部位中不得设置脚手眼。

(7)每层承重墙最上一皮砖、梁或梁垫下面的砖应用丁砖砌筑。砌体相邻工作段的高度差,不得超过一个楼层的高度,也不宜大于 4m。

尚未施工楼板或屋面的墙或柱,当可能遇到大风时,其允许自由高度不得超过表 4.5 的规定。

表 4.5 墙和柱的允许自由高度

单位:m

墙(柱)厚(mm)	砌体密度>1600kg/m³			砌体密度 1300~1600kg/m³		
	风载(kN/m²)			风载(kN/m²)		
	0.3(约 7 级风)	0.4(约 8 级风)	0.5(约 9 级风)	0.3(约 7 级风)	0.4(约 8 级风)	0.5(约 9 级风)
190	—	—	—	1.4	1.1	0.7
240	2.8	2.1	1.4	2.2	1.7	1.1
370	5.2	3.9	2.6	4.2	3.2	2.1
490	8.6	6.5	4.3	7.0	5.2	3.5
620	14.0	10.5	7.0	11.4	8.6	5.7

情境3　石砌体施工

能力目标

通过本情境的学习，能够应用所学知识，按照设计图纸、规范、施工工艺、检验标准及材料质量要求，进行石砌体的施工。

学习内容

石材的基本要求；砌筑施工要点。

任务引领

教师布置任务，帮助学生理解任务要求，辅导学生完成任务需要掌握的知识。

任务一　某三层民宅建筑面积96m^2，四间，基础为毛石砌筑，下底宽1.2m、顶宽0.5m、高1m，砌筑砂浆强度为M5。

试编写专项施工方案。

任务二　某挡土墙体长40m、下底宽1.5m、顶宽0.6m、高2m，砌筑砂浆强度为M5。

试编写专项施工方案。

问题导入

以下问题是完成任务必须掌握的知识，教师引导，学生完成。

1. 试述毛石砌筑的基本要求。
2. 试述毛石砌筑的施工工艺。
3. 试述毛石砌筑的施工要点。

自主学习

学生以小组形式工作(4～6人一组)。通过查资料、规范、学材以及网上资源解答以上问题；初步形成完成以上两项任务的思路和工作计划，组内学生讨论、向教师或辅导教师咨询，修改、完善计划，形成实施计划；实施计划，完成任务。

学生发言

各小组选派一名代表，回答问题，讲解本小组完成任务的过程及结果，小组其他成员补充。

学生互评

小组之间按照统一标准，对各小组回答问题、完成任务的过程及结果进行互评。

学生完成学习情境3成绩评定表

学生姓名________ 教师________ 班级________ 学号____________

序号	考评项目	分值	考核内容	教师评价（权重50%）	组长评价（权重25%）	学生评价（权重25%）
1	学习态度	15	出勤率、听课态度、实操表现等			
2	学习能力	25	上课回答问题、完成工作质量			
3	操作能力	25	实操记录、作品成果质量			
4	团结协作能力	15	自己在所在小组的表现，小组完成工作质量、速度			
合计		80				
综合得分						

知识拓展

教师提供3～5个石砌体工程的实例，供学生选择，加强实操练习。在规定期限内，学生编写出1～2种砌筑形式的专项施工方案。此项内容占情境3学习成绩的20%。

学　材

一、施工准备

（一）原材料

（1）石料。石砌体采用的石材应质地坚实，无风化剥落和裂纹。用于清水墙、柱表面的石材，应色泽均匀，其品种、规格、颜色必须符合设计要求和有关施工规范的规定。石材按其加工后的外形规则程度，可分为料石和毛石。石砌体常用于基础、墙身和挡土墙。石材的强度等级有MU100、MU80、MU70、MU60、MU50、MU40、MU30、MU20和MU15九个等级。

（2）砂。宜用粗、中砂。用5mm孔径筛过筛，配制小于M5的砂浆，砂的含泥量不得超过10%；等于或大于M5的砂浆，砂的含泥量不得超过5%，不得含有草根等杂物。毛石砌体用砂含泥量不得超过5%。

（3）水泥。宜使用32.5级的矿渣硅酸盐水泥和普通硅酸盐水泥，有出厂证明及复试单。使用中如出厂日期超过三个月，应进行复查试验。

（4）水。应用自来水或不含有害物质的洁净水。

（5）其他材料。拉结筋，预埋件。

（二）主要施工机具

应备有搅拌机、筛子、铁锹、小手锤、大铲、托线板、线坠、水平尺、钢卷尺、小白线、大桶、扫帚、工具袋、手推车和皮数杆等。

（三）作业条件

（1）基槽或基础垫层均已完成，并已验收，办完隐检手续。

（2）基础垫层表面已弹好轴线及墙身线，立好皮数杆，其间距以约15m为宜。转角处应设皮数杆，皮数杆上应注明砌筑皮数及砌筑高度等。

砌筑前拉线检查基础垫层表面、标高尺寸是否符合设计要求，如第一皮水平灰缝厚度超过 20mm 时，应用细石混凝土找平。

(4)砂浆配合比由试验确定，计量设备经检验，砂浆试模已经准备好。

(5)毛石应按需要数量堆放于砌筑部位附近；料石应按规格和数量在砌筑前，按不同规格分类堆放、堆码，以备使用。

(6)砌筑部位的灰渣、杂物应清除干净，基层浇水湿润。

(7)脚手架应随砌随搭设；垂直运输机具应准备就绪。

(四)作业人员

泥工、测量工、试验员等。特种作业人员持证上岗。

二、施工工艺

(一)工艺流程

工艺流程见图 4.20。

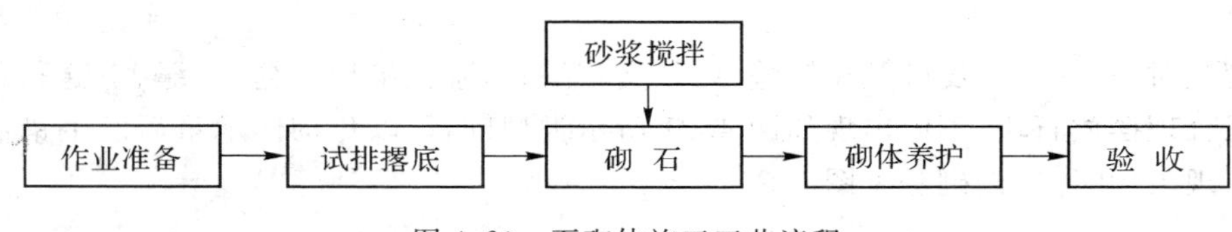

图 4.20　石砌体施工工艺流程

(二)施工要点

(1)砌筑前，应对弹好的线进行复查，位置、尺寸应符合设计要求，根据进场石料的规格、尺寸、颜色进行试排、撂底，确定组砌方法。

砂浆拌制：应按试验确定的砂浆配合比拌制砂浆，砂浆配合比应采用重量比，水泥计量精度控制在±2%以内；砂浆拌制宜采用机械搅拌并搅拌均匀，投料顺序为砂子→水泥→掺和料→水，搅拌时间不少于 90s；砂浆应随拌随用，拌制后应在 3h 内使用完毕，若气温超过 30℃，应在 2h 内用完，严禁用过夜砂浆。

砂浆试块：基础按一个楼层或 250m³ 砌体每台搅拌机做一组试块(每组 6 块)，若材料配合比有变更时，还应做试块。

转角和交接处应同时砌筑，若不能同时砌筑，应留阶梯形斜槎，其高度不应超过 1.2m，不得留锯齿形直槎。

在砌筑过程中，若需调整石块时，应将料石或毛石提起，刮去原有砂浆重新砌筑，严禁用敲击方法调整，以防松动周围砌体。

料石砌筑工艺要点：

①组砌前应按石料及灰缝平均厚度计算层数，立皮数杆。

②组砌方法应正确，石砌体应上下错缝，内外搭砌，料石基础第一皮应用丁砌，坐浆砌筑。踏步形基础的上级料石应压下级料石至少 1/3。

③料石砌体水平灰缝厚度，应按料石种类确定，细料石砌体不宜大于 5mm，半细料石砌体不宜大于 10mm，粗料石砌体不宜大于 20mm。

④料石砌体应上下错缝搭接，砌体厚度等于或大于两块料石宽度时，若同皮内全部采用顺砌，每砌两皮后，应砌一皮丁砌层；若同皮内采用丁顺组砌，丁砌石应交错设置，其中心间距不应大于 2m。

毛石砌筑工艺要点：

①砌筑时，应双面挂线，分层砌筑，砌筑毛石墙应根据基础的中心线放出墙身里外边线，挂线分皮卧砌，每皮高约 300～400mm。砌筑方法采用铺浆法。用较大的平毛石，先砌转角处、交接处和门洞处，再向中间砌筑。砌前应先试摆，使石料大小搭配，大面平放朝下，外露表面要平齐，斜口朝内，逐块卧砌坐浆，使砂浆饱满。石块间较大的空隙应先填塞砂浆，后用碎石嵌实。严禁先填塞小石块后灌浆的做法。灰缝宽度一般控制在 20～30mm 左右，铺灰厚度 40～50mm。

②大、中、小毛石应搭配使用，使砌体平稳。形状不规则的石块，应用大锤将其棱角适当加工后使用，灰缝要饱满密实，厚度一般控制在 30～40cm 之间，石块上下皮竖缝必须错开(不少于 10cm)，做到丁顺交错排列。

③每砌完一层必须校对中心线，找平一次，检查有无偏斜现象。砌好后外侧石缝应用砂浆勾缝。

④砌筑时，石块上下皮应互相错缝，内外交错搭砌，避免出现重缝、干缝、空缝和孔洞，同时应注意合理摆放石块，不应出现如图 4.21 所示类型砌石，以免砌体承重后发生错位、劈裂和外鼓等现象(几种错误砌法见图 4.21)。

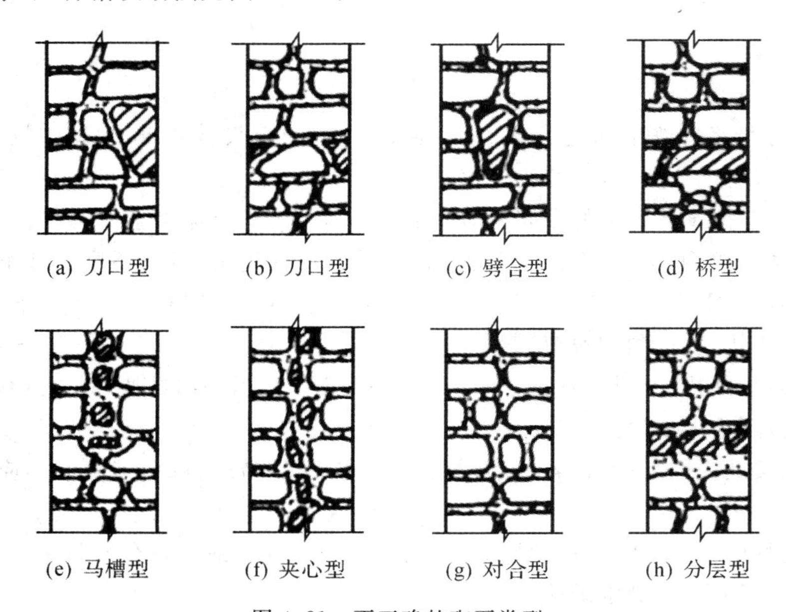

图 4.21　不正确的砌石类型

⑤为增强墙身的横向力，毛石墙每 0.7m^2 墙面至少应设置一块拉结石，并应均匀分布，相互错开，在同皮内的中距不应大于 2m。若墙厚小于或等于 40cm，拉结石长度应等于墙厚；若墙厚大于 40cm，可用两块拉结石内外搭接，搭接长度不应小于 15cm，且其中一块长度不应小于墙厚的 2/3。

⑥在转角及两墙交接处应用较大和较规整的垛石相互搭砌。

⑦毛石墙每日砌筑高度不应超过1.2m，正常气温下，停歇4h后可继续垒砌。每砌3～4层应大致找平一次，中途停工时，石块缝隙内应填满砂浆，但该层上表面须待继续砌筑时再铺砂浆。砌至楼层高度时，应使用平整的大石块压顶并用水泥砂浆全面找平。

（三）毛石基础施工

砌筑毛石基础所用的毛石应质地坚硬、无裂纹，尺寸在200～400mm，质量约为20～30kg，强度等级一般为MU20以上，采用M2.5或M5水泥砂浆砌筑，灰缝厚度一般为20～30mm，稠度为5～7cm，但不宜采用混石砂浆。

砌筑毛石基础的第一皮石块应坐浆，选大石块并将大面向下，然后分皮卧砌，上下错缝，内外搭砌；每坡高度为300mm，搭接不小于80mm；毛石基础扩大部分，若做成阶梯形，上级阶梯的石块应至少压砌下级阶梯的1/2，每阶内至少砌两皮，扩大部分每边比墙宽出100mm，二层以上应采用铺浆砌法；毛石每日可砌高度为1.2m，为增加整体性和稳定性，应大、中、小毛石搭配使用，并按规定设置拉结石，拉结石长度应超过墙厚的2/3，毛石砌到室内地坪以下5cm，应设置防潮层，一般用1∶2.5的水泥砂浆加适量防水剂铺设，厚度为2cm。

（四）石墙施工

1. 毛石墙施工

毛石墙施工前应先根据墙的位置及厚度和基础顶面放线、立皮数杆、拉准线，然后，分层砌筑，其工艺同毛石基础砌法；每日可砌高度为1.2m，分段砌时所留踏步槎高度不超过一步架。

2. 料石墙施工

料石墙的砌筑应采用铺浆法，垂直缝中应填满砂浆，并插捣至溢出为止，上下皮应错缝搭接，转角处或交接处应用石块搭砌，如确有困难，应在每层楼范围内至少设置钢筋网或拉结条两道。

3. 石墙勾缝

石墙勾缝多采用平缝、凹缝，勾缝一般采用1∶1水泥砂浆，毛石墙的勾缝要保持砌合的自然缝。

（五）挡土墙施工

挡土墙可采用毛石或料石，施工时，除应满足上述石墙施工要求外，还应符合下列规定：

（1）砌毛石挡土墙，毛石的中部厚度不小于20cm，每砌3～4皮为一个分层，每个分层高度应找平一次，两个分层高度间的错缝不得小于80mm，外露面灰缝厚度不得大于40mm。料石挡土墙宜采用同皮内丁顺相间的砌筑形式，当中间部分用毛石填筑时，丁砌料石伸入毛石部分的长度不应小于20cm。

（2）砌筑挡土墙，应设计收坡和收石，并设置泄水孔。

情境 4　砌块砌体施工

能力目标

通过本情境的学习，能够应用所学知识，按照设计图纸、规范、施工工法、检验标准及材料质量要求，进行砌块砌体的施工。

学习内容

砌块的基本要求；砌块砌体施工要点。

任务引领

教师布置任务，帮助学生理解任务要求，辅导学生完成任务需要掌握的知识。

任务一　某三层民宅建筑面积 196m²，四间，层高 3.6m，外墙为砌块砌筑，墙厚 240mm，砌筑砂浆强度为 M5。

试编写专项施工方案及安全注意事项。

任务二　某五层框架结构，建筑面积 1096m²。填充墙采用加气混凝土砌块砌筑，墙厚 250mm，砌筑砂浆强度为 M5。

试编写专项施工方案及安全注意事项。

问题导入

以下问题是完成任务必须掌握的知识，教师引导，学生完成。

1. 砌块砌筑技术准备工作有哪些？
2. 砌块砌筑材料准备有哪些？
3. 砌块砌筑作业条件如何？
4. 试述混凝土小型空心砌块砌体施工工艺。

自主学习

学生以小组形式工作(4～6 人一组)。通过查资料、规范、学材以及网上资源解答以上问题；初步形成完成以上两项任务的思路和工作计划，组内学生讨论、向教师或辅导教师咨询，修改、完善计划，形成实施计划；实施计划，完成任务。

学生发言

各小组选派一名代表，回答问题，讲解本小组完成任务的过程及结果，小组其他成员补充。

学生互评

小组之间按照统一标准，对各小组回答问题、完成任务的过程及结果进行互评。

学生完成学习情境4成绩评定表

学生姓名＿＿＿＿　教师＿＿＿＿　班级＿＿＿＿　学号＿＿＿＿＿＿

序号	考评项目	分值	考核内容	教师评价（权重50%）	组长评价（权重25%）	学生评价（权重25%）
1	学习态度	15	出勤率、听课态度、实操表现等			
2	学习能力	25	上课回答问题、完成工作质量			
3	操作能力	25	实操记录、作品成果质量			
4	团结协作能力	15	自己在所在小组的表现，小组完成工作质量、速度			
合计		80				
综合得分						

知识拓展

教师提供3～5个砌块砌体工程的实例，供学生选择，加强实操练习。在规定期限内，学生编写出1～2种砌筑形式的专项施工方案。此项内容占情境4学习成绩的20%。

学　材

一、施工准备

（一）技术准备

（1）施工前应认真熟悉施工图纸、设计变更情况，了解设计意图，掌握砌体的长度、宽度、高度等几何尺寸，以及砌体的轴线位置、标高、构造形式、门窗洞口、构造柱、圈梁位置等内容情况。

（2）根据砌体尺寸及砌块规格计算其皮数及排数，并编制排列图，标明主砌块、辅助砌块、特殊砌块、预留门窗、洞口的位置，拉结钢筋设置部位等。

（3）组织施工作业班组人员进行技术、质量、安全、环境交底。

（二）材料准备

（1）砌块的品种、规格、强度等级、密度等级等技术指标应符合设计要求，进入施工现场的砌块应具有产品合格证、检验报告，并按规定取样送检，合格后方可使用。

（2）砌筑砂浆。

①水泥进场使用前，应分批对其强度、安定性进行复检。不同品种的水泥，不得混合使用。

②砂浆用砂不得含有有害杂物，含泥量应满足下列要求：

a. 对水泥砂浆和强度等级不小于M5的水泥混合砂浆，不应超过5%。

b. 对强度等级小于M5的水泥混合砂浆，不应超过10%。

c. 人工砂、山砂及特细砂，应经试配能满足砌筑砂浆技术条件要求。

③配制水泥石灰砂浆时，不得采用脱水硬化的石灰膏。

④消石灰不得直接用于砌筑砂浆中。

⑤拌制砂浆用水，应采用不含有害物质的洁净水。

⑥砌筑砂浆应通过试配确定配合比。当砌筑砂浆的组成材料有变化时，其配合比应重新确定。

⑦凡在砂浆中掺入有机塑化剂、早强剂、缓凝剂、防冻剂等，应经检验和试配符合要求后，方可使用。

⑧砂浆现场拌制时，各组分材料应采用重量计量。

⑨砌筑砂浆应采用机械搅拌，自投料完算起，搅拌时间应符合下列规定：

a.水泥砂浆和水泥混合砂浆不得少于2min。

b.水泥粉煤灰砂浆和掺用外加剂的砂浆不得少于3min。

c.掺用有机塑化剂的砂浆，应为3～5min。

⑩砂浆应随拌随用，水泥砂浆和水泥混合砂浆应分别在3h和4h内使用完毕；当施工期间最高气温超过30℃时，应分别在拌成后2h和3h内使用完毕。

注：对掺用缓凝剂的砂浆，其使用时间可根据试验和具体情况适当延长。

(3)其他辅助材料。钢筋、混凝土等应符合设计要求。

(三)主要机具

(1)机械设备。砂浆搅拌机、电焊机、切割机、水平、垂直运输机械等。

(2)主要工具。瓦刀、铁锹、手锤、钢凿、筛子、手推车等。

(3)检测工具。水准仪、经纬仪、水平尺、钢卷尺、卷尺、靠尺、锤线球、磅秤、砂浆试模等。

(四)作业条件

(1)将墙身部位楼地面表面清理干净，弹出墙身、门窗洞口位置线，在结构墙柱面上弹出砌体立边线，放出砌体标高水平控制线，立好皮数杆。

(2)卫生间、厨房和出屋面的外墙，在墙体底部应预先浇筑与砌体等宽、高不小于200mm的混凝土坎台。

(3)砌体内预埋的水电管道，安装人员应根据设计要求，先行检查验收各节点质量，宜先行安装预埋管道，砌筑期间泥工应配合固定。

(4)拉结钢筋、构造柱钢筋经检查验收符合设计要求。

二、混凝土小型空心砌块砌体施工工艺

(一)工艺流程

清理基层→定位放线→立皮数杆→调整拉结钢筋→有防水要求的墙根混凝土坎施工→电管登高、挂下安装、临时固定→砌块排列→拌制砂浆→砌筑→安装人员配合→门窗过梁施工→浇筑混凝土构造柱、圈梁→顶部斜砌顶紧→养护→验收。

(二)操作工艺

(1)砌体施工前，应清理放线、立皮数杆、验线、浇筑素混凝土坎，现场排列组砌方法，并经验收合格后方可施工。砌块排列必须按以下原则、方法、要求进行：

①普通混凝土及轻骨料小型空心混凝土砌块搭接长度不应小于90mm，如果搭接长度不能满足规定要求时，应采取压砌钢筋网片或设置拉结钢筋措施。具体构造按设计规定。若设计无规定时，一般可配ϕ6钢筋网片，长度不小于600mm，拉接筋为2ϕ6，长度不小

于 600mm。

②当墙体长度大于 4m，或墙体末端无钢筋混凝土柱、墙时，应按设计图纸要求设置构造柱；当墙体高度大于 4m 时，墙体中部或门洞上口应设置圈梁，若设计无要求时，一般圈梁设在墙中部和顶部，间距不大于 4m；当墙体预留门窗洞口宽度大于 1000mm 时，在洞口的两侧宜设置钢筋混凝土门套。以上构造措施应征得建设单位和设计单位同意后实施。

③墙体转角处及纵横交接处，应分皮咬槎，交错搭砌，若遇特殊情况，不能满足咬槎时应设拉结措施。

④砌体水平灰缝厚度和垂直灰缝宽度一般为 10mm，但不应大于 12mm，也不应小于 8mm。

(2)厨房、卫生间及对于有防水要求的房间墙体根部应浇筑强度等级不低于 C15 的素混凝土坎，高度不小于 200mm。

(3)普通混凝土小型空心砌块一般不宜浇水，在天气干燥炎热的情况下可以提前洒水湿润，但不宜过多，应根据天气温度情况具体确定掌握。

(4)砌筑第一皮砌块下应铺满砂浆，灰缝大于 20mm 时，应用豆石混凝土找平铺砌。砌块必须错缝砌筑，且宜对孔，底面朝上，保证灰缝饱满。

(5)砌块应采用满铺、满挤法逐块铺砌。灰缝应做到横平竖直，全部灰缝均应填满砂浆，一次铺灰长度不宜超过 800mm，并随铺随砌，砌筑一定要“上跟线，下跟棱，左右相邻要对平”。可用木槌敲击摆正、摆平，使灰缝密实。同时应随时进行检查，做到随砌随查随纠正。严禁施工完毕后校正，敲打墙体。

(6)勾缝。每当砌完一块砌块，应随后进行双面勾缝(原浆勾缝)，勾缝深度一般为 3～5mm。

(7)墙体应分次砌筑，每次砌筑高度不超过 1.5m，待前次砌筑砂浆终凝后再砌筑，日砌筑高度宜控制在 2.8m 为宜。砌体在砌筑到梁或板下口第二皮砖时应用封底砌块倒砌或采用实心辅助小砌块砌筑，最上一皮斜楔应待墙体灰缝自然变形稳定后再砌筑斜楔砌块，墙高小于 3m 时相隔 3 天为宜，墙高大于 3m 时相隔 5 天为宜。砌筑斜砌砖时，应灰浆饱满，砖上角顶梁或板底，下角顶下层砖面，角度在 45°～60°之间，并应顶紧，顶角处应无灰浆。

(8)墙体砌筑时应尽量不留施工缝，分皮交圈砌筑，如果留置施工缝应砌成斜槎，斜槎水平投影长度不小于高度的 2/3。确因困难不能留斜槎时，可留直槎且必须沿高度每 600mm 左右设置 2ϕ6 拉筋，钢筋伸墙内每边不小于 600mm。

(9)砌筑墙端时，砌块必须与框架柱、剪力墙面靠紧，填满砂浆，并将柱或墙上预留的拉结钢筋展平，砌入水平灰缝中，伸入砌体墙内长度应不小于 600mm。

(10)墙体与构造柱的两侧应砌成马牙槎，先退后进，进退长度不小于 100mm，每隔三皮砖约 600mm 左右应设 2ϕ6 拉结钢筋，伸入墙内每边不小于 600mm，并与构造柱筋绑扎牢固。

(11)芯柱。当设计有混凝土芯柱要求时，应按设计要求设置钢筋，其搭接接头长度不应小于 $40d$，芯柱应随砌随灌混凝土随捣实。当砌块孔洞太小不能浇筑混凝土时，可用不低于 M5 的砂浆浇灌捣实。当设计无要求时，以下部位应设混凝土芯柱：小于 1000mm 以下的门窗洞口的两侧、十字墙、丁字墙和墙体转角的交接处设计要求没有设置构造柱的砌体。芯柱的配筋一般为 2ϕ10 或 1ϕ10，根据墙体厚度确定。

(12)门窗过梁及窗台。门窗顶如有砌体,应加设预制钢筋混凝土过梁或现浇钢筋混凝土过梁,窗台处应现浇钢筋混凝土窗台板。过梁及窗台板支座搁置长度不应小于200mm,配筋应符合设计要求。

(13)砌体内设置暗管、暗线、暗盒等,宜用开槽砌块预埋,应考虑避免打洞凿槽。

(14)施工中如需设置临时施工洞口,其洞口的侧面距交接处的墙面,不应小于600mm,沿高度每600mm设置2ϕ6拉结钢筋,且顶部应设混凝土过梁,填砌施工洞口时,应将拉结钢筋展平,砌入墙内,所用砌筑砂浆强度等级应相应提高一级。

(15)雨季施工时,砌块应做好防雨措施,被雨水淋湿透的砌块,不得使用。当雨量较大时,应停止砌筑,并对已砌筑的墙采取遮盖措施。继续施工时,应对墙体进行检查,复核垂直度、平整度是否有变形,确认符合质量标准的情况下,方可继续施工。

(16)构造柱、带、门套、门窗过梁在立模前应认真清理砂浆、杂物,浇筑混凝土前应浇水湿润模板和墙面,使混凝土与墙有很好地粘接,构造柱在结构的梁底、板底时,宜立斜托模板时应立斜托模板,其凸出部分的混凝土待后凿除。门窗洞口下的底模拆除应待混凝土强度等级达到75%以上时,方可拆除。

(17)砂浆试块制作。在每楼层或250m^3砌体中,每种强度等级的砂浆应至少制作一组试块(每组6块)。当强度与配合比有变化时,也应制作试块。

情境5　砌体工程施工质量验收与安全技术

能力目标

通过本情境的学习,能够应用所学知识,按照设计图纸、规范和施工质量验收规范,对砌体工程施工进行质量验收,并会编制安全施工方案。

学习内容

砌体工程质量保证项目;砌筑工程的安全与防护措施;砌筑工程的安全技术。

任务引领

教师布置任务,帮助学生理解任务要求,辅导学生完成任务需要掌握的知识。

任务一　某中学新建教学楼工程,外墙为加气混凝土砌块砌筑。

试编写墙体的质量验收方案。

任务二　某办公用房,为砖混结构。为承重砌块砌筑,砂浆为M7.5。层高3.3m,共4层,建筑面积约3200m^2。

试编写出砌体施工的安全技术方案。

问题导入

以下问题是完成任务必须掌握的知识,教师引导,学生完成。

1. 砌体工程的质量保证要求具体有哪几点?

2. 砌块强度等级有何规定?

3. 砌筑砂浆强度等级有何规定?
4. 砌块砌体的位置及垂直度允许偏差应符合什么规定?
5. 砌体工程验收前,应提供哪些文件和记录?
6. 砌筑工程的安全与防护措施如何?
7. 砌筑工程的安全技术如何?

自主学习

学生以小组形式工作(4～6人一组)。通过查资料、规范、学材以及网上资源解答以上问题;初步形成完成以上两项任务的思路和工作计划,组内学生讨论、向教师或辅导教师咨询,修改、完善计划,形成实施计划;实施计划,完成任务。

学生发言

各小组选派一名代表,回答问题,讲解本小组完成任务的过程及结果,小组其他成员补充。

学生互评

小组之间按照统一标准,对各小组回答问题、完成任务的过程及结果进行互评。

学生完成学习情境5成绩评定表

学生姓名________ 教师________ 班级________ 学号____________

序号	考评项目	分值	考核内容	教师评价(权重50%)	组长评价(权重25%)	学生评价(权重25%)
1	学习态度	15	出勤率、听课态度、实操表现等			
2	学习能力	25	上课回答问题、完成工作质量			
3	计算、操作能力	25	计算、实操记录、作品成果质量			
4	团结协作能力	15	自己在所在小组的表现,小组完成工作质量、速度			
合计		80				
综合得分						

知识拓展

教师提供1～3个砌筑工程施工的工程实例,供学生选择,加强实操练习。在规定期限内,学生按照设计要求,编写出施工方案和质量验收方案。此项内容占情境5学习成绩的20%。

学　材

一、砌筑工程的质量保证

砌体的质量包括砌块、砂浆和砌筑质量，以使砌体有良好的整体性、稳定性和受力性能，具体要求：

(1)采用合理的砌体材料是前提，良好的砌筑质量是关键。(砌体材料合格)

(2)精心组织施工，严格遵循施工操作规程及验收规范。(施工遵守规范)

(3)达到“横平竖直、砂浆饱满、上下错缝、接茬牢固”的基本要求。(达到基本要求)

砌体工程检验批合格均应符合下列规定：

(1)主控项目的质量经抽样检验全部符合要求。(主控 100%合格)

(2)一般项目的质量经抽样检验应有 80%及以上符合要求。(一般 80%以上合格)

(3)具有完整的施工操作依据、质量检查记录。(资料完整齐全)

(一)主控项目

(1)砖(石材)强度等级必须符合设计要求。

抽检数量：每一生产厂家的砖到现场后，按烧结砖 15 万块、多孔砖 5 万块、灰砂砖及粉煤灰砖 10 万块各为一验收批，抽检数量为 1 组(15 块)。(抽检数量：同一产地的石材至少应抽检一组)

检验方法：料石检查产品质量证明书，石材、砂浆检查试块试验报告。

(2)砂浆强度等级必须符合设计要求。

①砌筑砂浆的验收批，同一类型、强度等级的砂浆试块应不少于 3 组。当同一验收批只有 1 组试块时，该组试块抗压强度的平均值必须大于或等于设计强度等级所对应的立方体抗压强度。(砂浆强度：每 250m^3 为 6 块 1 组)

②砂浆强度应以标准养护、龄期为 28d 的试块抗压试验结果为准。

抽检数量：每一检验批且不超过 250m^3 砌体的各种类型及强度等级的砌筑砂浆，每台搅拌机应至少抽检一次。

检验方法：在砂浆搅拌机出料口随机取样制作砂浆试块。(同盘砂浆只应制作一组试块，最后检查试块强度试验报告单)查砖和砂浆试块试验报告。

(3)砌体水平灰缝的砂浆饱满度不得小于 80%。

抽检数量：每检验批抽查不应少于 5 处。

检验方法：用百格网检查砖底面与砂浆的粘结痕迹面积。每处检测 3 块砖，取其平均值。

(4)砌体的转角处和交接处应同时砌筑，严禁无可靠措施的内外墙分砌施工。对不能同时砌筑而又必须留置的临时间断处应砌成斜槎，斜槎水平投影长度不应小于高度的 2/3。

抽检数量：每检验批抽 20%接槎，且不应少于 5 处。

检验方法：观察检查。

(5)非抗震设防及抗震设防烈度为 6 度、7 度地区的临时间断处，当不能留斜槎时，除转角处外，可留直槎，但直槎必须做成凸槎。留直槎处应加设拉结钢筋，拉结钢筋的数量为每 120mm 墙厚放置 1ϕ6 拉结钢筋(120mm 厚墙放置 2ϕ6 拉结钢筋)，间距沿墙高不应超过

500mm，埋入长度从留搓处算起每边均不应小于500mm，抗震设防强度6度、7度的地区，不应小于1000mm；末端应有90°弯钩。

抽检数量：每检验批抽20%接槎，且不应少于5处。

检验方法：观察和尺量检查。

合格标准：留槎正确，拉结钢筋设置数量、直径正确，竖向间距偏差不超过100mm，留置长度基本符合规定。

(6)砌块砌体的位置及垂直度允许偏差应符合规定。

抽检数量：轴线查全部承重墙柱；外墙垂直度全高查阳角，不应少于4处，每层每20m查一处；内墙按有代表性的自然间抽查10%，但不应少于3间，每间不应少于2处，柱子不应少于5根。砌块砌体的位置及垂直度允许偏差见表4.6。

表4.6　砌块砌体的位置及垂直度允许偏差

项　次	项　目			允许偏差(mm)	检验方法
1	轴线位置偏移			10	用经纬仪和尺检查或用其他测量仪器检查
2	垂直度	每层		5	用2m托线板检查
		全高	≤10m	10	用经纬仪、吊线和尺检查，或用其他测量仪器检查
			>10m	20	

外墙按楼层(或4m高以内)每20m抽查1处，每处3延长米，但不应少于3处；外墙按有代表性的自然间抽查10%，但不应少于3间，每间不应少于2处，柱子不应少于5根。石砌体的位置及垂直度允许偏差见表4.7。

表4.7　石砌体的位置及垂直度允许偏差

项　次	项　目		允许偏差(mm)							检验方法
			毛石砌体		料石砌体					
					毛料石		粗料石		细料石	
			基础	墙	基础	墙	基础	墙	墙、柱	
1	轴线位置		20	15	20	15	10	10	10	用经纬仪和尺检查或用其他测量仪器检查
2	墙面垂直度	每层	—	20	—	20	—	10	7	用经纬仪、吊线和尺检查或用其他测量仪器检查
		全高	—	30	—	30	—	15	20	

(二)一般项目

(1)砖砌体组砌方法应正确，上下错缝，内外搭砌，砖柱不得采用包心砌法。

抽检数量：外墙每20m抽查一处，每处3～5m，且不应少于3处；内墙按有代表性的自然间抽查10%，且不应少于3间。

检验方法：观察检查。

合格标准：除符合本条要求外，清水墙、窗间墙无通缝，混水墙中长度大于或等于300mm的通缝每间不超过3处，且不得位于同一面墙体上。

(2)砖砌体的灰缝应横平竖直，厚薄均匀。水平灰缝厚度宜为10mm，但不应小于8mm，也不应大于12mm。

抽检数量：每步脚手架施工的砌体。每20m抽查1处。

检验方法：用尺量10皮砖砌体高度折算。

(3)砖砌体的一般尺寸允许偏差应符合规定。

砖砌体一般尺寸允许偏差见表4.8。

表4.8 砖砌体一般尺寸允许偏差

项次	项目		允许偏差(mm)	检验方法	抽检数量
1	基础顶面和楼面标高		±15	用水平仪检查	不应少于5处
2	表面平整度	清水墙、柱	5	用2m靠尺和楔形塞尺检查	有代表性自然间的10%，但不应少于3间，每间不应少于2处
		混水墙、柱	8		
3	门窗洞口高、宽(后塞口)		±5	用尺检查	检验批洞口的10%，且不应少于5处
4	外墙上下窗口偏移		20	以底层窗为准，用经纬仪或吊线检查	检验批的10%，但不应于3间，每间不应少于2处
5	水平灰缝平直度	清水墙	7	拉10m线和尺检查	有代表性自然间的10%，但不应少于3间，每间不应少于2处
		混水墙	10		
6	清水墙游丁走缝		20	吊线和尺检查，以每层第一皮砖为准	有代表性自然间的10%，但不应少于3间，每间不应少于2处

石材砌体一般尺寸允许偏差见表4.9。

表4.9 石材砌体一般尺寸允许偏差

项次	项目		允许偏差(mm)							检验方法
			毛石砌体		料石砌体					
					毛料石		粗料石		细料石	
			基础	墙	基础	墙	基础	墙	墙、柱	
1	基础和墙砌体顶面标高		±25	±15	±25	±15	±15	±15	±10	用水准仪和尺检查
2	砌体厚度		+30	±20 −10	+30	+20 −10	+15	+10 −5	+10 −5	用尺检查
3	表面平整度	清水墙、柱	—	20	—	20	—	10	5	细料石用2m靠尺和楔形塞尺检查，其他用两直尺垂直于灰缝拉2m线和尺检查
		混水墙柱	—	20	—	20	—	15	—	
4	清水墙水平灰缝平直度		—	—	—	—	—	10	5	拉10m线和尺检查

(三)质量控制资料

砌体工程验收前，应提供下列文件和记录：

(1)施工执行的技术标准。

(2)原材料的合格证书、产品性能检测报告及复验报告。

(3)混凝土及砂浆配合比通知单。

(4)混凝土及砂浆试块抗压强度试验报告单及评定结果。

(5)施工记录。

(6)各检验批的主控项目、一般项目验收记录。

(7)施工质量控制资料。

(8)重大技术问题的处理或修改设计的技术文件。

(9)其他必须提供的资料。

二、砌筑工程的安全与防护措施

为了避免事故发生,做到文明施工,在砌筑过程中必须采取适当的安全措施。

(1)砌筑操作前,应注意:

①检查操作环境是否安全,如雨、风、雪等天气情况。

②脚手架是否牢固、稳定。

③道路是否畅通。

④机具是否完好。

⑤安全设施和防护用品是否齐全。

(2)在砌筑过程中,应注意:

①砌基础时,应检查和注意基坑土质的情况变化,堆放砖、石料应离坑或边1m以上。

②严禁站在墙顶上做画线、刮缝及清扫墙面或检查大角等工作。不准用不稳固的工具或物体在脚手板上垫高操作。

③砍砖时应面向内打,以免碎砖跳出伤人。

④墙身砌筑高度超过1.2m时应搭设脚手架。脚手架上堆料不得超过规定荷载,堆砖高度不得超过三皮侧砖,同一块脚手板上的操作人员不得超过两人。

⑤夏季要做好防雨措施,严防雨水冲走砂浆,致使砌体倒塌。

⑥尚未施工楼板或屋面墙或柱,当可能遇到大风时,其允许自由高度不得超过表4.10的规定。

表4.10　砌体允许自由高度不得超过的规定

墙(柱)厚(mm)	砌体密度>1600kg/m³			砌体密度1300～1600kg/m³		
	风载(kN/m²)			风载(kN/m²)		
	0.3(约7级风)	0.4(约8级风)	0.8(约9级风)	0.3(约7级风)	0.4(约8级风)	0.8(约9级风)
190	—	—	—	1.4	1.1	0.7
240	2.8	2.1	1.4	2.2	1.7	1.1
370	5.2	3.9	2.6	4.2	3.2	2.1
490	8.6	6.5	4.3	7.0	5.2	3.5
620	14.0	10.5	7.0	11.4	8.6	5.7

⑦钢管脚手架杆件的连接必须使用合格的扣件,不得使用其他材料绑扎。

⑧严禁在刚砌好的墙上行走和向下抛掷东西。

⑨脚手架必须按楼层与结构拉结牢固。

⑩脚手架的搭设应符合规范的要求,每天上班前检查其是否牢固。

⑪在同一垂直面内上下交叉作业时,必须设置安全搁板,操作人员戴好安全帽。

⑫马道和脚手板应有防滑措施。

⑬过高的脚手架必须有防雷措施。

⑭砌体施工时,楼面和屋面的堆载不得超过楼板的允许荷载值。

⑮垂直运输机具必须满足负荷要求,并随时检查。

三、砌筑工程的安全技术

①砌筑操作前必须检查操作环境是否符合安全要求,道路是否畅通,机具是否完好牢固,安全设施和防护用品是否齐全,经检查符合要求后方可施工。

②砌基础时,应检查和经常注意基槽(坑)土质的变化情况。

③不准站在墙顶上做画线、刮缝及清扫墙面或检查大角垂直等工作。

④砍砖时应面向墙体,避免碎砖飞出伤人。

⑤不准在超过胸部的墙上进行砌筑,以免将墙体碰撞倒塌造成安全事故。

⑥不准在墙顶或架子上整修石材,以免振动墙体影响质量或石片掉下伤人。

⑦不准起吊有部分破裂和脱落危险的砌块。

项目五

钢筋混凝土工程施工

Ⅰ 背景知识

基本概念

(1)混凝土工程由模板工程、钢筋工程和混凝土工程三部分组成。

(2)现浇混凝土施工是在建筑结构构件的设计位置支设模板、绑扎钢筋、浇筑混凝土、振捣成型,再经过养护使混凝土达到拆模强度后拆除模板,整个工程均在施工现场进行。

(3)模板工程包括模板和支架系统两部分。模板部分是指使新拌混凝土在浇筑过程中保持设计要求的位置、尺寸和几何形状,使之硬化成为混凝土结构或构件的模型;支架系统是指支撑模板、承受荷载,并使模板保持所要求形状、位置的承力骨架。

(4)混凝土施工时对模板的要求。

①保证结构和构件各部分形状、尺寸和相互间位置的正确性。

②有足够的承载力、刚度和稳定性,能可靠地承受浇筑混凝土的重力、侧压力以及施工荷载。

③构造简单,装拆方便,能多次周转使用。

④接缝严密,不易漏浆。

⑤选用材料应经济、合理、成本低。

(5)混凝土工程施工发展趋势。

模板工程方面:

①不断开发新型模板,以满足清水混凝土的施工要求,同时因地制宜地发展多种支模方法。

②开发钢框胶合板模板、中型钢模板、钢或胶合板、可拆卸式大模板、塑料或玻璃钢模壳等工具式模板及支撑体系,进一步提高了模板制作质量和施工技术水平。

钢筋工程方面:

①大力推广应用 HRB400 钢筋、冷轧带肋钢筋等高效钢筋,低松弛高强度钢绞线及钢筋网焊接技术。

②采用了数控调直剪切机、光电控制点焊机、钢筋冷拉联动线等。

③大力推广粗直径钢筋的机械连接与焊接,在电渣压力焊、气压焊、套筒挤压连接技术、

锥螺纹及直螺纹连接技术和线性规划用于钢筋下料等方面取得了不少成绩。

混凝土工程方面：

①大力发展预拌混凝土应用技术，加强搅拌站的改造，实现上料机械化、计量计算机控制和管理、混凝土搅拌自动化或半自动化，进一步扩大商品混凝土应用范围。

②应用当地材料，配制多种性能要求的高强度混凝土，继续提高C50、C55、C60级高强度混凝土的应用。

③开发超塑化剂、超细活性掺和料及高性能混凝土的应用。

④推广了混凝土强制搅拌、高频振动、混凝土搅拌运输车和混凝土泵等新工艺。

相关规范及标准

《混凝土结构工程施工质量验收规范》(GB 50204—2011)

《混凝土结构设计规范》(GB 50010—2010)

《建筑工程施工质量验收统一标准》(GB 50300—2013)

钢筋混凝土工程施工交底

<table>
<tr><td colspan="2">安全技术交底
表C2－1</td><td colspan="2">编号</td><td colspan="2"></td></tr>
<tr><td>工程名称</td><td></td><td colspan="2">交底日期</td><td colspan="2">年　月　日</td></tr>
<tr><td>施工单位</td><td></td><td colspan="2">分项工程名称</td><td colspan="2">钢筋加工</td></tr>
<tr><td>交底提要</td><td colspan="5"></td></tr>
<tr><td colspan="6">(一)钢筋加工使用的夹具、台座、机械应符合以下要求：
(1)机械的安装必须坚实稳固，保持水平位置。固定式机械应有可靠的基础，移动式机械作业时应楔紧行走轮。
(2)外作业应设置机棚，机旁应有堆放原料、半成品的场地。
(3)加工较长的钢筋时，应有专人帮扶，并听从操作人员指挥，不得随意推拉。
(4)作业后，应堆放好成品、清理场地、切断电源、锁好电闸。对钢筋进行冷拉、冷拔及预应力筋加工，还应严格地遵守有关规定。
(二)焊接必须遵循以下规定：
(1)焊机必须接地，以保证操作人员安全，对于焊接导线及升温不得超过60℃。
(2)大量焊接时，焊接变压器不得超负荷，变压器升温不得超过60℃。
(3)点焊、对焊时，必须开放冷却水，焊机出水温度不得超过40℃，排水量应符合要求；天冷时应放尽焊机内存水，以免冻塞。
(4)对焊机闪光区域，须设铁皮隔挡。焊接时禁止其他人员停留在闪光区范围内，以防火花烫伤；焊机工作范围内严禁堆放易燃物品，以免引起火灾。
(5)室内电弧焊时，应有排气装置。焊工操作地点相互之间应设挡板，以防弧光刺伤眼睛。</td></tr>
<tr><td>审核人</td><td></td><td>交底人</td><td></td><td>接受交底人</td><td></td></tr>
</table>

安全技术交底 表 C2－1		编号	
工程名称		交底日期	年　月　日
施工单位		分项工程名称	模板安装与拆除
交底提要			

1. 进入施工现场人员必须戴好安全帽，高空作业人员必须系好安全带，并应高挂低用。
2. 经医生检查认为不适宜高空作业的人员，不得进行高空作业。
3. 工作前应先检查使用的工具是否牢固，扳手等工具必须用绳链系挂在身上，以免掉落伤人；工作时要思想集中，防止钉子扎脚和空中滑落。
4. 安装与拆除 5m 以上的模板，应搭脚手架，并设防护栏，防止上下在同一垂直面操作。
5. 高空、复杂结构模板的安装与拆除，事先应有切实的安全措施。
6. 遇 6 级以上大风时，应暂停室外的高空作业；雪、霜、雨后应先清扫施工现场，略干后不滑时再进行工作。
7. 两人抬运模板时要互相配合，协同工作；传递模板、工具运用运输工具或绳子系牢后升降，不得乱扔；装拆时，上下应有人接应，钢模板及配件应随装随拆运送，严禁从高处掷下；高空拆模时，应有专人指挥，并在下面标出工作区，用绳子和红白旗加以围栏，暂停人员过往。
8. 不得在脚手架上堆放大批模板等材料。
9. 支撑、牵杠等不得搭在门框架和脚手架上；通路中间的斜撑、拉杠等应设在 1.8m 高以上。
10. 支撑过程中，如需中途停歇，应将支撑、搭头、柱头板等钉牢；拆模间歇应将已活动的模板、牵杠等运走或妥善堆放，防止因扶空、踏空而坠落。
11. 模板上有预留洞者，应在安装后将空洞口盖好；混凝土板上的预留洞，应在模板拆除后随即将洞口盖好。
12. 拆除模板一般用长撬棍；人不许站在正在拆除的模板上；在拆除楼板模板时，要防止整块模板掉下，尤其是用定型模板做平台模板时，更要注意，拆模人员要站在门窗洞口处拉支撑，防止模板突然全部掉落伤人。
13. 在组合钢模板上架设的电线和使用电动工具，应用 36V 低压电源或采取其他有效措施。

审核人		交底人		接受交底人	

安全技术交底 表 C2－1		编号	
工程名称		交底日期	年　月　日
施工单位		分项工程名称	混凝土施工
交底提要			

（一）垂直运输设备的规定

（1）垂直运输设备，应有完善可靠的安全保护装置（如起重量及提升高度的限制、制动、防滑、信号等装置及紧急开关等），严禁使用安全保护不完善的垂直运输设备。

（2）垂直运输设备安装完毕后，应按出厂说明书要求进行无负荷、静负荷、动负荷试验及安全保护装置的可靠性试验。

（3）对垂直运输设备应建立定期检查和保养责任制。

（4）操作垂直运输设备的司机，必须通过专业培训。考核合格后持证上岗，严禁无证人员操作垂直运输设备。

（5）操作垂直运输设备，在有下列情况之一时，不得操作设备：

①司机与起重机之间视线不清、夜间照明不足，而又无可靠的信号和自动停车、限位等安全装置。

②设备的传动机构、制动机构、安全保护装置有故障，问题不清，动作不灵。

③电气设备无接地或接地不良、电气线路有漏电。

④超负荷或超定员。

⑤无明确统一信号和操作规程。

(二)混凝土机械

1.混凝土搅拌机的安全规定

(1)进料时，严禁将头或手伸入料斗与机架之间察看或探摸进料情况，运转中不得用手或工具等物伸入搅拌筒内扒料出料。

(2)料斗升起时，严禁在其下方工作或穿行；料坑底部要设料斗枕垫，清理料坑时必须将料斗用链条扣牢。

(3)向搅拌筒内加料应在运转中进行；添加新料必须先将搅拌机内原有的混凝土全部卸出来才能进行；不能中途停机或在满载荷时启动搅拌机，反转出料者除外。

(4)作业中，如发生故障不能继续运转时，应立即切断电源、将筒内的混凝土清除干净，然后进行检修。

2.混凝土喷射机作业安全注意事项

(1)机械操作和喷射操作人员应密切联系，送风、加料、停机以及发生堵塞等应相互协调配合。

(2)在喷嘴的前方或左右5m范围内不得站人；工作停歇时，喷嘴不准对向有人方向。

(3)作业中，暂停时间超过一小时，必须将仓内及输料管内干混合料(不加水)全部喷出。

(4)如输料软管发生堵塞时，可用木棍轻轻敲打外壁，如敲打无效，可将胶管拆卸用压缩空气吹通。

(5)转移作业面时，供风、供水系统也随之移动，输料软管不得随地拖拉和折弯。

(6)作业后，必须将仓内和输料管内的干混合料(不加水)全部喷出，再将喷嘴拆下清洗干净，并清除喷射机内粘附的混凝土。

3.混凝土泵送设备作业的安全事项

(1)支腿应全部伸出并支固，未支固前不得启动布料杆；布料杆升离支架后方可回转。

(2)当布料杆处于全伸状态时，严禁移动车身。作业中需要移动时，应将上段布料杆折叠固定，移动速度不超过2.8m/s；布料杆不得使用超过固定直径的配管，装接的软杆应系防脱安全绳带。

(3)应随时监视各种仪表和指示灯，发现不正常应及时调整或处理；如出现输送管道堵塞时，应进行逆向运转使混凝土返回料斗，必要时应拆管排除堵塞。

(4)泵送工作应连续作业，必须暂停时应每隔5～10min(冬季3～5min)泵送一次；若停止较长时间后泵送时，应逆向运转一至两个行程，然后顺向泵送；泵送时料斗内应保持一定量的混凝土，不得吸空。

(5)应保持储满清水，发现水质混浊并有较多砂粒时应及时检查处理。

(6)泵送系统受压力时，不得开启任何输送管道和液压管道；液压系统的安全阀不得任意调整，蓄能器只能充入氮气。

4.混凝土振捣器的使用规定

(1)使用前应检查各部件是否连接牢固，旋转方向是否正确。

(2)振捣器不得放在初凝的混凝土、地板、脚手架、道路和干硬的地面上进行试振；维修或作业间断时，应切断电源。

(3)插入式振捣器软轴的弯曲半径不得小于50cm，并不多于两个弯，操作时振动棒应自然垂直地沉入混凝土，不得用力硬插、斜推或使钢筋夹住棒头，也不得全部插入混凝土中。

(4)振捣器应保持清洁，不得有混凝土粘结在电动机外壳上妨碍散热。

(5)作业转移时，电动机的导线应保持有足够的长度和松度；严禁用电源线拖拉振捣器。

(6)用绳拉平板振捣器时，绳应干燥绝缘，移动或转向时不得用脚踢电动机。

(7)振动器与平板应保持紧固，电源线必须固定在平板上，电器开关应装在手把上。

(8)在一个构件上同时使用几台附着式振捣器工作时，所有振捣器的频率必须相同。

(9)操作人员必须穿戴绝缘手套。

(10)作业后，必须做好清洗、保养工作；振捣器要放在干燥处。

审核人		交底人		接受交底人	

Ⅱ　工作情境

情境1　模板安装与拆除

能力目标

通过本情境的学习，能够应用所学知识，按照设计图纸、规范，进行常见构件的模板设计、安装和拆除。

学习内容

模板的材料分类；模板的结构分类；模板的形式分类；模板的选材、选型、设计、制作、安装、拆除和周转。

任务引领

教师布置任务，帮助学生理解任务要求，辅导学生完成任务需要掌握的知识。

任务一　现有建筑工程施工中常用的各种类型模板及配件。

试弄清楚各种模板及配件的名称、规格尺寸、应用范围。

任务二　某框架结构房屋，长60m、宽45m。柱网尺寸为6m×6m，柱截面尺寸为350m×450m，主梁截面尺寸300mm×450mm，次梁截面尺寸为250mm×350mm，板厚120mm。

1. 试进行框架结构方案设计及实际布置。
2. 试进行模板选择及配板设计。
3. 完成一个单元的柱，主、次梁，板模板的安设。

任务三　完成任务二模板的拆除。

问题导入

以下问题是完成任务必须掌握的知识，教师引导，学生完成。

1. 模板按照其材料、结构构件的类型、形式可分为哪些类型？
2. 木模板用作基础模板、柱模板、梁模板、楼板模板和楼梯模板的施工要点是什么？
3. 定性组合钢模板有哪些类型？各类型的尺寸、规格如何？
4. 定性组合钢模板的连接件有哪些？怎样应用？
5. 定性组合钢模板的支承件有哪些？怎样应用？
6. 拆除底模板对混凝土有何要求？
7. 模板拆除的顺序有何规定？
8. 模板安装的偏差有何限制？
9. 简述高层建筑施工中的台模、隧道模的组成。

自主学习

学生以小组形式工作（4～6人一组）。通过查资料、规范、学材以及网上资源解答以上问题；初步形成完成以上三项任务的思路和工作计划，组内学生讨论、向教师或辅导教师咨询,修改、完善计划,形成实施计划;实施计划,完成任务。

学生发言

各小组选派一名代表,回答问题,讲解本小组完成任务的过程及结果,小组其他成员补充。

学生互评

小组之间按照统一标准,对各小组回答问题、完成任务的过程及结果进行互评。

学生完成学习情境1成绩评定表

学生姓名________ 教师________ 班级________ 学号__________

序号	考评项目	分值	考核内容	教师评价（权重50%）	组长评价（权重25%）	学生评价（权重25%）
1	学习态度	15	出勤率、听课态度、实操表现等			
2	学习能力	25	上课回答问题、完成工作质量			
3	计算、操作能力	25	计算、实操记录、作品成果质量			
4	团结协作能力	15	自己在所在小组的表现,小组完成工作质量、速度			
合计		80				
综合得分						

知识拓展

教师提供2～4个工程的实例,供学生选择,加强实操练习。在规定期限内,学生编写出模板选择、配板、安装和拆除方案。此项内容占情境1学习成绩的20%。

学　材

一、模板的分类

模板工程占混凝土工程总价20%～30%,占劳动量30%～40%,占工期50%左右,决定着施工方法和施工机械的选择,直接影响工期和造价。

按其所用的材料不同分为木模板、钢模板、钢木模板、钢竹模板、胶合板模板、塑料模板和铝合金模板等。

按其结构构件的类型不同分为基础模板、柱模板、楼板模板、墙模板、壳模板和烟囱模板等。

按其形式不同分为整体式模板、定型模板、工具式模板、滑升模板和胎模等。

施工现场不同构件的模板制作见图5.1。

图 5.1　施工现场不同构件的模板制作实例

二、模板的安装与拆除

(一)木模板

木模板及其支架系统一般在加工厂或现场木工棚制成元件，然后再在现场拼装。图 5.2 所示为基本元件之一拼板的构造。

1. 基础模板

基础的特点是高度不大而体积较大，基础模板一般利用地基或基槽(坑)进行支撑。

安装时，要保证上、下模板不发生相对位移，如为杯形基础，则还要在其中放入杯口模板。

图 5.3 所示为阶梯形基础模板的构造。基础施工现场见图 5.4 所示。

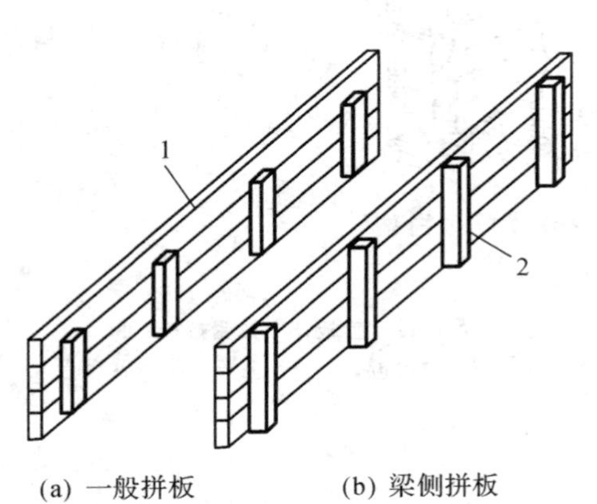

图 5.2　拼板的构造
1—拼板；2—拼条

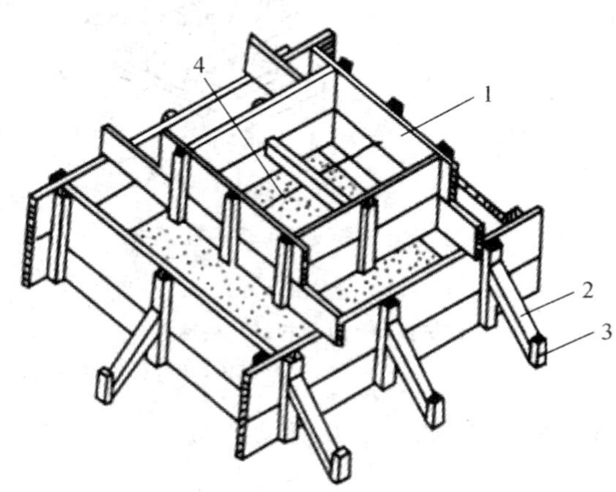

图 5.3　阶梯形模板构造
1—拼板；2—斜撑；3—木桩；4—铁丝

图 5.4　基础施工现场

2. 柱子模板

柱子的特点是断面尺寸不大但比较高。

如图 5.5 所示，柱模板由内拼板夹在两块外拼板之内组成，亦可用短横板代替外拼板钉在内拼板上。

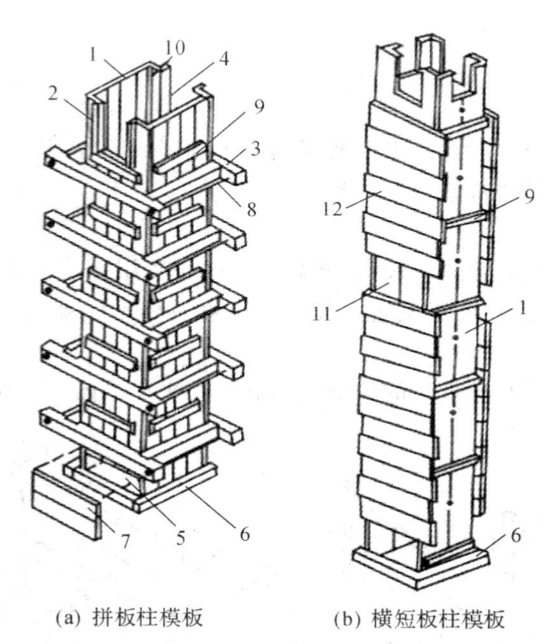

图 5.5　柱模板

1—内拼板；2—外拼板；3—柱箍；4—梁缺口；5—清理孔；6—木框；7—盖板；8—拉紧螺栓；9—拼条；10—三角木条；11—浇筑孔；12—短横板

柱模的固定如图 5.6 所示。

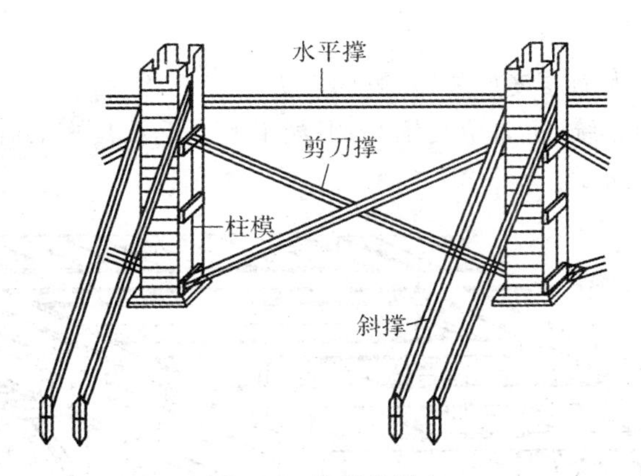

图 5.6　柱模的固定

3.梁模板

梁的特点是跨度大而宽度不大,梁底一般是架空的。

梁模板主要由底模、侧模、夹木及支架系统组成。

底模用长条板加拼条拼成,或用整块板条拼成。

梁模板安装:

①沿梁模板下方地面上铺垫板,在柱模板缺口处钉衬口档,把底板搁置在衬口档上。

②立起靠近柱或墙的顶撑,再将梁长度等分,立中间部分顶撑,顶撑底下打入木楔,并检查调整标高。

③把侧模板放上,两头钉于衬口档上,在侧板底外侧铺钉夹木,再钉上斜撑和水平拉条。

若梁的跨度等于或大于 4m,应使梁底模板中部略起拱,防止由于混凝土的重力使跨中下垂。如设计无规定时,起拱高度宜为全跨长度的 1/1000～3/1000。梁模板如图 5.7 所示。

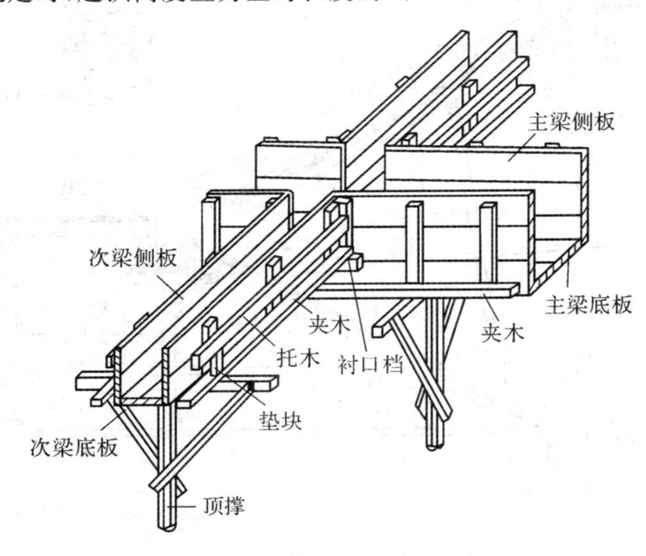

图 5.7　梁模板

4. 楼板模板

楼板的特点是面积大而厚度比较薄，侧向压力小。

楼板模板及其支架系统，主要承受钢筋、混凝土的自重及其施工荷载，保证模板不变形。

楼板模板如图 5.8 所示。

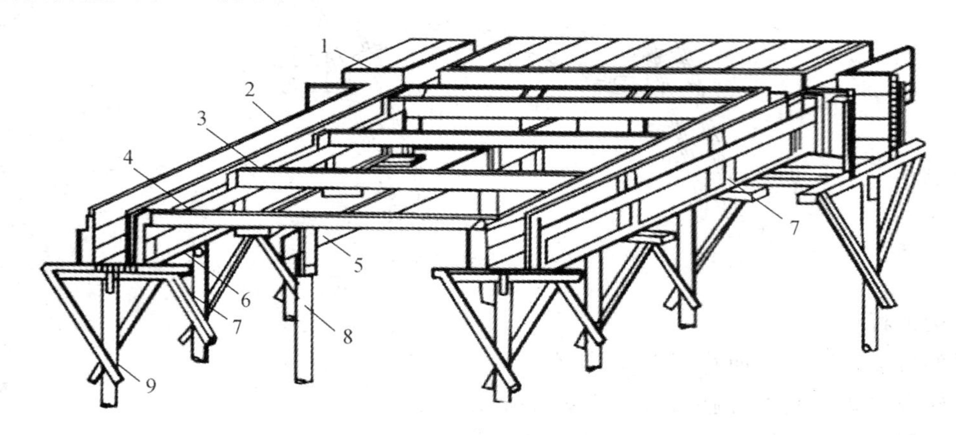

图 5.8　梁及楼板模板

1—楼板模板；2—梁侧模板；3—楞木；4—托木；5—杠木；6—夹木；7—短撑；8—杠木撑；9—琵琶撑

5. 楼梯模板

楼梯模板的构造与楼板相似，不同点是楼梯模板要倾斜支设，且要能形成踏步。踏步模板分为底板及梯步两部分。平台、平台梁的模板同前。

楼梯模板如图 5.9 所示。

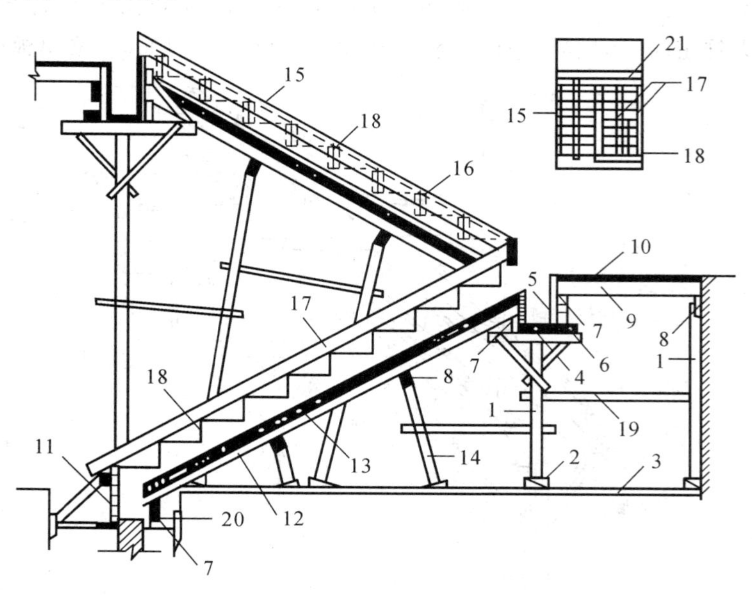

图 5.9　楼梯模板

1—支柱(顶撑)；2—木楔；3—垫板；4—平台梁底板；5—侧板；6—夹木；7—托木；8—杠木；9—楞木；10—平台底板；11—梯基侧板；12—斜楞木；13—楼梯底板；14—斜向顶撑；15—外帮板；16—横档木；17—反三角板；18—踏步侧板；19—拉杆；20—木桩

（二）定型组合钢模板

定型组合钢模板是一种工具式定型模板，由钢模板和配件组成，配件包括连接件和支承件。

钢模板通过各种连接件和支承件可组合成多种尺寸、结构和几何形状的模板，以适应各种类型建筑物的梁、柱、板、墙、基础和设备等施工的需要，也可用其拼装成大模板、滑模、隧道模和台模等。

施工时可在现场直接组装，亦可预拼装成大块模板或构件模板用起重机吊运安装。

定型组合钢模板组装灵活，通用性强，拆装方便；每套钢模可重复使用50～100次；加工精度高，浇筑混凝土的质量好，成型后的混凝土尺寸准确，棱角整齐，表面光滑，可以节省装修用工。

1. 钢模板

钢模板包括平面模板、阴角模板、阳角模板和连接角模。钢模板采用模数制设计，宽度模数以50mm进级，共有100mm、150mm、200mm、250mm、300mm、350mm、400mm、450mm、500mm、550mm和600mm等十一种规格；长度以150mm进级，共有450mm、600mm、750mm、900mm、1200mm、1500mm和1800mm等七种规格。可以适应横竖拼装成以50mm进级的任何尺寸的模板。

(1)平面模板。平面模板用于基础、墙体、梁、板、柱等各种结构的平面部位，它由面板和肋组成，肋上设有U形卡孔和插销孔，利用U形卡和L形插销等拼装成大块板，如图5.10(a)所示。

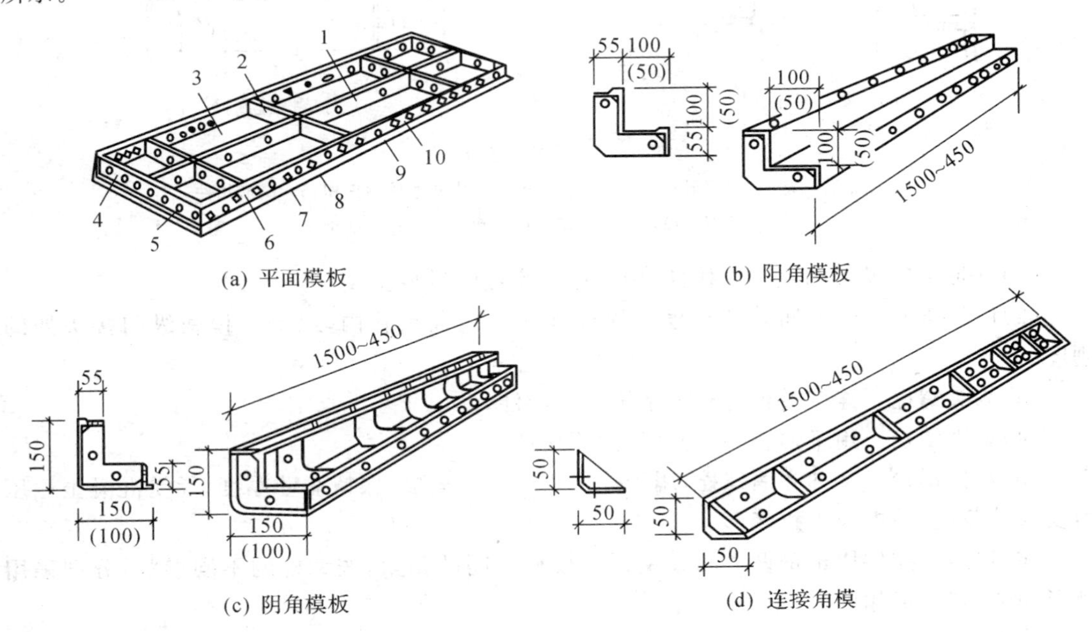

图5.10　钢模板类型

1—中纵肋；2—中横肋；3—面板；4—横肋；5—插销孔；6—纵肋；7—凸棱；8—凸鼓；9—U形卡孔；10—钉子孔

(2)阴角模板。阴角模板用于混凝土构件阴角，如内墙角、水池内角及梁板交接处阴角等，如图5.10(b)所示。

(3)阳角模板。阳角模板主要用于混凝土构件阳角,如图 5.10(c)所示。

(4)连接角模。角模用于平模板作垂直连接构成阳角,如图 5.10(d)所示。

2. 连接件

定型组合钢模板的连接件包括 U 形卡、L 形插销、钩头螺栓、对拉螺栓、紧固螺栓和扣件等,如图 5.11 所示。

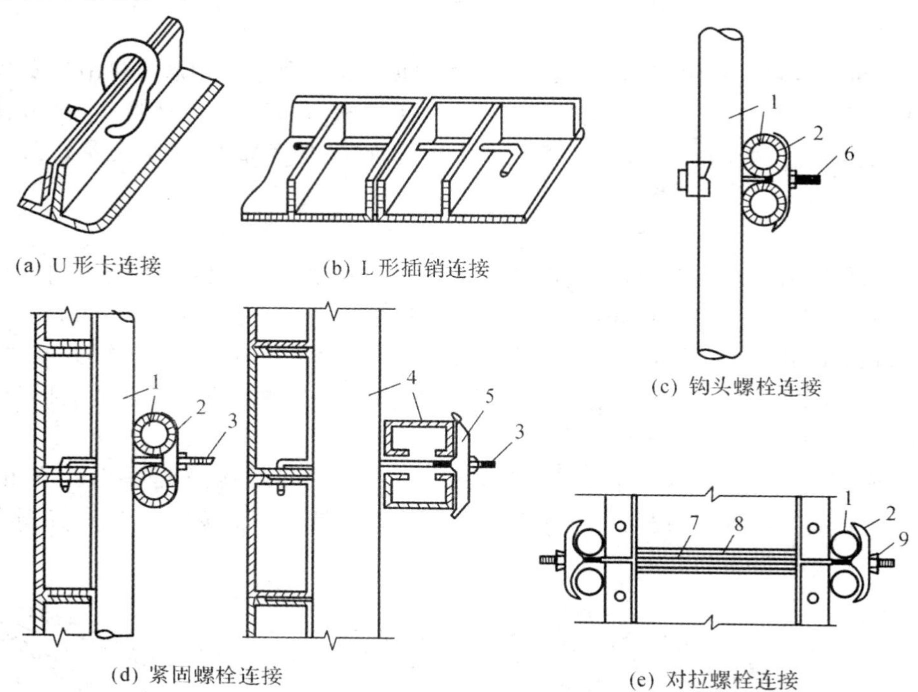

图 5.11 钢模板连接件

1—圆钢管钢楞;2—“3”形扣件;3—钩头螺栓;4—内卷边槽钢钢楞;5—蝶形扣件;6—紧固螺栓;7—对拉螺栓;8—塑料套管;9—螺母

(1)U 形卡。模板的主要连接件,用于相邻模板的拼装。

(2)L 形插销。用于插入两块模板纵向连接处的插销孔内,以增强模板纵向接头处的刚度。

(3)钩头螺栓。连接模板与支撑系统的连接件。

(4)紧固螺栓。用于内、外钢楞之间的连接件。

(5)对拉螺栓。又称穿墙螺栓,用于连接墙壁两侧模板,保持墙壁厚度,承受混凝土侧压力及水平荷载,使模板不致变形。

(6)扣件。扣件用于钢楞之间或钢楞与模板之间的扣紧,按钢楞的不同形状,分别采用蝶形扣件和“3”形扣件。

3. 支承件

定型组合钢模板的支承件包括柱箍、钢楞、钢支架、斜撑及钢桁架等。

(1)钢楞。钢楞即模板的横档和竖档,分内钢楞和外钢楞。

内钢楞配置方向一般应与钢模板垂直,直接承受钢模板传来的荷载,其间距一般为700～900mm。

钢楞一般用圆钢管、矩形钢管、槽钢或内卷边槽钢，其中以钢管用得较多。

(2)柱箍。柱模板四角设角钢柱箍。角钢柱箍由两根互相焊成直角的角钢组成，用弯角螺栓及螺母拉紧。如图 5.12 所示。

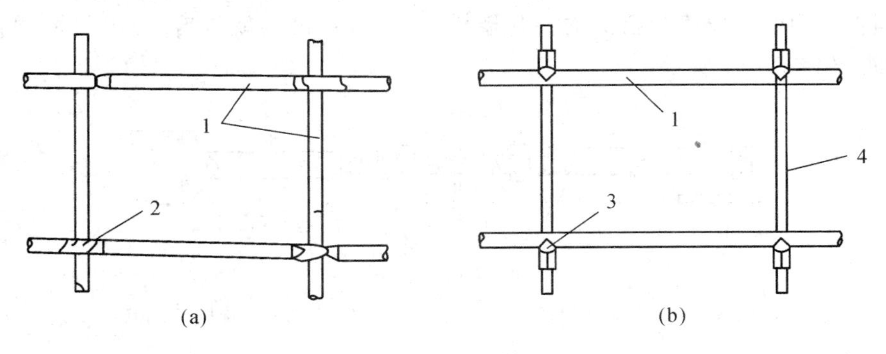

图 5.12　柱箍

1—圆钢管；2—直角扣件；3—"3"形扣件；4—对拉螺栓

(3)钢支架。常用钢管支架如图 5.13(a)所示。它由内外两节钢管制成，其高低调节距模数为 100mm；支架底部除垫板外，均用木楔调整标高，以利于拆卸。

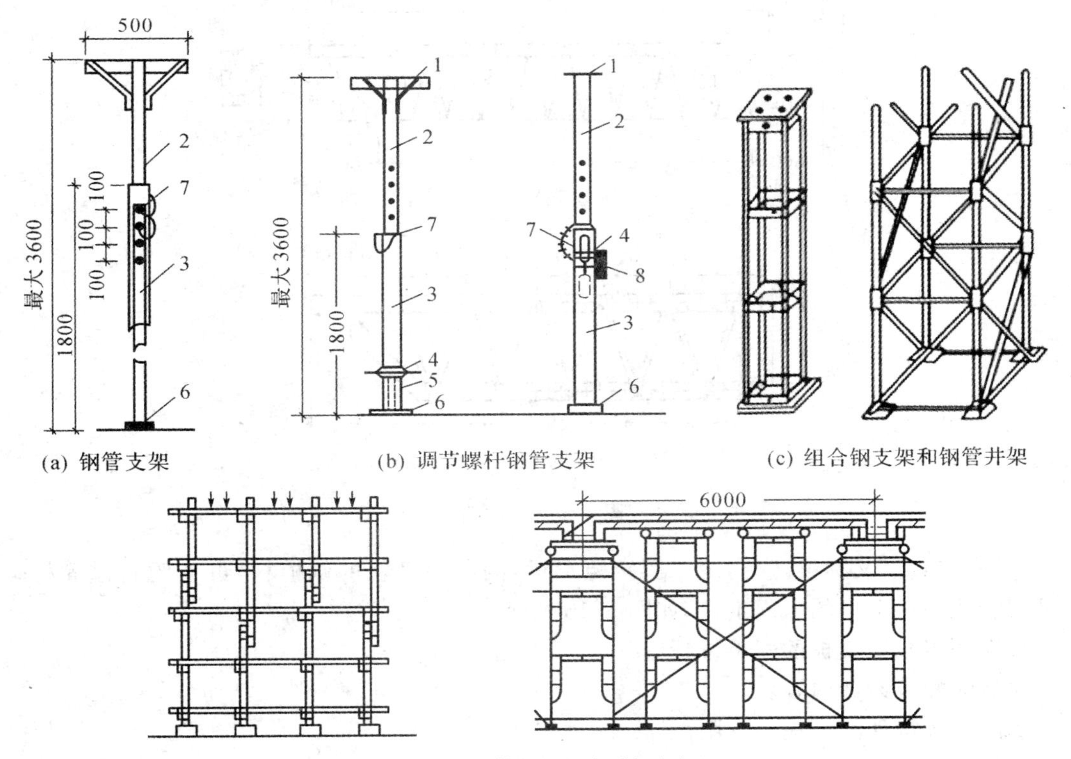

图 5.13　钢支架

1—顶板；2—插管；3—套管；4—转盘；5—螺杆；6—底板；7—插销；8—转动手柄

另一种钢管支架本身装有调节螺杆，能调节一个孔距的高度，使用方便，但成本略高，如

图 5.13(b)所示。

当荷载较大、单根支架承载力不足时，可用组合钢支架或钢管井架，如图 5.13(c)所示；还可用扣件式钢管脚手架、门型脚手架作支架，如图 5.13(d)所示。

(4)斜撑。由组合钢模板拼成的整片墙模或柱模，在吊装就位后，应由斜撑调整和固定其垂直位置，如图 5.14 所示。

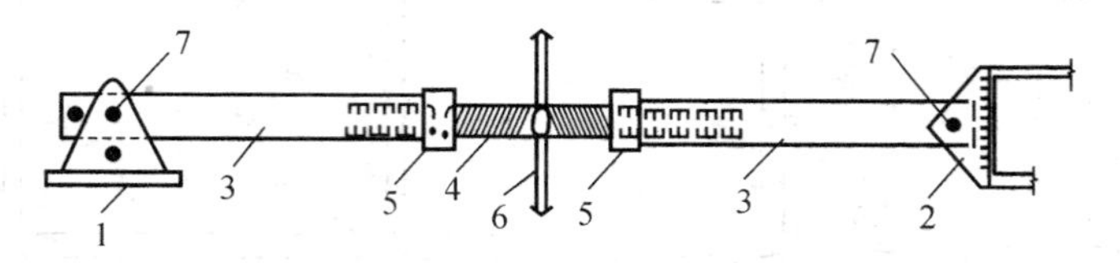

图 5.14　斜撑

1—底座；2—顶撑；3—钢管斜撑；4—花篮螺丝；5—螺母；6—旋杆；7—销钉

(5)钢桁架。如图 5.15 所示，其两端可支承在钢筋托具、墙、梁侧模板的横档以及柱顶梁底的横档上，以支承梁或板的模板。

图 5.15(a)为整榀式，图 5.15(b)为组合式。

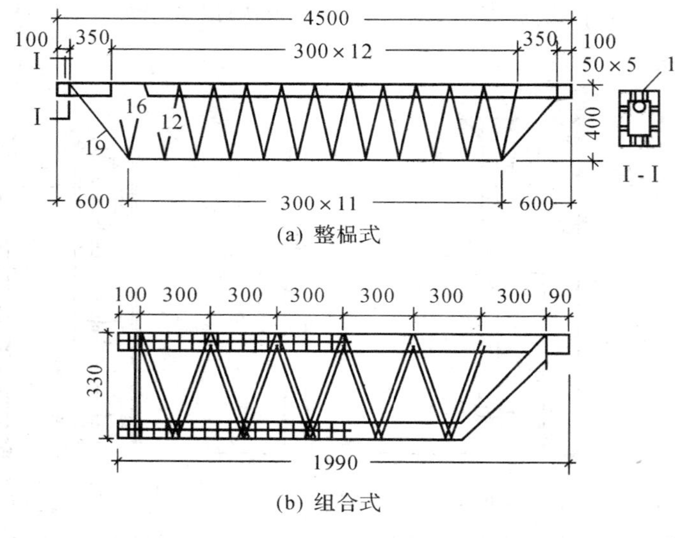

图 5.15　钢桁架

(6)梁卡具。又称梁托架，用于固定矩形梁、圈梁等模板的侧模板，可节约斜撑等材料，也可用于侧模板上口的卡固定位，如图 5.16 所示。

4.定型组合钢模板的配板设计

模板的配板设计内容：

①画出各构件的模板展开图。

②绘制模板配板图，根据模板展开图，选用最适合的各种规格的钢模板布置在模板展开图上。

③确定支模方案，进行支撑工具布置，根据结构类型及空间位置、荷载大小等确定支模方案，根据配板图布置支撑。

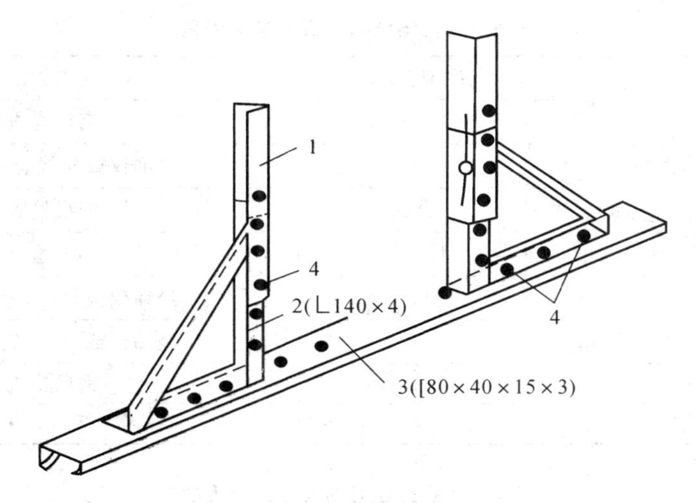

图 5.16　梁卡具

1—调节杆；2—三角架；3—底座；4—螺栓

(三)钢框胶合板模板

钢框胶合板模板是指钢框与木胶合板或竹胶合板结合使用的一种模板。

钢框胶合板模板由钢框和防水木、竹胶合板平铺在钢框上，用沉头螺栓与钢框连牢，构造如图 5.17 所示。

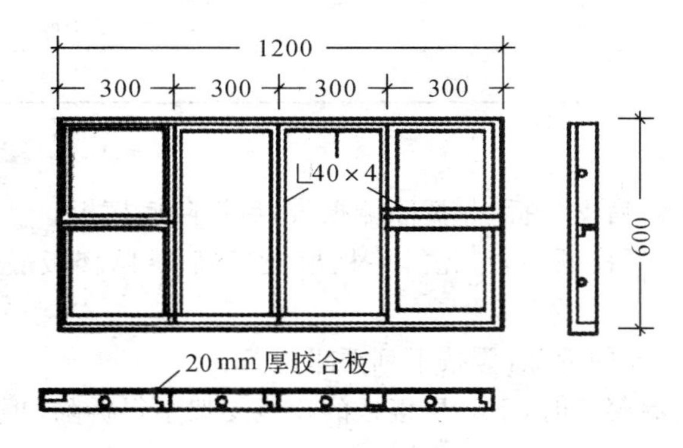

图 5.17　钢框胶合板模板

用于面板的竹胶合板是用竹片或竹帘涂胶粘剂，纵横向铺放，组坯后热压成型。

为使钢框竹胶合板板面光滑平整，便于脱模和增加周转次数，一般板面采用涂料覆面处理或浸胶纸覆面处理。

现浇结构模板安装的偏差应符合表 5.1 的规定。

(四)模板的拆除

1. 侧模板

侧模板拆除时的混凝土强度应能保证其表面及棱角不因拆除模板而受损坏。

2. 底模板及支架

底模板及支架拆除时的混凝土强度应符合设计要求；当设计无具体要求时，混凝土强度应符合表 5.2 的规定。

表 5.1 现浇结构模板安装的偏差

项目		允许偏差(mm)	检验方法
轴线位置		5	钢尺检查
底模上表面标高		±5	水准仪或拉线、钢尺检查
截面内部尺	基础	±10	钢尺检查
	柱、墙、梁	+4,−5	钢尺检查
层高垂直度	不大于 5m	6	经纬仪或吊线、钢尺检查
	大于 5m	8	经纬仪或吊线、钢尺检查
相邻两板表面高低差		2	钢尺检查
表面平整度		5	靠尺和塞尺检查

表 5.2 底模拆除时的混凝土强度要求

构件类型	构件跨度(m)	达到设计的混凝土立方体抗压强度标准值的百分率(%)
板	≤2,≥50	≥50
	>2,≤8	≥75
	>8	≥100
梁、拱、壳	≤8	≥75
	>8	≥100
悬臂构件	—	≥100

3.拆模顺序

(1)一般是先支后拆,后支先拆,先拆除侧模板,后拆除底模板。

(2)对于肋形楼板的拆模顺序,首先拆除柱模板,然后拆除楼板底模板、梁侧模板,最后拆除梁底模板。

(3)多层楼板模板支架的拆除,应按下列要求进行:

①层楼板正在浇筑混凝土时,下一层楼板的模板支架不得拆除,再下一层楼板模板的支架仅可拆除一部分。

②跨度≥4m 的梁均应保留支架,其间距不得大于 3m。

4.拆模的注意事项

(1)模板拆除时,不应对楼层形成冲击荷载。

(2)拆除的模板和支架宜分散堆放并及时清运。

(3)拆模时,应尽量避免混凝土表面或模板受到损坏。

(4)拆下的模板,应及时加以清理、修理,按尺寸和种类分别堆放,以便下次使用。

(5)若定型组合钢模板背面油漆脱落,应补刷防锈漆。

(6)已拆除模板及支架的结构,应在混凝土达到设计的混凝土强度标准后,才允许承受全部使用荷载。

(7)当承受施工荷载产生的效应比使用荷载更为不利时,必须经过核算,并加设临时支撑。

三、台模和隧道模

高层建筑现浇混凝土的模板工程一般可分为竖向模板和横向模板两类。竖向模板主要是指剪力墙墙体、框架柱、筒体等模板。横向模板主要是指钢筋混凝土楼盖施工用模板，除采用传统组合模板散装散拆方法外，目前高层建筑采用了各种类型的台模和隧道模施工。

(一)台模施工

台模由台架和面板组成，适用于高层建筑中的各种楼盖结构施工，其形状与桌相似，故称台模。台架为台模的支承系统，按其支承形式可分为立柱式、悬架式、整体式等，如图 5.18 所示。

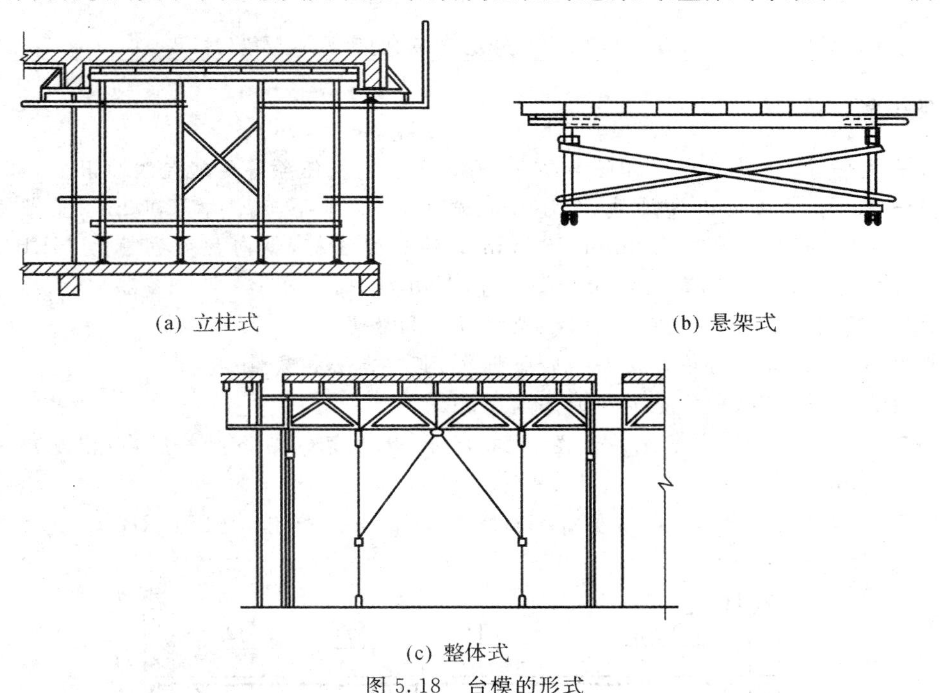

(a) 立柱式　(b) 悬架式

(c) 整体式

图 5.18　台模的形式

立柱式台模由面板、次梁、主梁及立柱等组成。

悬架式台模不设立柱，主要由桁架、次梁、面板、活动翻转翼、垂直与水平剪力撑及配套机具组成。

整体式台模由台模和柱模板两大部分组成。整个模具结构分为桁架与面板、承力柱模板、临时支撑、调节柱模伸缩装置、降模和出模机具等。

(二)隧道模施工

隧道模是可同时浇筑墙体与楼板的大型工具式模板，能沿楼面在房屋开间方向水平移动，逐间浇筑钢筋混凝土。

隧道模由三面模板组成一节，形如隧道。隧道模可分为整体式和双拼式两种。

双拼式隧道模由竖向楼板模板和水平向楼板模板与骨架连接而成，有行走装置和承重装置(图 5.19)。

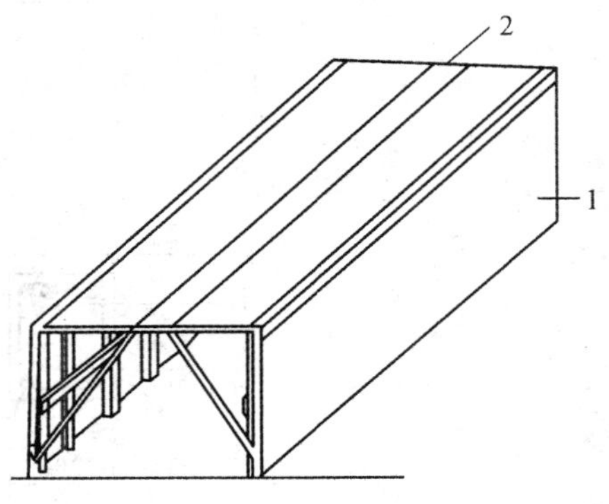

图 5.19　双拼式隧道模

1—半隧道模；2—连接板

情境 2　钢筋验收与加工、安装

能力目标

通过本情境的学习，能够应用所学知识，按照设计图纸、规范，进行钢筋验收、钢筋配料以及钢筋的加工与安装。

学习内容

钢筋的分类、验收与存放，钢筋的冷加工，钢筋接头连接，钢筋配料，钢筋代换等。

任务引领

教师布置任务，帮助学生理解任务要求，辅导学生完成任务需要掌握的知识。

任务一　某大型商业开发地块，长 150m、宽 120m。地下车库约 50000m^2，上部建筑面积约 200000m^2。基础为直径 600mm、700mm 的钻孔灌注桩，纵向受力钢筋为 HRB400，直径 16mm；箍筋为 HPB300，直径 6.5mm。桩长 45m 左右。

1. 试确定各种类型钢筋的验收批次、取样方法和数量。

2. 钢筋接长，试确定钢筋焊接头的验收批次、取样方法和数量。

3. 确定钢筋原材料、钢筋笼成品的存放制度。

任务二　某建筑物简支梁配筋如图 5.20 所示，试计算钢筋下料长度，做出配料单。钢筋保护层取 25mm。（梁编号为 L1，共 10 根）

任务三　某办公楼用房，在顶层有一跨度 24m 的梁。配有 6ϕ28HRB335 受力钢筋和 4ϕ20通长的构造钢筋。

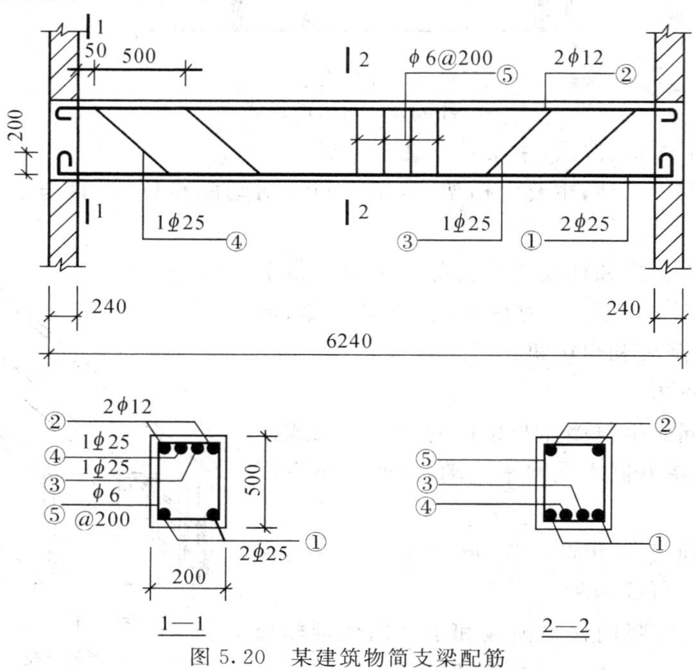

图 5.20　某建筑物简支梁配筋

试确定受力钢筋和构造钢筋的接长方式，并说明理由。

任务四　某框架结构柱，原设计的是16ϕ20的HRB400钢筋，市场只能买到ϕ16的HRB400钢筋。如何解决此问题？

问题导入

以下问题是完成任务必须掌握的知识，教师引导，学生完成。

1.建筑用钢筋分为哪几类？

2.钢筋进场验收有何规定？

3.钢筋存放有何规定？

4.钢筋冷加工包括哪些工作？

5.钢筋冷拉原理是什么？如何控制？

6.钢筋配料单如何编制？

7.钢筋下料长度计算有何规定？

8.钢筋下料计算应注意哪几方面问题？

9.钢筋代换的原则和方法如何？应注意什么问题？

10.常见钢筋连接方式有哪几种？

11.钢筋常规加工工作有哪些？简要说明。

自主学习

学生以小组形式工作（4～6人一组）。通过查资料、规范、学材以及网上资源解答以上问题；初步形成完成以上四项任务的思路和工作计划，组内学生讨论、向教师或辅导教师咨询，修改、完善计划，形成实施计划；实施计划，完成任务。

学生发言

各小组选派一名代表，回答问题，讲解本小组完成任务的过程及结果，小组其他成员补充。

学生互评

小组之间按照统一标准，对各小组回答问题、完成任务的过程及结果进行互评。

学生完成学习情境2成绩评定表

学生姓名________　教师________　班级________　学号________

序号	考评项目	分值	考核内容	教师评价（权重50%）	组长评价（权重25%）	学生评价（权重25%）
1	学习态度	15	出勤率、听课态度、实操表现等			
2	学习能力	25	上课回答问题、完成工作质量			
3	计算、操作能力	25	计算、实操记录、作品成果质量			
4	团结协作能力	15	自己在所在小组的表现，小组完成工作质量、速度			
合计		80				
综合得分						

知识拓展

教师提供 2～3 个工程的实例，供学生选择，加强实操练习。在规定期限内，学生编写出钢筋进场验收方案；选择典型柱、梁、板，计算钢筋下料长度、编制钢筋配料单。此项内容占情境 2 学习成绩的 20%。

学　材

一、钢筋的分类、验收和存放

钢筋混凝土结构和预应力混凝土结构的钢筋应按下列规定选用：

普通钢筋即用于钢筋混凝土结构中的钢筋及预应力混凝土结构中的非预应力钢筋，宜采用 HRB400 和 HRB335，也可采用 HPB235 和 RRB400 钢筋。

预应力钢筋宜采用预应力钢绞线、钢丝，也可采用热处理钢筋。

钢筋混凝土工程中所用的钢筋均应进行现场检查验收，合格后方能入库存放、待用。

（一）钢筋的分类

（1）普通钢筋（热轧钢筋）。

普通钢筋的分类见表 5.3。

表 5.3　普通钢筋的分类

表面形状	牌　号	符　号	公称直径 d(mm)	屈服强度标准值 f_y(N/mm²)	极限强度标准值 f_{st}(N/mm²)	伸长率限值 δ_{gt}(%)
光圆	HPB300	ϕ	6～22	300	420	10.0
带肋	HRB335	ϕ	6～50	335	455	7.5
	HRBF335	ϕ^F				
	HRB400	ϕ	6～50	400	540	7.5
	HRBF400	ϕ^F				7.5
	RRB400	ϕ^R				5.0
	HRB500	Φ	6～50	500	630	7.5
	HRBF500	Φ^F				

（2）预应力钢绞线。

（3）钢丝。

（4）热处理钢筋。

钢筋表面花纹见图 5.21。

2. 钢筋的验收

钢筋进场时，应按现行国家标准《钢筋混凝土用热轧带肋钢筋》(GB 1499.2—2007)等的规定抽取试件做力学性能检验，其质量必须符合有关标准的规定。

验收内容：查对标牌，检查外观，并按有关标准的规定抽取试样进行力学性能试验。

月牙形

螺旋纹

人字形

图 5.21　钢筋表面花纹

钢筋的外观检查包括：钢筋应平直、无损伤，表面不得有裂纹、油污、颗粒状或片状锈蚀；钢筋表面凸块不允许超过螺纹的高度；钢筋的外形尺寸应符合有关规定。

力学性能试验时，热轧钢筋以不超过 60t 的同规格、同炉罐（批）号为一批，从每批中任意抽出两根钢筋，每根钢筋上取两个试样分别进行拉力试验（测定其屈服点、抗拉强度、伸长率）和冷弯试验。如有一项实验结果不符合规定，则从同一批中另取双倍数量的试样重做各项试验。如仍有一个试样不合格，则该批钢筋为不合格品，应降级使用。

冷拉钢筋以不超过 20t 的同级别、同直径的冷拉钢筋为一批，从每批中抽出两根钢筋，分别进行拉力试验和冷弯试验。冷拉钢筋的外观不得有裂纹和局部缩颈。

冷轧带肋钢筋以不大于 50t 的同级别、同一钢号、同一规格为一批。每批抽取 5%（但不少于 5 盘）进行外形尺寸、表面质量和重量偏差的检查，若其中有一盘不合格，则应对该批钢筋逐盘检查；力学性能应逐盘检验，从每盘任意一端截去 500mm 后取两个试样分别做拉力试验和冷弯试验，若有一项指标不合格，则该批钢筋判为不合格。

3. 钢筋的存放

（1）钢筋运至现场后，必须严格按批分等级、牌号、直径、长度等挂牌存放，并注明数量，不得混淆。

（2）应堆放整齐，避免锈蚀和污染，堆放钢筋的下面要加垫木，离地一定距离；有条件时，尽量堆入仓库或料棚内。

（3）钢筋成品要分工程名称和构件名称，按号码顺序，挂牌排列存放。牌上注明构件名称、部位、钢筋类型、尺寸、钢号、直径、根数。

二、钢筋的冷加工

钢筋的冷加工，有冷拉、冷拔和冷轧，用以提高钢筋强度设计值，能节约材料，满足预应力钢筋的需要。

钢筋冷拉是指在常温下对钢筋进行强力拉伸，以超过钢筋的屈服强度的拉应力，使钢筋产生塑性变形，达到调直钢筋、提高强度和除锈的目的。

1. 冷拉原理

钢筋冷拉原理如图 5.22 所示。图中 $oabcde$ 为钢筋的拉伸特性曲线。冷拉时，拉应力超过屈服点 b 达到 c 点，然后卸载。由于钢筋已产生塑性变形，即可再加载，应力—应变曲线将沿 o_1cde 变化，并在 c 点附近出现新的屈服点，该屈服点明显高于冷拉前的屈服点 b，这种现象称为“变形硬化”。冷拉后钢筋有内应力存在，内应力会促进钢筋内的晶体组织调整，使屈服强度进一步提高。该晶体组织调整过程称为“时效”。即冷拉后的新屈服点并非保持不变，

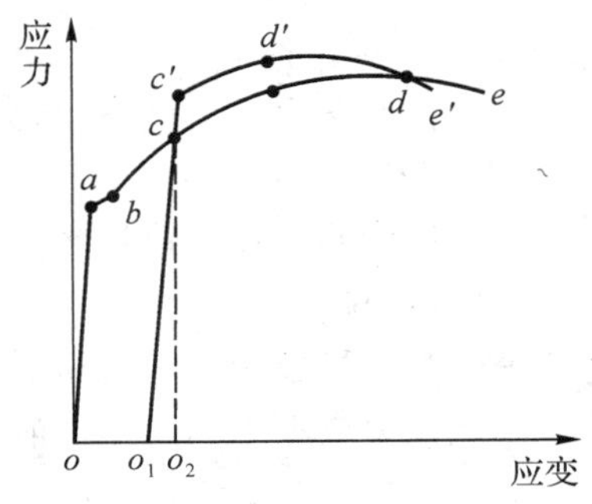

图 5.22　应力—应变曲线

放置一段时间再进行冷拉，则其强度提高至 c' 点，这种现象称为"时效硬化"。由于变形硬化和时效硬化的结果，其新的应力—应变曲线则为 $o_1c'd'e'$，此时，钢筋的强度提高了，但脆性也增加了。由于设计中不利用时效后提高的屈服强度，因此施工中一般不做时效处理。图中 c 点对应的应力即为冷拉钢筋的控制应力，oo_2 即为相应的冷拉率。

2. 冷拉控制

(1)钢筋冷拉控制可以用控制冷拉应力或冷拉率的方法。

(2)冷拉控制应力值如表 5.4 所示。

表 5.4 冷拉控制应力及最大冷拉率

	钢筋级别		冷拉控制应力(N/mm²)	最大冷拉率(%)
1	Ⅰ级	$d \leqslant 12$	280	10
2	Ⅱ级	$d \leqslant 25$ $d=28 \sim 40$	450 430	5.5
3	Ⅲ级	$d=8 \sim 40$	500	5
4	Ⅳ级	$d=10 \sim 28$	700	4

(3)冷拉后检查钢筋的冷拉率，如超过表 5.4 中规定的数值，则应进行钢筋力学性能试验。

(4)用作预应力混凝土结构的预应力钢筋，宜采用冷拉应力来控制。

(5)对同炉批钢筋，试件不宜少于 4 个，每个试件都按表 5.5 规定的冷拉应力值在万能试验机上测定相应的冷拉率，取平均值作为该炉批钢筋的实际冷拉率。

表 5.5 测定冷拉率时钢筋的冷拉应力

钢筋级别	钢筋直径(mm)	冷拉应力(N/mm²)
Ⅰ级	$d \leqslant 12$	310
Ⅱ级	$d \leqslant 25$	480
	$d=28 \sim 40$	460
Ⅲ级	$d=8 \sim 40$	530
Ⅳ级	$d=10 \sim 28$	730

(6)不同炉批的钢筋，不宜用控制冷拉率的方法进行钢筋冷拉。

3. 冷拉设备

冷拉设备由拉力设备、承力结构、测量设备和钢筋夹具等部分组成，如图 5.23 所示。

4. 钢筋冷拉计算

钢筋的冷拉计算包括冷拉力、拉长值、弹性回缩值和冷拉设备选择计算。

(1)冷拉力 N_{con} 计算。冷拉力计算的作用：一是确定按控制应力冷拉时的油压表读数；二是作为选择卷扬机的依据。

冷拉力应等于钢筋冷拉前截面积 A_S 乘以冷拉时控制应力 σ_{con}，即

$$N_{con}=A_S \cdot \sigma_{con} \tag{5.1}$$

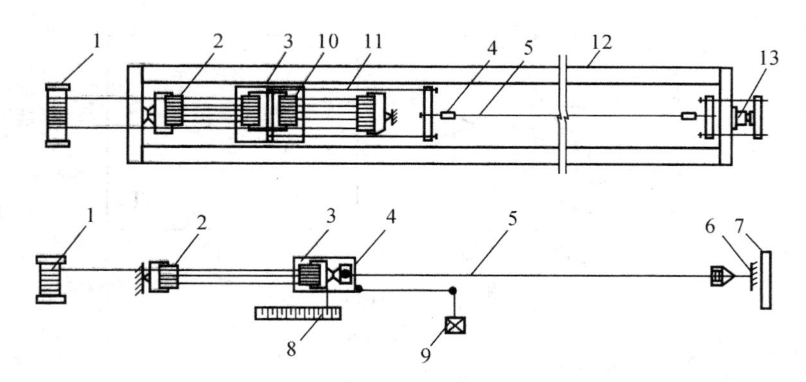

图 5.23　冷拉设备

1—卷扬机；2—滑轮组；3—冷拉小车；4—夹具；5—被冷拉的钢筋；6—地锚；7—防护壁；8—标尺；9—回程荷重架；10—回程滑轮组；11—传力架；12—冷拉槽；13—液压千斤顶

(2)计算拉长值 ΔL。

钢筋的拉长值应等于冷拉前钢筋的长度 L 与钢筋的冷拉率 δ 的乘积，即

$$\Delta L = L \cdot \delta \tag{5.2}$$

(3)计算钢筋弹性回缩值 ΔL_1。根据钢筋弹性回缩率 δ_1（一般为 0.3%左右）计算，即

$$\Delta L_1 = (L + \Delta L)\delta_1 \tag{5.3}$$

则钢筋冷拉完毕后的实际长度为

$$L' = L + \Delta L - \Delta L_1 \tag{5.4}$$

(4)冷拉设备的选择及计算。

冷拉设备主要选择卷扬机，计算确定冷拉时油压表的读数。

$$P = \frac{N_{con}}{F} \tag{5.5}$$

式中：N_{con} 为钢筋按控制应力计算求得的冷拉力，N；F 为千斤顶活塞缸面积，mm^2；P 为油压表的读数，N/mm^2。

三、钢筋配料

钢筋配料：根据结构施工图，先绘出各种形状和规格的单根钢筋简图并加以编号，然后分别计算钢筋下料长度、根数及质量，填写配料单，申请加工。

(一)钢筋配料单的编制

(1)熟悉图纸。编制钢筋配料单之前必须熟悉图纸，把结构施工图中钢筋的品种、规格列成钢筋明细表，并读出钢筋设计尺寸。

(2)计算钢筋的下料长度。

(3)根据钢筋下料长度编写钢筋配料单。在配料单中，要反映出工程名称、钢筋编号、钢筋简图和尺寸、钢筋直径、数量、下料长度、质量等。

(4)根据钢筋配料单填写钢筋料牌，为每一编号的钢筋制作一块料牌，作为钢筋加工的依据。如图 5.24 所示。

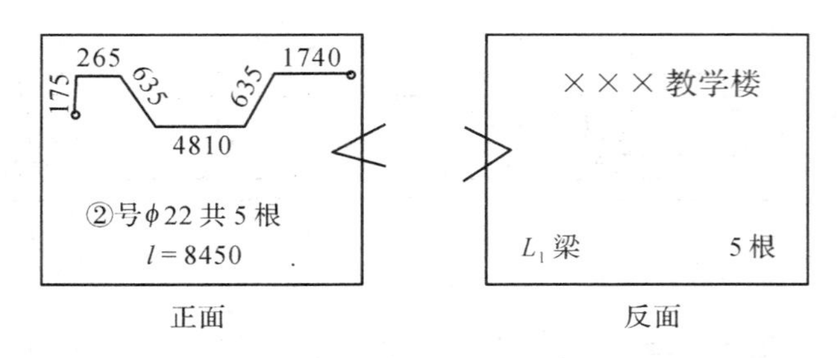

图 5.24 钢筋料牌

(二)钢筋下料长度的计算原则及规定

1. 钢筋长度

结构施工图中所指的钢筋长度是钢筋外缘之间的长度,即外包尺寸,这是施工中量度钢筋长度的基本依据。

2. 混凝土保护层厚度

混凝土保护层是指从箍筋最外皮至混凝土构件表面的距离。其作用是保护钢筋在混凝土结构中不受锈蚀。无设计要求时应符合表 5.6 的规定。

表 5.6 纵向受力钢筋的混凝土保护层最小厚度

单位:mm

环境类别		板、墙、壳			梁			柱		
		≤C20	C25～C45	≥C50	≤C20	C25～C45	≥C50	≤C20	C25～C45	≥C50
一		20	15	15	30	25	25	30	30	30
二	a	—	20	20	—	30	30	—	30	30
	b	—	25	20	—	35	30	—	35	30
三		—	30	25	—	40	35	—	40	35

混凝土的保护层厚度,一般用水泥砂浆垫块或塑料卡垫在钢筋与模板之间来控制。塑料卡垫的形状有塑料垫块和塑料环圈两种。塑料垫块用于水平构件,塑料环圈用于垂直构件。

3. 弯曲量度差值

钢筋长度的度量方法系指外包尺寸,因此钢筋弯曲以后,存在一个量度差值(外包尺寸和中心线长度之间的差值),在计算下料长度时必须加以扣除。根据理论推理和实践经验,将钢筋弯曲量度差值列于表 5.7。

表 5.7 钢筋弯曲量度差值

钢筋弯起角度	30°	45°	60°	90°	135°
钢筋弯曲调整值	0.35d	0.5d	0.85d	2d	2.5d

4. 钢筋弯钩增加值

弯钩形式最常用的是半圆弯钩,即 180°弯钩。受力钢筋的弯钩和弯折应符合下列要求:

①HPB300 钢筋末端应做 180°弯钩,其弯弧内直径不应小于钢筋直径的 2.5 倍,弯钩的弯后平直部分长度不应小于钢筋直径的 3 倍。

②当设计要求钢筋末端需做135°弯钩时，HRB335、HRB400钢筋的弯弧内直径不应小于钢筋直径的4倍，弯钩的弯后平直部分长度应符合设计要求。

除焊接封闭环式箍筋外，箍筋的末端应做弯钩，弯钩形式应符合设计要求，当无具体要求时，应符合下列要求：

①箍筋弯钩的弯弧内直径除应满足上述要求外，应不小于受力钢筋直径，且不小于箍筋直径的2.5倍。

②箍筋弯钩的弯折角度，对一般结构不应小于90°，对有抗震等要求的结构应为135°。

③箍筋弯钩弯后平直部分长度，对一般结构不宜小于箍筋直径的5倍，对有抗震要求的结构不应小于箍筋直径的10倍。

5. 箍筋调整值

为了箍筋计算方便，一般将箍筋弯钩增长值和量度差值两项合并成一项为箍筋调整值（见表5.8）。计算时，将箍筋外包尺寸或内皮尺寸加上箍筋调整值即为箍筋下料长度。

表5.8　箍筋调整值　　单位：mm

箍筋量度方法	箍筋直径			
	4～5	6	8	10～12
量外包尺寸	40	50	60	70
量内皮尺寸	80	100	120	150～170

箍筋根数＝(配筋范围长度/箍筋间距)＋1

6. 钢筋下料长度计算

直钢筋下料长度＝直构件长度－保护层厚度＋弯钩增加长度

弯起钢筋下料长度＝直段长度＋斜段长度－弯折量度差值＋弯钩增加长度

箍筋下料长度＝直段长度＋弯钩增加长度－弯折量度差值

或箍筋下料长度＝箍筋周长＋箍筋调整值

(三)钢筋下料计算注意事项

(1)在设计图纸中，钢筋配置的细节问题没有注明时，一般按构造要求处理。

(2)配料计算时，要考虑钢筋的形状和尺寸，在满足设计要求的前提下，要有利于加工。

(3)配料时，还要考虑施工需要的附加钢筋。

(四)钢筋配料计算实例

【例5.1】　某建筑物简支梁配筋如图5.25所示，试计算钢筋下料长度。钢筋保护层取25mm。(梁编号为L_1，共10根)

【解】(1)绘出各种钢筋简图(见表5.9)。

(2)计算钢筋下料长度。

①号钢筋下料长度：

(6240＋2×200－2×25)－2×2×25＋2×6.25×25＝6802(mm)

②号钢筋下料长度：

6240－2×25＋2×6.25×12＝6340(mm)

③号弯起钢筋下料长度：

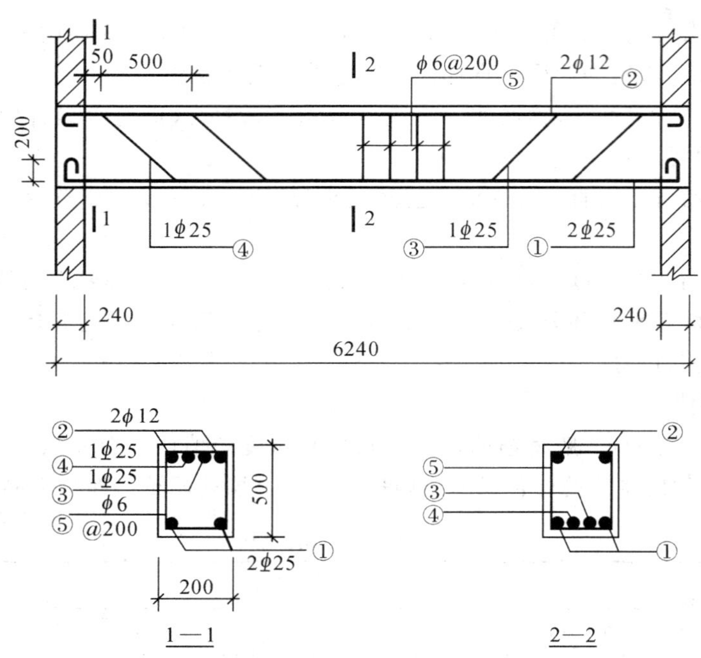

图 5.25 某建筑物简支梁配筋

上直段钢筋长度：240＋50＋500－25＝765(mm)

斜段钢筋长度：(500－2×25)×1.414＝636(mm)

中间直段长度：6240－2×(240＋50＋500＋450)＝3760(mm)

下料长度：(765＋636)×2＋3760－4×0.5×25＋2×6.25×25＝6824(mm)

箍筋根数：$n=\dfrac{6240-2\times 25}{200}+1=32$(根)

表 5.9 钢筋配料单

构件名称	钢筋编号	简图	钢号	直径(mm)	下料长度(mm)	单根根数	合计根数	质量(kg)
L_1(共10根)	①	200 6190	φ	25	6802	2	20	523.75
	②	6190	φ	12	6340	2	20	112.60
	③	765 636 3760	φ	25	6824	1	10	262.72
	④	265 636 4760	φ	25	6824	1	10	262.72
	⑤	162 462	φ	6	1298	32	320	91.78
	合计	φ6:91.78kg；φ12:112.60kg；φ25:1049.19kg						

④号钢筋下料长度计算为：6824mm。

⑤号箍筋下料长度：

宽度：200－2×25＋2×6＝162(mm)

高度：500－2×25＋2×6＝462(mm)

下料长度为：(162＋462)×2＋50＝1298(mm)

(3)编制钢筋配料单。

见表5.9。

四、钢筋代换

(一)代换原则及方法

当施工中遇到钢筋品种或规格与设计要求不符时，可参照以下原则进行钢筋代换。

1. 等强度代换方法

(1)当构件配筋受强度控制时，可按代换前后强度相等的原则代换，称作等强度代换。

(2)如设计图中所用的钢筋设计强度为 f_{y1}，钢筋总面积为 $A_{s1}\left(n_1\ \frac{\pi}{4}d_1^2\right)$，代换后的钢筋设计强度为 f_{y2}，钢筋总面积为 $A_{s2}\left(n_2\ \frac{\pi}{4}d_2^2\right)$，则应使：

$$n_2 \geqslant n_1 d_1^2 \cdot f_{y1}/(d_2^2 \cdot f_{y2}) \tag{5.6}$$

式中：n_1 为原设计钢筋根数；n_2 为代换钢筋根数；d_1 为原设计钢筋直径；d_2 为代换钢筋直径。

2. 等面积代换方法

当构件按最小配筋率配筋时，可按代换前后面积相等的原则进行代换，称作等面积代换。

代换时应满足下式要求：

$$n_2 \geqslant n_1 d_1^2/d_2^2 \tag{5.7}$$

当构件配筋受裂缝宽度或挠度控制时，代换后应进行裂缝宽度或挠度验算。

(二)代换注意事项

钢筋代换时，应办理设计变更文件，并应符合下列规定：

(1)重要受力构件(如吊车梁、薄腹梁、桁架下弦等)不宜用HPB300钢筋代换变形钢筋，以免裂缝开展过大。

(2)钢筋代换后，应满足混凝土结构设计规范中所规定的钢筋间距、锚固长度、最小钢筋直径、根数等配筋构造要求。

(3)梁的纵向受力钢筋与弯起钢筋应分别代换，以保证正截面与斜截面强度。

(4)有抗震要求的梁、柱和框架，不宜以强度等级较高的钢筋代换原设计中的钢筋，如必须代换时，其代换的钢筋检验所得的实际强度，尚应符合抗震钢筋的要求。

(5)预制构件的吊环，必须采用未经冷拉的HPB300钢筋制作，严禁以其他钢筋代换。

(6)当构件受裂缝宽度或挠度控制时，钢筋代换后应进行刚度、裂缝验算。

五、钢筋的绑扎与机械连接

钢筋的连接方式可分为两类：绑扎连接和焊接或机械连接。纵向受力钢筋的连接方式应符合设计要求。机械连接接头和焊接连接接头的类型及质量应符合国家现行标准的规定。

(一)钢筋绑扎连接

钢筋绑扎安装前,应先熟悉施工图纸,核对钢筋配料单和料牌,研究钢筋安装和与有关工种配合的顺序,准备绑扎用的铁丝、绑扎工具、绑扎架等。钢筋绑扎一般用 18～22 号铁丝,其中 22 号铁丝只用于绑扎直径 12mm 以下的钢筋。

1. 钢筋绑扎要求

(1)钢筋的交叉点应用铁丝扎牢。

(2)柱、梁的箍筋,除设计有特殊要求外,应与受力钢筋垂直,箍筋弯钩叠合处,应沿受力钢筋方向错开设置。

(3)柱中竖向钢筋搭接时,角部钢筋的弯钩平面与模板面的夹角,矩形柱应为 45°,多边形柱应为模板内角的平分角。

(4)板、次梁与主梁交叉处,板的钢筋在上,次梁的钢筋居中,主梁的钢筋在下;当有圈梁或垫梁时,主梁的钢筋应放在圈梁上。主筋两端的搁置长度应保持均匀一致。

2. 钢筋绑扎接头

同一构件中相邻纵向受力钢筋的绑扎搭接接头宜相互错开,如图 5.26 所示。

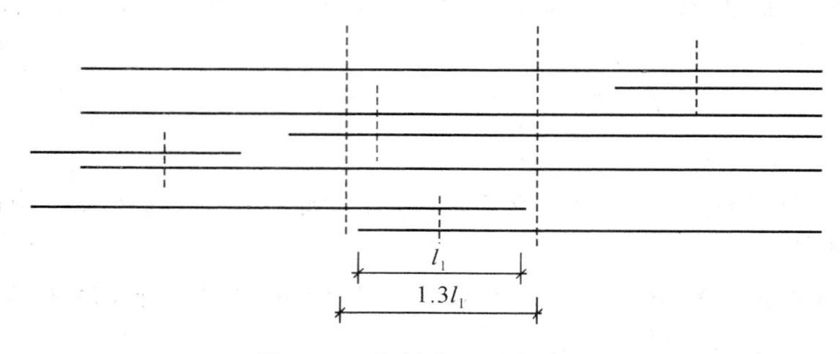

图 5.26　钢筋绑扎搭接接头

(二)钢筋机械连接

1. 套筒挤压连接

套筒挤压连接是把两根待接钢筋的端头先插入一个优质钢套管,然后用挤压机在侧向加压数道,套筒塑性变形后即与带肋钢筋紧密咬合达到连接的目的。

2. 锥螺纹连接

锥螺纹连接是用锥形纹套筒将两根钢筋端头对接在一起,利用螺纹的机械咬合力传递拉力或压力。所用的设备主要是套丝机,通常安放在现场对钢筋端头进行套丝。

3. 直螺纹连接

直螺纹连接是近年来开发的一种新的螺纹连接方式。它先把钢筋端部镦粗,然后再切削直螺纹,最后用套筒实行钢筋对接。

(1)等强直螺纹接头的制作工艺:等强直螺纹接头制作工艺分下列几个步骤。

钢筋端部镦粗→切削直螺纹→用连接套筒对接钢筋。

直螺纹接头的优点:强度高,接头强度不受扭紧力矩影响,连接速度快,应用范围广,经济,便于管理。

(2)接头性能:为充分发挥钢筋母材强度,连接套筒的设计强度应大于或等于钢筋抗拉强度标准值的 1.2 倍,直螺纹接头标准套筒的规格、尺寸见表 5.10。

表 5.10　标准型套筒规格、尺寸　　单位：mm

钢筋直径	套筒外径	套筒长度	螺纹规格
20	32	40	M24×2.5
22	34	44	M25×2.5
25	39	50	M29×3.0
28	43	56	M32×3.0
32	49	64	M36×3.0
36	55	72	M40×3.5
40	61	80	M45×3.5

(3)钢筋机械连接接头质量检查与验收。

①工程中应用钢筋机械连接时，应由该技术提供单位提交有效的检验报告。

②钢筋连接工程开始前及施工过程中，应对每批进场钢筋进行接头工艺检验，工艺检验应符合设计图纸或规范要求。

③现场检验应进行外观质量检查和单向拉伸试验；接头的现场检验按验收批进行。

④对接头的每一验收批，必须在工程结构中随机截取 3 个试件做单向拉伸试验，按设计要求的接头性能等级进行检验与评定。

⑤在现场连续检验 10 个验收批。

⑥外观质量检验的质量要求、抽样数量、检验方法及合格标准由各类型接头的技术规程确定。

六、钢筋的焊接

钢筋常用的焊接方法有闪光对焊、电弧焊、电渣压力焊、埋弧压力焊和气压焊等。

钢筋焊接接头质量检查与验收应满足下列规定：

(1)钢筋焊接接头或焊接制品(焊接骨架、焊接网)应按规定进行质量检查与验收。

(2)钢筋焊接接头或焊接制品应分批进行质量检查与验收。质量检查应包括外观检查和力学性能试验。

(3)外观检查首先应由焊工对所焊接头或制品进行自检，然后再由质量检查人员进行检验。

(4)力学性能试验应在外观检查合格后随机抽取试件进行试验。

(5)钢筋焊接接头或焊接制品质量检验报告单中应包括下列内容：①工程名称、取样部位；②批号、批量；③钢筋级别、规格；④力学性能试验结果；⑤施工单位。

(一)闪光对焊

闪光对焊的原理如图 5.27 所示。

根据钢筋级别、直径和所用焊机的功率，闪光对焊工艺可分为连续闪光焊、预热闪光焊、闪光—预热—闪光焊三种。

1. 闪光对焊简介

(1)连续闪光焊。连续闪光焊的工艺过程包括连续闪光和顶锻过程。施焊时，闭合电源使两钢筋端面轻微接触，此时端面接触点很快熔化并产生金属蒸气飞溅，形成闪光现象；然后施加轴向压力迅速进行顶锻，使两根钢筋焊牢。

连续闪光焊宜用于焊接直径 25mm 以内的 HPB300、HRB335 和 HRB400 钢筋。

(2)预热闪光焊。预热闪光焊的工艺过程包括预热、连续闪光及顶锻过程，即在连续闪光焊前增加了一次预热过程，使钢筋预热后再连续闪光烧化进行加压顶锻。

预热闪光焊适宜焊接直径大于 25mm 且端部较平坦的钢筋。

(3)闪光—预热—闪光焊。即在预热闪光焊前面增加了一次闪光过程，使不平整的钢筋端面烧化平整，预热均匀，最后进行加压顶锻。它适宜焊接直径大于 25mm，且端部不平整的钢筋。

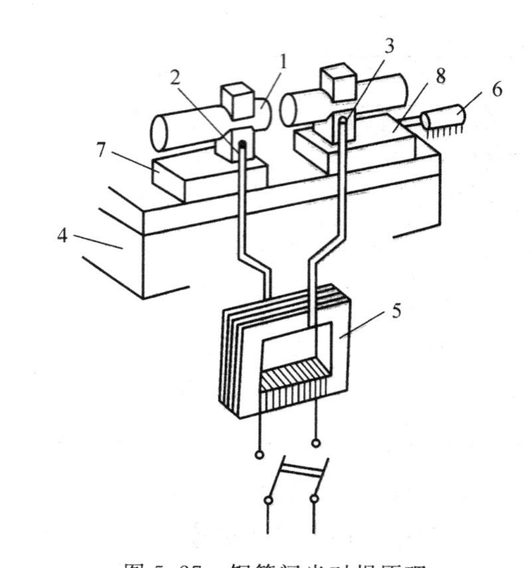

图 5.27　钢筋闪光对焊原理

1—焊接的钢筋；2—固定电极；3—可动电极；4—机座；5—变压器；6—平动顶压机构；7—固定支座；8—滑动支座

2. 闪光对焊接头的质量检验

应分批进行外观检查和力学性能试验，并应按下列规定抽取试件：

(1)在同一台班内，由同一焊工完成的 300 个同级别、同直径钢筋焊接接头应作为一批；当同一台班内焊接的接头数量较少，可在一周之内累计计算；累计仍不足 300 个接头，应按一批计算。

(2)外观检查的接头数量，应从每批中抽查 10%，且不得少于 10 个。

(3)力学性能试验时，应从每批接头中随机取 6 个试件，其中 3 个做拉伸试验，3 个做弯曲试验。

(4)焊接等长的预应力钢筋(包括螺栓端杆与钢筋)时，可按生产时同等条件制作模拟试件。

(5)螺栓端杆接头可只做拉伸试验。

3. 闪光对焊接头外观检查

闪光对焊接头外观检查结果应符合下列要求：

(1)接头处不得有横向裂纹。

(2)与电接触处的钢筋表面，HPB300、HRB335 和 HRB400 钢筋焊接时不得有明显烧伤；RRB400 钢筋焊接时不得有烧伤。

(3)接头处的弯折角不得大于 4°。

(4)接头处的轴线偏移，不得大于钢筋直径的 0.1 倍，且不得大于 2mm。

4. 闪光对焊接头拉伸试验

闪光对焊接头拉伸试验结果应符合下列要求：

(1)3 个热轧钢筋接头试件的抗拉强度均不得小于该级别钢筋规定的抗拉强度。

(2)余热处理 HRB400 钢筋接头试件的抗拉强度均不得小于热轧 HRB400 钢筋规定的

抗拉强度 570MPa。

(3)应至少有 2 个试件断于焊缝之外,并呈延性断裂。

(4)预应力钢筋与螺栓端杆闪光对焊接头拉伸试验结果,3 个试件应全部断于焊缝之外,呈延性断裂。

(5)模拟试件的试验结果不符合要求时,应从成品中再切取试件进行复验,其数量和要求应与初始试验时相同。

(6)闪光对焊接头弯曲试验时,应将受压面的金属毛刺和镦粗变形部分消除,且与母材的外表齐平。

(二)电弧焊

电弧焊是利用弧焊机使焊条与焊件之间产生高温电弧,使焊条和电弧燃烧范围内的焊件熔化,待其凝固便形成焊缝或接头。

电弧焊广泛用于钢筋接头与钢筋骨架焊接、装配式结构接头焊接、钢筋与钢板焊接及各种钢结构焊接。

弧焊机有直流和交流之分,常用的是交流弧焊机。

焊条的种类很多,根据钢材等级和焊接接头形式选择焊条,如结 420、结 500 等。

焊接电流和焊条直径应根据钢筋级别、直径、接头形式和焊接位置进行选择。

钢筋电弧焊的接头形式有三种:搭接焊接头、帮条焊接头及坡口焊接头,如图 5.28 所示。

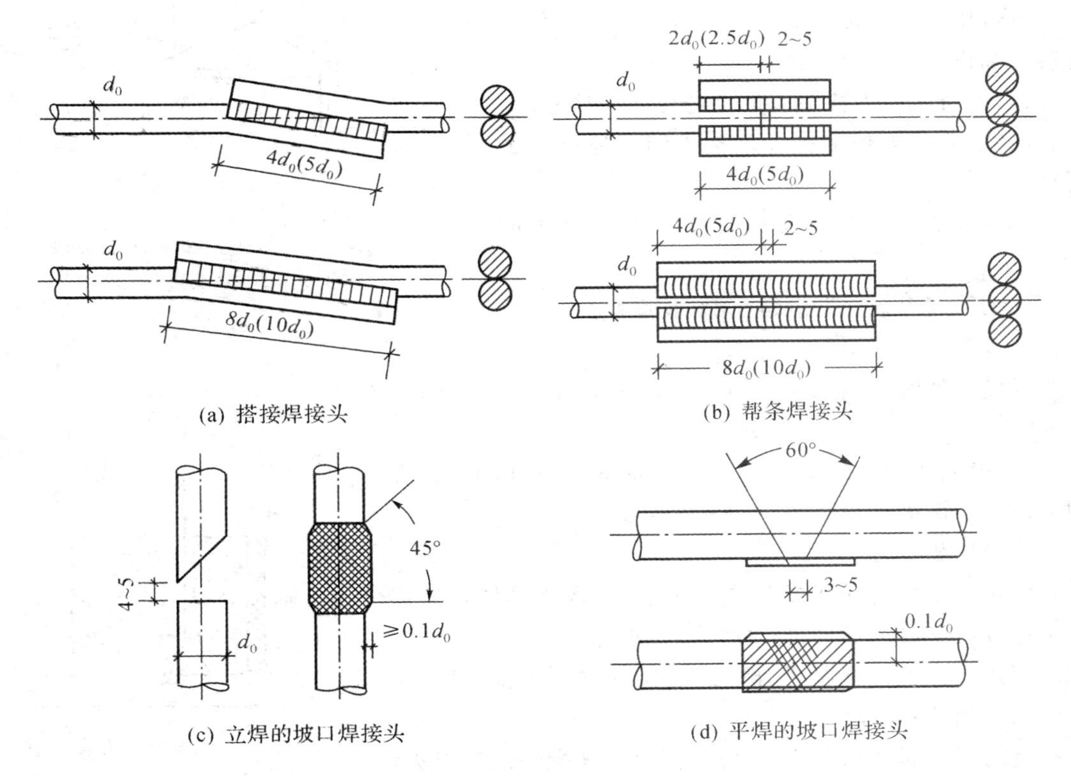

图 5.28　钢筋电弧焊的接头形式

搭接焊接头的长度、帮条的长度、焊缝的宽度和高度，均应符合规范的规定。

(1)电弧焊接头外观检查时，应在清渣后逐个进行目测或量测。

(2)钢筋电弧焊接头外观检查结果应符合下列要求。

①焊缝表面应平整，不得有凹陷或焊瘤。

②焊接接头区域不得有裂纹。

③咬边深度、气孔、夹渣等缺陷允许值及接头尺寸的允许偏差，应符合相关的规定。

④坡口焊、熔槽帮条焊和窄间隙焊接头的焊缝余高不得大于3mm。

(3)钢筋电弧焊接头拉伸试验结果应符合下列要求。

①3个热轧钢筋接头试件的抗拉强度均不得小于该级别钢筋规定的抗拉强度。

②3个接头试件均应断于焊缝之外，并应至少有2个试件呈延性断裂。

(三)电渣压力焊

电渣压力焊是利用电流通过渣池产生的电阻热将钢筋端部熔化，然后施加压力使钢筋焊合。

钢筋电渣压力焊分手工操作和自动控制两种。采用自动电渣压力焊时，主要设备是自动电渣焊机，电渣焊构造如图5.29所示。

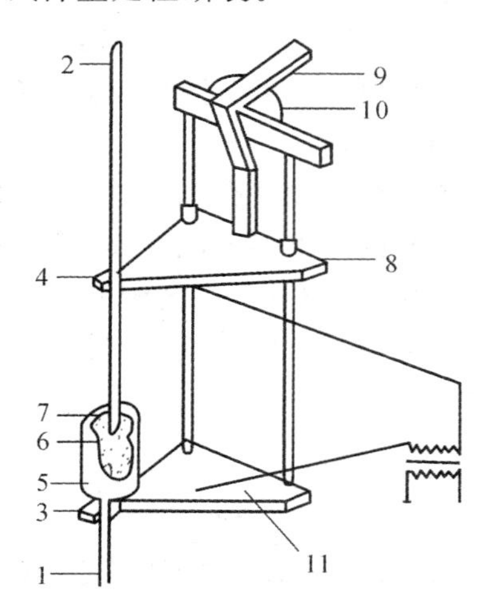

图5.29 电渣焊构造

1、2—钢筋；3—固定电极；4—活动电极；5—药盒；6—导电剂；7—焊药；8—滑动架；9—手柄；10—支架；11—固定架

电渣压力焊的焊接参数为焊接电流、渣池电压和通电时间等，可根据钢筋直径选择。

电渣压力焊的接头应按规范规定的方法检查外观质量和进行试样拉伸试验。

(1)电渣压力焊接头应逐个进行外观检查。

(2)电渣压力焊接头外观检查结果应符合下列要求：

①四周焊包凸出钢筋表面的高度应大于或等于4mm。

②钢筋与电极接触处，应无烧伤缺陷。

③接头处的弯折角不得大于4°。

④接头处的轴线偏移不得大于钢筋直径的0.1倍，且不得大于2mm。

(3)电渣压力焊接头拉伸试验结果，3个试件的抗拉强度均不得小于该级别钢筋规定的抗拉强度。

(四)埋弧压力焊

埋弧压力焊是利用焊剂层下的电弧，将两焊件相邻部位熔化，然后加压顶锻使两焊件焊合，如图5.30所示。

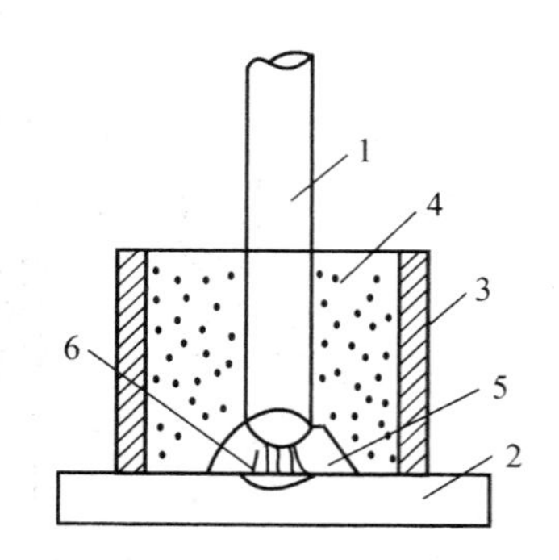

图5.30 埋弧压力焊示意

1—钢筋；2—钢板；3—焊剂盒；4—431焊剂；5—电弧柱；6—弧焰

埋弧压力焊具有焊后钢板变形小、抗拉强度高的特点。

(五)钢筋气压焊

钢筋气压焊是利用乙炔、氧气混合气体燃烧的高温火焰，加热钢筋结合端部，不待钢筋熔融使其高温下加压接合。

气压焊的设备包括供气装置、加热器、加压器和压接器等，如图 5.31 所示。

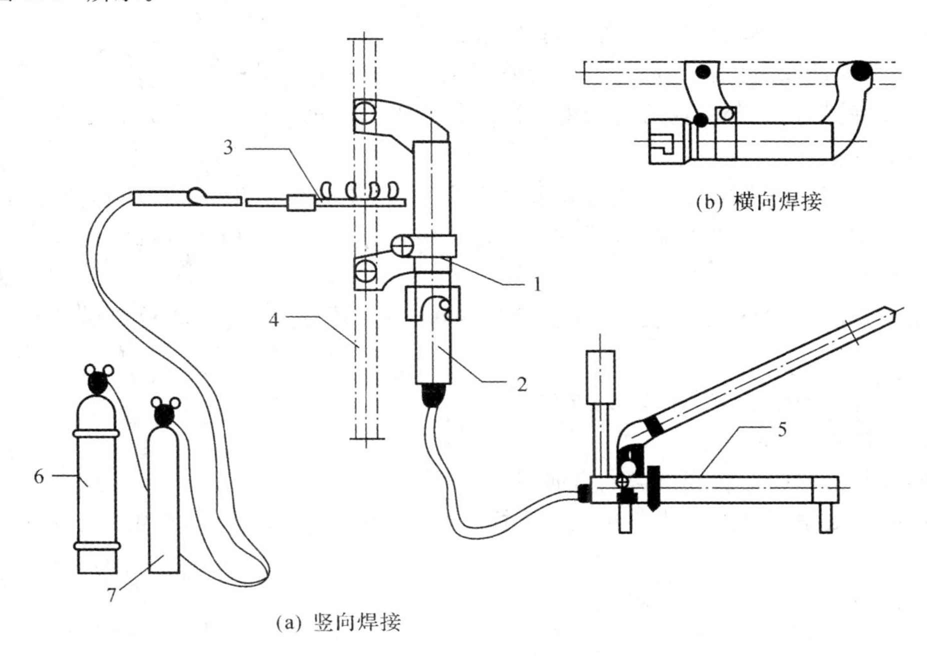

图 5.31　气压焊装置系统

1—压接器；2—顶头油缸；3—加热器；4—钢筋；5—加热器(手动)；6—氧气；7—乙炔

气压焊操作工艺：

(1)施焊前，钢筋端头用切割机切齐，压接面应与钢筋轴线垂直，如稍有偏斜，两钢筋间距不得大于 3mm。

(2)钢筋切平后，端头周边用砂轮磨成小八字角，并将端头附近 50～100mm 范围内钢筋表面上的铁锈、油渍和水泥清除干净。

(3)施焊时，先将钢筋固定于压接器上，并加以适当的压力使钢筋接触，然后将火钳火口对准钢筋接缝处，加热钢筋端部至 1100～1300℃，待表面深红色时，当即加压油泵，对钢筋施以 40MPa 以上的压力。

七、钢筋的加工与安装

钢筋的加工有除锈、调直、下料剪切及弯曲成型。钢筋加工的形状、尺寸应符合设计要求，其偏差应符合表 5.11 的规定。

表 5.11　钢筋加工的允许偏差

项　目	允许偏差(mm)
受力钢筋顺长度方向全长的净尺寸	±10
弯起钢筋的弯折位置	±20
箍筋内净尺寸	±5

（一）除锈

钢筋除锈一般可以通过以下两个途径实现：

(1)大量钢筋除锈可在钢筋冷拉或钢筋调直机调直过程中完成。

(2)少量的钢筋局部除锈可采用电动除锈机或人工用钢丝刷清除等方法进行。

（二）调直

钢筋调直宜采用机械方法，也可以采用冷拉。局部曲折、弯曲或成盘的钢筋在使用前应加以调直。钢筋调直方法很多，常用的方法是使用卷扬机拉直和用调直机调直。

（三）切断

切断前，应将同规格钢筋长短搭配，统筹安排，一般先断长料，后断短料，以减少短头和损耗。

钢筋切断可用钢筋切断机或手动剪切器。

（四）弯曲成型

钢筋弯曲的顺序是画线、试弯、弯曲成型。

画线主要根据不同的弯曲角在钢筋上标出弯折的部位，以外包尺寸为依据，扣除弯曲量度差值。

钢筋弯曲有人工弯曲和机械弯曲。

（五）安装检查

钢筋安置位置的偏差应符合表5.12的规定。

表5.12　钢筋安置位置的允许偏差和检验方法

项　目			允许偏差(mm)	检验方法
绑扎钢筋网	长、宽		±10	钢尺检查
	网眼尺寸		±20	钢尺量连续三挡，取最大值
绑扎钢筋骨架	长		±10	钢尺检查
	宽、高		±5	钢尺检查
受力钢筋	间距		±10	钢尺量两端、中间各一点，取最大值
	排距		±5	
	保护层厚度	基础	±10	钢尺检查
		柱、梁	±5	钢尺检查
		板、墙、壳	±3	钢尺检查
绑扎箍筋、横向钢筋间距			±20	钢尺量连续三挡，取最大值
钢筋弯起点位置			20	钢尺检查
预埋件	中心线位置		5	钢尺检查
	水平高差		+3.0	钢尺和塞尺检查

情境3　混凝土配置、运输、浇筑、振捣与养护

能力目标

通过本情境的学习，能够应用所学知识，按照设计、规范要求，能够确定混凝土施工配置强度；组织做好混凝土配料、搅拌、运输、浇筑与振捣、养护的各项工作；能进行混凝土的质量检查与缺陷防治。

学习内容

混凝土施工配置强度、混凝土原料、施工配料、搅拌、运输、浇筑与振捣、养护以及混凝土质量检查与缺陷防治。

任务引领

教师布置任务，帮助学生理解任务要求，辅导学生完成任务需要掌握的知识。

任务一　某工程柱的混凝土设计强度为C25，试确定混凝土的施工配置强度。

任务二　某工程使用的是32.5级普通硅酸盐水泥。试对其进行进场的检验与验收。

任务三　已知C25混凝土的试验室配合比为1∶2.45∶4.89，水灰比为0.65，经测定砂的含水率为3%，石子的含水率为1%，每$1m^3$混凝土的水泥用量320kg，试计算施工配合比及$1m^3$混凝土材料用量。如采用JZ250型搅拌机，出料容量为$0.25m^3$，则每搅拌一次的装料数量为多少？

任务四　现需用普通硅酸盐水泥现场拌制C25混凝土。请选择搅拌机类型，并制订搅拌制度。

任务五　某框架结构主体工程施工，日需用混凝土量约$500m^3$。试编制混凝土运输、浇筑、振捣和养护的方案。

问题导入

以下问题是完成任务必须掌握的知识，教师引导，学生完成。

1. 何谓混凝土施工配置强度？
2. 混凝土原材料进场需要进行哪些检验？
3. 施工配料时影响混凝土质量的因素有哪些？
4. 混凝土搅拌机的类型及其特点有哪些？
5. 混凝土搅拌制度如何确定？
6. 混凝土运输有何要求？
7. 混凝土运输工具如何选择？
8. 混凝土浇筑前应做好哪些准备工作？
9. 混凝土浇筑的一般规定是什么？
10. 混凝土浇筑施工缝如何留设？如何处理？
11. 混凝土的质量如何检查？缺陷如何防治？

自主学习

学生以小组形式工作(4～6人一组)。通过查资料、规范、学材以及网上资源解答以上问题;初步形成完成以上五项任务的思路和工作计划,组内学生讨论、向教师或辅导教师咨询,修改、完善计划,形成实施计划;实施计划,完成任务。

学生发言

各小组选派一名代表,回答问题,讲解本小组完成任务的过程及结果,小组其他成员补充。

学生互评

小组之间按照统一标准,对各小组回答问题、完成任务的过程及结果进行互评。

学生完成学习情境3成绩评定表

学生姓名________ 教师________ 班级________ 学号____________

序号	考评项目	分值	考核内容	教师评价(权重50%)	组长评价(权重25%)	学生评价(权重25%)
1	学习态度	15	出勤率、听课态度、实操表现等			
2	学习能力	25	上课回答问题、完成工作质量			
3	计算、操作能力	25	计算、实操记录、作品成果质量			
4	团结协作能力	15	自己在所在小组的表现,小组完成工作质量、速度			
合计		80				
综合得分						

知识拓展

教师提供2～3个工程的实例,供学生选择,加强实操练习。在规定期限内,学生确定混凝土施工配置强度、确定混凝土施工配合比,编制混凝土搅拌、运输、浇筑与振捣、养护方案;并检查混凝土施工质量,对存在的缺陷进行正确治理。此项内容占情境3学习成绩的20%。

学 材

一、混凝土施工配置强度

混凝土配备之前按下式确定混凝土的施工配置强度,以达到95%的保证率:

$$f_{cu,o} = f_{cu,k} + 1.645\sigma \tag{5.8}$$

式中:$f_{cu,o}$ 为混凝土的施工配制强度,N/mm²;$f_{cu,k}$ 为设计的混凝土强度标准值,N/mm²;σ

为施工单位的混凝土强度标准差，N/mm^2。

（1）当施工单位具有近期的同一品种混凝土强度的统计资料时，σ 可按下式计算：

$$\sigma = \sqrt{\frac{\sum_{i=1}^{n} f_{cu,i}^{2} - n\mu_{fcu}^{2}}{n-1}} \tag{5.9}$$

式中：$f_{cu,i}$ 为第 i 组混凝土试件强度，N/mm^2；μ_{fcu} 为 n 组混凝土试件强度的平均值，N/mm^2；n 为统计周期内相同混凝土强度等级的试件组数，$n \geqslant 25$。

当混凝土强度等级为C20或C25时，如计算的 $\sigma < 2.5N/mm^2$，取 $\sigma = 2.5N/mm^2$；当混凝土强度等级高于C25时，如计算的 $\sigma < 3.0N/mm^2$，取 $\sigma = 3.0N/mm^2$。

对商品混凝土，统计周期可取一个月；对现场搅拌混凝土的施工单位，统计周期根据实际情况，但不宜超过3个月。

（2）施工单位如无近期混凝土强度统计资料时，σ 可按表5.13取值。

表5.13　σ 值

混凝土强度等级	低于C20	C20～C25	高于C35
σ（N/mm^2）	4.0	5.0	6.0

注：表中 σ 值，反映了我国施工单位对混凝土施工技术和管理的平均水平，采用时可根据本单位情况，做适当调整。

二、混凝土的原料

（1）水泥进场时应对品种、级别、包装或散装仓号、出厂日期等进行检查。

（2）当使用中对水泥质量有怀疑或水泥出厂超过3个月（快硬硅酸盐水泥超过1个月）时，应进行复验，并依据复验结果使用。

（3）在钢筋混凝土结构、预应力混凝土结构中，严禁使用含氯化物的水泥。

（4）混凝土中掺外加剂的质量应符合现行国家标准《混凝土外加剂应用技术规范》（GB 50119—2013）等和有关环境保护的规定。

（5）混凝土中掺用矿物掺和料的质量应符合现行国家标准《用于水泥和混凝土中的粉煤灰》（GB 1596—2005）等的规定。

（6）普通混凝土所用的粗、细骨料的质量应符合《普通混凝土用碎石或卵石质量标准及检验方法》（JGJ 53—1992）、《普通混凝土用砂质量标准及检验方法》（JGJ 52—1992）的规定。

拌制混凝土宜采用饮用水。当采用其他水源时，水质应符合国家标准《混凝土拌和用水标准》（JGJ 63—2006）的规定。

（7）混凝土原材料每盘称量的偏差应符合表5.14的规定。

表5.14　原材料每盘称量的允许偏差

材料名称	允许偏差
水泥、掺和料	±2%
粗、细骨料	±3%
水、外加剂	±2%

三、混凝土的施工配料

混凝土应按国家现行标准《普通混凝土配合比设计规程》的有关规定，根据混凝土强度等级、耐久性和工作性等要求进行配合比设计。

施工配料时影响混凝土质量的因素主要有两方面：一是称量不准；二是未按砂、石骨料实际含水率的变化进行施工配合比的换算。

（一）施工配合比换算

（1）施工时应及时测定砂、石骨料的含水率，并将混凝土实验室配合比换算成在实际含水率情况下的施工配合比。

（2）设混凝土实验室配合比为水泥：砂子：石子＝1：x：y，测得砂子的含水率为 ω_x，石子的含水率为 ω_y，则施工配合比应为 1：$x(1+\omega_x)$：$y(1+\omega_y)$。

【例 5.2】 已知 C20 混凝土的实验室配合比为 1：2.55：5.12，水灰比为 0.65，经测定砂的含水率为 3%，石子的含水率为 1%，每 $1m^3$ 混凝土的水泥用量为 310kg，试计算施工配合比及 $1m^3$ 混凝土材料用量。

【解】 ①施工配合比为

1：2.55(1＋3%)：5.12(1＋1%)＝1：2.63：5.17

②每 $1m^3$ 混凝土材料用量为

水泥：310kg

砂子：310×2.63＝815.3(kg)

石子：310×5.17＝1602.7(kg)

水：310×0.65－310×2.55×3%－310×5.12×1%＝161.9(kg)

（二）施工配料

施工中往往以一袋或两袋水泥为下料单位，每搅拌一次叫作一盘。因此，求出每 $1m^3$ 混凝土材料用量后，还必须根据工地现有搅拌机出料容量确定每次需用几袋水泥，然后按水泥用量算出砂、石子的每盘用量。

在例 5.2 中，若采用 JZ250 型搅拌机，出料容量为 $0.25m^3$，则每搅拌一次的装料数量为

水泥：310×0.25＝77.5(kg)　（取一袋半水泥，即 75kg）

砂子：815.3×75/310＝197.25(kg)

石子：1602.7×75/310＝387.75(kg)

水：161.9×75/310＝36(kg)

四、混凝土的搅拌

混凝土搅拌，是将水、水泥和粗、细骨料进行均匀拌和及混合的过程。同时，通过搅拌还要使材料达到强化、塑化的作用。

（一）混凝土搅拌机

混凝土搅拌机按搅拌原理分为自落式搅拌机和强制式搅拌机两类。

1. 自落式搅拌机

特点：搅拌机内壁上装有叶片，搅拌筒转动，叶片带动物料运动，到一定高度因重力自由落下，物料运动轨迹相互交织，达到拌和均匀的目的。

应用：自落式搅拌机多用于搅拌塑性混凝土和低流动性混凝土，根据其构造的不同又分为若干种，见表 5.15。

2. 强制式搅拌机

特点：转轴上装有叶片，物料筒不动，轴带动叶片转动，叶片带动物料强行运动，物料运动轨迹相互交织，达到拌和均匀的目的。

应用：强制式搅拌机多用于搅拌干硬性混凝土和轻骨料混凝土，也可以搅拌低流动性混凝土。强制式搅拌机又分为立轴式和卧轴式两种。卧轴式有单轴、双轴之分，而立轴式又分为涡桨式和行星式，见表 5.15。

表 5.15　混凝土搅拌机类型

自落式			强制式			
鼓筒式	双锥式		立轴式			卧轴式（单轴、双轴）
	反转出料	倾翻出料	涡桨式	行星式		
				定盘式	盘转式	

（二）混凝土的搅拌

1. 搅拌时间

搅拌时间是指从砂、石、水泥和水等全部材料投入搅拌筒起，到开始卸料为止所经历的时间。

混凝土的搅拌时间与混凝土的搅拌质量密切相关，随搅拌机类型和混凝土的和易性不同而变化。

在一定范围内，随搅拌时间的延长，强度有所提高，但过长时间的搅拌既不经济，而且混凝土的和易性又将降低，影响混凝土的质量；加气混凝土还会因搅拌时间过长而使含气量下降。

混凝土搅拌的最短时间可按表 5.16 采用。

表 5.16　混凝土搅拌的最短时间

混凝土坍落度(cm)	搅拌机机型	最短时间(s)		
		搅拌机容量＜250L	250～500L	＞500L
≤3	自落式	90	120	150
	强制式	60	90	120
＞3	自落式	90	90	120
	强制式	60	60	90

2. 投料顺序

投料顺序应从提高搅拌质量，减少叶片、衬板的磨损，减少拌和物与搅拌筒的粘结，减少水泥飞扬，改善工作环境，提高混凝土强度及节约水泥等方面综合考虑确定。常用的有一次投料法和二次投料法。

(1)一次投料法。它是在上料斗中先装砂,再加石子和水泥,然后再和水一次投入搅拌筒中进行搅拌。

自落式搅拌机常用的加料顺序是先倒石子,再加水泥,最后加砂。优点是水泥位于砂石之间,进入拌筒时可减少水泥飞扬。

(2)二次投料法。二次投料法常用的方法有两种:预拌水泥砂浆法和预拌水泥净浆法。

①预拌水泥砂浆法是指先将水泥、砂和水加入搅拌筒内进行充分搅拌,成为均匀的水泥砂浆后,再加入石子搅拌成均匀的混凝土。

②预拌水泥净浆法是先将水泥和水充分搅拌成均匀的水泥净浆后,再加入砂和石子搅拌成混凝土。

与一次投料法相比,二次投料法可使混凝土强度提高10%~15%,节约水泥15%~20%。

(3)水泥裹砂石法混凝土搅拌工艺。用这种方法拌制的混凝土称为造壳混凝土(简称SEC混凝土)。

它是分两次加水,两次搅拌。先将全部砂、石子和部分水倒入搅拌机拌和,使骨料湿润,称之为造壳搅拌,搅拌时间以45~75s为宜;再倒入全部水泥搅拌20s,加入拌和水和外加剂进行第二次搅拌,60s左右完成。这种搅拌工艺称为水泥裹砂石法。

3. 进料容量

进料容量是将搅拌前各种材料的体积累积起来的容量,又称干料容量。

进料容量与搅拌机搅拌筒的几何容量有一定比例关系。进料容量约为出料容量的1.4~1.8倍(通常取1.5倍),如任意超载(超载10%),就会使材料在搅拌筒内无充分的空间进行拌和,影响混凝土的和易性。反之,装料过少,又不能充分发挥搅拌机的效能。

五、混凝土的运输

(一)混凝土运输的要求

(1)运输中的全部时间不应超过混凝土的初凝时间。

(2)运输中应保持匀质性,不应产生分层离析现象,不应漏浆,运至浇筑地点应具有规定的坍落度,并保证混凝土在初凝前能有充分的时间进行浇筑。

(3)混凝土的运输道路要求平坦,应以最少的运转次数、最短的时间从搅拌地点运至浇筑地点。

(4)从搅拌机中卸出后到浇筑完毕的延续时间不宜超过表5.17的规定。

表5.17 从混凝土在搅拌机中卸出后到浇筑完毕的延续时间

混凝土强度等级	延续时间(min)	
	气温<25℃	气温≥25℃
≤C30	120	90
>C30	90	90

注:①掺用外加剂或采用快硬水泥拌制混凝土时,应按试验确定。

②轻骨料混凝土的运输、浇筑延续时间应适当缩短。

（二）运输工具的选择

混凝土运输分地面水平运输、垂直运输和楼面水平运输等三种。

地面水平运输时，短距离多用双轮手推车、机动翻斗车；长距离宜用自卸汽车、混凝土搅拌运输车。

垂直运输可采用各种井架、龙门架和塔式起重机作为垂直运输工具。对于浇筑量大、浇筑速度比较稳定的大型设备基础和高层建筑，宜采用混凝土泵，也可采用自升式塔式起重机或爬升式塔式起重机运输。

楼面水平运输可采用双轮手推车、皮带运输机、塔式起重机和混凝土泵等。应采取措施保证模板和钢筋位置，防止混凝土离析。

（三）泵送混凝土

混凝土用混凝土泵运输，通常称为泵送混凝土。常用的混凝土泵有液压活塞泵和挤压泵两种。

混凝土输送管有直管、弯管、锥形管和浇筑软管等，一般由合金钢、橡胶、塑料等材料制成，常用混凝土输送管的管径为100～150mm。

管道布置应符合“路线短、弯道少、接头密”的原则。

常用的液压柱塞泵如图5.32所示。

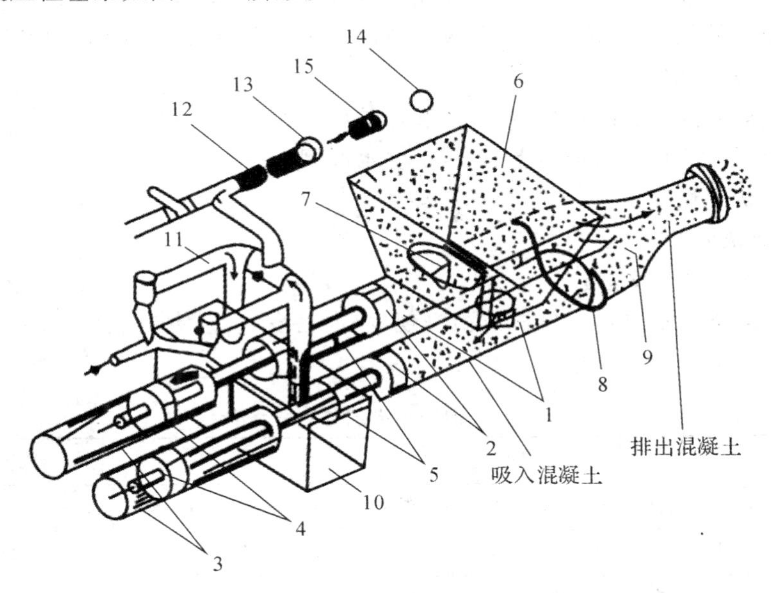

图5.32　液压活塞式混凝土泵工作原理

1—混凝土缸；2—混凝土活塞；3—液压缸；4—液压活塞；5—活塞杆；6—受料斗；7—吸入端水平片阀；8—排出端竖直片阀；9—形输送管；10—水箱；11—水洗装置换向阀；12—水洗用高压软管；13—V水洗用法兰；14—海绵球；15—清洗活塞

泵送混凝土对原材料的要求如下。

（1）粗骨料：碎石最大粒径与输送管内径之比不宜大于1∶3，卵石不宜大于1∶2.5。

（2）砂：以天然砂为宜，砂率宜控制在40%～50%，通过0.315mm筛孔的砂不少于15%。

（3）水泥：最少水泥用量为300kg/m^3，坍落度宜为80～180mm，混凝土内宜适量掺入外加剂，泵送轻骨料混凝土的原材料选用及配合比应通过试验确定。

泵送混凝土施工中应注意的问题：

(1)输送管的布置宜短、直，尽量减少弯管数，转弯宜缓，管段接头要严密，少用锥形管。

(2)混凝土的供料应保证混凝土泵能连续工作，不间断；正确选择骨料级配，严格控制配合比。

(3)泵送前，为减少泵送阻力，应先用适量与混凝土内成分相同的水泥浆或水泥砂浆润滑输送管内壁。

(4)泵送过程中，泵的受料斗内应充满混凝土，防止吸入空气形成阻塞。

(5)防止停歇时间过长，若停歇时间超过 45min，应立即用压力或其他方法冲洗管内残留的混凝土。

(6)泵送结束后，要及时清洗泵体和管道。

(7)用混凝土泵浇筑的建筑物，要加强养护，防止龟裂。

六、混凝土的浇筑与振捣

(一)混凝土浇筑前的准备工作

(1)混凝土浇筑前，应对模板、钢筋、支架和预埋件进行检查。

(2)检查模板的位置、标高、尺寸、强度和刚度是否符合要求，接缝是否严密，预埋件位置和数量是否符合图纸要求。

(3)检查钢筋的规格、数量、位置、接头和保护层厚度是否正确。

(4)清理模板上的垃圾和钢筋上的油污，浇水湿润木模板。

(5)填写隐蔽工程记录。

(二)混凝土浇筑

1. 混凝土浇筑的一般规定

(1)混凝土浇筑前不应发生离析或初凝现象，如已发生，须重新搅拌。混凝土运至现场后，其坍落度应满足表 5.18 的要求。

表 5.18　混凝土浇筑时的坍落度

结构种类	坍落度(mm)
基础或地面的垫层、无配筋的大体积结构(挡土墙、基础等)或配筋稀疏的结构	10～30
板、梁和大型及中型截面的柱子等	30～50
配筋密列的结构(薄壁、斗仓、筒仓、细柱等)	50～70
配筋特密的结构	70～90

混凝土坍落度试验见图 5.33。

(2)混凝土自高处倾落时，其自由倾落高度不宜超过 2m，若混凝土自由下落高度超过 2m，应设串筒、斜槽、溜槽或振动串筒等，如图 5.34 所示。

(3)混凝土的浇筑工作，应尽可能连续进行。

(4)混凝土的浇筑应分段、分层连续进行，随浇随捣，混凝土浇筑层厚度应符合表 5.19 的规定。

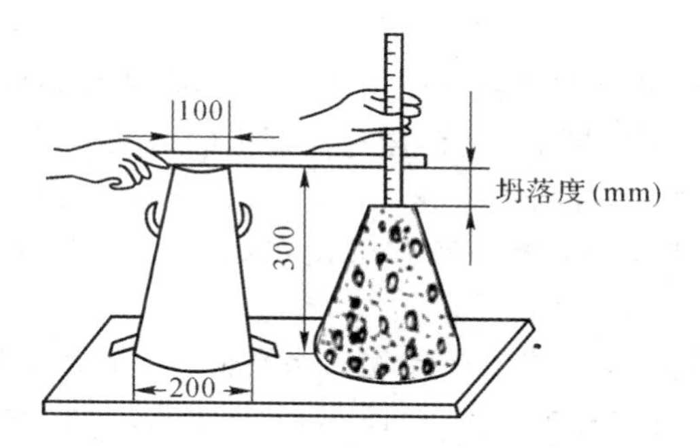

图 5.33　混凝土坍落试验

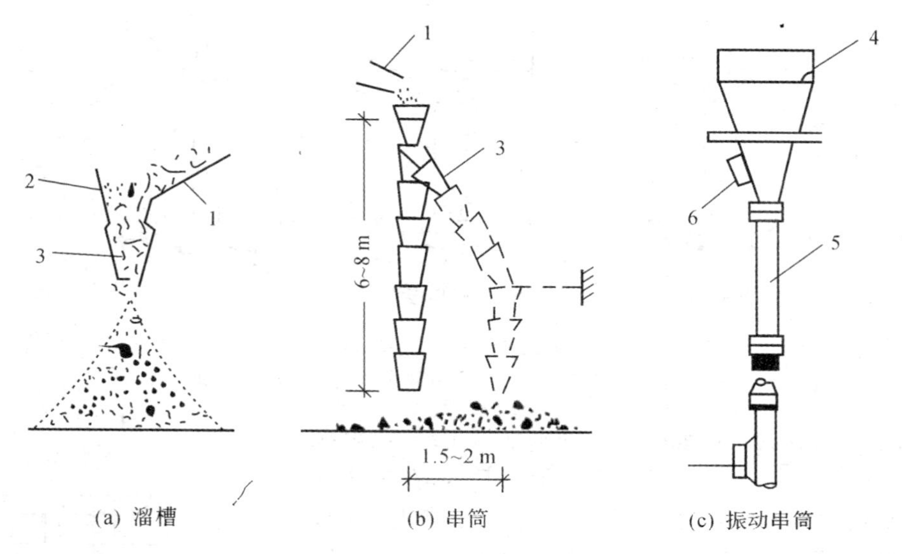

图 5.34　溜槽与串筒

1—溜槽；2—挡板；3—串筒；4—漏斗；5—节管；6—振动器

(5)在竖向结构中浇筑混凝土时，不得发生离析现象。

表 5.19　混凝土浇筑层厚度

项　次	捣实混凝土的方法		浇筑层厚度(mm)
1	插入式振捣		振捣器作用部分长度的 1.25 倍
2	表面振动		200
3	人工捣固	在基础、无筋混凝土或配筋稀疏的结构中	250
		在梁、墙板、柱结构中	200
		在配筋密列的结构中	150
4	轻骨料混凝土	插入式振捣器	300
		表面振动(振动时须加荷)	200

2. 施工缝的留设与处理

在混凝土浇筑过程中，由于技术或施工组织上的原因，不能对混凝土结构一次连续浇筑完毕，而必须停歇较长的时间，其停歇时间超过混凝土的初凝时间，致使混凝土已初凝；当继续浇筑混凝土时，形成了接缝，即为施工缝。

(1)施工缝的留设位置：施工缝一般宜留设在结构受力（剪切力）较小且便于施工的部位。

柱子的施工缝宜留在基础与柱子交接处的水平面上，或梁的下面，或吊车梁牛腿的下面、吊车梁的上面、无梁楼盖柱帽的下面，如图 5.35 所示。

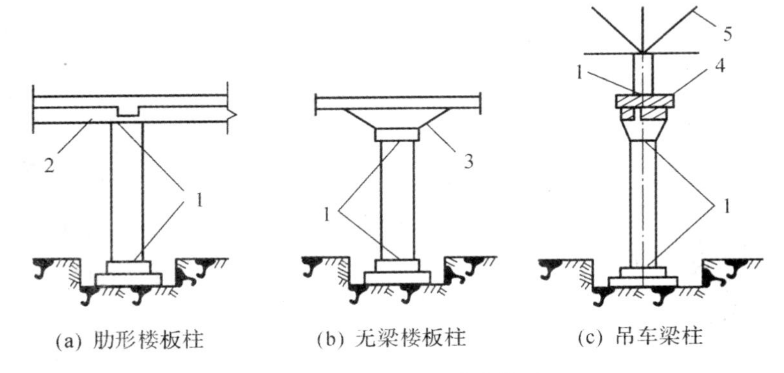

图 5.35 柱子施工缝的位置

1—施工缝；2—梁；3—柱帽；4—漏斗；5—吊车梁；6—屋架

高度大于 1m 的钢筋混凝土梁的水平施工缝，应留在楼板底面下 20～30mm 处，当板下有梁托时，留在梁托下部；单向平板的施工缝，可留在平行于短边的任何位置处；对于有主次梁的楼板结构，宜顺着次梁方向浇筑，施工缝应留在次梁跨度的中间 1/3 范围内，如图 5.36 所示。

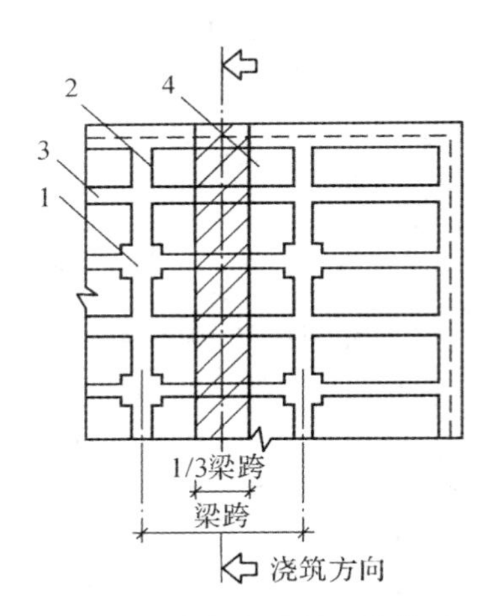

图 5.36 有梁板的施工缝位置

1—柱；2—主梁；3—次梁；4—板

(2)施工缝的处理：施工缝处继续浇筑混凝土时，应待已浇筑混凝土的抗压强度不小于 1.2MPa 方可进行；应除去施工缝表面的水泥薄膜、松动石子和软弱的混凝土层，并加以充分湿润和冲洗干净，不得有积水；浇筑时，施工缝处宜先铺水泥浆（水泥 ∶ 水＝1 ∶ 0.4），或与混凝土成分相同的水泥砂浆一层，厚度为 30～50mm，以保证接缝的质量；浇筑过程中，施工缝应仔细捣实，使其新旧混凝土紧密结合。

3. 混凝土的浇筑方法

(1)多层钢筋混凝土框架结构的浇筑：浇筑框架结构首先要划分施工层和施工段。施工层一般按结构层划分，而每一施工层的施工段划分，则要考虑工序数量、技术要求、结构特点等。

混凝土的浇筑顺序：先浇捣柱子，在柱子浇捣完毕后，停歇 1～1.5h，使混凝土达到一定强度后，再浇捣梁和板。

(2)大体积钢筋混凝土结构的浇筑：大体积钢筋混凝土结构多为工业建筑中的设备基础及高层建筑中厚大的桩基承台或基础底板等。特点是混凝土浇筑面和浇筑量大，整体性要求高，不能留施工缝，以及浇筑后水泥的水化热量大且聚集在构件内部，形成较大的内外温差，易造成混凝土表面产生裂缝等。

为保证混凝土浇筑工作连续进行，不留施工缝，应在下一层混凝土初凝之前，将上一层混凝土浇筑完毕。要求混凝土按不小于下述的浇筑量进行浇筑：

$$Q = \frac{FH}{T} \tag{5.10}$$

式中：Q 为混凝土最小浇筑量，m^3/h；F 为混凝土浇筑区的面积，m^2；H 为浇筑层厚度，m；T 为下层混凝土从开始浇筑到初凝所容许的时间间隔，h。

大体积钢筋混凝土结构的浇筑方案，一般分为全面分层、分段分层和斜面分层三种，如图 5.37 所示。

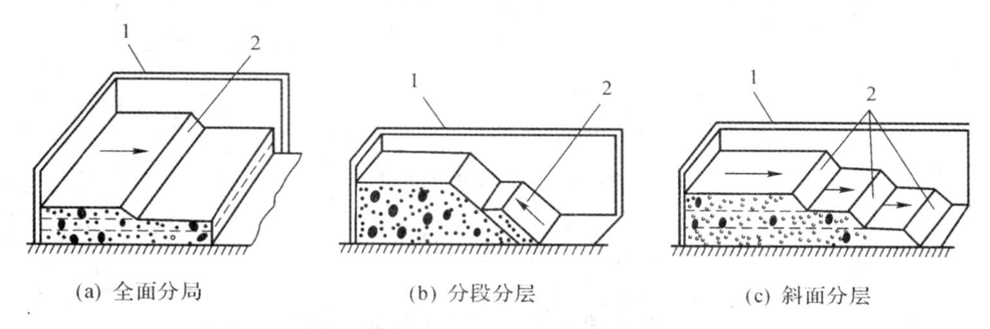

图 5.37　大体积混凝土浇筑方案

1—模板；2—新浇筑的混凝土

全面分层：即在第一层浇筑完毕后，再回头浇筑第二层，如此逐层浇筑，直至完工为止。

分段分层：混凝土从底层开始浇筑，进行 2～3m 后再回头浇第二层，同样依次浇筑各层。

斜面分层：要求斜坡坡度不大于 1/3，适用于结构长度大大超过厚度 3 倍的情况。

(三)混凝土的振捣

振捣方式分为人工振捣和机械振捣两种。

1. 人工振捣

利用捣锤或插钎等工具的冲击力来使混凝土密实成型，其效率低、效果差。

2. 机械振捣

将振动器的振动力传给混凝土，使之发生强迫振动而密实成型，其效率高、质量好。

混凝土振动机械按其工作方式分为内部振动器、表面振动器、外部振动器和振动台等，如图 5.38 所示。这些振动机械的构造原理，主要是利用偏心轴或偏心块的高速旋转，使振动器因离心力的作用而振动。

(1)内部振动器。内部振动器又称插入式振动器，其构造如图 5.39 所示。适用于振捣梁、柱、墙等构件和大体积混凝土。

插入式振动器操作要点：插入式振动器的振捣方法有两种。一是垂直振捣，即振动棒与混凝土表面垂直；二是斜向振捣，即振动棒与混凝土表面所成角约为 40°～45°。

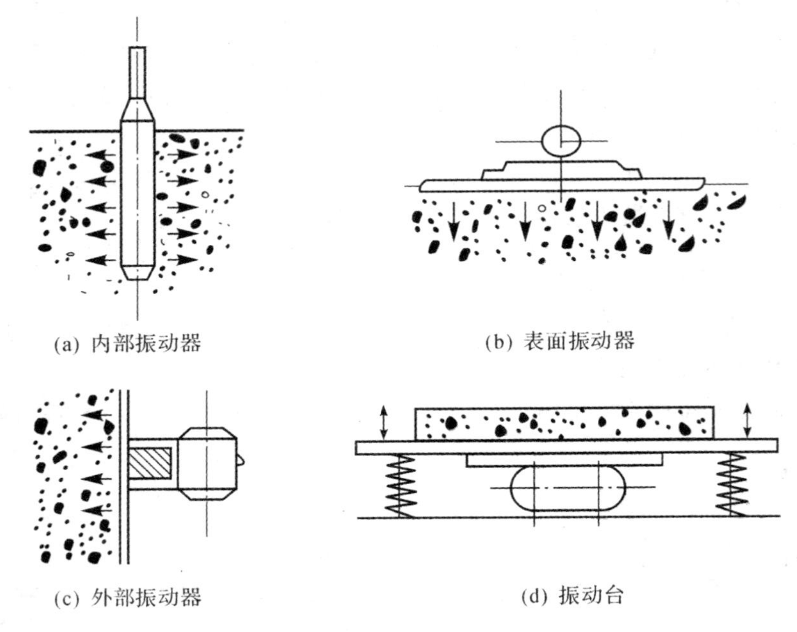

图 5.38　振动机械示意

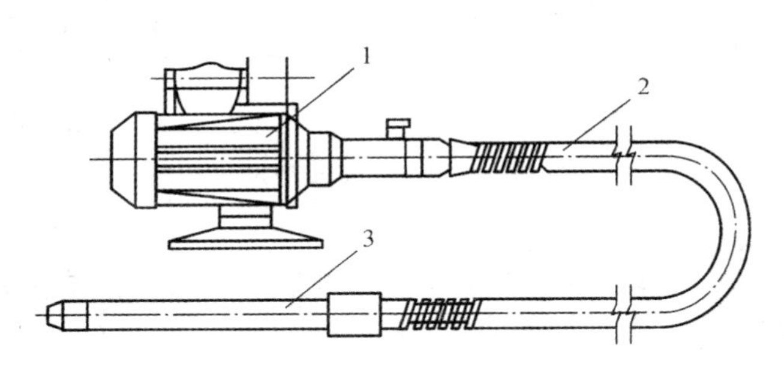

图 5.39　插入式振动器

1—电动机；2—软轴；3—振动棒

振捣器的操作要做到快插慢拔，插点要均匀，逐点移动，顺序进行，不得遗漏，达到均匀振实的目的。振动棒的移动，可采用行列式或交错式，如图 5.40 所示。

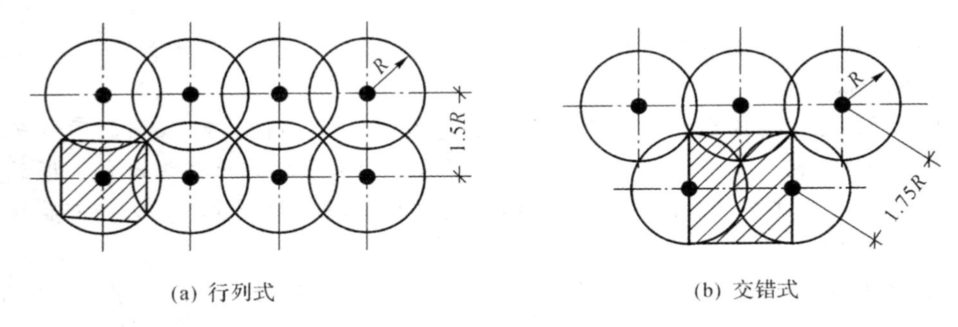

图 5.40　振捣点的布置

R—振动棒有效作用半径

混凝土分层浇筑时，应将振动棒上下来回抽动 50～100mm；同时，还应将振动棒深入下层混凝土中 50mm 左右，如图 5.41 所示。每一振捣点的振捣时间一般为 20～30s。

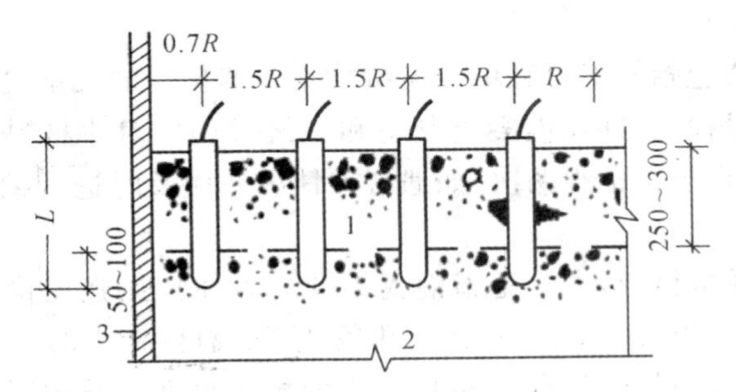

图 5.41　插入式振动器的插入深度

1—新浇筑的混凝土；2—下层已振捣但尚未初凝的混凝土；3—模板；
R—有效作用半径；L—振动棒长度

使用振动器时，不允许将其支承在结构钢筋上或碰撞钢筋，不宜紧靠模板振捣。

(2)表面振动器。表面振动器又称平板振动器，是将电动机轴上装有左右两个偏心块的振动器固定在一块平板上而成。其振动作用可直接传递于混凝土面层上。

这种振动器适用于振捣楼板、空心板、地面和薄壳等薄壁结构。

(3)外部振动器。外部振动器又称附着式振动器，它被直接安装在模板上进行振捣，利用偏心块旋转时产生的振动力通过模板传给混凝土，达到振实的目的。

它适用于振捣断面较小或钢筋较密的柱子、梁、板等构件。

(4)振动台。振动台一般在预制厂用于振实干硬性混凝土和轻骨料混凝土。

宜采用加压振动的方法，加压力为 1～3kN/m^2。

七、混凝土的养护

混凝土浇捣后能逐渐凝结硬化，主要是水泥水化作用的结果，而水化作用需要适当的湿度和温度。

混凝土养护，就是为水泥水化反应提供一定的温度、湿度和时间。

在混凝土浇筑完毕后，应在 12h 以内加以覆盖和浇水；干硬性混凝土应于浇筑完毕后立即进行养护。

常用的混凝土养护方法是自然养护法。

自然养护又可分为洒水养护和喷洒塑料薄膜养护两种。

(1)洒水养护。它是用吸水保温能力较强的材料(如草帘、芦席、麻袋、锯末等)将混凝土覆盖，经常洒水使其保持湿润。

(2)喷洒塑料薄膜养护。它适用于不易洒水养护的高耸构筑物和大面积混凝土结构及缺水地区。它是将过氯乙烯树脂塑料溶液用喷枪喷洒在混凝土表面上，溶液挥发后在混凝土表面形成一层塑料薄膜，使混凝土与空气隔绝，阻止其中水分的蒸发，以保证水化作用的正常进行。

混凝土必须养护至其强度达到 1.2N/mm^2 以上，才准在上面行走和架设支架、安装模板，但不得冲击混凝土。

八、混凝土的质量检查与缺陷防治

(一)混凝土的质量检查

混凝土的质量检查包括施工过程中的质量检查和养护后的质量检查。

施工过程中的质量检查，即在混凝土制备和浇筑过程中对原材料的质量、配合比、坍落度等的检查，每一工作班至少检查两次，如遇特殊情况还应及时进行抽查。混凝土的搅拌时间应随时检查。

混凝土养护后的质量检查，主要是指混凝土的立方体抗压强度检查。混凝土的抗压强度应以标准立方体试件(边长 150mm)，在标准条件下(温度(20±3)℃和相对湿度 90%以上的湿润环境)养护 28d 后测得的具有 95%保证率的抗压强度。结构混凝土的强度等级必须符合设计要求。

现浇混凝土结构的允许偏差，应符合表 5.20 的规定；当有专门规定时，尚应符合相应的规定。

混凝土表面外观质量要求：不应有蜂窝、麻面、孔洞、露筋、缝隙及夹层、缺棱掉角和裂缝等。

表 5.20　现浇混凝土结构的尺寸允许偏差和检验方法

项目			允许偏差(mm)	抽验方法
轴线位置	基础		15	钢尺检查
	独立基础		10	
	墙、柱、梁		8	
	剪力墙		5	
垂直度	层高	≤5m	8	经纬仪或吊线、钢尺检查
		>5m	10	经纬仪或吊线、钢尺检查
	全高 H		H/1000 且≤30	经纬仪、钢尺检查
标高	层高		±10	水准仪或拉线、钢尺检查
	全高		±30	
截面尺寸			+8 −5	钢尺检查
电梯井	井筒长、宽对定位中心线		+25 0	钢尺检查
	井筒全高		H/1000 且≤30	经纬仪或吊线、钢尺检查
表面平整度			8	2m 靠尺和塞尺检查
预埋设施中心线位置	预埋件		10	钢尺检查
	预埋螺栓		5	
	预埋管		5	
预留洞中心线位置			15	钢尺检查

(二)现浇混凝土结构质量缺陷及产生原因

现浇结构的外观质量缺陷,应由监理(建设)单位、施工单位等各方根据其对结构性能和使用功能影响的严重程度,按表5.21确定。

表5.21　现浇结构的外观质量缺陷

名　称	现　象	严重缺陷	一般缺陷
露筋	构件内钢筋未被混凝土包裹而外露	纵向受力钢筋有露筋	其他钢筋有少量露筋
蜂窝	混凝土表面缺少水泥砂浆而形成石子外露	构件主要受力部位有蜂窝	其他部位有少量蜂窝
孔洞	混凝土中孔穴深度和长度均超过保护层厚度	构件主要受力部位有孔洞	其他部位有少量孔洞
夹渣	混凝土中夹有杂物且深度超过保护层厚度	构件主要受力部位有夹渣	其他部位有少量夹渣
疏松	混凝土中局部不密实	构件主要受力部位有疏松	其他部位有少量疏松
裂缝	缝隙从混凝土表面延伸至混凝土内部	构件主要受力部位有影响结构性能的裂缝	其他部位有少量不影响结构性能的裂缝
连接部位缺陷	构件连接处混凝土缺陷及连接钢筋、连接件松动	连接部位有影响结构传力性能的缺陷	基本不影响结构传力性能的缺陷
外形缺陷	缺棱掉角、棱角不直、翘曲不平等	清水混凝土构件有影响使用功能的外形缺陷	有不影响使用功能的外形缺陷
外表缺陷	构件表面麻面、掉皮、起砂、沾污等	具有重要装饰效果的清水混凝土构件有外表缺陷	其他有不影响使用功能的外表缺陷

混凝土质量缺陷产生的原因主要如下:

(1)蜂窝。由于混凝土配合比不准确,浆少而石子多,或搅拌不均造成砂浆与石子分离,或浇筑方法不当,或振捣不足,以及模板严重漏浆。

(2)麻面。模板表面粗糙不光滑,模板湿润不够,接缝不严密,振捣时发生漏浆。

(3)露筋。浇筑时垫块位移,甚至漏放,钢筋紧贴模板,或者因混凝土保护层处漏振或振捣不密实而造成露筋。

(4)孔洞。混凝土结构内存在空隙,砂浆严重分离,石子成堆,砂与水泥分离;另外,有泥块等杂物掺入也会形成孔洞。

(5)缝隙和薄夹层。主要是混凝土内部处理不当的施工缝、温度缝和收缩缝,以及混凝土内有外来杂物而造成的夹层。

(6)裂缝。构件制作时受到剧烈振动,混凝土浇筑后模板变形或沉陷,混凝土表面水分蒸发过快,养护不及时等,以及构件堆放、运输、吊装时位置不当或受到碰撞。

产生混凝土强度不足的原因是多方面的,主要是由于混凝土配合比设计、搅拌、现场浇捣和养护等四个方面的原因造成的:

(1)配合比设计方面有时不能及时测定水泥的实际活性,影响了混凝土配合比设计的正确性;另外,套用混凝土配合比时选用不当及外加剂用量控制不准等,都有可能导致混凝土强度不足;分离,或浇筑方法不当,或振捣不足,以及模板严重漏浆也是导致混凝土强度不足的原因。

(2)搅拌方面任意增加用水量,配合比称料不准,搅拌时颠倒加料顺序及搅拌时间过短等造成搅拌不均匀,导致混凝土强度降低。

(3)现场浇捣方面主要是施工中振捣不实,以及发现混凝土有离析现象时,未能及时采取有效措施来纠正。

(4)养护方面主要是不按规定的方法、时间对混凝土进行妥善的养护,以致造成混凝土强度降低。

(三)混凝土质量缺陷的防治与处理

(1)表面抹浆修补。对数量不多的小蜂窝、麻面、露筋、露石的混凝土表面,主要是保护钢筋和混凝土不受侵蚀,可用 1∶2～1∶2.5 水泥砂浆抹面修整。

(2)细石混凝土填补。当蜂窝比较严重或露筋较深时,应凿掉不密实的混凝土,用清水洗净并充分湿润后,再用比原强度等级高一级的细石混凝土填补并仔细捣实。

(3)水泥灌浆与化学灌浆。对于宽度大于 0.5mm 的裂缝,宜采用水泥灌浆;对于宽度小于 0.5mm 的裂缝,宜采用化学灌浆。

九、新型混凝土施工简介

(一)喷射混凝土

原理:利用压缩空气把混凝土由喷射机的喷嘴以较高的速度喷射到岩石、工程结构或模板的表面。

应用:隧道、涵洞、竖井等地下建筑物的混凝土支护、薄壳结构和喷锚支护等。

特点:不需用模板,具有施工简单、劳动强度低、施工进度快等优点。

分类:

(1)干式。它是将水泥、砂、石按一定配合比拌和而成的混合料装入喷射机中,混凝土在"微潮"状态下输送至喷嘴处加水加压喷出,水灰比宜小,石子须用连续级配,粒径不得过大,水泥用量不宜太小,一般可获得 28～34MPa 的混凝土强度和良好的粘着力。但因喷射速度大,粉尘污染及回弹情况较严重,使用上受一定限制。

(2)湿式。它是用泵式喷射机将水灰比为 0.45～0.50 的混凝土拌和物输送至喷嘴处,然后在此加入速凝剂,在压缩空气助推下喷出。宜采用普通水泥,要求良好的骨料,10mm 以上的粗骨料控制在 30%以下,最大粒径小于 25mm,不宜使用细砂。

(二)耐酸混凝土

组成:水玻璃,耐酸粉,耐酸粗、细骨料和氟硅酸钠。

配合比:水玻璃用量须根据坍落度要求确定,一般为 250～300kg/m^3。氟硅酸钠用量宜为水玻璃重量的 15%;掺和料的用量一般为 450～550kg/m^3。粗细骨料和掺和料的混合物,用振动法使其密实至体积不变时的空隙率,不得超过 22%。

施工要求:耐酸混凝土的凝结和硬化原理是水玻璃与固化剂氟硅酸钠作用,产生具有胶结能力的"硅胶"对骨料产生胶结作用,形成具有一定强度的人造石。硅胶的凝结和硬化,只需在适宜的温度(15～30℃)和干燥的空气中进行,不受潮,更不得浇水养护,具有"气硬"特性;不得受太阳曝晒,以免急剧脱水而龟裂;不得在低于 10℃的低温环境下施工,耐酸混凝土的初凝时间约为 30min,终凝时间约为 8h。所有拌和物必须在 30min 内用完,否则将会硬化变质。耐酸混凝土的拌制方法，无论机械搅拌或人工搅拌，投料顺序必须先将干料（氟硅酸钠，掺和粉料，粗、细骨料等）拌匀，这样才能搅拌均匀。

应用：浇筑地面整体面层、设备基础及化工、冶金等工业中的大型设备和建筑物的外壳及内衬等防腐蚀工程。

（三）耐热混凝土

耐热混凝土又称耐火混凝土，它是一种能长期承受高温作用（200℃以上），并在高温下保持所需要的物理性能的特种混凝土。

应用：热工设备和受高温作用的结构物，如冶金工业的高炉、转炉、焦炉等基础工程和烟囱的内衬等。

分类：建筑工程使用的耐热混凝土主要有水泥耐热混凝土和水玻璃耐热混凝土等。

（1）水泥耐热混凝土：胶结料用 C40 以上普通水泥和矿渣水泥加入适量的耐热掺和料，如高炉水淬矿渣、黏土熟料、黏土砖粉、粉煤灰等。掺入量为水泥重量的 30%～40%。粗、细骨料一般可采用高炉重矿渣、玄武岩、黏土砖等。普通水泥耐热混凝土和矿渣水泥耐热混凝土，适用于温度变化不剧烈、无酸碱侵蚀的工程中，矾土水泥耐热混凝土宜用于厚度小于 400mm 的结构、无酸碱侵蚀的结构工程中。

（2）水玻璃耐热混凝土：主要成分是水玻璃，氟硅酸钠，掺和料和粗、细骨料。水玻璃的比重以 1.38～1.48 为宜，也可采用可溶性硅酸钠做成的水玻璃。氟硅酸钠的纯度按重量计不少于 95%，其含水率不大于 1%，氟硅酸钠占水玻璃重量的 12%～15%。掺和料可采用黏土熟料、黏土砖粉等。粗、细骨料可采用玄武岩、黏土砖等，适用于同时受酸（氢氟酸除外）作用的工程，不得用于经常有水蒸气及水作用的部位。

搅拌：水泥耐热混凝土拌制宜采用机械搅拌，拌制时先将水泥、掺和料、粗骨料和 90%的水加入搅拌筒内搅拌 2min，然后边搅边倒入细骨料和剩下的 10%水，再拌 3～5min 至颜色均匀为止；水玻璃耐热混凝土宜用强制式搅拌机拌制，搅拌顺序是先将氟硅酸钠、掺和料、粗细骨料倒入搅拌筒内搅拌 2min，再按配合比加入水玻璃，然后拌制 2～3min，到搅制均匀为止。混凝土的坍落度在机械振捣时不应大于 2cm，用人工振捣时不大于 4cm，浇灌时应分层，每层厚度宜为 25～30cm。

养护：水泥耐热混凝土的养护宜在 15～25℃的潮湿环境中进行。普通水泥耐热混凝土养护不少于 6d；矿渣水泥耐热混凝土不少于 14d；矾土水泥耐热混凝土要加强初期养护，时间不少于 3d。水玻璃耐热混凝土宜在 15～30℃的干燥环境中养护 10～15d，并要防止曝晒，避免脱水过快而龟裂。

水泥耐热混凝土在温度低于 7℃、水玻璃耐热混凝土在低于 10℃的条件下施工时，应按冬季施工处理。

（四）高性能混凝土

组成：水泥、超细矿物粉、粗骨料、细骨料和新型高效减水剂。

应用：大跨度桥梁、海底隧道、地下建筑、机场飞机跑道、高速公路路面、高层建筑、港口堤坝以及核电站等建筑物和构筑物。

特点：高强度、高工作性、高耐久性、高适用性、高体积稳定性、大流动性和可泵性、保塑性、不分层、不离析。

高性能混凝土就是能更好地满足结构功能要求和施工工艺要求的混凝土，能最大限度地延长混凝土结构的使用年限，降低工程造价。

（五）纤维混凝土

纤维和水泥基料（水泥石、砂浆或混凝土）组成的复合材料的统称。

所用纤维按其材料性质可分为：

（1）金属纤维。如钢纤维（钢纤维混凝土）、不锈钢纤维（适用于耐热混凝土）。

（2）无机纤维。主要有天然矿物纤维（温石棉、青石棉、铁石棉等）和人造矿物纤维（抗碱玻璃纤维及抗碱矿棉等碳纤维）。

（3）有机纤维。主要有合成纤维（聚乙烯、聚丙烯、聚乙烯醇、尼龙、芳族聚酰亚胺等）和植物纤维（西沙尔麻、龙舌兰等），合成纤维混凝土不宜使用于高于60℃的热环境中。

纤维在纤维混凝土中的主要作用在于，限制在外力作用下水泥基料中裂缝的扩展，与普通混凝土相比，纤维混凝土具有较高的抗拉与抗弯极限强度，尤以韧性提高的幅度为大。

（六）聚合物混凝土

聚合物混凝土是由有机聚合物、无机胶凝材料、骨料有效结合而形成的一种新型混凝土材料的总称。具有强度高、耐腐蚀、耐磨、耐火、耐水、抗冻、绝缘等优点。聚合物混凝土主要分为聚合物浸渍混凝土、聚合物胶结混凝土和聚合物水泥混凝土三类。

（1）聚合物浸渍混凝土。它是将已硬化的普通混凝土，经干燥和真空处理后，浸渍在以树脂为原料的液态单体中，然后用加热或辐射（或加催化剂）的方法，渗入混凝土孔隙内的单体产生聚合作用，使混凝土和聚合物结合成一体的一种新型混凝土。按其浸渍方法的不同，又分为完全浸渍和部分浸渍两种。

（2）聚合物胶结混凝土。它是以聚合物（树脂或单体）代替水泥作为胶结材料与骨料结合，浇筑后经养护和聚合而成的一种混凝土。

常用一种或几种有机物及其固化剂、天然或人工集料（石英粉、辉绿岩粉等）混合、成型、固化而成。常用的有机物有不饱和聚酯树脂、环氧树脂、呋喃树脂、酚醛树脂等，或甲基丙烯酸甲酯、苯乙烯等单体。聚合物在此种混凝土中的含量为重量的8%～25%。

聚合物混凝土具有快硬、高强和显著改善抗渗、耐蚀、耐磨、抗冻融以及粘结等性能，可现场应用于混凝土工程快速修补、地下管线工程快速修建、隧道衬里等。

（3）聚合物水泥混凝土。以聚合物（或单体）和水泥共同作为胶凝材料的聚合物混凝土。

聚合物掺加量一般为水泥重量的5%～20%。使用的聚合物一般为合成橡胶乳液，如氯丁胶乳（CR）、丁苯胶乳（SBR）、丁腈胶乳（NBR）；或热塑性树脂乳液，如聚丙烯酸酯类乳液（PAE）、聚乙酸乙烯乳液（PVAC）等。此外环氧树脂及不饱和聚酯一类树脂也可应用。

聚合物水泥混凝土具有抗拉强度高、耐磨、耐蚀、抗渗、抗冲击等性能，并具有良好的和易性。可应用于现场灌筑构筑物、路面及桥面修补，混凝土储罐的耐蚀面层，新老混凝土的粘结以及其他特殊用途的预制品。

情境4　钢筋混凝土工程的安全技术

能力目标

通过本情境的学习，能够应用所学知识，按照设计、规范要求，遵守钢筋、模板和混凝土施工的安全技术，掌握确保钢筋混凝土工程施工质量和安全的技能和方法。

学习内容

钢筋加工安全技术；模板施工安全技术；混凝土施工安全技术。

任务引领

教师布置任务，帮助学生理解任务要求，辅导学生完成任务需要掌握的知识。

任务一　完成钢筋加工安全技术交底的工作。

任务二　完成模板施工安全技术交底的工作。

任务三　完成混凝土施工安全技术交底的工作。

问题导入

以下问题是完成任务必须掌握的知识，教师引导，学生完成。

1.夹具、台座、机械的安全要求有哪些？

2.钢筋焊接必须遵循的规定是什么？

3.模板施工安全技术有哪些？

4.垂直运输设备有何规定？

5.混凝土搅拌机的安全规定是什么？

6.混凝土喷射机作业安全注意事项有哪些？

7.混凝土泵送设备作业的安全要求有哪些？

8.混凝土振捣器的使用有何规定？

自主学习

学生以小组形式工作(4～6人一组)。通过查资料、规范、学材以及网上资源解答以上问题；初步形成完成以上三项任务的思路和工作计划，组内学生讨论、向教师或辅导教师咨询，修改、完善计划，形成实施计划；实施计划，完成任务。

学生发言

各小组选派一名代表，先由其向小组成员进行技术交底，然后互换角色，扮演交底人和被交底人，反复训练。

学生互评

小组之间按照统一标准，对各小组回答问题、完成任务的过程及结果进行互评。

学生完成学习情境4成绩评定表

学生姓名________ 教师________ 班级________ 学号____________

序号	考评项目	分值	考核内容	教师评价（权重50%）	组长评价（权重25%）	学生评价（权重25%）
1	学习态度	15	出勤率、听课态度、实操表现等			
2	学习能力	25	上课回答问题、完成工作质量			
3	计算、操作能力	25	计算、实操记录、作品成果质量			
4	团结协作能力	15	自己在所在小组的表现，小组完成工作质量、速度			
合计		80				
综合得分						

知识拓展

教师提供3～5个类似项目的实例，供学生选择，加强实操练习。在规定期限内，学生编写安全技术交底方案。此项内容占情境4学习成绩的20%。

学　材

一、钢筋加工安全技术

1.夹具、台座、机械的安全要求

(1)机械的安装稳固。

(2)外业应设机棚，有堆放场地。

(3)钢筋加工时，听指挥。

(4)作业后，清场、断电、锁闸。

(5)冷拉、冷拔及预应力筋加工，遵守规定。

2.焊接必须遵循的规定

(1)焊机必须接地，导线绝缘可靠。

(2)焊机变压器不得超负荷，升温≤60℃。

(3)点焊、对焊时，必须开放冷却水。

(4)对焊机闪光区域，须设铁皮隔挡。

(5)室内电弧焊时，应有排气装置。

二、模板施工安全技术

(1)戴安全帽，系安全带。

(2)身体适宜。

(3)工具良好，系挂牢固。

(4)安拆5m以上的模板，应搭脚手架，设防护栏。

(5)高空、复杂模板的安拆，应有安全措施。
(6)六级以上大风时，应暂停作业，雪、霜、雨后应先清场，不滑时再进行工作。
(7)两人抬运模板时要互相配合、协同工作。
(8)不得在脚手架上堆放大批模板等材料。
(9)支撑、牵杠等不得搭在门框架和脚手架上。
(10)支模过程中，如需中途停歇，就将支撑、搭头、柱头板等钉牢。
(11)模板上有预留洞者，应在安装后将空洞口盖好。
(12)拆除模板一般用长撬棍，人不许站在正在拆除的模板上。
(13)钢模板上用电作业，应用36V低压电源。

三、混凝土施工安全技术

1. 垂直运输设备的规定
(1)安全保护装置完善可靠。
(2)有无负荷、静负荷、动负荷试验及安全保护装置的可靠性试验。
(3)建立定期检修和保养责任制。
(4)操作司机必须持证上岗。
2. 混凝土机械
(1)混凝土搅拌机的安全规定。
①严禁头、手伸入料斗。
②料斗升起时，严禁在其下方工作。
③加料应在运转中进行。
④发生故障，切断电源、除净混凝土进行检修。
(2)混凝土喷射机作业安全注意事项。
①操作人员应相互协调配合。
②喷嘴前方或左右5m范围内不得站人。
③暂停时间≥1h，必须喷出输料软管内全部干混合料。
④合理清除输料软管内堵塞物。
⑤转移作业时，输料软管不得随地拖拉和折弯。
⑥作业后，除净仓内、输料软管内和喷射机上粘附的混凝土。
(3)混凝土泵送设备作业的安全要求。
①支腿支撑牢固。
②布料杆处于全伸状态时，严禁移动车身。
③应随时监视各种仪表和指示灯。
④泵送工作应连续作业，必须暂停时应每隔5～10min泵送一次。
⑤应保持储满清水，发现水质混浊并有较多砂粒时应及时检查处理。
⑥泵送系统受压力时，不得开启任何输送管道和液压管道。
(4)混凝土振捣器的使用规定。
①使用前性能检查应合格。
②不在初凝的混凝土、干硬的地面上试振，断电维修。

③插入式振捣器软轴的弯曲半径≤50cm,不多于两个弯。

④振捣器应保持清洁。

⑤作业转移时,导线应有足够的长度和松度。

⑥用干燥绝缘绳拉平板振捣器。

⑦振捣器与平板固定,电源线固定在平板上,电器开关装在手把上。

⑧在一个构件上同时使用的附着式振捣器频率必须相同。

⑨操作人员必须穿戴绝缘手套。

⑩作业后,必须做好清洗、保养工作。

项目六
预应力混凝土工程施工

Ⅰ　背景知识

基本概念

1. 预应力混凝土

(1)预应力混凝土是在外荷载作用前,预先建立有预压应力的混凝土。

(2)与普通混凝土相比,预应力混凝土除了提高构件的抗裂度和刚度以外,还具有减轻自重、增加构件的耐久性、降低造价等优点。

(3)预应力混凝土按施工方法的不同可分为先张法和后张法两类;按钢筋张拉方式不同可分为机械张拉、电热张拉与自应力张拉等。

2. 先张法

(1)先张法是在浇筑混凝土之前,先张拉预应力筋,并将预应力筋临时固定在台座或钢模上,待混凝土达到一定强度(一般不低于混凝土设计强度标准值的75%),混凝土与预应力筋具有一定的粘结力时,放松预应力筋,使混凝土在预应力筋的反弹作用下,构件受拉区的混凝土承受预压应力。

(2)先张法生产可采用台座法和机组流水法。

①台座法是构件在台座上生产,即预应力筋的张拉、固定、混凝土浇筑、养护和预应力筋的放松等工序均在台座上进行。

②机组流水法是利用钢模板作为固定预应力筋的承力架,构件连同模板通过固定的机组,按流水方式完成其生产过程。

③台座是先张法施工张拉和临时固定预应力筋的支撑结构。

④台座按构造型式分为墩式台座和槽式台座。

⑤夹具是预应力筋张拉和临时固定的锚固装置,用在张拉法施工中。

⑥夹具按其用途不同,可分为锚固夹具和张拉夹具。

⑦常用的张拉设备有油压千斤顶、卷扬机和电动螺杆张拉机等。

3. 后张法

(1)后张法是先制作构件,预留孔道,待构件混凝土达到设计规定的数值后,在孔道内穿入预应力筋进行张拉,并用锚具在构件端部将预应力筋锚固住,最后进行孔道灌浆。

(2)锚具是预应力筋张拉和永久固定在预应力混凝土构件上的传递预应力的工具。

(3)锚具按锚固性能不同,可分为Ⅰ类锚具和Ⅱ类锚具。

①Ⅰ类锚具适用于承受动载、静载的预应力混凝土结构。

②Ⅱ类锚具仅适用于有粘结预应力混凝土结构,且锚具只能处于预应力筋应力变化不大的部位。

(4)后张法所用锚具根据其锚固原理和构造形式不同,分为螺杆锚具、夹片锚具、锥销式锚具和镦头锚具四种体系。

(5)在预应力筋张拉过程中,锚具按所在位置与作用不同,分为张拉端锚具和固定端锚具。

(6)锚具按锚固钢筋或钢丝数量,可分为单根粗钢筋锚具、钢丝锚具、钢筋束和钢绞线锚具。

(7)后张法张拉设备主要有千斤顶和高压油泵。

4.无粘结预应力

无粘结预应力是指在预应力构件中的预应力筋与混凝土没有粘结力,预应力筋张拉力完全靠构件两端的锚具传递给构件。

相关规范及标准

《混凝土结构工程施工质量验收规范》(GB 50204—2011)

《预应力筋用锚具、夹具和连接器应用技术规程》(JGJ 85—2010)

预应力混凝土工程施工交底

安全技术交底 表 C2-1		编号	
工程名称		交底日期	年　月　日
施工单位		分部工程名称	先张法预应力混凝土工程
交底提要			
1.张拉时,张拉工具与预应力筋应在一条直线上;顶紧锚塞时,用力不要过猛,以防钢丝折断;拧紧螺母时,应注意压力表读数,一定要保持所需的张拉力。 2.预应力筋放张的顺序应按下列要求进行: (1)轴心受预压的构件(如拉杆、桩等),所有预应力筋应同时放张。 (2)偏心受预压的构件(如梁等),应先同时放张预压力较小区域的预应力筋,然后放张预压力较大区域的预应力筋。 3.切断钢丝时应严格测定钢丝向混凝土内回缩的情况,且应先从靠近生产线中间处切断,然后再按剩下段的中点处逐次切断。 4.台座两端应设有防护设施,并在张拉预应力筋时,沿台座长度方向每隔4～5m设置一个防护架,两端严禁站人,更不准人进入台座。 5.预应力筋放松时,混凝土强度必须符合设计要求,如无设计规定时,则不得低于强度等级的70%。 6.预应力筋放张时,应分阶段、对称、交错地进行;对配筋多的钢筋混凝土构件,所有的钢丝应同时放松,严禁采用逐根放松的方法。 7.放张时,应拆除侧模,保证放松时构件能自由伸缩。 8.预应力筋的放张工作,应缓慢进行,防止冲击。若用乙炔或电弧切割时,应采取隔热措施,严防烧伤构件端部混凝土。			

9. 电弧切割时的地线应搭在切割点附近，严禁搭在另一头，以防过电后使预应力筋伸张造成应力损失。 10. 钢丝的回缩值，冷拔低碳钢丝不应大于 0.6mm，碳素钢丝不应大于 1.2mm，测试数据不得超过上列数值规定的 20%。					
审核人		交底人		接受交底人	

①本表头由交底人填写，交底人与接受交底人各保存一份，安全员一份。
②当作分部、分项施工作业安全交底时，应填写"分部、分项工程名称"栏。
③交底提要应根据交底内容把交底重要内容写上。

安全技术交底 表 C2－1		编号	
工程名称		交底日期	年　月　日
施工单位		分部工程名称	后张法(无粘结预应力)预应力混凝土工程
交底提要			

1. 孔道直径：
(1)粗钢筋，其孔道直径应比预应力筋直径、钢筋对焊接头处外径、需穿过孔道的锚具或连接器外径大 10～15mm。
(2)钢丝或钢绞线：其孔道应比预应力束外径大 5～10mm，其孔道面积应大于预应力筋面积的两倍。
(3)预应力筋孔道之间的净距不应小于 25mm；孔道至构件边缘的净距不应小于 25mm，且不应小于孔道直径的一半；凡需起拱的构件，预留孔道宜随构件同时起拱。
2. 在构件两端及跨中应设置灌浆孔，其孔距不应大于 12m。
3. 采用分批张拉时，先批张拉的预应力筋，其张拉应力 σ_{con} 应增加 $\alpha_{\beta}\sigma_{hp}$（$\alpha_{\beta}$ 为预应力筋和混凝土的弹性模量比值；σ_{hp} 为张拉后批预应力筋时，在其重心处预应力对混凝土所产生的法向应力）。或者每批采用同一张拉值，然后逐根复拉补足。
4. 曲线预应力筋和长度大于 24m 的直线预应力筋，应在两端张拉，长度等于或小于 24m 的直线预应力筋，可在一端张拉，但张拉端宜分别设置在构件的两端。
5. 平卧重叠构件的张拉，应根据不同预应力筋与不同隔离剂的平卧重叠构件逐层增加其张拉力的百分率；对于大型或重要工程必须在正式张拉前至少实测两堆屋架的各层压缩值，然后计算出各层应增加的张拉力百分率。
6. 预应力筋张拉结束后，为减少应力松弛损失应立即进行灌浆。
7. 在进行预应力张拉时，任何人员不得站在预应力筋的两端，同时在千斤顶的后面应设立防护装置。
8. 操作千斤顶和测量伸长值的人员，要严格遵守操作规程，应站在千斤顶侧面操作。油泵开运过程中，不得擅自离开岗位，如需离开，必须把油阀门全部松开或切断电路。
9. 预应力筋张拉时，构件的混凝土强度应符合设计要求，如无设计要求时，不应低于设计强度等级的 70%。主缝处混凝土或砂浆强度如无设计要求时，不应低于 15MPa。
10. 张拉时应认真做到孔道、锚环与千斤顶三对中，以便保证张拉工作顺利进行。
11. 钢丝、钢绞线、热处理钢筋及冷拉Ⅳ级钢筋，严禁采用电弧切割。
12. 采用锥锚式千斤顶张拉钢丝束时，应先使千斤顶张拉缸进油，至压力表略有起动时暂停，检查每根钢丝的松紧进行调整，然后再打紧楔块。

审核人		交底人		接受交底人	

①本表头由交底人填写，交底人与接受交底人各保存一份，安全员一份。
②当作分部、分项施工作业安全交底时，应填写"分部、分项工程名称"栏。
③交底提要应根据交底内容把交底重要内容写上。

Ⅱ 工作情境

情境1 先张法施工

能力目标

通过本情境的学习，能够应用所学知识，了解预应力混凝土的基本原理，掌握预应力混凝土先张法的施工工艺及质量控制方法，掌握预应力混凝土施工的安全技术，同时能在工程中正确应用。

学习内容

先张法对所用夹具的要求；先张法台座的组成；抗倾覆验算、抗滑移验算、台面承载力计算的方法；预应力混凝土的浇捣和养护；张拉设备及张拉程序；预应力筋的放张；等等。

任务引领

教师布置任务，帮助学生理解任务要求，辅导学生完成任务需要掌握的知识。

任务一 某大学新建教学楼工程，一层架空层楼面使用预应力空心板，需采用先张法特殊施工。

试确定先张法施工的施工方法、要求和施工要点，编写出施工方案。

任务二 某高级体操用房，钢筋混凝土屋架需采用先张法施工中的台座法施工。

试确定先张法中的台座法的施工要求和施工要点，编写出施工方案。

任务三 试列出先张法施工中不同施工方法的异同点。

问题导入

以下问题是完成任务必须掌握的知识，教师引导，学生完成。

1. 先张法对所用夹具有何要求？
2. 先张法长线台座由哪几部分组成？各起什么作用？如何进行台座的稳定性验算？
3. 先张法超张拉程序如何确定？
4. 先张法的张拉设备有哪些？
5. 预应力筋放张的条件是什么？
6. 超张拉的作用是什么？有何要求？
7. 先张法的施工工艺是什么？

自主学习

学生以小组形式工作(4～6人一组)。通过查资料、规范、学材以及网上资源解答以上问题；初步形成完成以上三项任务的思路和工作计划，组内学生讨论、向教师或辅导教师咨询，修改、完善计划，形成实施计划；实施计划，完成任务。

学生发言

各小组选派一名代表，回答问题，讲解本小组完成任务的过程及结果，小组其他成员补充。

学生互评

小组之间按照统一标准，对各小组回答问题、完成任务的过程及结果进行互评。

学生完成学习情境1成绩评定表

学生姓名________　教师________　班级________　学号____________

序号	考评项目	分值	考核内容	教师评价（权重50%）	组长评价（权重25%）	学生评价（权重25%）
1	学习态度	15	出勤率、听课态度、实操表现等			
2	学习能力	25	上课回答问题、完成工作质量			
3	计算、操作能力	25	计算、实操记录、作品成果质量			
4	团结协作能力	15	自己所在小组的表现，小组完成工作的质量、速度			
合计		80				
综合得分						

知识拓展

教师提供1～3个先张法施工的工程实例，供学生选择，加强实操练习。在规定期限内，学生按照设计要求，编写出施工方案。此项内容占情境1学习成绩的20%。

学　材

一、预应力筋

预应力筋的张拉力主要是由预应力筋与混凝土之间的粘结力传递给混凝土。图6.1为预应力混凝土构件先张法生产示意图。

二、先张法施工准备

（一）台座

台座由台面、横梁和承力结构等组成，是先张法生产的主要设备。预应力筋张拉、锚固，混凝土浇筑、振捣和养护及预应力筋放张等全部施工过程都在台座上完成；预应力筋放松前，台座承受全部预应力筋的拉力。因此，台座应有足够的强度、刚度和稳定性。

1. 墩式台座

墩式台座由承力台墩、台面和横梁等组成，如图6.2所示。目前常用的是现浇钢筋混凝土制成的由承力台墩与台面共同受力的台座。台座的长度和宽度由场地大小、构件类型和

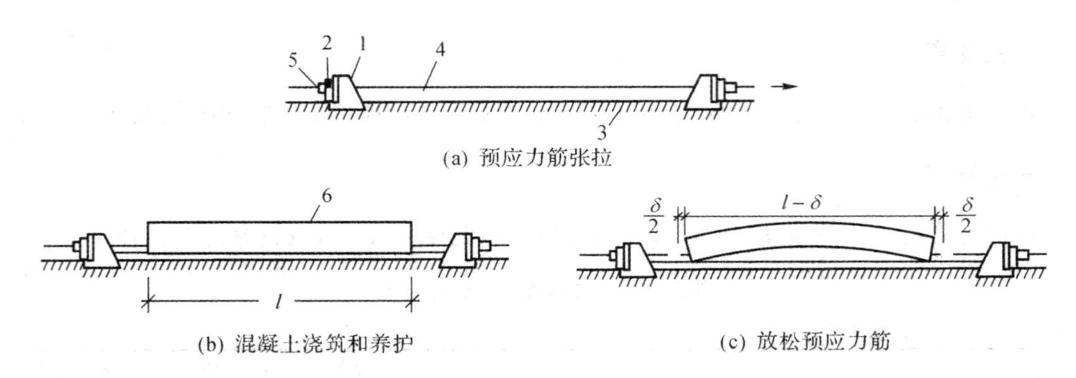

图 6.1 先张法生产示意

1—台座；2—横梁；3—台面；4—预应力筋；5—夹具；6—构件

产量而定，一般长度宜为 100～150m，宽度为 2～4m。

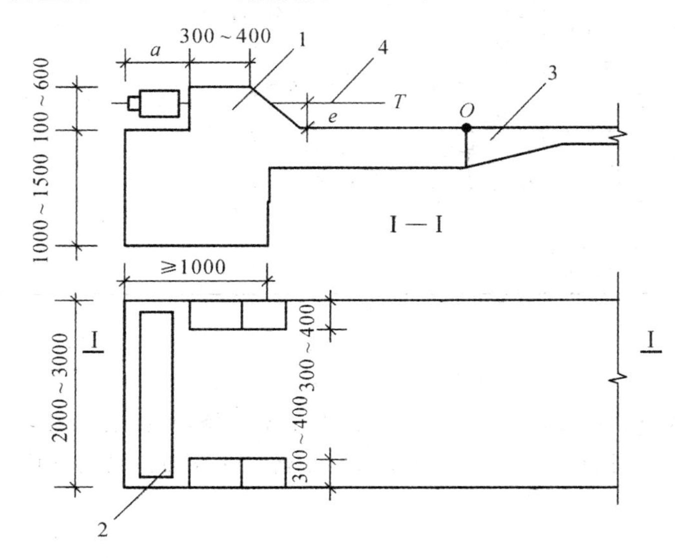

图 6.2 墩式台座

1—台墩；2—横梁；3—台面；4—预应力筋

(1)台墩。

台墩是承力结构，由钢筋混凝土浇筑而成。

承力台墩设计时，应进行稳定性和强度验算；稳定性验算一般包括抗倾覆验算与抗滑移验算；抗倾覆系数不得小于 1.5，抗滑移系数不得小于 1.3。

抗倾覆验算的计算简图如图 6.3 所示。

台墩抗倾覆按下式验算：

$$K_1 = \frac{M'}{M} = \frac{G_1 l_1 + G_2 l_2}{Te} \geqslant 1.5 \tag{6.1}$$

式中：K_1 为台座的抗倾覆安全系数；M 为由张拉力产生的倾覆力矩，kN·m；M' 为抗倾覆力矩，kN·m，如忽略土压力，则 $M' = G_1 l_1 + G_2 l_2$；e 为张拉合力 T 的作用点到倾覆点的力臂，m；G_1 为承力台墩的自重，kN；l_1 为承力台墩中心至倾覆转动点 O 的力臂，m；G_2 为承台墩外

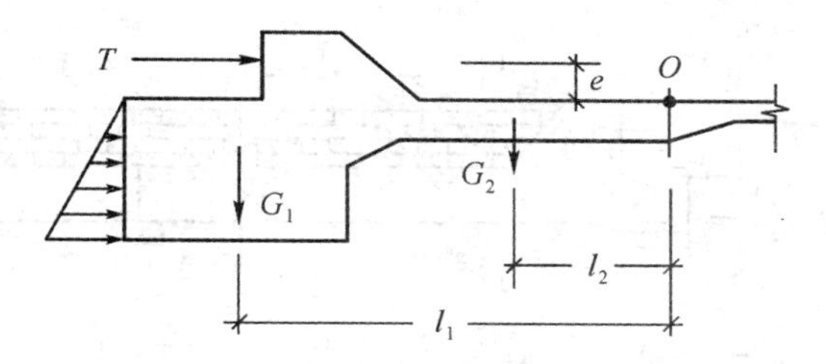

图 6.3　墩式台座抗倾覆验算简图

伸台面局部加厚部分的自重，kN；l_2 为承力台墩外伸台面局部加厚部分的重心至倾覆转动点 O 的力臂，m。

抗滑移验算按下式进行：

$$K_2 = \frac{T_1}{T} \geqslant 1.3 \tag{6.2}$$

式中：K_2 为抗滑移安全系数；T 为张拉力合力，kN；T_1 为抗滑移的力，kN。

对于独立的台墩，抗滑移系数由侧壁上压力和底部摩阻力等产生；对与台面共同工作的台墩，其水平推力几乎全部传给台面，不存在滑移问题，可不作抗滑移计算，此时应验算台面的强度。

台座强度验算时，支承横梁的牛腿，按柱子牛腿的计算方法计算其配筋；墩式台座与台面接触的外伸部分，按偏心受压构件计算；台面按轴心受压杆件计算；横梁按承受均布荷载的简支梁计算，挠度不应大于 2mm，并不得产生翘曲。预应力筋的定位板必须安装准确，其挠度不应大于 1mm。

(2)台面。

台面一般是先夯铺一层 60～100mm 厚的混凝土，其承载力按下式计算：

$$P = \frac{\Psi A f_c}{\gamma_0 \gamma_Q k}, \tag{6.3}$$

式中：Ψ 为轴心受压纵向弯曲系数，取 $\Psi=1$；A 为台面截面面积；f_c 为混凝土轴心抗压强度设计值；γ_0 为构件重要性系数，按二级考虑 $\gamma_0=1.4$；γ_Q为荷载分项系数，取 $\gamma_Q=1.0$；k'为考虑台面面积不均匀和其他影响因素的附加安全系数，取 $k'=1.5$。

台面伸缩缝可根据当地温度和经验设置，一般约 10m 设置一条。预应力构件成型的胎模，要求地基坚实平整。台面要求坚硬、平整、光滑，沿其纵向有 3%的排水坡度。

(3)横梁。

横梁以墩座牛腿为支承点安装其上，是锚固夹具临时固定预应力筋的支承点，也是张拉机械张拉预应力筋的支座。横梁常采用型钢或钢筋混凝土制作。

2. 槽式台座

槽式台座由端柱、传力柱和上下横梁及砖墙组成。槽式台座适用于张拉吨位较高的大型构件，如屋架、吊车梁等。端柱和传力柱是槽式台座的主要受力结构，采用钢筋混凝土结构。砖墙一般为一砖厚，起挡土作用，同时又是蒸汽养护的保温侧墙。槽式台座需进行强度和稳定性计算。端柱和传力柱的强度按钢筋混凝土结构偏心受压构件计算。槽式台座端柱抗倾覆力矩由端柱、横梁自重力矩及部分张拉力矩组成。槽式台座构造如图 6.4 所示。

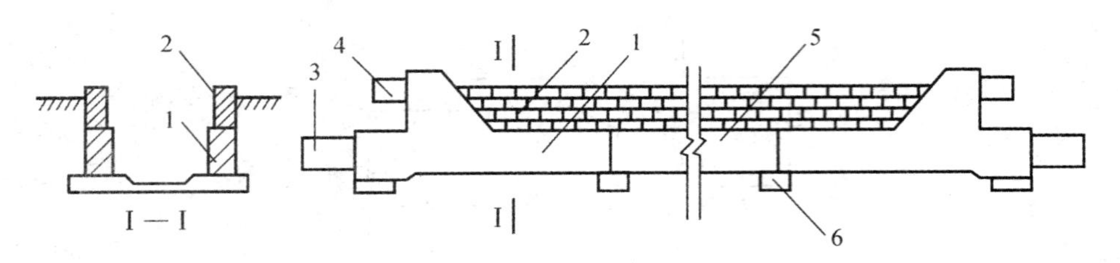

图 6.4　槽式台座

1—钢筋混凝土端柱;2—砖墙;3—下横梁;4—上横梁;5—传力柱;6—柱垫

(二)夹具

1. 夹具的要求

(1)夹具的静载锚固性能,应由预应力夹具组装件静载试验测定的夹具效率系数确定。夹具效率系数 η_s 按下式计算:

$$\eta_s = \frac{F_{spu}}{\eta_p F_{spu}^0} \tag{6.4}$$

式中:F_{spu} 为预应力夹具组装件的实测极限拉力;F_{spu}^0 为预应力夹具组装件中各根预应力钢材计算极限应力之和;η_p 为预应力筋的效率系数。预应力筋为消除应力钢丝、钢绞线或热处理钢筋时,η_p 取 0.97。

夹具的静载锚固性能应满足:$\eta_s \geqslant 0.95$。

(2)夹具除满足上述要求外,尚应具有下列性能。

①当预应力夹具组装件达到实际极限拉力时,全部零件不应出现肉眼可见的裂缝和破坏。

②有良好的自锚性能。

③有良好的松锚性能。

④能对此重复使用。

2. 锚固夹具

(1)钢质锥形夹具。

钢质锥形夹具主要用来锚固直径为 3～5mm 的单根钢丝夹具,如图 6.5 所示。

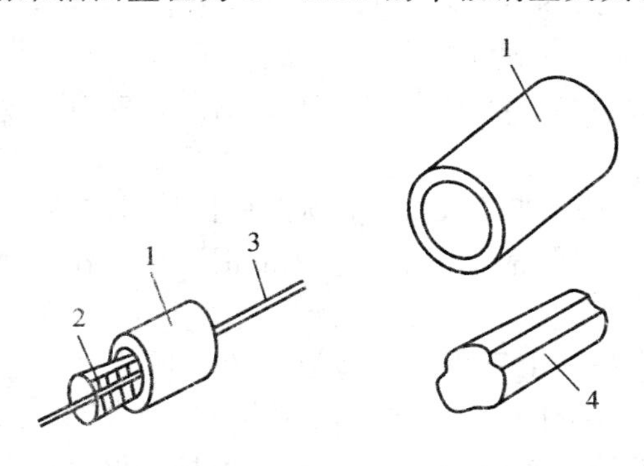

(a) 圆锥齿板式　　(b) 圆锥槽式

图 6.5　钢质锥形夹具

1—套筒;2—齿板;3—钢丝;4—锥塞

(2)镦头夹具。

镦头夹具适用于预应力钢丝固定端的锚固，如图 6.6 所示。

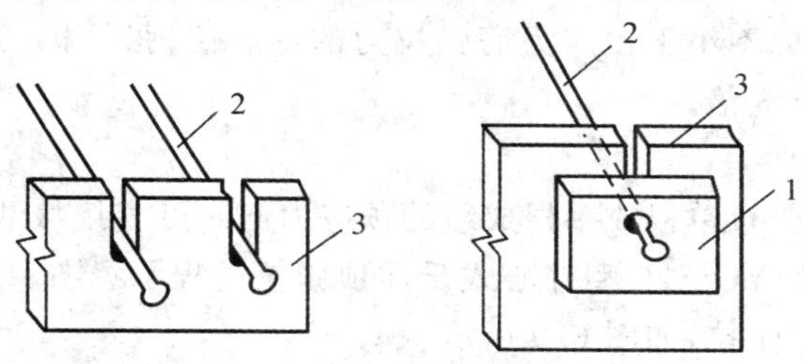

图 6.6　固定端镦头夹具

1—垫片；2—镦头钢丝；3—承力板

(3)张拉夹具。

张拉夹具是将预应力筋与张拉机械连接起来进行预应力筋张拉的工具。常用的张拉夹具有月牙形夹具、偏心式夹具、楔形夹具等，如图 6.7 所示。

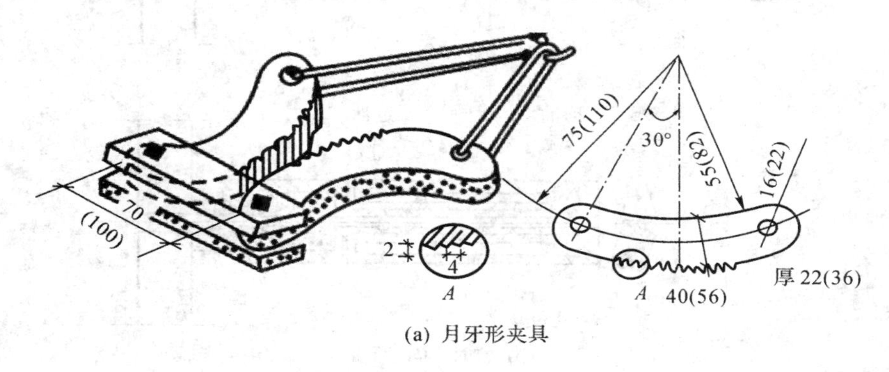

(a) 月牙形夹具

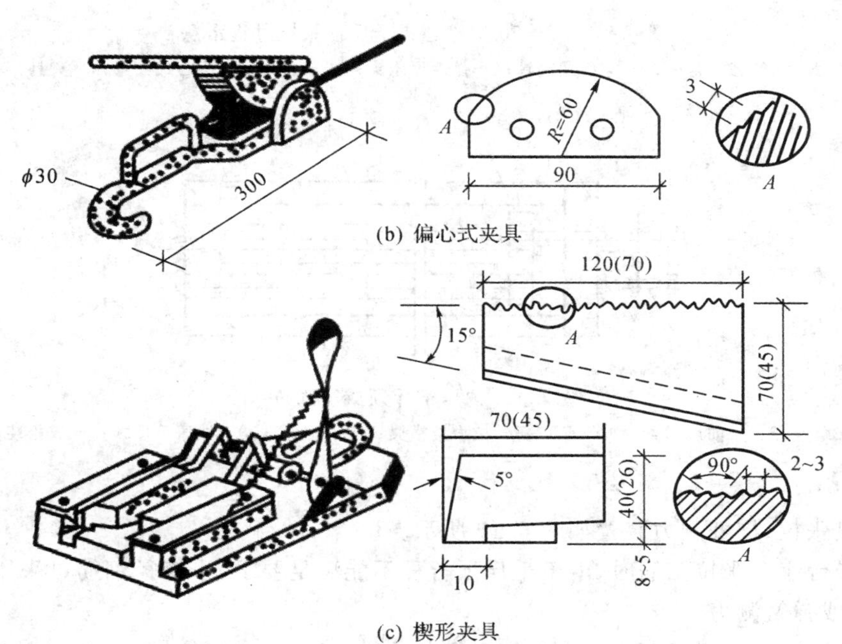

(b) 偏心式夹具

(c) 楔形夹具

图 6.7　张拉夹具

张拉夹具适用于张拉钢丝和直径 16mm 以下的钢筋。

(三)张拉设备

张拉机具的张拉力应不小于预应力筋张拉力的 1.5 倍;张拉机具的张拉行程不小于预应力筋伸长值的 1.1～1.3 倍。

1. 油压千斤顶

油压千斤顶可用来张拉单根或多根成组的预应力筋。可直接从油压表的读数求得张拉应力值,如图 6.8 所示为 YC－20 型穿心式千斤顶张拉过程示意图。成组张拉时,由于拉力较大,一般用油压千斤顶张拉,如图 6.9 所示。

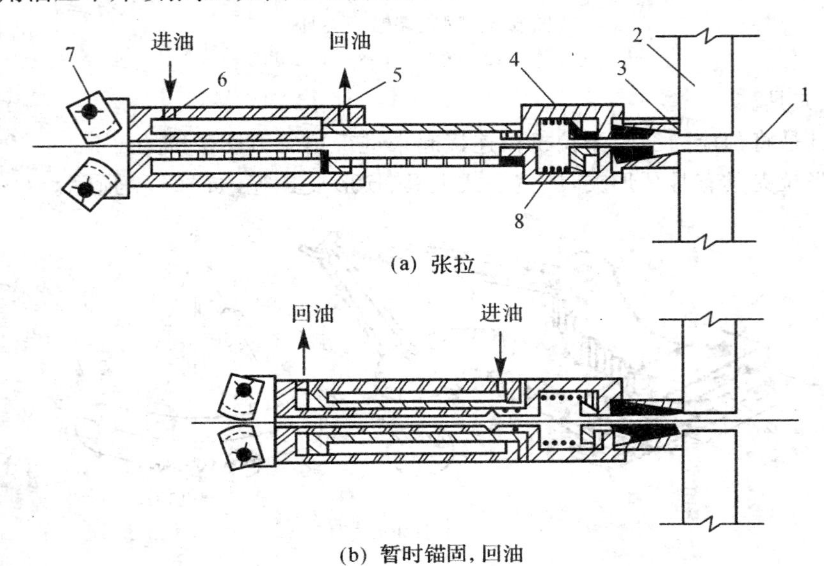

图 6.8　YC－20 型穿心式千斤顶张拉过程示意

1－钢筋;2－台座;3－穿心式夹具;4－弹性顶压头;5、6－油嘴;7－偏心式夹具;8－夹具

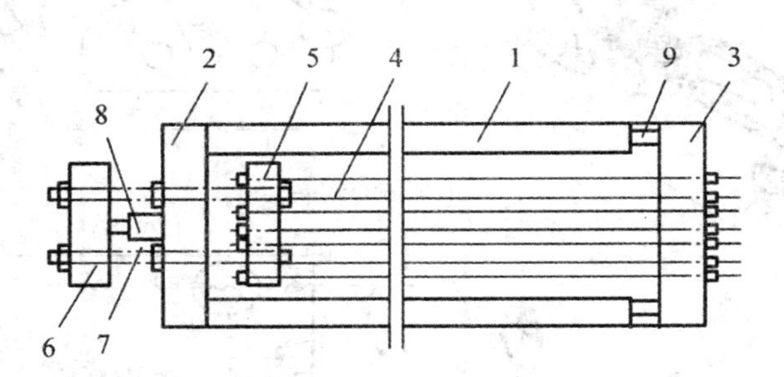

图 6.9　油压千斤顶成组张拉

1－台座;2、3－前后横梁;4－钢筋;5、6－拉力架横梁;7－大螺丝杆;8－油压千斤顶;9－放松装置

2. 卷扬机

卷扬机张拉、杠杆测力装置如图 6.10 所示。

在长线台座上张拉钢筋时,由于千斤顶行程不能满足要求,小直径钢筋可采用卷扬机张拉,用杠杆或弹簧测力。

弹簧测力时,宜设行程开关,在张拉到规定的应力时,能自行停机。

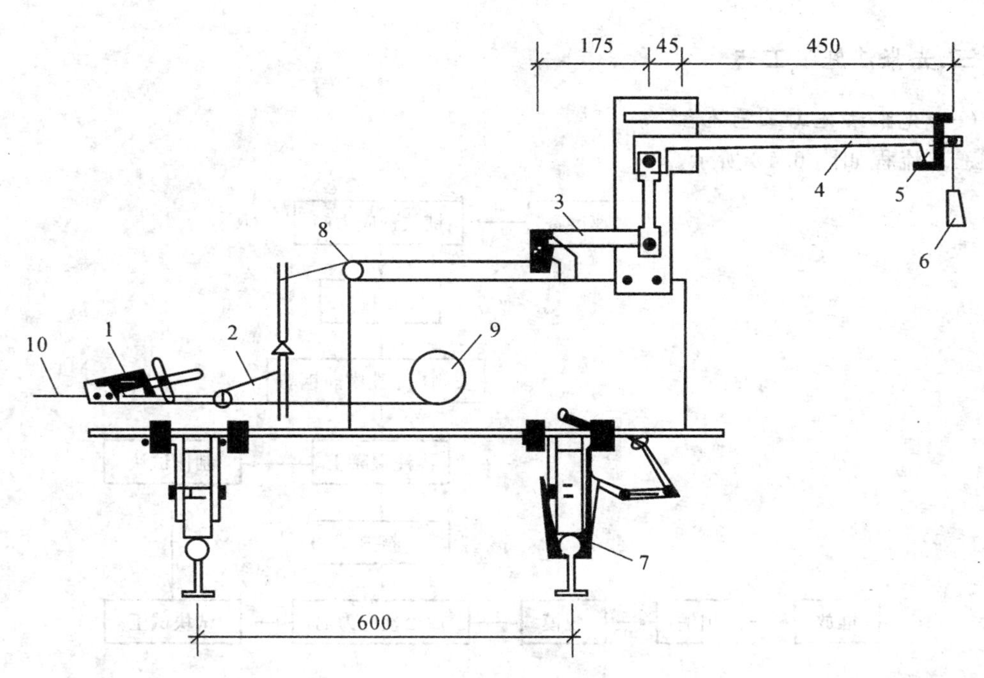

图 6.10　卷扬机张拉、杠杆测力装置示意

1—钳式张拉夹具；2—钢丝绳；3、4—杠杆；5—断电器；6—砝码；
7—火轨器；8—导向轮；9—卷扬机；10—钢丝

3. 电动螺杆张拉机

电动螺杆张拉机装置如图 6.11 所示。

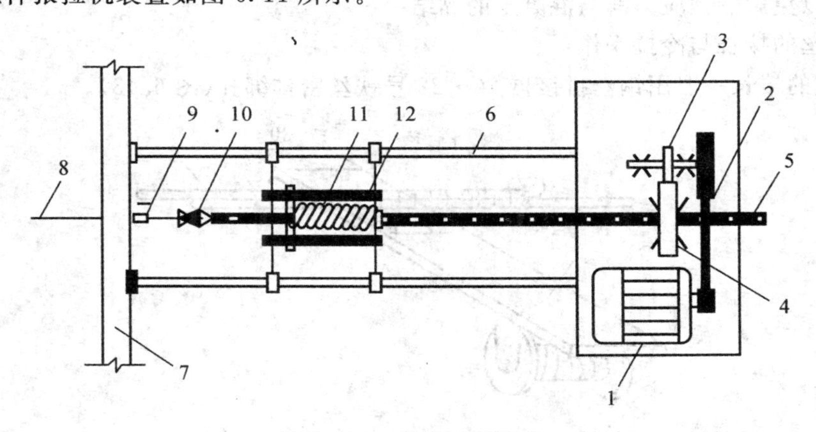

图 6.11　电动螺杆张拉机

1—电动机；2—皮带；3—齿轮；4—齿轮螺母；5—螺杆；6—顶杆；7—台座横梁；
8—钢丝；9—锚固夹具；10—张拉夹具；11—弹簧测力计；12—滑动架

电动螺杆张拉机由螺杆、电动机、变速箱、测力计及顶杆组成。可单根张拉预应力钢丝或钢筋。张拉时，顶杆支于台座横梁上，用张拉夹具夹紧钢筋后，开动电动机，由皮带、齿轮传动系统使螺杆做直线运动，从而张拉钢筋。张拉特点：运行稳定、螺杆有自锁性能、张拉机恒载性能好、速度快、张拉行程大。

三、先张法施工工艺

(一)先张法施工工艺流程

工艺流程如图 6.12 所示。

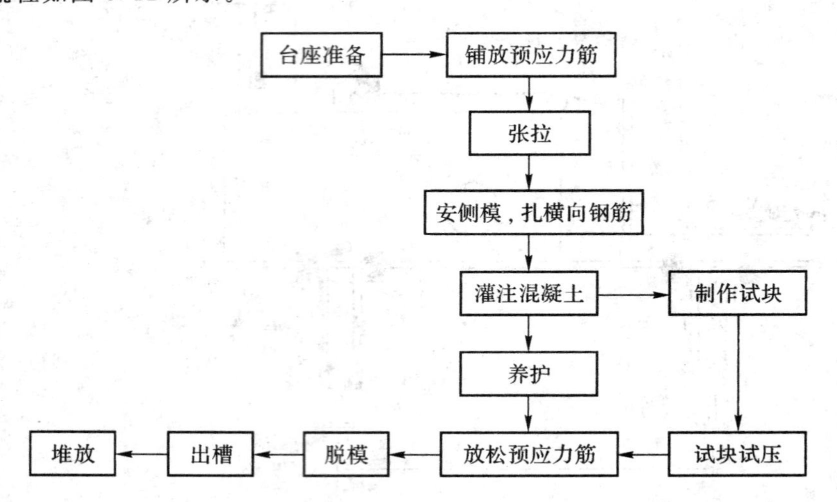

图 6.12　先张法施工工艺流程

(二)预应力筋的铺设、张拉

1. 铺设、张拉前的准备

(1)预应力筋铺设前做好台面的隔离层,应选用非油类模板隔离剂,隔离剂不得使预应力筋受污,以免影响预应力筋与混凝土的黏结。

(2)钢丝的接长与冷拉操作:

①钢丝的接长一般用钢丝拼接器 20～22 号铁丝密排绑扎(图 6.13)。

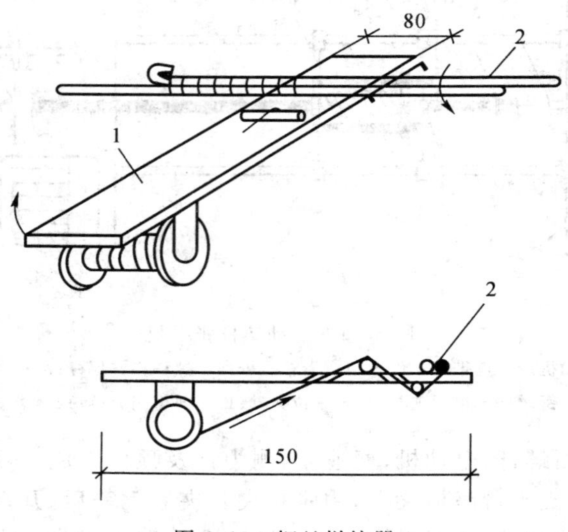

图 6.13　钢丝拼接器

1—拼接器;2—钢丝

②绑扎长度的规定:冷拔低碳钢丝不得小于40倍钢丝直径;高强度钢丝不得小于80倍钢丝直径。

③预应力钢筋一般采用冷拉HRB335、HRB400和RRB400热轧钢筋。

④预应力钢筋的接长及预应力钢筋与螺栓端杆的连接,宜采用对焊连接,且应先焊接后冷拉,以免焊接而降低冷拉后的强度。

2. 预应力筋张拉应力的控制

张拉控制应力是指在张拉预应力筋时所达到的规定应力,应按设计规定采用。

控制应力的数值直接影响预应力的效果。施工中采用超张拉工艺,使超张拉应力比控制应力提高3%～5%。

预应力筋的张拉控制应力,应符合设计要求。施工中预应力筋需要超张拉时,可比设计要求提高3%～5%,但其最大张拉控制应力不得超过表6.1的规定。

表6.1　最大张拉控制应力允许值

钢筋种类	张拉方法	
	先张法	后张法
碳素钢丝、钢绞线、刻痕钢丝	$0.80f_{ptk}$	$0.75f_{ptk}$
热处理钢筋、冷拔低碳钢丝	$0.75f_{ptk}$	$0.70f_{ptk}$
冷拉钢筋	$0.95f_{ptk}$	$0.90f_{ptk}$

注:f_{ptk}为预应力钢筋极限抗拉强度标准值。

3. 预应力筋的张拉力和伸长值的计算

控制张拉力

$$F_p=\sigma_{con}\cdot A_P\cdot n$$

超张拉力

$$F=(103\sim105)\%\cdot\sigma_{con}\cdot A_p\cdot n$$

伸长值

$$\Delta L=\frac{\sigma_{con}}{E_s}L \tag{6.5}$$

式中:σ_{con}为预应力张拉控制应力,kN/mm^2;A_p为预应力筋截面面积,mm^2;n为同时张拉预应力筋的根数;E_s为预应力筋的弹性模量,kN/mm^2;L为预应力筋的长度,mm。

4. 张拉程序

张拉程序可按下列之一进行:

$$0\longrightarrow105\%\sigma_{con}\xrightarrow{\text{持荷 2min}}\sigma_{con}$$

或

$$0\longrightarrow103\%\sigma_{con}\sim105\%\sigma_{con}\text{锚固}$$

其中,σ_{con}为预应力筋的张拉控制应力。

为了减少应力松弛损失,预应力筋宜采用的张力程序:

$$0\longrightarrow105\%\sigma_{con}\xrightarrow{\text{持荷 2min}}\sigma_{con}$$

预应力钢筋张拉工作量大时,宜采用一次张拉程序:

$0 \longrightarrow 103\%\sigma_{con} \sim 105\%\sigma_{con}$ 锚固

5. 预应力值的校核

预应力筋的张拉力，一般用伸长值校核。

预应力筋理论伸长值 ΔL 按下式计算：

$$\Delta L = \frac{F_p L}{A_p E_s} \tag{6.6}$$

式中：F_p 为预应力筋平均张拉力，kN（轴线张拉取张拉端的拉力；两端张拉的曲线筋取张拉端的拉力与跨中扣除孔道摩阻损失后拉力的平均值）；L 为预应力筋的长度，mm；A_p 为预应力筋的截面面积，mm^2；E_s 为预应力筋的弹性模量，kN/mm^2。

6. 张拉机具设备及仪表定期维护和校验

张拉设备应配套校验，以确定张拉力与仪表读数的关系曲线，保证张拉力的准确，每半年校验一次。

设备出现反常现象或检修后应重新校验。张拉设备宜定岗负责，专人专用。

7. 预应力筋铺设、张拉注意事项

（1）检查预应力筋的品种、级别、规格、数量（排数、根数）是否符合设计要求。

（2）预应力筋的外观质量应全数检查，预应力筋应符合展开后平顺、没有弯折，表面无裂纹、小刺、机械损伤、氧化铁皮和油污等要求。

（3）张拉设备是否完好，测力装置是否校核准确。

（4）横梁、定位承力板是否贴合及严密稳固。

（5）在浇筑混凝土前发生断裂或滑脱的预应力筋必须予以更换。

（6）对多根张拉，为避免台座承受过大的偏心力，应先张拉靠近台座截面重心处的预应力筋。

（7）钢质锥形夹具锚固时，敲击锥塞或楔块应先轻后重，同时倒开张拉设备并放松预应力筋，两者应密切配合，既要减少钢丝滑移，又要防止锤击力过大导致钢丝在锚固夹具处断裂。

（8）对重要结构构件（如吊车梁、屋架等）的预应力筋，用应力控制方法张拉时，应校核预应力筋的伸长值。

（9）同时张拉多根预应力钢丝时，应预先调整初应力（$10\%\sigma_{con}$），使其相互之间的应力一致。

（10）张拉、锚固预应力筋应专人操作，实行岗位责任制，并做好预应力筋张拉记录。

（11）预应力筋张拉后，设计位置的偏差不得大于 5mm，也不得大于构件截面最短边长的 4%。

四、混凝土的浇筑与养护

混凝土的收缩是水泥浆在硬化过程中脱水密结和形成的毛细孔压缩的结果。混凝土的徐变是荷载长期作用下混凝土的塑性变形，因水泥石内凝胶体的存在而产生。

（1）为了减少混凝土的收缩和徐变引起的预应力损失，在确定混凝土配合比时，应优先选用干缩性小的水泥，采用低水灰比、控制水泥用量、对骨料采取良好的级配等技术措施。

（2）预应力钢丝张拉、绑扎钢筋、预埋铁件安装及立模工作完成后，应立即浇筑混凝土，每条生产线应一次连续浇筑完成。

(3)采用机械振捣密实时，要避免碰撞钢丝。混凝土未达到一定强度前，不允许碰撞或踩踏钢丝。

(4)预应力混凝土可采用自然养护或湿热养护，自然养护不得少于 14d。干硬性混凝土浇筑完毕后，应立即覆盖进行养护。

(5)当预应力混凝土采用湿热养护时，要尽量减少由于温度升高而引起的预应力损失。

(6)为了减少温差造成的应力损失，采用湿热养护时，在混凝土未达到一定强度前，温差不要太大，一般不超过 20℃。

五、预应力筋放张

(一)放张顺序

(1)预应力筋放张时，应缓慢放松锚固装置，使各根预应力筋缓慢放松。

(2)预应力筋放张顺序应符合设计要求，当设计未规定时，可按下列要求进行。

①承受轴心预应力构件的所有预应力筋应同时放张。

②承受偏心预压力构件，应先同时放张预压力较小区域的预应力筋，再同时放张预压力较大区域的预应力筋。

③长线台座生产的钢弦构件，剪断钢丝宜从台座中部开始；叠层生产的预应力构件，宜按自上而下的顺序进行放松；板类构件放松时，从两边逐渐向中心进行。

(二)放张方法

放张单根预应力筋，一般采用千斤顶放张，如图 6.14(a)所示。

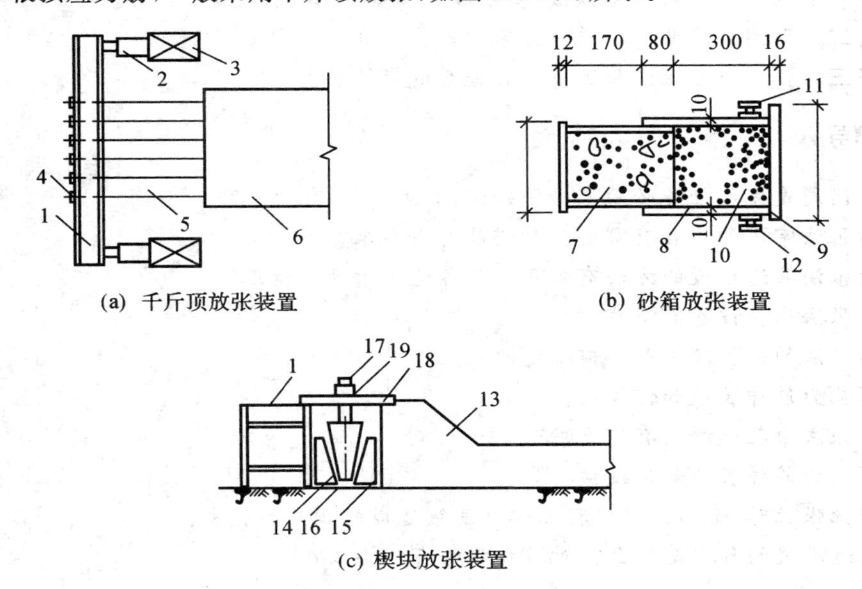

(a) 千斤顶放张装置

(b) 砂箱放张装置

(c) 楔块放张装置

图 6.14　预应力筋放张装置

1—横梁；2—千斤顶；3—承力架；4—夹具；5—钢丝；6—构件；7—活塞；8—套箱；9—套箱底板；10—砂；11—进口砂(M25 螺丝)；12—出口砂(M16 螺丝)；13—台座；14、15—钢固定楔块；16—钢滑动楔块；17—螺杆；18—承力板；19—螺母

构件预应力筋较多时，整批同时放张可采用砂箱(图 6.14(b))、楔块(图 6.14(c))等放松装置。

对于配置预应力筋数量不多的混凝土构件放张时，可以采用钢丝钳剪断、锯割等。

情境 2 后张法施工

能力目标

通过本情境的学习，能够应用所学知识，了解预应力混凝土的基本原理，掌握预应力混凝土后张法的施工工艺及质量控制方法，掌握预应力混凝土施工的安全技术，同时能在工程中正确应用。

学习内容

后张法对所用夹具的要求；后张法锚具的种类；后张法张拉设备的异同点；预应力筋的制作；后张法施工工艺；等等。

任务引领

教师布置任务，帮助学生理解任务要求，辅导学生完成任务需要掌握的知识。

任务一 某大学新建教学楼工程，有三跨截面尺寸为 400mm×1200mm、跨度 24m 的预应力大梁，确定采用后张法施工。

试确定后张法施工的施工方法、要求和施工要点，编写出施工方案。

任务二 简述后张法施工预应力筋的制作方案。

任务三 试列出后张法施工中各种锚具的异同点。

问题导入

以下问题是完成任务必须掌握的知识，教师引导，学生完成。

1. 后张法常用的锚具有哪些？对锚具有何要求？
2. 后张法孔道留设的方法有哪几种？各适用于什么情况？
3. 后张法张拉设备有哪些？
4. 后张法的张拉顺序是如何确定的？
5. 预应力筋伸长值如何校核？
6. 后张法中孔道灌浆有何要求？
7. 预应力筋伸长值如何校核？
8. 分批张拉时，如何弥补混凝土弹性压缩造成的预应力损失？
9. 孔道灌浆的作用是什么？对灌浆材料有何要求？

自主学习

学生以小组形式工作(4～6 人一组)。通过查资料、规范、学材以及网上资源解答以上问题；初步形成完成以上三项任务的思路和工作计划，组内学生讨论、向教师或辅导教师咨询，修改、完善计划，形成实施计划；实施计划，完成任务。

学生发言

各小组选派一名代表，回答问题，讲解本小组完成任务的过程及结果，小组其他成员补充。

学生互评

小组之间按照统一标准，对各小组回答问题、完成任务的过程及结果进行互评。

学生完成学习情境 2 成绩评定表

学生姓名________　教师________　班级________　学号__________

序号	考评项目	分值	考核内容	教师评价（权重 50%）	组长评价（权重 25%）	学生评价（权重 25%）
1	学习态度	15	出勤率、听课态度、实操表现等			
2	学习能力	25	上课回答问题、完成工作质量			
3	计算、操作能力	25	计算、实操记录、作品成果质量			
4	团结协作能力	15	自己所在小组的表现、小组完成工作的质量、速度			
合计		80				
综合得分						

知识拓展

教师提供 1～3 个后张法施工的工程实例，供学生选择，加强实操练习。在规定期限内，学生按照设计要求，编写出施工方案。此项内容占情境 2 学习成绩的 20%。

学　材

一、预应力筋

预应力筋的张拉力主要是靠构件端部的锚具传递给混凝土，使混凝土产生预压应力。图 6.15 为预应力混凝土后张法生产示意图。

二、锚具及张拉设备

（一）锚具的要求

锚具的静载锚固性能，应由预应力锚具组装件静荷载试验测定的锚具效率系数 η_a 和达到实测极限拉力时的总应变 ε_{apu} 确定，其应变应符合表 6.2 的规定。

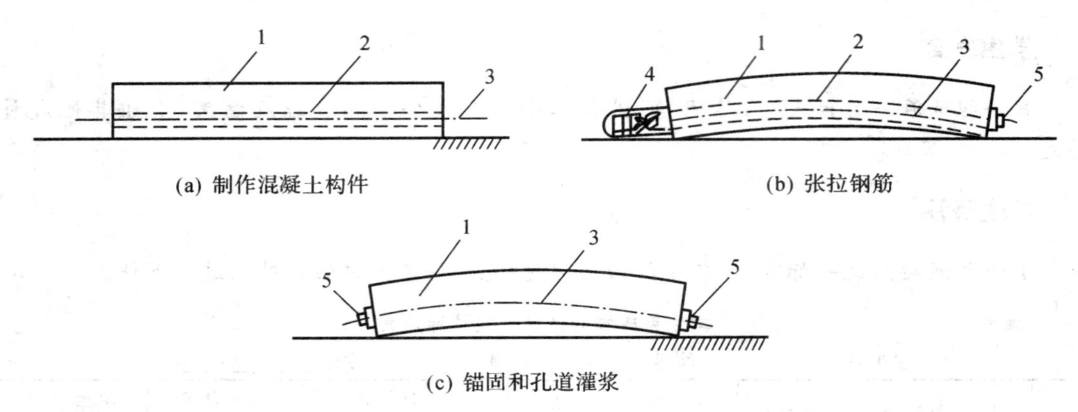

图 6.15 预应力混凝土后张法生产示意图

1—混凝土构件；2—预留孔道；3—预应力筋；4—千斤顶；5—锚具

表 6.2 锚具效率系数与总应变

锚具类型	锚具效率系数 η_a	实测极限拉力时的总应变 ε_{apu}（%）
Ⅰ	≥0.95	≥2.0
Ⅱ	≥0.90	≥1.7

锚具效率系数按下式计算：

$$\eta_a = \frac{F_{apu}}{\eta_p \cdot F_{apu}^c} \tag{6.7}$$

式中：F_{apu} 为预应力筋锚具组装件的实测极限拉力，kN；F_{apu}^c 为预应力筋锚具组装件中各根预应力钢材计算极限应力之和，kN；η_p 为预应力筋的效率系数。

（1）对于重要预应力混凝土结构工程使用的锚具，预应力筋的效率系数 η_p 应按国家现行标准《预应力筋用锚具、夹具和连接器》的规定进行计算。

（2）对于一般预应力混凝土结构工程使用的锚具，当预应力筋为钢丝、钢绞线或热处理钢筋时，预应力筋的效率系数 η_p 取 0.97。

除满足上述要求，锚具尚应满足下列规定：

（1）当预应力筋锚具组装件达到实测极限拉力时，除锚具设计允许的现象外，全部零件不应出现肉眼可见的裂缝和破坏。

（2）除能满足分级张拉及补张拉工艺外，还具有能放松预应力筋的性能。

（3）锚具或其附件上宜设置灌浆孔道，灌浆孔道应有使浆液通畅的截面面积。

（二）锚具的种类

后张法所用锚具根据其锚固原理和构造形式不同，分为螺杆锚具、夹片锚具、锥销式锚具和镦头锚具四种体系。在预应力筋张拉过程中，按锚具所在位置与作用不同，分为张拉端锚具和固定端锚具。按锚具锚固钢筋或钢丝数量，可分为单根粗钢筋锚具、钢丝束锚具和钢筋束、钢绞线束锚具。

1. 单根粗钢筋锚具

单根粗钢筋的预应力筋，如果采用一端张拉，则在张拉端用螺栓端杆锚具，固定端用帮条锚具或镦头锚具；如果采用两端张拉，则两端均用螺栓端杆锚具。

(1)螺栓端杆锚具。螺栓端杆锚具由螺栓端杆、垫板和螺母组成，适用于锚固直径不大于36mm的热处理钢筋，如图6.16所示。

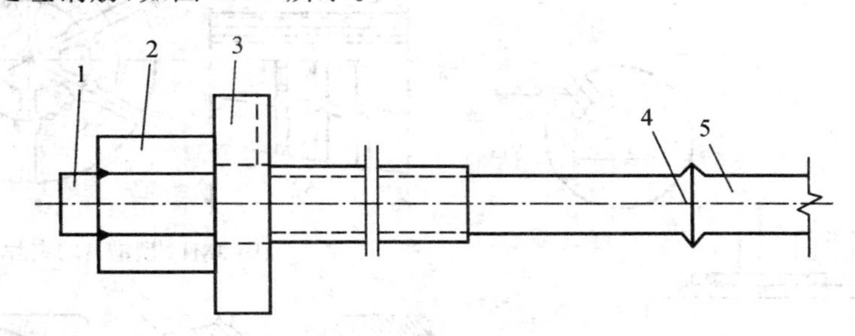

图6.16　螺栓端杆锚具

1—螺栓端杆；2—螺母；3—垫板；4—焊接接头；5—钢筋

螺栓端杆可用同类热处理钢筋或热处理45号钢制作，制作时，先粗加工至接近尺寸，再进行热处理，然后精加工至设计尺寸。热处理后不能有裂纹和伤痕。螺母可用3号钢制作。螺栓端杆锚具与预应力筋对焊，用张拉设备张拉螺栓端杆，然后用螺母固定。

(2)帮条锚具。帮条锚具由一块方形衬板与三根帮条组成，如图6.17所示。

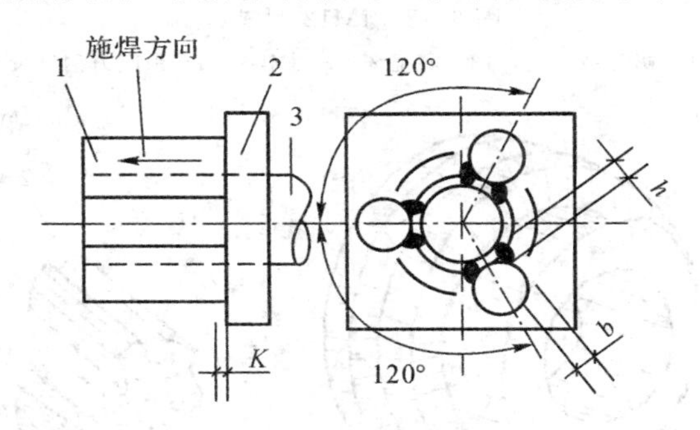

图6.17　帮条锚具

1—帮条；2—衬板；3—主筋

衬板采用普通低碳钢板，帮条采用与预应力筋同类的钢筋。3根帮条安装时，3根帮条与衬板相接触的截面应在一个垂直面上，以免受力时产生扭曲。帮条锚具一般用在单根粗钢筋做预应力筋的固定端。

2. 钢筋束、钢绞线束锚具

钢筋束、钢绞线束采用的锚具有JM型、KT—Z型、XM型、QM型和镦头锚具等。

(1)JM型锚具。JM型锚具由锚环与夹片组成(图6.18)。锚环分为甲型和乙型两种；夹片呈扇形，靠两侧的半圆槽锚固预应力钢筋。

JM型锚具与YL—60千斤顶配套使用，适用于锚固3～6根直径为12mm光面或螺纹钢筋束，也可用于锚固5～6根直径为12mm或15mm的钢绞线束。

JM型锚具可作为张拉端或固定端锚具，也可作为重复使用的工具锚。

(2)KT—Z型锚具。KT—Z型锚具为可锻铸锥形锚具，由锚环和锚塞组成，如图6.19所示。分为A型和B型两种。当预应力筋的最大张拉力超过450kN时采用A型，不超过450kN时，采用B型。KT—Z型锚具适用于锚固3～6根直径为12mm的钢筋束或钢绞线束。

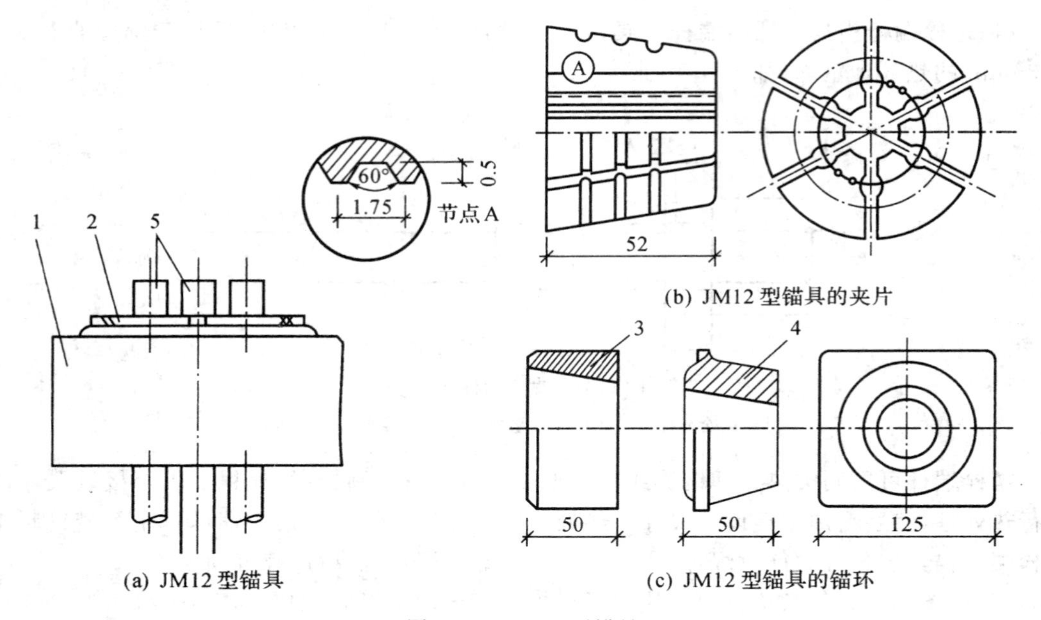

(a) JM12 型锚具

(b) JM12 型锚具的夹片

(c) JM12 型锚具的锚环

图 6.18　JM12 型锚具

1—锚环;2—夹片;3—圆锚环;4—方锚环;5—预应力钢丝束

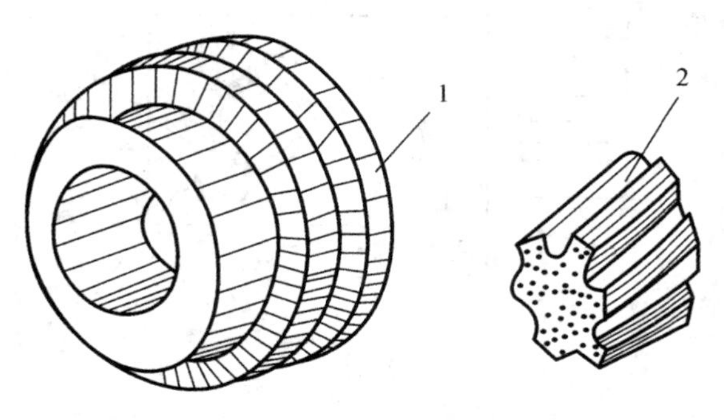

图 6.19　KT—Z 型锚具

1—锚环;2—锚塞

(3)XM 型锚具。XM 型锚具属新型大吨位群锚体系锚具,它由锚环和夹片组成,如图 6.20 所示。

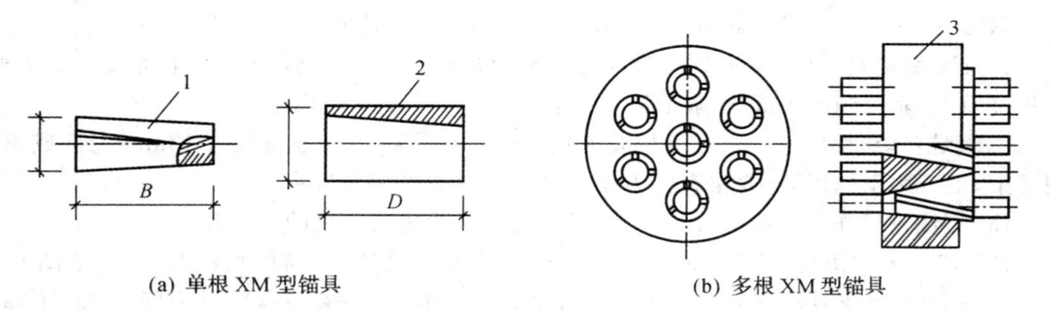

(a) 单根 XM 型锚具

(b) 多根 XM 型锚具

图 6.20　XM 型锚具

1—夹片;2—锚环;3—锚板

XM 型锚具的夹片为斜开缝，以确保夹片能夹紧钢绞线或钢丝束每一根外围钢丝，形成可靠的锚固，夹片开缝宽度一般平均为 1.5mm。

XM 型锚具既可作为工作锚，又可兼作工具锚。

(4)QM 型锚具。QM 型锚具与 XM 型锚具相似，它也是由锚板和夹片组成，但其锚孔是直的，锚板顶面是平的，夹片垂直开缝。此外，备有配套喇叭形铸铁垫板与弹簧圈等。QM 型锚具适用于锚固 4～13 ϕ^j12 和 3～9 ϕ^j15 钢绞线束，如图 6.21 所示。

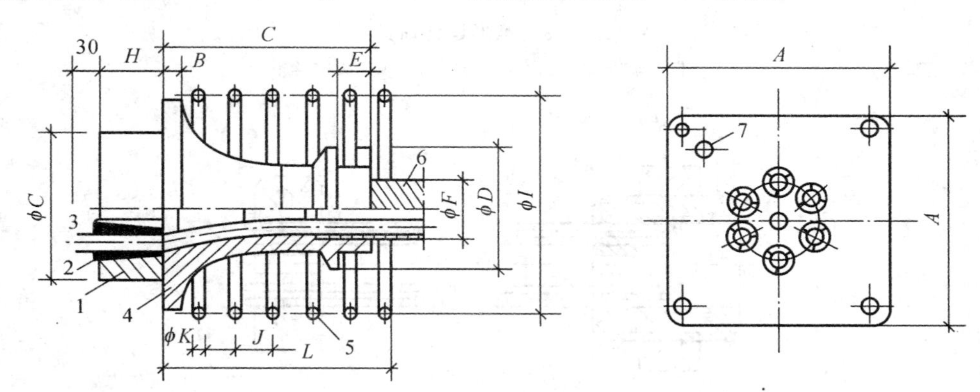

图 6.21 QM 型锚具及配件

1—锚板；2—夹片；3—钢绞线；4—喇叭形铸铁垫板；5—弹簧圈；6—预留孔道用的波纹管；7—灌浆孔

(5)镦头锚具。镦头锚用于固定端，它由锚固板和带镦头的预应力筋组成，如图 6.22 所示。

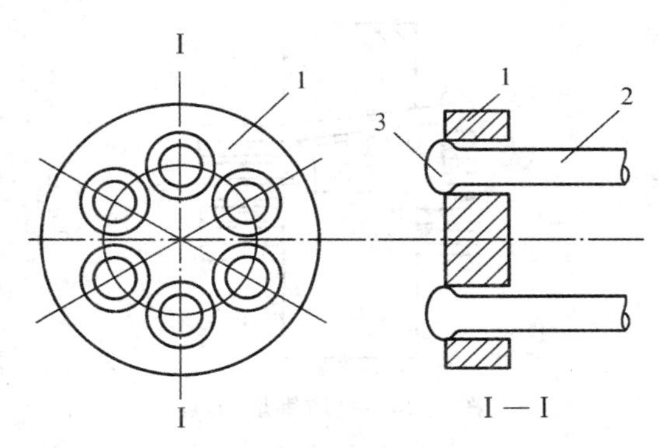

图 6.22 固定端用镦头锚具

1—锚固板；2—预应力筋；3—镦头

3. 钢丝束锚具

钢丝束所用锚具目前国内常用的有钢质锥形锚具、锥形螺杆锚具、钢丝束镦头锚具、XM 型锚具和 QM 型锚具。

(1)锥形螺杆锚具。锥形螺杆锚具由锥形螺杆、套筒、螺母、垫板组成，如图 6.23 所示。锥形螺杆锚具适用于锚固 14～28 根ϕ^s5 组成的钢丝束。

(2)钢丝束镦头锚具。钢丝束镦头锚具适用于 12～54 根ϕ^s5 的碳素钢丝。分 DM5A 型和 DM5B 型两种。A 型用于张拉端，由锚环与螺母组成，B 型用于固定端，仅有一块为锚板，如图 6.24 所示。

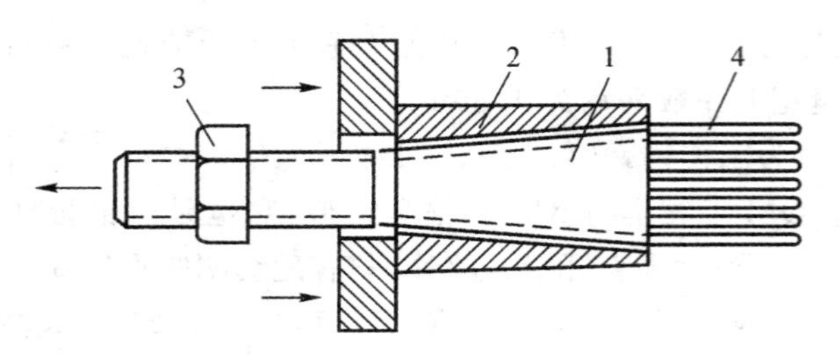

图 6.23　锥形螺杆锚具

1—锥形螺杆；2—套筒；3—螺帽；4—预应力钢丝束

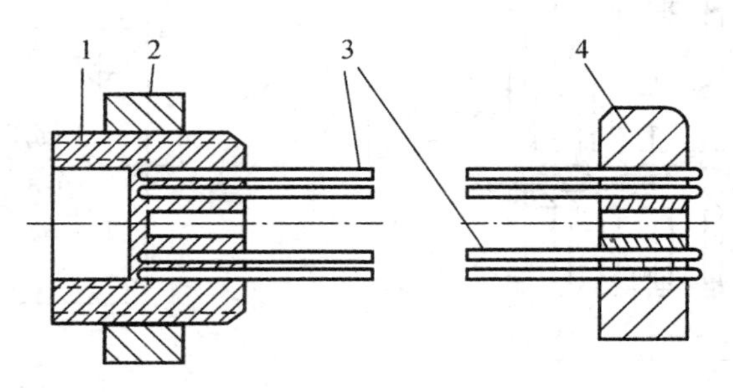

图 6.24　钢丝束镦头锚具

1—A 型锚环；2—螺母；3—钢丝束；4—B 型锚板

(3)钢质锥形锚具。锥形螺杆锚具，如图 6.25 所示，用于锚固以锥锚式双作用千斤顶张拉的钢丝束。

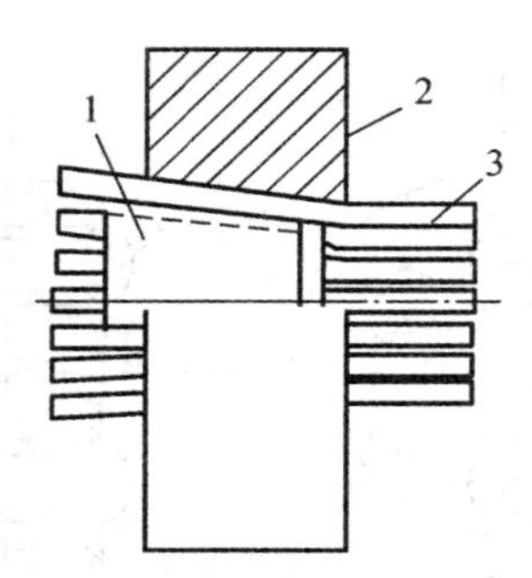

图 6.25　钢质锥形锚具

1—锚塞；2—锚环；3—钢丝束

3. 张拉设备

后张法主要张拉设备有千斤顶和高压油泵。

(1)穿心式千斤顶。穿心式千斤顶适用性很强，它适用于张拉采用 JM12 型、QM 型、XM 型的预应力钢丝束、钢筋束和钢绞线束。配置撑脚和拉杆等附件后，又作为拉杆式千斤顶使用。

穿心式千斤顶的特点是千斤顶中心有穿通的孔道，以便预应力筋或拉杆穿过后用工具锚临时固定在千斤顶的顶部进行张拉。

根据张拉力和构造的不同，有 YC60、YC20D、YCD120、YCD200 和无顶压机构的 YCQ 型千斤顶。

图 6.26 为 YC60 型(穿心式)千斤顶,沿千斤顶纵轴线有一直穿心通道,供穿过预应力筋用。沿千斤顶的径向分内、外两层油缸。外层油缸为张拉油缸,工作时张拉预应力筋;内层为顶压油缸,工作时进行锚具的顶压锚固。

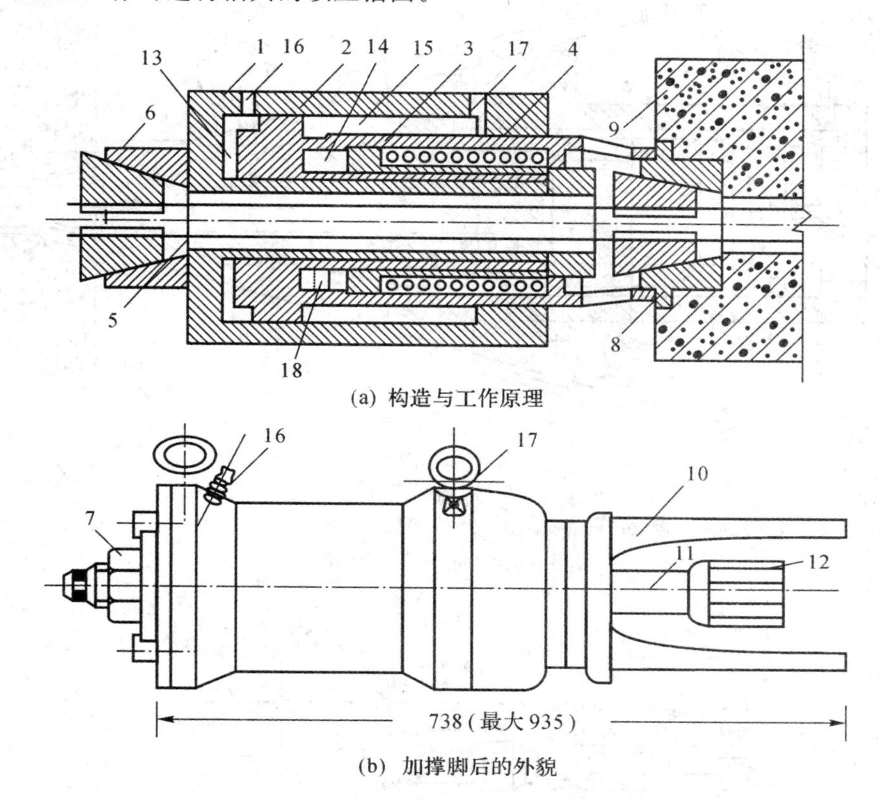

(a) 构造与工作原理

(b) 加撑脚后的外貌

图 6.26　YC60 型(穿心式)千斤顶

1—张拉油缸;2—顶压油缸(即张拉活塞);3—顶压活塞;4—弹簧;5—预应力筋;6—工具锚;7—螺帽;8—锚环;9—构件;10—撑脚;11—张拉杆;12—连接器;13—张拉工作油室;14—顶压工作油室;15—张拉回程油室;16—张拉缸油嘴;17—顶压缸油嘴;18—油孔

(2)锥锚式千斤顶(YZ 型)。锥锚式千斤顶主要用于张拉 KT—Z 型锚具锚固的钢筋束或钢绞线束和使用锥形锚具的预应力钢筋束。其张拉油缸用以张拉预应力筋,顶压油缸用以顶压锥塞,因此又称作锥锚式双作用千斤顶,如图 6.27 所示。

张拉预应力时,主缸进油,主缸被压移,使固定在其上的钢筋被张拉。钢筋被张拉后,改由副缸进油,随即由副缸活塞将锚塞顶入锚圈中。主、副缸的回油则是借助设置在主缸和副缸中弹簧的作用来进行的。

(3)拉杆式千斤顶(YL 型)。拉杆式千斤顶主要用于张拉带有螺栓端杆锚具的粗钢筋,锥形螺杆锚具钢丝束及镦头锚具钢丝束。

YL60 型千斤顶是一种通用型的拉杆式液压千斤顶构造,如图 6.28 所示。

工作原理:张拉预应力筋时,首先使连接器 7 与预应力筋 11 通过螺栓端杆 14 连接,并使顶杆 8 支撑在构件端部的预埋钢板 13 上。当高压油泵将油液从主缸油嘴 3 进入主缸时,推动主缸活塞向左移动,带动拉杆 9 和连接在拉杆末端的螺栓端杆,预应力筋即被拉伸,当

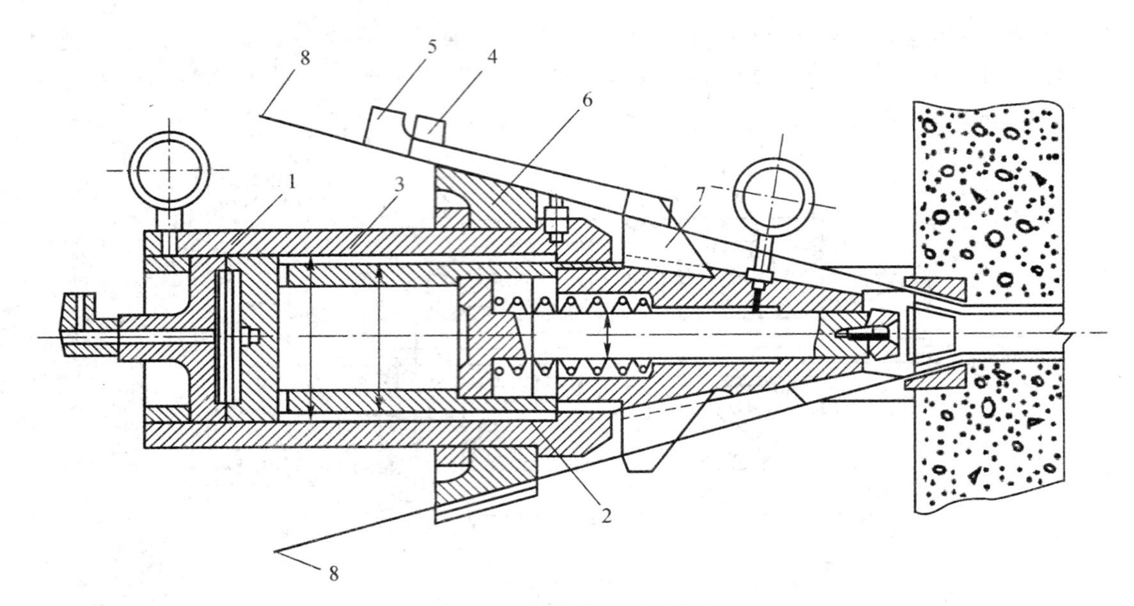

图 6.27 锥锚式千斤顶构造

1—主缸；2—副缸；3—退楔缸；4—楔块(张拉时位置)；5—楔块(退出时位置)；6—锥形卡环；7—退楔翼片；8—预应力筋

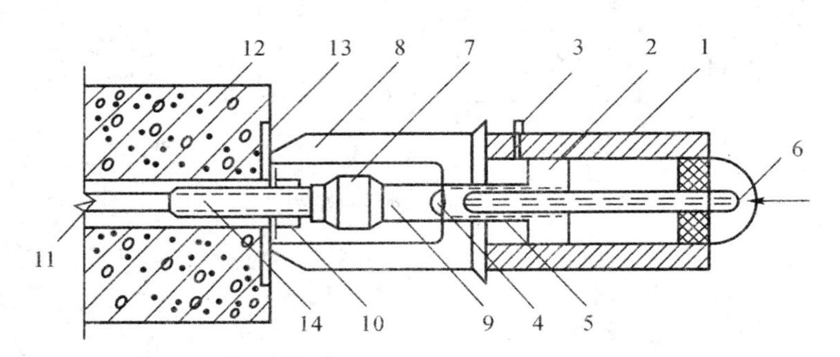

图 6.28 拉杆式千斤顶张拉单根粗钢筋的工作原理

1—主缸；2—主缸活塞；3—主缸进油孔；4—副缸；5—副缸活塞；6—副缸进油孔；7—连接器；8—顶杆；9—拉杆；10—螺母；11—预应力筋；12—混凝土构件；13—预埋钢板；14—螺栓端杆

达到张拉力后，拧紧预应力筋端部的螺母 10，使预应力筋锚固在构件端部。锚固完毕后，改用副油嘴 6 进油，推动副缸活塞 5 和拉杆 9 向右移动，回到开始张拉时的位置，与此同时，主缸 1 的高压油也回到油泵中。

(4)千斤顶的校正。采用千斤顶张拉预应力筋，预应力的大小是通过油压表读数表达的，油压表读数表示千斤顶活塞单位面积的油压力。如张拉力为 N，活塞面积为 F，则油压表的相应读数为 P，即

$$P = \frac{N}{F} \tag{6.8}$$

为保证预应力筋张拉应力的准确性，应定期校验千斤顶与油压表读数关系，制成表格或绘制 P 与 N 曲线，供施工中直接查用。校验时千斤顶活塞方向应与实际张拉时的活塞运行方向一致，检验期不应超过半年。如在使用过程中张拉设备出现反常，应重新校验。

千斤顶校验的方法有标准测力计校正、压力机校正及用两台千斤顶互相校正等。

(5)高压油泵。高压油泵与液压千斤顶配套使用，它的作用是向液压千斤顶各个油缸供油，使其活塞按照一定速度，伸出或收回。

高压油泵按驱动方式分为手动和电动两种。一般采用电动高压油泵。

油泵型号有 $ZB_{0.8}/500$、$ZB_{0.6}/630$、$ZB_4/500$、$ZB_{10}/500$（分数线上数字表示每分钟流量，分数线下数字表示工作油压 kg/cm^2）等数种。选用时，应使油泵的额定压力等于或大于千斤顶的额定压力。

三、预应力筋的制作

(一)单根粗钢筋预应力筋制作

单根粗钢筋预应力筋一般用热处理钢筋，其制作包括配料、对焊、冷拉等工序。

预应力筋的下料长度由计算确定，计算时要考虑结构构件的孔道长度、锚具厚度、千斤顶长度、焊接接头或镦头的预留量、冷拉伸长值、弹性回缩值等。

当构件两端均采用螺栓端杆锚具(图 6.29)时，预应力筋下料长度为

$$L_0 = \frac{l + 2l_2 - 2l_1}{1 + \gamma - \delta} + n\Delta \tag{6.9}$$

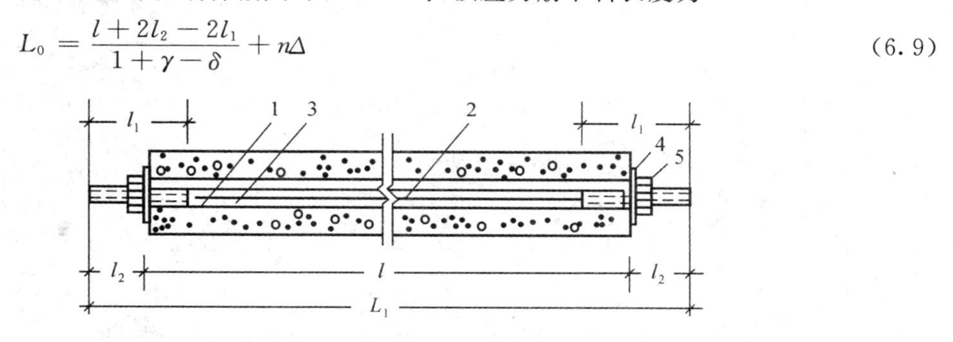

图 6.29　粗钢筋下料长度计算示意

1—螺栓端杆；2—预应力钢筋；3—对焊接头；4—垫板；5—螺母

当一端采用螺栓端杆锚具，另一端采用帮条锚具或镦头锚具，预应力筋下料长度为

$$L_0 = \frac{l + l_2 + l_3 - l_1}{1 + \gamma - \delta} + n\Delta \tag{6.10}$$

式中：l 为构件的孔道长度，mm；l_1 为螺栓端杆长度，一般为 320mm；l_2 为螺栓端杆伸出构件外的长度，一般为 120～150mm 或按下式计算，张拉端 $l_2 = 2H + h + 5$(mm)，锚固端 $l_2 = H + h + 10$(mm)，H 为螺母高度，h 为垫板厚度；l_3 为帮条或镦头锚具所需钢筋长度，mm；γ 为预应力筋的冷拉率(由试验定)，%；δ 为预应力筋的冷拉回弹率，一般为 0.4%～0.6%；n 为对焊接头数量；Δ 为每个对焊接头的压缩量，取一个钢筋直径，mm。

(二)钢筋束及钢绞线制作

钢筋束由直径为 10mm 的热处理钢筋编束而成，钢绞线束由直径为 12mm 或 15mm 的钢绞线束编束而成。钢筋束所用钢筋是成圆盘供应，不需对焊接头。钢筋束或钢绞线束预应力筋的制作包括开盘冷拉、下料、编束等工序。预应力钢筋束下料应在冷拉后进行。当采用镦头锚具时，则应增加镦头工序。当采用 JM 型或 XM 型锚具，用穿心式千斤顶张拉时，钢筋束和钢丝束的下料长度 L 应等于构件孔道长度加上两端为张拉、锚固所需的外露长度，如图 6.30 所示。可按下式计算：

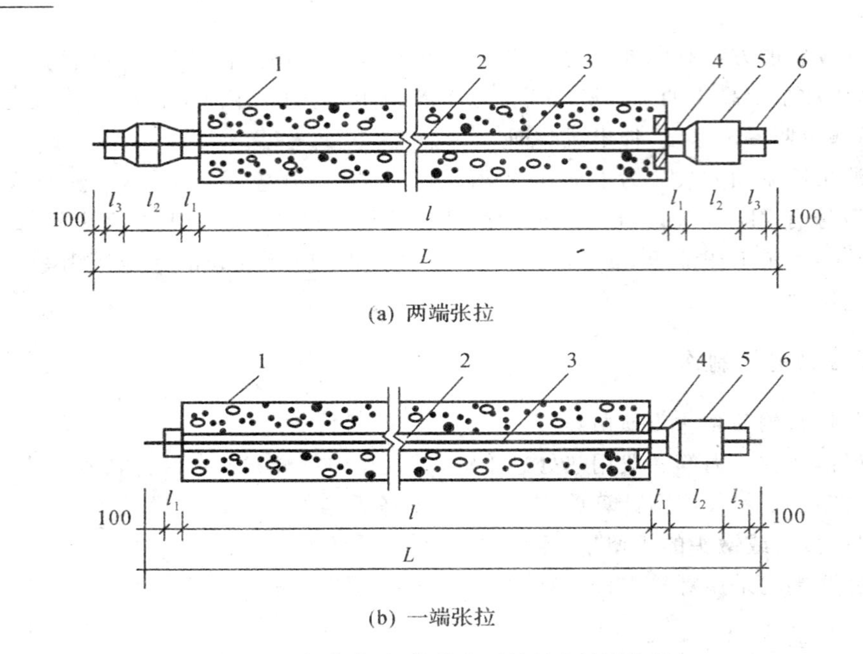

图 6.30　钢筋束、钢绞线束下料长度计算简图

1—混凝土构件；2—孔道；3—钢绞线；4—夹片式工作锚；5—穿心式千斤顶；6—夹片式工具锚

两端张拉时：$L=l+a+b$

一端张拉时：$L=l+2a$

式中：l 为构件孔道长度，mm；a 为张拉端留量，与锚固和张拉千斤顶尺寸有关，mm；b 为固定端留量，一般为 80mm。

(三)钢丝束制作

钢丝束制作随锚固的不同而异，一般需经调直、下料、编束和安装锚具等工序。

当用 XM 型锚具、QM 型锚具、钢质锥形锚具时，预应力钢丝束的制作和下料长度计算基本与预应力钢筋束、钢绞线束相同。

当采用镦头锚具时，一端张拉，应考虑钢丝束张拉锚固后螺母位于锚环中部，钢丝的下料长度为 L，如图 6.31 所示，可用下式计算：

$$L = L_0 + 2a + 2b - 0.5(H - H_1) - \Delta L - C \tag{6.11}$$

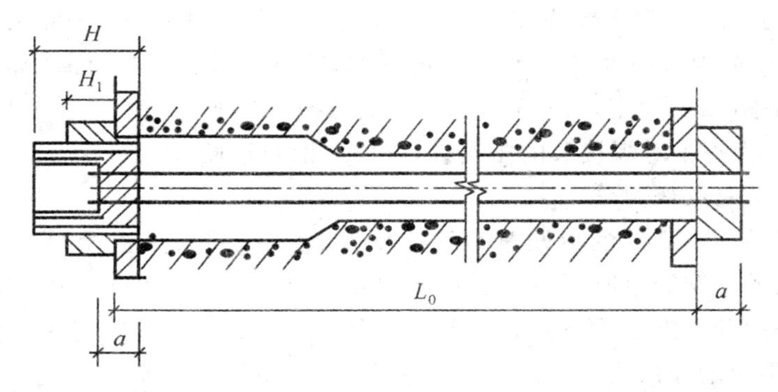

图 6.31　用镦头锚具时钢丝下料长度计算简图

式中：L_0 为孔道长度，mm；a 为锚板长度，mm；b 为钢丝镦头留量，取钢丝直径 2 倍，mm；H 为锚杯高度，mm；H_1 为螺母高度，mm；ΔL 为张拉时钢丝伸长值，mm；C 为混凝土弹性压缩量(若很小可略不计)，mm。

为了保证张拉时各钢丝应力均匀，用锥形螺杆锚具和镦头锚具的钢丝束，要求钢丝每根长度要相等。下料长度相对误差要控制在 $L/5000$ 以内且不大于 5mm。因此下料时应在应力状态下切断下料，下料的控制应力为 300MPa。

为了保证钢丝不发生扭结，必须进行编束。

采用镦头锚具时，根据钢丝分圈布置的特点，将内圈和外圈钢丝分别用铁丝按次序编排成片，然后将内圈放在外圈内绑扎成钢丝束。

(四)举例

【例 6.1】 21m 预应力屋架的孔道长为 20.80m，预应力筋为冷拉 HRB400 钢筋，直径为 22mm，每根长度为 8m，实测冷拉率 $r=4\%$，弹性回缩率 $\delta=0.4\%$，张拉应力为 $0.85f_{pyk}$。螺栓端杆长为 320mm，帮条长为 50mm，垫板厚为 15mm。试计算：

(1)两端用螺栓端杆锚具锚固时预应力筋的下料长度。

(2)一端用螺栓端杆，另一端为帮条锚具时预应力筋的下料长度。

(3)预应力筋的张拉力为多少？

【解】

(1)螺栓端杆锚具，两端同时张拉，螺母厚度取 36mm，垫板厚度取 16mm，则螺栓端杆伸出构件外的长度 $l_2=2H+h+5=2\times36+16+5=93$(mm)；对焊接头个数 $n=2+2=4$；每个对焊接头的压缩量 $\Delta=22$mm，则预应力筋下料长度：

$$L=(l-2l_1+2l_2)/(1+r-\delta)+n\Delta=19727(\text{mm})$$

(2)帮条长为 50mm，垫板厚 15mm，则预应力筋的成品长度：

$$L_1=l+l_2+l_3=20800+93+(50+15)=20958(\text{mm})$$

预应力筋(不含螺栓端杆锚具)冷拉后长度：

$$L_0=L_1-l_1=20958-320=20638(\text{mm})$$

$$L=L_0/(1+r-\delta)+n\Delta=20638/(1+0.04-0.004)+4\times22$$
$$=20009(\text{mm})$$

(3)预应力筋的张拉力：

$$F_p=\sigma_{con}\cdot A_p=0.85\times500\times3.14/4\times222$$
$$=161475(\text{N})=161.475(\text{kN})$$

四、后张法施工工艺

后张法生产工艺流程图如图 6.32 所示。

(一)孔道留设

构件中留设孔道主要为穿预应力钢筋(束)及张拉锚固后灌浆用。孔道留设的基本要求：

(1)孔道直径应保证预应力筋(束)能顺利穿过。

(2)孔道应按设计要求的位置、尺寸埋设准确、牢固，浇筑混凝土时不应出现移位和变形。

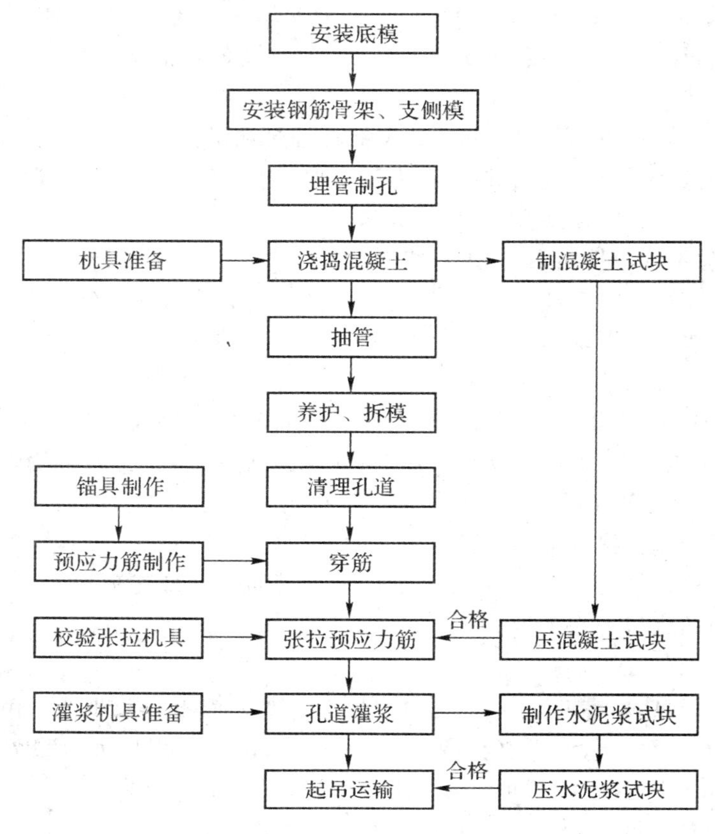

图 6.32 后张法生产工艺流程

(3)在设计规定位置上留设灌浆孔。

(4)在曲线孔道的曲线波峰部位应设置排气兼泌水管,必要时可在最低点设置排水管。

(5)灌浆孔及泌水管的孔径应能保证浆液畅通。

预留孔道形状有直线、曲线和折线形,孔道留设一般采用钢管抽芯法、胶管抽芯法和预埋管法。

1. 钢管抽芯法

预先将平直、表面圆滑的钢管埋设在模板内预应力筋孔道位置上。在开始浇筑至浇筑后拔管前,间隔一定时间要缓慢匀速地转动钢管;待混凝土初凝后至终凝之前,用卷扬机匀速拔出钢管,即在构件中形成孔道。

钢管抽芯法只用于留设直线孔道,钢管长度不宜超过 15m,以便转动和抽管。钢管两端各伸出构件 500mm 左右,构件较长时,可采用两根钢管,两根钢管接头处可用 0.5mm 厚铁皮做成的套管连接,如图 6.33 所示。套管内表面与钢管外表面紧密结合,以防漏浆堵塞孔道。

恰当掌握抽管时间。抽管时间与水泥品种、浇筑气温和养护条件有关。常温下抽管时间约在混凝土浇筑后 3～6h。

抽管顺序和方法。抽管顺序为先上后下。抽管时速度要均匀,边抽边转,并与孔道保持在一直线上。抽管后,应及时检查孔道,并做好孔道清理工作,以免增加以后穿筋的困难。

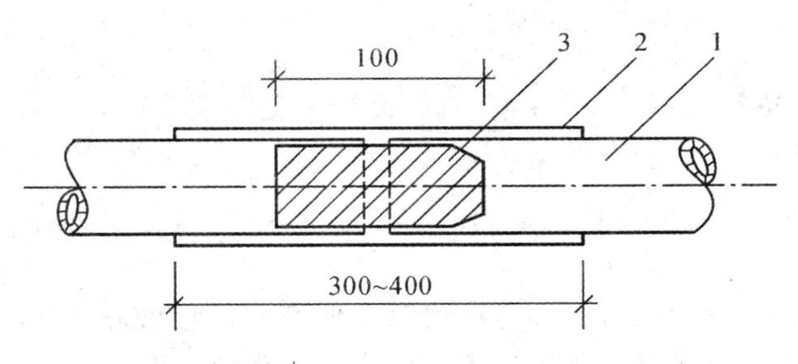

图 6.33　钢管连接方式

1—钢管;2—白铁皮套管;3—硬木塞

灌浆孔和排气孔的留设。由于孔道灌浆需要,每个孔件与孔道垂直的方向应留设若干个灌浆孔和排气孔,孔距一般不大于12m,孔径为20mm,可用木塞或白铁皮套管成孔。

2. 胶管抽芯法

留设孔道用的胶管一般有五层或七层夹布管和供预应力混凝土专用的钢丝网橡皮管两种。

胶管采用钢筋井字架固定,间距不宜大于0.5m,并与钢筋骨架绑扎牢。为了保证留设孔道质量,使用时应注意以下几个问题:

①胶管必须有良好的密封装置,勿漏水、漏气。

②胶管接头处理要得当。

③抽管时间和顺序。抽管时间比钢管略迟。一般可参照气温和浇筑后的小时数的乘积达200℃·h左右。抽管顺序一般为先上后下、先曲后直。

3. 预埋管法

预埋管法是利用与孔道直径相同的金属波纹管埋在构件中,无须抽出,一般采用黑铁皮管、薄钢管或镀锌双波纹金属软管制作。

预埋管法因省去抽管工序,且孔道留设的位置、形状也易保证,故目前应用较为普遍。

金属波纹管质量轻、刚度好、弯折方便且与混凝土粘结好。金属波纹管每根长4～6m,也可根据需要,现场制作,其长度不限。波纹管在1kN径向力作用下不变形,使用前应做灌水试验,检查有无渗漏现象。

波纹管的固定,采用钢筋井字架,间距不宜大于0.8m,曲线孔道时应加密,并用铁丝绑扎牢。

波纹管的连接,可采用大一号同型波纹管,接头管长度应大于200mm,用密封胶带或塑料热塑管封口。

(二)预应力筋张拉

用后张法张拉预应力筋时,混凝土强度应符合设计要求,如无设计规定时,不应低于设计强度等级的75%。

1. 张拉控制应力

张拉控制应力应符合设计规定,在施工中预应力筋需要超张拉时,可比设计要求提高5%。但其最大张拉控制应力不得超过表6.1的规定。

预应力筋的张拉程序,主要根据构件类型、张锚体系、松弛损失取值等因素来确定。

用超张拉方法减少预应力筋的松弛损失时,预应力筋的张拉程序宜为

$$0 \rightarrow 105\% \sigma_{con} \xrightarrow{\text{持荷 2min}} \sigma_{con}$$

如果预应力筋张拉吨位不大，根数很多，而设计中又要求采取超张拉以减少应力松弛损失时，其张拉程序可为：

$$0 \rightarrow 103\% \sigma_{con}$$

2. 张拉顺序

张拉顺序应使构件不扭转与侧弯，不产生过大偏心力，预应力一般应对称张拉。

图 6.34 所示的是预应力混凝土屋架下弦预应力筋张拉顺序。

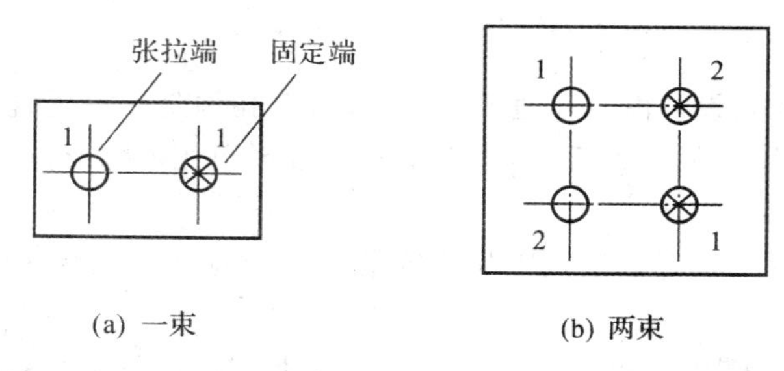

图 6.34 屋架下弦预应力筋张拉顺序

图 6.35 所示的是预应力混凝土吊车梁预应力筋采用两台千斤顶的张拉顺序，对配有多根不对称预应力筋的构件，应采用分批分阶段对称张拉。张拉顺序应符合设计要求。

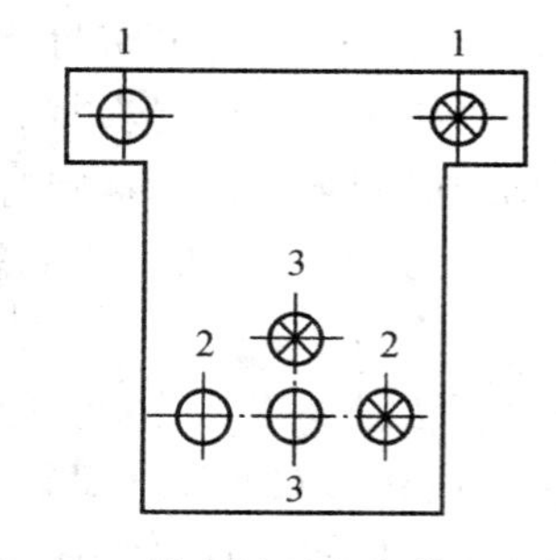

图 6.35 吊车梁预应力筋的张拉顺序

1、2、3—预应力筋的分批张拉顺序

分批张拉时，由于后批张拉的作用力，使混凝土再次产生弹性压缩导致先批预应力筋应力下降。此应力损失可按下式计算后加到先批预应力筋的张拉应力中去。分批张拉的损失也可以采取对先批预应力筋逐根复位补足的办法处理。

$$\Delta\sigma = \frac{E_s(\sigma_{con} - \sigma_1)A_p}{E_p A_n} \tag{6.12}$$

式中：$\Delta\sigma$ 为先批张拉钢筋应增加的应力；E_p 为预应力筋弹性模量；σ_{con} 为控制应力；σ_1 为后批张拉预应力筋的第一批预应力损失（包括锚具变形后和摩擦损失）；E_p 为混凝土弹性模量；A_p 为后批张拉的预应力筋面积；A_n 为构件混凝土净截面面积（包括构造钢筋折算面积）。

3. 叠层构件的张拉

对叠浇生产的预应力混凝土构件，上层构件产生的水平摩阻力会阻止下层构件预应力筋张拉时混凝土弹性压缩的自由变形。当上层构件吊起后，由于摩阻力影响消失，将增加混凝土弹性压缩变形，因而引起预应力消失。该损失值与构件形式、隔离层和张拉方式有关。为了减少和弥补该项预应力损失，可自上而下逐层加大张拉力，底层张拉力不宜比顶层张拉力大 5%（钢丝、钢绞线、热处理钢筋）且不得超过表 6.1 的规定。

为了使逐层加大的张拉力符合实际情况，最好在正式张拉前对某叠层第一、二层构件的张拉压缩量进行实测，然后按下式计算各层应增加的张拉力。

$$\Delta N = (n-1)\frac{\Delta_1 - \Delta_2}{L}E_s A_p \tag{6.13}$$

式中：ΔN 为层间摩阻力；n 为构件所在层数(自上而下计)；Δ_1 为第一层构件张拉压缩值；Δ_2 为第二层构件张拉压缩值；L 为构件长度；E_s 为预应力筋弹性模量；A_p 为预应力截面面积。

4. 张拉端的设置

(1)对于曲线预应力筋和长度大于 24m 的直线预应力筋，应在两端张拉。

(2)长度等于或小于 24m 的直线预应力筋，可一端张拉，但张拉端宜分别设置在构件两端。

(3)对预埋波纹管孔道曲线预应力筋和长度大于 30m 的直线预应力筋宜在两端张拉。长度等于或小于 30m 的直线预应力筋可在一端张拉。

(4)当统一截面中有多根一端张拉的预应力筋时，张拉端宜分别设在构件的两端，以使构件受力均匀。

5. 预应力值的校核和伸长值的确定

为了了解预应力值建立的可靠性，需对预应力筋的应力及损失进行检验和测定，以便在张拉时补足和调整预应力值。

检验预应力损失最方便的方法是：在预应力筋张拉 24h 后孔道灌浆前重拉一次，测读的前后两次应力值之差，即为钢筋预应力损失(并非全部应力损失，但已完成很大部分)。

预应力筋张拉锚固后，实际预应力值与工程设计规定检验值的相对允许偏差为±5%。

在测定预应力伸长值时，须建立 $10\%\sigma_{con}$ 的初应力，预应力筋的伸长值，也应从建立初应力后开始测量，但须加上初应力的推算伸长值，推算伸长值可根据预应力弹性变形呈直线变化的规律求得。

对后张法尚应扣除混凝土构件在张拉过程中的弹性压缩值。

预应力筋在张拉时，通过伸长值的校核，可以综合反映出张拉应力是否满足，孔道摩阻损失是否偏大，以及预应力筋是否有异常现象等。如实际伸长值与计算伸长值的偏差超过±6%时，应暂停张拉，分析原因后采取措施。

6. 张拉安全事项

(1)在张拉构件的两端应设置保护装置，如用麻袋、草包装土筑成土墙，以防止螺帽滑脱、钢筋断裂飞出伤人。

(2)在张拉操作中，预应力筋的两端严禁站人，操作人员应在侧面工作。

(三)孔道灌浆

施工要点：

(1)预应力筋张拉完毕后，应进行孔道灌浆。灌浆的目的是防止钢筋锈蚀，增加结构的整体性和耐久性，提高结构抗裂性和承载力。

(2)灌浆用水泥浆应有足够的强度和粘结力，且应有较好的流动性、较小的干缩性和泌水性。水灰比控制在 0.4～0.45，搅拌后 3h 泌水率宜控制在 2%，最大不超过 3%，对孔隙较大的孔道，可采用砂浆灌浆。

(3)为了增加孔道灌浆的密实性，在水泥浆或砂浆内可掺入对预应力筋无腐蚀作用的外加剂。

(4)灌浆用的水泥浆或砂浆应过筛，并在灌浆工程中不断搅拌，以免沉淀析水。灌浆前，用压力水冲洗和湿润孔道，用电动或手动灰浆泵进行灌浆。灌浆工作应连续进行，不得中断，并应防止空气压入孔道而影响灌浆质量。灌浆压力以 0.5～0.6MPa 为宜。灌浆顺序应先下后上，以免上层孔道漏浆时把下层孔道堵塞。

(5)当灰浆强度达到 $15N/mm^2$ 时，方能移动构件，灰浆强度达到 100%设计强度时，才允许吊装。

情境3　无粘结预应力混凝土施工

能力目标

通过本情境的学习，能够应用所学知识，了解无粘结预应力筋制作的方法、无粘结预应力混凝土的施工工艺，同时能在工程中正确应用。

学习内容

无粘结预应力的组成及要求；无粘结预应力的成型工艺；无粘结预应力混凝土的施工工艺。

任务引领

教师布置任务，帮助学生理解任务要求，辅导学生完成任务需要掌握的知识。

任务一　某大学新建教学楼工程，三层有截面尺寸为 400mm×1200mm、跨度为 24m 的三榀预应力大梁，确定采用无粘结预应力混凝土施工。

试确定无粘结预应力混凝土的施工工艺、编写出施工方案。

任务二　简述无粘结预应力混凝土施工中无粘结预应力筋制作的方案。

任务三　试列出粘结预应力混凝土施工的注意事项。

问题导入

以下问题是完成任务必须掌握的知识，教师引导，学生完成。

1. 无粘结预应力的含义是什么？
2. 无粘结预应力的特点有哪些？
3. 如何制作无粘结预应力筋？
4. 简述无粘结预应力混凝土的施工工艺。
5. 预应力筋端部处理包含哪些方面内容？

自主学习

学生以小组形式工作(4～6 人一组)。通过查资料、规范、学材以及网上资源解答以上问题；初步形成完成以上三项任务的思路和工作计划，组内学生讨论、向教师或辅导教师咨询，修改、完善计划，形成实施计划；实施计划，完成任务。

学生发言

各小组选派一名代表，回答问题，讲解本小组完成任务的过程及结果，小组其他成员补充。

学生互评

小组之间按照统一标准，对各小组回答问题、完成任务的过程及结果进行互评。

学生完成学习情境3成绩评定表

学生姓名________　教师________　班级________　学号________

序号	考评项目	分值	考核内容	教师评价（权重50%）	组长评价（权重25%）	学生评价（权重25%）
1	学习态度	15	出勤率、听课态度、实操表现等			
2	学习能力	25	上课回答问题、完成工作质量			
3	计算、操作能力	25	计算、实操记录、作品成果质量			
4	团结协作能力	15	自己所在小组的表现，小组完成工作的质量、速度			
合计		80				
综合得分						

知识拓展

教师提供1～2个无粘结预应力施工的工程实例，供学生选择，加强实操练习。在规定期限内，学生按照设计要求，编写出施工方案。此项内容占情境3学习成绩的20%。

学　材

一、无粘结预应力基本信息

1. 无粘结预应力具体做法

在预应力筋表面刷涂并包塑料布(管)后，将其铺设在支好的构件模板内，并浇筑混凝土，待混凝土达到规定强度后进行张拉锚固。

2. 无粘结预应力特点

无粘结预应力具有不需要预留孔道、穿筋、灌浆等复杂工序，施工程序简单，施工速度快，摩擦力小，且易弯成多跨曲线型等特点。

3. 无粘结预应力用途

特别适用于大跨度的单、双向连续多跨曲线配筋梁板结构和屋盖。

二、无粘结预应力筋制作

(一)无粘结预应力筋的组成及要求

1. 组成材料

无粘结预应力筋主要由预应力钢材、涂料层、外包层和锚具组成，如图6.36所示。

常用的涂料主要有防腐沥青和防腐油脂。

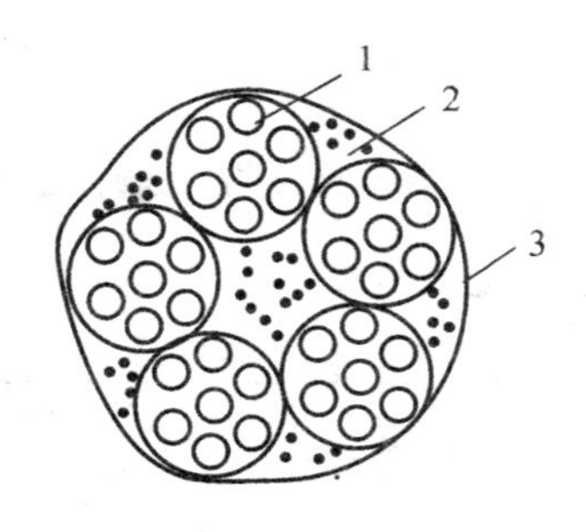

(a) 无粘结钢绞线束

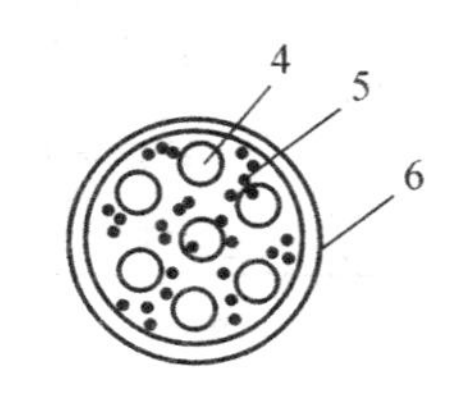

(b) 无粘结钢丝束或单根钢绞线

图 6.36　无粘结预应力筋横截面示意

1—钢绞线；2—沥青涂料；3,6—塑料布外包层；4—钢丝；5—油脂涂料

外包层主要由塑料带或高压聚乙烯塑料管制作而成。

2. 制作要点

(1)无粘结预应力筋所用材料主要有消除应力钢丝和钢绞线，钢丝和钢绞线不得有死弯，有死弯时必须切断，每根钢丝必须通长，严禁有接点。

(2)预应力筋的下料长度计算，应考虑构件长度、千斤顶长度、镦头的预留量、弹性回弹值、张拉伸长值、钢材品种和施工方案等因素。具体计算方法与有粘结预应力筋计算方法基本相同。

(3)预应力筋下料时，宜采用砂轮锯或切断机切断，不得采用电弧切割。钢丝束的钢丝下料应采用等长下料。钢绞线下料时，应在切口两侧用 20 号或 22 号钢丝预先绑扎牢固，以免切割后松散。

(4)涂料层应有较好的化学稳定性和韧性；在－20～＋70℃温度范围内应不开裂、不变脆、不流淌，能较好地粘附在钢筋上；涂料层应不透水、不吸湿、润滑性好、摩阻力小。

(5)外包层应具有在－20～＋70℃温度范围内不脆化、化学稳定性高，抗破损性强和有足够的韧性，防水性好且对周围材料无侵蚀作用的特点。塑料使用前必须烘干或晒干，避免成型过程中由于起泡引起塑料表面开裂。

(6)单根无粘结筋制作时，宜优先选用防腐油脂作涂料层，外包层应用塑料注塑机注塑成型。防腐油脂应充足饱满，外包层与涂油预应力筋之间有一定的间隙，使预应力筋能在塑料套管中任意滑动。成束无粘结预应力筋可用防腐沥青或防腐油脂作涂料层。当使用防腐沥青时，应用密缠塑料带作外包层，塑料带各圈之间的搭接宽度应不小于带宽的 1/2，缠绕层数不小于四层。

(7)制作好的预应力筋可以直线或盘圆运输、堆放。存放地点应设有遮盖棚，以免日晒雨淋。装卸堆放时，应采用软钢绳绑扎并在吊点处垫上橡胶衬垫，避免塑料套管外包层遭到损坏。

(二)锚具

1. 锚具特点

预应力筋的张拉力主要是靠锚具传递给混凝土的，无粘结预应力筋的锚具不仅受的力比有粘结预应力筋的锚具大，而且承受的是重复荷载。

2. 施工要点

(1)无粘结筋的锚具性能应符合Ⅰ类锚具的规定。

(2)预应力预应力筋为高强钢丝时,主要采用镦头锚具。

(3)预应力筋为钢绞线时,可采用XM型锚具和QM型锚具,XM型锚具和QM型锚具可夹持多根ϕ15或ϕ12钢绞线,或7mm×5mm、7mm×4mm平行钢丝束,以适应不同的结构要求。

(三)成型工艺

1. 涂包成型工艺

涂包成型工艺可以采用手工操作完成内涂刷防腐沥青或防腐油脂,外包塑料布。也可以在缠纸机上连续作业,完成编束、涂油、镦头、缠塑料布和切断等工序。

无粘结预应力筋制作时,钢丝放在放线盘上,穿过梳子板汇成钢丝束,通过油枪均匀涂油后穿入锚环用冷镦机冷镦锚头,带有锚环的成束钢丝用牵引机向前牵引,同时开动装有塑料条的缠纸转盘,钢丝束一边前进一边进行缠绕塑料布条工作。当钢丝束达到需要长度后,进行切割,成为一完整的无粘结预应力筋。

2. 挤压涂塑工艺

挤压涂塑工艺主要是钢丝通过涂油装置涂油,涂油钢丝束通过塑料挤压机涂刷聚乙烯或聚丙烯塑料薄膜,再经冷却筒模成型塑料套管。

挤压涂塑工艺的优点及用途:此法涂包质量好、生产率高,适用于大规模生产的单根钢绞线和7根钢丝束。

三、无粘结预应力混凝土施工工艺

1. 无粘结预应力筋的铺设

(1)无粘结预应力筋铺设前应检查外包层完好程度,对有轻微破损者,用塑料带补包好,对破损严重者应予以报废。双向预应力筋铺设时,应先铺设下面的预应力筋,再铺设上面的预应力筋,以免预应力筋相互穿插。

(2)无粘结预应力筋应严格按设计要求的曲线形状就位固定牢固。可用短钢筋或混凝土垫块等架起控制标高,再用铁丝绑扎在非预应力筋上。绑扎点间距不大于1m,钢丝束的曲率可由铁马凳控制,马凳间距不宜大于2m。

2. 预应力筋的张拉

(1)预应力筋张拉时,混凝土强度应符合设计要求,当设计无要求时,混凝土的强度应达到设计强度的75%方可开始张拉。

(2)张拉程序一般采用0～103%σ_{con}以减少无粘结预应力筋的松弛损失。

(3)张拉应根据预应力筋的铺设顺序进行,先铺设的先张拉,后铺设的后张拉。

(4)当预应力筋的长度小于25m时,宜采用一端张拉;若长度大于25m时,宜采用两端张拉;长度超过50m时,宜采取分段张拉。

(5)预应力平板结构中,预应力筋往往很长,应减少其摩阻损失值。因此,施工时,为降低摩阻损失值,宜采用多次重复张拉工艺。

(6)预应力筋的张拉伸长值应按设计要求进行控制。

3.预应力筋端部处理

(1)张拉端处理：

①预应力筋端部处理取决于无粘结筋和锚具种类。

②锚具的位置通常从混凝土的端面缩进一定的距离，前面做成一个凹槽，待预应力筋张拉锚固后，将外伸在锚具外的钢绞线切割刀规定的长度，即要求露出夹片锚具外长度不小于30mm，然后在槽内壁涂以环氧树脂类粘结剂，以加强新老材料间的粘结，再用后浇膨胀混凝土或低收缩防水砂浆或环氧砂浆密封。

③在对凹槽填砂浆或混凝土前，应预先对无粘结筋端部和锚具夹持部分进行防潮、防腐封闭处理。

④无粘结预应力筋采用钢丝束镦头锚具时，其张拉端头处理如图6.37所示；其中塑料套筒供钢丝束张拉时锚环从混凝土中拉出来用，软塑料管是用来保护无粘结钢丝末端因穿锚具而损坏的塑料管。无粘结钢丝的锚头防腐处理，应特别重视。当锚环被拉出后，塑料套筒内产生空隙，必须用油枪通过锚环的注油孔向套筒内注满防腐油脂，灌油后将外露锚具封闭好，避免长期与大气接触造成锈蚀。

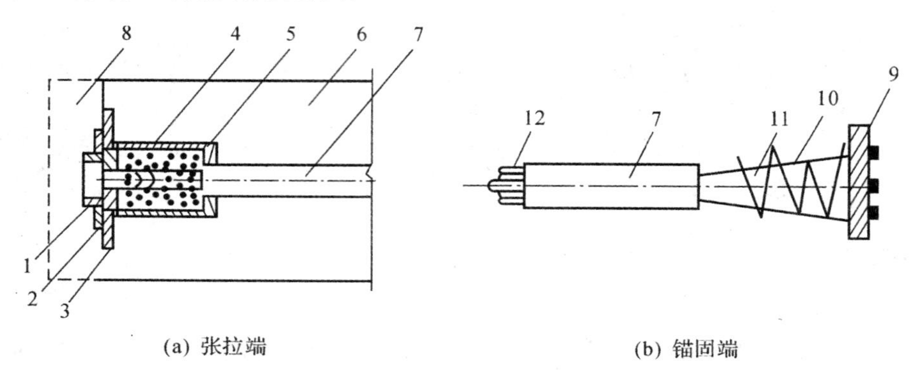

图6.37 无粘结钢丝束镦头锚具

1—锚环；2—螺母；3—预埋件；4—塑料套筒；5—建筑油脂；6—构件；7—软塑料管；8—C30混凝土封头；9—锚板；10—钢丝；11—螺旋钢筋；12—钢丝束

⑤采用无粘结钢绞线夹片式锚具时，张拉端头构造简单，无须另加设施。张拉端头钢绞线预留长度不小于150mm，多余割掉，然后在锚具及承压板表面涂以防水涂料，再进行封闭。锚固区可以用后浇的钢筋混凝土圈梁封闭，将锚具外伸的钢绞线散开打弯，埋在圈梁内加强锚固，如图6.38所示。

(2)固定端处理：

①无粘结筋的固定端可设置在构件内。

②当采用无粘结钢丝束时，固定端可采用扩大的镦头锚板，并用螺旋钢筋加强。

③施工中如端头无结构配筋时，需要配置构造钢筋，使固定端板与混凝土之间有可靠锚固性能。

④当采用无粘结钢绞线时，锚固端可采用压花成型。

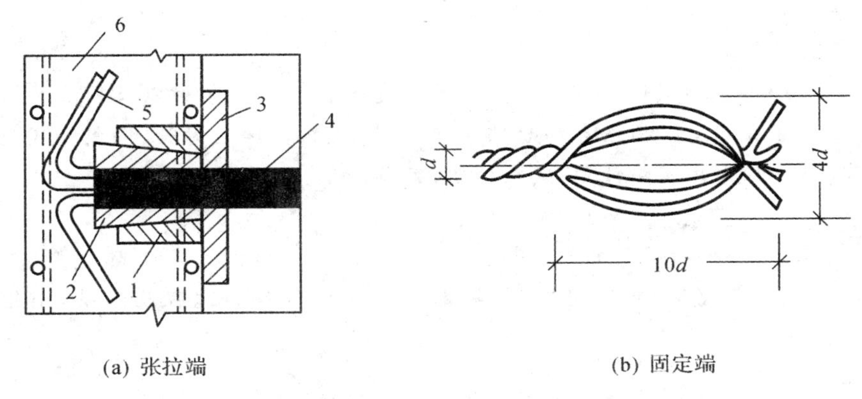

(a) 张拉端　　　　(b) 固定端

图 6.38　无粘结钢绞线夹片式锚具

1—锚环；2—夹片；3—预埋件；4—软塑料管；5—散开打弯钢丝；6—圈梁

情境 4　预应力混凝土施工质量验收与安全技术

能力目标

通过本情境的学习，能够应用所学知识，按照设计、规范要求，遵守预应力混凝土施工的质量验收标准和安全技术，掌握确保预应力混凝土施工质量和安全的技能和方法。

学习内容

预应力混凝土施工质量检查、安全技术。

任务引领

教师布置任务，帮助学生理解任务要求，辅导学生完成任务需要掌握的知识。

任务一　完成预应力混凝土质量验收工作。

任务二　完成预应力混凝土先张法施工安全技术交底工作。

任务三　完成预应力混凝土后张法施工安全技术交底工作。

问题导入

以下问题是完成任务必须掌握的知识，教师引导，学生完成。

1. 预应力筋进场时如何做检测？
2. 预应力筋张拉或放张时，有何要求？
3. 先张法施工安全技术措施有哪些规定？
4. 后张法施工安全技术措施有哪些规定？
5. 预应力筋端部锚具的制作质量应符合哪些规定？
6. 灌浆用水泥浆有何规定？
7. 无粘结预应力筋铺设有什么规定？

自主学习

学生以小组形式工作(4～6人一组)。通过查资料、规范、学材以及网上资源解答以上问题;初步形成完成以上三项任务的思路和工作计划,组内学生讨论、向教师或辅导教师咨询,修改、完善计划,形成实施计划;实施计划,完成任务。

学生发言

各小组选派一名代表,回答问题,讲解本小组完成任务的过程及结果,小组其他成员补充。

学生互评

小组之间按照统一标准,对各小组回答问题、完成任务的过程及结果进行互评。

学生完成学习情境4成绩评定表

学生姓名________ 教师________ 班级________ 学号__________

序号	考评项目	分值	考核内容	教师评价(权重50%)	组长评价(权重25%)	学生评价(权重25%)
1	学习态度	15	出勤率、听课态度、实操表现等			
2	学习能力	25	上课回答问题、完成工作质量			
3	计算、操作能力	25	计算、实操记录、作品成果质量			
4	团结协作能力	15	自己所在小组的表现,小组完成工作的质量、速度			
合计		80				
综合得分						

知识拓展

教师提供1～2个预应力混凝土工程的实例,供学生选择,加强实操练习。在规定期限内,学生按照要求,编写出施工质量验收方案和安全技术注意事项。此项内容占情境4学习成绩的20%。

学　材

一、质量检查

混凝土工程的施工质量检查应按规定的检验方法进行主控项目、一般项目检验。

(一)主控项目

(1)预应力筋进场时,应按现行国家标准《预应力混凝土用钢绞线》(GB/T 5224—2014)的规定抽取试件做力学性能检验,其质量必须符合有关标准的规定。

检查数量:按进场的批次和产品的抽样检验方案确定。

检验方法:检查产品合格证、出厂检验报告和进场复验报告。

(2)无粘结预应力筋的涂包质量应符合无粘结预应力钢绞线标准的规定。

检查数量:每60t为一批,每批抽取一组试件。

检查方法:观察,检查产品合格证、出厂检验报告和进场复验报告。

(3)预应力用锚具、夹具和连接器应按设计要求采用,其性能应符合现行国家规定《预应力筋用锚具、夹具和连接器》(GB/T 14370—2007)等的规定。

孔道灌浆用水泥应采用普通硅酸盐水泥,其质量应符合有关规范的规定。孔道灌浆用外加剂的质量应符合有关规范的规定。

检查数量:按进场批次和产品的抽样检验方案确定。

检验方法:检查产品合格证、出厂检验报告和进场复验报告。

(4)预应力筋安装时,其品种、级别、规格、数量必须符合设计要求。先张法预应力施工时应选用非油质类模板隔离剂,并应避免沾污预应力筋。施工过程中应避免电火花损伤预应力筋;受损伤的预应力筋应予以更换。

检查数量:全数检查。

检验方法:观察,钢尺检查。

(5)预应力筋张拉或放张时,混凝土强度应符合设计要求;当设计无具体要求时,不应低于设计的混凝土立方体抗压强度标准值的75%。

检查数量:全数检查。

检验方法:检查同条件养护试件试验报告。

(6)预应力筋的张拉力、张拉或放张顺序及张拉工艺应符合设计及施工技术方案的要求,并应符合《混凝土结构工程施工质量验收规范》(GB 50204—2011)规定。

检查数量:全数检查。

检验方法:检查张拉记录。

(7)预应力筋张拉锚固后实际建立的预应力值与工程设计规定检验值的相对允许偏差为5%。

检查数量:对先张法施工,每工作班抽查数为预应力筋总数的1%,且不少于3根;对后张法施工,在同一检验批内,抽查数为预应力筋总数的3%,且不少于5束。

检验方法:对先张法施工,检查预应力筋应力检测记录;对后张法施工,检查见证张拉记录。

(8)张拉过程中应避免预应力筋断裂或滑脱,当发生断裂或滑脱时,必须符合下列规定:对后张法预应力结构构件。断裂或滑脱的数量严禁超过同一截面预应力筋总根数的3%。且每束钢丝不得超过1根;对多跨双向连续板,其同一截面应按每跨计算;对先张法预应力构件,在浇筑混凝土前发生断裂或滑脱的预应力筋必须予以更换。

检查数量:全数检查。

检验方法:观察,检查灌浆记录。

(9)后张法有粘结预应力筋张拉后应尽早进行孔道灌浆,孔道内水泥浆应饱满、密实。

检查数量:全数检查。

检验方法:观察,检查灌浆记录。

(10)锚具的封闭保护应符合设计要求;当设计无具体要求时,应符合下列规定:应采取防止锚具腐蚀和遭受机械损伤的有效措施;凸出式锚固端锚具的保护层厚度不应小于50mm;外露预应力筋的保护层厚度,处于正常环境时,不应小于20mm;处于易受腐蚀的环境时,不应小于50mm。

检查数量:在同一检验批内,抽查预应力筋总数的5%,且不少于5处。

检验方法:观察,钢尺检查。

(二)一般项目

(1)预应力筋使用前应进行外观检查,要求:有粘结预应力筋张开后应平顺,不得有弯折,表面不应有裂纹、小刺、机械损伤、氧化铁皮和油污等;无粘结预应力筋护套应光滑、无裂缝,无明显褶皱。预应力筋用锚具、夹具和连接器使用前应进行外观检查,其表面应无污染、锈蚀、机械损伤和裂纹。预应力混凝土用金属螺旋管在使用前应进行外观检查,其内外表面应清洁,无锈蚀,不应有油污、孔洞和不规则的褶皱,咬口不应有开裂或脱扣。

检查数量:全数检查。

检验方法:观察。

(2)预应力混凝土用金属螺旋管的尺寸和性能应符合国家现行标准《预应力混凝土用金属螺旋管》(JG/T 3013—1994)的规定。

检查数量:按进场批次和产品的抽样检验方案确定。

检验方法:检查产品合格证、出厂检验报告和进场复验报告。

(3)预应力筋应采用砂轮锯切断,不得采用电弧切割;当钢丝束两端采用镦头锚具时,同一束中各根钢丝长度的极差不应大于钢丝长度的1/5000,且不应大于5mm;成组张拉长度不大于10m的钢丝时,同组钢丝长度的极差不得大于2mm。

检查数量:每工作班抽查数为预应力筋总数的3%,且不少于3束。

检验方法:观察,钢尺检查。

(4)预应力筋端部锚具的制作质量应符合下列要求:挤压锚具制作时压力表油压应符合操作说明书的规定,挤压后预应力筋外端应露出挤压套筒1~5mm;钢绞线压花锚成形时,表面应清洁、无油污,梨形头尺寸和直线段长度应符合设计要求,钢丝镦头的强度不得低于钢丝标准值的98%。

检查数量:对挤压锚,每工作班检查5%,且不应少于5件;对压花锚,每工作班检查3件;对钢丝镦头强度,每批钢丝检查6个镦头试件。

检验方法:观察,钢尺检查,检查镦头强度试验报告。

(5)后张法有粘结预应力筋预留孔道的规格、数量、位置和形状符合设计要求和规范规定。

检查数量:全数检查。

检验方法:观察,钢尺检查。

(6)预应力筋束形控制点的竖向位置允许偏差应符合表6.3的规定。

表6.3 束形控制点的竖向位置允许偏差 单位:mm

截面高(厚)度	$h \leqslant 300$	$300 < h \leqslant 1500$	$h > 1500$
允许偏差	±5	±10	±15

注:束形控制点的竖向位置偏差合格点达到90%及以上,且不得有超过表中数值1.5倍的尺寸偏差。

检查数量：在同一检验批内，抽查各类型构件数为预应力筋总数的5%，且对各类型构件均不少于5处。

检验方法：钢尺检查。

(7)无粘结预应力筋的铺设除应符合上条的规定外，尚应符合下列要求：无粘结预应力筋的定位应牢固，浇筑混凝土时不应出现移位和变形；端部的预埋锚垫板应垂直于预应力筋；内埋式固定端板不应重叠，锚具与垫板应贴紧；无粘结预应力筋成束布置时应能保证混凝土密实并能裹住预应力筋；无粘结预应力筋的护套应完整，局部破损处应采用防水带缠绕紧密。

检查数量：全数检查。

检验方法：观察。

(8)浇筑混凝土前穿入孔道的后张法有粘结预应力筋，宜采用防止锈蚀的措施。

检查数量：全数检查。

检验方法：观察。

(9)先张法预应力筋张拉后与设计位置的偏差不得大于5mm，且不得大于构件截面短边边长的4%。

锚固阶段张拉端预应力筋的内缩量应符合设计要求；当设计无具体要求时，应符合表6.4的规定。

表6.4　张拉端预应力筋的内缩量限值

锚具类型		内缩量限值(mm)
支承式锚具(镦头锚具等)	螺帽缝隙	1
	每块后加垫板的缝隙	1
锥塞式锚具		5
夹片式锚具	有压顶	5
	无压顶	6～8

检查数量：每工作班抽查数为预应力筋总数的3%，且不得少于3束。

检验方法：钢尺检查。

(10)后张法预应力筋锚固后的外露部分宜采用机械方法切割，其外露长度不宜小于预应力筋直径的1.5倍，且不小于300mm。

检查数量：在同一检验批内，抽查数为预应力筋总数的3%，且不少于5束。

检验方法：观察，钢尺检查。

(11)灌浆用水泥浆的水灰比不应大于0.45，搅拌后3h泌水率不宜大于2%，且不应大于3%。泌水应能在24h内全部重新被水泥浆吸收。

检查数量：同一配合比检查一次。

检验方法：检查水泥浆性能时间报告。

(12)灌浆用水泥砂浆的抗压强度不应小于30N/mm^2。

检查数量：每工作班留置一组边长为70.7mm的立方体试件。

检验方法：检查水泥浆试件强度试验报告。

二、安全技术措施

(1)钢丝、钢绞线、热处理钢筋、冷轧带肋钢筋和冷拉 HRB335、HRB400 钢筋，严禁采用电弧切割，应使用砂轮锯或切断机切断。施工过程中应避免电火花损伤预应力筋，因为预应力筋遇电火花损伤，容易在张拉阶段脆断。

(2)在油泵工作过程中，操作人员不得擅自离开岗位，如需离开应将油阀全部松开，并切断电路。

(3)所用张拉设备仪表，应由专人负责使用与管理，并定期进行维护与检验，设备的测定期不超过半年，否则必须及时重新测定。施工时，根据预应力筋种类等合理选择张拉设备，预应力筋的张拉力不应大于设备额定张拉力，严禁在负荷时拆换油管或压力表。按电源时，机壳必须接地，经检查绝缘可靠后，才可以运转。

(4)先张法施工中，张拉机具与预应力筋应在同一直线上；顶紧锚塞时，用力不要过猛，以防钢丝折断。台座法生产，其两端应设有防护措施，并在张拉预应力筋时，沿台座长度方向每隔 4～5m 设置一个防护架，两端严禁站人，更不准进入台座。

(5)后张法施工中，张拉预应力筋时，任何人不得站在预应力筋两端，同时在千斤顶后面设立防护装置。操作千斤顶的人员应严格遵守操作规程，应站在千斤顶侧面工作。在油泵开动过程中，不得擅自离开岗位，如需离开，应将油阀全部松开或切断电源。

项目七

轻钢结构工程施工

Ⅰ 背景知识

基本概念

1. 钢结构

钢结构是由钢构件制成的工程结构，所用钢材主要为型钢和钢板。

2. 型钢

(1)分类：

①按材质的不同，可分为普通型钢和优质型钢。

②按生产方式的不同，可分为热轧(锻)型钢、冷拉型钢、冷弯型钢、挤压型钢和焊接型钢。

③按截面形状的不同，可分为圆钢、方钢、扁钢、六角钢、等边角钢、不等边角钢、工字钢、槽钢和异型型钢等。

(2)优点：强度高，材质均匀，自重小，抗震性能好，施工速度快，工期短，密闭性好，拆迁方便。

(3)缺点：造价高，耐腐蚀性和耐火性较差。

3. 钢板

(1)根据轧制方法，建筑钢结构使用的钢板有冷轧钢板和热轧钢板，其中，热轧钢板是建筑钢结构应用最多的钢材之一。

(2)钢板系不固定边不变形的热轧扁平钢材，包括直接轧制的单轧钢板和由宽钢剪切成的连轧钢板。

(3)钢板的尺寸范围：

①单轧钢板公称厚度：3～400mm。

②单轧钢板公称宽度：600～4800mm。

③单轧钢板公称长度：2000～20000mm。

(4)钢板的尺寸允许偏差应符合规范的规定。

4. 用途

目前，钢结构在工业和民用建筑中使用越来越广泛，主要用于如下结构：

(1)重型厂房结构及受动力荷载作用的厂房结构。

(2)大跨度结构。

(3)多层、高层、超高层结构。

(4)塔桅式结构。

(5)可拆卸、装配式房屋。

(6)容器、储罐、管道。

(7)构筑物。

6. 钢结构的连接

钢结构的连接是采用一定的方式将各杆件连接成整体,钢结构的连接方法有焊接、普通螺栓连接、高强度螺栓连接、铆接等。目前应用较多的是焊接和高强度螺栓连接。

相关规范及标准

《钢结构工程施工质量验收规范》(GB 50205—2001)

《钢结构高强度螺栓连接的设计、施工及验收规程》(JGJ 82—91)

《建筑钢结构焊接技术规程》(JGJ 81—2002)

《钢结构防火涂料》(GB 14907—2002)

《涂装前钢材表面锈蚀等级和除锈等级》(GB 8923—88)

轻钢结构工程施工交底

<table>
<tr><td colspan="2">安全技术交底
表 C2－1</td><td>编号</td><td></td></tr>
<tr><td>工程名称</td><td></td><td>交底日期</td><td>年　月　日</td></tr>
<tr><td>施工单位</td><td></td><td>分项工程名称</td><td>轻钢结构施工作业</td></tr>
<tr><td>交底提要</td><td colspan="3"></td></tr>
<tr><td colspan="4">交底内容:
1. 施工人员应熟知本工种的安全技术操作规程及作业技能,作业前进行安全交底教育,有不适应高空作业的病症、不能从事高空作业的人员禁止进场作业,施工人员必须正确使用个人防护用品。佩戴合格的安全帽,系好下颌带、锁好带扣。登高(2m 以上)作业时必须系挂合格的安全带,系挂牢固高挂低用。禁止穿拖鞋或塑料底鞋高空作业,严禁酒后作业。
2. 电气焊作业,要持有操作证、用火证,并清理周围易燃易爆物品,氧气、乙炔两瓶间距工作点距离应符合规范,焊机双线应到位,配备合格有效的消防器材,设专人看火。焊机拆装由专业电工完成,禁止操作与自己无关的机械设备。
3. 禁止带电操作,线路禁止带负荷接断电。
4. 登高作业必须佩戴工具袋,穿防滑鞋,工具应放在工具袋内,不得随意放在钢梁上或易失落的地方,如有手操工具(如手锤、扳手、撬棍等)须穿上安全绳,防止失落伤人。
5. 现场作业人员禁止吸烟、追逐打闹。特种工种必须持证上岗。
6. 非专职人员不得从事电工作业,临时用电线路架空铺设,并做好绝缘措施,严防刮、砸、碰线缆。
7. 吊索具在使用前必须检查,不符合安全要求禁止使用。
8. 吊装作业由专职起吊工指挥,超高吊装要有清晰可视的旗语或笛声及对讲机指挥,在视线盲区要设两人指挥起重作业。
9. 吊物在起吊离地 0.3m 时检查索具,确定安全后方可起吊,并严禁起重机超负荷作业。
10. 构件起吊时,构件上严禁站人或放零散未装容器的构件。
11. 在构件下方和起重大臂扭转区内,不得有人员停留走动。</td></tr>
</table>

12. 在构件就位时应拉住缆绳，协助就位，此时人员应站在构件两侧。 13. 构件就位后，应采用安装焊柱或焊接方式固定，不可采用临时码放、搁置的方式，防止高空坠落及意外，必须在就位后立刻焊接牢固。 14. 钢结构作业使用电器设备，要做到人走机停拉闸断电，方能不留隐患。 注：班组长在给施工人员书面或口头交底后，所有接受交底人员在交底书最后一页的背面上签字后转交给工地安全员存档。 补充内容：（包括以下几点内容，由交底人负责编写） 1. 使用工具；2. 涉及的防护用品；3. 施工作业顺序；4. 安全技术其他要求；5. 作业环境要求和危险区域告知；6. 旁站部位及要求；7. 使用新材料、新设备、新技术的安全措施；8. 其他要求。					
审核人		交底人		接受交底人	

①本表头由交底人填写，交底人与接受交底人各保存一份，安全员一份。
②当作分部、分项施工作业安全交底时，应填写“分部、分项工程名称”栏。
③交底提要应根据交底内容把交底重要内容写上。

Ⅱ　工作情境

情境1　轻钢结构工程施工

能力目标

通过本情境的学习，能够应用所学知识，按照设计图纸、规范和施工工艺，编制施工组织设计，并能组织轻钢结构工程施工。

学习内容

钢结构构件的制作方案；钢结构构件的连接；钢结构构件的防腐与涂装；轻钢结构工程的质量要求和安全技术。

任务引领

教师布置任务，帮助学生理解任务要求，辅导学生完成任务需要掌握的知识。

任务一　某广场需临时搭设一个管理用房，需采用钢结构。

试确定钢结构工程的施工要求和施工要点，编写出施工方案。

任务二　某餐馆采用钢结构施工，施工中采用高强度螺栓连接。

试述高强度螺栓的安装方法。

任务三　完成某教学楼教室20m^2钢结构工程的防腐任务。

问题导入

以下问题是完成任务必须掌握的知识，教师引导，学生完成。

1. 高强度螺栓安装前的准备工作与技术要求是什么？
2. 试述高强度螺栓的安装方法。
3. 试述装配式框架节点构造及施工要点。
4. 高强度螺栓连接施工的一般规定有哪些？

5. 钢结构构件的连接有哪些方法？
6. 构件的堆放有哪些要求？
7. 钢结构构件防腐涂料的种类有哪些？
8. 试述钢结构涂装的施工方法及其不同点。

自主学习

学生以小组形式工作(4～6 人一组)。通过查资料、规范、学材以及网上资源解答以上问题；初步形成完成以上三项任务的思路和工作计划，组内学生讨论、向教师或辅导教师咨询，修改、完善计划，形成实施计划；实施计划，完成任务。

学生发言

各小组选派一名代表，回答问题，讲解本小组完成任务的过程及结果，小组其他成员补充。

学生互评

小组之间按照统一标准，对各小组回答问题、完成任务的过程及结果进行互评。

学生完成学习情境 1 成绩评定表

学生姓名________ 教师________ 班级________ 学号____________

序号	考评项目	分值	考核内容	教师评价（权重 50%）	组长评价（权重 25%）	学生评价（权重 25%）
1	学习态度	15	出勤率、听课态度、实操表现等			
2	学习能力	25	上课回答问题、完成工作质量			
3	计算、操作能力	25	计算、实操记录、作品成果质量			
4	团结协作能力	15	自己在所在小组的表现，小组完成工作质量、速度			
合计		80				
综合得分						

知识拓展

教师提供 1～3 个钢结构施工的工程实例，供学生选择，加强实操练习。在规定期限内，学生按照设计要求，编写出施工方案。此项内容占情境 1 学习成绩的 20%。

学　材

一、钢结构构件的制作

(一)开工前的准备工作

1. 图纸审核及施工技术交底

(1)图纸审核。

图纸审核的主要内容包括以下项目:

①设计文件是否齐全。设计文件应包括设计图、施工详图、加工制作图、图纸说明和设计变更通知单等。

②构件的几何尺寸标注是否齐全,相关构件的尺寸是否正确。

③节点是否清楚,是否符合国家标准。

④标题栏内构件的数量是否符合工程要求的总数量,构件之间的连接形式是否合理。

⑤加工符号、焊接符号是否齐全。

⑥结合本单位的设备和技术条件考虑,能否满足图纸上的技术要求。

⑦图纸的标准是否符合国家规定等。

(2)图纸技术交底准备。

图纸审查后要做技术交底准备,其内容主要有:

①根据构件尺寸考虑原材料对接方案和接头在构件中的位置。

②考虑总体的加工工艺方案及重要的安装方案。

③对构件的结构不合理处或施工有困难的地方,要与建设方及设计单位做好变更签证的手续。

④列出图纸中的关键部位或者有特殊要求的地方,加以重点说明。

2. 样图设计

①一般设计院提供的设计图,不能直接用于加工制作钢结构,施工单位在考虑加工工艺、公差配合、加工余量、焊接控制等因素后,在原设计图的基础上绘制加工制作图(又称施工详图)。

②加工制作图是最后沟通设计人员意图的详图,是实际尺寸画线、剪切、坡口加工、制孔、弯制、拼装、焊接、涂装、产品检查、堆放、发送等各项作业的指示书。

3. 备料和核对

根据图纸材料表计算出各种材质、规格的材料净用量,再加一定数量的损耗提出材料预算计划。工程预算一般可按实际用量所需的数值再增加10%进行提料和备料。核对来料的规格、尺寸和重量,仔细核对材质;材料代换必须经过设计部门同意,并进行相应修改。

4. 编制工艺流程

(1)编制工艺流程的原则:能以最快的速度、最少的劳动量和最低的费用,可靠地加工出符合设计要求的产品。

(2)工艺流程编制的内容:成品技术要求,关键零件的加工方法、精度要求、检查方法和检查工具。

(3)主要构件的工艺流程:工序质量标准、工艺措施(如组装次序、焊接方法等)、采用的

加工设备和工艺设备。

(4)编制工艺流程表(或工艺过程卡):基本内容包括零件名称、件号、材料牌号、规格、件数、工序名称和内容、所用设备和工艺装备名称及编号、工时定额等。

(5)关键零件还要标注加工尺寸和公差,重要工序要画出工序图。

5. 进行技术交底

技术交底按工程的实施阶段可分为开工前的技术交底和投料加工前进行的本厂施工人员技术交底两个阶段。

(1)开工前的技术交底。

开工前的技术交底会,参加的人员主要有工程图纸的设计单位、工程建设单位、工程监理单位及制作单位的有关部门和有关人员。

开工前的技术交底主要内容有:

①工程概况。

②工程结构构件的类型和数量。

③图纸中关键部位的说明和要求。

④设计图纸的节点情况介绍。

⑤对钢材、辅料的要求和原材料对接的质量要求。

⑥工程验收的技术标准说明。

⑦交货期限、交货方式的说明。

⑧构件包装和运输要求。

⑨涂层质量要求。

⑩其他需要说明的技术要求。

(2)投料加工前的技术交底。

①投料加工前应对制作单位的生产人员进行技术交底,参加的人员主要有制作单位的技术、质量负责人,技术部门和质检部门的技术人员、质检人员,生产部门的负责人、施工员及相关工序的代表人员等。

②此类技术交底主要内容除上述十点外,还应增加工艺方案、工艺规程、施工要点、主要工序的控制方法、检查方法等与实际施工相关的内容。

(二)钢结构构件加工制作的工艺流程

钢结构构件加工制作的主要工艺流程:加工制作图的绘制→制作样杆、样板→号料→放线→切割→坡面加工→开制孔→组装(包括矫正)→焊接→摩擦面的处理→涂装与编号。

1. 样杆、样板的制作

样杆一般用薄钢板或扁钢制作,当长度较短时可用木尺杆。样板可采用厚度为0.50～0.75mm的薄钢板或塑料板制作,其精度要求见表7.1。样杆、样板应注明工号、图号、零件号、数量及加工边、坡口部位、弯折线和弯折方向、孔径和滚圆半径。制作的样杆、样板应妥善保存,直至工程结束后方可销毁。

表 7.1　放样和样板(样杆)的允许偏差

项　目	允许偏差
平行线距离和分段尺寸	±0.5mm
对角线差	1.0mm
宽度、长度	±0.5mm
孔距	±0.5mm
加工样板的角度	20′

2. 号料

号料方法有集中号料法、套料法、统计计算法和余料统一号料法四种。

号料前应先核对钢材规格、材质、批号，并应清除钢板表面油污、泥土及脏物。

钢材表面质量应符合表 7.2 的要求，若表面质量满足不了质量要求，则应进行矫正。

矫正后的钢材表面，不应有明显的凹面和损伤，表面划痕深度不得大于 0.5mm，且不应大于该钢材厚度允许偏差的 1/2。

表 7.2　钢材矫正后的允许偏差

项　目		允许偏差(mm)	图　例
钢板的局部平整度	$t \leqslant 14$	1.5	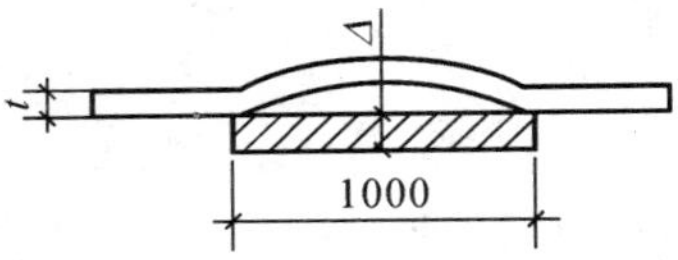
	$t > 14$	1.0	
型钢弯曲矢高		1/1000，且≯5.0	
角钢肢的垂直度		b/100 双肢拴接角钢的角度≯90°	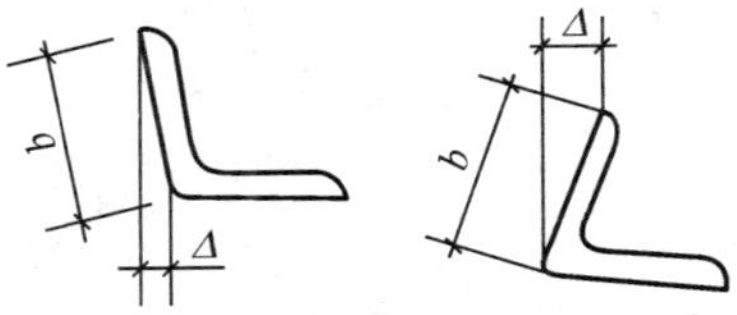
槽钢翼缘对腹板的垂直度		b/80	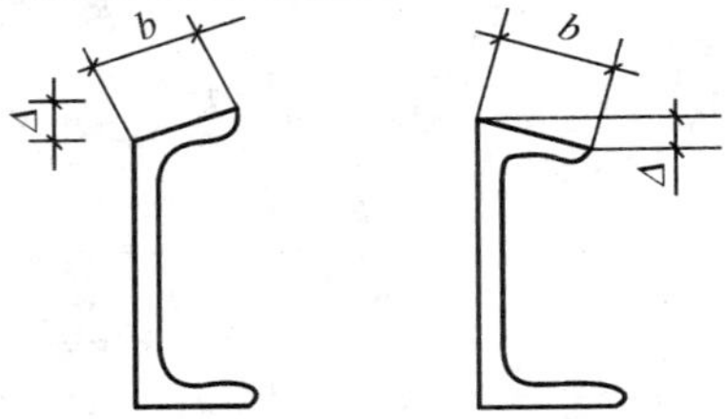
工字型、H 型钢对腹板的垂直度		b/100，且≯2.0	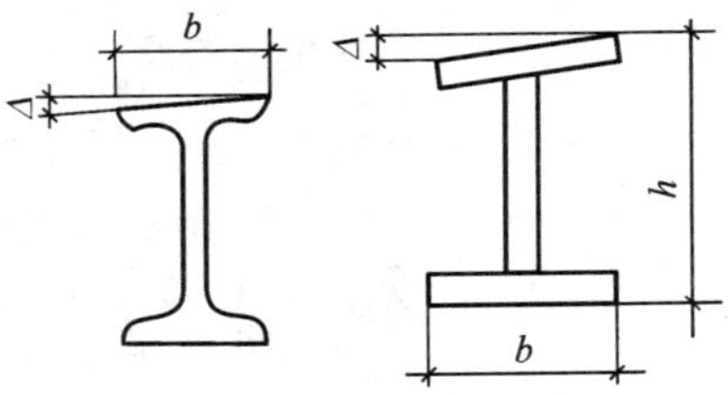

3. 画线

利用加工制作图、样杆、样板及钢卷尺进行画线。目前已有一些先进的钢结构加工厂采用程控自动画线机，它不仅效率高，而且精准、省料。画线的要领有两条：

(1)画线作业场地要在不直接受日光及外界气温影响的室内，最好是开阔、明亮的场所。

(2)用画针画线比用墨尺及画线绳画线精度高。画针可用砂轮磨尖，粗细度可达0.3mm左右。画线有先画线、后画线、一般先画线及他端后画线四种办法。当进行下料部分画线时要考虑剪切余量、切割余量。

为了确保长度方向的精度，当切割端部表面时，要根据以往的数据资料预测焊接及加热所产生的收缩量，并将其考虑进去，当难于根据以往的资料数据预测收缩量时，要取相近的数值稍长一点。

4. 切割

钢材的切割包括气割、等离子切割等方法，也可以使用剪切、切削等机械力的方法。

主要根据切割能力、切割精度、切割面的质量及经济性来选择切割方法。

5. 边缘加工和端部加工

方法主要有铲边、刨边、铣边、碳弧气刨、气割和坡口加工等。

(1)铲边：有手工铲边和机械铲边两种。铲边后的棱角垂直误差不得超过弦长的1/3000，且不得大于2mm。

(2)刨边：使用的设备是刨边机。刨边加工有刨直边和刨斜边两种。一般的刨边加工余量为2～4mm。

(3)铣边：使用的设备是铣边机。铣边的加工功效高，能耗少。

(4)碳弧气刨：使用的设备是气刨枪。效率高，无噪音，灵活方便。

(5)坡口加工：一般可用气体加工和机械加工，在特殊的情况下采用手动气体切割的方法，但必须进行打磨处理。

(6)边线加工允许偏差见表7.3。

表7.3 边线加工允许偏差

项目	允许偏差(mm)
零件宽度、长度	±1.0
加工边直线度	$L/3000$，且≯2.0
相邻两边夹角	±6′
加工面垂直度	$0.025t$，且≯0.5
加工面表面粗糙度	50

6. 制孔

(1)制孔时间：结构在焊接时，不可避免地将会产生焊接收缩和变形，因此在制作的过程中，把握好制孔时间将在很大程度上影响产品精度。一般有四种方案：

①在构件加工时先画上孔位，待拼装、焊接及变形矫正完成后，再画线确认进行打孔加工。

②在构件一端先进行打孔加工，待拼装及变形矫正完成后，再对另一端进行打孔加工。

③待构件焊接及变形矫正后，对端面进行精加工，然后以精加工面为基准，画线，打孔。

④在画线时，考虑焊接收缩量、变形的余量、允许公差等，直接进行打孔。

(2)制孔方法：常用的打孔方法有机械打孔、气体开孔、数控钻孔及钻模和板叠套钻制孔四大类。

①机械打孔。常用的打孔机械有电钻、风钻、立式钻床、摇臂钻床、桁式摇臂钻床、多轴钻床和NC开孔机等。

②气体开孔。气体开孔是在气割喷嘴上安装一个简单的附属装置，可打出130mm的孔。

③数控钻孔。数控钻孔是近几年发展的先进钻孔方法，无须在工件上画线、打样、冲眼，整个加工过程自动进行高速数控定位，钻头行程数字控制。钻孔效率高，精度高。

④钻膜和板叠套钻制孔。钻模和板叠套钻制孔是目前国内尚未流行的一种制孔方法，应用夹具固定，钻套采用碳素钢或合金钢制作，热处理后钻套硬度应高于钻头硬度。钻模板上下两平面应平行，其偏差不得大于0.2mm，钻孔套中心与钻模板平面应保持垂直，其偏差不得大于0.15mm，整体钻模制孔的允许偏差符合有关规定。

(3)孔超过偏差的解决方法：螺栓孔的偏差超过规定的允许值时，允许采用与母材材质相匹配的焊条补焊后重新制孔，严禁采用钢块填塞。

制孔后应用磨光机清除孔边毛刺，并不得损伤母材。

7. 组装

钢结构的组装方法包括地样法、立装法、卧装法、胎模装配法等。

拼装必须按工艺要求的次序进行，当有隐蔽焊缝时，必须先施焊，经检验合格后方可覆盖。为减少变形，尽量采用小件组焊，经矫正后再大件组装。

组装的零件、部件应经检验合格，零件连接接触面和沿焊缝边缘约30～50mm范围内的铁锈、毛刺、污垢、冰雪、油迹等应清除干净。

板材、型材的拼接应在组装前进行；构件的组装应在部件组装、焊接、矫正后进行，以便减少构件的残余应力，保证产品的制作质量。构件的隐蔽部位应提前进行涂装。

钢构件组装的允许偏差见《钢结构工程施工质量验收规范》(GB 50205—2001)的有关规定。

8. 焊接

焊接是钢结构加工制作中的关键步骤，应按有关操作规程进行。

焊接后的变形矫正：部件或构件焊接后，均因焊接而产生大弯曲、头部弯曲及局部变形等。其允许偏差见表6.14，不符合者，需矫正。

9. 摩擦面的处理

高强的螺栓摩擦面处理后的抗滑移系数值应符合设计要求(一般为0.45～0.55)，摩擦面的处理可采用喷砂、喷丸、酸洗和砂轮打磨等方法，一般应按设计要求进行，设计无要求时，施工单位可采用适当的方法进行施工。

采用砂轮打磨处理摩擦面时，打磨范围不应小于螺栓孔径的4倍，打磨方向与构件受力方向垂直。高强度螺栓的摩擦连接面不得涂装，高强度螺栓安装完成后，应将连接板周围封闭，再进行涂装。

10. 涂装、编号

涂装前应对钢构件表面进行除锈处理，构件表面除锈方法和除锈等级应与设计采用的涂料相适应，并应符合规范的规定。涂料、涂装遍数、涂层厚度均应符合设计要求。当设计对涂层厚度无要求时详见规范要求。

涂装环境温度应符合涂料产品说明书的规定，无规定时，环境温度应在5～38℃之间，相对湿度不应大于85%，构件表面没有结露和油污等，涂装后4h内应保护其免受雨淋。

施工图中注明不涂装的部位和安装焊缝处的30～50mm宽范围内以及高强度螺栓摩擦连接面不得涂装。

构件涂装后，应按设计图纸进行编号，编号的位置应符合便于堆放、安装、检查的原则。对于大型和重要的构件还应进行标注重量、吊装位置和定位标记等记号。编号的汇总资料与运输文件、施工组织设计的文件、质检文件等统一起来，编号可在竣工验收后加以复涂。

（三）钢结构构件的验收、运输和堆放

1. 钢结构构件的验收

钢构件加工制作完成后，应按照施工图和国家标准《钢结构工程施工质量验收规范》（GB 50205—2001）的规定进行验收，钢构件出厂时，应提供下列资料：

①产品合格证和技术文件。

②施工图和设计变更文件。

③制作中技术问题处理的协议文件。

④钢材、连接材料、涂装材料的质量证明或试验报告。

⑤焊接工艺评定报告。

⑥高强度螺栓摩擦面抗滑移系数试验报告，焊缝无损检验报告及涂层检测资料。

⑦主要构件检验记录。

⑧预拼装记录。由于受运输、吊装条件的限制及构件设计的复杂性，有时构件要分两段或若干段出厂，为了保证工地安装的顺利进行，有预拼装要求的构件在出厂前应进行预拼装。

⑨构件发运和包装清单。

2. 构件的运输

大型或重型构件的运输应根据行车路线、运输车辆的性能、码头状况、运输船只的情况编制运输方案。在运输方案中要着重考虑吊装工程的堆放条件、工期要求，编制构件的运输顺序。

发运构件重量单件超过3t的，宜在易见部位用油漆标上重量及重心位置的标志，避免在装、卸车和起吊过程中损坏构件；节点板、高强度螺栓连接面等重要部分要有适当的保护措施，零星的部件等都要按同一类别用螺栓和钢丝紧固成束或包装发运。

构件运输时，应根据构件的长度、质量、断面形状选用车辆；构件在运输车辆上的支点、两端伸长的长度及绑扎方法均应保证构件不产生永久变形、不损伤涂层、构件起吊必须按设计吊点起吊。

公路运输装运的高度极限为4.5m，如需通过隧道，则高度极限为4m，构件长出车身不得超过2m。

3. 构件的堆放

（1）构件一般要堆放在工厂的堆放场。构件堆放场地应平整坚实，无水坑、冰层，地面平整干燥，并应排水通畅，有较好的排水设施，同时要有车辆进出的回路。

(2)构件应按种类、型号、安装顺序划分区域，插竖标志牌。构件底层垫块要有足够的支撑面，不允许垫块有大的沉降量，堆放的高度应有计算依据，以最下面的构件不产生永久变形为准，不得随意堆高。钢结构产品不得直接置于地上，要垫高200mm。

(3)在堆放中，发现有变形不合格的构件，则严格检查，进行矫正，然后再堆放。不得把不合格的变形构件堆放在合格的构件中，否则会大大地影响安装进度。

(4)对于已堆放好的构件，要派专人汇总资料，建立完善的进出厂的动态管理，严禁乱翻、乱移。同时对已堆放好的构件进行适当的保护，避免风吹雨打、日晒夜露。

(5)不同类型的钢结构构件分开堆放；同一工程的钢结构应分类堆放在同一地区，以便装车发运。

二、钢结构构件的连接

钢结构构件的连接是采用一定的方式将各杆件连接成整体，钢结构的连接方法有焊接、普通螺栓连接、高强度螺栓连接和铆接等。目前应用较多的是焊接和高强度螺栓连接。

(一)钢结构的焊接

1. 钢结构构件的焊接方法

钢结构构件的主要焊接方法有手工电弧焊、气体保护焊、自保护电弧焊、埋弧焊、电渣焊、等离子焊、激光焊、电子束焊和栓焊等。在钢结构制作和安装领域中，广泛使用的是电弧焊。在电弧焊中又以药皮焊条手工电弧焊、自动埋弧焊、半自动与自动CO_2气体保护焊和自保护电弧焊为主。在某些特殊应用场合，则必须使用电渣焊和栓焊。

2. 焊接应力和焊接变形

焊接过程中，焊接热源对焊件进行局部加热，产生了不均匀的温度场，导致材料热胀冷缩不均匀，处于高温区域的材料在加热(冷却)过程中产生较大的伸长(收缩)量，由于受到周围材料的约束而不能自由伸长(收缩)。于是在焊件中产生内应力，使高温区的材料受到挤压(拉伸)，产生塑性变形；同时，金属材料在焊接过程中随着温度的变化还会产生相应的应变；不同的金属组织有不同的性能，这也会引起体积的变化，对焊接应力及变形产生不同程度的影响。

3. 焊接变形的类型及影响因素

焊接变形的类型可分为线性缩短、角变形、弯曲变形、扭曲变形和波浪形失稳变形等，如图7.1所示。

①线性缩短。由于焊件收缩引起的长度缩短和宽度变窄的变形，分为纵向缩短和横向缩短。

②角变形。由于焊缝截面形状在厚度方向上不对称所引起的在厚度方向上产生的变形。

③弯曲变形。由于焊缝的纵向和横向收缩相对于构件的中性轴不对称，而引起构件的整体弯曲。

④扭曲变形。焊后构件的角变形沿构件纵轴方向数值不同及构件翼缘与腹板的纵向收缩不一致，综合而成的变形。扭曲变形一旦产生则难以矫正。主要由于装配质量不好，工件搁置不正，焊接顺序和方向安排不当造成的，在施工中特别要引起注意。

⑤波浪形失稳变形。大面积薄板拼焊时，在内应力作用下产生失稳而使板面产生翘曲

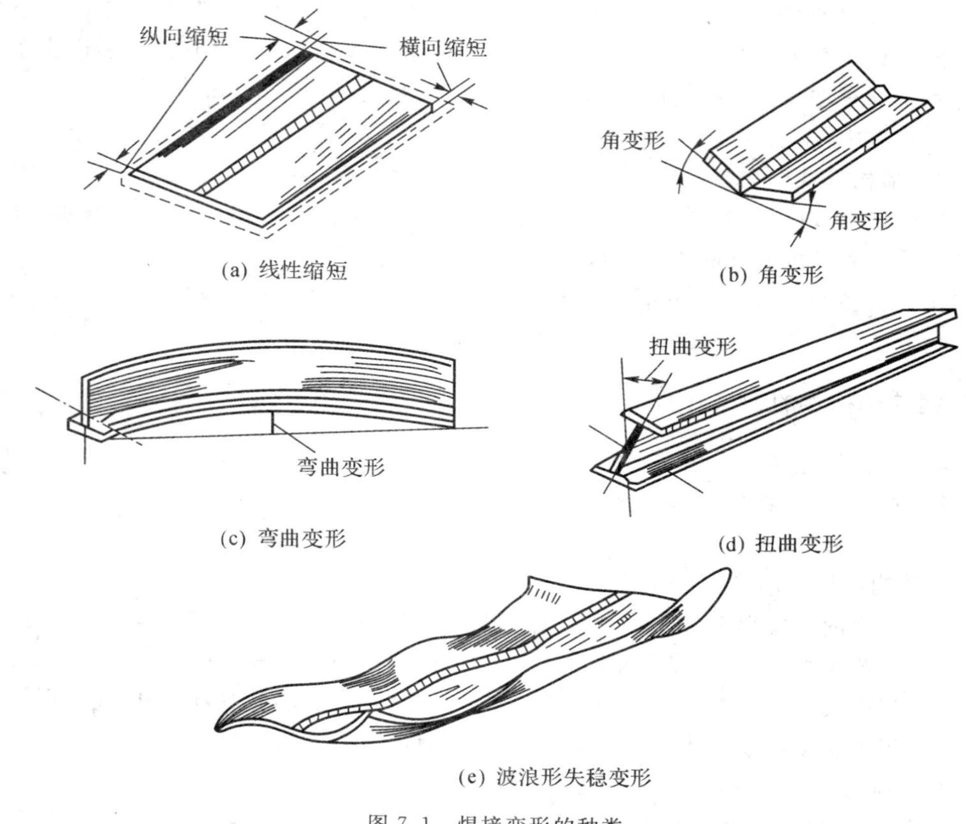

(a) 线性缩短

(b) 角变形

(c) 弯曲变形

(d) 扭曲变形

(e) 波浪形失稳变形

图 7.1　焊接变形的种类

形成波浪形变形。

焊接残余变形量的影响因素主要有：

①焊缝面积。焊缝面积越大，冷却时引起的塑性变形量越大；焊缝面积对纵向、横向及角变形的影响趋势是一致的。焊缝面积的大小是引起焊接残余变形的主要因素。

②焊接热输入。一般情况下，热输入越大时，加热的高温区范围越大，冷却速度越慢，使接头塑性变形区增大；对纵向、横向及角变形都有变形增大的影响。

③工件的预热、层间温度。预热、层间温度越高，相当于热输入增大，使冷却速度变慢，收缩变形增大。

④焊接方法。各种焊接方法的热输入差别较大，在其他条件相同的情况下，收缩变形值不同。

⑤接头形式。焊接热输入、焊缝面积、焊接方法等因素条件相同，不同的接头形式对纵向、横向及角变形量有不同的影响。

⑥焊接层次。横向收缩在对接接头多层焊时第一道焊缝的横向收缩符合对接焊的一般条件和变形规律，第一层以后相当于无间隙对接焊，接近于盖面焊道时已与堆焊的条件和变形规律相似，因此收缩变形相对较小；纵向变形，多层焊时的纵向收缩变形比单层焊时小得多，而且焊的层数越多，纵向变形越小。

4. 焊接残余应力和变形的控制

在钢结构设计和施工时，不仅要考虑到强度、稳定性、经济性，而且必须考虑焊缝的设置将产生的应力变形对结构的影响。通常有以下经验：

①在保证结构具有足够强度的前提下，尽量减少焊缝的尺寸和长度，合理选取坡口形状，避免集中设计焊缝。

②尽量对称布置焊缝，将焊缝安排在近中心区域，如近中心轴、焊缝中心、焊缝塑性变形区中心。

③在钢结构施焊中采用夹具以减少焊接变形的可能性。

④钢结构设计人员在设计时应考虑焊接工艺措施。

5. 焊接工艺

①施焊电源的电压波动值应在±5%范围内，超过时应增设专用变压器或稳压装置。

②根据焊接工艺评定编制工艺指导书，焊接过程中应严格执行。

③对接接头、T形接头、角接接头、十字接头等对接焊缝及组合焊缝应在焊缝的两端设置引弧和引出板；其材料和坡口形式应与焊件相同。

引弧和引出的焊缝长度：埋弧焊应大于50mm，手弧焊及气体保护焊应大于20mm。

焊接完毕后应采用气割切除引弧和引出板，不得用锤击落，并修磨平整。

④角焊缝转角处宜连续绕角施焊，起落弧点距焊缝端部宜大于10mm；角焊缝端都不设引弧和引出板的连续焊缝，起落弧点距焊缝端部宜大于10mm，弧坑应填满。

⑤不得在焊道以外的母材表面引弧、熄弧。在吊车梁、吊车桁架及设计上有特殊要求的重要受力构件其承受拉应力区域内，不得焊接临时支架、卡具及吊环等。

⑥多层焊接宜连续施焊，每一层焊道焊完后应及时清理及检查，如发现焊接缺陷应清除后再施焊，焊道层间接头应平缓过渡并错开。

⑦焊缝同一部位返修次数不宜超过2次，超过2次时，应经焊接技术负责人核准后再进行。

⑧焊缝坡口和间隙超差时，不得采用填加金属块或焊条的方法处理。

⑨对接和T形接头要求熔透的组合焊缝，当采用手弧焊封底、自动焊盖面时，反面应进行清根。

⑩T形接头要求熔透的组合焊缝，应采用船形埋弧焊或双丝埋弧自动焊，宜选用直流电流；厚度$t \leqslant 5$mm的薄壁构件宜采用二氧化碳气体保护焊。厚度$t > 5$mm板的对接立焊缝宜采用电渣焊。

⑪栓钉焊接前应用角向磨光机对焊接部位进行打磨，焊接后焊处未完全冷却之前，不得打碎瓷环。栓钉的穿透焊，应使压型钢板与钢梁上翼缘紧密相贴，其间隙不得>1mm。

⑫轨道间采用手弧焊焊接时应符合下列规定，轨道焊接宜采用厚度≥12mm、宽≥100mm的紫铜板弯制成与轨道外形相吻合的垫模，焊接的顺序由下向上，先焊轨底，后焊轨腰、轨头，最后修补四周；施焊轨底的第一层焊道时电流应稍大些以保证焊透和便于排渣。每层焊完后要清理，前后两层焊道的施焊方向应相反；采取预热、保温和缓冷措施，预热温度为200～300℃，保温可采用石棉灰等。焊条选用氢型焊条。

⑬当压轨器的轨板与吊车梁采用焊接时，应采用小直径焊条、小电流跳焊法施焊。

⑭柱与柱、柱与梁的焊接接头，当采用大间隙加垫板的接头形式时，第一层焊道应熔透。

⑮焊接前预热及层间温度控制，宜采用测温器具测量(点温计、热电偶温度计)。预热区在焊道两侧，其宽度应各为焊件厚度的2倍以上，且不少于100mm，环境温度低于0℃时，预热温度应通过工艺试验确定。

⑯焊接H型钢，其翼缘板和腹板应采用半自动或自动气割机进行切割，翼缘板只允许在长度方向拼接；腹板在长度和宽度方向均可拼接，拼接缝可为十字形或T字形，翼缘板的拼接缝腹板错开200mm以上，拼接焊接应在H型钢组装前进行。

⑰对需要进行后热处理的焊缝，应在焊接后钢材没有完全冷却时立即进行，后热温度为200～300℃，保温时间可按板厚30mm/h进行，但不得少于2h。

⑱下雪或下雨时不得露天施焊，构件焊区表面湿度或冰雪没有清除前不得施焊，风速≥8m/s(CO_2保护焊风速≥2m/s)时应采取挡风措施，操作焊工应有焊工上岗证。

6. 焊接的质量检验

焊接质量检验包括焊前检验、焊接生产中检验和成品检验。

(1)焊前检验。包括：

①相关技术文件(图纸、标准工艺规程等)是否备齐。

②焊接材料(焊条、焊丝、焊剂、气体等)和钢材原材料的质量检验。

③构件装配和焊接件边缘质量检验；焊接设备(焊机和专用胎、模具等)是否完善；焊工应经过考试取得合格证，停焊时间达6个月及以上的，必须重新考核方可上岗操作。

(2)焊接生产中检验。主要是对焊接设备运行情况、焊接规范和焊接工艺的执行情况，以及多层焊接过程中夹渣、焊透等缺陷的自检等，目的是防止焊接过程中缺陷的形成，及时发现缺陷，采取整改措施。

(3)成品检验。全部焊接工作结束，焊缝清理干净后进行成品检验。成品检验方法有很多种，通常可分为无损检验和破坏检验两大类。

①无损检验。可分为外观检查、致密性检查、无损探伤等。

外观检查是一种简单而应用广泛的检查方法，焊缝的外观用肉眼或低倍放大镜检查表面气孔废渣、裂纹、弧坑、焊瘤等，并用测量工具检查焊缝尺寸是否符合要求。

《钢结构工程施工质量验收规范》(GB 50205—2001)规定了钢结构焊接接头的焊缝外形尺寸。二级、三级焊缝外观质量标准见表7.4；对接焊缝及完全熔透组合焊缝尺寸允许偏差见表7.5；熔透组合焊缝和角焊缝外形尺寸允许偏差见表7.6。

表7.4　二级、三级焊缝外观质量标准

<table>
<tr><td>项　目</td><td colspan="2">允许偏差(mm)</td></tr>
<tr><td>缺陷类型</td><td>二级</td><td>三级</td></tr>
<tr><td rowspan="2">未焊满
(指不满足设计要求)</td><td>≤0.2t+0.02t，且≤1.0</td><td>≤0.2t+0.04t，且≤2.0</td></tr>
<tr><td colspan="2">每100焊缝内缺陷总长≤25.0</td></tr>
<tr><td rowspan="2">根部收缩</td><td>≤0.2t+0.02t，且≤1.0</td><td>≤0.2t+0.04t，且≤2.0</td></tr>
<tr><td colspan="2">长度不限</td></tr>
<tr><td>咬边</td><td>≤0.05t，且≤0.5；连续长度≤100，
且焊缝两侧咬边总长≤10%焊缝全长</td><td>≤0.1t，且≤1.0，长度不限</td></tr>
</table>

续表

项目	允许偏差(mm)	
弧型裂纹	—	允许存在个别长度≤5弧型裂纹
电弧擦伤	—	允许存在个别电弧擦伤
接头不良	缺口深度 $0.05t$，且≤0.5	缺口深度 $0.1t$，且≤1.0
	每1000焊缝不应超过一处	
表面夹渣	—	深 $0.2t$；长 $0.5t$，且≤2.0
表面气孔	—	每50.0焊缝长度内允许直径≤$0.4t$，且≤3.0的气孔2个，孔距≥6倍孔距

表7.5　对接焊缝及完全熔透组合焊缝尺寸允许偏差

项目	图例	允许偏差(mm)	
		一、二级	三级
对接焊缝余高 C		$B<20.0\sim3.0$ $B\geqslant20.0\sim4.0$	$B<20.0\sim4.0$ $B\geqslant20.0\sim5.0$
对接焊缝错边 d		$d<0.15t$ 且≤2.0	$d<0.15t$ 且≤3.0

表7.6　熔透组合焊缝和角焊缝外形尺寸允许偏差

项目	图例	允许偏差(mm)
焊脚尺寸 h_f		$h_i\leqslant6$：(0～1.5) $h_i\leqslant6$：(0～3.0)
角焊缝余高 C		$h_i\leqslant6$：(0～1.5) $h_i\leqslant6$：(0～3.0)

致密性检验主要用水(气)压试验、煤油渗漏、渗氨试验、真空试验和氦气探漏等方法，这些方法对于管道工程、压力容器等是很重要的方法。

无损探伤就是利用放射线、超声波、电磁辐射、磁性、涡流和渗漏性等物理现象，在不损伤被检产品的情况下，发现和检查内部或表面缺陷的方法。

②破坏性检验。焊接质量的破坏性检验包括焊接接头的机械性能试验、焊缝化学成分分析、金相组织测定、扩散氢测定、接头的耐腐蚀性能试验等，主要用于测定接头或焊缝性能是否能满足使用要求。

接头的机械性能试验包括测定焊接接头的强度、延伸率、断面收缩率，拉伸试验、冷弯试验和冲击试验等。

焊缝化学成分分析是测定熔敷金属化学成分，我国焊条标准中对此做出了专门的规定。

金相组织测定是为了了解焊接接头各区域的组织、晶粒度大小和氧化物夹杂、氢白点等缺陷的分布情况，通常有宏观和微观之分。

扩散氢测定，按照国家标准《电焊条熔敷金属中扩散氢测定方法》(GB 3965—1983)，它适用于手工电弧焊药皮焊条熔敷金属中扩散氢含量的测定。

接头的耐腐蚀性能试验，按照国家标准《不锈钢 10％草酸浸蚀试验方法》(GB 4334.1—1984)等规定有不同的腐蚀试验方法、不同的原理和评定判断法。

(二)铆接施工

1. 铆接的种类和形式

铆接是利用铆钉将两个以上的零构件(一般是金属板或型钢)连接为一个整体的连接方法。随着科学技术的发展和安装制作水平的不断提高，焊接及螺栓连接的应用范围在不断扩大。因此，铆接在钢结构制品中逐步地被焊接所代替。

铆接有强固铆接、密固铆接和紧固铆接三种。

铆接的基本形式有搭接、对接和角接三种。

(1)搭接。它是将板件边缘对搭在一起，用铆钉加以固定连接的结构形式，见图 7.2。

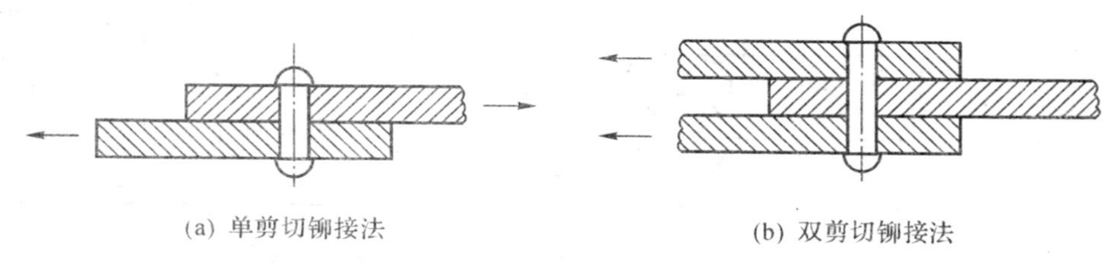
(a) 单剪切铆接法　　(b) 双剪切铆接法

图 7.2　搭接形式

(2)对接。它是将两条要连接的板条置于同一平面，利用盖板把板件铆接在一起，见图 7.3。

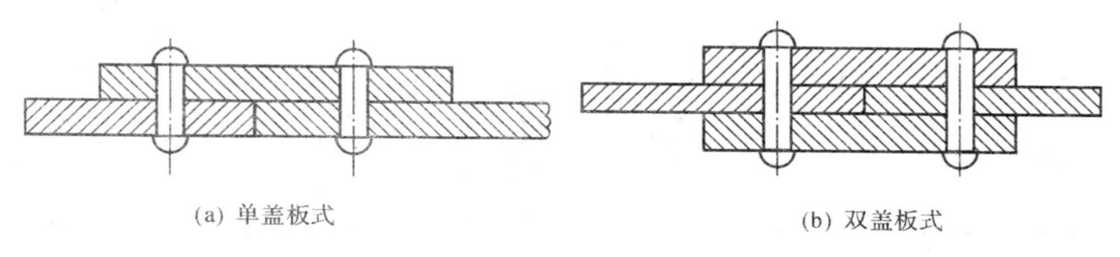
(a) 单盖板式　　(b) 双盖板式

图 7.3　对接形式

(3)角接。它是将两块板件互相垂直或按一定角度用铆钉固定连接，见图 7.4。

2. 铆接操作要点

(1)冷铆是铆钉在常温状态下进行的铆接。手工冷铆时，先将铆钉穿入铆件孔中，然后用顶把顶住铆钉头，压紧在铆件接头处，用手锤击伸出钉孔部分的铆钉杆端头，形成钉头，最后将窝头绕铆钉轴线倾斜转动，直至得到要求的铆钉头。

(2)热铆是将铆钉加热后的铆接。在铆钉材质的塑性较差或直径较大、铆接力不足的情

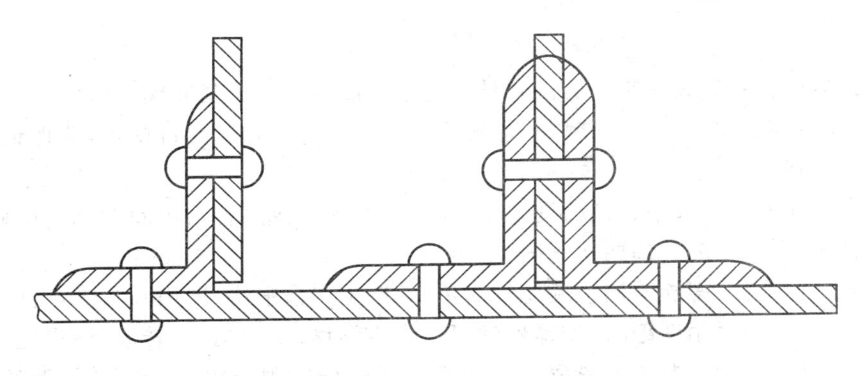

图 7.4　角接形式

况下，通常采用热铆。

(3)铆钉加热。

①铆钉加热可用电炉或焦炭炉，加热炉位置应尽可能接近铆接现场。

②铆钉的加热温度取决于铆钉的材质和施铆方法。

③用铆钉枪铆接时，铆钉需加热到 1000～1100℃；用铆接机铆接时，加热温度为 650～670℃。铆钉的终铆温度应在 450～600℃之间。

④采用铆枪热铆时，一般需 4 人一组，分别做 4 道工序的操作。其中一人负责加热铆钉与传递，另一人负责接钉与穿钉，其余两人一人顶钉、一人掌握铆钉枪，完成铆接任务。

⑤铆接前应用数量不少于铆钉孔数 1/4 的螺栓临时固定铆件，并用矫正冲或铰刀修整钉孔至符合要求。

⑥铆钉穿入钉孔后，不论用手顶把还是气顶把，顶把上的窝头形状、规格都应与预制的铆接头相符。

⑦用手顶把顶钉时，应使顶把与顶头中心成一条线。热铆开始时，铆钉枪风量要小些，待钉杆镦粗后，加大风量，逐渐将钉杆外伸端打成钉头形状。压缩空气的压力不应低于 0.5MPa。

(4)铆接时，铆钉枪的开关应灵活可靠，禁止碰撞。经常检查铆钉枪与风管接头的螺纹连接是否松动。如发现松动，应及时紧固，以免发生事故。每天铆接结束后，应将窝头和活塞卸掉，妥善保管，以备再用。

(三)螺栓连接施工

1. 普通螺栓连接施工

(1)一般要求。

普通螺栓作为永久性连接螺栓时，应符合下列要求。

①为增大承压面积，螺栓头和螺母下面应放置平垫圈。

②螺栓头下面放置垫圈不得多于 2 个，螺母下放置垫圈不应多于 1 个。

③对设计要求防松动的螺栓，应采用有防松动装置的螺母或弹簧垫圈或用人工方法采取防松措施。

④对工字钢、槽钢类型钢应尽量使用斜垫圈，使螺母和螺栓头部的支承面垂直于螺杆。

⑤螺杆规格选择、连接形式、螺栓的布置、螺栓孔尺寸应符合设计要求及有关规定。

(2)螺栓的紧固及检验。

①普通螺栓连接对螺栓紧固力没有具体要求。以施工人员紧固螺栓时的手感及连接接头的外形控制为准,即施工人员使用普通扳手靠自己的力量拧紧螺母即可,能保证被连接面密贴,无明显的间隙。

②为了保证连接接头中各螺栓受力均匀,螺栓的紧固次序宜从中间对称向两侧进行;对大型接头宜采用复拧方式,即两次紧固。

③普通螺栓连接,螺栓紧固检验比较简单,一般采用锤击法,即用 0.3kg 小锤,一手扶螺栓(或螺母)头,另一手用锤敲击,如螺栓(螺母)头不偏移、不颤动、不转动,锤声比较干脆,说明螺栓紧固良好,否则需要重新紧固。永久性普通螺栓紧固应牢固、可靠,外露丝扣不应少于 2 扣。

④检查数量。按连接点数抽查 10%,且不应少于 3 个。

2. 高强度螺栓连接施工

高强度螺栓从外形上可分为大六角头高强度螺栓和抗剪型高强度螺栓两种类型。按性能等级分为 8.8 级、10.9 级、12.9 级,目前我国使用的大六角高强度螺栓有 8.8 级和 10.9 级两种,抗剪型高强度螺栓只有 10.9 级一种,见图 7.5。

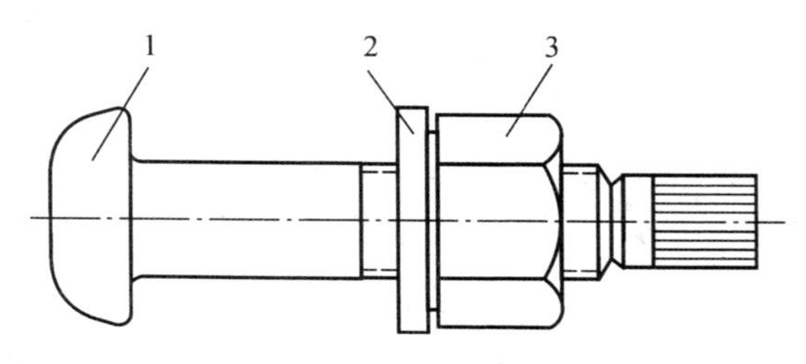

图 7.5 高强螺栓连接副

1—螺栓;2—垫圈;3—螺母

(1)一般规定。

高强度螺栓连接施工时,应符合下列要求:

①高强度螺栓连接副应有质量保证书,由制造厂按批配套供货。

②高强度螺栓连接施工前,应对连接副和连接件进行检查和复验,合格后再进行施工。

③高强度螺栓连接安装时,在每个节点上应穿入的临时螺栓和冲钉数量,由安装时可能承担的荷载计算确定,并应符合下列规定:不得少于安装总数的 1/3;不得少于两个临时螺栓;冲钉穿入数量不宜多于临时螺栓的 30%。

④不得用高强度螺栓兼做临时螺栓,以防损伤螺纹。

⑤高强度螺栓的安装应能自由穿入,严禁强行穿入。若不能自由穿入时,应用铰刀进行修整,修整后的孔径应小于 1.2 倍螺栓直径。

⑥高强度螺栓的安装应在结构构件中心位置调整后进行。其穿入方向应以施工方便为准,并力求一致。安装时注意垫圈的正反面。

⑦高强度螺栓孔应采取钻孔成形的方法。孔边应无飞边和毛刺。螺栓孔径应符合设计要求。孔径允许偏差见表 7.7。

表 7.7　高强度螺栓连接构件制孔允许偏差

名　称		直径及允许偏差(mm)						
螺栓	直径	12	16	20	22	24	27	30
	允许偏差	±0.43		±0.52			±0.84	
螺栓孔	直径	13.5	17.5	22	(24)	26	(30)	33
	允许偏差	+0.43 0		+0.52 0			+0.84 0	
圆度(最大和最小直径之差)		1.00		1.50				
中心线倾斜度		应不大于板厚的 3%,且单层板不得大于 2.0mm,多层板组合不得大于 3.0mm						

⑧高强度螺栓连接构件螺丝孔的孔距及边距应符合表 7.8 要求,还应考虑专用施工机具的可操作空间。

表 7.8　高强度螺栓的孔距和边距值表

名　称	位置和方向		最大值(取两者的最小值)	最小值
中心间距	外排		$8d_0$ 或 $12t$	$3d_0$
	中间排	构件受压力	$12d_0$ 或 $18t$	
		构件受拉力	$16d_0$ 或 $24t$	
中心至构件边缘的距离	顺内力方向		$4d_0$ 或 $8t$	$8d_0$ 或 $12t$
	垂直内力方向	切割边		$1.5d_0$
	扎制边			$1.5d_0$

注:①d_0 为高强度螺栓的孔径;t 为外层较薄板件的厚度。
　②钢板边缘与刚性构件(如角钢、槽钢等)相连的高强度螺栓的最大间距,可按中间排数值选用。

⑨高强度螺栓连接构件的孔距允许偏差应符合表 7.9 的规定。

表 7.9　高强度螺栓连接构件的孔距允许偏差

项　次	项　目		螺栓孔距(mm)			
			<500	500～1200	1200～3000	>3000
1	同一组内任意两孔间	允许偏差	±1.0	±1.2	—	—
2	相邻两组的端孔间		±1.2	±1.5	±2.0	±3.0

注:孔的分组规定,即
　①在节点中连接板与一根杆件相连的所有连接孔划为一组。
　②接头处的孔:通用接头半个拼接板上的孔为一组。
　③在相邻节点或接头间的连接孔为一组,但不包括①、②所指的孔。
　④受弯构件翼缘上,每 1m 长度内的孔为一组。

(2)大六角头高强度螺栓连接施工。

大六角头高强度螺栓连接施工一般采用的紧固方法有扭矩法和转角法。

①扭矩法施工时,一般先用普通扳手进行初拧,初拧扭矩可取施工扭矩的 50%左右。目的是使连接件密贴。在实际操作中,让一个操作工使用普通扳手拧紧即可。然后使用扭矩

扳手，按施工扭矩值进行终拧。对于较大的连接接点，可以按初拧、复拧及终拧的次序进行，复拧扭矩等于初拧扭矩。一般拧紧的顺序为从中间向两边或四周进行。初拧和终拧的螺栓均应做不同的标记，避免漏扭、超扭发生，且便于检查。此法在我国应用广泛。

②转角法是用控制螺栓应变即控制螺母的转角来获得规定的预拉力，因不需专用扳手，故简单有效。终拧角度可预先测定。高强度螺栓转角法施工分初拧和终拧两步（必要时可增加复拧），初拧的目的是消除板缝影响，给终拧创造一个大体一致的基础。初拧扭矩一般取终拧扭矩的50%为宜。原则是以板缝密贴为准。转角法施工工艺顺序见图7.6。

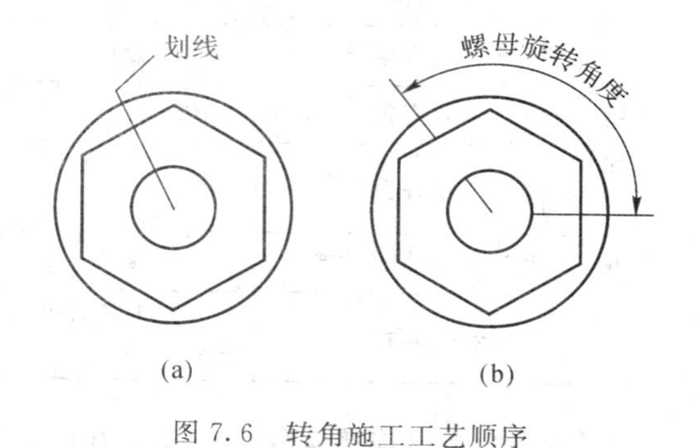

图 7.6　转角施工工艺顺序

（3）扭剪型高强度螺栓连接施工。

①扭剪型高强度螺栓连接施工相对于大六角高强度螺栓连接施工简单得多。它是采用专用的电动扳手进行终拧，梅花头拧掉则终拧结束。

②扭剪型高强度螺栓的拧紧可分为初拧、终拧，对于大型节点分为初拧、复拧、终拧。初拧采用手动扳手或专用定矩电动扳手，初拧值为预拉力标准值的50%左右。复拧扭矩值等于初拧扭矩值。初拧或复拧后的高强度螺栓应用颜料在螺母上涂上标记。然后用专用电动扳手进行终拧，直至拧掉螺栓尾部梅花头，读出预拉力值。如图7.7所示。

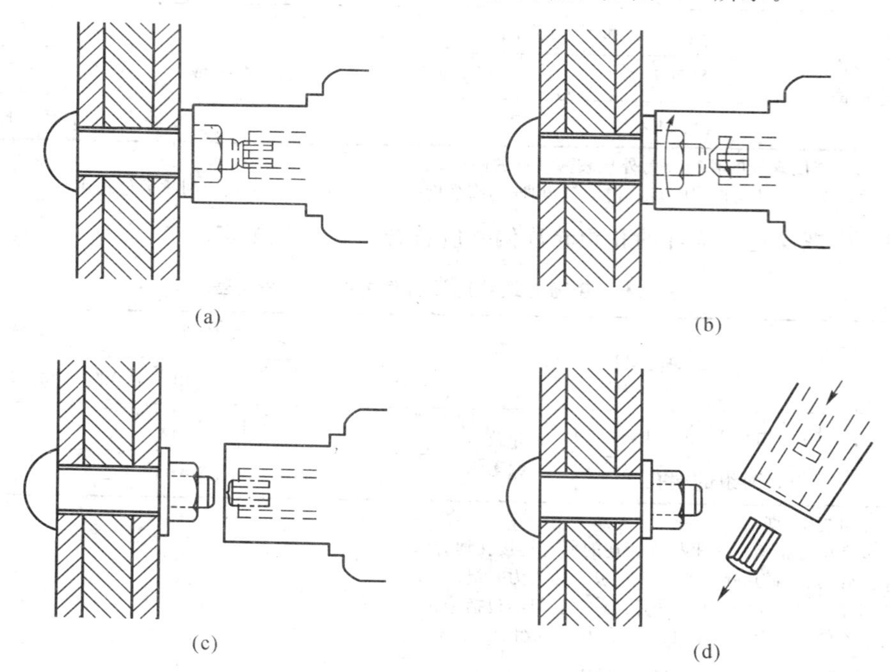

图 7.7　扭剪型高强度螺栓连接副终拧示意

（4）高强度螺栓连接副的施工质量检查与验收：

高强度螺栓施工质量应由下列原始检查验收记录：高强度螺栓连接副复验数据，抗滑移系数试验数据，初拧扭矩、终拧扭矩、扭矩扳手检查数据，以及施工质量检查验收记录等。对大六角头高强度螺栓应进行如下检查：

①用小锤(0.3kg)敲击法对高强度螺栓进行检查，以防拧漏。

②终拧完成1h后，48h内应进行终拧扭矩检查。按节点数抽查10%，且不应少于10个；每个被抽查节点按螺栓数抽查10%，且不应少于2个。检查时在螺尾端头和螺母相对位置画线，然后将螺母退回60°左右，再用扭矩扳手重新拧紧，使两线重合，测得此时的扭矩值与施工扭矩值的偏差在10%以内为合格。

对扭剪型高强度螺栓连接副终拧后检查以目测尾部梅花头拧掉为合格。对于因构造原因不能在终拧中拧掉梅花头的螺栓数不应大于该节点螺栓数的5%。并应按大六角头高强度螺栓规定进行终拧扭矩检查。

三、钢结构构件的防腐与涂装

钢结构工程所处的工作环境不同，自然界中酸雨介质或温度、湿度的作用可能使钢结构产生不同的物理和化学作用而受到腐蚀破坏，严重的将影响其强度、安全性和适用年限，为了减轻并防止钢结构的腐蚀，目前国内外主要采用涂装方法进行防腐。

(一)钢结构构件防腐涂料的种类

涂料是一种含油或不含油的胶体溶液，将它涂敷在钢结构构件的表面，可结成涂膜以防钢结构构件被腐蚀。涂料按其基料中的成膜物质分为17类，施工中按其作用及先后顺序分为底涂料和饰面涂料两种。钢结构构件防腐涂料的种类、性能指标应符合设计要求和现行国家技术标准的规定。

(1)底涂料。含粉料多，基料少，成膜粗糙，与钢材表面粘结力强，并与饰面涂料结合好。

(2)饰面涂料。含粉料少，基料多，成膜后有光泽，主要功能是保护下层的防腐涂料。

所以，饰面涂料应对大气和湿度有高度的抗渗透性，并能抵抗由风化引起的物理、化学分解。目前的饰面涂料多采用合成树脂来提高涂层的抗风化性能。

各类涂料及其配用的防腐涂料、罩面涂料的主要质量指标有涂膜颜色和外观、黏度、细度、干燥时间、附着力、耐水性、耐磨性和耐汽油性。

(二)钢构件涂装前表面处理

涂装前钢材表面的处理是保证涂料防腐效果和钢构件使用寿命的关键。因此，涂装前不但要除去钢材表面的污垢、油脂、铁锈、氧化皮、焊渣和已失效的旧漆膜，还要使钢材表面形成一定的粗糙度。

1. 结构的防腐和防锈工艺要求

结构的防腐与除锈采用的工艺、技术要求及质量控制，均应符合下列要求：

(1)除锈及施涂工序要协调一致。金属表面经除锈处理后应及时施涂防锈涂料，一般应在6h以内施涂完毕。如金属表面经磷化处理，需经确认钢材表面生成稳定的磷化膜后，方可施涂防腐涂料。

(2)施工现场拼装的零部件，在下料切割及矫正之后，均可进行除锈；并应严格控制施涂防锈涂料的涂层。

对于拼装的组合(包括拼合和箱合空间构件)零件，在组装前应对其内面进行除锈并施涂防腐涂料。

(3)拼装后的钢结构构件,经质量检查合格后,除安装连接部位不准涂刷涂料外,其余部位均可进行除锈和施涂。

2. 钢材表面除锈处理方法

钢材表面除锈方法有手工除锈、动力工具除锈、喷射或抛射除锈、酸洗除锈等。

(1)手工除锈。金属表面的铁锈采用钢丝刷、钢丝布或粗纱布擦拭,直到露出金属本色,再用棉纱擦净。该方法施工简单,较经济,但效率低,除锈质量差,只有在其他方法不宜使用时才采用。可以在小构件和复杂外形构件上进行处理。

(2)动力工具除锈。利用压缩空气或电能为动力,使除锈工具产生圆周式或往复式运动,产生摩擦或冲击来清除铁锈或氧化皮等。该方法除锈效率和质量均高于手工除锈,是目前常用的除锈方法。常用工具有气动砂磨机、电动砂磨机、风动打锈锤、风动钢丝刷和风动气铲等。

(3)喷射除锈。利用经过油、水分离处理过的压缩空气将磨料带入喷嘴以高速喷向钢材表面,靠磨料的冲击和摩擦将氧化皮、铁锈、污物等除掉,同时使表面获得一定的粗糙度。该方法效率高、质量好,但费用较高。目前工业发达国家,广泛采用该法。喷射除锈分为干喷射法和湿喷射法两种,湿法比干法工作条件好,粉尘少,但易出现返锈现象。

(4)抛射除锈。利用抛射机叶轮中心吸入磨料和叶尖抛射磨料的作用,使磨料以高速的冲击和摩擦除去钢材表面的铁锈及氧化铁皮等污物。该方法劳动强度比喷射方法低,对环境污染程度轻,且费用也比喷射方法低,但扰动性差,磨料选择不当,易使被抛件变形。

(5)酸洗除锈。酸洗除锈亦称化学除锈,是把金属构件浸入酸洗液中一定时间后,通过化学反应,使金属氧化物溶解从而除去钢材表面的氧化物及铁锈。该方法除锈质量好,与喷射除锈质量相当,但没有喷射除锈的粗糙度,在施工过程中酸雾对人和建筑物有害。

3. 钢结构防腐的除锈等级

钢结构防腐的除锈等级应符合设计要求或表 7.10 所列规定。

表 7.10 钢结构防腐的除锈最低等级

涂料品种	除锈最低等级
油性酚醛、醇酸等底漆或防锈漆	St2
高氯化聚乙烯、氯化橡胶、氯磺化聚乙烯、环氧树脂、聚氨酯等底漆或防锈漆	Sa2
无机富锌、有机硅、过氯乙烯等底漆	Sa2.5

注:St2 表示彻底的手工或动力除锈;Sa2 表示彻底的喷射或抛射除锈;Sa2.5 表示非常彻底的喷射或抛射除锈。

(三)涂装施工

涂装施工前,钢结构制作、安装、校正已完成并验收合格。

涂装施工环境应通风良好、清洁和干燥,施工环境温度一般宜为 15~30℃,具体应按涂料产品说明书的规定执行,施工环境相对湿度宜不大于 85%,钢材表面的温度应高于空气露点温度 3℃以上。

1. 施涂方法及顺序

钢结构涂装工序主要有刷防锈漆、局部刮腻子、涂装施工和漆膜质量检查。

涂装施工方法有刷涂法、滚涂法、浸涂法、空气喷涂法、无气喷涂法和粉末涂装法。

(1)刷涂法。刷涂法是一种传统施工方法,它具有工具简单、施工方法简单、施工费用少、易于掌握、适应性强、节约涂料和溶剂等优点。但其劳动强度大、生产效率低、施工质量取决于操作者的技能等。刷涂法操作基本要点：

①一般采用直握漆刷方法涂刷。

②涂刷时每次应蘸少量涂料(宜为毛长的1/3～1/2)。

③对干燥较慢的涂料应多道涂刷。对干燥较快涂料应按一定顺序快速连续涂刷，不宜反复涂刷。

④涂刷顺序一般采用自上而下、从左到右、先里后外、先斜后直、先难后易的原则。

⑤最后一道涂料刷涂走向，刷垂直表面时应自上而下进行，刷水平表面时应按光线照射方向进行。

(2)滚涂法。滚涂法是用多孔吸附材料制成的滚子进行涂料施工的方法。该方法施工用具简单，操作方便，施工效率高，但劳动强度大，生产效率较低。只适合较大面积的构件。滚涂法操作基本要点：

①涂料宜倒入装有滚涂板的容器内，将滚子一半浸入涂料中，然后在滚涂板上滚涂几次，使滚子浸料均匀，压掉多余涂料。

②把滚子按W形轻轻地滚动，将涂料大致涂布在构件上，然后滚子上下密集滚动，将涂料均匀分布开，最后使滚子按一定的方向滚平表面并修饰。

③滚动时初始用力要轻，以防流淌，随后逐渐用力使涂层均匀。

(3)浸涂法。浸涂法是将被涂布物放入漆槽内浸渍，经过一段时间后取出，滴净多余涂料再晾干或烘干。其优点是效率高，操作简单，涂料损失少。适用于形状复杂的构件及烘烤型涂料。浸涂法操作时应注意：

①为防止溶剂挥发和灰尘落入漆槽内，不作业时漆槽应加盖。

②作业过程中应严格控制好涂料黏度。

③浸涂槽厂房内应安装排风设备并做好防火工作。

(4)空气喷涂法。空气喷涂法是利用压缩空气的气流将涂料带入喷枪，经喷嘴吹散成雾状，并喷涂到物体表面上的涂装方法。其优点是可获得均匀光滑的漆膜，施工效率高，缺点是消耗溶剂量大，污染现场，对施工人员有毒害。空气喷涂法操作时应注意：

①在进行喷涂时，将喷枪调整到适当程度，以保证喷涂质量。

②喷涂过程中控制喷涂距离。

③喷枪注意维护，保证正常使用。

(5)无气喷涂法。无气喷涂法是利用特殊的液压泵，将涂料增至高压，当涂料经喷嘴喷出时，高速分散在被涂物表面上形成漆膜。其优点是喷涂效率高，对涂料适应性强，能获得厚涂层。缺点是如要改变喷雾幅度和喷出量必须更换喷嘴，也会损失涂料，对环境有一定污染。无气喷涂法操作时应注意：

①使用前检查高压系统各固定螺母和管路接头。

②涂料应过滤后才能使用。

③喷涂过程中注意补充涂料，吸入管不得移出液面。

④喷涂过程中防止发生意外事故。

2. 涂膜的遍数及厚度

(1)涂装遍数、涂层厚度均应符合设计要求。

(2)当设计对涂层厚度无要求时,涂层干漆膜总厚度应为:室外 150μm,室内 125μm;其允许偏差为−25μm。

(3)每遍涂层干漆膜厚度的合格质量偏差为−5μm。

(4)抽查数量按构件数抽查10%,且同类构件不应小于3件。

3. 钢结构防火涂料涂装施工

(1)钢结构防火涂料的分类。

①按所用粘结剂的不同分为有机类和无机类。

②按涂层的厚度分为薄涂型(厚度一般为2～7mm)和厚涂型(厚度一般为8～50mm)两类。

③按施工环境不同分为室内和露天两类。

④按涂层受热后的状态分为膨胀型和非膨胀型两类。

(2)选用的防火涂料应符合国家有关标准的规定。

①对于室内裸露钢结构,轻型屋盖钢结构及有装饰要求的钢结构,当规定耐火极限在1.5h以下时,宜选用薄涂型钢结构防火涂料。

②对于室内隐蔽钢结构,高层全钢结构及多层厂房钢结构,当规定耐火极限在2.0h以上时,应选用厚涂型钢结构防火涂料。

③露天钢结构应选用室外钢结构防火涂料产品规定的钢结构防火涂料。室内钢结构防火涂料与露天钢结构防火涂料不可互换使用。

④对耐久性和防火性要求较高的钢结构,宜选用厚涂型防火涂料。

(3)钢结构施工注意事项。

①钢结构防火涂料的生产厂家、检验机构、涂装施工单位均应具有相应的资质,并通过公安消防部门的认证。

②钢结构涂装时,钢构件宜安装就位完毕并经验收合格。如提前涂装,然后吊装,安装后应进行补喷。

③钢结构涂装前表面时杂物应清理干净并应除锈,其连接处的缝隙应用防火涂料或其他防火材料填补堵平。

④喷涂前应检查防火涂料,看防火涂料品名、质量是否满足要求,是否有厂方的合格证、检测机构的耐火性能检测报告和理化性能检测报告。

⑤防火涂料中的底层和面层涂料应相互配套,且底层涂料不得腐蚀钢材。

⑥涂料施工及涂层干燥前,环境温度宜在5～38℃之间,相对湿度不宜大于90%。

⑦当风速大于5m/s,雨天和构件表面有结露时,不宜施工。

钢结构防火涂料施工前应搅拌均匀,方可施工。双组分涂料应按说明书规定的配比配制,随用随配。配制的涂料应在规定的时间内用完。

(4)薄涂型钢结构防火涂料施工。

①底层涂料宜喷涂,面层涂料可采用刷涂、喷漆或滚涂,局部修补及小面积施工可采用抹灰刀等工具手工抹涂。

②底层涂料一般喷2～3遍,每遍间隔4～24h,待前遍干燥后再喷后一遍,第二、三遍每遍喷涂厚度不宜超过2.5mm。

③底层涂料厚度应符合设计规定,基本干燥后施工面层,面层涂料一般涂饰1～2遍,头

遍从左至右，第二遍则从右至左，保证全部覆盖底涂层。

④喷涂时，喷枪要稳，喷嘴与构件宜垂直或成70°，喷口与构件距离宜为40～60cm。涂层应厚薄均匀，不漏喷、不流淌，接槎平整，颜色均匀一致。

⑤喷涂过程中宜随时检测涂层厚度，保证达到实际规定要求。

(5)厚涂型钢结构防火涂料施工。

①厚涂型钢结构防火涂料一般采用喷涂施工。

②喷涂应分几遍完成，第一遍基本盖住钢结构表面即可，以后每遍喷涂厚度为5～10mm。

③必须在前遍基本干燥或固化后进行下一遍施工。

④喷涂保护方式、喷涂遍数与涂层厚度应根据设计要求确定。

⑤施工过程中应随时检测涂层厚度，直至符合设计厚度方可停止施工。

四、钢结构单层工业厂房安装实例

(一)吊装前的准备工作

1. 施工组织设计

(1)在吊装前应进行钢结构工程的施工组织设计，其内容包括计算钢结构构件和连接件数量。

(2)选择起重机械。

(3)确定构件吊装方法。

(4)确定吊装流水程序。

(5)编制进度计划。

(6)确定劳动组织。

(7)构件的平面布置。

(8)确定质量保证措施、安全措施等。

2. 基础的准备

钢柱基础的顶面通常设计为一平面，通过地脚螺栓将钢柱与基础连成整体。施工时应保证基础顶面标高及地脚螺栓位置准确。其允许偏差为：基础顶面差为±2mm，倾斜度为1/1000；地脚螺栓位置允许偏差，在支座范围内为5mm。施工时可用角钢做出固定架，将地脚螺栓安置在与基础模板分开的固定架上。

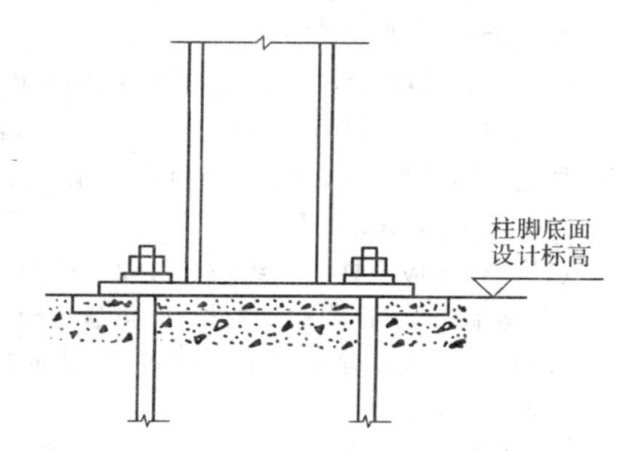

图7.8　钢柱基础的一次浇筑法

为保证基础顶面标高的准确，施工时可采用一次浇筑法或二次浇筑法。

(1)一次浇筑法。

①先将基础混凝土浇灌到低于设计标高约40～60mm处，然后用细石混凝土精确找平至合计标高，以保证基础顶面标高的准确。

②这种方法要求钢柱制作尺寸十分准确，且要保证细石混凝土与下层混凝土的紧密粘

结，如图 7.8 所示。

(2)二次浇筑法。

①钢柱基础分两次浇筑。第一次浇筑到比设计标高低 40～60mm 处，待混凝土有一定强度后，在柱脚钢板下浇灌细石混凝土，如图 7.9 所示。

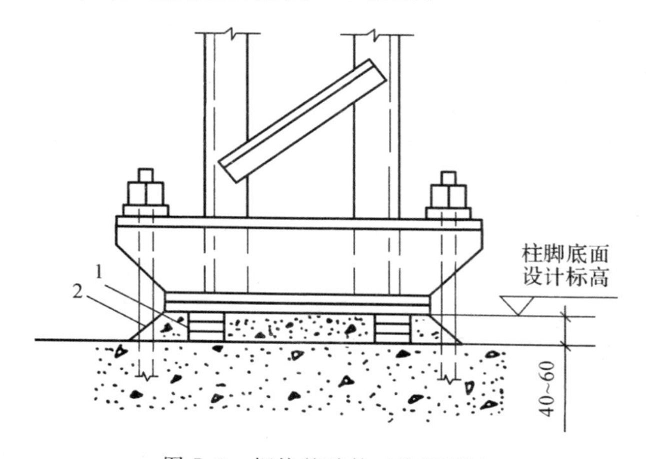

图 7.9 钢柱基础的二次浇筑法

1—调整柱子用的钢垫板；2—柱子安装后浇筑的细石混凝土

②这种方法校正柱子比较容易，多用于重型钢柱吊装。

③当基础采用二次浇筑混凝土施工时，钢柱脚应采用钢垫板或坐浆垫板作支撑。垫板应设置在靠近地脚栓的柱脚底板加劲板或柱脚下，每根地脚螺栓侧应设 1～2 组垫块，每组垫板不得多于 5 块。

④垫板与基础面和柱底面的接触应平整、紧密。当采用成对斜垫板时，其叠合长度不应小于垫板长度的 2/3。

⑤采用坐浆垫板时，应采用无收缩砂浆。

⑥柱子吊装前砂浆试块强度应高于基础混凝土强度一个等级。

3. 构件的检查与弹线

(1)在吊装钢件之前，应检查构件的外形和几何尺寸，如有偏差应在吊装前设法消除。

(2)在钢柱的底部和上部标出两个方向的轴线，在底部适当高度标出标高准线，以便校正钢柱的平面位置、垂直度、屋架和吊车梁的标高等。

4. 构件的运输和堆放

(1)钢构件应根据施工组织设计要求的施工顺序，分单元成套供应。

(2)运输时，应根据构件的长度、重量选择车辆。

(3)钢构件在运输车辆上的支点、两端伸出的长度及绑扎方法均应保证构件不产生变形，不损伤涂层。

(4)钢构件堆放的场地应平整坚实，无积水。

(5)堆放时应按构件的种类、型号、安装顺序分区存放。

(6)钢结构底层应设有垫枕，并且应有足够的支撑面，以防支点下沉。

(7)相同型号的钢构件叠放时，各层钢构件的支点应在同一垂直线上，并应防止钢构件被压坏和变形。

(二)构件的吊装工艺

1. 钢柱的吊装

(1)钢柱的吊升。

①钢柱的吊升可采用自行式或塔式起重机,用旋转法或滑行法吊升。

②当钢柱较重时,可采用双击抬吊,用一台起重机抬柱的上吊点,一台起重机抬下吊点,采用双机并立相对旋转法进行吊装,如图 7.10 所示。

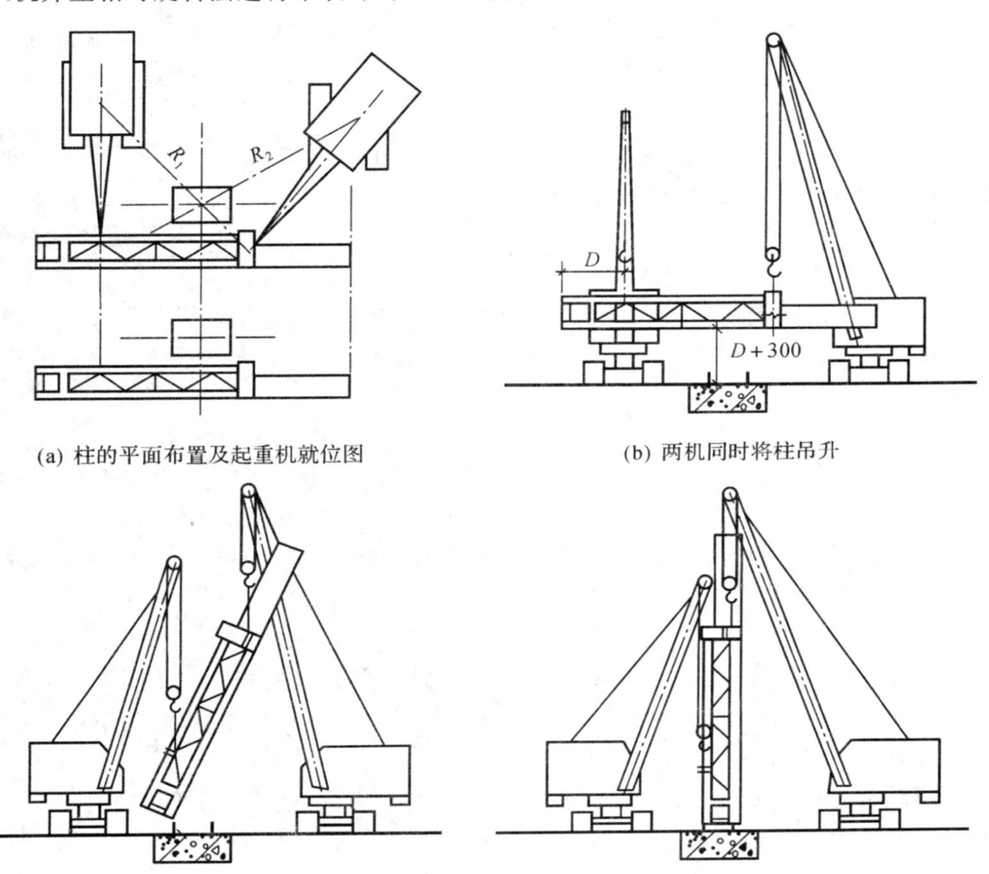

(a) 柱的平面布置及起重机就位图　(b) 两机同时将柱吊升

(c) 两机协调旋转、并将柱吊直　(d) 将柱脚底板孔插入螺栓

图 7.10　两点抬吊吊装重型柱

(2)钢柱的校正与固定。

①钢柱的校正包括平面位置、标高、垂直度的校正。

②平面位置的校正应由经纬仪从两个方向检查钢柱的安装准线。

③在吊升前应安放标高控制块以控制钢柱底部标高。

④垂直度的校正用经纬仪检查,如超过允许偏差,用千斤顶进行校正。

⑤在校正过程中,随时观察柱底部和标高控制块之间是否脱空,以防校正过程中造成水平标高的误差。

为防止钢柱校正后的轴线位移,应在驻底板四边用 10mm 厚钢板定位,并电焊牢固。钢柱复校后,紧固地脚螺栓,并将承重垫块上下电焊固定,防止垫块走动。

2. 钢吊车梁的吊装

(1)吊车梁的吊升。

①钢吊车梁可用于自行式起重机吊装，也可用于塔式起重机、桅杆式起重机等进行吊装，对重量很大的吊车梁，可用双击抬吊。

②吊车梁吊装时应注意钢柱吊装后的位移和垂直度的偏差，认真做好临时标高垫块工作，严格控制定位轴线，实测吊车梁搁置处梁高制作的误差。

③钢吊车梁均为简支梁；梁端之间应留有10mm左右的间隙并设钢垫板，梁和牛腿用螺栓连接，梁与制动架之间用高强螺栓连接。

(2)钢吊车梁的校正与固定。

①吊车梁校正的内容包括标高、垂直度、轴线、跨距的校正。标高的校正可在屋盖吊装前进行，因为屋盖的吊装可能引起钢柱变位。

②吊车梁标高的校正，用千斤顶或起重机对梁座竖向移动，并垫钢板，使其偏差在允许范围内。

③吊车梁轴线的校正可用通线法和平移轴线法，跨距的检验用钢尺测量，跨度大的车间用弹簧秤拉测(拉力一般为100～200N)，如超过允许偏差，可用撬棍、钢钎、花篮螺栓、千斤顶等纠正。

3. 钢屋架的吊装与校正

①钢屋架的翻身扶直，吊升时由于侧向刚度较差，必要时应绑扎几道杉木杆，作为临时加固措施。

②屋架吊装可采用自行式起重机、塔式起重机或桅杆式起重机等。根据屋架的跨度、重量和安装高度不同，选用不同的起重机械和吊装方法。

③屋架的临时固定可用临时螺栓和冲钉。

④钢屋架的侧向稳定性差，如果起重机的起重量、起重臂的长度允许时，应先拼装两榀屋架及其上部的天窗架、檩条、支撑等成为整体，然后再一次吊装。这样可以保证吊装稳定性，同时也提高吊装效率。

⑤钢屋架的校正内容主要包括垂直度和弦杆的正直度，垂直度用锤球检验，弦杆的正直度用拉紧的测绳进行检验。

⑥屋架的最后固定，用电焊或高强螺栓进行固定。

(三)连接与固定

钢结构连接方法通常有三种：焊接、铆接和螺栓连接。钢构件的连接接头应经检查合格后方可紧固或焊接。焊接和高强度螺栓并用的连接，当设计无特殊要求时，应按先栓后焊的顺序施工。下面主要介绍高强螺栓的施工方法。

1. 摩擦面的处理

①高强度螺栓连接，必须对构件摩擦面进行加工处理，在制造厂进行处理可用喷砂、喷丸、酸洗或砂轮打磨等。

②处理好的磨面应有好的保护措施，不得涂油漆或污损。制造厂处理好的摩擦面，安装前应逐个复验所附试件的抗滑移系数，合格后方可安装，抗滑移系数应符合设计要求。

2. 连接板安装

①连接板不能有挠曲变形，安装前应认真检查，对变形的连接板应矫正平整。

②高强度螺栓板面接触要平整。因被连接构件的厚度不同，或制作和安装偏差等原因造成连接面之间的间隙，小于1.0mm间隙可不处理；1.0～3.0mm的间隙，应将高出的一侧磨成1∶10的斜面，打磨方向应与受力方向垂直；大于3.0mm的间隙应加垫板，垫板两面的处理方法应与构件相同。

3. 高强度螺栓安装

(1)安装要求。

①钢结构拼装前，应清除飞边、毛刺、焊接飞溅物。摩擦面应保持干燥、整洁，不得在雨中作业。

②高强度螺栓连接副应按批号分别存放，并应在同批内配置使用。在储存、运输、施工过程中不得混放，要防止锈蚀、沾污和碰伤螺纹等可能导致扭矩系数变化的情况发生。

③选用的高强度螺栓的形式、规格应符合设计要求。施工前，高强度大六角头螺栓连接副应按出厂批号复验扭矩系数；扭剪高强度螺栓连接副应按出厂批号复验预拉力。复验合格后方可使用。

④选用螺栓长度应考虑构件的被连接厚度，螺母厚度、垫圈厚度和紧固后要露出三扣螺纹的余长，如图7.11所示。一般螺栓长度L按下式计算：

$$L=L'+ns+m+3p \tag{7.1}$$

式中：L'为构件被连接厚度，mm；n为垫圈个数，扭剪型螺栓为1，大六角头螺栓为2；s为垫圈厚度，mm；m为螺母厚度，mm；p为螺纹厚度，mm，见表7.11。按上式计算所得数值应调整为5的倍数。

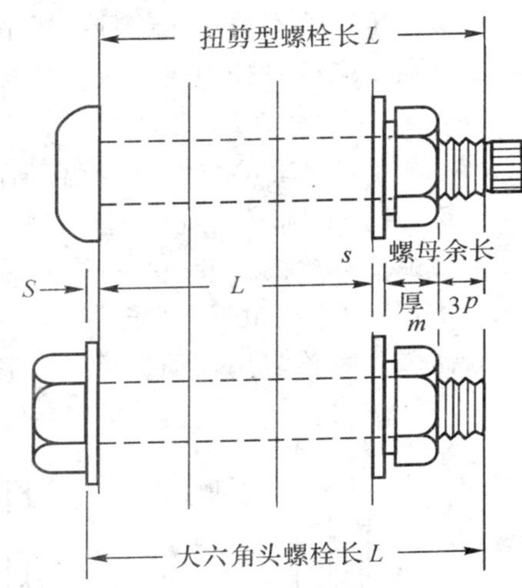

图7.11　高强度螺栓长度

表7.11　高强度螺栓螺纹的螺距

螺纹直径	M12	M16	M20	M22	M24	M27	M30
螺距(mm)	1.75	2	2.5	2.5	3	3	3.5

⑤高强度螺栓连接面的抗滑移系数试验结果应符合设计要求，构件连接面与试件连接面表面状态相符。

(2)安装方法。

①高强度螺栓接头应采用冲钉和临时螺栓连接，临时螺栓的数量应为接头上螺栓总数的1/3，并且不少于两个，冲钉使用数量不超过临时螺栓数量的30%。安装冲钉时不得因强行击打而使螺孔变行造成飞边。严禁使用高强度螺栓代替临时螺栓以防因损伤螺纹造成扭矩系数增大。

对错位的螺栓孔应用铰刀或粗锉刀进行处理规整，处理时应先紧固临时螺栓主板至迭间无间隙，以防切屑落入。螺栓孔也不得采用气割扩孔。

钢结构应在临时螺栓连接状态下进行安装精度校正。

②钢结构安装精度调整达到校准规定后便可安装高强度螺栓。首先安装接头中那些未装临时螺栓和冲钉的螺孔，螺栓应能自由垂直穿入螺栓和冲钉的螺孔，穿入方向应该一致。每个螺栓一端不得垫2个及以上的垫圈，不得采用大螺母代替垫圈。

在这些已被安装上的高强度螺栓用普通扳手充分拧紧后，再逐个用高强度螺栓换下冲钉和临时螺栓。

在安装过程中，连接副的表面如果涂有过多的润滑剂或防锈剂应使用干净的布轻轻揩拭掉多余的涂脂，防止其安装后流到连接面中，不得用清洗剂清洗，否则会造成扭矩系数变化。

4. 高强度螺栓的紧固

①为了使每个螺栓的预拉力均匀相等，高强度螺栓拧紧可分为初拧和终拧。对于大型节点应分初拧、复拧和终拧，复拧扭矩应等于初拧扭矩。

②初拧扭矩值不得小于终拧扭矩值的30%，一般为终拧扭矩的60%～80%。

③高强度螺栓终拧扭矩值按下式计算：

$$T_c = K(P + \Delta_P)d \tag{7.2}$$

式中：T_c 为终拧扭矩，N·m；P 为高强度螺栓设计预拉力，kN；Δ_P 为预拉力损失值，kN，取设计预拉力的10%；d 为高强度螺栓螺纹直径，mm；K 为扭矩系数，扭剪型螺栓取$K=0.13$。

④高强度螺栓的安装应按一定顺序施拧，宜由螺栓群中央顺序向外拧紧。并应在当天终拧完毕，其外露丝扣不得少于3扣。

⑤高强度螺栓多用电动扳手进行紧固，如图7.12所示。

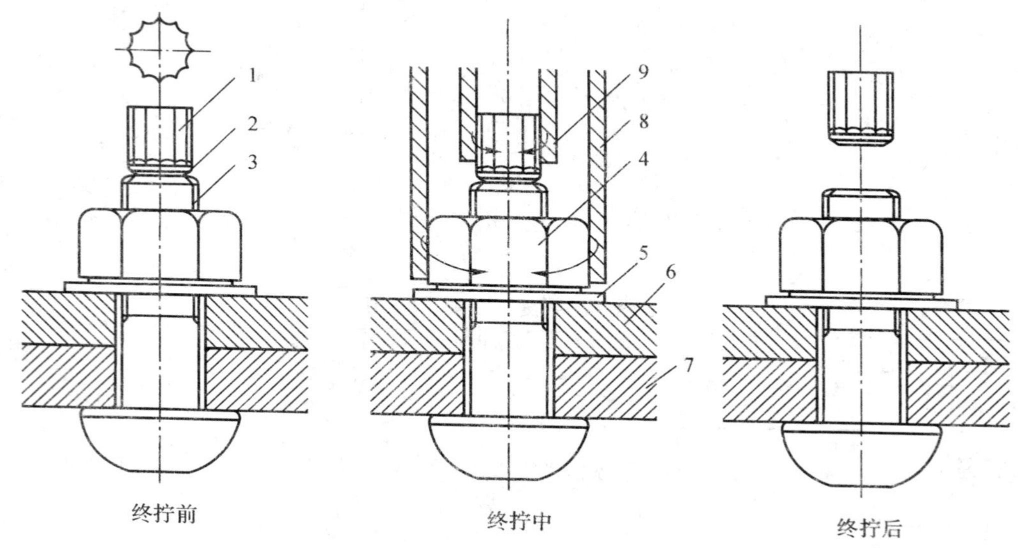

图7.12　扭剪型高强螺栓终拧过程示意

1—尾部梅花卡头；2—螺栓尾部切口；3—螺栓；4—六角螺母；
5—垫圈；6、7—被连接件；8—螺母套筒；9—梅花卡头铜

⑥不能使用电动扳手的场合，用测力扳手进行紧固。紧固后用色彩鲜明的涂料在螺栓尾部涂上终拧标记以备查。

⑦对已紧固的高强度螺栓，应逐个检查验收。对终拧用电动扳手紧固的扭剪型高强度螺栓，应以目测尾部梅花头拧掉为合格。对于用测力扳手紧固的高强度螺栓，仍用测力扳手

检查是否紧固到规定的终拧扭矩值。采用转角法施工，初拧结束后应在螺母与螺杆同一处刻画出终拧角的起始线和终止线以待检查。大六角头高强度螺栓采用扭矩法施工，检查时应将螺母回退 30°～50°再拧至原位，测定终拧扭矩值其偏差不得大于±10%。欠拧漏拧者应及时补拧，超拧者应予更换。欠拧、漏拧宜用 0.3～0.5kg 重的小锤逐个敲检。

五、轻型钢屋架的应用

（一）圆钢、小角钢组成的轻型屋架

(1)特点：自重轻、用料省、造价低、施工方便；有足够的强度、刚度和稳定性；一般安全可靠。

(2)适用：跨度≤18m、重量≤15t、中级工作制桥式吊车的屋架；可拆装的活动和临时性建筑。

（二）芬克式屋架

(1)形式：平面桁架式。

(2)特点：构造简单、受力明确、长杆受拉、适应性强、制作方便。

(3)适用：坡度较大(1/2、1/2.5、1/3，常用 1/2.5)的自防水屋盖结构。

（三）三铰拱屋架

1. 平面桁架

(1)特点：杆件较少，构造简单，受力明确，用料较省；但侧向刚度较差。

(2)适用：小跨度和小檩距的屋盖。

2. 空间桁架

(1)特点：杆件较多，构造繁杂，制作费工；但侧向刚度较好。

(2)适用：中等跨度和檩距大的屋盖。

（四）梭形屋架

(1)分类：平面桁架和空间桁架。

(2)特点：重心位置低，不易倾覆，刚度较好。

(3)适用：屋面坡度为 1/15～1/10，跨度为 12～15m 的屋架。

情境 2　轻钢结构工程施工质量验收与安全技术

能力目标

通过本情境的学习，能够应用所学知识，按照设计、规范要求，遵守轻钢结构工程施工的质量验收标准和安全技术，掌握保障轻钢结构工程施工质量和安全的技能和方法。

学习内容

单层钢结构安装要求；钢结构常见的质量通病原因及其预防；钢结构的质量要求。

任务引领

教师布置任务，帮助学生理解任务要求，辅导学生完成任务需要掌握的知识。

任务一　完成轻钢结构工程施工质量验收工作。

任务二 完成轻钢结构工程施工安全技术交底工作。

任务三 编制一套轻钢结构工程施工安全防范手册。

问题导入

以下问题是完成任务必须掌握的知识,教师引导,学生完成。

1.轻钢结构进场时如何做检测?

2.轻钢结构施工中使用机械有哪些安全措施?

3.轻钢结构施工操作人员的安全要求。

4.施工现场安全措施有哪些?

5.钢结构的质量要求有哪些?

6.轻钢结构施工有哪些特殊性?

自主学习

学生以小组形式工作(4~6人一组)。通过查资料、规范、学材以及网上资源解答以上问题;初步形成完成以上三项任务的思路和工作计划,组内学生讨论、向教师或辅导教师咨询,修改、完善计划,形成实施计划;实施计划,完成任务。

学生发言

各小组选派一名代表,回答问题,讲解本小组完成任务的过程及结果,小组其他成员补充。

学生互评

小组之间按照统一标准,对各小组回答问题、完成任务的过程及结果进行互评。

学生完成学习情境2成绩评定表

学生姓名________ 教师________ 班级________ 学号____________

序号	考评项目	分值	考核内容	教师评价(权重50%)	组长评价(权重25%)	学生评价(权重25%)
1	学习态度	15	出勤率、听课态度、实操表现等			
2	学习能力	25	上课回答问题、完成工作质量			
3	计算、操作能力	25	计算、实操记录、作品成果质量			
4	团结协作能力	15	自己在所在小组的表现,小组完成工作质量、速度			
合计		80				
综合得分						

知识拓展

教师提供1~3个轻钢结构施工的工程实例,供学生选择,加强实操练习。在规定期限内，学生按照设计要求，编写出施工及安全技术方案。此项内容占情境2学习成绩的20%。

学 材

一、钢结构常见的质量通病原因及其预防

1. 构件运输、堆放变形

原因：焊接变形或碰撞变形。

防治：用千斤顶或辅以氧乙炔火焰烘烤后校正。

2. 构件拼装变形

原因：节点不吻合，缝隙过大，拼装工艺不合理。

防治：氧乙炔火焰烘烤或杠杆加压方法调直。

3. 构件起拱或制作尺寸不准确

原因：构件尺寸不符合设计要求或起拱数值偏小。

防治：构件拼装时按规定起拱，构件尺寸应在允许偏差范围内。

4. 钢柱、钢屋架、钢吊车梁垂直偏差过大

原因：在制作或安装过程中，误差过大或产生较大的侧向弯曲。

防治：制作时检查构件尺寸，按照工艺吊装，随后设临时支撑。

二、钢结构的质量要求

1. 钢结构的制作要求

(1)检验型钢型号符合设计。

(2)受拉杆件细长比≤250。

(3)宜用肢宽而薄的角钢。

(4)一榀屋架角钢应同规格。

(5)钢材型号和规格应统一。

(6)钢材表面清理干净。

(7)焊缝质量按规范检查合格。

(8)焊缝表面无缺陷。

(9)轴线为直线交于节点中心。

(10)荷载都作用在节点上。

2. 钢结构的安装质量要求

(1)节点符合设计要求。

(2)重心线与几何轴线重合。

(3)腹杆端部靠近弦杆。

(4)角钢宜垂直杆件轴线直切。

(5)安装前不得损坏杆件。

(6)扩大按装时，应做强度和稳定性验算。

(7)两个角钢应焊一钢板使其共同工作。

(8)接头检查合格后紧固和焊接。

(9)螺栓连接时留 2～3 扣外露。

(10)高强螺栓当天拧紧。

三、单层钢结构安装质量要求

(1)钢结构基础施工时，应注意保证基础顶面标高及地脚螺栓位置的准确。其偏差值应在允许范围内。

(2)钢结构安装应按施工组织设计进行。安装程序必须保持结构的稳定性和不导致永久性变形。

(3)钢结构安装前，应按构件明细表核对进场的构件，查验产品合格证和设计文件；工厂预拼装过的构件在现场拼装时，应根据预拼装记录进行。

(4)钢结构安装偏差的检测，应在结构形成空间刚度单元并连接固定后进行，其偏差在允许偏差范围内。

(5)钢柱、吊车梁和轨道以及墙架、檩条安装的允许偏差分别见表 7.12、7.13、7.14。

表 7.12　单层钢结构柱子安装的允许偏差

项　目			允许偏差(mm)	检验方法	图　例
柱脚底座中心线对定位轴线的偏移			5.0	用吊线和钢尺检查	
柱基准点标高	有吊车梁的柱		+3.0 −5.0	用水准仪检查	
	无吊车梁的柱		+5.0 −8.0		
弯曲矢高			$H/1200$， 且≤15.0	用经纬仪或拉线和钢尺检查	
柱轴线垂直度	单层柱	$H\leqslant 10\text{m}$	$H/1000$	用经纬仪或吊线和钢尺检查	
		$H>10\text{m}$	$H/1000$， 且≤25.0		
	多层柱	单节柱	$H/1000$， 且≤10.0		
		柱全高	35.0		

表 7.13　钢吊车梁安装的允许偏差

<table>
<tr><th colspan="2">项　目</th><th>允许偏差(mm)</th><th>检验方法</th><th>图　例</th></tr>
<tr><td colspan="2">梁的跨中垂直度
Δ</td><td>$H/500$</td><td>用吊线和钢尺检查</td><td>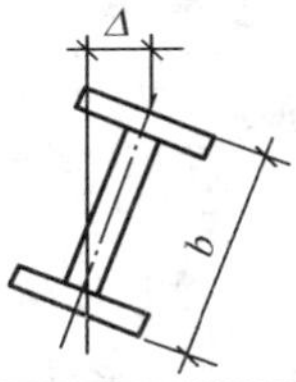</td></tr>
<tr><td colspan="2">侧向弯曲矢高</td><td>$l/1500$,且≤10.0</td><td rowspan="4">用拉线和钢尺检查</td><td rowspan="5">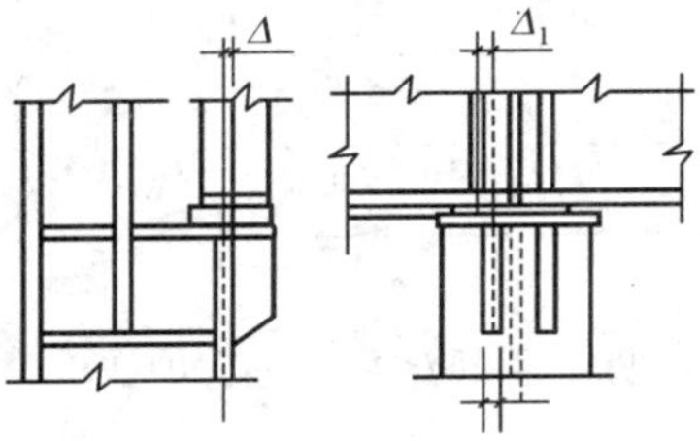</td></tr>
<tr><td colspan="2">垂直上拱矢高</td><td>10.0</td></tr>
<tr><td rowspan="2">两端支座中心位移Δ</td><td>安装在钢柱上时,对牛腿中心的偏移</td><td>5.0</td></tr>
<tr><td>安装在混凝土柱上时,对定位轴线的偏移</td><td>5.0</td></tr>
<tr><td colspan="2">吊车梁支座加劲板中心与柱子承压加劲板中心的偏差Δ</td><td>$t/2$</td><td>用吊线和钢尺检查</td></tr>
<tr><td rowspan="2">同跨间内同一横截面吊车梁顶面高差Δ</td><td>支座处</td><td>10.0</td><td rowspan="3">用经纬仪、水准仪和钢尺检查</td><td rowspan="3">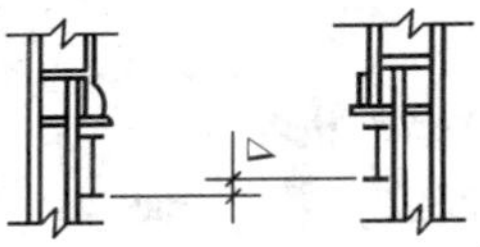</td></tr>
<tr><td>其他处</td><td>15.0</td></tr>
<tr><td colspan="2">同跨间同一横截面下挂式吊车梁底面高差Δ</td><td>10.0</td></tr>
<tr><td colspan="2">同列相邻两柱间吊车梁顶面高差Δ</td><td>$l/1500$,且≤10.0</td><td>用水准仪和钢尺检查</td><td>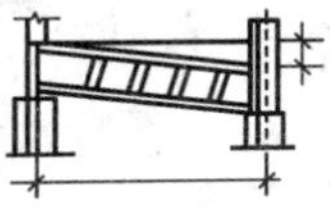</td></tr>
<tr><td rowspan="3">相邻两吊车梁接头部位Δ</td><td>中心错位</td><td>3.0</td><td rowspan="3">用钢尺检查</td><td rowspan="3">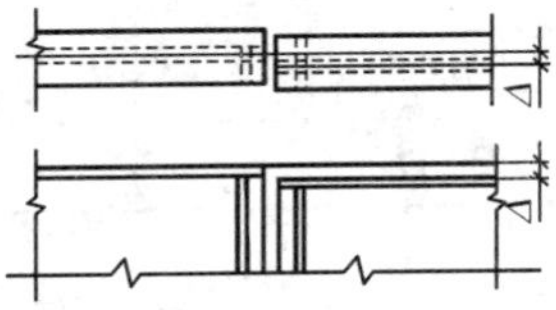</td></tr>
<tr><td>上承式
顶面高差</td><td>1.0</td></tr>
<tr><td>下承式
底面高差</td><td>1.0</td></tr>
<tr><td colspan="2">同跨间任一截面的吊车梁中心跨距Δ</td><td>±10.0</td><td>用经纬仪和光电测距仪检查,跨度小时,可用钢尺检查</td><td>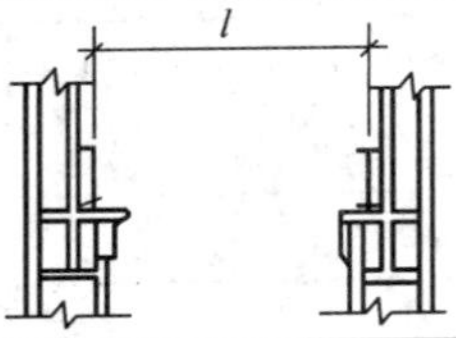</td></tr>
<tr><td colspan="2">轨道中心对吊车梁腹板轴线的偏移Δ</td><td>$t/2$</td><td>用吊线和钢尺检查</td><td>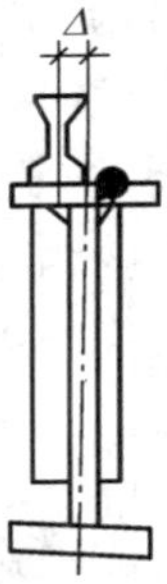</td></tr>
</table>

表 7.14 墙梁、檩条等次要构件安装的允许偏差

项目		允许偏差(mm)	检验方法
墙梁立柱	中心线对定位轴线的偏移	10.0	用钢尺检查
	垂直度	$H/1000$,且不应大于 10.0	用经纬仪或吊线和钢尺检查
	弯曲矢高	$H/1000$,且不应大于 15.0	用经纬仪或吊线和钢尺检查
抗风桁架的垂直度		$H/250$,且不应大于 15.0	用吊线和钢尺检查
檩条、墙梁的间距		±5.0	用钢尺检查
檩条的弯曲矢高		$L/250$,且不应大于 12.0	用拉线和钢尺检查
墙梁的弯曲矢高		$L/250$,且不应大于 10.0	用拉线和钢尺检查

四、轻钢结构施工的安全技术措施

1.使用机械的安全要求

(1)吊装使用的钢丝绳,事先必须认真检查,表面磨损,若腐蚀达钢丝绳直径 10%时,不准使用。

(2)起重机负重开行时,应缓慢行驶,且构件离地不得超过 500mm。起重机在接近满荷时不得同时进行两种操作。

(3)起重机工作时,严禁触碰高压电线。起重臂、钢丝绳、重物等与架空电线要保持一定的安全距离,见表 7.15、7.16。

表 7.15 起重机吊杆最高点与电线之间保持的垂直距离

线路电压(kV)	距离不小于(m)	线路电压(kV)	距离不小于(m)
1 以下	1	20 以上	2.5
20 以下	1.5		

表 7.16 起重机与电线之间保持的水平距离

线路电压(kV)	距离不小于(m)	线路电压(kV)	距离不小于(m)
1 以下	1.5	110 以下	4
20 以下	2	220 以下	6

(4)发现吊钩、卡环出现变形或裂纹时,不得再使用。

(5)起吊构件时,吊钩的升降要平稳,避免紧急制动和冲击。

(6)对新到、修复或改装的起重机在使用前必须进行检查、试吊;要进行静、动负荷试验。使用时,所吊重物为最大起重量的 125%,且离地面 1m,悬空 10min.

(7)起重机停止工作时,起动装置要关闭上锁。吊钩必须升高,防止摆动伤人,并不得悬挂物件。

2.操作人员的安全要求

(1)从事安装工作人员要进行体格检查,心脏病或高血压患者,不得进行高空作业。

(2)操作人员进入现场时,必须戴安全帽、手套,高空作业时还要系好安全带,所带的工具,要用绳子扎牢或放入工具包内。

(3)在高空进行电焊焊接,要系安全带,着防护罩;潮湿地点工作,要穿绝缘胶鞋。

(4)进行结构安装时,要统一用哨声、红绿旗、手势等指挥,所有作业人员,均应熟悉各种信号。

3.现场安全设施

(1)吊装现场的周围,应设置临时栏杆,禁止非作业人员入内。地面操作人员,应尽量避免在高空作业面的正下方停留或通过,也不得在起重机的起重臂或正在吊装的构件下停留或通过。

(2)配备悬挂或斜靠的轻便爬梯,供人上下。

(3)如需在悬空的屋架上行走时,应在其上设置安全栏杆。

(4)在雨期或冬期,必须采取防滑措施。如扫除构件上的冰雪、在屋架上捆绑麻袋、在屋面板上铺垫草袋等。

项目八 结构安装工程施工

Ⅰ 背景知识

基本概念

1. 索具设备

(1)钢丝绳。常用的绳索,具有强度高、韧性好、耐磨性好等优点。

①构造及种类。

组成:由直径相同的光面钢丝捻成钢丝股,再由六股钢丝股和一股绳芯搓捻而成。

种类:

按钢丝根数分,有

6×19+1:钢丝粗、硬而耐磨,不易弯曲,一般用作缆风绳。

6×37+1:钢丝细,较柔软,用于穿滑车组和作吊索。

6×61+1:质地软,用于重型起重机械。

按搓捻方向分,有

顺捻绳:柔性好、表面平整、不易磨损,但易松散,一般用于拖拉或牵引装置。

反捻绳:钢丝绳较硬,不易松散,吊重物不扭结旋转,多用于吊装工作。

按抗拉强度分,有 $1400N/mm^2$、$1550N/mm^2$、$1700N/mm^2$、$1850N/mm^2$ 和 $2000N/mm^2$ 五种。

②最大工作拉力满足:

$$S \leqslant S_p/n \tag{8.1}$$

式中:S_p 为钢丝绳的钢丝破断拉力总和;n 为钢丝绳安全系数。

③钢丝绳容许拉力满足:

$$S_g \leqslant aS \tag{8.2}$$

式中:a 为钢丝绳破断拉力换算系数。钢丝绳为 6×19+1 时,a 取 0.85;6×37+1 时,a 取 0.82;6×61+1 时,a 取 0.80。

(2)吊具。

①吊索(千斤绳)(图 8.1)。分为环状、万能和开口吊索,直径大于 11mm,一般用 6×37+1、6×61+1 做成。

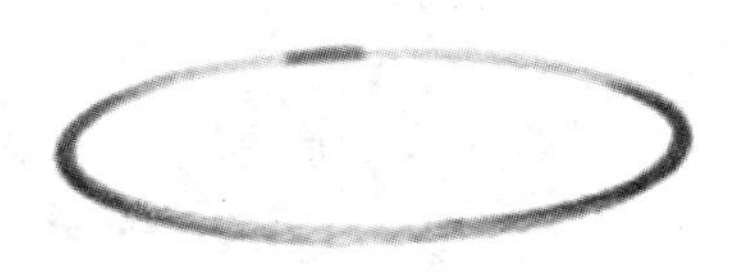
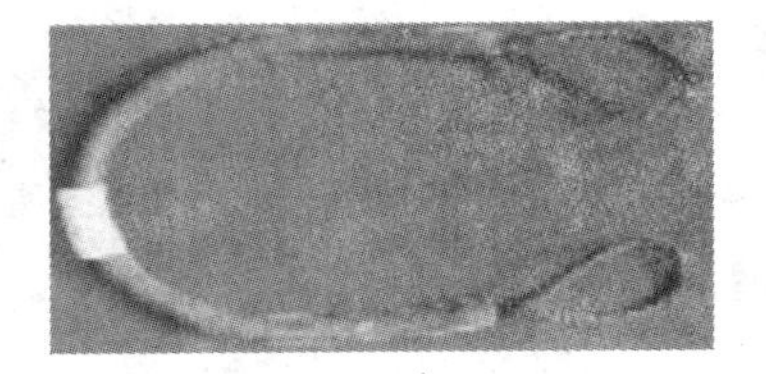

图 8.1　吊索

②吊钩(图 8.2)。

分类：单钩、双钩。

应用：吊装时一般用单钩，双钩多用于桥式或塔式起重机。

要求：表面光滑、不得有缺陷；不得直接钩吊环；不准补焊。

③卡环(卸甲)。

作用：用于吊索之间或吊索与构件吊环之间的连接。

组成：弯环＋销子。弯环，有直形和马蹄形；销子，有螺栓式和活络式。

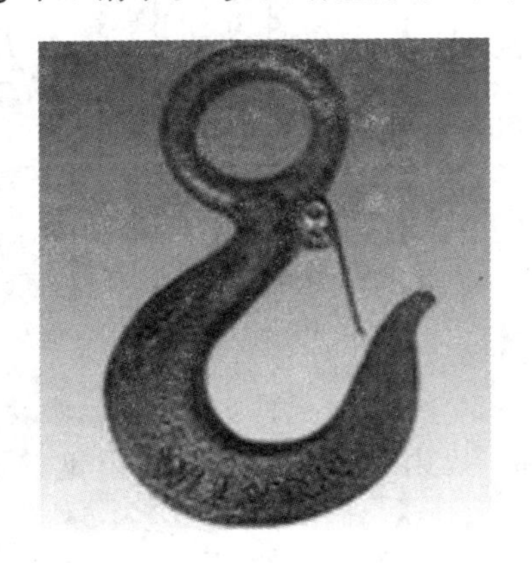

图 8.2　吊钩

④钢丝绳卡扣。主要用来固定钢丝绳端。使用卡扣的数量和钢丝绳的粗细有关，粗绳用得较多。

⑤横吊梁(铁扁担)(图 8.3)。

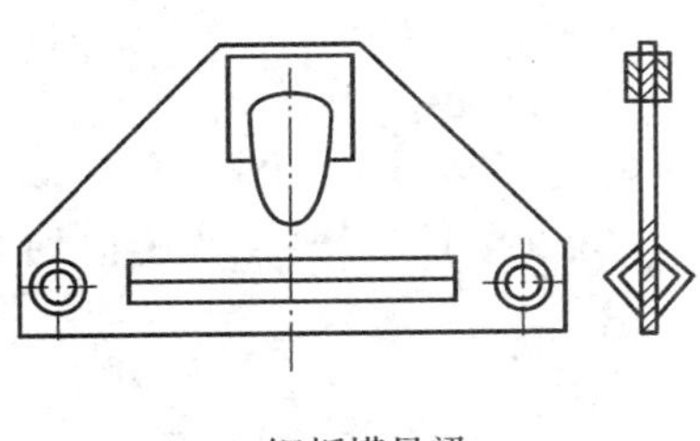

(a) 钢板横吊梁

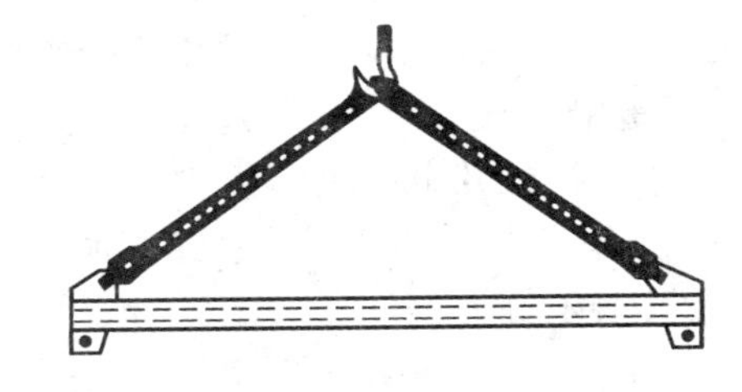

(b) 钢管横吊梁

图 8.3　横吊梁

作用：可减小起吊高度，满足吊索水平夹角要求，使构件保持垂直、平衡。

分类：钢板、钢管横吊梁。

(3)滑轮组(图 8.4)。

组成:由一定数量的定滑轮和动滑轮及绕过它们的绳索所组成。

特点:有省力和改变力的方向的功能(省力与工作线数和滑轮轴承的摩阻力有关)。

绳头拉力 N(滑轮组引出绳头拉力):

$$N=KQ \tag{8.3}$$

式中:Q 为计算荷载(吊装荷载与动力系数之积);K 为滑轮组省力系数。

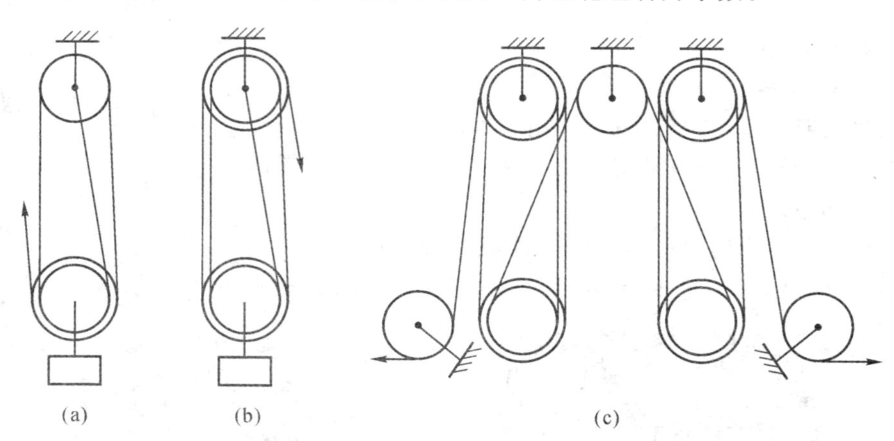

图 8.4 滑轮组

(4)卷扬机。

分类:有快速卷扬机、慢速卷扬机和固定卷扬机三种。

快速卷扬机:有单筒、双筒,设备能力为 4.0～5.0kN,用于垂直、水平运输及打桩作业。

慢速卷扬机:单筒式,设备能力为 30～200kN,用于吊装结构、冷拉钢筋和张拉预应力筋。

固定卷扬机:有螺栓锚固法、水平锚固法、立桩锚固法和压重物锚固法四种。

(5)地锚(锚碇)。用来固定缆风绳、卷扬机、导向滑车、拔杆的平衡绳索等。

①桩式地锚:地锚承载力为 10～50kN。

做法:将圆木(ϕ 18～30cm)打入土中(1.20～1.50m)承担拉力。

应用:多用于固定受力不大的缆风绳。

分类:根据受力大小,可打成单排、双排或三排。

②水平地锚。

做法:用一根或几根圆木绑扎在一起,水平埋入土内(1.50～3.5m)。

要求:拉力＞75kN 时,应在地锚上加压板;拉力＞150kN 时,还要在锚碇前加立柱及垫板,如图 8.5 所示。

2. 起重机

在结构安装工程中,常用的起重机械主要有桅杆式起重机、自行式起重机和塔式起重机。

(1)桅杆式起重机。又称为拔杆或把杆起重机。

特点:容易制作、装拆方便,起重量达 100t 以上,起重半径小,移动较困难,需要设置较多的揽风绳。

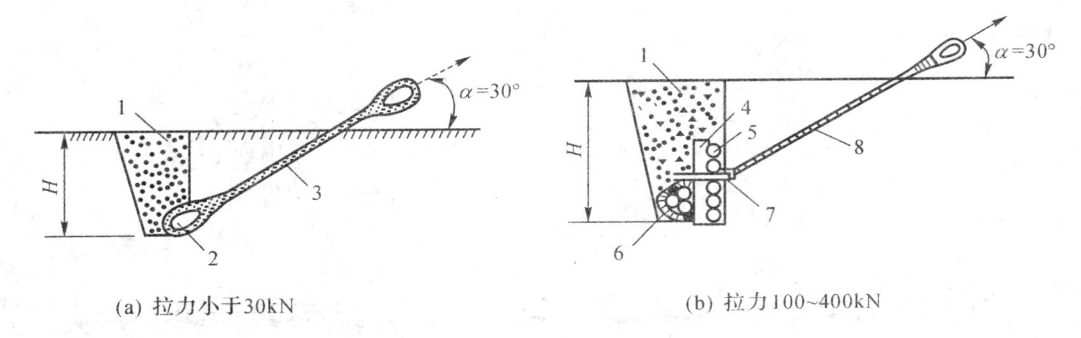

(a) 拉力小于30kN　　(b) 拉力100~400kN

图 8.5　水平锚锭

1—回填土逐层夯实；2—地垄木1根；3—钢丝绳或钢筋；4—柱木；5—挡木；6—地垄木3根；7—压板；8—钢丝绳圈或钢筋环

应用：安装工程量集中，结构重量大，安装高度大，以及施工现场狭窄，等等。

分类：桅杆式起重机可分为独脚拔杆、人字拔杆、悬臂拔杆和牵缆式桅杆起重机。

①独角拔杆。

组成：由拔杆、起重滑轮组、卷扬机缆风绳和地锚等组成，如图 8.6(a)所示。

分类：木独脚拔杆($H\leqslant15$m，$Q\leqslant10$t)；钢管独脚拔杆($H\leqslant20$m，$Q\leqslant30$t)；金属格构式拔杆($H\leqslant70$m，$Q\leqslant100$t)。

注意：独角拔杆在使用的时候应保持一定的倾角(不宜大于 10°)，以便在吊装时，构件不致碰撞拔杆；拔杆的稳定性主要依靠缆风绳(一般为 6～12 根)，缆风绳与地面成 30°～45°夹角。

②人字拔杆。

组成：由两根独脚拔杆在顶部相交成 20°～30°，用钢丝绳绑扎或铁件铰接而成，如图 8.6(b)所示。

特点：侧向稳定性好，起吊后活动范围小。

应用：仅用于安装重型构件或作为辅助设备以吊装厂房屋盖体系上的轻型构件。

注意：拔杆下端两脚距离为高度的 1/2～1/3。

③悬臂拔杆。

组成：在独脚拔杆的 2/3 高度处，装上一根起重杆，如图 8.6(c)所示。

特点：可顺转和起伏，H、R 较大，起重量较小。

应用：多用于轻型构件安装。

④牵缆式桅杆起重机。

组成：在独脚拔杆下端装一根可以回转和起伏的起重臂。

特点：起重臂可以起伏，机身可回转 360°；可以在起重机半径范围内把构件吊到任何位置；用角钢组成的格构式截面杆件的牵缆式起重机，桅杆高度可达 80m，起重量可达 60t 左右。

应用：牵缆式桅杆起重机要设较多的缆风绳，比较适用于构件多且集中的工程。如图 8.6(d)所示。

(2)自行式起重机。自行式起重机可分为履带式起重机、汽车式起重机和轮胎式起重机。

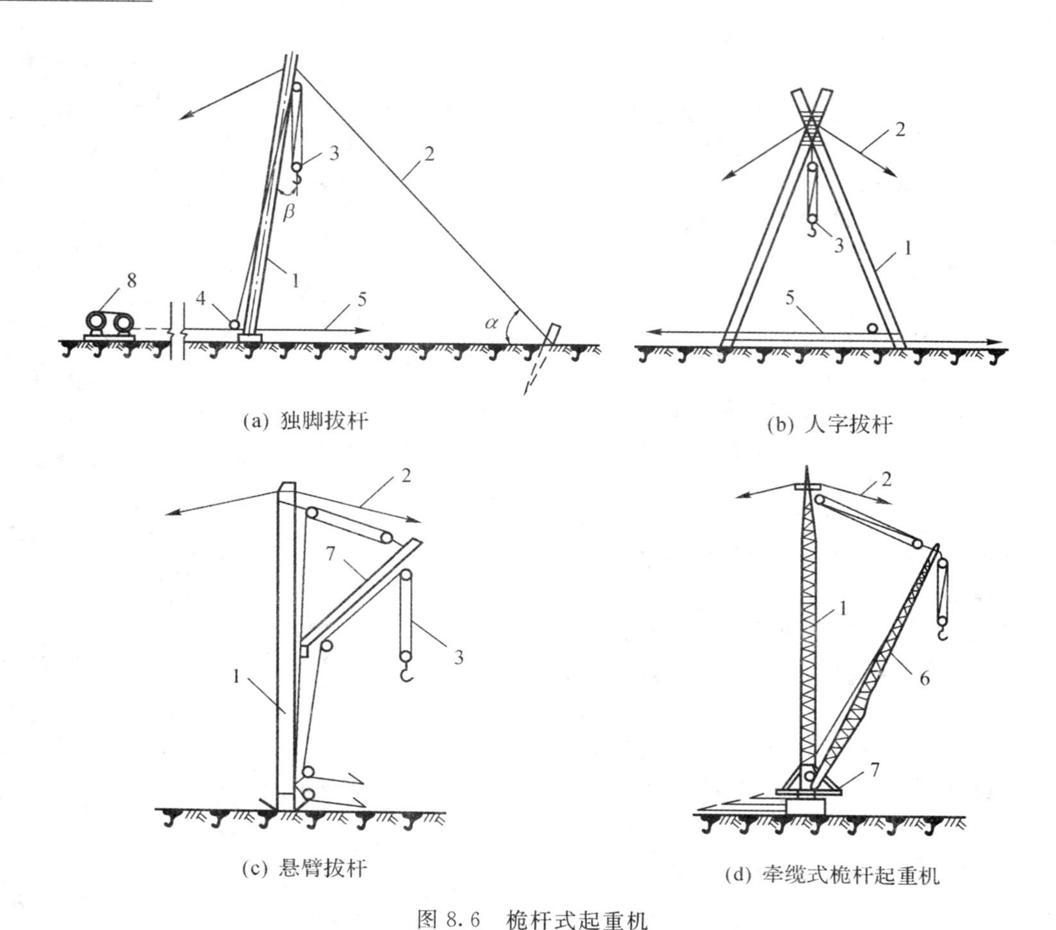

图 8.6 桅杆式起重机

1—拔杆;2—缆风绳;3—起重滑轮组;4—导向装置;5—拉索;6—起重臂;7—回转盘;8—卷扬机

①履带式起重机(图 8.7)。

组成:由动力装置、传动机构、行走机构、工作机构以及平衡重等组成。

特点:360°全回转,操作灵活,行走方便,能负载行驶。缺点是稳定性较差,对路面破坏较大。

分类:

W1—50 型:Q_{max}=10t,适于吊装跨度≤18m、安装高度为 10m 左右的小型厂房。

W1—100 型:Q_{max}=15t,适于吊装跨度为 18~24m 的厂房。

W1—200 型:Q_{max}=50t,适于大型工业厂房安装。

工作参数:

起重量 Q、起重半径 R、起重高度 H,与起重臂长度 L 和仰角 θ 有关,当起重臂长度一定时,随着仰角增加,起重量和起重高度增加,而起重半径减小;当起重臂的仰角不变时,随着起重臂长度的增加,起重半径和起重高度增加,而起重量减小。

稳定性验算:

履带式起重机超载吊装或者接长吊杆时,需要进行稳定性验算,以保证起重机在吊装中不会发生倾倒。

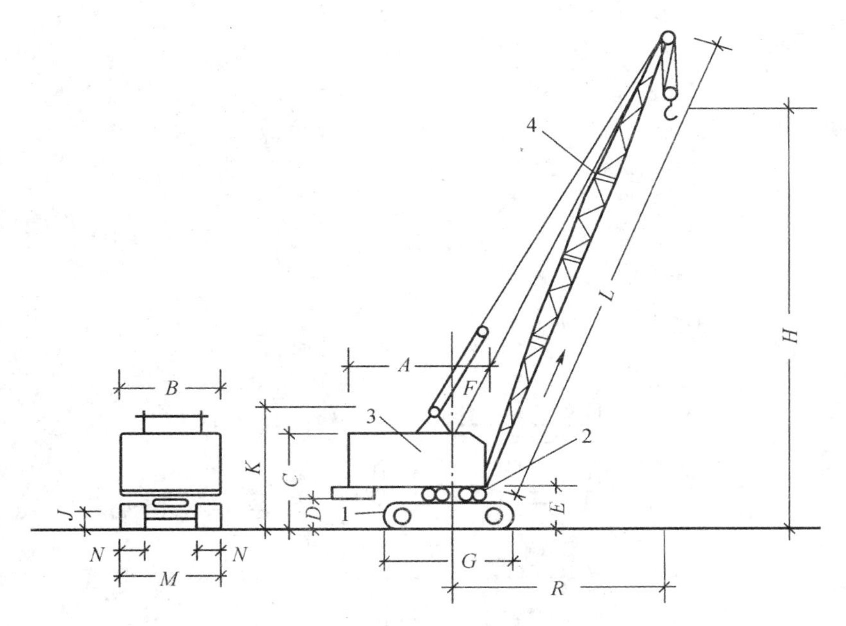

图 8.7　履带式起重机

1—行走装置；2—回转机构；3—机身；4—起重臂

考虑吊装荷载及所有附加荷载时，K_1＝稳定力矩/倾覆力矩≥1.15；只考虑吊装荷载，不考虑附加荷载时，K_2＝稳定力矩/倾覆力矩≥1.4。

②汽车式起重机。汽车式起重机是自行式全回转起重机，如图 8.8 所示。

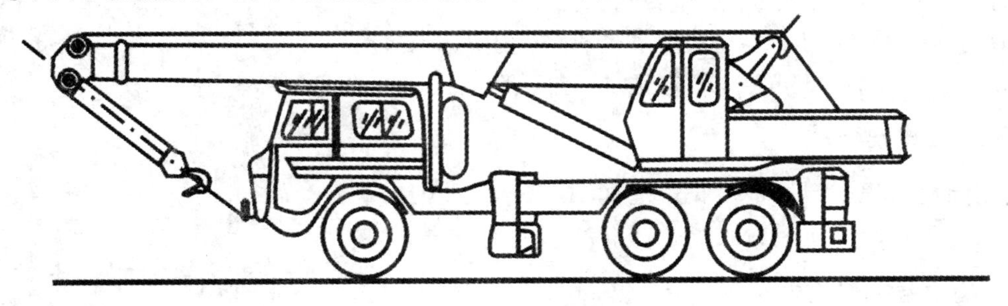

图 8.8　汽车式起重机

组成：将起重机构安装在普通汽车或专用汽车的底盘上的一种自行式全回转起重机。

应用：构件运输、装卸和结构吊装。

特点：速度快、灵活、破坏小，必须有支腿、不能负荷行走、不适合松软场地上工作。

型号：Q2—8、Q2—12、Q2—16、Q2—32、QY40、QY65、QY100。

③轮胎式起重机。

组成：将起重机安装在加重型轮胎和轮轴组成的特制底盘上的全回转起重机。如图 8.9 所示。

应用：一般工业厂房安装。

特点：同汽车式起重机。

型号：QL1—16、QL2—8、QL3—16、QL3—25、QL3—40。

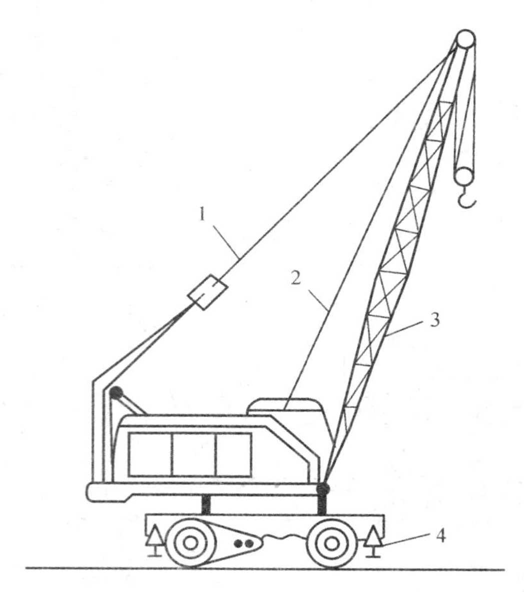

图 8.9 轮胎式起重机

1—起重杆；2—起重索；3—变幅索；4—支腿

(3)塔式起重机。

构造：起重臂安装在塔身上部。

特点：可做 360°全回转，具有较大的起重高度、工作幅度和起重能力，工作速度快，生产效率高，机械运转安全可靠，操作和装拆方便。

适用条件：广泛用于多层和高层工业与民用建筑安装。

分类：塔式起重机可分为固定式、轨道式、附着式和自升式四种类型。

相关规范及标准

《钢结构工程施工质量验收规范》(GB 50205—2012)

《建筑工程施工质量验收统一标准》(GB 50300—2001)

结构安装工程施工交底

安全技术交底 表 C2－1		编号	
工程名称		交底日期	年　月　日
施工单位		分项工程名称	结构安装工程施工
交底提要			
一、混凝土构件吊装 1. 混凝土构件运输、吊装时混凝土强度，一般构件不得低于设计强度的 75%，桁架、薄壁等大型构件应达到 100%。 2. 混凝土构件运输、堆放的支承方式应与设计安装位置一致。楼板叠放各层垫木应在同一垂直线上；屋架、梁的放置，除沿长度方向的两侧设置不少于三道撑木外，可将几榀屋架用方木、钢丝绑扎连接成一稳定整体；墙板应放置在专用的堆放架上，堆放架的稳定应经计算确定。			

3.当预制柱吊点的位置设计无规定时,应经计算确定。柱子吊装入基础杯口必须将柱脚落底,吊装后及时校正,柱子每侧面不得少于两个楔子固定,且应有两人在柱子两侧面同时对打。当采用缆风绳校正时,必须待缆风绳固定后,起重机方可脱钩。
4.采用双机抬吊装时,应统一指挥相互配合,两台起重机吊索都应保持与地面呈垂直状态。除应合理分配荷载外,还应指挥使两机同步将柱子吊离地面和同步落下就位。
5.混凝土屋架平卧制作翻身扶直时,应根据屋架跨度确定吊索绑扎形式及加固措施,吊索与水平线夹角不应小于60°,起重机扶直过程中宜一次扶直不应有急刹车。
6.混凝土吊车梁、屋架的安装应在柱子杯口二次灌浆固定和柱间支撑安装后进行。
7.混凝土屋盖安装应按节间进行,首先应将第一节间包括屋面板、屋架支撑全部安装好形成稳定间。屋面板的安装顺序应自两边向跨中对称进行;屋架支撑应先安装垂直支撑,再安装水平支撑,先安装中部水平支撑,再安装两端水平支撑。
8.混凝土屋架安装前应在作业节间范围挂好安全平网。作业人员可沿屋架上绑扎的临时木杆上挂牢安全带行走操作,不得无任何防护措施在屋架上弦行走。
9.混凝土屋盖吊装作业人员上下应有专用走道或梯子,严禁人员随起重机吊装构件上下。屋架支座的垫铁及焊接工作,应站在脚手架或吊篮内进行,严禁站在柱顶或牛腿等处操作。
二、钢构件吊装
1.进入施工现场的钢构件,应按照钢结构安装图纸的要求进行检查,包括截面规格、连接板、高强度螺栓、垫板等均应符合设计要求。
2.钢构件应按吊装顺序分类堆放。
3.钢柱的吊装应选择绑扎点在重心以上,并对吊索与钢柱绑扎处采取防护措施。当柱脚与基础采用螺栓固定时,应对地脚螺栓采取防护措施,采用垂直吊装法应将钢柱柱脚套入地脚螺栓后,方可拆除地脚螺栓防护。钢柱的校正,必须在起重机不脱钩下进行。
4.钢结构吊装,必须按照施工方案要求搭设高处作业的安全防护设施。严禁作业人员攀爬构件上下和在无防护措施的情况下在钢构件上作业、行走。
5.钢柱吊装时,起重人员应站在作业平台或脚手架上作业,临边应有防护措施。人员上下应设专用梯道。
6.安装钢梁时可在梁的两端采用挂脚手架,或搭设落地脚手架。当需在梁上行走时,应设置临边防护或沿梁一侧设置钢丝绳并拴挂在钢柱上做扶手绳,人员行走时应将安全带扣挂在钢丝绳上。
7.钢屋架吊装,应采取在地面组装并进行临时加固。高处作业的防护设施,按吊装工艺不同,可采用临边防护与挂节间安全平网相结合方法。应在第一和第二节间的三榀屋架随吊装将全部钢支撑安装紧固后,方可继续其余节间屋架的安装。
注:班组长在给施工人员书面或口头交底后,所有接受交底人员在交底书最后一页的背面上签字后转交给工地安全员存档。
补充内容:(包括以下几点内容,由交底人负责编写)
1.使用工具;2.涉及的防护用品;3.施工作业顺序;4.安全技术其他要求;5.作业环境要求和危险区域告知;6.旁站部位及要求;7.使用新材料、新设备、新技术的安全措施;8.其他要求。

审核人		交底人		接受交底人	

①本表头由交底人填写,交底人与接受交底人各保存一份,安全员一份。

②当作分部、分项施工作业安全交底时,应填写“分部、分项工程名称”栏。

③交底提要应根据交底内容把交底重要内容写上。

Ⅱ 工作情境

情境1 单层工业厂房结构安装

能力目标

通过本情境的学习，能够应用所学知识，按照设计图纸、规范和施工工艺，组织单层工业厂房工程施工。

学习内容

单层工业厂房安装的准备工作内容；构件吊装工艺；结构安装方案。

任务引领

教师布置任务，帮助学生理解任务要求，辅导学生完成任务需要掌握的知识。

任务 某单层工业厂房，长72m、宽24m。

1. 试说明该厂房结构吊装需做哪些准备工作。
2. 说明各种构件的吊装工艺。
3. 编制结构吊装方案。

问题导入

以下问题是完成任务必须掌握的知识，教师引导，学生完成。

1.单层工业厂房结构安装需要完成哪些构件安装？
2.单层工业厂房结构安装基础准备工作有哪些内容？
3.单层工业厂房结构安装构件的运输和堆放有何规定？
4.单层工业厂房结构安装构件如何弹线与编号？
5.简述柱子的绑扎方法和吊装工艺。
7.吊车梁的直线度如何校正？
8.屋架吊装绑扎点如何确定？
9.屋架正向扶直和反向扶直有何区别？
10.起重机的型号和臂长如何确定？
11.简述分件安装法与综合安装法的区别。
12.构件平面布置原则如何？
13.预制阶段牛腿柱、屋架如何布置？

自主学习

学生以小组形式工作（4～6人一组）。通过查资料、规范、学材以及网上资源解答以上问题；初步形成完成以上任务的思路和工作计划，组内学生讨论、向教师或辅导教师咨询，修改、完善计划，形成实施计划；实施计划，完成任务。

学生发言

各小组选派一名代表，回答问题，讲解本小组完成任务的过程及结果，小组其他成员补充。

学生互评

小组之间按照统一标准，对各小组回答问题、完成任务的过程及结果进行互评。

学生完成学习情境1成绩评定表

学生姓名________　教师________　班级________　学号____________

序号	考评项目	分值	考核内容	教师评价（权重50%）	组长评价（权重25%）	学生评价（权重25%）
1	学习态度	15	出勤率、听课态度、实操表现等			
2	学习能力	25	上课回答问题、完成工作质量			
3	计算、操作能力	25	计算、实操记录、作品成果质量			
4	团结协作能力	15	自己在所在小组的表现，小组完成工作质量、速度			
合计		80				
综合得分						

知识拓展

教师提供1～2个结构安装工程的实例，供学生选择，加强实操练习。在规定期限内，学生按照设计要求，编写出安装工程施工方案。此项内容占情境1学习成绩的20%。

学　材

单层工业厂房的结构安装，一般要安装柱、吊车梁、连系梁、屋架、天窗架、屋面板、地基梁及支撑系统等。

一、安装准备工作

准备工作主要有场地清理，道路修筑，基础准备，构件运输、排放，构件拼装加固、检查清理、弹线编号，以及机械、机具的准备工作等。

(一)场地清理与铺设道路

按照现场平面布置图，标出起重机的开行路线，清理道路上的杂物，进行平整压实。如图8.10所示。

(二)基础的准备

先检查杯口的尺寸，再在基础顶面弹出十字交叉的安装中心线，用红油漆画上三角形标志。为保证柱子安装之后牛腿面的标高符合设计要求，调整方法是先测出杯底实际标高(小

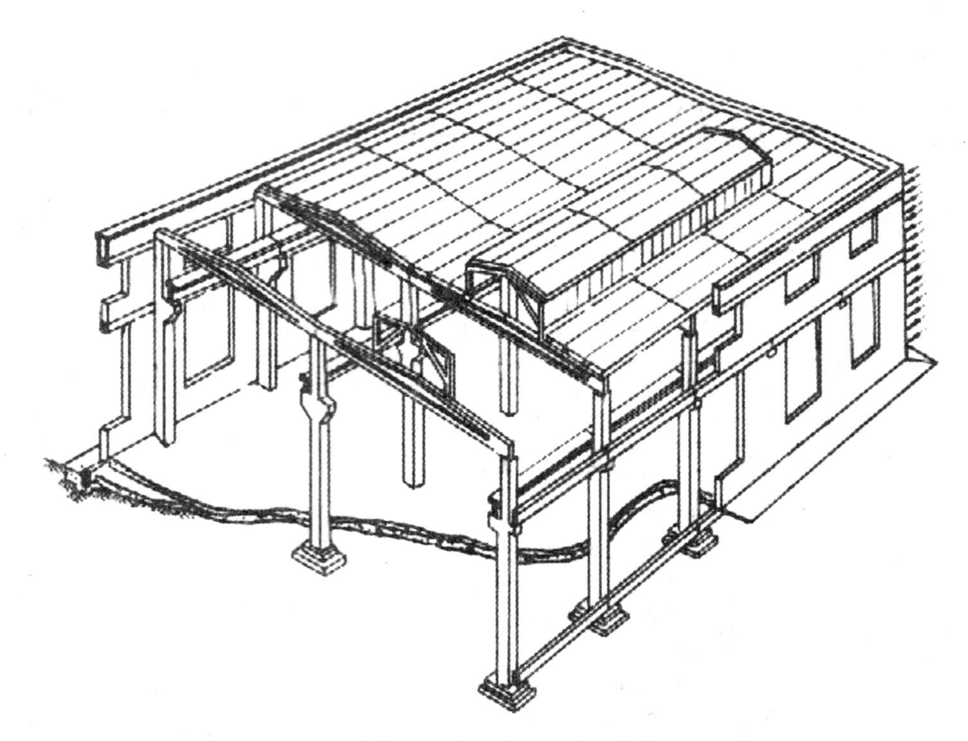

图 8.10 单层工业厂房示意

柱测中间一点，大柱测四个角点），并求出牛腿面标高与杯底实际标高的差值 A，再量出柱子牛腿面至柱脚的实际长度 B，两者相减便可得出杯底标高调整值 $C(C=A-B)$，然后根据得出的杯底标高调整值用水泥砂浆或细石混凝土抹平至所需标高。杯底标高调整后要加以保护。基础准备如图 8.11 所示。

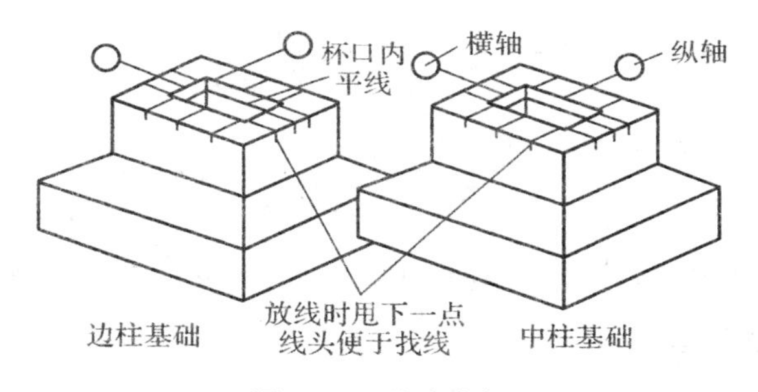

图 8.11 基础准备

（三）构件的运输和堆放

要求：必须保证构件不损坏、不变形、不倾覆，并且要为吊装工作创造有利条件。

一般来说：

（1）小、多构件，预制厂制作，载重汽车或平板拖车运至工地。

（2）构件混凝土强度达到≥75%设计强度时方可运输。

（3）道路平整坚实，有足够的宽度和转弯半径。

（4）避免二次搬运，影响吊装工作。

（5）堆放场地平整压实，有排水措施，重叠堆放（梁 2～3 层、大型屋面板≤6 块、空心板≤8 块）。

（6）构件支垫的位置要正确，数量要适当，每一构件的支垫数量一般不超过 2 个支承处，且上下层支垫应在同一垂线上。

（四）构件的拼装与加固

天窗架及大跨度屋架一般制成两个半榀，在施工现场拼装成整体。拼装工作一般均在拼装台上进行，拼装台要坚实牢固，不允许产生不均匀沉降。拼装方法有立拼和平拼两种，平拼构件在吊装前要临时加固后翻身扶直。

（五）构件的检查与清理

(1)检查构件的型号与数量。

(2)检查构件截面尺寸。

(3)检查构件外观质量(变形、缺陷、损伤等)。

(4)检查构件的混凝土强度。

(5)检查预埋件、预留孔的位置及质量等，并做相应清理工作。

（六）构件的弹线与编号

(1)柱子：在柱身三面弹出中心线(可弹两小面、一个大面)，对工字形柱除在矩形截面部分弹出中心线外，为便于观察及避免视差，还需要在翼缘部分弹一条与中心线平行的线。

(2)屋架：屋架上弦顶面上应弹出几何中心线，并将中心线延至屋架两端下部，再从跨度中央向两端分别弹出天窗架、屋面板的安装定位线。

(3)吊车梁：在吊车梁的两端及顶面弹出安装中心线。

(4)编号：按图纸将构件进行编号。

二、构件的吊装工艺

装配式单层工业厂房的结构安装构件有柱子、吊车梁、基础梁、连系梁、屋架、天窗架、屋面板及支撑等。构件的吊装工艺包括绑扎、吊升、对位、临时固定、校正、最后固定等工序。

（一）柱子吊装

1. 柱的绑扎

柱的绑扎方法、绑扎位置和绑扎点数，应根据柱的形状、长度、截面、配筋、起吊方法和起重机性能等确定。常用的绑扎方法有：一点绑扎斜吊法，如图 8.12(a)所示；一点绑扎直吊法，如

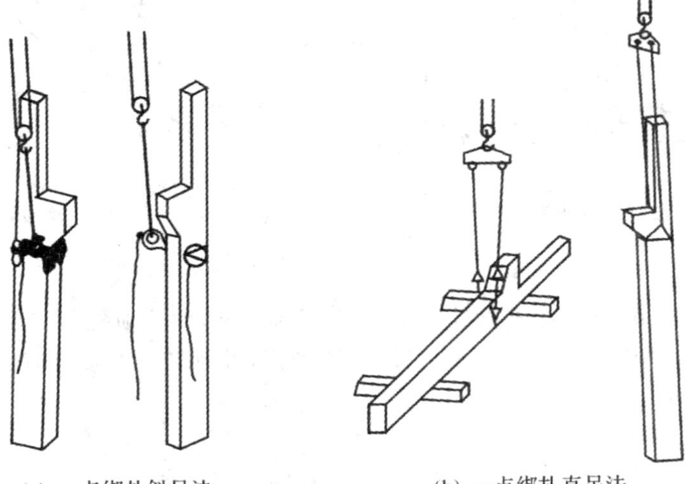

(a) 一点绑扎斜吊法　　(b) 一点绑扎直吊法

图 8.12　柱子一点绑扎法

图 8.12(b)所示;两点绑扎斜吊法,如图 8.13(a)所示;两点绑扎直吊法,如图 8.13(b)所示。

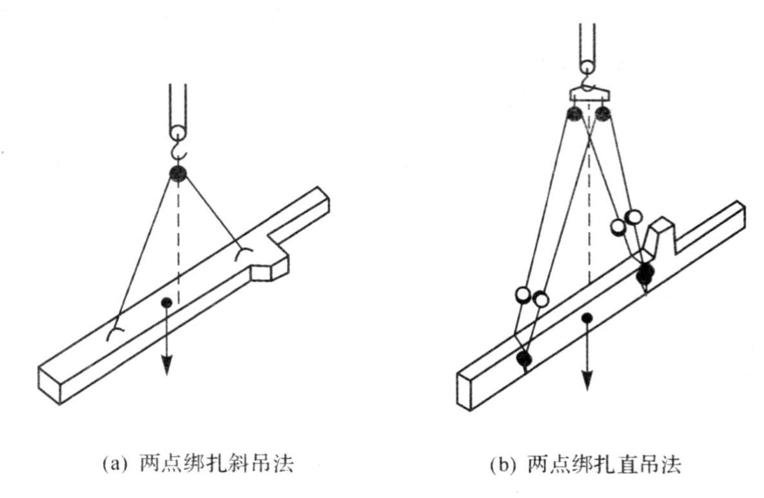

(a) 两点绑扎斜吊法
(b) 两点绑扎直吊法

图 8.13　柱子两点绑扎法

2. 柱的吊升

(1)旋转法:采用旋转法吊装柱子时,柱的平面布置宜使柱脚靠近基础,柱的绑扎点、柱脚中心与基础中心三点宜位于起重机的同一起重半径的圆弧上,如图 8.14 所示。

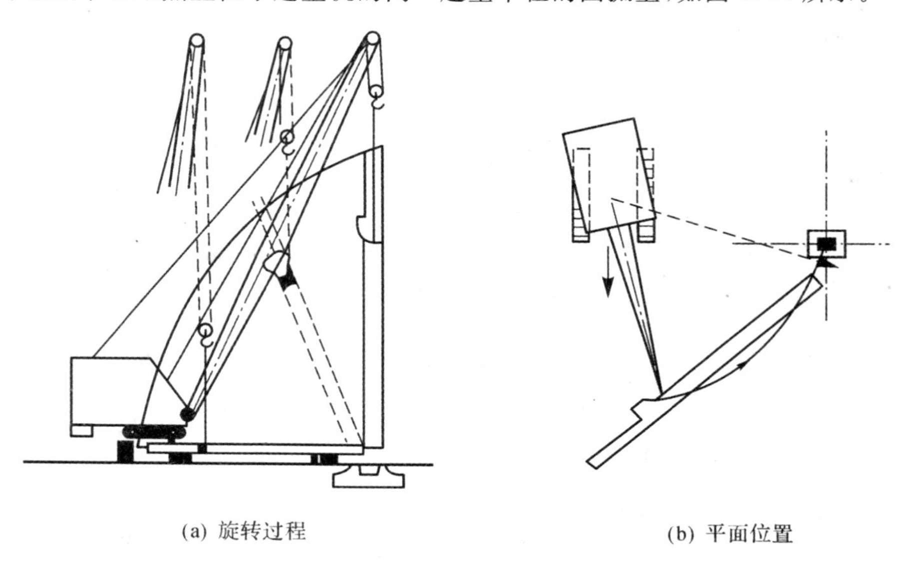

图 8.14　旋转法吊装过程

(2)滑行法:柱吊升时,起重机只升钩,起重臂不转动,使柱顶随起重钩的上升而上升,柱脚随柱顶的上升而滑行,直至柱子直立后,吊离地面,并旋转至基础杯口上方,插入杯口,如图 8.15 所示。

3. 对位和临时固定

柱的对位是将柱子插入杯口并对准安装准线的一道工序。

临时固定是用楔子等将已对位的柱子作临时性固定的一道工序,如图 8.16 所示。

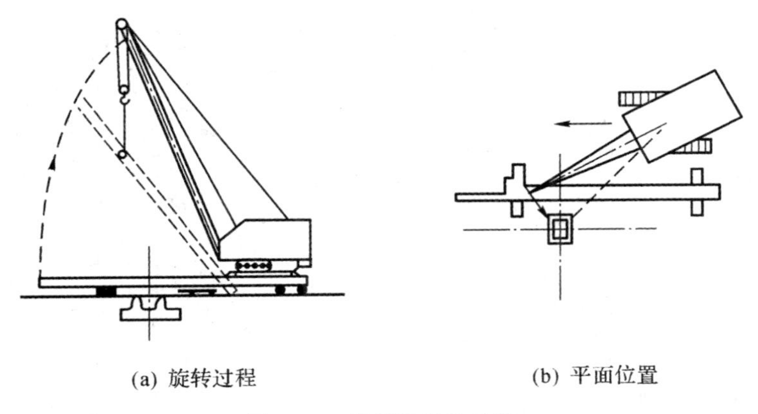

图 8.15　滑行法吊装过程

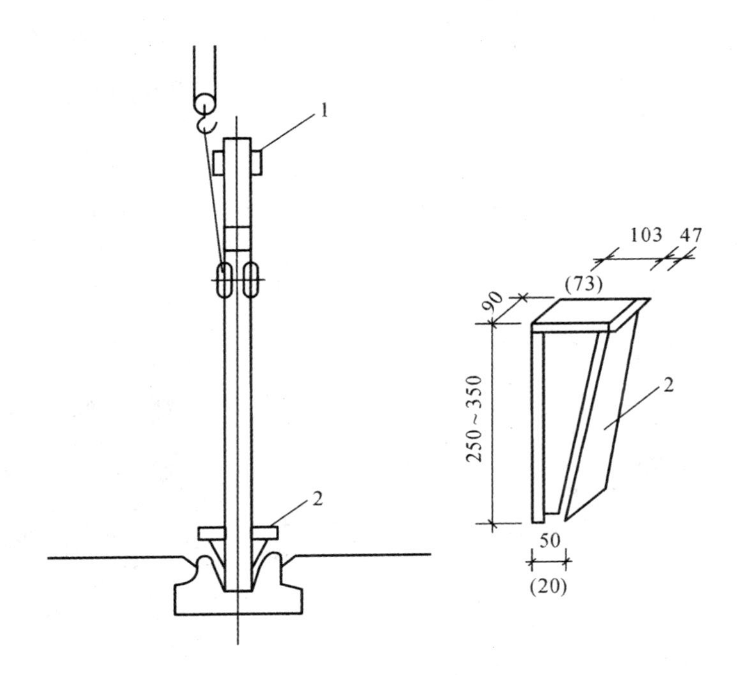

图 8.16　柱的对位与临时固定

1—安装缆风绳或挂操作台的夹箍；2—钢楔

4. 柱的校正

柱的校正是对已临时固定的柱子进行全面检查(平面位置、标高、垂直度等)及校正的一道工序。柱的校正包括平面位置、标高和垂直度的校正。对重型柱或偏斜值较大的则用千斤顶、缆风绳、钢管支撑等方法校正，如图 8.17 所示。

5. 柱子最后固定

其方法是在柱脚与杯口之间浇筑细石混凝土，其强度等级应比原构件的混凝土强度等级提高一级。细石混凝土浇筑分两次进行，如图 8.18 所示。

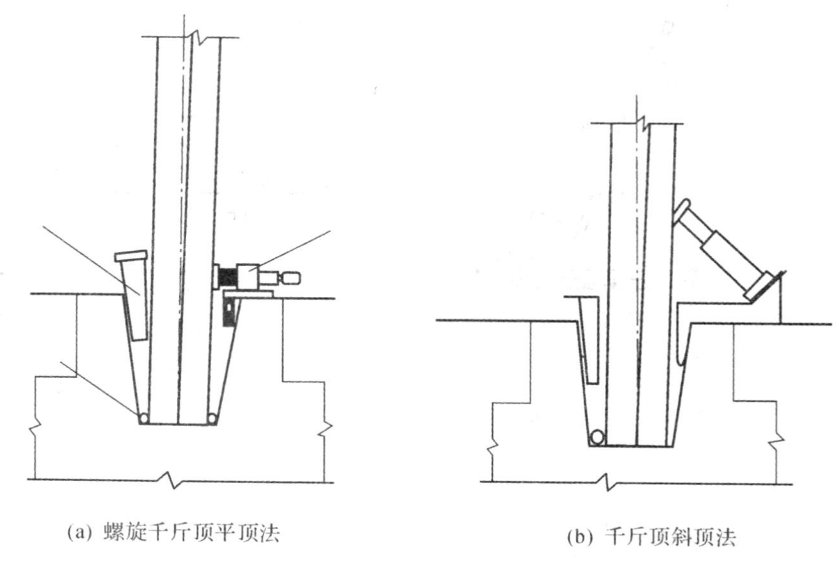

(a) 螺旋千斤顶平顶法　　(b) 千斤顶斜顶法

图 8.17　柱垂直度校正方法

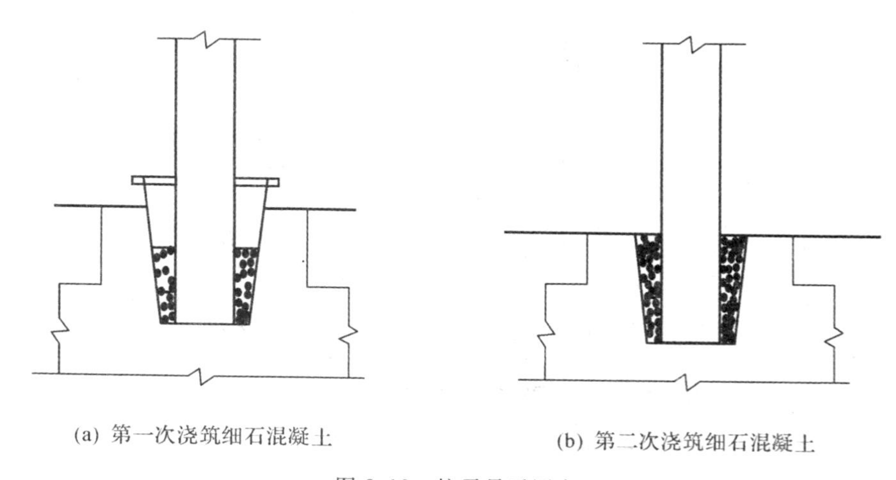

(a) 第一次浇筑细石混凝土　　(b) 第二次浇筑细石混凝土

图 8.18　柱子最后固定

(二)吊车梁的吊装

1.绑扎、吊升、对位和临时固定

吊车梁绑扎时,两根吊索要等长,绑扎点对称设置,吊钩对准梁的重心,以使吊车梁起吊后能基本保持水平,如图 8.19 所示。

2.校正及最后固定

吊车梁的校正主要包括标高校正、垂直度校正和平面位置校正等。

吊车梁的标高主要取决于柱子牛腿的标高。

平面位置的校正主要包括直线度和两吊车梁之间的跨距。

吊车梁直线度的检查校正方法有通线法、平移轴线法、边吊边校法等。

通线法,如图 8.20 所示。

平移轴线法,如图 8.21 所示。

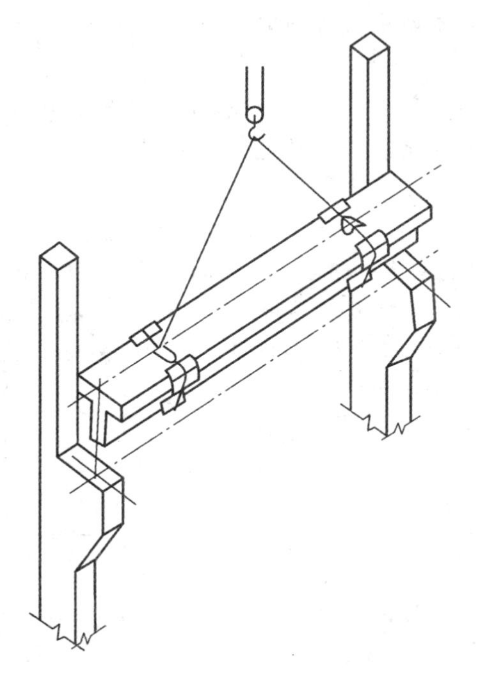

图 8.19　吊车梁的吊装

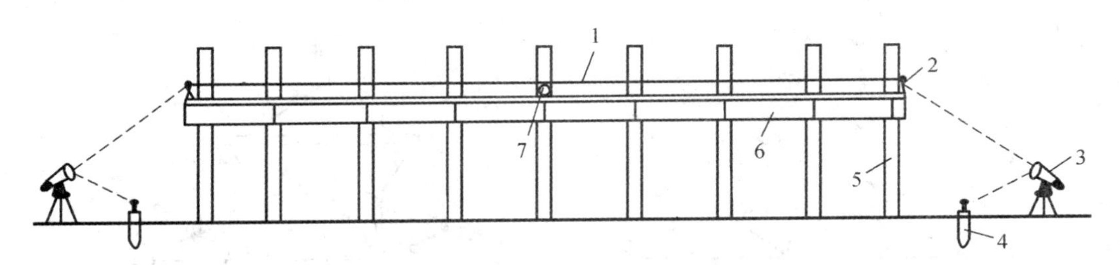

图 8.20　通线法校正吊车梁示意

1—通线；2—支架；3—经纬仪；4—木桩；5—桩；6—吊车梁；7—圆钢

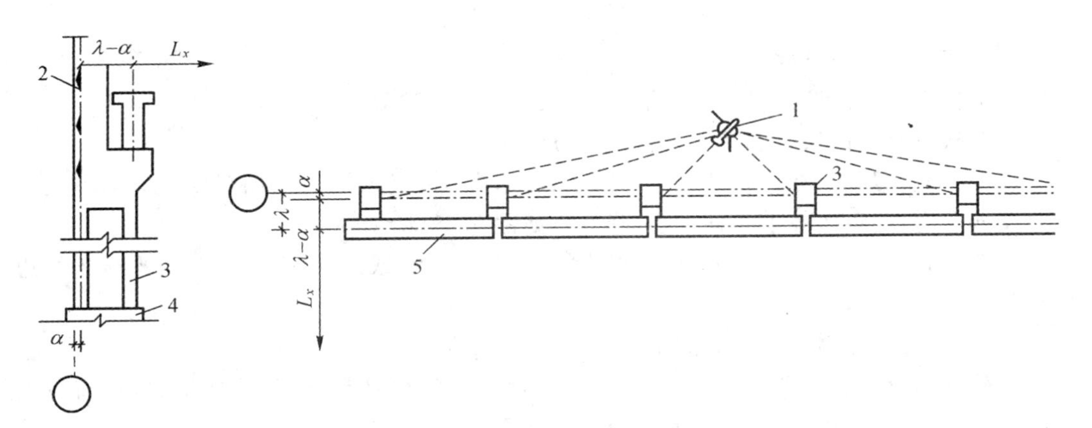

图 8.21　平移轴线法校正吊车梁

1—经纬仪；2—标志；3—柱；4—柱基础；5—吊车梁

边吊边校法，重型吊车梁校正时撬动困难，可在吊装吊车梁时借助于起重机，采用边吊装边校正的方法。

吊车梁的最后固定，是在吊车梁校正完毕后，用连接钢板等与柱侧面、吊车梁顶端的预埋铁相焊接，并在接头处支模浇筑细石混凝土。

（三）屋架的吊装

1. 屋架绑扎

屋架的绑扎点应选在上弦节点处，左右对称，绑扎中心（即各支吊索的合力作用点）必须高于屋架重心，使屋架起吊后基本保持水平，不晃动、不倾翻。吊索与水平线的夹角不宜小于45°，以免屋架承受过大的横向压力，必要时可采用横吊梁。

屋架的绑扎如图8.22所示。

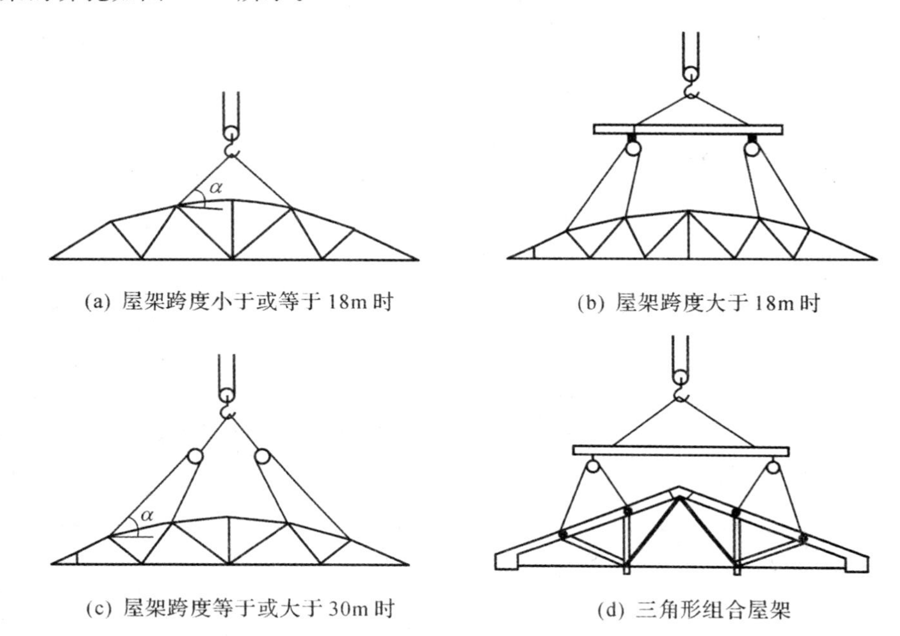

图8.22 屋架的绑扎

2. 屋架的扶直与排放

屋架扶直时应采取必要的保护措施，必要时要进行验算。

屋架扶直有正向扶直和反向扶直两种方法。

正向扶直：起重机在下弦杆一边，升臂，安全，常采用这种方法。如图8.23(a)所示。

反向扶直：起重机在上弦杆一边，降臂。如图8.23(b)所示。

屋架扶直之后，立即排放就位，一般靠柱边斜向排放，或以3～5榀为一组平行于柱边纵向排放。

3. 屋架的吊升、对位与临时固定

屋架的吊升是将屋架吊离地面约300mm，然后将屋架转至安装位置下方，再将屋架吊升至柱顶上方约300mm后，缓缓放至柱顶进行对位。

屋架对位应以建筑物的定位轴线为准。

屋架对位后立即进行临时固定。

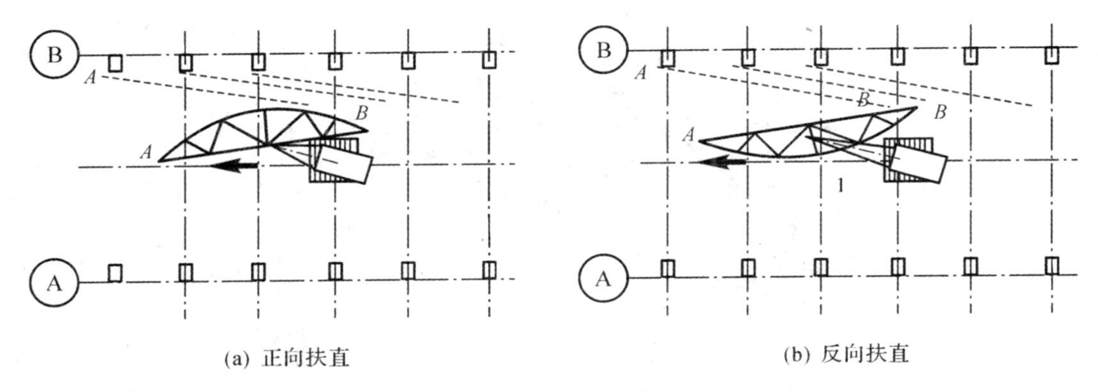

(a) 正向扶直　　(b) 反向扶直

图 8.23　屋架的扶直

工具式支撑的构造如图 8.24 所示。

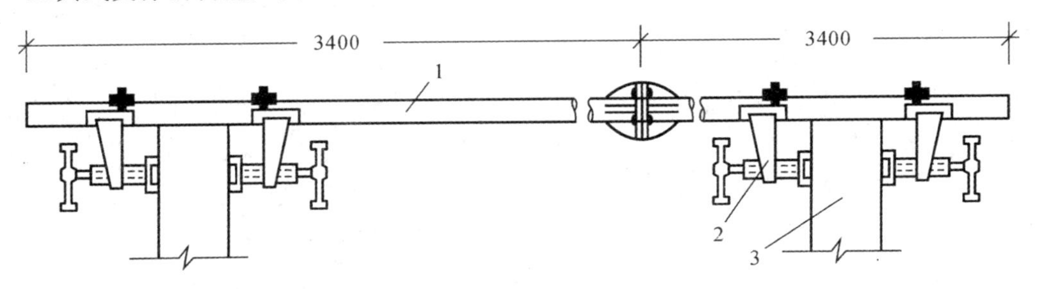

图 8.24　工具式支撑的构造

1—钢管;2—撑脚;3—屋架上弦

4.屋架的校正及最后固定

屋架垂直度的检查与校正方法是在屋架上弦安装 3 个卡尺,1 个安装在屋架上弦中点附近,另外 2 个安装在屋架两端。

屋架垂直度的校正可通过转动工具式支撑的螺栓加以纠正,并垫入斜垫铁。

屋架的临时固定与校正如图 8.25 所示。

屋架校正后应立即电焊固定。

(四)天窗架及屋面板的吊装

天窗架常采用单独吊装,也可与屋架拼装成整体同时吊装。

天窗架单独吊装时,应待两侧屋面板安装完后进行,最后固定的方法是用电焊将天窗架底脚焊于屋架上弦的预埋件上。

屋面板的吊装一般采用一钩多块叠吊法或平吊法。吊装顺序应由两边檐口向屋脊对称进行;屋面板上预埋 4 个吊环,吊索等长吊升,屋面板保持水平;从两边到中间,电焊固定(每块 3 点,最后一块 1 点)。

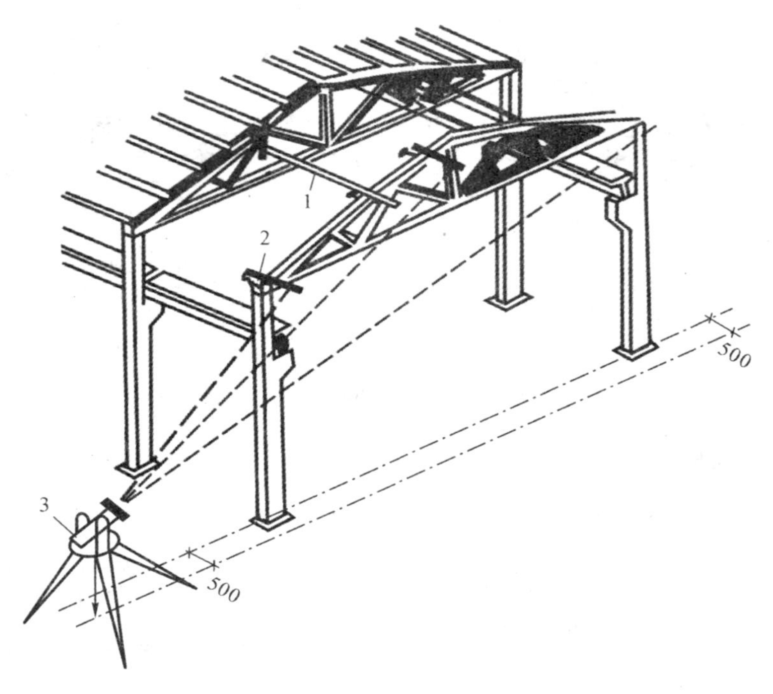

图 8.25　屋架的临时固定与校正

1—工具式支撑；2—卡尺；3—经纬仪

三、结构安装方案

在拟订单层工业厂房结构安装方案时，应着重解决起重机的选择、结构安装方法及起重机的开行路线和构件的平面布置等。

(一)起重机的选择

起重机的选择主要包括选择起重机的类型和型号。一般中小型厂房多选择履带式等自行式起重机；当厂房的高度和跨度较大时，可选择塔式起重机吊装屋盖结构；在缺乏自行式起重机或受到地形的限制，自行式起重机难以到达的地方，可选择桅杆式起重机。

起重机型号及起重臂长度的选择如下。

(1)起重量：起重机的起重量 Q 应满足下式要求：

$$Q \geqslant Q_1 + Q_2 \tag{8.4}$$

式中：Q_1 为构件质量，t；Q_2 为索具质量，t。

(2)起重高度：起重机的起重高度必须满足所吊构件的吊装高度要求，如图 8.26 所示。

$$H \geqslant h_1 + h_2 + h_3 + h_4 \tag{8.5}$$

(3)起重半径(也称工作幅度)：当起重机可以不受限制地开到构件吊装位置附近吊装构件时，对起重半径没有什么要求；当起重机不能直接开到构件吊装位置附近去吊装构件时，就需要根据起重量、起重高度、起重半径三个参数，查阅起重机的性能表或性能曲线来选择起重机的型号及起重臂的长度；当起重机的起重臂需要跨过已安装好的结构构件去吊装构件时，为了避免起重臂与已安装的结构构件相碰，则需求出起重机的最小臂长及相应的起重半径。此时，可用数解法或图解法。

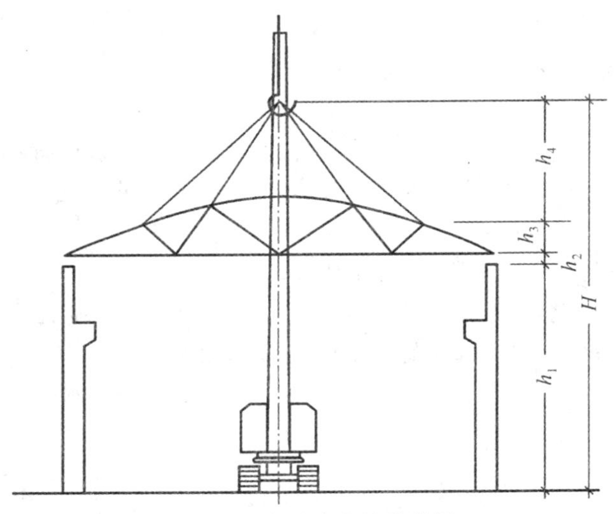

图 8.26　起重高度计算简图

①数解法求所需最小起重臂长(图 8.27(a))。

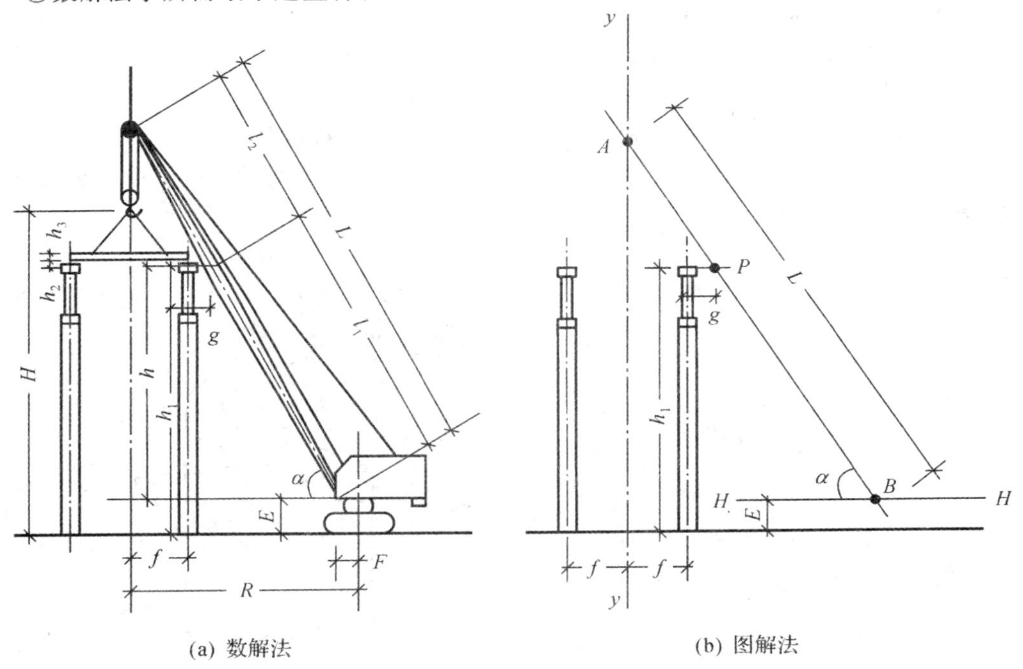

(a) 数解法　　(b) 图解法

图 8.27　吊装屋面板时起重机起重臂最小长度计算简图

$$L \geqslant l_1 + l_2 = \frac{h}{\sin\alpha} + \frac{f+g}{\cos\alpha} \tag{8.6}$$

式中：L 为起重臂的长度，m；h 为起重臂底铰至构件(如屋面板)吊装支座的高度，m；$h = h_1 - E$，h_1 为停机面至构件(如屋面板)吊装支座的高度，m；E 为起重臂底铰至停机面的距离，m；f 为起重钩需跨过已安装结构构件的距离，m；g 为起重臂轴线与已安装构件间的水平距离，m；α 为起重臂的仰角。

$$\alpha = \arctan\sqrt[3]{\frac{h}{f+g}} \tag{8.7}$$

以求得的 α 代入上式，即可求出起重臂的最小长度，据此，可选择适当长度的起重臂，然后根据实际采用的起重臂及仰角 α 计算起重半径 R ：

$$R = F + L\cos\alpha \tag{8.8}$$

根据计算出的起重半径 R 及已选定的起重臂长度 L，查起重机的性能表或性能曲线，复核起重量 Q 及起重高度 H，如能满足吊装要求，即可根据 R 值确定起重机吊装屋面板时的停机位置。

②图解法求起重机的最小起重臂长度(图 8.27(b))。

第一步：选定合适的比例，绘制厂房一个节间的纵剖面图；绘制起重机吊装屋面板时吊钩位置处的垂线 $y—y$；根据初步选定的起重机的 E 值绘出水平线 $H—H$ 。

第二步：在所绘的纵剖面图上，自屋架顶面中心向起重机方向水平量出一距离 g，g 至少取 1m，定出点 P 。

第三步：根据式 $\alpha = \arctan\sqrt[3]{\dfrac{h}{f+g}}$ 求出起重臂的仰角 α，过 P 点作一直线，使该直线与 $H—H$ 的夹角等于 α，交 $y—y$、$H—H$ 于 A、B 两点。

第四步：AB 的实际长度即为所需起重臂的最小长度。

(二)结构安装方法及起重机开行路线

1.结构安装方法

单层工业厂房的结构安装方法有分件安装法和综合安装法两种。

(1)分件安装法。起重机在车间内每开行一次仅安装一种或两种构件。通常分三次开行安装完所有构件，如图 8.28 所示。

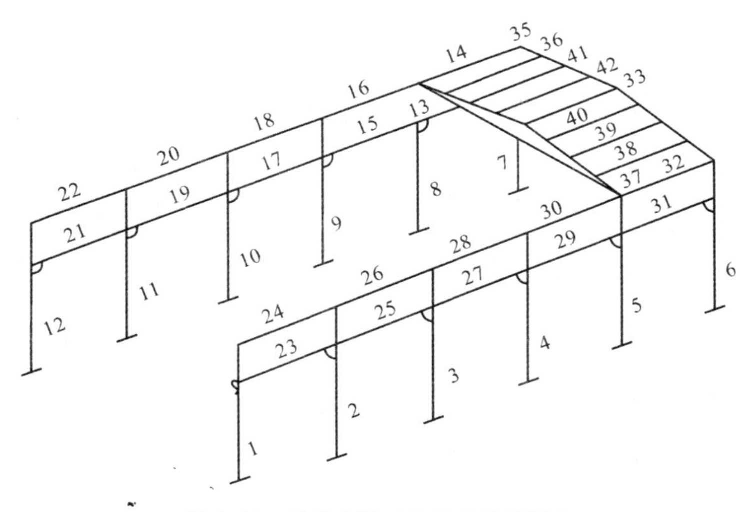

图 8.28　分件安装时的构件吊装顺序

图中数字表示构件吊装顺序，其中 1～12—柱；13～32—单数是吊车梁，双数是连系梁；33、34—屋架；35～42—屋面板

(2)综合安装法。综合安装法是指起重机在车间内的一次开行中，分节间安装完所有的各种类型的构件。

2.起重机的开行路线及停机位置

吊装屋架、屋面板等屋面构件时，起重机宜跨中开行；吊装柱子时，则视跨度大小、构件尺寸、质量及起重机性能，可沿跨中开行或跨边开行，如图 8.29 所示。

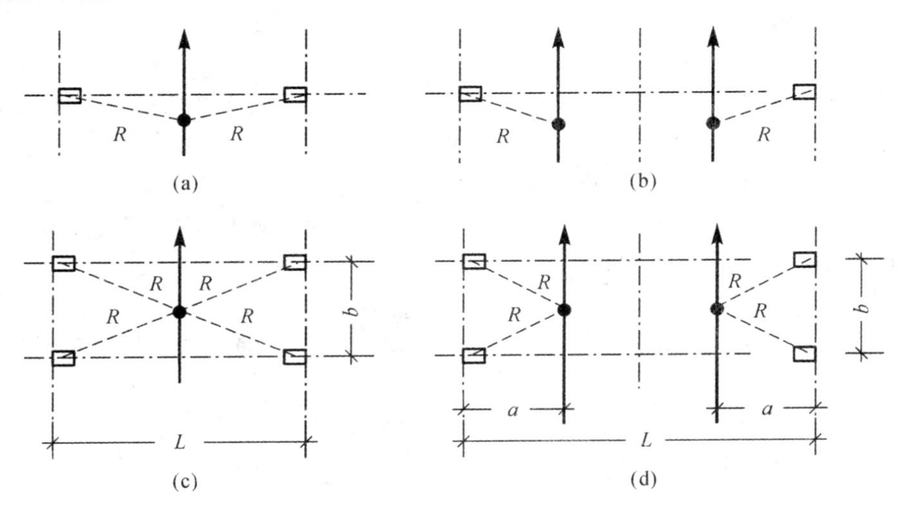

图 8.29　起重机吊装柱时的开行路线及停机位置

当 $R \geqslant L/2$ 时，起重机可沿跨中开行，每个停机位置可吊装两根柱，如图 8.29(a)所示。

当 $R \geqslant \sqrt{(\frac{L}{2})^2 + (\frac{b}{2})^2}$ 时，则可吊装四根柱，如图 8.29(b)所示。

当 $R < L/2$ 时，起重机需沿跨边开行，每个停机位置吊装 1～2 根柱，如图 8.29(c)、(d)所示。

图 8.30 是一个单跨车间采用分件安装法时起重机的开行路线及停机位置图。

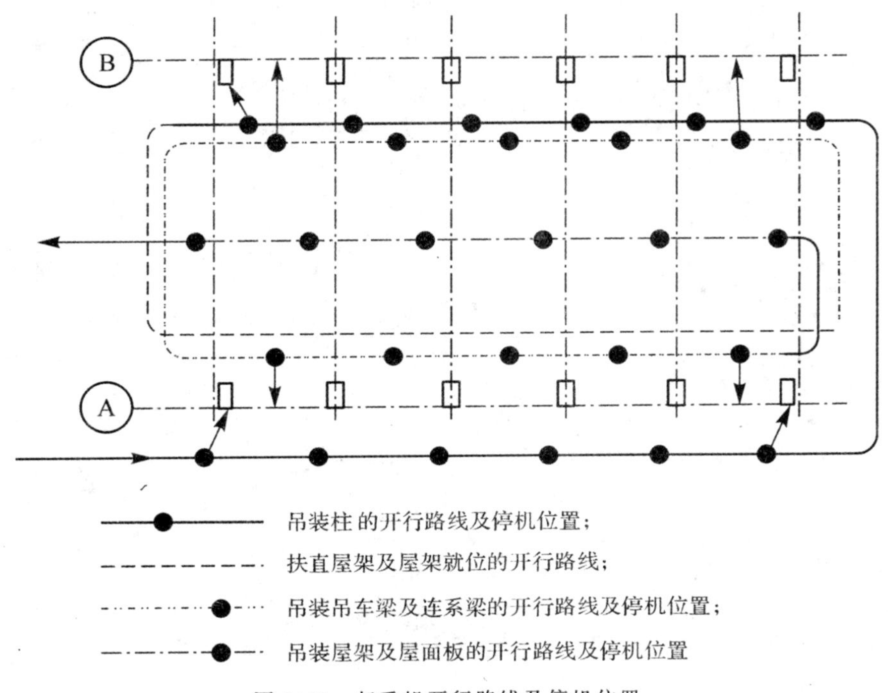

图 8.30　起重机开行路线及停机位置

（三）构件的平面布置与运输堆放

1. 构件的平面布置原则

（1）每跨构件尽可能布置在本跨内，如确有困难也可布置在跨外而便于吊装的地方。

（2）构件布置方式应满足吊装工艺要求，尽可能布置在起重机的起重半径内，尽量减少起重机在吊装时的跑车、回转及起重臂的起伏次数。

（3）按“重近轻远”的原则，首先考虑重型构件的布置。

（4）构件的布置应便于支模、扎筋及混凝土的浇筑，若为预应力构件，要考虑有足够的抽管、穿筋和张拉的操作场地等。

（5）所有构件均应布置在坚实的地基上，以免构件变形。

（6）构件的布置应考虑起重机的开行与回转，保证路线畅通，起重机回转时不与构件相碰。

（7）构件的平面布置分预制阶段构件的平面布置和安装阶段构件的平面布置。布置时两种情况要综合考虑，做到相互协调，有利于吊装。

2. 预制阶段构件的平面布置

（1）柱子的布置：柱的预制布置有斜向布置和纵向布置。

①柱子斜向布置。柱子采用旋转法起吊，可按三点共弧斜向布置，如图 8.31 所示。

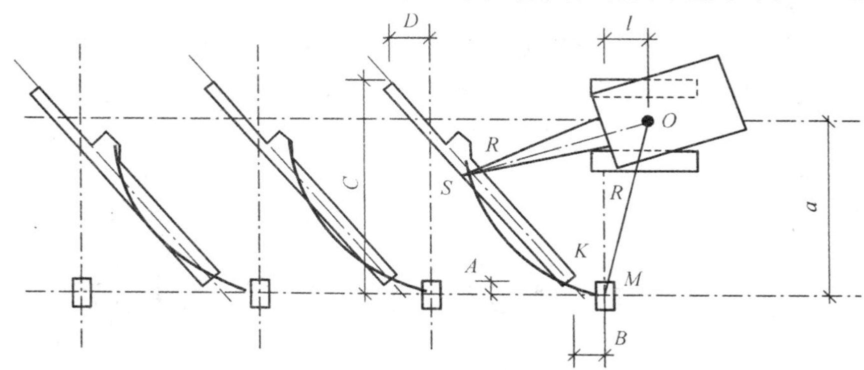

图 8.31　柱子斜向布置方法之一

两点共弧的方法有两种：一种是杯口中心与柱脚中心两点共弧，吊点放在起重半径 R 之外，如图 8.32 所示。吊装时，先用较大的起重半径 R' 吊起柱子，并升起重臂，当起重半径变

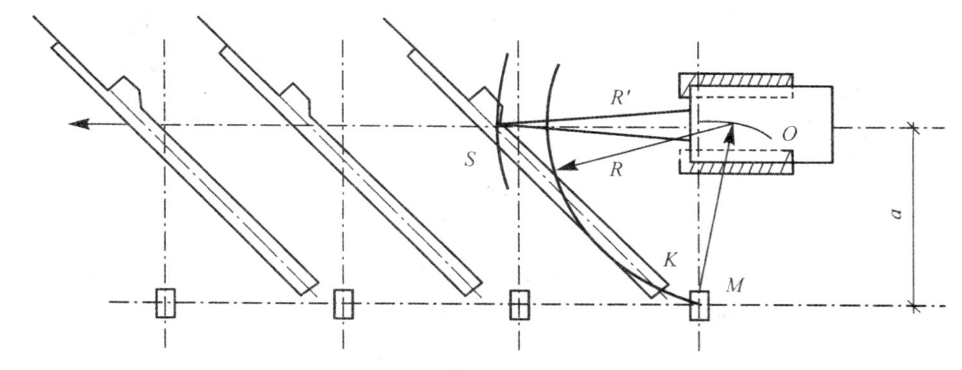

图 8.32　柱子斜向布置方法之二

（柱脚与柱基两点共弧）

成 R 后,停止升臂,随之用旋转法安装柱子。另一种方法是吊点与杯口中心两点共弧,柱脚放在起重半径 R 之外,安装时可采用滑行法,如图 8.33 所示。

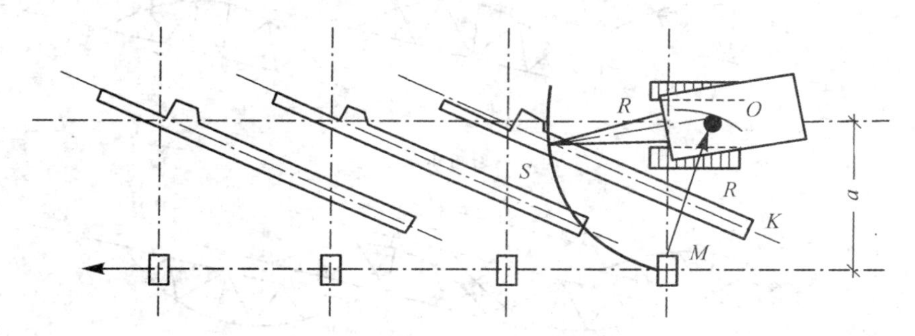

图 8.33　柱子斜向布置方法之三
(吊点与柱基两点共弧)

②柱子纵向布置。对于一些较轻的柱子,起重机能力有富余,考虑要节约场地,方便构件制作,可顺柱列纵向布置,如图 8.34 所示。柱子纵向布置,绑扎点与杯口中心两点共弧。

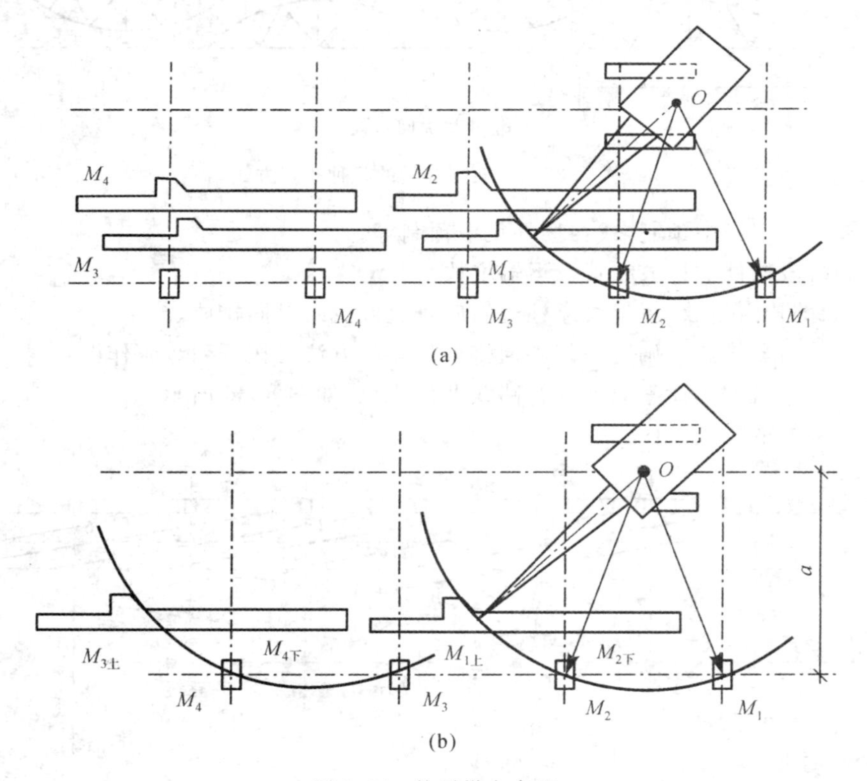

图 8.34　柱子纵向布置

若柱子长度大于 12m,柱子纵向布置宜排成两行,如图 8.34(a)所示。

若柱子长度小于 12m,则可叠浇排成一行,如图 8.34(b)所示。

(2)屋架的布置:屋架宜安排在厂房跨内平卧叠浇预制,每叠 3～4 榀,布置方式有三种:斜向布置、正反斜向布置和正反纵向布置,如图 8.35 所示。

(3)吊车梁的布置:当吊车梁安排在现场预制时,可靠近柱基顺纵轴线或略做倾斜布置,

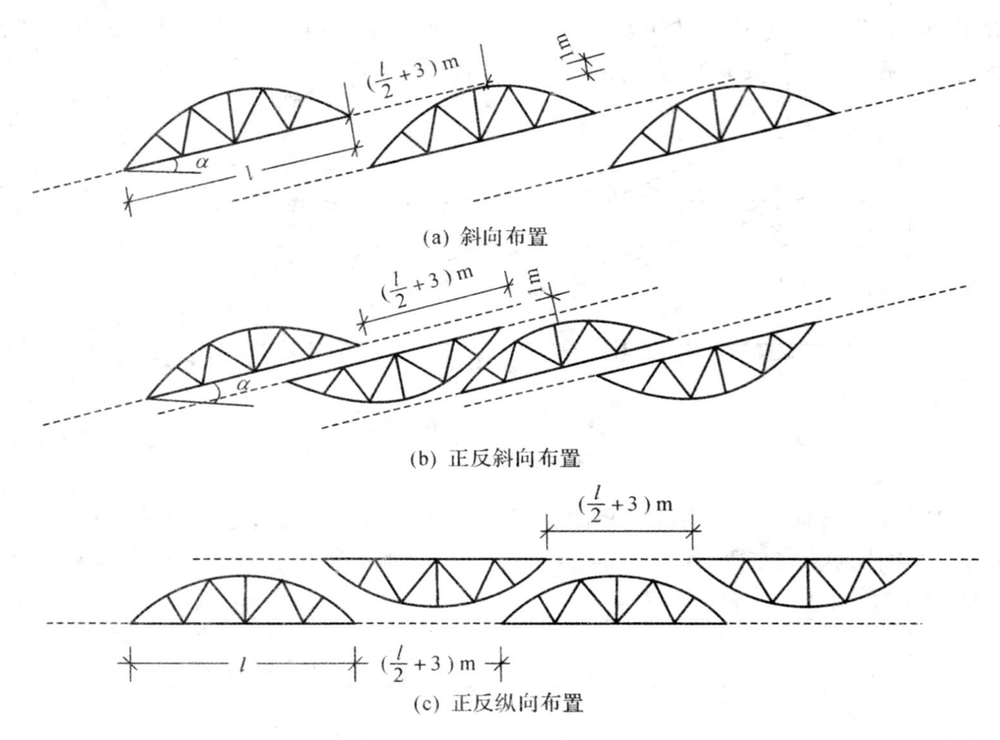

图 8.35　屋架预制时的几种布置方式

也可插在柱子的空当中预制，或在场外集中预制等。

3. 安装阶段构件的排放布置及运输堆放

(1)屋架的扶直排放：屋架可靠柱边斜向排放或成组纵向排放。

①屋架的斜向排放。确定屋架斜向排放位置的方法可按下列步骤作图：

ⓐ确定起重机安装屋架时的开行路线及停机点，如图 8.36 所示。

ⓑ确定屋架的排放范围。

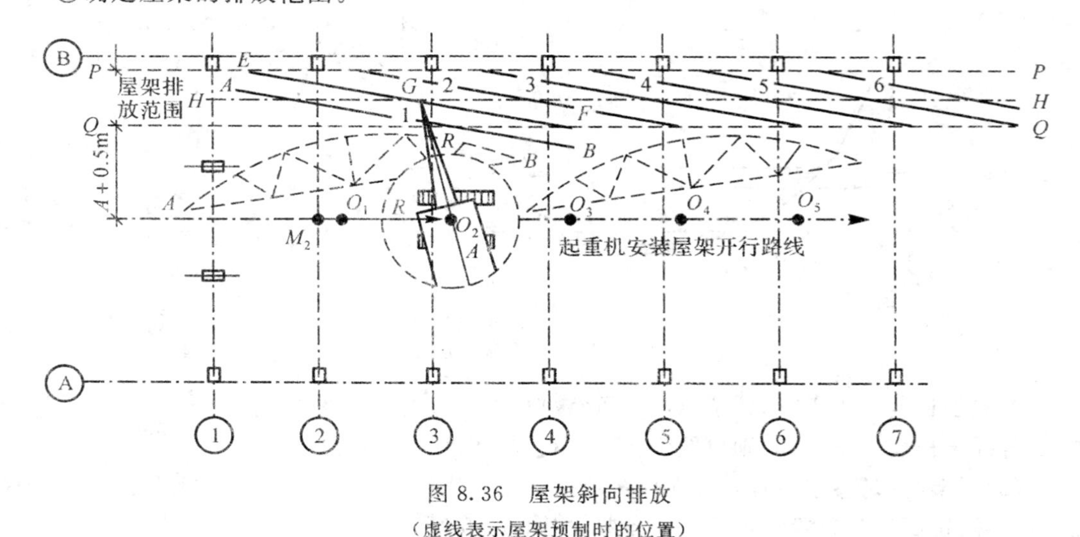

图 8.36　屋架斜向排放

（虚线表示屋架预制时的位置）

ⓒ确定屋架的排放位置。

②屋架的成组纵向排放。屋架纵向排放时，一般以4～5榀为一组靠柱边顺轴线纵向排放。如图8.37所示。

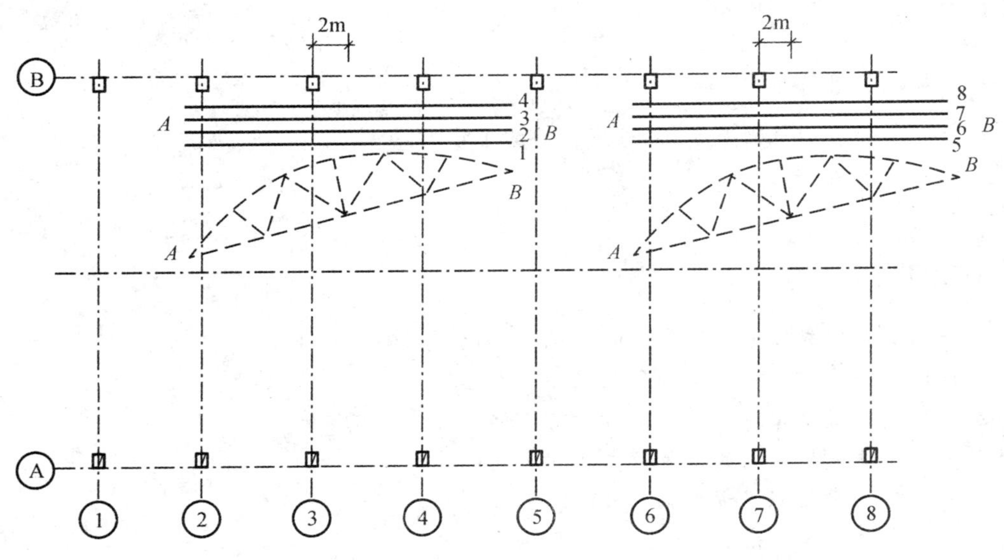

图8.37　屋架的成组纵向排放

（虚线表示屋架预制时的位置）

(2)吊车梁、连系梁及屋面板的运输、堆放与排放：单层工业厂房除了柱和屋架一般在施工现场制作外，其他构件(如吊车梁、连系梁、屋面板等)均可在预制厂或附近的露天预制场制作，然后运至施工现场进行安装。

构件运输至现场后，应根据施工组织设计所规定的位置，按编号及构件安装顺序进行排放或集中堆放。

吊车梁、连系梁的排放位置，一般在其吊装位置的柱列附近，跨内跨外均可。屋面板可布置在跨内或跨外。

情境2　多层装配式框架结构安装

**能力目标**

通过本情境的学习，能够应用所学知识，按照设计图纸、规范和施工工艺，组织多层装配式框架结构工程安装施工。

**学习内容**

起重机械的选择；起重机的平面布置及构件吊装方法；构件吊装工艺；预制构件的平面布置；多层装配式框架结构工程施工质量要求和安全技术。

任务引领

教师布置任务，帮助学生理解任务要求，辅导学生完成任务需要掌握的知识。

任务　某中学新建四层教学楼工程，长 60m、宽 14m，内廊式，双排教室。采用装配式框架结构。

1. 试选择起重机械。
2. 进行起重机的平面布置，并确定构件的吊装方法。
3. 简述各类构件吊装工艺。
4. 施工质量如何控制？安全技术如何实现？

问题导入

以下问题是完成任务必须掌握的知识，教师引导，学生完成。

1. 试比较全装配式框架结构和装配整体式框架结构。
2. 装配整体式框架结构的施工方案有哪些？
3. 装配整体式框架结构安装施工机械如何选择？
4. 起重机的平面布置方案如何确定？
5. 简述结构吊装方法。
6. 简述柱的吊装工艺及注意事项。
7. 说明柱的接长方式及构造要点。
8. 梁与柱的接头形式有几种？画图说明。
9. 简述预制构件的平面布置方式。

自主学习

学生以小组形式工作(4～6 人一组)。通过查资料、规范、学材以及网上资源解答以上问题；初步形成完成以上任务的思路和工作计划，组内学生讨论、向教师或辅导教师咨询，修改、完善计划，形成实施计划；实施计划，完成任务。

学生发言

各小组选派一名代表，回答问题，讲解本小组完成任务的过程及结果，小组其他成员补充。

学生互评

小组之间按照统一标准，对各小组回答问题、完成任务的过程及结果进行互评。

学生完成学习情境 2 成绩评定表

学生姓名＿＿＿＿　教师＿＿＿＿　班级＿＿＿＿　学号＿＿＿＿＿

序号	考评项目	分值	考核内容	教师评价（权重 50%）	组长评价（权重 25%）	学生评价（权重 25%）
1	学习态度	15	出勤率、听课态度、实操表现等			
2	学习能力	25	上课回答问题、完成工作质量			
3	计算、操作能力	25	计算、实操记录、作品成果质量			
4	团结协作能力	15	自己在所在小组的表现，小组完成工作质量、速度			
合计		80				
综合得分						

知识拓展

教师提供 1～2 个多层装配式框架结构工程的实例，供学生选择，加强实操练习。在规定期限内，学生按照设计要求，编写出安装施工方案。此项内容占情境 2 学习成绩的 20%。

学　材

多层装配式框架结构可分为全装配式框架结构和装配整体式框架结构。

全装配式框架结构是指柱、梁、板等均由装配式构件组成的结构，按其主要传力方向的特点可分为横向承重框架结构和纵向承重框架结构两种。

装配整体式框架结构又称半装配框架体系，其主要特点是柱子现浇，梁、板等预制。

装配整体式框架的施工有以下三种方案：

(1)先现浇每层柱，拆模后再安装预制梁、板，逐层施工。

(2)先支柱模和安装预制梁，浇筑柱子混凝土及梁柱节点处的混凝土，然后安装预制楼板。

(3)先支柱模，安装预制梁和预制板后浇筑柱子混凝土及梁柱节点和梁板节点的混凝土。

一、起重机械的选择

装配式框架结构吊装时，起重机械的选择要根据建筑物的结构形式、建筑物的高度（构件最大安装高度）、构件质量及吊装工程量等条件决定。

多层装配式框架结构吊装机械常采用塔式起重机、履带式起重机、汽车式起重机、轮胎式起重机等。

五层以下的房屋结构可采用 W1—100 型履带式起重机或 Q2—32 型汽车式起重机吊装，通常跨内开行。

一些重型厂房（如电厂）宜采用 15～40t 的塔式起重机吊装，高层装配式框架结构宜采用附着式、爬升式塔吊吊装。

塔式起重机的型号主要根据建筑物的高度及平面尺寸、构件的质量以及现有设备条件来确定。

塔式起重机的工作参数为起重量 Q(t)、起重半径 R(m)和起重高度 H(m)。

目前,10 层以下的民用建筑结构安装通常采用 QT1—6 型轨道式塔式起重机。

二、起重机的平面布置及构件吊装方法

起重机的平面布置方案主要根据房屋形状及平面尺寸、现场环境条件、选用的塔式起重机性能及构件质量等因素来确定。

一般情况下,起重机布置在建筑物外侧,有单侧布置及双侧(或环形)布置两种方案,如图 8.38 所示。

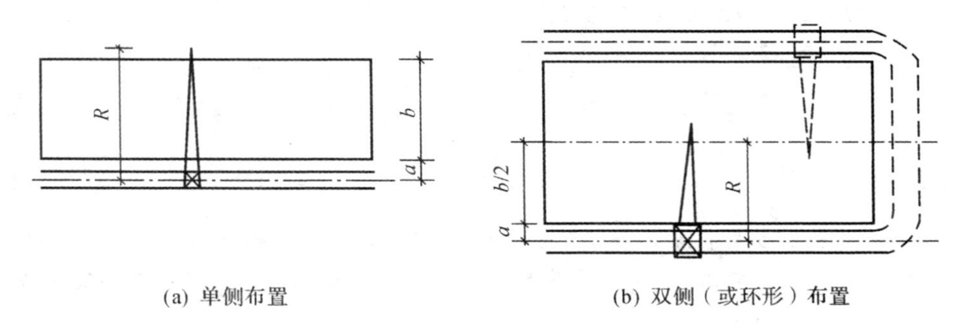

(a) 单侧布置　　(b) 双侧(或环形)布置

图 8.38　塔式起重机在建筑物外侧布置

(一)单侧布置

房屋宽度较小,构件也较轻时,塔式起重机可单侧布置。此时,起重半径应满足:

$$R \geqslant b+a \tag{8.9}$$

式中:R 为塔式起重机起吊最远构件时的起重半径,m;b 为房屋宽度,m;a 为房屋外侧至塔式起重机轨道中心线的距离,一般约为 3m。

(二)双侧布置(或环形布置)

房屋宽度较大或构件较重时,单侧布置起重力矩不能满足最远的构件的吊装要求,起重机可双侧布置。双侧布置时起重半径应满足:

$$R \geqslant \frac{b}{2}+a \tag{8.10}$$

其布置方式有跨内单行布置及跨内环形布置两种,如图 8.39 所示。

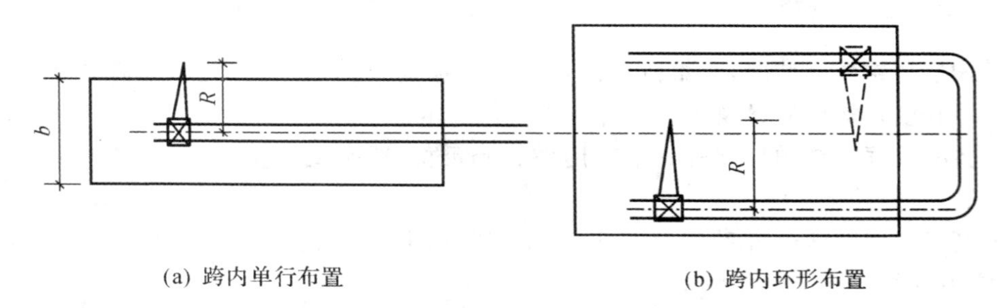

(a) 跨内单行布置　　(b) 跨内环形布置

图 8.39　塔式起重机在跨内布置

（三）结构吊装方法

分件吊装法是起重机每开行一次吊装一种构件，如先吊装柱，再吊装梁，最后吊装板。分件吊装法又分为分层分段流水作业及分层大流水作业两种。图 8.40 为采用 QT1—6 型塔式起重机吊装的示例。

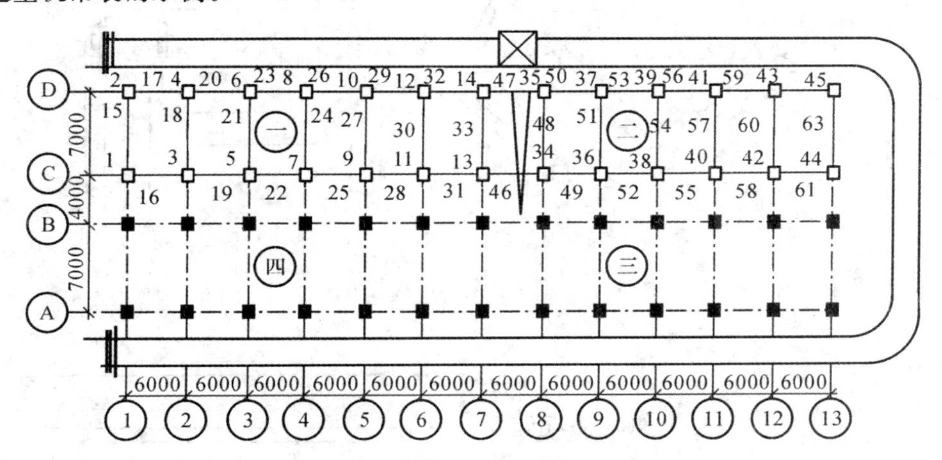

图 8.40　分层分段流水吊装示意

采用综合吊装法吊装构件时，一般以一个节间或几个节间为一个施工段，以房屋的全高为一个施工层来组织各工序的施工，起重机把一个施工段的所有构件按设计要求安装至房屋的全高后，再转入下一施工段施工。

三、构件吊装工艺

多层装配式框架结构的结构形式有梁板式结构和无梁楼盖结构两类。

梁板式结构由柱、主梁、次梁、楼板组成。主梁（框架梁）沿房屋横向布置，与柱形成框架；次梁（纵梁）沿房屋纵向布置，在施工时起纵向稳定作用。

多层装配式框架结构柱一般为方形或矩形截面。

（一）柱的吊装

1. 绑扎

普通单根柱（长 10m 以内）采用一点绑扎直吊法。

十字形柱绑扎时，要使柱起吊后保持垂直，如图 8.41(a)所示。

T 形柱的绑扎方法与十字形柱基本相同。H 型构件绑扎方法如图 8.41(b)所示。

H 型构件也可用铁扁担和钢销进行绑扎起吊，如图 8.41(c)所示。

2. 起吊

柱的起吊方法与单层工业厂房柱吊装相同，一般采用旋转法。

外伸钢筋的保护方法有用钢管保护柱脚外伸钢筋（图 8.42(a)）、用垫木保护外伸钢筋（图 8.42(b)）、用滑轮组保护外伸钢筋等。

3. 柱的临时固定及校正

上节柱吊装在下节柱的柱头上时，视柱的质量不同，采用不同的临时固定和校正方法。

框架结构的内柱，四面均用方木临时固定和校正，如图 8.43(a)所示。

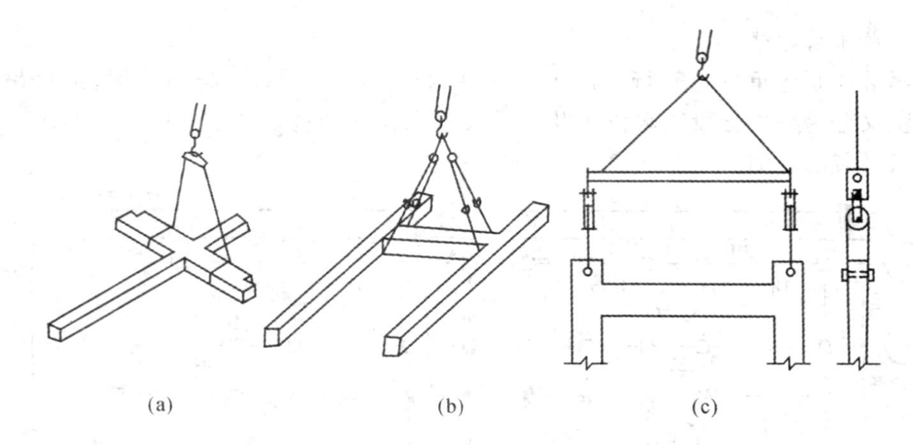

图 8.41　框架柱起吊时绑扎方法

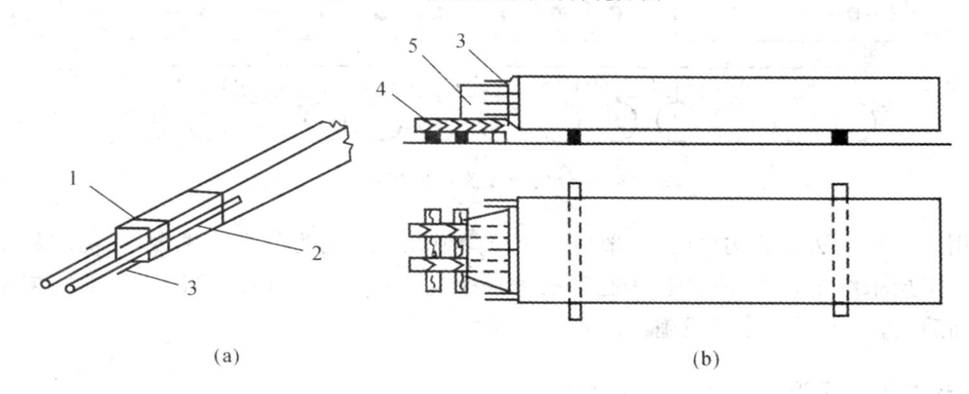

图 8.42　柱脚外伸钢筋保护方法

1—短吊索；2—钢管；3—外伸钢筋；4—垫木；5—柱子榫头

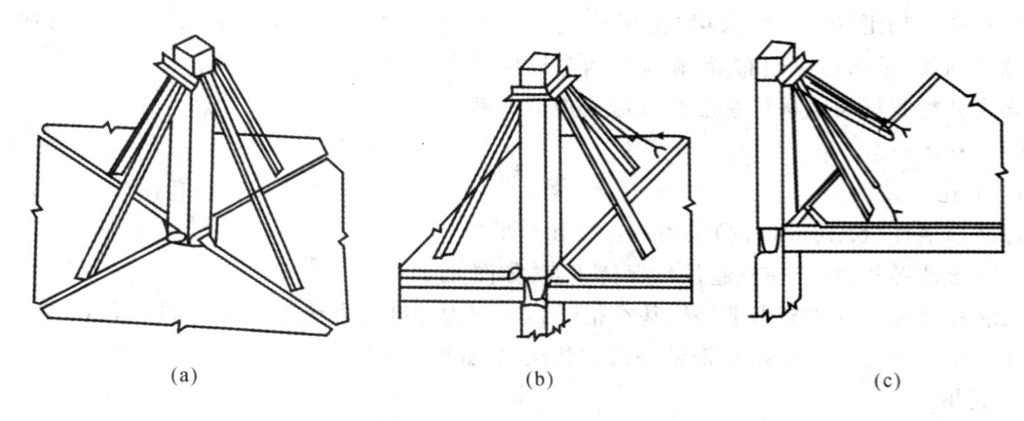

图 8.43　柱临时固定及校正

框架边柱两面用方木，另一面用方木加钢管支撑做临时固定和校正，如图 8.43(b)所示。

框架的角柱两面均用方木加钢管支撑临时固定和校正，如图 8.43(c)所示。

4. 柱接头施工

柱接头的形式如图 8.44 所示，有榫式接头、插入式接头和浆锚式接头三种。

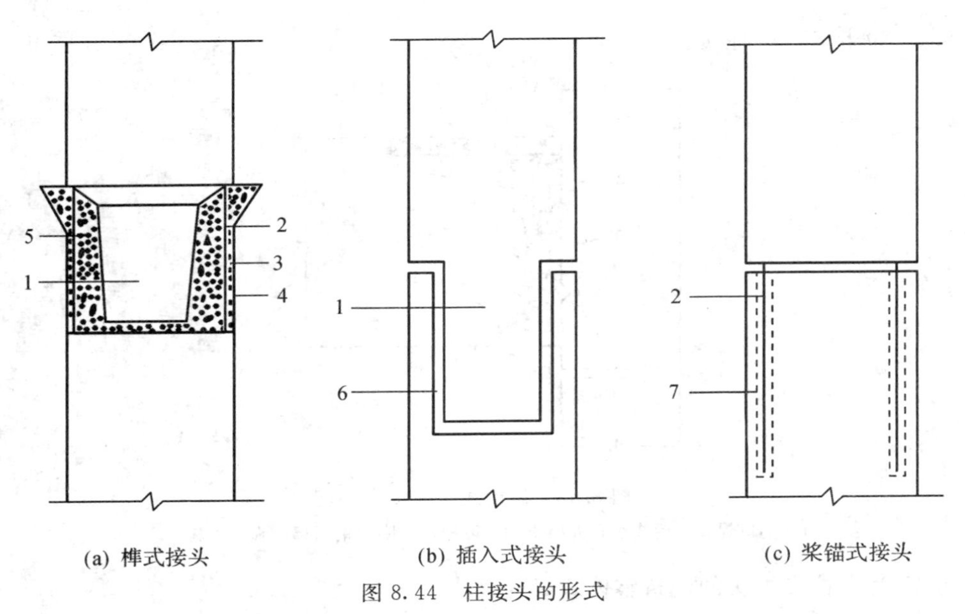

(a) 榫式接头　　(b) 插入式接头　　(c) 浆锚式接头

图 8.44　柱接头的形式

1—榫头；2—上柱外伸钢筋；3—剖口焊；4—下柱外伸钢筋；5—后浇接头混凝土；6—下柱杯口；7—下柱预留孔

(1)榫式接头：上柱和下柱外露的受力钢筋用剖口焊焊接，配置一定数量的箍筋，最后浇灌接头混凝土以形成整体。

(2)插入式接头：插入式接头是将上柱做成榫头，下柱顶部做成杯口，上柱插入杯口后用水泥砂浆灌筑填实。

(3)浆锚式接头：浆锚式接头是将上柱伸出的钢筋插入下柱的预留孔中，然后用浇筑柱子混凝土所用水泥配制 1∶1 水泥砂浆，或用 52.5MPa 水泥配制不低于 M30 的水泥砂浆灌缝锚固上柱钢筋形成整体。

(二)梁与柱的接头

梁柱接头的做法很多，常用的有明牛腿式刚性接头、齿槽式梁柱接头、浇筑整体式梁柱接头、钢筋混凝土暗牛腿梁柱接头和型钢暗牛腿梁柱接头等。

图 8.45 为明牛腿式刚性接头。

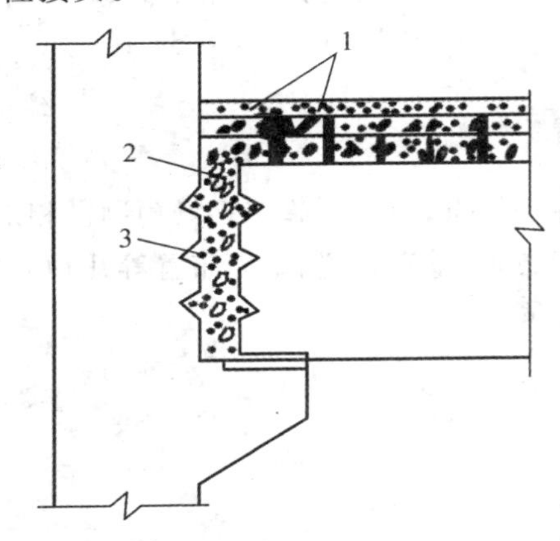

图 8.45　明牛腿式刚性接头

1—剖口焊；2—后浇细石混凝土；3—齿槽

图 8.46 为齿槽式梁柱接头。

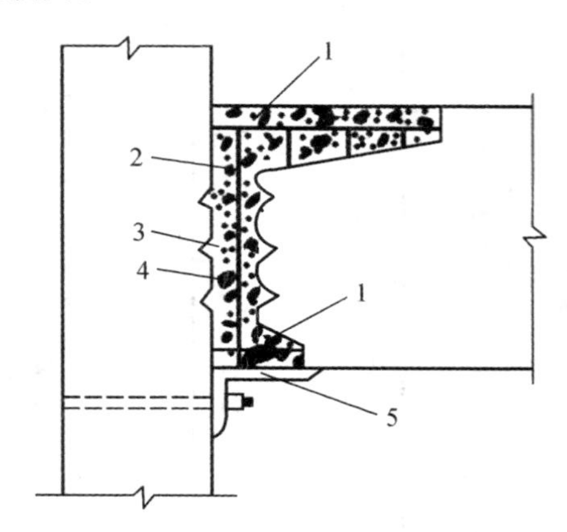

图 8.46　齿槽式梁柱接头

1—剖口焊；2—后浇细石混凝土；3—齿槽；4—附加钢筋；5—临时牛腿

图 8.47 为上柱带榫头的浇筑整体式梁柱接头。

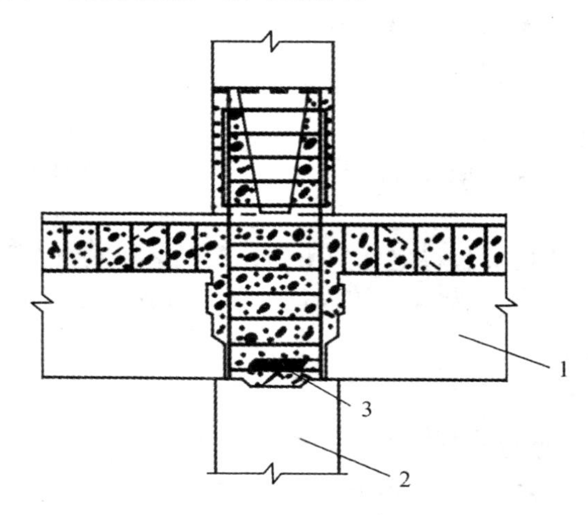

图 8.47　浇筑整体式梁柱接头

1—梁；2—柱；3—钢筋焊接

四、预制构件的平面布置

多层装配式框架结构的柱子较重，一般在施工现场预制。相对于塔式起重机的轨道，柱子预制阶段的平面布置有平行布置、垂直布置、斜向布置等几种方式。其布置原则与单层工业厂房构件的布置原则基本相同。

情境3　结构安装工程施工质量验收与安全技术

能力目标

通过本情境的学习，能够应用所学知识，按照设计图纸、规范和施工验收规范，对结构安装工程进行验收；能编制结构安装工程安全施工方案。

学习内容

结构安装工程质量验收规范；结构安装工程安全技术措施。

任务引领

教师布置任务，帮助学生理解任务要求，辅导学生完成任务需要掌握的知识。

任务一　编制某单层工业厂房施工的质量验收方案。

任务二　编制某单层工业厂房施工的安全专项方案。

问题导入

以下问题是完成任务必须掌握的知识，教师引导，学生完成。

1. 预制构件检验批质量验收规范有何规定？
2. 装配式结构施工检验批质量验收规范有何规定？
3. 在结构安装的施工中，人的不安全行为如何控制？
4. 在结构安装的施工中，物的不安全状态如何控制？
5. 在结构安装的施工中，环境的不安全因素如何控制？
6. 结构安装施工中安全隐患有哪些？

自主学习

学生以小组形式工作(4～6人一组)。通过查资料、规范、学材以及网上资源解答以上问题；初步形成完成以上两项任务的思路和工作计划，组内学生讨论、向教师或辅导教师咨询，修改、完善计划，形成实施计划；实施计划，完成任务。

学生发言

各小组选派一名代表，回答问题，讲解本小组完成任务的过程及结果，小组其他成员补充。

学生互评

小组之间按照统一标准，对各小组回答问题、完成任务的过程及结果进行互评。

学生完成学习情境3成绩评定表

学生姓名________ 教师________ 班级________ 学号__________

<table>
<tr><th>序号</th><th>考评项目</th><th>分值</th><th>考核内容</th><th>教师评价
(权重50%)</th><th>组长评价
(权重25%)</th><th>学生评价
(权重25%)</th></tr>
<tr><td>1</td><td>学习态度</td><td>15</td><td>出勤率、听课态度、实操表现等</td><td></td><td></td><td></td></tr>
<tr><td>2</td><td>学习能力</td><td>25</td><td>上课回答问题、完成工作质量</td><td></td><td></td><td></td></tr>
<tr><td>3</td><td>计算、操作能力</td><td>25</td><td>计算、实操记录、作品成果质量</td><td></td><td></td><td></td></tr>
<tr><td>4</td><td>团结协作能力</td><td>15</td><td>自己在所在小组的表现,小组完成工作质量、速度</td><td></td><td></td><td></td></tr>
<tr><td>合计</td><td></td><td>80</td><td></td><td></td><td></td><td></td></tr>
<tr><td colspan="4">综合得分</td><td colspan="3"></td></tr>
</table>

知识拓展

教师提供1～2个安装工程施工的工程实例,供学生选择,加强实操练习。在规定期限内,学生按照设计要求,编写出安装工程施工方案和安全专项方案。此项内容占情境3学习成绩的20%。

学　材

一、结构安装工程的质量要求

预制构件检验批质量验收记录如表8.1所示。

表8.1　预制构件检验批质量验收记录表

<table>
<tr><th colspan="5">施工质量验收规范的规定</th><th>施工单位检查评定记录</th><th>监理(建设)单位验收记录</th></tr>
<tr><td rowspan="3">主控项目</td><td>1</td><td colspan="2">构件标志和预埋件等</td><td>第9.2.1条</td><td></td><td></td></tr>
<tr><td>2</td><td colspan="2">外观质量严重缺陷处理</td><td>第9.2.2条</td><td></td><td></td></tr>
<tr><td>3</td><td colspan="2">过大尺寸偏差处理</td><td>第9.2.3条</td><td></td><td></td></tr>
<tr><td rowspan="6">一般项目</td><td>1</td><td colspan="2">外观质量一般缺陷处理</td><td>第9.2.4条</td><td></td><td></td></tr>
<tr><td rowspan="4">2</td><td rowspan="4">长度(mm)</td><td>板、梁</td><td>+10,−5</td><td></td><td></td></tr>
<tr><td>柱</td><td>+5,−10</td><td></td><td></td></tr>
<tr><td>墙板</td><td>±5</td><td></td><td></td></tr>
<tr><td>薄腹梁、桁架</td><td>+15,−10</td><td></td><td></td></tr>
<tr><td>3</td><td>宽度、高(厚)度(mm)</td><td>板、梁、柱、墙板、薄腹梁、桁架</td><td>±5</td><td></td><td></td></tr>
</table>

续表

施工质量验收规范的规定					施工单位检查评定记录	监理(建设)单位验收记录
一般项目	4	侧向弯曲(mm)	梁、柱、板	$L/750$ 且≤20		
			墙板、薄腹梁、桁架	$L/1000$ 且≤20		
	5	预埋件(mm)	中心线位置	10		
			螺栓位置	5		
			螺栓外露长度	+10,−5		
	6	预留孔(mm)	中心线位置	5		
	7	预留洞(mm)	中心线位置	15		
	8	主筋保护层厚度(mm)	板	+5,−3		
			梁、柱、墙板、薄腹梁、桁架	+10,−5		
	9	对角线差(mm)	板、墙板	10		
	10	表面平整度(mm)	板、墙板、柱、梁	5		
	11	预应力构件预留孔道位置(mm)	梁、墙板、薄腹梁、桁架	3		
	12	翘曲(mm)	板	$L/750$		
			墙板	$L/1000$		

装配式结构施工检验批质量验收记录如表 8.2 所示。

表 8.2　装配式结构施工检验批质量验收记录表

单位(子单位)工程名称				
分部(子分部)工程名称			验收部位	
施工单位			项目经理	
施工执行标准名称及编号				
施工质量验收规范的规定			施工单位检查评定记录	监理(建设)单位验收记录
主控项目	1	预制构件进场检查	第 9.4.1 条		
	2	预制构件的连接	第 9.4.2 条		
	3	接头和拼缝的混凝土强度	第 9.4.3 条		

续表

<table>
<tr><td rowspan="5">主控项目</td><td>4</td><td>预制构件支承位置和方法</td><td>第 9.4.4 条</td><td></td><td></td></tr>
<tr><td>5</td><td>安装控制标志</td><td>第 9.4.5 条</td><td></td><td></td></tr>
<tr><td>6</td><td>预制构件吊装</td><td>第 9.4.6 条</td><td></td><td></td></tr>
<tr><td>7</td><td>临时固定措施和位置校正</td><td>第 9.4.7 条</td><td></td><td></td></tr>
<tr><td>8</td><td>接头和拼缝的质量要求</td><td>第 9.4.8 条</td><td></td><td></td></tr>
<tr><td colspan="2" rowspan="2">施工单位检查
评定结果</td><td>专业工长
(施工员)</td><td></td><td>施工班
组长</td><td></td></tr>
<tr><td colspan="4">项目专业质量检查员：　年　月　日</td></tr>
<tr><td colspan="2">监理(建设)
单位验收结论</td><td colspan="4">专业监理工程师：
(建设单位项目专业技术负责人)：　年　月　日</td></tr>
</table>

二、结构安装工程的安全措施

安全隐患是指可导致事故发生的“人的不安全行为，物的不安全状态，作业环境的不安全因素和管理缺陷”等。

根据“人—机—环境”系统工程学的观点分析，造成事故隐患的原因分为三类：“人”的隐患、“机”的隐患、“环境”的隐患。

在结构安装的施工中，控制“人的不安全行为，物的不安全状态，作业环境的不安全因素和管理缺陷”是保证安全的重要措施。

(一)人的不安全行为的控制

人的不安全行为是人的生理和心理特点的反映，主要表现在身体缺陷、错误行为和违纪违章三方面。

(1)有身体缺陷的人不能进行结构安装的作业。

(2)严禁粗心大意、不懂装懂、侥幸心理、错视、错听、误判断、误操作等错误行为。

(3)严禁喝酒、吸烟，不正确使用安全带、安全帽及其他防护用品等违章违纪行为。

(4)加强安全教育、安全培训、安全检查、安全监督。

(5)起重吊装的指挥人员必须持证上岗，作业时应与操作人员密切配合，执行规定的指挥信号。

(二)起重吊装机械的控制

(1)各类起重机应装有音响清晰的喇叭、电铃或汽笛等信号装置。

(2)起重机的变幅指示器、力矩限制器、起重量限制器以及各种行程限位开关等安全保护装置，应完好齐全、灵敏可靠，不得随意调整或拆除。

(3)操作人员应按规定的起重性能作业，不得超载。

(4)严禁使用起重机进行斜拉、斜吊和起吊地下埋设或凝固在地面上的重物以及其他不明重量的物体。

(5)重物起升和下降的速度应平稳、均匀，不得突然制动。

(6)严禁起吊重物长时间悬挂在空中，作业中遇突发故障，应采取措施将重物降落到安全地方，并关闭发动机或切断电源后进行检修。

(7)起重机不得靠近架空输电线路作业。

(8)起重机使用的钢丝绳，应有钢丝绳制造厂签发的产品技术性能和质量证明文件。

(9)履带式起重机如需带载行驶时，载荷不得超过允许起重量的70%，行走道路应坚实平整，并应拴好拉绳，缓慢行驶。

(三)作业环境的不安全因素控制

(1)操作人员在作业前必须对工作现场环境、行驶道路、架空电线、建筑物以及构件重量和分布情况进行全面了解。

(2)现场施工负责人应为起重机作业提供足够的工作场地，清除或避开起重臂起落或回转半径内的障碍物。

(3)在露天有六级及以上大风、大雨、大雪或大雾等恶劣天气禁止施工。

项目九 防水工程施工

Ⅰ 背景知识

基本概念

建筑工程防水按其部位可分为屋面防水、地下防水、卫生间防水等。按其构造做法又分为结构构件的刚性自防水和用各种防水卷材、防水涂料作为防水层的柔性防水。

1. 屋面防水工程

屋面防水工程是房屋建筑的一项重要工程。防水屋面的常用种类有卷材防水屋面、涂膜防水屋面和刚性防水屋面等。

(1)卷材防水屋面。

卷材防水屋面是用胶结材料粘贴卷材进行防水的屋面。

优点:重量轻、防水性能好,其防水层的柔韧性好,能适应一定程度的结构振动和膨胀变形。

所用材料:有传统的沥青防水卷材、高聚沥青防水卷材和合成高分子防水卷材三大系列。

(2)涂膜防水屋面。

涂膜防水屋面是在屋面基层上涂刷防水涂料,经固化后形成一层有一定厚度和弹性的整体涂膜从而达到防水目的的一种防水屋面形式。

优点:施工操作简便,无污染,冷操作,无接缝,能适应复杂基层,防水性能好,温度适应性强,容易修补等。

用途:适用于防水等级为Ⅲ级、Ⅳ级的屋面防水;也可作Ⅰ级、Ⅱ级屋面多道防水设防中的一道防水层。

(3)刚性防水屋面。

刚性防水屋面是指利用刚性防水材料做防水层的屋面。

分类:主要有普通细石混凝土防水屋面、补偿收缩混凝土防水屋面、块体刚性防水屋面、预应力混凝土防水屋面等。

优点:与卷材及涂膜防水屋面相比,刚性防水屋面所用材料易得,价格便宜,耐久性好,维修方便。

缺点:刚性防水层材料的表观密度大,抗拉强度低,极限拉应力变小,易因混凝土或砂浆的干湿变形、温度变形和结构变位而产生裂缝。

用途:主要适用于防水等级为Ⅲ级的屋面防水,也可用作Ⅰ、Ⅱ级屋面多道防水设防中的一道防水层,不适用于设有松散材料保温层的屋面以及受较大震动或冲击和坡度大于15%的建筑屋面。

(4)其他屋面。

①架空隔热屋面。它是在屋面上增设架空层,利用空气流通进行隔热。

②瓦屋面防水。它是我国传统的屋面防水技术。它的种类较多,有平瓦屋面、青瓦屋面、筒瓦屋面、石板瓦屋面、石棉水泥瓦屋面、玻璃钢波形瓦屋面、油毡瓦屋面、薄钢板屋面、金属压型夹心板屋面等。下面介绍的是目前使用较多并有代表性的几种瓦屋面。

平瓦屋面。采用黏土、水泥等材料制成的平瓦铺设在钢筋混凝土或木基层上进行防水。它适用于防水等级为Ⅱ、Ⅲ级以及坡度不小于20%的屋面。

石棉水泥波瓦、玻璃钢波形瓦屋面。适用于防水等级为Ⅳ级的屋面防水。

油毡瓦屋面。它是一种新型屋面防水材料,是以玻璃纤维毡为胎基,经浸涂石油沥青后,一面覆盖彩砂矿物粒料,另一面撒以隔离材料,并经切割所制成的瓦片屋面防水材料。它适用于防水等级为Ⅱ、Ⅲ级以及坡度不小于20%的屋面。

金属压型夹心板屋面。它是金属板材屋面中使用较多的一种,它是由两层彩色涂层钢板、中间加硬质自熄性聚氨酯泡沫组成,通过辊轧、发泡、粘结一次成型。它适用于防水等级为Ⅱ、Ⅲ级的屋面单层防水,尤其是工业与民用建筑轻型屋盖的保温防水屋面。

③蓄水屋面。它是屋面上蓄水后利用水的蓄热和蒸发,大量消耗投射在屋面上的太阳辐射热,有效减少通过屋盖的传播量,从而达到保温隔热和延缓防水层老化的目的。

④种植屋面。它是屋面防水层上覆盖或盖有锯木屑、膨胀蛭石等多孔松散材料,种植草皮、花卉、蔬菜、水果或设架种植攀缘植物等作物。

⑤倒置式屋面。它是把原屋面"防水层在上,保温层在下"的构造设置倒置过来,将憎水性或吸水率较低的保温材料放在防水层上,使防水层不易损伤,提高耐久性,并可防止屋面结构内部结露。

2. 地下防水工程

地下防水工程是防止地下水对地下构筑物或建筑物基础的长期浸透,保证地下构筑物或地下室使用功能正常发挥的一项重要工程。

(1)防水方案。地下工程的防水方案,应遵循"防、排、截、堵结合,刚柔相济,因地制宜,综合治理"的原则,根据使用要求、自然环境条件及结构形式等因素确定。地下工程的防水,应采用经过试验、检测和鉴定并经实践检验质量可靠的新材料,行之有效的新技术、新工艺。常用的防水方案有以下三类。

①结构自防水。依靠防水混凝土本身的抗渗性和密实性来进行防水。结构本身既是承重维护结构,又是防水层。因此,它具有施工简便、工期较短、改善劳动条件、节省工程造价等优点,是解决地下防水的有效途径,从而被广泛采用。

②设防水层。在结构物的外侧增加防水层,以达到防水的目的。常用的防水层有水泥砂浆、卷材、沥青胶结料和金属防水层,可根据不同的工程对象、防水要求及施工条件选用。

③渗排水防水。利用盲沟、渗排水层等措施来排除附近的水源以达到防水目的。适用

于形状复杂、受高温影响、地下水为上层滞水且防水要求较高的地下建筑。

(2)结构主体防水。防水混凝土结构是指因本身的密实性而具有一定防水能力的整体式混凝土或钢筋混凝土结构。它兼有承重、围护和抗渗的功能,还可满足一定的耐冻融及耐侵蚀要求。

防水混凝土一般分为普通防水混凝土、外加剂防水混凝土和膨胀水泥防水混凝土三种。

①普通防水混凝土。它是以调整和控制配合比的方法,以达到提高密实度和抗渗性要求的一种混凝土。

②外加剂防水混凝土。它是指用掺入适量外加剂的方法,改善混凝土内部组织结构,以增加密实性、提高抗渗性的混凝土。按所掺外加剂种类的不同分为减水剂防水混凝土、加气剂防水混凝土、三乙醇胺防水混凝土、氯化铁防水混凝土等。

③膨胀水泥防水混凝土。它是指以膨胀水泥为胶结料配制而成的防水混凝土。

(3)水泥砂浆防水层。刚性抹面防水根据防水砂浆材料组成及防水层构造不同可分为掺外加剂的水泥砂浆防水层与刚性多层抹面防水层两种。

①掺外加剂的水泥砂浆防水层。近年来已从掺用一般无机盐类防水层发展至聚合物外加剂改性水泥砂浆,从而提高水泥砂浆防水层的抗拉强度及韧性,有效地增强了防水层的抗渗性,可单独用于防水工程,获得较好的防水效果。

②刚性多层抹面防水层。主要是依靠特定施工工艺要求来提高水泥砂浆的密实性,从而达到防水抗渗的目的,适用于埋深不大,不会因结构沉降、温度和湿度变化及受震动等产生有害裂缝的地下防水工程。适用于结构主体的迎水面或背水面,在混凝土或砌体结构的基层上采用多层抹压施工,但不适用于环境有侵蚀性,持续振动或温度高于 80℃ 的地下工程。

(4)卷材防水层。卷材防水层是用沥青胶结材料粘贴卷材而成的一种防水层,属于柔性防水层。

优点:具有良好的韧性和延伸性,能适应一定的结构振动和微小变形,对酸、碱、盐溶液具有良好的耐腐蚀性,是地下防水工程常用的施工方法,采用改性沥青防水卷材和高分子防水卷材,抗拉强度高,延伸率大,耐久性好,施工方便。

缺点:由于沥青防水卷材吸水率大,耐久性差,机械强度低,直接影响防水层质量,而且材料成本高,施工工序多,操作条件差,工期较长,发生渗漏后修补困难。

外防水的卷材防水层铺贴方法,按其与地下防水结构施工的先后顺序分为外贴法和内贴法两种。

①外贴法。它是在地下建筑墙体做好后,直接将卷材防水层铺贴在墙上,然后砌筑保护墙。

②内贴法。它是在地下建筑墙体施工前先砌筑保护墙,然后将卷材防水层铺贴在保护墙上,最后施工并浇筑地下建筑墙体。

(5)结构细部构造防水。

①变形缝。地下结构物的变形缝是防水工程的薄弱环节,防水处理比较复杂。若处理不当会引起渗漏现象,从而直接影响地下工程的正常使用和寿命。

②后浇带。后浇带(也称后浇缝)是对不允许留设变形缝的防水混凝土结构工程(如大型设备基础等)采用的一种刚性接缝。

3. 卫生间防水工程

卫生间是建筑物中不可忽视的防水工程部位，它施工面积小，穿墙管道多，设备多，阴阳转角复杂，房间长期处于潮湿受水状态等不利条件下。传统的卷材防水做法已不适应卫生间防水施工的特殊性，为此，通过大量的试验和实践证明，以涂膜防水代替各种卷材防水，尤其是选用高弹性的聚氨酯涂膜或选用弹簧性的氯丁胶乳沥青涂料等新材料和新工艺，可以使卫生间地面和墙面形成一个没有接缝、封闭严密的整体防水层，从而提高其防水工程的质量。

①卫生间楼地面聚氨酯涂膜防水材料是双组分化学反应固化型的高弹性防水涂料，多以甲、乙双组分形式使用。主要材料有聚氨酯涂膜防水材料甲组分、聚氨酯涂膜防水材料乙组分和无机铝盐防水剂等。施工用辅助材料应有二甲苯、醋酸乙酯、磷酸等。

②卫生间楼地面氯丁胶乳沥青防水涂料是以氯丁橡胶和沥青为基料，经加工合成的一种水乳型防水涂料。它兼有橡胶和沥青的双重优点，具有防水、抗渗、耐老化、不易燃、无毒、抗基层变形能力强等优点，冷作业施工，操作方便。

相关规范及标准

《屋面工程质量验收规范》(GB 50207—2012)

《地下防水工程质量验收规范》(GB 50208—2011)

防水工程施工交底

安全技术交底 表 C9—1		编号	
工程名称		交底日期	年　月　日
施工单位		分项工程名称	屋面防水工程
交底提要			
1. 施工管理人员必须对图纸及防水施工方案进行细致、认真的学习。 2. 充分了解防水施工要求，严格按防水施工的工艺要求进行操作，对防水施工严格实行“三检”制度，上一道工序不合格，绝不进行下道工序的施工。 3. 创造防水施工干作业环境，在顶板、底板防水层施工前，采取有效措施，防止地表水、雨水等流入基坑内，必须保证施工面是干燥的。 4. 在防水施工过程中，对易产生渗漏的薄弱部位(施工缝、变形缝、抗拔桩桩头、穿墙管等)进行重点质量控制，制定有针对性的施工技术措施，施工中加强质量管理，确保上述部位的防水施工符合设计要求。 5. 做防水层之前，必须干燥基面，卷材铺贴前应保持干燥，清除表面撒布物，避免损伤卷材。 6. 卷材铺贴长边应与地下室主体结构纵向垂直，两幅卷材的粘贴搭接长度应大于 100mm，相邻两幅卷材接缝应错开 1/3 幅宽。 7. 在立面和平面的转角处，卷材的接缝应留在平面上，距立面不应小于 600mm。 8. 在铺贴防水卷材时应将卷材下面的空气排净，粘合面完全接触，使卷材不皱褶、不鼓起。要碾平压实，接缝必须粘贴封严。 9. 高分子卷材如用焊接法连接，卷材搭接部位采用热风枪双焊缝加热焊牢，焊缝宽度不小于 10mm，且均匀连续，不得有假焊、漏焊、焊焦、焊穿等现象。焊接时，必须先熔去待搭接部位卷材上表面的防粘层和粒料保护层，同时应采用热风枪熔化接缝两面的粘接胶，然后进行粘合、排气、封口。 对粘贴好的卷材			

接口，采用热风焊接，同时用专用滚筒将接口按压密实。 10. 施工过程中注意对防水板的保护，防止电焊渣烧穿防水板，钢筋等硬物戳穿防水板，做好侧墙防水板后，必须立即进行保护，一旦发现破损，必须进行补焊。 11. 防水属于隐蔽工程，施工过程中及隐蔽之前必须做好施工记录以及一切验收手续，未经验收，不得隐蔽。 12. 卷材防水层经检查合格后，应立即施作保护层。焊缝必须检测合格。					
审核人		交底人		接受交底人	

①本表头由交底人填写，交底人与接受交底人各保存一份，安全员一份。

②当作分部、分项施工作业安全交底时，应填写“分部、分项工程名称”栏。

③交底提要应根据交底内容把交底重要内容写上。

安全技术交底 表 C9－2		编号	
工程名称		交底日期	年　月　日
施工单位		分项工程名称	地下防水工程
交底提要			

1. 捣混凝土必须搭设临时桥道，不允许推车在钢筋面上行走，桥道搭设要用桥凳架空，不允许桥道压在钢筋面上。 2. 禁止在混凝土初凝后、终凝前在其上面推车或堆放物品。 3. 各种电动机具必须接地并装设漏电保护开关，遵守机电的安全操作规程。 4. 使用振动器就要穿绝缘胶鞋、戴绝缘手套，湿手不得接触开关，电源线不得有破皮漏电，要按规定安装防漏电开关。 5. 振动着的振动器振棒不得放在地板、脚手架及未凝固的混凝土和钢筋面上。 6. 捣地下室混凝土的自由倾落度不宜超过 2m，如超过 2m 的要用串筒进行送浆捣固。 7. 防水砂浆搅拌时必须戴好安全帽、穿好安全劳保用品。 8. 防水材料使用时不得有易燃物品靠近。 9. 患材料刺激性过敏人员不得参加作业。 10. 作业必须服从施工管理人员安排。 11. 作业前，应检查所用工具是否牢固可靠。脚手架搭设牢固，不摆动。暂停作业时，应将工具放置稳妥，严禁抛掷工具及废料。 12. 所用需调材料，应先在地面调好后，再送至使用地区，材料用后要及时封存好剩余材料。					
审核人		交底人		接受交底人	

①本表头由交底人填写，交底人与接受交底人各保存一份，安全员一份。

②当作分部、分项施工作业安全交底时，应填写“分部、分项工程名称”栏。

③交底提要应根据交底内容把交底重要内容写上。

安全技术交底 表 C9－3		编号	
工程名称		交底日期	年　月　日
施工单位		分项工程名称	卫生间防水工程
交底提要			

1. 防水材料使用时不得有易燃物品靠近。
2. 患材料刺激性过敏人员不得参加作业。
3. 作业必须服从施工管理人员安排。
4. 防水作业人员通过培训考试合格后方可持证上岗。
5. 施工用火必须取得现场用火动火证。
6. 现场施工必须戴好安全帽、口罩、手套等防护用品，必须穿软底鞋，不得穿硬底或带钉子的鞋。
7. 热熔施工时，必须戴墨镜，并防止烫伤。施工现场应保持良好通风。
8. 防水卷材、辅助材料及燃料，应按规定分别存放并保持安全距离，设专人管理，发放应坚持领料登记制度。其中防水卷材应立放，汽油桶、燃气瓶必须分别人专用库存放。
9. 火焰加热器必须专人操作，严禁使用碘钨灯。定时保养，禁止带故障使用，在加油、更换气瓶时必须关火，禁止在防水层上操作，喷头点火时不得正面对人并远离油桶、气瓶、防水材料及其他易燃易爆材料。
10. 严禁使用 220V 电压照明和敞开式灯具。

审核人		交底人		接受交底人	

①本表头由交底人填写，交底人与接受交底人各保存一份，安全员一份。
②当作分部、分项施工作业安全交底时，应填写“分部、分项工程名称”栏。
③交底提要应根据交底内容把交底重要内容写上。

Ⅱ　工作情境

情境 1　屋面防水工程施工

能力目标

通过本情境的学习，能够应用所学的知识，了解屋面防水施工的方案，学会依据施工方案进行施工。

学习内容

屋面防水的分类和等级；防水材料的种类、基本性能、质量要求和适用范围；屋面防水的施工工艺、施工质量要求及控制方法；屋面防水工程施工中质量通病的防治措施。

任务引领

教师布置任务，帮助学生理解任务要求，辅导学生完成任务需要掌握的知识。

任务一　现有建筑工程中常用的各类屋面防水材料。

试弄清各种屋面防水材料的施工工艺。

任务二　某框架结构房屋，屋面防水等级为Ⅰ级。

试确定出该房屋所需的屋面防水材料。

任务三 试说出各种屋面防水材料的不同点。

问题导入

以下问题是完成任务必须掌握的知识，教师引导，学生完成。

1. 常用防水卷材有哪些？
2. 试述沥青卷材屋面防水层的施工过程。
3. 试述高聚物改性沥青卷材的冷贴法和热熔法的施工过程。
4. 简述合成高分子卷材防水施工的工艺过程。
5. 卷材屋面保护层有哪些做法？
6. 试述涂膜防水屋面的施工过程。
7. 刚性防水屋面的隔离层如何施工？分隔缝如何处理？
8. 补偿收缩混凝土防水层怎样施工？
9. 简述屋面渗漏原因及其防治方法。

自主学习

学生以小组形式工作（4～6人一组）。通过查资料、规范、学材以及网上资源解答以上问题；初步形成完成以上三项任务的思路和工作计划，组内学生讨论、向教师或辅导教师咨询，修改、完善计划，形成实施计划；实施计划，完成任务。

学生发言

各小组选派一名代表，回答问题，讲解本小组完成任务的过程及结果，小组其他成员补充。

学生互评

小组之间按照统一标准，对各小组回答问题、完成任务的过程及结果进行互评。

学生完成学习情境1成绩评定表

学生姓名________ 教师________ 班级________ 学号__________

序号	考评项目	分值	考核内容	教师评价（权重50%）	组长评价（权重25%）	学生评价（权重25%）
1	学习态度	15	出勤率、听课态度、实操表现等			
2	学习能力	25	上课回答问题、完成工作质量			
3	计算、操作能力	25	计算、实操记录、作品成果质量			
4	团结协作能力	15	自己所在小组的表现，小组完成工作的质量、速度			
合计		80				
综合得分						

知识拓展

教师提供1～3个工程的实例，供学生选择，加强实操练习。在规定期限内，学生编写出屋面防水的施工工艺、施工质量要求及控制方法，防水材料的种类、基本性能、质量要求和适用范围，屋面防水的分类和等级。此项内容占情境1学习成绩的20%。

学　材

屋面防水工程根据建筑物的性质、重要程度、使用功能要求及防水层耐用年限等，将屋面防水分为四个等级，并按不同等级进行设防(见表9.1)。

表9.1　屋面防水等级和设防要求

项　目	屋面防水等级			
	Ⅰ	Ⅱ	Ⅲ	Ⅳ
建筑物类型	特别重要或对防水有特殊要求的建筑	重要建筑和高层建筑	一般建筑	非永久性建筑
防水层合理使用年限	25年	15年	10年	5年
防水层选用材料	宜选用合成高分子防水卷材、高聚物改性沥青防水卷材、金属板材、合成高分子防水涂料、细石混凝土等材料	宜选用高聚物改性沥青防水卷材、合成高分子防水卷材、金属板材、合成高分子防水涂料、高聚物改性沥青防水涂料、细石混凝土、平瓦、油毡瓦等材料	宜选用三毡四油沥青防水卷材、高聚物改性沥青防水卷材、合成高分子防水卷材、金属板材、高聚物改性沥青防水涂料、高聚物改性沥青防水涂料、合成高分子防水涂料、细石混凝土、平瓦、油毡瓦等材料	可选用二毡三油沥青防水卷材、高聚物改性沥青防水涂料等材料
设防要求	三道或三道以上防水设防	两道防水设防	一道防水设防	一道防水设防

一、屋面工程施工注意事项

(1)屋面工程所采用的防水、保温隔热材料应有产品合格证和性能检测报告。

(2)材料的品种、规格、性能等应符合现行国家产品标准和设计要求。

(3)屋面工程施工前，要编制施工方案，应建立“三检”制度，并有完整的检查记录。

(4)伸出屋面的管道、设备或构件应在防水层施工前安设好。施工时每道工序完成后，要经监理单位检查验收，才可进行下道工序的施工。

(5)屋面的保温层和防水层严禁在雨天、雪天和五级以上大风下施工，温度过低也不宜施工。

(6)屋面工程完工后，应对屋面细部构造、接缝、保护层等进行外观检验，并用淋水或蓄水进行检验。

(7)防水层不得有渗漏或积水现象。

二、卷材防水层施工

(一)卷材屋面的构造

卷材防水屋面的构造如图 9.1 所示。

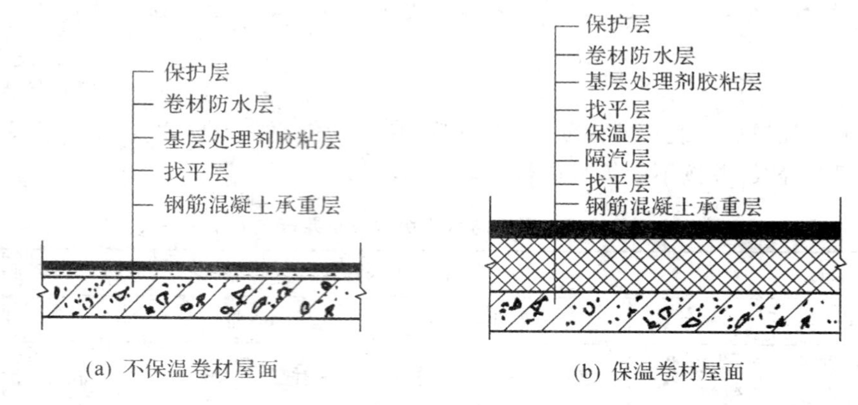

(a) 不保温卷材屋面　(b) 保温卷材屋面

图 9.1　卷材屋面构造层次示意

(二)卷材防水施工的基层要求

(1)基层应有足够的强度和刚度,承受荷载时不致产生显著变形。

(2)基层一般采用水泥砂浆、细石混凝土或沥青砂浆找平,做到平整、坚实、清洁、无凹凸形及尖锐颗粒。其平整度为:用 2m 长的直尺检查,基层和直尺间的最大空隙不应超过 5mm,空隙仅允许平缓变化,每米长度内不得多于一处。铺设屋面隔汽层和防水层以前,基层必须清扫干净。

(3)屋面及檐口、檐沟、天沟找平层的排水坡度,必须符合设计要求,平屋面采用结构找坡应不小于 3%,采用材料找坡宜为 2%,天沟、檐沟纵向找坡不小于 1%,沟底落水差不大于 200mm,在与突出屋面结构的连接处以及在屋面的转角处,均应做成圆弧或钝角,其圆弧半径应符合要求:沥青防水卷材为 100~150mm,高聚物改性沥青防水卷材为 50mm,合成高分子防水卷材为 20mm。

(4)为防止由于温差及混凝土构件收缩而使防水屋面开裂,找平层应留分隔缝,缝宽一般为 20mm。缝应留在预制板支撑边的拼缝处,其纵横向最大间距,当找平层采用水泥砂浆或细石混凝土时,不宜大于 6m;采用沥青砂浆时,则不宜大于 4m。分隔缝处应附加 200~300mm 宽的油毡,用沥青胶结材料单边点贴覆盖。

(5)采用水泥砂浆或沥青砂浆找平层做基地时,其厚度和技术要求应符合表 9.2 的规定。

表 9.2　找平层厚度和技术要求

类　别	基层种类	厚度(mm)	技术要求
水泥砂浆找平层	整体混凝土	15~20	1∶2.5~1∶3(水泥∶砂浆)的体积比,水泥强度等级不低于 32.5 级
	整体或板状材料保温层	20~250	
	装配式混凝土板、松散材料保温层	20~30	

续表

类　别	基层种类	厚度(mm)	技术要求
细石混凝土找平层	松散材料保温层	30～35	混凝土强度等级不低于C20
沥青砂浆找平层	整体混凝土	15～20	质量比1∶8(沥青∶砂浆)
	装配式混凝土板、整体或板状材料保温层	20～25	

(三)材料选择

1. 基层处理剂

基层处理剂是为了增强防水材料与基层之间的粘结力,在防水层施工前,预先涂刷在基层上的涂料。其选择应与所用卷材的材性相容。常用的基层处理剂有用于沥青卷材防水屋面的冷底子油,用于高聚物改性沥青防水卷材屋面的氯丁胶沥青乳胶、橡胶改性沥青溶液、氯丁胶乳溶液等。

2. 胶粘剂

(1)沥青卷材。卷材防水层的粘结材料,必须选用与卷材相应的胶粘剂。沥青卷材可选用沥青胶作为胶粘剂,沥青胶的标号应根据屋面坡度、当地历年室外极端最高气温按表9.3选用,其性能应符合表9.4规定。

表9.3　沥青胶结材料选用

屋面坡度	历年室外极端最高温度	沥青胶结材料标号
1%～3%	小于38℃ 38～41℃ 41～45℃	S—60 S—65 S—70
3%～15%	小于38℃ 38～41℃ 41～45℃	S—65 S—70 S—75
15%～25%	小于38℃ 38～41℃ 41～45℃	S—75 S—80 S—85

注:①油毡层上有板块保护层或整体保护层时,沥青胶结材料标号可按上表降低5号。
②屋面受其他热影响(如高温车间等),或屋面坡度超过25%时,应考虑将其标号适当提高。

表9.4　沥青胶的质量要求

标号 指标名称	S—60	S—65	S—70	S—75	S—80	S—85
耐热度	用2mm厚的沥青胶粘合两张沥青纸,于不低于下列温度(℃)中,在1∶1坡度上停放5h的沥青胶不应流淌,油纸不应滑动					
	60	65	70	75	80	85
柔韧性	涂在沥青油纸上的2mm厚沥青胶层,在(18±2)℃时,围绕下列直径(mm)的圆棒,用2s的时间以均衡速度弯成半周,沥青胶不应有指纹					
	10	15	15	20	25	30
粘结力	用于将两张粘贴在一起的油纸慢慢地一次撕开,从油纸和沥青胶的粘贴面的任何一面的撕开部分,应不大于粘贴面积的1/2					

(2)高聚物改性沥青卷材。可选用橡胶或再生橡胶改性沥青的汽油溶液或水乳液作胶粘剂,其粘结剪切强度应大于0.05MPa,粘结剥离强度应大于8N/10mm。

(3)合成高分子防水卷材。可选用以氯丁橡胶和丁基苯酚醛树脂为主要成分的胶粘剂或以氯丁橡胶乳液制成的胶粘剂,其粘结剥离强度不应小于15N/10mm,其用量为0.4～0.5kgm。胶粘剂均由卷材生产厂家配套供应。常用合成高分子卷材配套胶粘剂参见表9.5。

表9.5 部分合成高分子卷材的胶粘剂

卷材名称	基层与卷材胶粘剂	卷材与卷材胶粘剂	表面保护层涂料
三元乙丙—丁基橡胶卷材	CX—404胶	丁基胶粘剂A、B组分(1∶1)	水乳型醋酸乙烯—丙烯酸酯共聚,油溶型乙丙橡胶和甲苯溶液
氯化聚乙烯卷材	BX—12胶粘剂	BX—12乙组分胶粘剂	水乳型醋酸乙烯—丙烯酸酯共聚,油溶型乙丙橡胶和甲苯溶液
LYX—603氯化聚乙烯卷材	LYX—603—3(3号胶)甲、乙组分	LYX—603—2(2号胶)	LYX—603—1(1号胶)
聚氯乙烯卷材	FL—5型(5～15℃时使用)、FL—15型(15～40℃时使用)		

3. 卷材

主要防水卷材的分类参见表9.6。

表9.6 主要防水卷材分类表

类别		防水卷材名称
沥青基防水卷材		纸胎、玻璃胎、玻璃布、黄麻、铝箔沥青卷材
高聚物改性沥青防水卷材		SBS、APP、SBS—APP、丁苯橡胶改性沥青卷材;胶粉改性沥青卷材、再生胶卷材、PVC改性煤焦油沥青卷材等
合成高分子防水卷材	硫化型橡胶或橡胶共混卷材	三元乙丙卷材、氯磺化聚乙烯卷材、丁基橡胶卷材、氯丁橡胶卷材、氯化聚乙烯—橡胶共混卷材等
	非硫化型橡胶或橡胶共混卷材	丁基橡胶卷材、氯丁橡胶卷材、氯化聚乙烯—橡胶共混卷材等
	合成树脂系防水卷材	氯化聚乙烯卷材、PVC卷材等
特种卷材		热熔卷材、冷自粘卷材、带孔卷材、热反射卷材、沥青瓦等

(1)沥青防水卷材。

沥青防水卷材的外观质量要求参见表9.7。

表 9.7　沥青防水卷材外观质量

项　目	质量要求
孔洞、硌伤	不允许
露胎、涂盖不均	不允许
折纹、皱褶	距卷芯 1000mm 以外，长度不大于 100mm
裂纹	距卷芯 1000mm 以外，长度不大于 10mm
裂口、缺边	边缘裂口小于 20mm，缺边长度小于 50mm，深度小于 50mm
每卷卷材的接头	不超过 1 处，较短的一段不应小 2500mm，接头处应加长 150mm

(2)高聚物改性沥青防水卷材。

高聚物改性沥青防水卷材的外观质量要求参见表 9.8。

表 9.8　高聚物改性沥青防水卷材外观质量

项　目	质量要求
孔洞、缺边、裂口	不允许
边缘不整齐	不超过 10mm
胎体露白、未浸透	不允许
撒布材料粒度、颜色	均匀
每卷卷材的接头	不超过 1 处，较短的一段不应小于 1000mm，接头处应加长 150mm

(3)合成高分子防水卷材。

合成高分子防水卷材外观质量的要求参见表 9.9。

表 9.9　合成高分子防水卷材外观质量

项　目	质量要求
折痕	每卷不超过 2 处，总长度不超过 20mm
杂质	直径大于 0.5mm 的颗粒不允许，每 $1m^2$ 不超过 $9mm^2$
凹痕	每卷不超过 6 处，深度不超过本身厚度的 30%，树脂深度不超过 15%
胶块	每卷不超过 6 处，每处面积不大于 $4mm^2$
每卷卷材的接头	橡胶类每 20m 不超过 1 处，较短的一段不应小于 3000mm，接头处应加长 150mm，树脂类 20m 长度内不允许有接头

各种防水材料及制品均应符合设计要求，具有质量合格证明，进场前应按规范要求进行抽样复检，严禁使用不合格产品。

(四)卷材施工

1. 沥青卷材防水施工

工艺流程：基层表面清理、修整→喷、涂基层处理剂→节点附加增强处理→定位、弹线、试铺→铺贴卷材→收头处理、节点密封→清理、检查、修整→保护层施工。

(1)铺设方向。

卷材的铺设方向应根据屋面坡度和屋面是否有振动来确定。当屋面坡度小于 3%时，卷材宜平行于屋脊铺贴；屋面坡度在 3%～15%之间时，卷材可平行于屋脊或垂直于屋脊铺贴；

屋面坡度大于15%或屋面受震动时沥青防水卷材应垂直于屋脊铺贴。上下层卷材不得相互垂直铺贴。

(2)施工顺序。

①屋面防水层施工时，应先做好节点、附加层和屋面排水比较集中的部位(如屋面与水落口连接处、檐口、天沟、屋面转角处、板端缝等)的处理。

②由屋面最低标高处向上施工。

铺贴天沟、檐沟卷材时，宜顺天沟、檐口方向，尽量减少搭接。铺贴多跨和有高低跨的屋面时，应按先高后低、先远后近的顺序进行。大面积屋面施工时，应根据屋面特征及面积大小等因素合理划分流水施工段。施工段的界线宜设在屋脊、天沟、变形缝等处。

(3)搭接方法及宽度要求。

铺贴卷材采用搭接法，上下层及相邻两幅卷材的搭接缝应错开。平行于屋脊的搭接应顺流水方向；垂直于屋脊的搭接应顺主导风向。叠层铺设的各种卷材，在天沟与屋面的连接处，应采用叉接法搭接，搭接缝应错开，接缝宜留在屋面或天沟侧面，不宜留在沟底。各种卷材搭接宽度应符合表9.10的要求。

表9.10 卷材搭接宽度

单位：mm

卷材种类＼铺贴方法		短边搭接		长边搭接	
		满粘法	空铺、点粘、条粘法	满粘法	空铺、点粘、条粘法
沥青防水卷材		100	150	70	100
高聚物改性沥青卷材		80	100	80	100
合成高分子卷材	胶粘剂	80	100	80	100
	胶粘带	50	60	50	60
	单焊缝	60，有效焊接宽度不小于25			
	双焊缝	80，有效焊接宽度为10×2+空腔宽			

(4)铺贴方法。

沥青卷材的铺贴方法有烧油法、刷油法、刮油法和撒油法四种。通常采用烧油法或刷油法，在干燥的基层上涂满沥青胶，应随浇涂随铺油毡。铺贴时，油毡要展平压实，使之与下层紧密粘贴，卷材的接缝，应与沥青胶赶平封严。对容易渗漏水的薄弱部位(如天沟、檐口、泛水、水落口处)，均应加铺1～2层卷材附加层。

(5)屋面特殊部位的铺贴要求。

①天沟、檐口、泛水、水落口、变形缝和伸出屋面管道的防水构造，必须符合设计要求。天沟、檐口、檐沟、泛水和立面卷材收头的端部应裁齐塞入预留凹槽内，用金属压条，钉压固定，最大钉距不得大于900mm，并用密封材料嵌填封严，凹槽距屋面找平层不小于250mm，凹槽上部墙体应做防水处理。

②水落口杯应牢固地固定在承重结构上，如系铸铁制品，所有零件均应除锈，并刷防锈漆；天沟、檐沟铺贴卷材应从沟底开始。若沟底过宽，卷材纵向搭接时搭接缝必须用密封材料封口，密封材料嵌填必须落实、连续、饱满，粘结牢固，无气泡，不开裂脱落。沟内卷材附加层在与屋面交接处宜空铺，其空铺宽度不小于200mm，其卷材防水层应由沟底翻上至沟外檐顶部，卷材收头应用水泥钉固定并用密封材料封严，铺贴檐口800mm范围内的卷材应采取满粘法。

③铺贴泛水处的卷材应采取满粘法，防水层贴入水落口杯内不小于50mm，水落口周围直径500mm范围内的坡度不小于5%，并用密封材料封严。

④变形缝处的泛水高度不小于250mm，伸出屋面管道的周围与找平层或细石混凝土防水层之间应预留20mm×20mm的凹槽，并用密封材料嵌填严密，在管道根部直径500mm范围内，找平层应抹出高度不小于30mm的圆台。管道根部四周应增设附加层，宽度和高度均不小于300mm。管道上的防水层收头应用金属箍紧固，并用密封材料封严。

(6)排气屋面的施工。

卷材应铺设在干燥的基层上。当屋面保温层或找平层干燥有困难又急需铺设屋面卷材时，则应采用排气屋面。排气屋面是整体连续的，在屋面与垂直面连接的地方，隔气层应延伸到保温层的顶部，并高出150mm，以便与防水层相连，要防止房间内的水蒸气进入保温层，造成保温层起鼓破坏，保温层的含水率必须符合设计要求。在铺贴第一层卷材时，采用条粘、点粘、空铺等方法使卷材与基层之间留有纵横相互贯通的空隙做排气道(图9.2)，排气道的宽度为30～40mm，深度一直到结构层。对于有保温层的屋面，也可在保温层上的找平层留槽做排气道，并在屋面或屋脊上设置一定的排气孔(每36m左右一个)与大气相通，这样就能使潮湿基层中的水分蒸发排出，防止油毡起鼓。排气屋面适用于气候潮湿、雨量充沛、夏季阵雨多、保温层或找平层含水率较大且干燥有困难的地区。

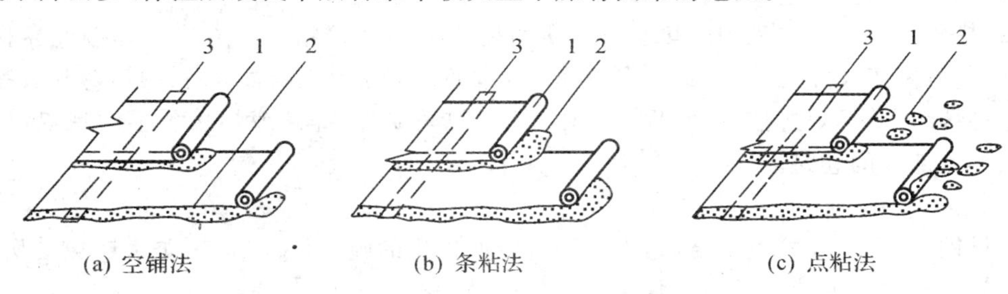

(a) 空铺法　(b) 条粘法　(c) 点粘法

图9.2　排气屋面卷材铺法

1—卷材；2—沥青胶；3—附加卷材条

2. 高聚物改性沥青卷材防水施工

高聚物改性沥青防水卷材，是指对石油沥青进行改性，改善防水卷材使用性能，延长防水层寿命而生产的一类沥青防水卷材。对沥青的改性，主要是通过添加高分子聚合物实现的，其分类品种包括塑性体沥青防水卷材、弹性体沥青防水卷材、自粘结油毡、聚乙烯膜沥青防水卷材等。使用较为普遍的是SBS改性沥青卷材、APP改性沥青卷材、PVC改性沥青卷材和再生胶改性沥青卷材等。其施工工艺流程与普通沥青卷材防水层相同。

依据高聚物改性沥青防水卷材的特性，其施工方法有冷粘法、热熔法和自粘法之分。在立面或大坡面铺贴高聚物改性沥青防水卷材时，应采用满粘法，并宜减少短边搭接。

(1)冷粘法施工。冷粘法施工是利用毛刷将胶粘剂涂刷在基层或卷材上，然后直接铺贴卷材，使卷材与基层、卷材与卷材粘结的方法。施工时，胶粘剂涂刷应均匀、不露底、不堆积。空铺法、条粘法、点粘法应该按规定的位置与面积涂刷胶粘剂。铺贴卷材时应平整顺直，搭接尺寸准确，接缝应满涂胶粘剂，辊压粘结牢固，不得扭曲，破折溢出的胶粘剂应随即刮平封口；也可采用热熔法接缝。接缝口应用密封材料封严，宽度不应小于10mm。

(2)热熔法施工。热熔法施工是指利用火焰加热器熔化热熔型防水卷材底层的热熔胶进行粘贴的方法。施工时，在卷材表面热熔后（以卷材表面熔融至光亮黑色为度）应立即滚铺卷材，使之平展，并辗压粘贴牢固。搭接缝处必须以溢出热熔的改性沥青胶为度，并应随即刮封接口。加热卷材时应均匀，不得过分加热或烧穿卷材。对厚度小于 3mm 的高聚物改性沥青防水卷材严禁采用热熔法施工。

（3）自粘法施工。自粘法施工是指采用带有自粘胶的防水卷材，不用热施工，也不需涂胶结材料，而进行粘结的方法。铺贴前，基层表面应均匀涂刷基层处理剂，待干燥后及时铺贴卷材。铺贴时，应先将自粘胶底面隔离纸完全撕净，排出卷材下面的空气，并辗压粘牢，不得有空鼓。搭接部位必须采用热风焊枪加热后随即粘贴牢固，溢出的自粘胶随即刮平封口。接缝口用不小于 10mm 宽的密封材料封严。

3. 合成高分子卷材防水施工

合成高分子卷材的主要品种有三元乙丙橡胶防水材料、氯化聚乙烯—橡胶共混防水卷材、氯化聚乙烯防水卷材和聚氯乙烯防水卷材等。其施工工艺流程与前相同。

施工方法一般有冷粘法、自粘法和热风焊接法三种。

（1）冷粘法、自粘法。施工要求与高聚物改性沥青防水卷材基本相同，但冷粘法施工时搭接部位应采用与卷材配套的接缝专用胶粘剂，在搭接缝粘合面上涂刷均匀，并控制涂刷与粘合的间隔时间，排除空气，辗压粘结牢固。

（2）热风焊接法。它是利用热空气枪进行防水卷材搭接粘合的方法。焊接前卷材铺放应平整顺直，搭接尺寸正确；施工时焊接面的结合面应清扫干净，无水滴、油污及附着物。先焊长边搭接缝，后焊短边搭接缝，焊接处不得有漏焊、缺焊、焊焦或焊接不牢的现象，也不得损害非焊接部位的卷材。

（五）保护层施工

卷材铺设完毕，经检查合格后，应立即进行保护层的施工，及时保护防水层免受伤害，从而延长卷材防水层的使用年限。常用的保护层做法有以下几种。

1. 涂料保护层

保护层涂料一般在现场配制，常用的有铝基沥青悬浮液、丙烯酸浅色涂料或在涂料中掺入铝粉的反射涂料。施工前防水层表面应干净无杂物。涂刷方法与用量按涂料使用说明书进行操作，涂料应均匀、不漏涂。

2. 绿豆砂保护层

此保护层在沥青卷材非上人屋面中使用较多。在卷材表面涂刷最后一道沥青胶后，趁热撒铺一层粒径为 3～5mm 的绿豆砂（或人工砂），绿豆砂应撒铺均匀，全部嵌入沥青胶内。为了嵌入牢固，绿豆砂须经干燥并加热至 100℃左右干燥后使用。边撒砂边扫铺均匀，并用软辊轻轻压实。

3. 细砂、云母或蛭石保护层

此保护层主要用于非上人屋面的涂膜防水层保护层，使用前应先筛去粉料，砂可采用天然砂。当涂刷最后一道涂料时，应边刷涂边撒布细砂（或云母、蛭石），同时用软胶辊反复轻轻滚压，使保护层牢固地粘结在涂层上。

4. 混凝土预制板保护层

（1）混凝土预制板保护层的结合层可采用砂或水泥砂浆。

（2）混凝土板的铺砌必须平整，并满足排水要求。

(3)在砂结合层上铺砌块体时，砂层应洒水压实、刮平；板块对接铺砌，缝隙应一致，缝宽10mm左右，砌完洒水轻拍压实。

(4)板缝先填砂一半高度，再用1∶2水泥砂浆勾成凹缝。

(5)为防止砂子流失，在保护层四周500mm范围内，应先改用低强度等级水泥砂浆做结合层。

(6)采用水泥砂浆做结合层时，应先在防水层上做隔离层，隔离层可采用热砂、干铺油毡、铺纸筋灰或麻刀灰、黏土砂浆、白灰砂浆等多种施工方法。

(7)预制块体应先浸水湿润并阴干。摆铺完后应立即挤压密实、平整，使之结合牢固。预留板缝(10mm)用1∶2水泥砂浆勾成凹缝。

(8)上人屋面的预制块体保护层、块体材料应按照地面工程质量要求选用，结合层应选用1∶2水泥砂浆。

5. 水泥砂浆保护层

水泥砂浆保护层与防水层之间应设置隔离层。保护层用的水泥砂浆配合比一般为1∶(2.5～3)(体积比)。

保护层施工前，应根据结构情况每隔4～6m用木模设置纵横分格缝。铺设水泥砂浆时应先随铺随拍实，并用刮尺刮平。排水坡度应符合设计要求。

立面水泥砂浆保护层施工时，为使砂浆与防水层粘结牢固，可事先在防水层表面粘上砂砾或小豆石，然后再做保护层。

6. 细石混凝土保护层

施工前应在防水层上铺设隔离层，并按设计要求支设好分格缝木模，设计无要求时，每格面积不大于36m，分格缝宽度为20mm。一个分格内的混凝土应连续浇筑，不留施工缝。振捣宜采用铁辊滚压或人工拍实，以防破坏防水层。拍实后随即用刮尺按排水坡度刮平，初凝前用木抹子提浆抹平，初凝后及时取出分格缝木模，终凝前用铁抹子压光。

细石混凝土保护层浇筑后应及时进行养护，养护时间不应少于7d。养护期满即将分格缝清理干净，待干燥后嵌填密封材料。

三、涂膜防水屋面

(一)涂膜防水屋面构造图

涂膜防水屋面有无保温层涂膜屋面和有保温层涂膜屋面两种，其构造见图9.3。

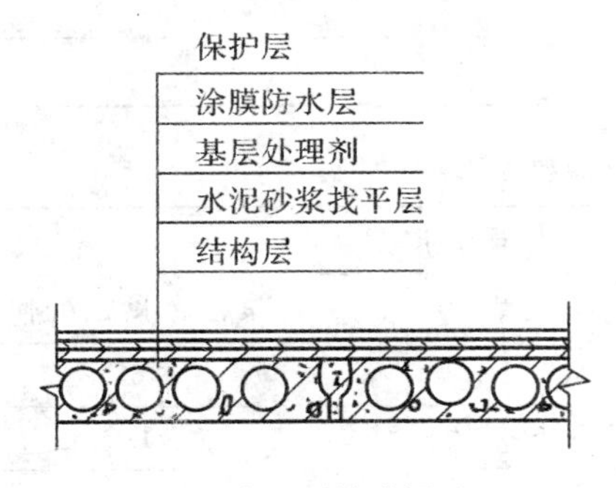

(a) 无保温层涂膜屋面

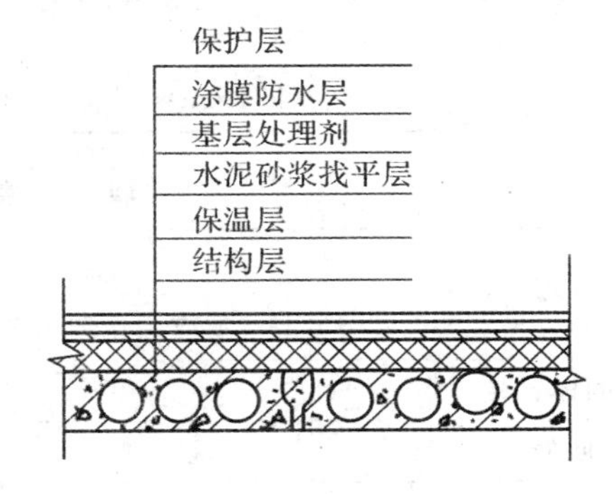

(b) 有保温层涂膜屋面

图9.3　涂膜防水屋面构造

(二)材料要求

根据防水涂料成膜物质的主要成分,适用于涂膜防水层的涂料可分为高聚物改性沥青防水涂料和合成高分子防水涂料两类。根据防水涂料形成液态的方式,可分为溶剂型、反应型和水乳型三类(表9.11)。各类防水涂料的质量要求分别见表9.12、9.13、9.14和9.15。

表9.11 主要防水涂料的分类

类 别	材料名称	
高聚物改性沥青防水涂料	溶剂型	再生橡胶沥青涂料、氯丁橡胶沥青涂料等
	乳液型	丁苯胶乳沥青涂料、氯丁橡胶沥青涂料、PVC煤焦油涂料等
合成高分子防水涂料	乳液型	硅橡胶涂料、丙烯酸酯涂料、AAS煤焦油涂料等
	反应型	聚氨酯防水涂料、环氧树脂防水涂料等

表9.12 沥青基防水涂料质量要求

项 目		质量要求
固体含量(%)		≥50
耐热度(80℃,5h)		无流淌、起泡和滑动
柔性(10±1)℃		4mm厚,绕直径20mm圆棒,无裂纹、断裂
不透水性	压力(MPa)	≥0.1
	保持时间(min)	≥30不渗漏
延伸((20±2)℃拉伸)(mm)		≥4.0

表9.13 高聚物改性沥青防水涂料质量要求

项 目		质量要求
固体含量(%)		≥43
耐热度(80℃,5h)		无流淌、起泡和滑动
柔性(-10℃)		3mm厚,绕直径20mm圆棒,无裂纹、断裂
不透水性	≥0.1	≥0.1
	≥30不渗漏	≥30不渗漏
延伸((20±2)℃拉伸)(mm)		≥4.5

表9.14 合成高分子防水涂料性能要求

项 目	质量要求		
	反应固化型	挥发固化型	聚合物水泥涂料
固体含量(%)	≥94	≥65	≥65
拉伸强度(MPa)	≥1.65	≥1.5	≥1.2
断裂延伸率(%)	≥300	≥300	≥200

续表

项目		质量要求		
		反应固化型	挥发固化型	聚合物水泥涂料
柔性(℃)		-30弯折无裂纹	-20弯折无裂纹	-10,绕直径10mm圆棒,无裂纹
不透水性	压力(MPa)	≥0.3	≥0.3	≥0.3
	保持时间(min)	≥30	≥30	≥30

表9.15 胎体增强材料质量要求

项目		质量要求		
		聚酯无纺布	化纤无纺布	玻纤网布
外观		均匀,无团状,平整无折皱		
拉力(宽50mm)(N)	纵向	≥150	≥45	≥90
	横向	≥100	≥35	≥50
延伸率(%)	纵向	≥10	≥20	≥3
	横向	≥20	≥25	≥3

(三)基层要求

(1)涂膜防水层要求基层的刚度大,空心板安装牢固,找平层有一定强度,表面平整、密实,不应有起砂、起壳、龟裂、爆皮等现象。

(2)表面平整度应用2m直尺检查,基层与直尺的最大间隙不超过5mm,间隙仅允许平缓变化。

(3)基层与凸出屋面结构连接处及基层转角处应做成圆弧形或钝角。按设计要求做好排水坡度,不得有积水现象。

(4)施工前应将分格缝清理干净,不得有异物和浮灰。

(5)对屋面的板缝处理应遵守有关规定。

(6)等基层干燥后方可进行涂膜施工。

(四)涂膜防水层施工

(1)涂膜防水施工的一般工艺流程。

基层表面清理、修理→喷涂基层处理剂→特殊部位附加增强处理→涂布防水涂料及铺贴胎体增强材料→清理与检查修理→保护层施工。

(2)涂膜防水层施工注意事项。

①基层处理剂常用涂膜防水材料稀释后使用,其配合比应根据不同防水材料按要求配置。

②涂膜防水必须由两层以上涂层组成,每层应刷2～3遍,且应根据防水涂料的品种,分层分遍涂布,不能一次涂成,并待先涂的涂层干燥成膜后,方可涂后一遍涂料,其总厚度必须达到设计要求。

③涂膜厚度选用应符合表9.16的规定。

表 9.16　涂膜厚度选用表

屋面防水等级	设防道数	高聚物改性沥青防水涂料	合成高分子防水涂料
Ⅰ级	三道或三道以上设防	—	不应小于 1.5mm
Ⅱ级	两道设防	不应小于 3mm	不应小于 1.5mm
Ⅲ级	一道设防	不应小于 3mm	不应小于 2mm
Ⅳ级	一道设防	不应小于 2mm	—

(3)涂料的涂布顺序。

①先高跨后低跨,先远后近,先平面后立面。

②同一屋面上先涂布排水较集中的水落口、天沟、檐口等节点部位,再进行大面积涂布。

③涂层应厚薄均匀、表面平整,不得有露底、漏涂和堆积现象。

④两涂层施工间隔时间不宜过长,否则易形成分层现象。

⑤涂层中夹铺增强材料时,宜边涂边铺胎体。

⑥胎体增强材料长边搭接宽度不得小于 50mm,短边搭接宽度不得小于 70mm。

⑦当屋面坡度小于 15%时,可平行屋脊铺设;屋面坡度大于 15%时,应垂直屋脊铺设。

⑧采用二层胎体增强材料时,上下层不得互相垂直铺设,搭接缝应错开,其间距不应小于幅宽的 1/3。

⑨找平层分格缝处应增设胎体增强材料的空铺附加层,其宽度以 200～300mm 为宜。

⑩涂膜防水层收头应用防水涂料多遍涂刷或用密封材料封严。

⑪在涂膜未干前,不得在防水层上进行其他施工作业,涂膜防水屋面上不得直接堆放物品。

⑫涂膜防水屋面的隔气层设置原则与卷材防水屋面相同。

⑬涂膜防水屋面应设置保护层。保护层材料可采用细砂、云母、蛭石、浅色涂料、水泥砂浆或块材等。采用水泥砂浆或块材时,应在涂膜与保护层之间设置隔离层。当用细砂、云母、蛭石时,应在最后一遍涂料涂刷后立即撒上,并用扫帚轻扫均匀、轻拍粘牢。当用浅色涂料作保护层时,应在涂膜固化后进行。

四、刚性防水屋面

1. 刚性防水屋面构造

刚性防水屋面的一般构造形式如图 9.4 所示。

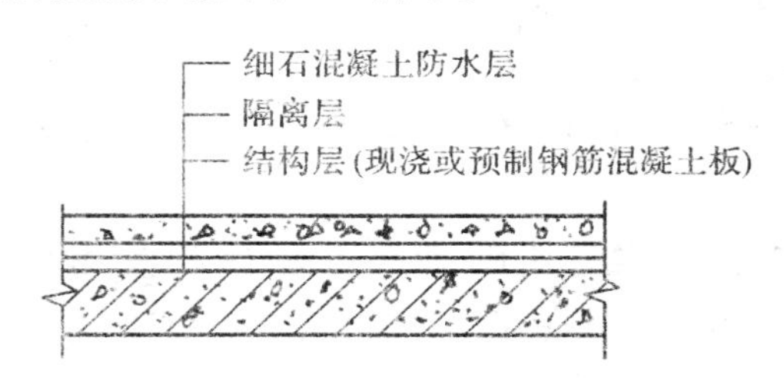

图 9.4　细石混凝土防水屋面构造

2.材料要求

(1)防水层的细石混凝土宜用普通硅酸盐水泥或硅酸盐水泥,用矿渣硅酸盐水泥时应采取减少泌水性措施。

(2)水泥强度等级不宜低于32.5级。不得使用火山灰质水泥。

(3)防水层的细石混凝土和砂浆中,粗骨料的最大粒径不宜超过15mm,含泥量不应大于1%;细骨料应采用中砂或粗砂,含泥量不应大于2%。

(4)拌和用水应采用不含有害物质的洁净水。

(5)混凝土水灰比不应大于0.55,每立方米混凝土水泥最小用量不应小于330kg,含砂率宜为35%～40%,灰砂比应为1∶(2～2.5),并宜掺入外加剂。

(6)混凝土强度不得低于C20。

(7)普通细石混凝土、补偿收缩混凝土的自由膨胀率应为0.05%～0.1%。

(8)块体刚性防水层使用的块体应无裂纹、无石灰颗粒、无灰浆泥面、无缺棱掉角,质地密实,表面平整。

3.基层要求

(1)刚性防水屋面的结构层宜为整体现浇的钢筋混凝土。

(2)当屋面结构层采用装配式钢筋混凝土板时,应用强度等级不小于C20的细石混凝土灌缝,灌缝的细石混凝土宜掺膨胀剂。

(3)当屋面板板缝宽度大于40mm或上窄下宽时,板缝内必须设置构造钢筋,板端缝应进行密封处理。

4.隔离层施工

在结构层与防水层之间宜增加一层低强度等级砂浆、卷材、塑料薄膜等材料的隔离层,使结构层和防水层变形互不受约束,以减少混凝土产生拉应力而导致混凝土防水层开裂。

(1)黏土砂浆(或石灰砂浆)隔离层施工。

①预制板缝填嵌细石混凝土后板面应清扫干净,洒水湿润,但不得积水。

②将按石灰膏∶砂∶黏土=1∶2.4∶3.6(或石灰膏∶砂=1∶4)配制的砂浆拌和均匀,砂浆以干稠为宜,铺抹的厚度约为10～20mm。

③要求表面平整、压实、抹光,待砂浆基本干燥后,方可进行下道工序施工。

(2)卷材隔离层施工。

①用1∶3水泥砂浆将结构层找平,并压实抹光养护。

②再在干燥的找平层上铺一层3～8mm干细砂滑动层。

③在其上铺一层卷材,搭接缝用热沥青胶胶结。也可以在找平层上直接铺一层塑料薄膜。

④做好隔离层继续施工时,要注意对隔离层加强防护。

⑤混凝土运输不能直接在隔离层表面进行,应采取垫板等措施。

⑥绑扎钢筋时不得扎破表面,浇捣混凝土时更不能振疏隔离层。

5.分格缝的设置

为防止大面积的刚性防水层因温差、混凝土收缩等影响而产生裂缝,应按设计要求设置分格缝。其位置一般应设在结构应力变化较突出的部位,如结构层屋面板的支承端、屋面转折处、防水层突出屋面结构的交接处,并应与板缝对齐。分格缝的纵横间距一般不大于 6mm。

分格缝的一般做法：

①在施工刚性防水层前，先在隔离层上定好分格缝位置，再安放分格条。

②然后按分隔板块浇筑混凝土，待混凝土初凝后，将分格条取出即可。

③分格缝处可采用嵌填密封材料并加贴防水卷材的办法进行处理，以增加防水的可靠性。

6.防水层施工

(1)普通细石混凝土防水层施工。

①混凝土浇筑应按先远后近、先高后低的原则进行，一个分格缝内的混凝土必须一次浇筑完毕，不得留施工缝。

②细石混凝土防水层厚度不小于 40mm，应配双向钢筋网片，间距为 100～200mm，但在分隔缝处应打开，钢筋网片应放置在混凝土的中上部，其保护层厚度不小于 10mm。

③混凝土的质量要严格保证，加入外加剂时，应准确计量，投料顺序得当，搅拌均匀。

④混凝土搅拌应采用机械搅拌，搅拌时间不少于 2min，混凝土运输过程中应防止漏浆和离析。

⑤混凝土浇筑时，先用平板振动器振实，再用滚筒滚压至表面平整、泛浆，然后用铁抹子压实抹平，并确保防水层的设计厚度和排水坡度要求。抹压时严禁在表面洒水、加水泥浆或撒干水泥。

⑥待混凝土初凝收水后，应进行二次表面压光，或在终凝前三次压光即可，以提高其抗渗性。

⑦混凝土浇筑 12～24h 后进行养护，养护时间不少于 14d。养护初期屋面不得上人。施工时的气温宜在 5～35℃，以保证防水层的施工质量。

(2)补偿收缩混凝土防水层施工。

补偿收缩混凝土防水层是在细石混凝土中掺入膨胀剂拌制而成的，硬化时混凝土产生膨胀，以补偿普通混凝土的收缩，它在配筋情况下，由于钢筋限制其膨胀，从而使混凝土产生自应力，起到致密混凝土、提高混凝土抗裂性和抗渗性的作用。其施工要求与普通细石混凝土防水层大致相同。当用膨胀剂拌制补偿收缩混凝土时，应按配合比准确称量，搅拌投料时膨胀剂应与水泥同时加入。混凝土连续搅拌时间不应小于 3min。

五、其他屋面施工简介

(一)架空隔热屋面

施工要点：

(1)隔热屋面的防水层做法同前述，在施工架空层前，应将屋面清扫干净，根据架空板尺寸弹出砖垛支座中心线，架空屋面的坡度不宜大于 5%。

(2)为防止架空层砖垛下的防水层造成损伤，应加强其底面的卷材或涂膜防水层，在砖垛下铺贴附加层。

(3)架空隔热层的砖垛宜采用 M5 水泥砂浆砌筑。

(4)铺设架空板时，应将灰浆刮平，随时扫净屋面防水层上的落灰和杂物，保证架空隔热层气流畅通，架空板应铺设平整、稳固，缝隙宜用水泥砂浆或水泥混合砂浆嵌填，并按设计要求留变形缝。

(5)架空隔热屋面所用材料及制品的质量必须符合设计要求,非上人屋面架空砖垛所用的黏土砖强度等级不小于MU10。

(6)架空盖板如采用混凝土预制板时,其强度等级不应小于C20,且板内宜放双向钢筋网片,严禁有断裂和露筋缺陷。

(二)瓦屋面

1. 平瓦屋面

施工要点:

(1)平瓦屋面与立墙及突出屋面结构等交接处,均应做泛水处理。

(2)天沟、檐沟的防水层,应采用合成高分子防水卷材、高聚物改性沥青防水卷材、沥青防水卷材、金属板材或塑料板材等材料铺设。

2. 石棉水泥波瓦、玻璃钢波形瓦屋面

施工要点:

(1)石棉水泥波瓦、玻璃钢波形瓦屋面适用于防水等级为Ⅳ级的屋面防水。

(2)铺设波瓦时,注意瓦楞与屋脊垂直,铺盖方向要与当地常年主导风雨方向相反,以避免搭口缝飘雨漏水。

(3)钉挂波瓦时,相邻两波瓦搭接处的每张盖瓦上,都应设一个螺栓或螺钉,并应设在靠近波瓦搭接部分的盖瓦波峰上。

(4)波瓦应采用带橡胶衬垫等防水垫圈的镀锌弯钩螺栓固定在金属檩条或混凝土檩条上,或用镀锌螺钉固定在木檩条上。固定波瓦的螺栓或螺钉不应拧得太紧,以垫圈稍能转动为宜。

3. 油毡瓦屋面

施工要点:

(1)油毡瓦施工时,其基层应牢固平整。

(2)若为混凝土基层,油毡瓦应用专用水泥钢钉与冷沥青胶粘结固定在混凝土基层上。

(3)若为木基层,铺瓦前应在木基层上铺设一层沥青防水卷材垫毡,用油毡钉铺钉,钉帽应盖在垫毡下面。

(4)在油毡瓦屋面与立墙及突出屋面结构等交接处,均应做泛水处理。

(三)金属压型夹心板屋面

施工要点:

(1)铺设压型钢板屋面时,相邻两块板应顺年最大频率风向搭接,可避免刮风时冷空气贯入室内。

(2)上下两排板的搭接长度,应根据板型和屋面坡长确定。

(3)所有搭接缝内应用密封材料嵌填封严,防止渗漏。

(四)蓄水屋面

施工要点:

(1)蓄水屋面多用于我国南方地区,一般为开敞式。

(2)为加强防水层的坚固性,应采用刚性防水层或在卷材、涂膜防水层上再做刚性防水层,并采用耐腐蚀、耐霉烂、耐穿刺性好的防水层材料,以免异物掉入时损坏防水层。

(3)蓄水屋面应划分为若干蓄水区以适应屋面变形的需要。根据多年的使用经验,每区的边长不宜大于10m,在变形缝的两侧应分成两个互不连通的蓄水区,长度超过40m的蓄水屋面应做一道横向伸缩缝。

(4)蓄水屋面应设置人行通道。

(5)考虑到防水要求的特殊性,蓄水屋面所设的排水管、溢水口和给水管等,应在防水层施工前安装完毕。并且为使每个蓄水区混凝土的整体防水性好,要求防水混凝土一次浇筑完毕,不得留施工缝。

(6)蓄水屋面的所有孔洞应预留,不能后凿。蓄水屋面的刚性防水层完工后,应在混凝土终凝后立即洒水养护,养护好后,及时蓄水,防止干涸开裂,蓄水屋面蓄水后不能断水。

(五)种植屋面

施工要点:

(1)种植屋面在施工挡墙时,留设的泄水孔位置应准确,且不堵塞,以免给防水层带来不利。

(2)覆盖施工时,应避免损坏防水层,覆盖材料的厚度和质量应符合设计要求,以防止屋面结构过量超载。

(六)倒置式屋面

施工要点:

(1)倒置式屋面的保温层的基层应平整、干燥和干净。

(2)倒置式屋面的保温材料铺设,对松散型应分层铺设,并适当压实,每层虚铺厚度不宜大于150mm,板块保温材料应铺设平稳,拼缝严密,分层铺设的板块上、下层接缝应错开,板间缝隙用同类材料嵌填密实。

(3)保温材料有松散型、板状型和整体现浇(喷)保温层,其保温层的含水率必须符合设计要求。松散保温材料的质量要求参见表9.17,板状保温材料的质量要求参见表9.18。

表9.17 松散保温材料的质量要求

项 目	膨胀蛭石	膨胀珍珠岩
粒径	3～15mm	≥0.15mm,<0.15mm的含量不大于8%
堆积密度(kg/m^3)	≤300	≤120
导热系数(W/(m·K))	≤0.14	≤0.07

表9.18 板状保温材料的质量要求

项 目	聚苯乙烯泡沫板	泡沫玻璃	微孔混凝土类	硬质聚氨酯泡沫塑料	膨胀蛭石(珍珠岩制品)
表观密度(kg/m^3)	15～30	≥150	500～700	≥30	300～800
导热系数(W/(m·K))	≤0.041	≤0.062	≤0.22	≤0.027	≤0.26
抗压强度(MPa)		≥0.4	≥0.4		≥0.3
在10%形变下的压缩能力(MPa)	≥0.06			≥0.15	
70℃,48h后尺寸变化率(%)	≤5.0	≤0.5		≤5	

续表

项　目	聚苯乙烯泡沫板	泡沫玻璃	微孔混凝土类	硬质聚氨酯泡沫塑料	膨胀蛭石（珍珠岩制品）
吸水率(%)	≤6	≤0.5		≤3	
外观质量	板的外形基本平整，无严重凹凸不平，厚度允许偏差为5%且不大于4mm				

六、常见屋面渗漏的防止方法

（一）山墙、女儿墙和突出屋面的烟囱等墙体与防水层相交部渗漏雨水

1. 原因

(1)节点做法过于简单，垂直面卷材与屋面卷材没有很好的分层搭接。

(2)卷材收口处开裂，在冬季不断冻结，夏天炎热熔化，使开口增大，并延伸至屋面基层。

(3)卷材转角处做成圆弧形、钝角。

(4)女儿墙压顶砂浆等级低，滴水线未做或没有做好。

2. 措施

(1)可铲除开裂压顶的砂浆，重抹1：(2～2.5)水泥砂浆，并做好滴水线。

(2)可换成预制钢筋混凝土压顶板。

(3)突出屋面的烟囱、山墙、官根等与屋面交接处、转角处做成钝角。

(4)垂直面与屋面的卷材应分层搭接。

(5)对已漏水的部位，可将转角渗漏处的卷材割开，并分层将旧卷材烤干剥离，清除原有沥青胶。

（二）天沟漏水

1. 原因

(1)天沟长度大纵向坡度小。

(2)雨水口少。

(3)雨水斗四周卷材粘贴不严，排水不畅。

2. 措施

(1)纵坡不能过小，避免积水，沟底水落差≤200mm，落水口离天沟分水线≤20m。

(2)附加层在交接处宜空铺(≥200mm)，防水层卷材由沟底翻上至沟外檐顶部。

(3)卷材收头用水泥钉固定，并用密封材料封严。

（三）屋面变形缝(伸缩缝、沉降缝)处漏水

1. 原因

薄钢板凸棱装反，薄钢板安装不牢，泛水坡度不当。

2. 措施

(1)泛水高度≥250mm，防水层铺贴到变形缝两侧砌体的上部。

(2)缝内应填充聚苯乙烯泡沫塑料，上部填放衬垫材料，并用卷材封盖。

(3)顶部加扣混凝土或金属盖板，混凝土盖板的接缝用密封材料嵌填。

(四)挑檐、檐口处漏水

1. 原因

(1)檐口砂浆未压住卷材,封口处卷材张口。

(2)檐口砂浆开裂,下口滴水线未做好而造成漏水。

2. 措施

(1)将檐口处旧卷材掀起,用24号镀锌薄钢板将其钉于檐口。

(2)将新卷材贴于薄钢板上。

(五)雨水口处漏水

1. 原因

雨水口处水斗安装过高,泛水坡度不够。

2. 措施

(1)将雨水斗四周卷材铲除,检查短管是否紧贴基层板面或铁水盘。

(2)若浮管浮搁在找平层上,则将找平层凿掉,清除后安装好短管,再用搭槎法重做三毡四油防水层,然后进行雨水斗附近卷材的收口和包贴。

(3)若用铸铁弯头代替雨水斗时,则需将弯头凿开取出,清理干净后安装弯头,再铺油毡(或卷材)一层,其伸入弯头内的长度应大于50mm,然后做防水层至弯头内与弯头端部搭接顺畅、抹压密实。

(六)厕所的通气管根部处漏水

1. 原因

(1)防水层未盖严。

(2)包管高度不够。

(3)在油毡上口未缠麻丝或钢丝。

(4)油毡没有做压毡保护层。

2. 措施

管根处做成钝角,并建议设计单位加做防雨罩,使油毡在防雨罩下收头。

(七)大面积漏水

1. 原因

(1)屋面防水层找坡不够。

(2)表面凹凸不平。

2. 措施

(1)将原豆石保护层清扫一遍,去掉松动的浮石,抹20mm厚水泥砂浆找平层,然后做一布三油乳化沥青(或氯丁胶沥青)防水层和黄砂(或粗砂)保护层。

(2)按上述方法将基层处理好后,将一布三油改为二毡三油防水层,再做豆石保护层。第一层油毡应干铺于找平层上,只在四周女儿墙和通风道处卷起,与基层粘贴。

情境 2　地下防水工程施工

**能力目标**

通过本情境的学习，能够应用所学的知识，了解地下防水施工的方案，学会依据施工方案进行。

**学习内容**

地下防水工程的防水措施；结构主体防水施工；结构细部构造防水施工的施工方案和施工要点；地下防水工程渗漏及防治方法。

任务引领

教师布置任务，帮助学生理解任务要求，辅导学生完成任务需要掌握的知识。

任务一　现有建筑工程中常用的各类地下防水材料。

试弄清各种地下防水材料的施工工艺。

任务二　某框架结构房屋，地下室防水等级为Ⅰ级。

试确定该房屋地下室防水适用的防水材料种类。

任务三　试说出各种地下防水材料的不用点。

问题导入

以下问题是完成任务必须掌握的知识，教师引导，学生完成。

1. 地下防水工程有哪些防水方案？
2. 地下构筑物的变形缝有哪几种形式？各有哪些特点？
3. 地下防水层的卷材铺贴方案各具有什么特点？
4. 防水混凝土是如何分类的？各有哪些特点？
5. 在防水混凝土施工中应注意哪些问题？
6. 防水混凝土有哪几种堵漏技术？如何施工？

自主学习

学生以小组形式工作(4～6 人一组)。通过查资料、规范、学材以及网上资源解答以上问题；初步形成完成以上三项任务的思路和工作计划，组内学生讨论、向教师或辅导教师咨询，修改、完善计划，形成实施计划；实施计划，完成任务。

学生发言

各小组选派一名代表，回答问题，讲解本小组完成任务的过程及结果，小组其他成员补充。

学生互评

小组之间按照统一标准，对各小组回答问题、完成任务的过程及结果进行互评。

学生完成学习情境2成绩评定表

学生姓名________ 教师________ 班级________ 学号____________

序号	考评项目	分值	考核内容	教师评价（权重50%）	组长评价（权重25%）	学生评价（权重25%）
1	学习态度	15	出勤率、听课态度、实操表现等			
2	学习能力	25	上课回答问题、完成工作质量			
3	计算、操作能力	25	计算、实操记录、作品成果质量			
4	团结协作能力	15	自己所在小组的表现，小组完成工作的质量、速度			
合计		80				
综合得分						

知识拓展

教师提供1～3个地下防水施工的工程实例，供学生选择，加强实操练习。在规定期限内，学生按照设计要求，编写出防水施工方案。此项内容占情境2学习成绩的20%。

学　材

一、地下工程的防水等级

地下工程的防水等级分4级，各级标准应符合表9.19的规定。

表9.19　地下工程防水等级标准

防水等级	标　准
1级	不允许渗水，结构表面无湿渍
2级	不允许漏水，结构表面可有少量湿渍 工业与民用建筑：湿渍总面积不大于总防水面积的1‰，单个湿渍面积不大于$0.1m^2$，任意$100m^2$防水面积不超过1处 其他地下工程：湿渍总面积不大于总防水面积的6‰，单个湿渍面积不大于$0.2m^2$，任意$100m^2$防水面积不超过4处
3级	有少量漏水点，不得有线流和漏泥沙 单个湿渍面积不大于$0.3m^2$，单个漏水点的漏水量不大于2.5L/d，任意$100m^2$防水面积不超过7处
4级	有漏水点，不得有线流和漏泥沙 整个工程平均漏水量不大于2L/d，任意$100m^2$防水面积的平均漏水量不大于$4L/m^2 \cdot d$

二、防水措施

地下工程的钢筋混凝土结构，应采用防水混凝土，并根据防水等级的要求采用防水措施。

其防水措施应根据地下工程开挖方式确定，明挖法地下工程的防水设防要求参见表9.20，暗挖法地下工程的防水设防要求参见表9.21。

表9.20　明挖法地下工程防水设防

工程部位		主体						施工缝					后浇带				变形缝、诱导缝						
防水措施		防水混凝土	防水砂浆	防水卷材	防水涂料	塑料防水板	金属板	遇水膨胀止水条	中埋式止水带	外贴式止水带	外抹防水砂浆	外涂防水涂料	膨胀混凝土	遇水膨胀止水条	外贴式止水带	防水嵌缝材料	中埋式止水带	外贴式止水带	可缺式止水带	防水嵌缝材料	外贴防水卷材	外涂防水涂料	遇水膨胀止水条
防水等级	1级	应选	应选一至两种					应选两种					应选	应选两种			应选	应选两种					
	2级	应选	应选一种					应选一至两种					应选	应选一至两种			应选	应选一至两种					
	3级	应选	宜选一种					宜选一至两种					应选	宜选一至两种			应选	宜选一至两种					
	4级	应选						宜选一种					应选	宜选一种			应选	宜选一种					

表9.21　暗挖法地下工程防水设防

工程部位		主体				内衬砌施工缝					内衬砌变形缝、诱导缝				
防水措施		复合式衬砌	离壁式衬砌、衬套	贴壁式衬砌	喷射混凝土	外贴式止水带	遇水膨胀止水带	防水嵌缝材料	中埋式止水带	外涂防水涂料	中埋防水止水带	外贴式止水带	可卸式止水带	防水嵌缝材料	遇水膨胀止水带
防水等级	1级	应选一种				应选两种					应选	应选两种			
	2级	应选一种				应选一至两种					应选	应选一至两种			
	3级		应选一种			宜选一至两种					应选	宜选一种			
	4级		应选一种			宜选一种					应选	宜选一种			

三、防水混凝土结构的施工

（一）防水混凝土的种类

（1）普通防水混凝土：调整配合比。

（2）外加剂或掺和料防水混凝土：改善抗渗性有机物的外加剂，无机粉料掺和料。

（3）膨胀水泥防水混凝土：硬化体积增大，如钙矾石。

（二）材料要求

（1）水泥品种按设计选用，强度等级不应低于32.5级；水泥用量不得少于300kg/m³，掺有活性掺和料时，水泥用量不得少于280kg/m³；水灰比不得大于0.55。

（2）石粒径宜为5～40mm，含泥量≤1.0%，泥块含量≤0.5%。

（3）砂宜用中砂，含泥量≤3.0%，泥块含量≤1.0%，含砂率35%～45%，灰砂比1∶2～1∶2.5。

（4）水应用洁净水。

(5)普通防水混凝土坍落不宜大于50mm,泵送时入泵坍落度宜为100～140mm。

(6)粉煤灰的级别不应低于二级,掺量不宜大于20%;硅粉掺量不宜大于3%。

(7)试配要求抗渗水压值应比设计值提高0.2MPa。

不同类型的防水混凝土具有不同特点,应根据使用要求加以选择。

(三)防水混凝土施工

(1)防水混凝土结构工程质量的优劣,除取决于合理的设计、材料的性质及配合成分以外,还取决于施工质量的好坏。因此,对施工中的各主要环节,如混凝土搅拌、运输、浇筑、振捣、养护等,均应严格遵循施工及验收规范和操作规程的各项规定进行施工。

(2)防水混凝土所用模板,除满足一般要求以外,应特别注意模板拼缝严密,支撑牢固。在浇筑防水混凝土前,应将模板内部清理干净。如两侧模板需用对拉螺栓固定时,应在螺栓或套筒中间加焊止水环,螺栓加堵头,见图9.5。

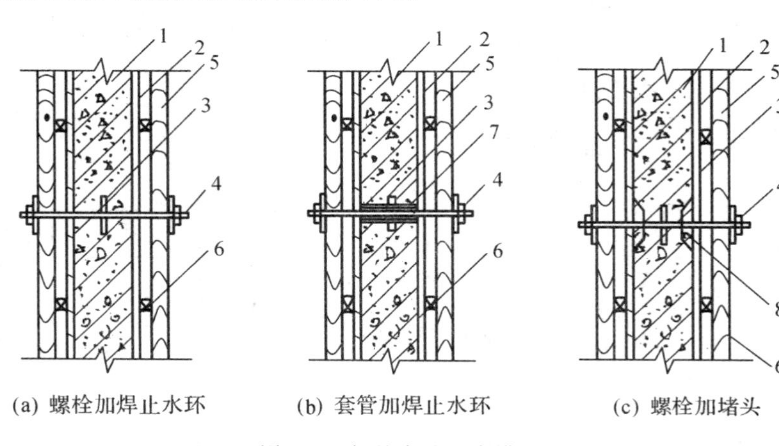

(a) 螺栓加焊止水环　(b) 套管加焊止水环　(c) 螺栓加堵头

图9.5　螺栓穿墙止水措施

1—防水建筑;2—模板;3—止水环;4—螺栓;5—水平加劲肋;6—垂直加劲肋;
7—预埋套管(拆模后将螺栓拔出,套管内用膨胀水泥砂浆封堵);
8—堵头(拆模后将螺栓沿平凹坑底割去,再用膨胀水泥砂浆封堵)

(3)钢筋不得用钢丝或铁钉固定在模板上,必须采用相同配合比的细石混凝土或砂浆作垫块,并确保钢筋保护层厚度符合规定,不得有负误差。如结构内设置的钢筋确需用铁丝绑扎时,均不得接触模板。

(4)防水混凝土的配合比应通过试验选定。选定配合比时,应按设计要求抗渗水压值提高0.2MPa。防水混凝土的抗渗等级不得小于S6,所用水泥的强度等级不低于32.5级,石子的粒径宜为5～40mm,宜采用中砂,防水混凝土可根据抗裂要求掺入钢纤维或合成纤维,其掺和料、外加剂的掺量应经试验确定,其水灰比不大于0.55。

(5)地下防水工程所使用的防水材料应有产品合格证书和性能检测报告,材料的品种、规格、性能等应符合现行国家产品标准和设计要求,不合格的材料不得在工程中使用。

(6)配制防水混凝土要用机械搅拌,先将砂、石、水泥一次倒入搅拌筒内搅拌0.5～1.0min,再加水搅拌1.5～2.5min。如掺外加剂应最后加入。外加剂必须先用水稀释均匀,掺外加剂防水混凝土的搅拌时间应根据外加剂的技术要求确定。

(7)对厚度≥250mm的结构,混凝土坍落度宜为10～30mm,厚度<250mm或钢筋稠密

的结构，混凝土坍落度宜为30～50mm。拌好的混凝土应在半小时内运至现场，于初凝前浇筑完毕，若运距较远或气温较高时，宜掺缓凝减水剂。

(8)防水混凝土拌和物在运输后，如出现离析，必须进行二次搅拌，当坍落度损失后，不能满足施工要求时，应加入原水灰比的水泥浆或二次掺减水剂进行搅拌，严禁直接加水。

(9)混凝土浇筑时应分层连续浇筑，其自由倾落高度不得大于1.5m。

(10)混凝土应用机械振捣密实，振捣时间为10～30s，以混凝土开始泛浆和不冒气泡为止，并避免漏振、欠振和超振。混凝土振捣后，须用铁锹拍实，等混凝土初凝后用铁抹子压光，以增加表面致密性。

(11)防水混凝土应连续浇筑，尽量不留或少留施工缝。必须留设施工缝时，宜留在下列部位：墙体水平施工缝不应留在剪力与弯矩最大处或底板与侧墙的交接处，应留在高出底板表面不小于300mm的墙体上；拱(板)墙结合的水平施工缝，宜留在拱(板)墙接缝线以下150～300mm处；墙体有预留孔洞时，施工缝距孔洞边缘不小于300mm；垂直施工缝应避开地下水和裂缝水较多的地段，并宜与变形缝相结合。施工缝防水的构造形式见图9.6。

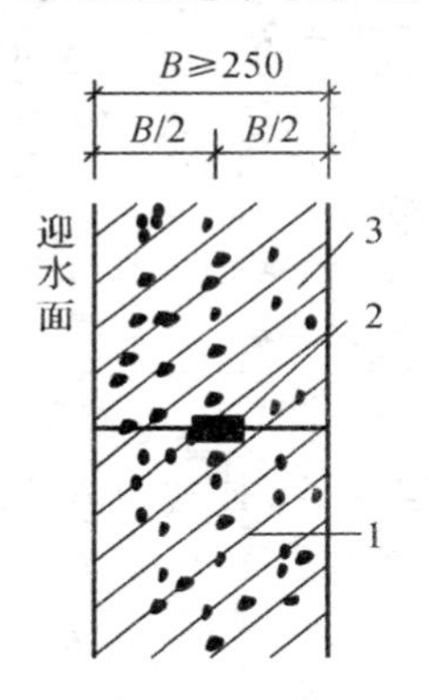

防水基本构造（一）
1—先浇混凝土
2—遇水膨胀止水条
3—后浇混凝土

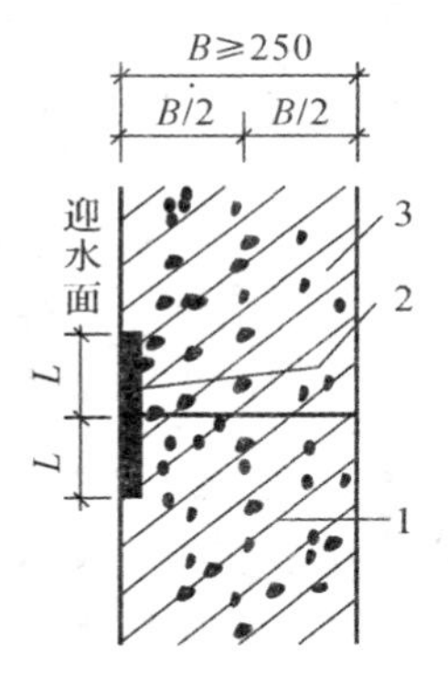

防水基本构造（二）
外贴止水带 $L\geq150$
外涂防水涂料 $L=200$
外抹防水砂浆 $L=200$
1—先浇混凝土
2—遇水膨胀止水条
3—后浇混凝土

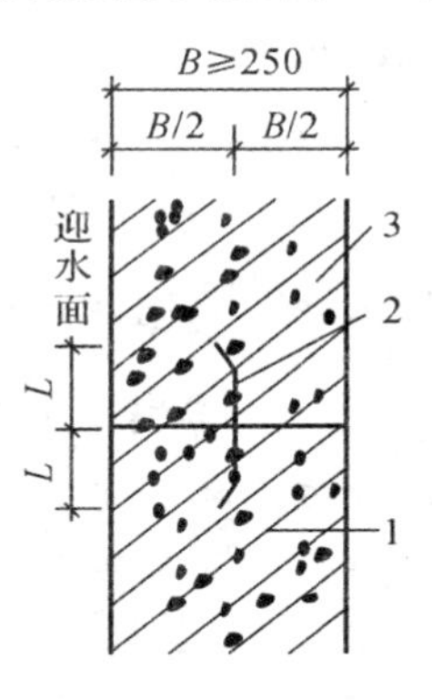

防水基本构造（三）
钢板止水带 $L\geq100$
橡胶止水带 $L\geq125$
钢边橡胶止水带 $L\geq120$
1—先浇混凝土
2—遇水膨胀止水条
3—后浇混凝土

图9.6　施工缝防水构造

(12)施工缝浇灌混凝土前，应将其表面浮浆和杂物清除干净，先铺净浆，再铺30～50mm厚的1∶1水泥砂浆或涂刷混凝土界面处理剂，并及时浇灌混凝土，垂直施工缝可不铺水泥砂浆，选用的遇水膨胀止水条，应牢固地安装在缝表面或预留槽内，且该止水条应具有缓胀性能，其7d的膨胀率不应大于最终膨胀率的60%，若采用中埋式止水带时，位置应准确，固定要牢靠。

(13)防水混凝土终凝后(一般浇后4～6h)，即应开始覆盖浇水养护，养护时间应在14d以上，冬季施工混凝土入模温度不应低于5℃，宜采用综合蓄热法、蓄热法、暖棚法等养护方法，并应保持混凝土表面湿润，防止混凝土早期脱水，若采用掺化学外加剂方法施工时，能降低水溶液的冰点，使混凝土在低温下硬化，但要适当延长混凝土搅拌时间，振捣要密实，还要采用保温保湿措施。不宜采用蒸汽养护和电热养护，地下构筑物应及时回填分层夯实，以避免由于干缩和温差产生裂缝。防水混凝土结构须在混凝土强度达到设计强度40%以上时方可拆模。拆模时，混凝土表面温度与环境温度之差，不得超过15℃，以防混凝土表面出现裂缝。

(14)防水混凝土浇筑后严禁打洞，因此，所有的预留孔和预埋件在混凝土浇筑前必须埋设准确。对防水混凝土结构内的预埋铁件、穿墙管道等防水薄弱之处，应采取措施，仔细施工。

(15)拌制防水混凝土所用材料的品种、规格和用量，每工作班检查不应少于两次，混凝土在浇筑地点的坍落度，每工作班至少检查两次，防水混凝土抗渗性能，应采用标准条件下养护混凝土抗渗试件的试验结果评定，试件应在浇筑地点制作。连续浇筑混凝土每500m³应留置一组抗渗试件，一组为6个试件，每项工程不得小于两组。

(16)防水混凝土的施工质量检验，应按混凝土外露面积每100m²抽查1处，每处10m²，且不得少于3处，细部构造应全数检查。

(17)防水混凝土的抗压强度和抗渗压力必须符合设计要求，其变形缝、施工缝、后浇带、穿墙管道、埋设件等设置和构造均要符合设计要求，严禁有渗漏。防水混凝土结构表面的裂缝宽度不应大于0.2mm，并不得贯通，其结构厚度不应小于250mm，迎水面钢筋保护层厚度不应小于50mm。

四、水泥砂浆防水层的施工

(一)水泥砂浆防水层材料组成

水泥砂浆防水层所采用的水泥强度等级不应低于32.5级，宜采用中砂，其粒径在3mm以下，外加剂的技术性能应符合国家或行业标准一等品及以上的质量要求。

(二)刚性多层抹面防水层做法

刚性多层抹面防水层通常采用四层或五层抹面做法。

(1)一般在防水工程的迎水面采用五层抹面做法(图9.7)。

(2)在背水面采用四层抹面做法(少一道水泥浆)。

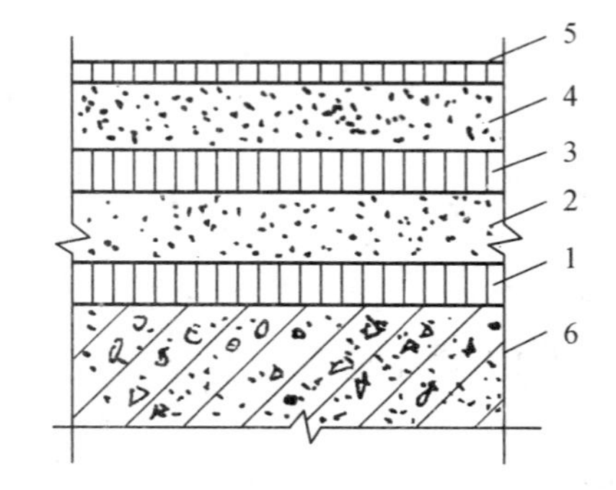

图9.7　五层抹面做法构造

1、3—素灰层2mm；2、4—砂浆层4～5mm；5—水泥浆1mm；6—结构层

(三)施工要点

(1)施工前要注意对基层的处理，使基层表面保持润湿、清洁、平整、坚实、粗糙，以保证防水层与基层表面结合牢固，不空鼓和密实不透水。

(2)施工时应注意素灰层与砂浆层应在同一天完成。施工应连续进行，尽可能不留施工缝。一般顺序为先平面后立面，分层做法如下：

①第一层，在浇水湿润的基层上先抹1mm厚素灰层(用铁板用力挂抹5～6遍)，再抹1mm找平层。

②第二层，在素灰层初凝后、终凝前进行，使砂浆压入素灰层0.5mm并扫出横纹。

③第三层，在第二层凝固后进行，做法同第一层。

④第四层，同第二层做法，抹后在表面用铁板抹压5～6遍，最后压光。

⑤第五层，在第四层抹压两遍后刷水泥浆一遍，随第四层压光。

(3)水泥砂浆铺抹时，采用砂浆收水后二次抹光，使表面坚固密实。

(4)防水层的厚度应满足设计要求，一般为 18～20mm 厚，聚合物水泥砂浆防水层厚度要视施工层数而定。

(5)施工时注意素灰层与砂浆层应在同一天完成，防水层各层之间应结合牢固，不空鼓。

(6)每层宜连续施工尽可能不留施工缝，必须留施工缝时，应采用阶梯坡形槎，但离开阴阳角处，不小于 200mm，防水层的阴阳角应做成圆弧形。

(7)水泥砂浆防水层不宜在雨天及 5 级以上大风中施工，冬季施工气温不应低于 5℃，夏季施工不应在 35℃以上或烈日照射下进行。

(8)若采用普通水泥砂浆做防水层，铺抹的面层终凝后应及时进行养护，且养护时间不得少于 14d。

(9)在聚合物水泥砂浆防水层未达硬化状态时，不得浇水养护或受雨水冲刷，硬化后应采用干湿交替的养护方法。

五、卷材防水层施工

(一)铺贴方案

地下防水工程一般把卷材防水层设置在建筑结构的外侧迎水面上称为外防水，这种防水层的铺贴法可以借助土压力压紧，并与结构一起抵抗有压地下水的渗透和侵蚀作用，防水效果良好，采用比较广泛。

1. 注意事项

(1)卷材防水层用于建筑物地下室，应铺设在结构主体底板垫层至墙体顶端的基面上，在外围形成封闭的防水层，卷材防水层为一至两层，防水卷材厚度应满足表 9.22 的规定。

表 9.22　防水卷材厚度

<table>
<tr><th>防水等级</th><th>设防道数</th><th>合成高分子卷材</th><th>高聚物改性沥青卷材防水</th></tr>
<tr><td>1 级</td><td>三道或三道以上设防</td><td rowspan="2">单层：不应小于 1.5mm
双层：每层不应小于 1.2mm</td><td>单层：不应小于 4mm</td></tr>
<tr><td>2 级</td><td>两道设防</td><td>双层：每层不应小于 3mm</td></tr>
<tr><td rowspan="2">3 级</td><td>一道设防</td><td>不应小于 1.5mm</td><td>不应小于 4mm</td></tr>
<tr><td>复合设防</td><td>不应小于 1.2mm</td><td>不应小于 3mm</td></tr>
</table>

(2)阴阳角处应做成圆弧或 135°折角，其尺寸视卷材品质而定，在转角处，阴阳角等特殊部位，应增贴 1～2 层相同的卷材，宽度不宜小于 500mm。

2. 外防水的卷材防水层铺贴方法

按其与地下防水结构施工的先后顺序分为外贴法和内贴法两种，构造分别如图 9.8 和图 9.9 所示。

(1)外贴法。

施工程序：

①首先浇筑需防水结构的底面混凝土垫层，并在垫层上砌筑部分永久性保护墙，墙下干铺油毡一层。墙高不小于结构底板厚度 B＋(200～500)mm。

②在永久性保护墙上用石灰砂浆砌临时性保护墙，墙高为 150mm×(油毡层数＋1)。

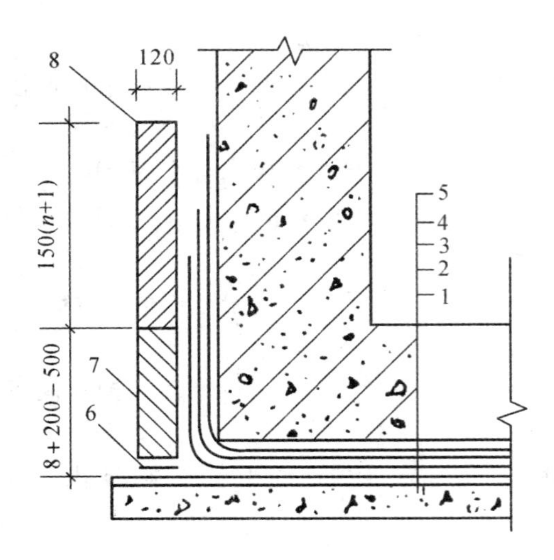

图 9.8 外贴法

1—垫层;2—找平层;3—卷材防水层;4—保护层;
5—构筑物;6—油毡;7—永久性保护墙;
8—临时性保护墙

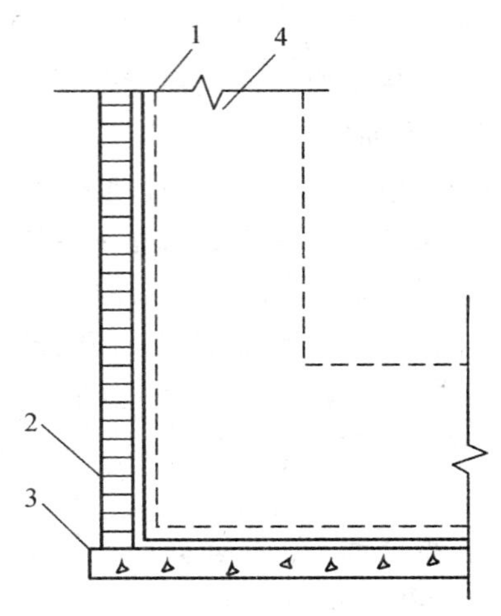

图 9.9 内贴法

1—卷材防水层;2—永久性保护墙;
3—垫层;4—尚未施工的构筑物

③在永久性保护墙上和垫层上抹 1∶3 水泥砂浆找平层,临时性保护墙上用石灰砂浆找平。

④待找平层基本干燥后,即在其上满涂冷底子油,然后分层铺贴立面和平面卷材防水层,并将顶端临时固定。

⑤在铺贴好的卷材表面做好保护层后,再进行需防水结构的底板和墙体施工。

⑥在防水结构施工完成后,将临时固定的接槎部位的各层卷材揭开并清理干净,再在此区段的外墙外表面上补抹水泥砂浆找平层,找平层上满涂冷底子油,将卷材分层错槎搭接向上铺贴在结构墙上。卷材接槎的搭接长度,高聚物改性沥青卷材为 150mm,合成高分子卷材为 100mm,当使用两层卷材时,卷材应错槎接缝,上层卷材应盖过下层卷材;应及时做好防水层的保护结构。

(2)内贴法。

施工程序:

①先在垫层上砌筑永久性保护墙,然后在垫层及保护墙上抹 1∶3 水泥砂浆找平层,待其基本干燥后满涂冷底子油,沿保护墙与垫层铺设防水层。

②卷材防水层铺贴完成后,在立面防水层上涂刷最后一层沥青胶时,趁热粘上干净的热砂或散麻丝,待冷却后,随即抹一层 10~20mm 厚的 1∶3 水泥砂浆保护层。

③在平面上可铺设一层 30~50mm 厚的 1∶3 水泥砂浆或细石混凝土保护层。

④最后进行需防水结构的施工。

(二)施工要点

(1)铺贴卷材的基层必须牢固、无松动现象;基层表面平整干净;阴阳角处,均应做成圆弧形或钝角。

(2)铺贴卷材前,应在基面上涂刷基层处理剂,当基面较潮湿时,应涂刷湿固化型胶粘剂或潮湿界面隔离剂。

(3)基层处理剂应与卷材和胶粘剂的材性相容，基层处理剂可采用喷涂法或涂刷法施工，喷涂应均匀一致，不露底，待表面干燥后，再铺贴卷材。

(4)铺贴卷材时，每层的沥青胶，要求涂布均匀，其厚度一般为1.5～2.5mm。外贴法铺贴卷材应先铺平面，后铺立面，平、立面交接处应交叉搭接；内贴法宜先铺垂直面，后铺水平面。

(5)铺贴垂直面时应先铺转角，后铺大面。

(6)墙面铺贴应待冷底子油干燥后自下而上进行。

(7)卷材接槎的搭接长度，高聚物改性沥青卷材为150mm，合成高分子卷材为100mm，当使用两层卷材时，上下两层和相邻两幅卷材的接缝应错开1/3～1/2幅宽，并不得互相垂直铺贴。

(8)在立面与平面的转角处，卷材的接缝应留在平面距立面不小于600mm处。

(9)在所有转角处均应铺贴附加层并仔细粘贴紧密。粘贴卷材时应展平压实。

(10)卷材与基层和各层卷材间必须粘结紧密，搭接缝必须用沥青胶仔细封严。

(11)最后一层卷材贴好后，应在其表面均匀涂刷一层1～1.5mm的热沥青胶，以保护防水层。

(12)铺贴高聚物改性沥青卷材应采用热熔法施工，在幅宽内卷材底表面均匀加热，不可过分加热或烧穿卷材，只使卷材的粘结面材料加热呈熔融状态后，立即与基层或已粘贴好的卷材粘结牢固，但对厚度小于3mm的高聚物改性沥青防水卷材不能采用热熔法施工。

(13)铺贴合成高分子卷材要采用冷粘法施工，所使用的胶粘剂必须与卷材材性相容。

(14)如用模板代替临时性保护墙时，应在其上涂刷隔离剂。

(15)从底面折向立面的卷材与永久性保护墙的接触部位，应采用空铺法施工，与临时性保护墙或围护结构模板接触的部位，应临时贴附在该墙上或模板上，卷材铺好后，其顶端应临时固定，当不设保护墙时，从底面折向立面卷材的接茬部位应采取可靠的保护措施。

六、结构细部构造防水的施工

(一)变形缝

1. 设置要求

(1)用于伸缩的变形缝宜不设或少设，可根据不同的工程结构、类别及工程地质情况采用诱导缝、加强带、后浇带等代替。

(2)用于沉降的变形缝宽度宜为20～30mm，用于伸缩的变形缝宽度宜小于此值，变形缝处混凝土结构的厚度不应小于300mm，变形缝的防水措施可根据工程开挖方法，防水等级按表9.20、9.21选用。

2. 对止水材料的基本要求

(1)适应变形能力强。

(2)防水性能好。

(3)耐久性高。

(4)与混凝土粘结牢固等。

3. 变形缝止水带材料

常见的变形缝止水带材料有橡胶止水带、塑料止水带、氯丁橡胶止水带和金属止水带(如镀锌钢板等)。

(1)各种变形缝止水带材料的应用范围及特点。

①橡胶止水带和塑料止水带的柔性、适应变形能力与防水性能都比较好,是目前变形缝常用的止水材料。

②氯丁橡胶止水带是一种新型止水材料,具有施工简单、防水效果好、造价低且易补修等特点。

③金属止水带一般仅用于高温环境条件下无法采用橡胶止水带或塑料止水带的场合。金属止水带的适应变形能力差,制作困难。

④对环境温度高于50℃处的变形缝,可采用2mm厚的紫铜片或3mm厚不锈钢金属止水带。

⑤在不受水压的地下室防水工程中,结构变形缝可采用加防腐掺和料的沥青浸过的松散纤维材料、软质板材等填塞严密,并用封缝材料严密封缝,墙的变形缝的填嵌应按施工进度逐段进行,每300～500mm高填缝一次,缝宽不小于30mm,不受水压的卷材防水层,在变形缝处应加铺两层抗拉强度高的卷材。

⑥在受水压的地下防水工程中,温度经常小于50℃,在不受强氧化作用时,变形缝宜采用橡胶或塑料止水带,当有油类侵蚀时,应选用相应的耐油橡胶或塑料止水带,止水带应为整条,如必须接长,应采用焊接或胶接,止水带的接缝宜为一处,应设在边墙较高位置上,不得设在结构转角处。

(2)止水带位置设置要点。

①止水带埋设位置应准确,其中间空心圆环与变形缝的中心线应重合。

②止水带应妥善固定,顶、底板内止水带应成盆状安设,宜采用专用钢筋套或扁钢固定。

③止水带不得穿孔或用铁钉固定,损坏处应修补。

④止水带应固定牢固、平直,不能有扭曲现象。

(3)变形缝接缝处要求。

①两侧应平整、清洁、无渗水,并涂刷与嵌缝材料相容的基层处理剂。

②嵌缝应先设置与前锋材料隔离的背衬材料,并嵌填密实,与两侧粘结牢固。

③在缝上粘贴卷材或涂刷料前,应在缝上设置隔离层后才能进行施工。

(4)止水带的构造形式。

通常有埋入式、可卸式和粘贴式等,目前采用较多的是埋入式。根据防水设计的要求,有时在同一变形缝处,可采用数层、数种止水带的构造形式。图9.10是埋入式橡胶(或塑料)止水带的构造图,图9.11、9.12分别是可卸式橡胶止水带和粘贴式橡胶止水带的构造图。

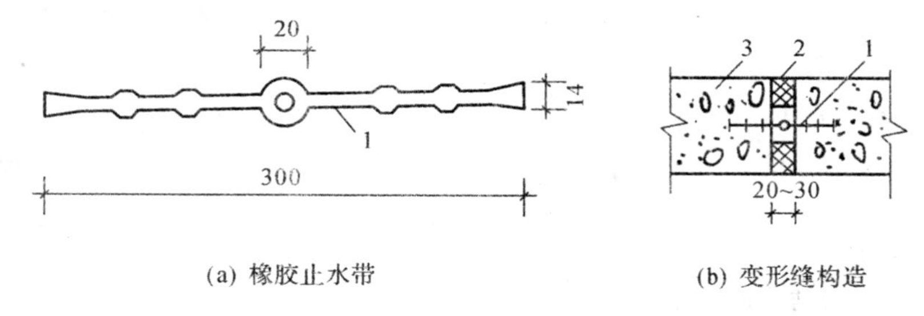

(a) 橡胶止水带　　(b) 变形缝构造

图9.10　埋入式橡胶(或塑料)止水带构造

1—止水带;2—沥青麻丝;3—构筑物

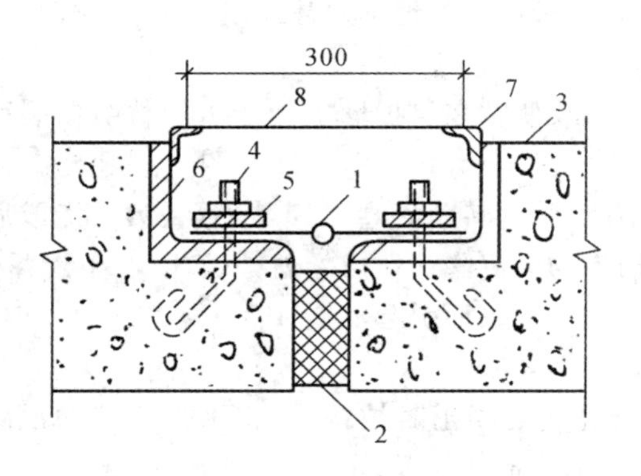

图 9.11　可卸式橡胶止水带构造

1—橡胶止水带；2—沥青麻丝；3—构筑物；4—螺栓；
5—钢压条；6—角钢；7—支撑角钢；8—钢盖板

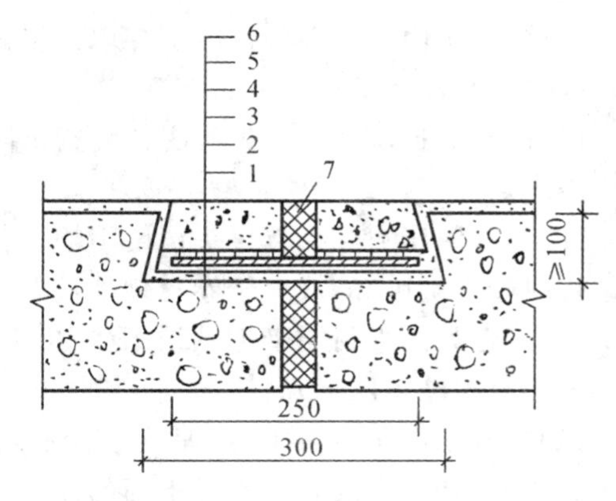

图 9.12　粘贴式氯丁橡胶板构造

1—构筑物；2—刚性防水层；3—胶粘剂；4—氯丁胶板；
5—素灰层；6—细石混凝土覆盖板；7—沥青麻丝

(二)后浇带的处理

1. 后浇带留缝施工要点

(1)防水混凝土基础后浇缝留设的位置及宽度应符合设计要求。

(2)其断面形式可留成平直缝或阶梯缝，但结构钢筋不能断开；若必须断开，则主筋搭接长度应大于 45 倍主筋直径，并应按设计要求加设附加钢筋。

(3)留缝时应采取支模或固定钢板网等措施，保证留缝位置准确、断口垂直、边缘混凝土密实。

(4)后浇带需超前止水时，后浇带部位混凝土应局部加厚，并增设外贴式或埋入式止水带。

(5)留缝后要注意保护，防止边缘毁坏或缝内进入杂物。

2. 后浇带施工时施工要点

(1)后浇带的混凝土施工，应在其两侧混凝土浇筑完毕并养护 6 周，待混凝土收缩变形基本稳定后再进行。

(2)高层建筑的后浇带应在结构顶板浇筑混凝土 14d 后再施工。

(3)浇筑前应将接缝处混凝土表面凿毛并清洗干净，保持湿润。

(4)浇筑的混凝土应优先选用补偿收缩的混凝土，其强度等级不得低于两侧混凝土的强度等级。

(5)施工期的温度应低于两侧混凝土施工时的温度，而且宜选择在气温较低的季节施工。

(6)浇筑后的混凝土养护时间不应少于 4 周。

七、地下防水工程渗漏及防治方法

(一)防水混凝土结构渗漏的部位及原因

(1)由于模板表面粗糙或清理不干净，模板浇水湿润不够，脱模剂涂刷不均匀，接缝不严，振捣混凝土不密实等原因，致使混凝土出现蜂窝、孔洞、麻面而引起渗漏。

(2)墙板和底板及墙板与墙板间的施工缝处理不当而造成地下水沿施工缝渗入。

(3)由于混凝土中砂石含泥量大、养护不及时等，产生干缩和温度裂缝而造成渗漏。

(4)混凝土内的预埋件及管道穿墙处未做认真处理而致使地下水渗入。

(二)卷材防水层渗漏部位及原因

(1)由于保护墙和地下工程主体结构沉降不同,致使粘在保护墙上的防水卷材被撕裂而造成漏水。

(2)卷材的压力和搭接接头宽度不够,搭接不严,结构转角处卷材铺贴不严实,后浇或后砌结构时卷材被破坏,或由于卷材韧性较差,结构不均匀沉降而造成卷材被破坏,产生渗漏。

(3)管道处的卷材与管道粘结不严,出现张口翘起现象而引起渗漏。

(三)变形缝处渗漏原因

(1)止水带固定方法不当,埋设位置不准确或浇筑混凝土时被挤动,止水带两翼的混凝土包裹不严,特别是底板止水带下面的混凝土振捣不实造成渗漏。

(2)钢筋过密,浇筑混凝土时下料和振捣不当,造成止水带周围骨料集中、混凝土离析,产生蜂窝、麻面造成渗漏。

(3)混凝土分层浇筑前,止水带周围的木屑杂物等未清理干净,混凝土中形成薄弱的夹层,造成渗漏。

(四)堵漏技术

堵漏技术就是根据地下防水工程特点,针对不同程度的渗漏水情况,选择相应的防水材料和堵漏方法,进行防水结构渗漏水处理。在拟定处理渗漏水措施时,应本着将大漏变小漏,片漏变点漏,使漏水部位集于一点或数点,最后堵塞的方法进行。

对防水混凝土工程的修补堵漏,通常采用的方法是用促凝剂和水泥拌制而成的快凝水泥胶浆,进行快速堵漏或大面积修补。近年来,采用膨胀水泥(或掺膨胀剂)作为防水修补材料,其抗渗堵漏效果更好。对混凝土的微小裂缝,则采用化学灌浆堵漏技术。

1. 快硬性水泥胶浆堵漏法

(1)堵漏材料。

①促凝剂。促凝剂是以水玻璃为主,并与硫酸铜、重铬酸钾配制而成。配制时按配合比先把定量的水加热至100℃,然后将硫酸铜和重铬酸钾倒入水中,继续加热并不断搅拌至完全溶解后,冷却至30～40℃,再将此溶液倒入称好的水玻璃液体中,搅拌均匀,静置半小时后就可以使用。

②快凝水泥胶浆。快凝水泥胶浆的配合比是水泥∶促凝剂为1∶(0.5～0.6)。由于这种胶浆凝固快(一般1min左右就凝固),使用时,注意随拌随用。

(2)堵漏方法。

地下防水工程的渗漏水情况比较复杂,堵漏的方法也较多。因此,选用时要因地制宜。常用的堵漏方法有堵塞法和抹面法。

①堵塞法。堵塞法适用于孔洞漏水或裂缝漏水的修补处理。孔洞漏水常用直接堵塞法和下管堵塞法。直接堵塞法适用于水压不大,漏水孔洞较小,操作时先将漏水孔洞处剔槽,槽壁必须与基面垂直,并用水刷洗干净,随即将配制好的快凝水泥胶浆捻成与槽尺寸相近的锥形团,在胶浆开始凝固时,迅速压入槽内,并挤压密实,保持半分钟左右即可。当水压力较大,漏水孔洞较大时,可采用下管堵塞法(图9.13)。孔洞堵塞好后,在胶浆表面抹素灰一层,砂浆一层,以作保护。待砂浆有一定的强度后,将胶管拔出,按直接堵塞法将管孔堵塞。最后拆除挡水墙,再做防水层。裂缝漏水的处理方法有裂缝直接堵塞法和下绳堵塞法。裂缝

直接堵塞法适用于水压较小的裂缝漏水，操作时，沿裂缝剔成八字形坡的沟槽，刷洗干净后，用快凝水泥胶浆直接堵塞，经检查无渗水，再做保护层和防水层。当水压力较大，裂缝较长时，可采用下绳堵塞法(图 9.14)。

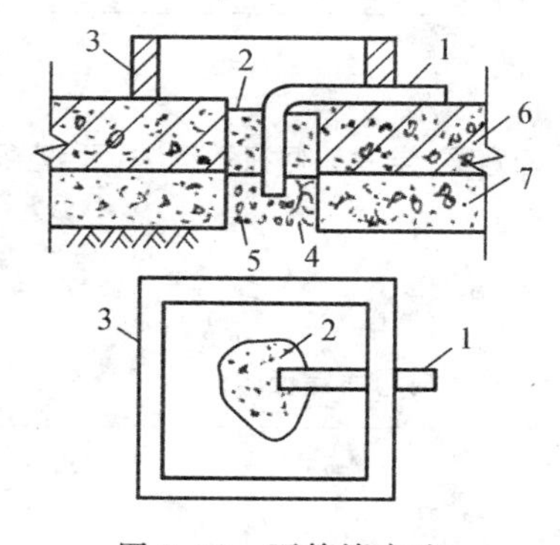

图 9.13　下管堵塞法

1—胶皮管；2—快凝胶浆；3—挡水墙；4—油毡一层；5—碎石；6—构筑物；7—垫层

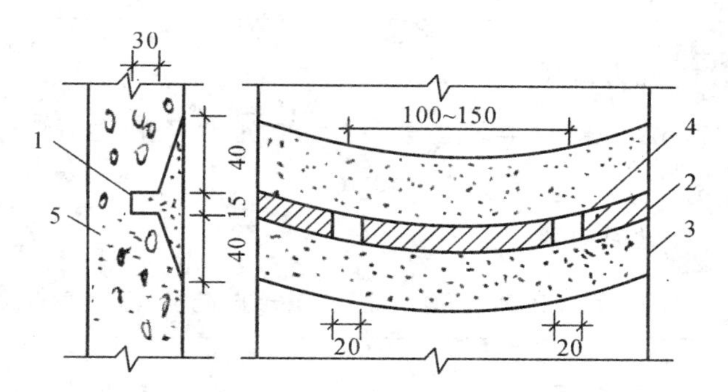

图 9.14　下绳堵塞法

1—小绳(导水用)；2—快凝胶浆填缝；3—砂浆层；4—暂留小孔；5—构筑物

②抹面法。抹面法适用于较大面积的渗水面，一般先降低水压或降低地下水位，将基层处理好，然后用抹面法做刚性防水层修补处理。先在漏水严重处用凿子剔出半贯穿性孔眼，插入胶管将水导出。这样就使“片渗”变为“点漏”，在渗水面做好刚性防水层修补处理。待修补的防水层砂浆凝固后，拔出胶管，再按“孔洞直接堵塞法”将管孔堵填好。

2. 化学灌注浆堵漏法

(1)灌浆材料。

①氰凝。氰凝的主要成分是以多异氰酸酯与含羟基的化合物(聚酯、聚醚)制成的预聚体。使用前，在预聚体内掺入一定量的副剂(表面活性剂、乳化剂、增塑剂、溶剂与催化剂等)，搅拌均匀即配制成氰凝浆液。氰凝浆液不遇水不发生化学反应，稳定性好；当将浆液灌入漏水部位后，浆液立即与水发生化学反应，生成不溶于水的凝胶体；同时释放二氧化碳气体，使浆液发泡膨胀，向四周渗透扩散直至反应结束。

②丙凝。丙凝由双组分(甲溶液和乙溶液)组成。甲溶液是丙烯酰胺和 N—N′—甲撑双丙烯酰胺及 B—二甲铵基丙的混合溶液。乙溶液是过硫酸铵的水溶液。两者混合后很快形成不溶于水的高分子硬性凝胶，这种凝胶可以封密结构裂缝，从而达到堵漏的目的。

(2)灌浆施工。

灌浆堵漏施工，可分为对混凝土表面处理、布置灌浆孔、埋设灌浆嘴、封闭漏水部位、压水试验、灌浆和封孔等工序。灌浆孔的间距一般为 1m 左右，并要交错布置；灌浆嘴的埋设如图 9.15 所示；灌浆结束，待浆液固结后，拔出灌浆嘴并用水泥砂浆封固灌浆孔。

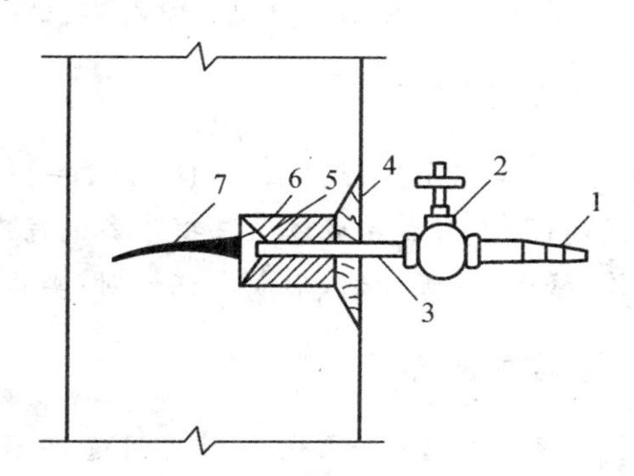

图 9.15　埋入式灌浆嘴埋设方法

1—进浆嘴；2—阀门；3—灌浆嘴；4—一层素灰一层砂浆长平；5—快硬水泥；6—半圆铁片；7—混凝土墙裂缝

情境3 卫生间防水工程施工

能力目标

通过本情境的学习，能够应用所学的知识，了解卫生间防水施工的方案，学会如何在工程中运用方案进行施工。

学习内容

卫生间防水的施工工艺；施工质量要求；防水施工注意事项及卫生间渗漏与堵漏技术。

任务引领

教师布置任务，帮助学生理解任务要求，辅导学生完成任务需要掌握的知识。

任务一 现有建筑工程中常用的各类卫生间防水材料。

试弄清各种卫生间防水材料的施工工艺。

任务二 某框架结构房屋，卫生间防水等级为Ⅰ级。

试确定该房屋所需的卫生间防水材料。

任务三 试说出各种卫生间防水材料的不同点。

问题导入

以下问题是完成任务必须掌握的知识，教师引导，学生完成。

1. 卫生间防水有哪些特点？
2. 聚氨酯涂膜防水有哪些优缺点？简述其施工工序。
3. 卫生间涂膜防水施工应注意哪些事项？
4. 聚氨酯涂膜防水材料施工时有哪些质量要求？
5. 卫生间渗漏常出现在哪些部位？产生的原因及堵漏措施有哪些？

自主学习

学生以小组形式工作（4～6人一组）。通过查资料、规范、学材以及网上资源解答以上问题；初步形成完成以上三项任务的思路和工作计划，组内学生讨论、向教师或辅导教师咨询，修改、完善计划，形成实施计划；实施计划，完成任务。

学生发言

各小组选派一名代表，回答问题，讲解本小组完成任务的过程及结果，小组其他成员补充。

学生互评

小组之间按照统一标准，对各小组回答问题、完成任务的过程及结果进行互评。

学生完成学习情境 3 成绩评定表

学生姓名________　教师________　班级________　学号____________

序号	考评项目	分值	考核内容	教师评价（权重 50%）	组长评价（权重 25%）	学生评价（权重 25%）
1	学习态度	15	出勤率、听课态度、实操表现等			
2	学习能力	25	上课回答问题、完成工作质量			
3	计算、操作能力	25	计算、实操记录、作品成果质量			
4	团结协作能力	15	自己所在小组的表现，小组完成工作的质量、速度			
合计		80				
综合得分						

知识拓展

教师提供 1～3 个卫生间防水施工的工程实例，供学生选择，加强实操练习。在规定期限内，学生按照设计要求，编写出卫生间防水施工方案。此项内容占情境 3 学习成绩的 20%。

学　材

通过大量的试验和实践证明，以涂膜防水代替各种卷材防水，尤其是选用高弹性的聚氨酯涂膜防水或选用弹簧性的氯丁胶乳沥青涂料防水等新材料和新工艺，可以使卫生间的地面和墙面形成一个没有接缝、封闭严密的整体防水层，从而提高其防水工程的质量。下面介绍其防水做法。

一、卫生间楼地面聚氨酯防水施工

（一）基层处理

（1）卫生间的防水基层必须用 1∶3 的水泥砂浆找平，要求抹平压光无空鼓，表面要坚实，不应有起砂、掉灰现象。

（2）在抹找平层时，在管道根部的周围，应使其略高于地面，在地漏的周围，应做成略低于地面的洼坑。

（3）找平层的坡度以 1%～2% 为宜，坡向地漏。

（4）凡遇到阴阳角处，要抹成半径不小于 10mm 的小圆弧。

（5）与找平层相连接的管件、卫生洁具、排水口等，必须安装牢固，收头圆滑，按设计要求用密封膏嵌固。

（6）基层必须基本干燥，一般在基层表面均匀泛白无明显水印时，才能进行涂膜防水层施工。

（7）施工前要把基层表面的尘土杂物彻底清扫干净。

(二)施工工艺

1. 清理基层

需做防水处理的基层表面,必须彻底清扫干净。

2. 涂布底胶

将聚氨酯甲、乙两组分和二甲苯按1:1.5:2的比例(重量比,以产品说明为准)配合搅拌均匀,再用小滚刷或油漆刷均匀涂布在基层表面上。涂刷量约为0.15～0.2kg/m^2,涂刷后应干燥固化4h以上,才能进行下道工序施工。

3. 配制聚氨酯涂膜防水涂料

将聚氨酯甲、乙两组分和二甲苯按1:1.5:0.3的比例配合,用电动搅拌器强力搅拌均匀备用。应随配随用,一般在2h内用完。

4. 涂膜防水层施工

用小滚刷或油漆刷将已配好的防水涂料均匀涂布在底胶已干固的基层表面上。涂完第一层涂膜后,一般需固化5h以上,在基本不粘手时,按上述方法涂布第二、三、四层涂膜,并使后一层与前一层的涂布方向相垂直。对管子根部、地漏周围以及墙角部位,必须认真涂刷,涂刷层厚不小于2mm。在涂刷最后一层涂膜固化前及时稀撒少许干净的粒径为2～3mm的小豆石,使其与涂膜防水层粘结牢固,作为与水泥砂浆保护层粘结的过渡层。

5. 做好保护层

当聚氨酯涂膜防水层完全固化和通过蓄水试验合格后,即可铺设一层厚度为15～25mm的水泥砂浆保护层,然后按设计要求铺设饰面层。

(三)质量要求

(1)聚氨酯涂膜防水材料的技术性能应符合设计要求或材料标准规定,并应附有质量证明文件和现场取样进行检测的试验报告以及其他有关质量的证明文件。

(2)聚氨酯的甲、乙料必须密封存放,甲料开盖后,吸收空气中的水分会起反应而固化,如在施工中,混有水分,则聚氨酯固化后内部会有水泡,影响防水能力。

(3)涂膜厚度应均匀一致,总厚度不应小于1.5mm。

(4)涂膜防水层必须均匀固化,不应有明显的凹坑、气泡和渗漏水的现象。

二、卫生间楼地面氯丁胶乳沥青防水涂料施工

卫生间楼地面氯丁胶乳沥青防水涂料是以氯丁橡胶和沥青为基料,经加工合成的一种水乳型防水涂料。它兼有橡胶和沥青的双重优点,具有防水、抗渗、耐老化、不易燃、无毒、抗基层变形能力强等优点,冷作业施工,操作方便。

(一)基层处理

与聚氨酯涂膜防水施工要求相同。

(二)施工工艺及要点

1. 二布六油防水层的工艺流程

基层找平处理→满刮一遍氯丁胶乳沥青水泥腻子→满刮第一遍涂料→做细部构造加强层→铺贴玻璃布,同时刷第二遍涂料→刷第三遍涂料→铺贴玻纤网格布,同时刷第四遍涂料→涂刷第五遍涂料→涂刷第六遍涂料并及时撒砂粒→蓄水试验→按设计要求做保护层和面层→防水层二次试水,验收。

2. 施工要点

(1)在清理干净的基层上满刮一遍氯丁胶乳沥青水泥腻子，管根和转角处要厚刮并抹平整。

(2)腻子的配制方法是将氯丁胶乳沥青防水涂料倒入水泥中，边倒边搅拌至稠状即可刮涂于基层，腻子厚度为2～3mm。

(3)待腻子干燥后，满刷一遍防水涂料，但涂刷不能过厚，不得漏刷，表面均匀不流淌，不堆积，立面刷至设计标高。

(4)在细部构造部位，如阴阳角、管道根部、地漏、大便器蹲坑等分别附加一布二涂附加层。

(5)附加层干燥后，大面铺贴玻纤网格布，同时涂刷第二遍防水涂料，使防水涂料浸透布纹渗入下层，玻纤网格布搭接宽度不小于100mm，立面贴到设计高度，顺水接槎，收口处贴牢。

(6)上述涂料实干后(约24h)，满刷第三遍涂料，表面干后(约4h)，铺贴第二层玻纤网格布，同时满刷第四遍防水涂料，第二层玻纤布与第一层玻纤布接槎要错开，涂刷防水涂料时，应均匀，将布张平无折皱。

(7)上述涂层实干后，满刷第五遍、第六遍防水涂料，整个防水层实干后，可进行第一次蓄水试验，蓄水时间不得少于24h，无渗漏才合格，然后做保护层和饰面层。

(8)工程交付使用前应进行第二次蓄水试验。

(三)质量要求

(1)水泥砂浆找平层做完后，应对其平整度、强度、坡度和干燥度进行预验收。

(2)防水涂料应有产品质量证明书以及现场取样的复检报告。

(3)施工完成的氯丁胶乳沥青防水层，不得有起鼓、裂纹、孔洞缺陷。末端收头部位应粘贴牢固，封闭严密，成为一个整体的防水层。

(4)做完防水层的卫生间，经24h以上的蓄水检验，无渗漏水现象方为合格。要提供检查验收记录，连同材料质量证明文件等技术资料一并归档备查。

三、卫生间涂膜防水施工注意事项

(1)施工用材料具有毒性，存放材料的仓库和施工现场必须通风良好，无通风条件的地方必须安装机械通风设备。

(2)施工材料多属易燃物质，存放、配料以及施工现场必须严禁烟火，现场要配备足够的消防器材。

(3)在施工过程中，严禁上人踩踏未完全干燥的涂膜防水层。操作人员应穿平底胶布鞋，以免损坏涂膜防水层。

(4)凡需做附加补强层的部位应先施工，然后再进行大面积防水层施工。已完工的涂膜防水层，必须经蓄水试验无渗漏现象后方可进行干性保护层的施工。进行干性保护层施工时，切勿损坏防水层，以免留下渗漏隐患。

四、卫生间渗漏与堵漏技术

卫生间用水频繁，防水处理不当就会发生渗漏。主要表现在楼板管道滴漏水、地面积水、墙壁潮湿渗水，甚至下层顶板和墙壁也出现滴水等现象。治理卫生间的渗漏，必须先查找渗漏的部位和原因，然后采取有效的针对性措施。

（一）板面及墙面渗水

1. 原因

(1)混凝土、砂浆施工的质量不良，存在微孔渗漏；板面、隔墙出现轻微裂缝。

(2)防水涂层施工质量不好或被损坏。

2. 堵漏措施

(1)拆除卫生间渗漏部位饰面材料，涂刷防水涂料。

(2)若有开裂现象，则应对裂缝先进行增强防水处理，再刷防水涂料。增强处理一般采用贴缝法、填缝法和填缝加贴缝法。贴缝法主要适用于微小的裂缝，可刷防水涂料并加贴纤维材料或布条，做防水处理。填缝法主要用于较显著的裂缝，施工时要先进行扩缝处理，将缝扩展成15mm×15mm左右的V形槽，清理干净后刮填嵌缝材料。填缝加贴缝法除采用填缝处理外，在缝表面再涂刷防水涂料，并粘纤维材料处理。

(3)当渗漏不严重，饰面拆除困难，也可直接在其表面刮涂透明或彩色聚氨酯防水涂料。

（二）卫生洁具及穿楼板管道、排管口等部位渗漏

1. 原因

(1)细部处理方法欠妥，卫生洁具及管口周边填塞不严。

(2)管口连接件老化；由于振动及砂浆、混凝土收缩等原因，出现裂隙。

(3)卫生洁具及管口周边未用弹性材料处理，或施工时嵌缝材料及防水涂料粘结不牢。

(4)嵌缝材料及防水涂层被拉裂或拉离粘结面。

2. 堵漏措施

(1)将漏水部位彻底清理，刮填弹性嵌缝材料。

(2)在渗漏部位涂刷防水涂料，并粘贴纤维材料增强。

(3)更换老化管口连接件。

情境4　防水工程施工质量验收与安全技术

能力目标

通过本情境的学习，能够应用所学知识，按照设计、规范要求，懂得建筑工程中防水施工的质量验收内容、安全技术措施。

学习内容

防水工程的质量验收规范和验收方法；防水工程的质量要求和安全技术措施。

任务引领

教师布置任务，帮助学生理解任务要求，辅导学生完成任务需要掌握的知识。

任务一　完成屋面防水工程施工安全交底工作；明确质量验收项目、标准和方法。

任务二　完成地下防水工程施工安全交底工作；明确质量验收项目、标准和方法。

任务三　完成卫生间防水工程施工安全交底工作；明确质量验收项目、标准和方法。

问题导入

以下问题是完成任务必须掌握的知识，教师引导，学生完成。

1. 屋面防水工程质量验收规范有哪些内容？
2. 地下防水工程质量验收规范有哪些内容？
3. 卫生间防水工程质量验收规范有哪些内容？
4. 防水工程施工安全技术有哪些内容？
5. 防水工程施工中安全注意事项有哪些？
6. 防水工程施工设备有何规定？

自主学习

学生以小组形式工作（4～6人一组）。通过查资料、规范、学材以及网上资源解答以上问题；初步形成完成以上三项任务的思路和工作计划，组内学生讨论、向教师或辅导教师咨询，修改、完善计划，形成实施计划；实施计划，完成任务。

学生发言

各小组选派一名代表，回答问题，讲解本小组完成任务的过程及结果，小组其他成员补充。

学生互评

小组之间按照统一标准，对各小组回答问题、完成任务的过程及结果进行互评。

学生完成学习情境4成绩评定表

学生姓名________　教师________　班级________　学号____________

序号	考评项目	分值	考核内容	教师评价（权重50%）	组长评价（权重25%）	学生评价（权重25%）
1	学习态度	15	出勤率、听课态度、实操表现等			
2	学习能力	25	上课回答问题、完成工作质量			
3	计算、操作能力	25	计算、实操记录、作品成果质量			
4	团结协作能力	15	自己所在小组的表现，小组完成工作的质量、速度			
合计		80				
综合得分						

知识拓展

教师提供1～3个防水工程的实例，供学生选择，加强实操练习。在规定期限内，学生按照设计要求，编写出安全技术交底方案，明确质量验收项目、标准和方法。此项内容占情境4学习成绩的20%。

学　材

一、防水工程施工质量验收

（一）防水混凝土质量验收

1. 主控项目

（1）防水混凝土的原材料、配合比及坍落度必须符合设计要求。

检验方法：检查出厂合格证、质量检验报告、计量措施和现场抽样试验报告。

（2）防水混凝土的抗压强度和抗渗压力必须符合设计要求。

检验方法：检查混凝土抗压、抗渗试验报告。

（3）防水混凝土的变形缝、施工缝、后浇带、穿管道、埋设件等设置和构造，均须符合设计要求，严禁有渗漏。

检验方法：观察检查和检查隐蔽工程验收记录。

2. 一般项目

（1）防水混凝土结构表面应坚实、平整，不得有露筋、蜂窝等缺陷；埋设件位置应正确。

检验方法：观察和尺量检查。

（2）防水混凝土结构表面的裂缝宽度不应大于0.2mm，并不得贯通。

检验方法：用刻度放大镜检查。

（3）防水混凝土结构厚度不应小于250mm，其允许偏差为+15mm、−10mm；迎水面钢筋保护层厚度不应小于50mm，其允许偏差为±10mm。

检验方法：尺量检查和检查隐蔽工程验收记录。

（二）水泥砂浆防水质量验收

1. 主控项目

（1）水泥浆防水层的原材料及配合比必须符合设计要求。

检验方法：检查出厂合格证、质量检验报告、计量措施和现场抽样试验报告。

（2）水泥砂浆防水层各层之间必须结合牢固，无空鼓现象。

检验方法：观察和用小锤轻击检查。

2. 一般项目

（1）水泥砂浆防水层表面应密实、平整，不得有裂纹、起砂、麻面等缺陷；阴阳角处应做成圆弧形。

检验方法：观察检查。

（2）水泥砂浆防水层施工缝留槎位置应正确，接槎应按层次顺序操作，层层搭接紧密。

检验方法：观察检查和检查隐蔽工程验收记录。

（3）水泥砂浆防水层的平均厚度应符合设计要求，最小厚度不得小于设计值的85%。

检验方法：观察和尺量检查。

(三)卷材防水质量验收

1. 主控项目

(1)卷材防水层所用卷材及主要配套材料必须符合设计要求。

检验方法:检查出厂合格证、质量检验报告和现场抽样试验报告。

(2)卷材防水层应采用高聚物改性沥青防水卷材和合成高分子防水卷材。

(3)卷材防水层及其转角处、变形缝、穿墙管道等细部做法均须符合设计要求。

检验方法:观察检查和检查隐蔽工程验收记录。

2. 一般项目

(1)卷材防水层的基层应牢固,基面应洁净、平整,不得有空鼓、松动、起砂和脱皮现象;基层阴阳角处应做成圆弧形。

检验方法:观察检查和检查隐蔽工程验收记录。

(2)卷材防水层的搭接缝应粘(焊)结牢固,密封严密,不得有皱折、翘边和鼓泡等缺陷。

检验方法:观察检查。

(3)侧墙卷材防水层的保护层与防水层应粘结牢固,结合紧密、厚度均匀一致。

检验方法:观察检查。

(4)卷材搭接宽度的允许偏差为-10mm。

检验方法:观察和尺量检查。

(四)涂料防水质量验收

1. 主控项目

(1)涂料防水层所用材料及配合比必须符合设计要求。

检验方法:检查出厂合格证、质量检验报告、计量措施和现场抽样试验报告。

(2)涂料防水层及其转角处、变形缝、穿墙管道等细部做法均须符合设计要求。

检验方法:观察检查和检查隐蔽工程验收记录。

2. 一般项目

(1)涂料防水层的基层应牢固,基面应洁净、平整,不得有空鼓、松动、起砂和脱皮现象;基层阴阳角处应做成圆弧形。

检验方法:观察检查和检查隐蔽工程验收记录。

(2)涂料防水层应与基层粘结牢固,表面平整、涂刷均匀,不得有流淌、皱折、鼓泡、露胎体和翘边等缺陷。

检验方法:观察检查。

(3)涂料防水层的平均厚度应符合设计要求,最小厚度不得小于设计厚度的80%。

检验方法:针测法或割取20mm×20mm实样用卡尺测量。

(4)侧墙涂料防水层的保护层与防水层粘结牢固,结合紧密,厚度均匀一致。

检验方法:观察检查。

(五)塑料板防水质量验收

1. 主控项目

(1)防水层所用塑料板及配套材料必须符合设计要求。

检验方法:检查出厂合格证、质量检验报告和现场抽样试验报告。

(2)塑料板的搭接缝必须采用热风焊接,不得有渗漏。

检验方法:双焊缝间空腔内充气检查。

2. 一般项目

(1)塑料板防水层的基面应坚实、平整、圆顺,无漏水现象;阴阳角处应做成圆弧形。

检验方法:观察和尺量检查。

(2)塑料板的铺设应平顺并与基层固定牢固,不得有下垂、绷紧和破损现象。

检验方法:观察检查。

(3)塑料板搭接宽度的允许偏差为-10mm。

检验方法:尺量检查。

(六)金属板防水质量验收

1. 主控项目

(1)金属防水层所采用的金属板材和焊条(剂)必须符合设计要求。

检验方法:检查出厂合格证或质量检验报告和现场抽样试验报告。

(2)焊工必须考试合格并取得相应的执业资格证书。

检验方法:检查焊工执业资格证书和考核日期。

2. 一般项目

(1)金属板表面不得有明显凹面和损伤。

检验方法:观察检查。

(2)焊缝不得有裂纹、未熔合、夹渣、焊瘤、咬边、烧穿、弧坑和针状气孔等缺陷。

检验方法:观察检查和无损检验。

(3)焊缝的焊波均匀,焊渣和飞溅物应清除干净;保护涂层不得有漏涂、脱皮和反锈现象。

检验方法:观察检查。

(七)细部构造质量验收

1. 主控项目

(1)细部构造所用止水带、遇水膨胀橡胶腻子止水条和接缝密封材料必须符合设计要求。

检验方法:检查出厂合格证、质量检验报告和进场抽样试验报告。

(2)变形缝、施工缝、后浇带、穿墙管道和埋设件等细部构造做法,均须符合设计要求。

检验方法:观察检查和检查隐蔽工程验收记录。

2. 一般项目

(1)中埋式止水带中心线应与变形缝中心线重合,止水带应固定牢靠、平直,不得有扭曲现象。

检验方法:观察检查和检查隐蔽工程验收记录。

(2)穿墙管止水环与主管或翼环与套管应连续满焊,并做防腐处理。

检验方法:观察检查和检查隐蔽工程验收记录。

(3)接缝处混凝土表面应密实、洁净、干燥;密封材料应嵌填严密、粘结牢固,不得有开裂、鼓泡和下塌现象。

检验方法:观察检查。

二、防水工程施工安全技术

(1)作业人员应经过安全技术培训、考核,持证上岗。

(2)必须按规定佩戴防护用品。

(3)上下沟槽、构筑物必须走马道或安全梯。

(4)高处作业时必须支搭平台。

(5)使用喷灯作业时,应符合下列要求。

①在有带电体的场所使用喷灯时,喷灯火焰与带电部分的距离应符合下列要求:10kV及以下电压不得小于1.5m,10kV以上电压不得小于3m。

②喷灯内油面不得高于容器高度的3/4。加油孔的螺栓应拧紧。喷灯不得有漏油现象。

③严禁在有易燃易爆物质的场所使用喷灯。

④喷灯加油、放油及拆卸喷嘴和其他零件作业,必须熄灭火焰并待其冷却后进行。喷灯用完后应卸压。

⑤使用煤油或酒精的喷灯内严禁加入汽油。

(6)在构筑物内部作业时应保持空气流通,必要时采取强制通风措施。

(7)临边作业必须采取防坠落的措施。

(8)作业现场严禁烟火。使用可燃性材料时必须按消防部门的规定配备消防器材。

(9)运输和储存燃气罐瓶时应直立放置,并加以固定。搬运时不得碰撞。使用时必须先点火后开气。使用后关闭全部阀门。

(10)加热熔化沥青材料的地点与建筑物的距离不得小于10m,并远离易燃易爆物。严禁使用敞口锅熬制沥青,加热设备应有烟尘处理装置,沥青锅盖应用钢质材料。

(11)运送热沥青时,应使用带盖的提桶,桶盖必须严密,装油量不得超过桶容积的3/4。两人抬运热沥青时,应协调一致。

(12)沥青刷手柄长度不宜小于50cm。

(13)严格遵守施工现场各项安全规章制度和劳动纪律,严禁酒后操作,禁止穿拖鞋,不违章指挥、违章操作、违反劳动纪律。

(14)靠近屋面低矮女儿墙施工时,必须侧身站立,严禁面向女儿墙,并挂好安全带。

(15)患有心脏病、高血压、深度近视以及不适应高处作业人员不得安排高处作业。

(16)吊装区域必须用安全警戒旗(红白带)分割施工区域和非施工区域,同时设置吊装监护人,禁止非吊装人员进入吊装区域。

(17)起重臂下以及回转半径内严禁站人,吊运作业时严禁作业人员在吊物下方穿行或停留。

(18)铺设卷材现场必须按规定配备有效的消防灭火器等消防器材。

(19)动火必须办理动火证才可以施工,必须有防火监护人,施工完毕监护人必须检查现场,确保无火险隐患方可离开。

(20)使用的移动式开关箱必须安装在坚固、稳定的支架上。必须有有效的漏电保护器。连接线采用完好的铜芯绝缘导线。

(21)手持电动工具外壳、手柄、电源线完好,严禁使用护套线代用。

项目十 装饰装修工程施工

Ⅰ 背景知识

基本概念

1. 建筑装饰装修定义

为保护建筑物的主体结构、完善建筑物的使用功能和美化建筑物，采用装饰装修材料或饰物，用科学的施工工艺、方法，对建筑物的内外表面及空间进行各种处理的过程。

2. 建筑装饰装修的主要作用

(1)保护结构体，延长使用寿命。

(2)美化建筑，增强艺术效果。

(3)优化环境，创造使用条件。

3. 建筑装饰装修工程的施工特点

(1)劳动量大，劳动量约占整个工程劳动总量的30%～40%。

(2)工期长，约占整个工程施工期的一半以上甚至更多。

(3)造价高，一般工程装饰装修部分占工程总造价的30%左右，高级装修工程则可达50%以上。

(4)装饰材料和施工技术更新快，施工管理复杂。

4. 建筑装饰装修工程施工

建筑装饰装修工程施工包括抹灰、饰面、墙体保温、楼地面、吊顶、涂料、刷浆与裱糊和门窗等工程施工。

相关规范及标准

《建筑装饰装修工程质量验收规范》(GB 50210—2001)

《建筑地面工程施工质量验收规范》(GB 50209—2010)

《普通混凝土用砂、石质量及检验方法标准》(JGJ 52—2006)

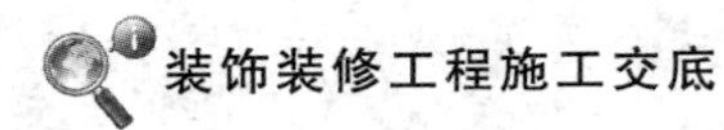

装饰装修工程施工交底

<table>
<tr><td colspan="2">安全技术交底
表 D2－1</td><td>编号</td><td colspan="2"></td></tr>
<tr><td>工程名称</td><td></td><td>交底日期</td><td colspan="2">年　月　日</td></tr>
<tr><td>施工单位</td><td></td><td>分项工程名称</td><td colspan="2">装饰装修工程</td></tr>
<tr><td>交底提要</td><td colspan="4"></td></tr>
<tr><td colspan="5">一、施工准备
(1)必须组织材料进场，并对其进行检查、加工和配置。
(2)必须做好机械设备和施工工具的准备。
(3)必须做好图纸审查、制定施工顺序与施工方法、进行材料试验和试配工作、组织结构工程验收和工序交接检查、进行技术交底等有关技术准备工作。
(4)必须进行预埋件、预留洞的埋设和基层的处理等。
二、施工顺序
(1)抹灰、饰面、吊顶和隔断工程，应待隔墙、钢木门、窗框、暗装管道、电线管和电器预埋件、预制钢筋混凝土楼板灌缝完工后进行。
(2)钢木门窗及其玻璃工程，根据地区气候条件和抹灰工程的要求，可在湿作业前进行；铝合金、塑料、涂色镀锌钢板门窗及其玻璃工程，宜在湿作业完工后进行，如需在湿作业前进行，必须加强保护。
(3)有抹灰基层的饰面工程、吊顶及轻型花饰安装工程，应待抹灰工程完工后进行。
(4)涂料、刷浆工程以及吊顶、隔断、罩面板的安装，应在塑料地板、地毯硬质纤维等地(楼)面的面层和明装电线施工前，管道设备试压后进行。木地(楼)面层的最后一遍涂料，应待裱糊工程完工后进行。
(5)裱糊工程，应待顶棚、墙面、门窗及建筑设备的涂料和刷浆工程完工后进行。
三、分项工程施工
每项分项工程施工前，技术负责人都应按照设计要求和工程施工的实际，对施工班组进行安全技术交底，确保安全文明施工和施工质量合格。
注：班组长在给施工人员书面或口头交底后，所有接受交底人员在交底书最后一页的背面上签字后转交给工地安全员存档。
补充内容：(包括以下几点内容，由交底人负责编写)
1. 使用工具；2. 涉及的防护用品；3. 施工作业顺序；4. 安全技术其他要求；5. 作业环境要求和危险区域告知；6. 旁站部位及要求；7. 使用新材料、新设备、新技术的安全措施；8. 其他要求。</td></tr>
</table>

审核人		交底人		接受交底人	

①本表头由交底人填写，交底人与接受交底人各保存一份，安全员一份。

②当作分部、分项施工作业安全交底时，应填写“分部、分项工程名称”栏。

③交底提要应根据交底内容把交底重要内容写上。

Ⅱ 工作情境

情境1 抹灰工程施工

能力目标

通过本情境的学习，能够应用所学知识，按照设计图纸、规范和施工工艺，组织抹灰工程施工。

学习内容

抹灰工程的分类和组成；各种抹灰的构造及各构造层的作用；各种抹灰工具及其作用；一般抹灰和装饰抹灰的施工方法；抹灰工程的质量要求和安全技术。

任务引领

教师布置任务，帮助学生理解任务要求，辅导学生完成任务需要掌握的知识。

任务一 某中学新建教学楼工程，内饰面为107涂料。

试确定抹灰的质量等级，并说明抹灰层次、要求和施工要点，编写出施工方案。

任务二 某高级办公用房，内饰面为白色乳胶漆。

试确定抹灰的质量等级，并说明抹灰层次、要求和施工要点，编写出施工方案。

任务三 完成某教学楼教室 $20m^2$ 顶棚、墙面的抹灰任务。

问题导入

以下问题是完成任务必须掌握的知识，教师引导，学生完成。

1. 试简述一般抹灰与装饰抹灰的区别。
2. 试简述高级抹灰与普通抹灰的区别。
3. 一般抹灰施工有哪几个层次？各层次起何作用？
4. 抹灰层平均厚度有何规定？
5. 一般抹灰材料的准备需做哪些工作？
6. 抹灰施工需要哪些工具、设备？
7. 简述一般抹灰工艺流程。
8. 试说明房间找方正的步骤。
9. 试简述抹灰基层处理要点。
10. 一般抹灰的允许偏差和检验方法如何？
11. 装饰抹灰的常见类型及层次如何？

自主学习

学生以小组形式工作（4～6人一组）。通过查资料、规范、学材以及网上资源解答以上问题；初步形成完成以上三项任务的思路和工作计划，组内学生讨论、向教师或辅导教师咨询，修改、完善计划，形成实施计划；实施计划，完成任务。

学生发言

各小组选派一名代表，回答问题，讲解本小组完成任务的过程及结果，小组其他成员补充。

学生互评

小组之间按照统一标准，对各小组回答问题、完成任务的过程及结果进行互评。

学生完成学习情境1成绩评定表

学生姓名________　教师________　班级________　学号____________

序号	考评项目	分值	考核内容	教师评价（权重50%）	组长评价（权重25%）	学生评价（权重25%）
1	学习态度	15	出勤率、听课态度、实操表现等			
2	学习能力	25	上课回答问题、完成工作质量			
3	计算、操作能力	25	计算、实操记录、作品成果质量			
4	团结协作能力	15	自己在所在小组的表现，小组完成工作质量、速度			
合计		80				
综合得分						

知识拓展

教师提供1～3个装饰工程的实例，供学生选择，加强实操练习。在规定期限内，学生按照设计要求，编写出装饰施工方案。此项内容占情境1学习成绩的20%。

学　材

一、抹灰工程的分类和组成

（一）抹灰工程的分类

抹灰工程按面层材料不同可分为一般抹灰和装饰抹灰。

1. 一般抹灰

一般抹灰面层材料有石灰砂浆、水泥砂浆、水泥混合砂浆、聚合物水泥砂浆和麻刀灰、纸筋石灰、石膏灰等。一般抹灰按其质量要求和主要操作工序的不同可分为普通抹灰和高级抹灰，当无设计要求时，按普通抹灰验收。

（1）高级抹灰。适用于大型公共建筑、纪念性建筑物（如剧院、礼堂、展览馆和高级住宅）以及有特殊要求的高级建筑物等。

构造要求：做一层底层、数层中层和一层面层。

主要工序：房屋找正、阴阳角找方、设置标筋、分层赶平、修整和表面压光。

(2)普通抹灰。适用于一般居住、公用和工业房屋(如住宅、宿舍、教学楼、办公楼)以及简易住宅、大型设施和非居住的房屋(如汽车库、仓库)等。

构造要求:做一层底层、一层中层和一层面层。

主要工序:阴阳角找方、设置标筋、分层赶平、修整和表面压光。

2. 装饰抹灰

装饰抹灰面层材料有水刷石、斩假石、干黏石、假面砖、拉毛灰、喷涂和滚涂等。其底层、中层应按高级标准进行施工。

(二)抹灰的组成

为了保证抹灰表面平整,避免裂缝,抹灰施工一般应分层操作。抹灰层由底层、中层和面层组成,如图 10.1 所示。

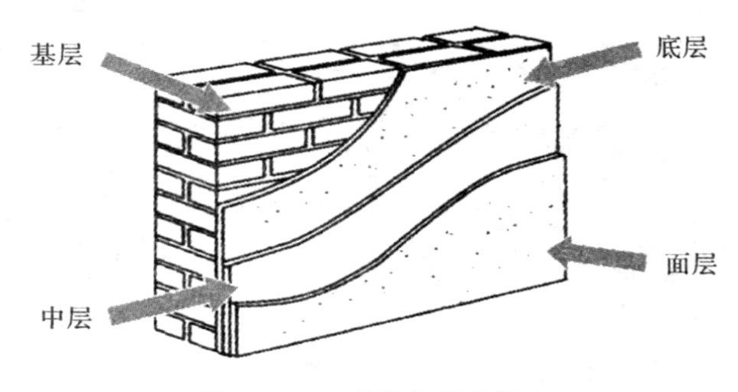

图 10.1 一般抹灰构造层次

底层:主要起与基层粘结及初步找平作用,厚度一般为 5～9mm。

中层:主要起找平的作用,厚度一般为 5～12mm。

面层:主要起装饰作用,厚度因面层使用材料不同而异。麻刀石膏灰罩面,其厚度不大于 3mm;纸筋石灰膏或石灰膏罩面,其厚度不大于 2mm;水泥砂浆面层和装饰面层不大于 10mm。

抹灰层平均厚度的规定如下。

(1)顶棚:当基层为板条、空心砖或现浇混凝土时不得大于 15mm,预制混凝土不得大于 18mm,金属网顶棚抹灰不得大于 20mm。

(2)内墙:普通抹灰不得大于 18mm,中级抹灰不得大于 20mm,高级抹灰不得大于 25mm。

(3)外墙:墙面不得大于 20mm,勒脚及突出墙面部分不得大于 25mm。

(4)石墙:不得大于 35mm。

二、一般抹灰工程施工

(一)施工准备

1. 材料准备

(1)水泥:常用的水泥为不小于 32.5 级的普通硅酸盐水泥、硅酸盐水泥;水泥应有出厂质量保证书,使用前要做凝结时间和安定性复试;不同品种水泥不得混用。

(2)砂:应用中砂,或粗砂与中砂混合掺用;质量符合《普通混凝土用砂、石质量及检验方法标准》(JGJ 52—2006),含泥量不应大于 3%,使用前要过筛。

(3)石灰膏:块状生石灰须经熟化成石灰膏才能使用,在常温下,熟化时间不应少于15d;用于罩面的石灰膏,在常温下,熟化的时间不得少于30d。

(4)水:宜用饮用水;当采用其他水源时,水质应符合国家饮用水标准。

2.抹灰工程的主要机具

抹灰工程的主要机具包括砂浆搅拌机、手推车、筛子、铁锹、灰盘、托灰板、抹子、压子、阳角抹子、阴角抹子、捋角器、刮杆和方尺等。如图10.2、10.3所示。

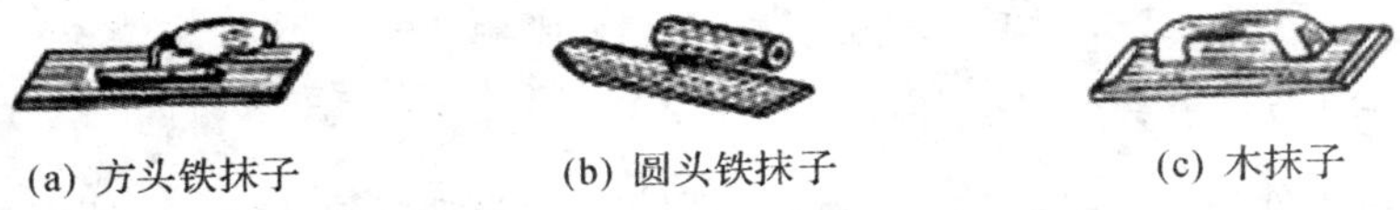

(a) 方头铁抹子
(b) 圆头铁抹子
(c) 木抹子

图10.2 抹灰工程常用的各种抹子

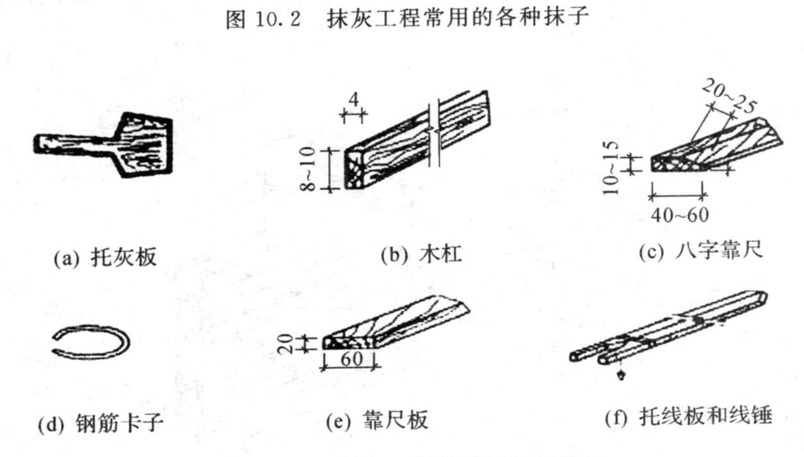

4
8~10
20~25
10~15
40~60
(a) 托灰板
(b) 木杠
(c) 八字靠尺
20
60
(d) 钢筋卡子
(e) 靠尺板
(f) 托线板和线锤

图10.3 抹灰工程常用辅助工具

3.施工现场要求

(1)主体结构已完成,脚手架眼已堵完,主体结构工程验收合格;墙体内预埋管线已完成并验收合格。

(2)所有材料进场验收完成,达到质量要求;机械设备就位运行正常。

(二)施工工艺

施工工艺流程:

基层处理→钉钢丝网→喷水湿润→甩浆→找方→放线→贴饼、冲筋→基层、中层抹灰→面层抹灰。

(1)基层处理。

①去除基层表面的灰尘、污垢和油渍。

②表面凸出的部位应剔除、凹的部位用水泥砂浆补齐。

③表面太光滑的还要毛化处理。

④墙面的脚手孔洞应堵塞严密,如图10.4所示。

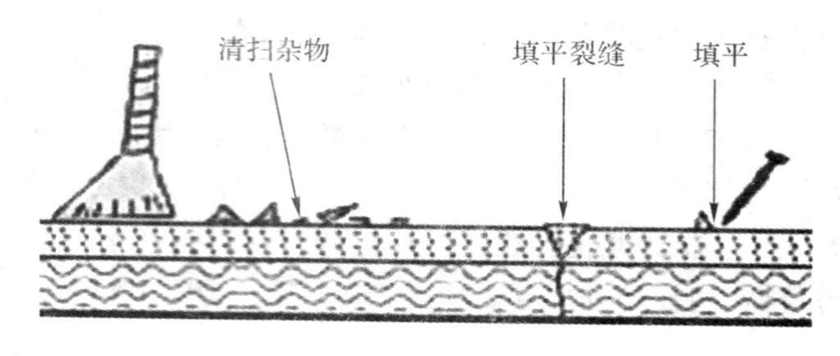

图 10.4　基层处理

(2)钉钢丝网。

两种材料相接处的基层抹灰,需先铺钉金属丝网,并绷紧钉牢,金属丝网的搭接宽度不小于 100mm,如图 10.5 所示。

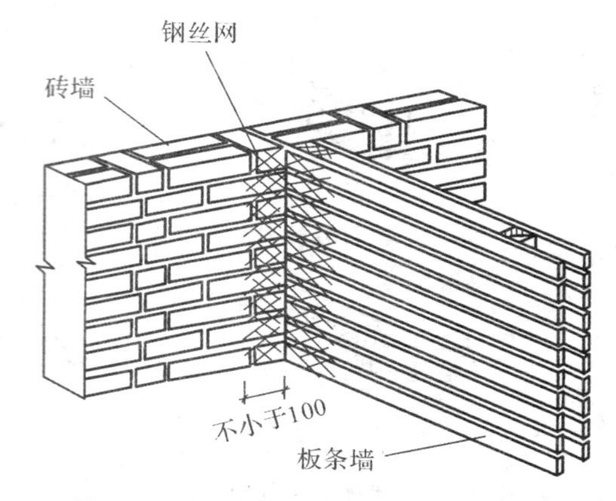

图 10.5　两种材质不同的墙体钉钢丝网

(3)喷水湿润。

喷水要均匀,墙体表面的吸水深度控制在 20mm 左右。

(4)甩浆。

用界面剂∶水泥∶过筛细砂＝1∶1∶1.5 的水泥砂浆做甩浆液,待水泥浆达到一定强度后再抹灰。

(5)找方。

在房间中央弹与房间两个轴线方向垂直的十字线,以十字线为基准,根据墙体附近(100mm 左右)弹与十字线平行的抹灰控制线,再以抹灰控制线为基准,视墙体的垂直度、平整度,用吊锤弹出抹灰的外边线。

(6)放线。

根据控制线将线引到墙体、楼地面或易识别的物体上,外墙可从楼顶的四角向下悬垂线进行放线,同时在窗口上下悬挂水平通线用于控制水平方向的抹灰。

(7)贴饼。

①用托线板全面检查墙体的垂直平整程度,并结合抹灰的种类确定墙面抹灰的厚度。

②在离地面 2m 左右高和距离墙两边阴角 15～20cm 处,用底层抹灰砂浆或者 1∶3 水泥砂浆各做一个灰饼。

③以此灰饼为依据，再用托线板靠、吊垂直确定墙下部对应的两个灰饼的厚度，其位置在踢脚线上，使上下两个灰饼在一条垂直线上。

④标准灰饼做好后，再在灰饼附近墙面钉钉子，拉水平通线，按间距 1.2～1.5m 加做若干灰饼。

(8)冲筋。

在两个灰饼之间抹出一条长梯形灰埂，宽度 10mm，厚度与灰饼相平。冲筋的目的是控制抹灰厚度的标准，如图 10.6 所示。

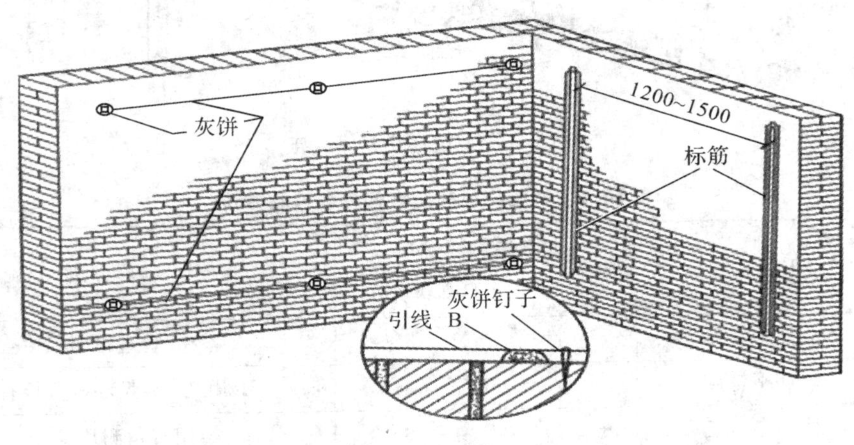

图 10.6　灰饼、标筋施工

(9)基层、中层抹灰。

①为保护阳角线条的清晰、挺直、防止碰坏，应采用 1∶2 水泥砂浆做护角，高度＞2m，护角每侧宽度不小于 50mm。

②将砂浆抹于墙面两标筋之间，底层低于标筋，等收水后再进行中层抹灰，其厚度以垫平标筋为准，并略高于标筋。

③中层砂浆抹完后，用中、短木杠按标筋刮平，局部凹陷处补平，直到普遍平直为止。再用木抹子搓磨一遍，使表面平整密实。

④墙的阴角，先用方尺上下核对方正，然后用阴角器中下抽动扯平，使室内四角方正，如图 10.7 所示。

(10)面层抹灰。

当中层灰干后，普通抹灰可用麻刀灰罩面，高级抹灰应用纸筋灰罩面，用铁抹子抹平，并分两遍连续适时压实收光，如中层灰已干透发白，应先适度洒水湿润后，再抹罩面灰；采用水泥砂浆面层时，须将底子灰表面扫毛或划出纹道，面层应注意接茬，表面压光不少于两遍，罩面后次日进行喷水养护。

一般抹灰的允许偏差和检验方法如表 10.1 所示。

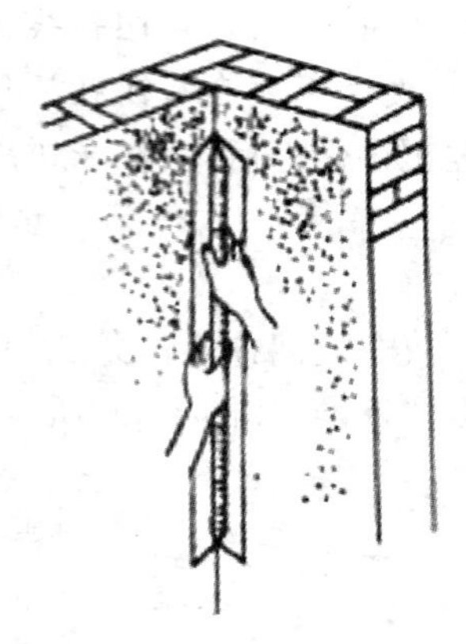

图 10.7　刮杠、阴角扯平找正

表 10.1　一般抹灰的允许偏差和检验方法

项　次	项　目	允许偏差(mm)		检验方法
		普通抹灰	高级抹灰	
1	立面垂直度	4	3	用 2m 垂直检测尺检查
2	表面平整度	4	3	用 2m 靠尺和塞尺检查
3	阴阳角方正	4	3	用直角测尺检查
4	分格条(缝)直线度	4	3	拉 5m 线，不足 5m 拉通线，用钢直尺检查
5	墙裙、勒脚上口直线度	4	3	拉 5m 线，不足 5m 拉通线，用钢直尺检查

三、装饰抹灰工程施工

装饰抹灰一般均采用水泥砂浆做底层，面层厚度和施工方法依据材料要求不同而定；抹灰工程应分层进行；当抹灰总厚度大于或等于 35mm 时应采取加强措施；抹灰层与基层之间及各抹灰层之间必须粘结牢固，抹灰层应无脱层、空鼓，面层应无爆灰和裂缝。

(一)水刷石

水刷石墙面施工工序：清理基层→湿润墙面→设置标筋→抹底层砂浆→抹中层砂浆→弹线和粘贴分格条→抹水泥石子浆→洗刷→养护。

水刷石抹灰分三层。底层砂浆同一般抹灰。抹中层砂浆时表面压实搓平后划毛，然后进行面层施工。中层砂浆凝结后，按设计要求弹分格线，按分格线用水泥浆粘贴湿润过的分格条，贴条必须位置准确，横平、竖直。

面层施工前必须在中层砂浆面上刷水泥浆一道，使面层与中层结合牢固，随后抹厚 10～12mm 的1：1.2～1：2水泥石子浆，抹平后用铁压板压实。当面层达到用手指按无明显指印时，用刷子刷去面层的水泥浆，使石子均匀外露，然后用喷雾器自上而下喷清水，将石子表面水泥浆冲洗干净，使石子清晰均匀，无脱落和接缝痕迹。线角处最好用小八厘水泥石子浆。

面层和中层也可根据设计要求掺入一定量的大白粉和石灰膏，以增加面层颜色白度和加强与中层的粘结力。

（二）斩假石

斩假石表面剁纹应均匀顺直、深浅一致，应无漏剁处；阳角处应横剁并留出宽窄一致的不剁边条，棱角应无损坏。

斩假石施工工序：清理基层→湿润墙面→设置标筋→抹底层砂浆→抹中层砂浆→弹线和粘贴分格条→抹水泥石子浆面层→养护→斩剁→清理。

斩假石是一种仿石材的施工方法，面层用水泥、米粒石、石渣拌和物石子浆。

（三）干黏石

干黏石表面应色泽一致，不露浆，不漏粘，石粒应粘结牢固、分布均匀，阳角处应无明显黑边。

干黏石施工工序：清理基层→湿润墙面→设置标筋→抹底层砂浆→抹中层砂浆→弹线和粘贴分格条→抹面层砂浆→撒石子→修整拍平。

底层同水刷石做法。

（四）假面砖

假面砖表面应色泽平整、沟纹清晰、留缝整齐、色泽一致，应无掉角、脱皮、起砂等缺陷。

底层同水刷石做法，接着抹饰面灰。抹好后做假面砖。

（五）喷涂、弹涂、滚涂

喷涂、弹涂、滚涂是聚合物砂浆装饰外墙面的施工办法，是在水泥砂浆中加入一定的聚乙烯醇缩甲醛胶（或 107 胶）、颜料、石膏等材料形成的。

1. 喷涂外墙饰面

喷涂外墙饰面是用空气压缩机将聚合物水泥砂浆喷涂在墙面底子灰上形成饰面层。

做法：底层（10～13mm 厚 1∶3 水泥砂浆）＋粘结层（1∶108 胶水溶液）＋喷涂层（3～4mm 厚，涂三遍）。

注意：防止污染，底层润湿，气温≥－5℃，连续进行。

2. 弹涂外墙饰面

弹涂外墙饰面是在墙体表面刷一道聚合物水泥色浆后，用弹涂器分几遍将不同色彩的聚合物水泥色浆弹在已涂刷的涂层上，形成 3～5mm 大小的扁圆形花点，再喷甲基硅醇钠憎水剂，共三道工序组成的饰面层。

做法：底层洒水润湿，1∶3 水泥砂浆打底，喷底色浆，贴分格条，喷射树脂罩面层。

注意：基层干燥平整，自上而下、从左到右，先深色后浅色，颜色一致、花纹均匀，不宜接槎。

3. 滚涂外墙饰面

先将带颜色的聚合物砂浆均匀涂抹在底层上，随即用平面或带有拉毛、刻有花纹的橡胶、泡沫塑料滚子，滚出所需要的图案和花纹。

做法：底层抹一层厚 2～3mm 带色的聚合物水泥浆，随即用磙子在罩面层上直上直下施滚涂拉，并一次成活滚出所需花纹。

方法：干滚——磙子不蘸水，花纹粗，工效高。

湿滚——磙子蘸水，花纹细，费工。

装饰抹灰工程质量的允许偏差和检验方法如表 10.2 所示。

表 10.2 装饰抹灰工程质量的允许偏差和检验方法

项次	项目	允许偏差(mm)				检验方法
		水刷石	斩假石	水刷石	假面砖	
1	立面垂直度	5	4	5	5	用2m垂直检测尺检查
2	表面平整度	3	3	5	4	用2m靠尺和塞尺检查
3	阴阳角方正	3	3	4	4	用直角测尺检查
4	分格条(缝)直线度	3	3	3	3	拉5m线,不足5m拉通线,用钢直尺检查
5	墙裙、勒脚上口直线度	3	3	—	—	拉5m线,不足5m拉通线,用钢直尺检查

四、抹灰工程的安全技术

(1)操作中必须正确使用防护措施,严格遵守各项安全规定,进入高空作业和有坠落危险的施工现场人员必须戴好安全帽;在高空的人员必须系好安全带;上下交错作业,要有隔离设施,出入口搭防护棚;距地面高4m以上作业要有防护栏杆、挡板或安全网;高层建筑的安全网,要随墙逐层上升。

(2)施工现场坑、井、沟和各种孔洞,易燃易爆场所,变压器四周应指派专人设置围栏和盖板并设置安全标志,夜间要设置红灯示警。

(3)脚手架未经验收不准使用,验收后不得随意拆除及自搭跳板。

(4)做水刷石、喷涂时,挪动水管、电缆线应注意不要将跳板、水桶、灰盆等物拖动,避免造成瞎跳或物体坠落伤人。

(5)层高3.6m以下抹灰架子,由抹灰工自己搭设;如采用脚手凳时其间距不大于2m;不顺搭设探头板,也不准支搭在暖气片或管道上,必须按照有关规定搭设;使用前应检查,确实牢固可靠,方可上架操作。

(6)在搅拌灰浆和操作中,尤其在抹顶棚灰时,要注意防止灰浆入眼造成伤害。

(7)高空作业中如遇恶劣天气或风力5级以上影响安全时,应停止施工;大风大雨以后要进行检查,检查架子有无问题,发现问题及时处理,处理后才能继续使用。

情境 2 饰面工程施工

能力目标

通过本情境的学习,能够应用所学知识,按照设计图纸、规范和施工工艺,组织饰面工程施工。

学习内容

大理石、花岗石、水磨石饰面板的安装;金属饰面板及玻璃幕墙安装;木质饰面板施工;釉面砖、锦砖、玻璃马赛克镶贴施工;饰面工程质量要求和安全技术。

任务引领

教师布置任务，帮助学生理解任务要求，辅导学生完成任务需要掌握的知识。

任务一 某宾馆接待大厅墙面采用大理石饰面。

试确定饰面板安装方式，并制订出详细的施工方案。

任务二 某商务中心办公楼外墙采用花岗石饰面。

试确定饰面板安装方式，并制订出详细的施工方案。

任务三 某酒店大厅四个圆柱外表面采用镀铜钢板饰面。

试确定饰面板安装方式，并制订出详细的施工方案。

任务四 某酒店洗手间墙面采用玻璃马赛克镶贴饰面。

试确定玻璃马赛克镶贴饰面的铺贴方式，并制订出详细的施工方案。

问题导入

以下问题是完成任务必须掌握的知识，教师引导，学生完成。

1. 常见的饰面砖有哪几类？
2. 常见的饰面板有哪几类？
3. 饰面板湿法铺贴工艺及施工要点如何？
4. 饰面板干法铺贴工艺及施工要点如何？
5. 不锈钢板、铝合金板、铜板、薄钢板等的施工要点如何？
6. 玻璃幕墙的安装要点如何？
7. 饰面砖施工要点如何？
8. 饰面板安装质量从哪些方面进行检验？检验方法如何？
9. 饰面砖施工质量从哪些方面进行检验？检验方法如何？
10. 饰面工程的安全技术有哪些要求？

自主学习

学生以小组形式工作（4～6人一组）。通过查资料、规范、学材以及网上资源解答以上问题；初步形成完成以上四项任务的思路和工作计划，组内学生讨论、向教师或辅导教师咨询，修改、完善计划，形成实施计划；实施计划，完成任务。

学生发言

各小组选派一名代表，回答问题，讲解本小组完成任务的过程及结果，小组其他成员补充。

学生互评

小组之间按照统一标准，对各小组回答问题、完成任务的过程及结果进行互评。

学生完成学习情境 2 成绩评定表

学生姓名________ 教师________ 班级________ 学号____________

序号	考评项目	分值	考核内容	教师评价（权重 50%）	组长评价（权重 25%）	学生评价（权重 25%）
1	学习态度	15	出勤率、听课态度、实操表现等			
2	学习能力	25	上课回答问题、完成工作质量			
3	计算、操作能力	25	计算、实操记录、作品成果质量			
4	团结协作能力	15	自己在所在小组的表现，小组完成工作质量、速度			
合计		80				
综合得分						

知识拓展

教师提供 2～3 个饰面工程的实例，供学生选择，加强实操练习。在规定期限内，学生编写出符合设计要求的饰面工程施工方案。此项内容占情境 2 学习成绩的 20%。

学　材

饰面工程是将块料面层镶贴（安装）在墙柱表面，以形成饰面层的施工。

块料面层的种类分为饰面砖和饰面板两大类。饰面砖包括釉面瓷砖、外墙面砖、陶瓷锦砖、玻璃锦砖、劈离砖以及耐酸砖等；饰面板包括天然石饰面板（如大理石、花岗石和青石板等）、人造石饰面板（如预制水磨石板、合成石饰面板等）、金属饰面板（如不锈钢板、涂层钢板、铝合金饰面板等）、玻璃饰面、木质饰面板、裱糊墙纸饰面等。

一、大理石、花岗石、水磨石饰面板的安装

（一）小规格饰面板的安装

板材：大理石板、花岗石板、青石板、预制水磨石板。

尺寸：≤300mm×300mm，厚 8～12mm，粘贴高度≤3m。

用途：踢脚线板、勒脚、窗台板等。

1. 踢脚线粘贴

打底浆（1∶3 水泥砂浆，12mm 厚）→板背贴灰（2～3mm 素水泥灰）→粘贴饰面砖→找平板面（高差≤0.5mm）→擦洗干净。

2. 窗台板安装

校正窗台水平→清理润湿→找平（1∶3 水泥砂浆或细石砼）→粘结板材。

3. 碎拼大理石

大理石边角废料，分类加工成饰面材料，采用不同拼法和嵌缝处理。

（二）湿法铺贴工艺

湿法铺贴工艺适用于板材厚为 20～30mm 的大理石、花岗石或预制水磨石板，墙体为砖

墙或混凝土墙。

1. 工艺

基层处理→绑扎钢筋网片→弹饰面板基准线→预拼编号→钻孔、剔凿、绑不锈钢丝或铜丝→安装上墙→临时固定→分层灌浆→嵌缝→清洁板面→抛光打蜡。

2. 要点

(1)钢筋网片：砖墙预埋ϕ6钢筋钩(粘贴高度>3m，用ϕ10)，中距500mm，埋入墙内的深度应不小于120mm，伸出墙面30mm；混凝土墙用$\phi3.7\times62$中距500mm的射钉，射钉打入墙体内30mm，伸出墙面32mm。

(2)钻孔、剔凿、绑不锈钢丝或铜丝：在饰面板上下边各钻不少于两个ϕ5的孔，孔深15mm，用双股18#铜丝穿过钻孔，把饰面板绑于钢筋网上，饰面板的背面距墙面间隙≥50mm。

(3)安装面板：先上部墙面，后下部勒脚；确保饰面板外表面平整、垂直及板的上沿平顺。

(4)接缝：木楔调整平顺。

(5)灌浆嵌缝：润湿、堵缝、灌浆(1∶2.5水泥砂浆，每层灌注高度150～200mm且不得大于板高的1/3，并插捣密实)。

(6)施工缝：施工缝应留在饰面板水平接缝以下50～100mm处。

(7)清洁：水泥砂浆硬化后，将饰面板表面清洗干净，然后打蜡。

3. 优点

牢固可靠。

4. 缺点

工序烦琐，易污染板材，板材会移位。

湿铺法施工工艺如图10.8所示。

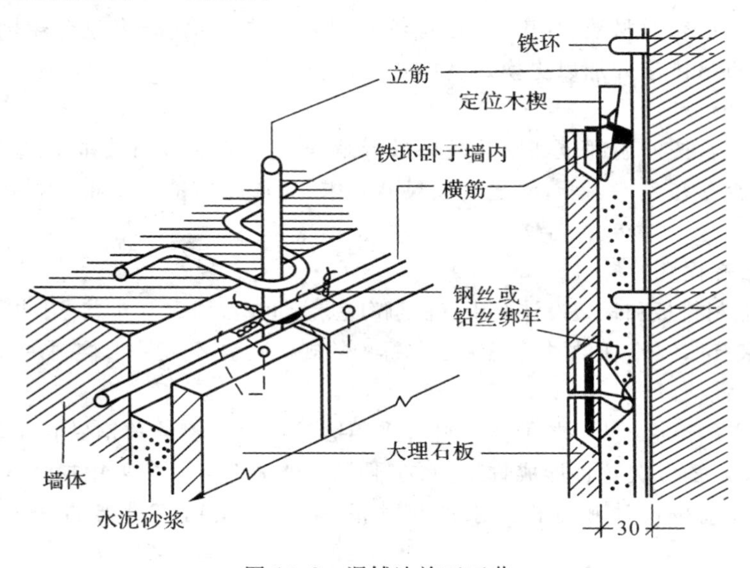

图10.8　湿铺法施工工艺

(三)干挂石材施工工艺

干挂石材法又名空挂法,是当代饰面饰材装修中一种新型的施工工艺。该方法是通过金属挂件将饰面石材直接吊挂于墙面或空挂于钢架之上,不需再灌浆粘贴。其原理是在主体结构上设主要受力点,通过金属挂件将石材固定在建筑物上,形成石材装饰幕墙。

优点:

①可以有效地避免传统湿贴工艺出现的板材空鼓、开裂、脱落等现象,明显提高了建筑物的安全性和耐久性。

②可以完全避免传统湿贴工艺板面出现的泛白、变色等现象,有利于保持幕墙清洁美观。

③在一定程度上改善施工人员的劳动条件,减轻了劳动强度,也有助于加快工程进度。

1. 施工工艺流程

基层处理→放控制线→挑选石材→预排石材→打膨胀螺栓孔→安装钢骨架→安装调节片→石材开槽→石材固定→留缝打胶→清理。

2. 施工要点

(1)基层处理。

①将墙面基层表面清理干净,对局部影响骨架安装的凸出部分应剔凿干净。

②检查饰面基层及构造层的强度、密实度,应符合设计规范要求。

③根据装饰墙面的位置检查墙体,局部进行剔凿,以保证足够的装饰厚度。

(2)放控制线。

①干挂石材施工前须按设计标高在墙体上弹出 50cm 水平控制线和每层石材标高线,在墙上做控制桩,拉线控制墙体水平位置,找出房间及墙面规矩和方正。

②根据石材分格图弹线,确定金属胀锚螺栓的安装位置。

(3)挑选石材。

石材到现场后须对材质、加工质量、花纹和尺寸等进行检查,将色差较大、缺棱掉角、崩边等有缺陷的石材挑出并加以更换。

(4)预排石材。

将选好的石材按使用部位和安装顺序进行编号,选择在较为平整的场地做预排,检查拼接出的板块是否存在色差、是否满足现场尺寸要求,完成此项工作后将板材按编号顺序存放备用。

(5)打膨胀螺栓孔。

按设计的石材排板和骨架设计要求,确定膨胀螺栓间距,划出打孔点,用冲击钻在结构上打出孔洞以便安装膨胀螺栓,孔洞大小按照膨胀螺栓的规格确定,间距一般控制在 500mm 左右。

(6)安装钢骨架。

①对非承重的空心砖墙体,干挂石材时采用镀锌槽钢和镀锌角钢做骨架,采用镀锌槽钢做主龙骨,镀锌角钢做次龙骨形成骨架网(在混凝土墙体上可直接采用挂件与墙体连接)。

②骨架安装前按设计和排板要求的尺寸下料,用台钻钻出骨架的安装孔并刷防锈漆处理。

③墙面上的控制线用 $\phi8\sim14$ 的膨胀螺栓固定在墙面上,或采用预埋钢板,使骨架与钢板焊接,焊接质量应符合规范规定。要求满焊,除去焊渣后补刷防锈漆

④槽钢骨架选用 6.3 号槽钢,角钢为∟40mm×40mm×4mm 或∟50mm×50mm×

5mm。安装骨架时应注意保证垂直度和平整度，并拉线控制，使墙面或房间方正。

(7)安装调节片。

调节片根据石材板块规格确定，调节挂件由不锈钢制成，分 40mm×3mm 和 50mm×5mm 两种，按设计要求加工。利用螺丝与骨架连接，调节挂件须安装牢固。

(8)石材开槽。

石材安装前用云石机在侧面开槽，开槽深度根据挂件尺寸确定，一般要求不小于 10mm 且在板材后侧边中心。为保证开槽不崩边，开槽距边缘距离为 1/4 边长且不小于 50mm。注意将槽内的石灰清理干净以保证灌胶粘结牢固。

(9)石材固定。

①从底层开始，吊垂直线依次向上安装。对石材的材质、颜色、纹路和加工尺寸应进行检查。

②根据石材编号将石材轻放在 T 形挂件上，按线就位后调整准确位置，并立即清孔，槽内注入耐候胶，保证锚固胶有 4～8h 的凝固时间，以避免过早凝固而脆裂，过慢凝固而松动。

③板材垂直度、平整度拉线校正后拧紧螺栓。安装时应注意各种石材的交接和接口，保证石材安装交圈。

(10)留缝打胶。

干挂石材墙面的石材有一定的膨胀与收缩性，因此石材板块间应留有一定的缝隙，缝隙打胶。

(11)清理。

石材挂接完毕后，用棉纱等柔软物对石材表面的污物进行初步清理，待胶凝固后再用壁纸刀、棉纱等清理石材表面。

干挂石材施工节点构造如图 10.9 所示。

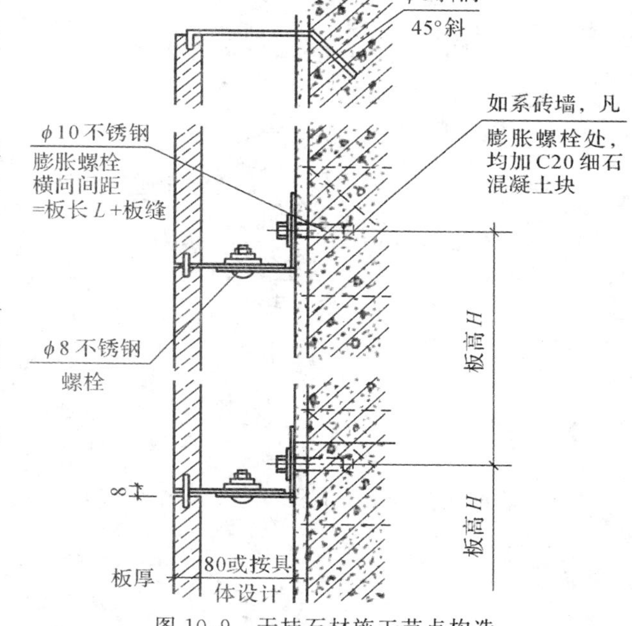

图 10.9　干挂石材施工节点构造

二、金属饰面板及玻璃幕墙安装

(一)金属饰面板安装

金属饰面板作为建筑物墙、柱的饰面具有典雅庄重、质感丰富、线条挺拔及坚固、质轻、耐久等特点。以下给以简单介绍。

1. 金属板材

常用的金属饰面板有不锈钢板、铝合金板、铜板、薄钢板等。

(1)不锈钢板。不锈钢材料耐腐蚀、耐气候、防火、耐磨性均良好，具有较高的强度，抗拉能力强，并且具有质软、韧性强、便于加工等特点，是建筑物室内、室外墙体和柱面常用的装饰材料。

(2)铝合金板。铝合金耐腐蚀、耐气候、防火，具有可进行轧花，涂不同色彩，压制成不同波纹、花纹和平板冲孔的加工特性，适用于中、高级室内装修。

(3)铜板。铜板具有不锈钢板的特点，其装饰效果金碧辉煌，多用于高级装修的柱、门厅入口、大堂等建筑局部。

2. 不锈钢板、铜板施工工艺

不锈钢板、铜板比较薄，不能直接固定于柱、墙面上，为了保证安装后表面平整、光洁无钉孔，需用木方、胶合板做好胎模，组合固定于墙、柱面上。

(1)柱面不锈钢板、铜板饰面安装，如图10.10所示。

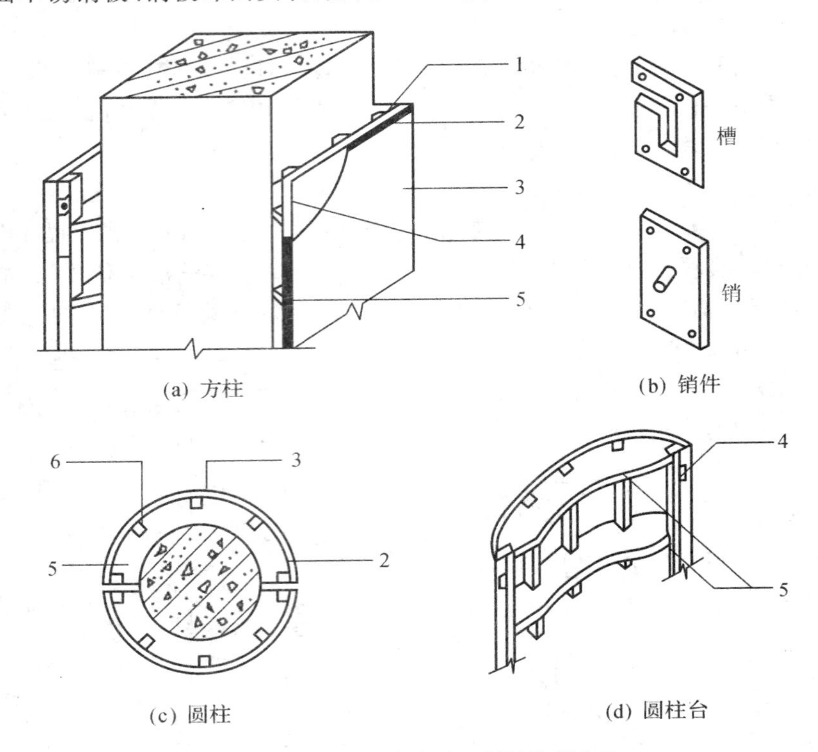

图10.10　柱面不锈钢板、铜板饰面安装

1—木骨架；2—胶合板；3—不锈钢板；4—销件；5—中密度板；6—木质竖筋

(2)墙面不锈钢板、铜板安装，如图10.11所示。

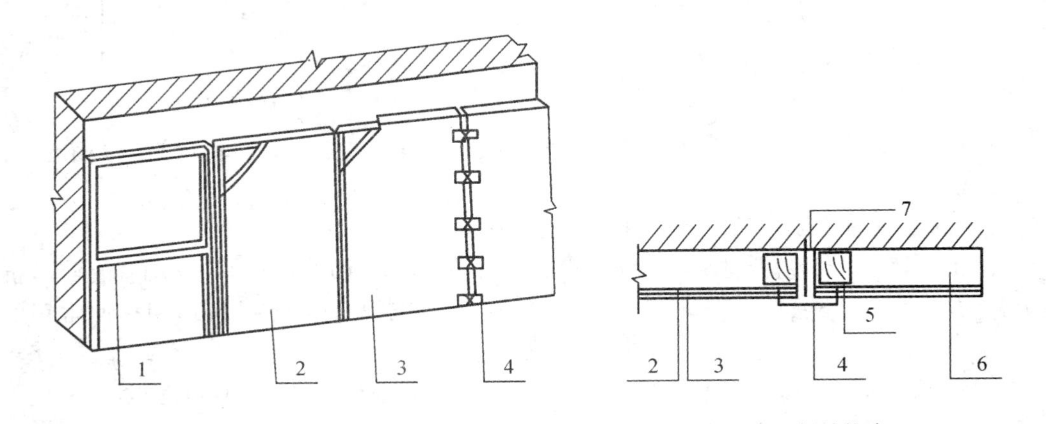

图10.11　不锈钢板、铜板墙面施工示意

1—骨架；2—胶合板；3—饰面金属板；4—临时固定木条；5—竖筋；6—横筋；7—玻璃胶

（二）玻璃幕墙安装

玻璃幕墙由饰面玻璃和固定玻璃的骨架组成。其主要特点是建筑艺术效果好、自重轻、施工方便、工期短；但造价高、能耗大、有光污染。

1.玻璃幕墙分类

（1）明框玻璃幕墙。

特点：玻璃板镶嵌在铝框内，横梁、主框外露，铝框分格明显。

构造：玻璃与铝框之间间隙（温度缝）用弹性材料充填，必要时用硅酮密封胶（耐候胶）予以密封。

（2）隐框玻璃幕墙。

特点：玻璃粘结在铝框上，铝框全部隐蔽在玻璃后面。

构造：玻璃与铝框之间完全靠结构胶粘结，结构胶要承受玻璃自重、风荷载、地震作用、温度变化的影响。结构胶的质量好坏是隐框幕墙安全性的关键环节。

（3）半隐框玻璃幕墙。

特点：玻璃两对边嵌在铝框内，另两对边粘结在铝框上。

类型：竖框横隐幕墙——立柱外露，横梁隐蔽。

竖隐横框幕墙——横梁外露，立柱隐蔽。

（4）全玻璃幕墙。

特点：使用玻璃板，支承结构采用玻璃肋。

构造：高度不超过 4.5m 的全玻璃幕墙，可以用下部直接支撑的方式进行安装；超过 4.5m 的全玻璃幕墙，宜用上部悬挂方式安装。

2.玻璃幕墙的安装要点

（1）定位放线。中心线与标高点由主体结构单位提供并校核准确，确定整片幕墙的位置。

（2）骨架安装。用预埋件或膨胀螺栓等将骨架与主体结构相连接。

①立柱的安装：立柱先连接好连接件，再将连接件点焊在主体结构的预埋钢板上，然后调整位置，立柱的垂直度可用锤球控制，位置调整好后，将支撑立柱的钢牛腿焊在预埋件上。立柱可以是一层楼高或二层楼高为一整根，接头留有空隙，采用套筒连接法。

②横梁安装：将横向杆件用螺栓与竖向杆件连接。

（3）玻璃安装。清洁玻璃和铝框，玻璃的镀膜朝向室内，当玻璃面积在 $3m^2$ 以内时，采用人工安装；玻璃面积过大、重量很大时，应采用真空吸盘等机械安装。

（4）耐候胶嵌缝。

玻璃板材之间的间隙，用耐候胶嵌缝，予以密封，防止气体渗透和雨水渗漏。

三、木质饰面板安装

常用的木质饰面板是硬木板条。要求硬木板条纹理清晰，常用于室内墙面或墙裙。

（一）骨架安装

在墙上弹好位置线，先固定饰面四边骨架龙骨，再固定中间龙骨。

（二）硬木板条饰面铺钉

硬木板条铺设饰面如图 10.12 所示。

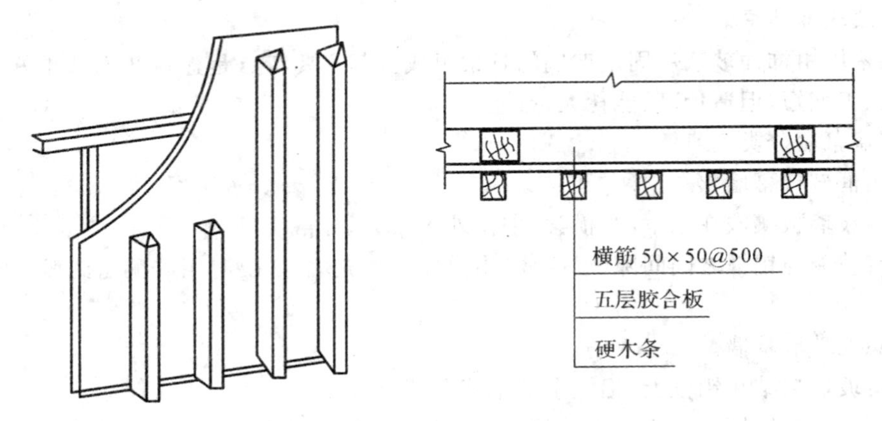

图 10.12　硬木条隔一定间距铺设饰面

四、釉面砖、锦砖、玻璃马赛克镶贴施工

(一)釉面砖施工

釉面砖一般用于室内墙面装饰。施工时,墙面底层用 1∶3 水泥砂浆打底,表面划毛;在基层表面弹出水平和垂直方向的控制线,自上向下、从左向右进行横竖预排瓷砖,以使接缝均匀整齐;如有一行以上的非整砖,应排在阴角和接地部位。

(二)镶贴陶瓷锦砖

陶瓷锦砖可用于内、外墙面装饰。

镶贴陶瓷锦砖时,根据已弹好的水平线稳定好平尺板,如图 10.13 所示;然后在已湿润的底子灰上刷素水泥浆一层,再抹 2～3mm 厚 1∶3 水泥纸筋灰粘结层,并用靠尺刮平;陶瓷

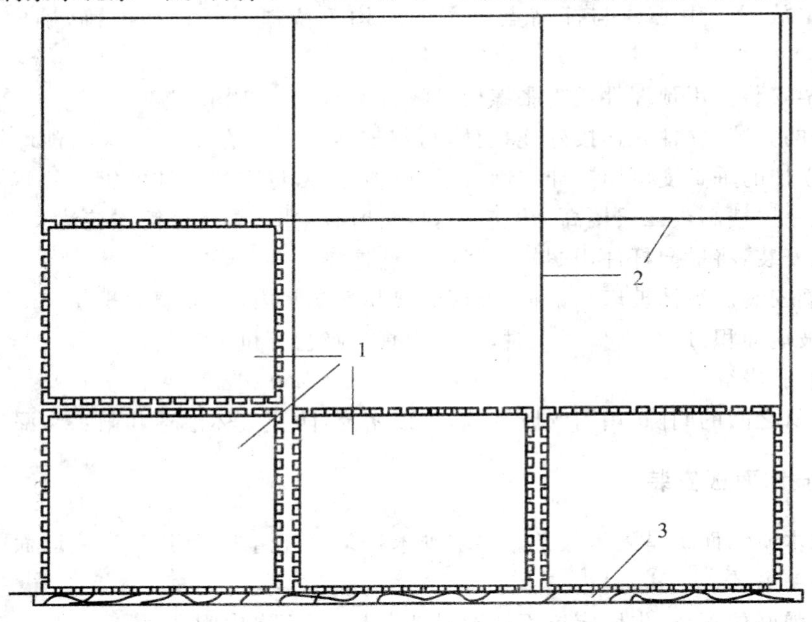

图 10.13　陶瓷锦砖镶贴示意

1—陶瓷锦砖贴纸;2—陶瓷锦砖按纸板尺寸弹线分格(留出缝隙);3—平尺板

锦砖背面向上，将 1∶0.2∶1 的水泥石灰砂浆抹在背面大约 2～3mm 厚，随即进行粘贴；然后用拍板依次拍实直至拍到水泥石灰砂浆填满缝隙为止；紧接着浇水湿润纸面，约半小时后轻轻揭掉，用小刀调整缝隙，用湿布擦净砖面。48h 后用 1∶1 水泥砂浆勾大缝，其他小缝用素水泥浆擦缝，颜色按设计要求。

（三）镶贴玻璃马赛克

玻璃马赛克多用于外墙饰面。

基层打底灰（同一般抹灰）完毕后，在墙上做 2mm 厚的普通硅酸盐水泥净浆层，把玻璃马赛克背面向上平放，并在其上薄薄抹一层水泥浆，刮浆闭缝。然后将玻璃马赛克逐张沿已经标志的横、竖、厚度控制线铺贴，随即用木抹子轻轻拍击压实，使玻璃马赛克与基层牢固粘结。待水泥初凝后湿润纸面，由上向下轻轻揭掉纸面，用毛刷刷净杂物，用相同水泥浆擦缝。

五、饰面工程质量要求

（一）饰面板安装工程

（1）饰面板的品种、规格、颜色和性能应符合设计要求，木龙骨面板和塑料面板的燃烧性能等级应符合设计要求。

（2）饰面板孔、槽的数量、位置和尺寸应符合设计要求。

（3）饰面板安装工程的预埋件（或后置埋件）、连接件的数量、规格、位置、连接方法和防腐处理必须符合设计要求，后置埋件的现场拉拔强度必须符合设计要求，饰面板安装必须牢固。

（4）饰面板表面应平整、洁净、颜色一致，无裂痕和缺损，石材表面应无泛碱等污染。

（5）饰面板嵌缝应密实、平直，宽度和深度应符合设计要求，嵌填材料色泽应一致。

（6）采用湿作业法施工的饰面工程，石材应进行防碱背涂处理，饰面板与基体之间的灌注材料应饱满、密实。

（7）饰面板上的孔洞应套割吻合，边缘应整齐。

饰面板安装的允许偏差和检验方法如表 10.3 所示。

表 10.3　饰面板安装的允许偏差和检验方法

项次	项目	允许偏差（mm）							检验方法
		石材			瓷板	木材	塑料	金属	
		光面	剁斧石	蘑菇石					
1	立面垂直度	2	3	3	2	1.5	2	2	用 2m 垂直检测尺检查
2	表面平整度	2	3	—	1.5	1	3	3	用 2m 靠尺和塞尺检查
3	阴阳角方正	2	4	4	2	1.5	3	3	用直角测尺检查
4	接缝直线度	2	4	4	2	1	1	1	拉 5m 线，不足 5m 拉通线，用钢直尺检查
5	墙裙、勒脚上口直线度	2	3	3	2	2	2	2	拉 5m 线，不足 5m 拉通线，用钢直尺检查
6	接缝高低差	0.5	3	—	0.5	0.5	1	1	用钢直尺和塞尺检查
7	接缝宽度	1	2	2	1	1	1	1	用钢直尺检查

(二)饰面砖粘贴工程

(1)饰面板的品种、规格、颜色和性能应符合设计要求。

(2)饰面砖粘贴工程的找平、防水、粘结和勾缝材料及施工方法应符合设计要求及国家现行产品标准和工程技术标准。

(3)饰面砖粘贴必须牢固。

(4)满粘法施工的饰面砖工程应无空鼓、裂缝。

(5)饰面砖表面应平整、洁净、颜色一致,无裂痕和缺损。

(6)阴阳角处搭接方式、非整砖使用部位应符合设计要求。

(7)墙面突出物周围的饰面砖应整套砖切割吻合,边缘应整齐。

(8)饰面砖接缝应平直、光滑,填嵌应连续、密实;宽度和深度应符合设计要求。

(9)有排水要求的部位做滴水线(槽)。

饰面砖粘贴的允许偏差和检验方法如表10.4所示。

表10.4　饰面砖粘贴的允许偏差和检验方法

项　次	项　目	允许偏差(mm)		检验方法
		外墙面砖	内墙面砖	
1	立面垂直度	3	2	用2m垂直检测尺检查
2	表面平整度	4	3	用2m靠尺和塞尺检查
3	阴阳角方正	3	3	用直角测尺检查
4	接缝直线度	3	2	拉5m线,不足5m拉通线,用钢直尺检查
5	接缝高低差	1	0.5	用钢直尺和塞尺检查
6	接缝宽度	1	1	用钢直尺检查

六、饰面工程的安全技术

(1)开始工作前应检查外架子是否牢靠,护身栏、挡脚板是否安全,水平运输道路是否平整。

(2)采用外用吊篮进行外饰面施工时,吊篮内材料、工具应放置平稳。

(3)室内施工光线不足时,应采用36V低压电灯照明。

(4)操作场地应经常清理干净,做到活完料净脚下净。

(5)施工作业人员必须戴安全帽。

(6)外饰面施工时不允许在操作面上砍砖,以防坠砖伤人。

情境3　楼地面工程施工

能力目标

通过本情境的学习，能够应用所学知识，按照设计图纸、规范和施工工艺，组织楼地面工程施工。

学习内容

楼地面的组成和分类；基层及垫层施工；整体面层施工；板块面层施工；楼地面工程质量要求和安全技术。

任务引领

教师布置任务，帮助学生理解任务要求，辅导学生完成任务需要掌握的知识。

任务一　某教学楼工程，室内地面设计为水泥砂浆地面。

试说明施工要点，并编制出施工方案。

任务二　某酒店大厅及走廊设计为花岗石块材地面。

试说明施工要点，并编制出施工方案。

任务三　某办公楼工程大厅及走廊设计为水磨石地面。

试说明施工要点，并编制出施工方案。

任务四　结合工程实际，分组完成一定面积的水泥砂浆地面，或水磨石地面，或块材地面的施工任务。

问题导入

以下问题是完成任务必须掌握的知识，教师引导，学生完成。

1. 简述楼地面的构造层次。
2. 楼地面一般分为哪几类？
3. 简述楼地面基层施工要点。
4. 简述碎砖垫层、三合土垫层和混凝土垫层的施工要点和注意事项。
5. 简述水泥砂浆地面和水磨石地面的施工程序和施工要点。
6. 简述陶瓷马赛克地面、地砖地面（花岗石等）和木地面的施工程序以及施工要点。
7. 试述整体地面和块材地面的施工质量要求。

自主学习

学生以小组形式工作（4～6人一组）。通过查资料、规范、学材以及网上资源解答以上问题；初步形成完成以上四项任务的思路和工作计划，组内学生讨论、向教师或辅导教师咨询，修改、完善计划，形成实施计划；实施计划，完成任务。

学生发言

各小组选派一名代表，回答问题，讲解本小组完成任务的过程及结果，小组其他成员补充。

学生互评

小组之间按照统一标准，对各小组回答问题、完成任务的过程及结果进行互评。

学生完成学习情境3成绩评定表

学生姓名________ 教师________ 班级________ 学号__________

序号	考评项目	分值	考核内容	教师评价（权重50%）	组长评价（权重25%）	学生评价（权重25%）
1	学习态度	15	出勤率、听课态度、实操表现等			
2	学习能力	25	上课回答问题、完成工作质量			
3	计算、操作能力	25	计算、实操记录、作品成果质量			
4	团结协作能力	15	自己在所在小组的表现，小组完成工作质量、速度			
合计		80				
综合得分						

知识拓展

教师提供3～5个楼地面工程的实例，供学生选择，加强实操练习。在规定期限内，学生编写出符合设计要求的楼地面工程施工方案。此项内容占情境3学习成绩的20%。

学　材

一、楼地面的组成和分类

（一）楼地面的组成

楼地面是底层地面和楼板面的总称。楼地面由面层、结合层、找平层、防潮层、保温层、垫层和基层等组成。根据不同的设计，其组成也不尽相同。

（二）楼地面的分类

按面层施工方法不同可将楼地面分三大类：

(1)整体楼地面。又分为水泥砂浆地面、水泥混凝土地面、水磨石地面、水泥钢（铁）屑地面和防油渗地面等。

(2)块材地面。又分为预制板材、大理石和花岗石、水磨石、地板砖地面。

(3)木竹地面。

另外，还有塑料地面等。

二、基层与垫层施工

（一）基层施工

(1)抄平弹线，统一标高。检查各个房间的地坪、楼板的标高，并在各房间内弹离楼地面高 500mm 的水平控制线，房间内一切装饰都以此为基准。

(2)楼面的基层是楼板，对于预制板楼板，应做好板缝灌浆、堵塞和板面清理工作。

(3)地面基层为土质时，应是原土和夯实回填土，回填土夯实同基坑回填土夯实要求。用 2m 靠尺检查平整度，基土表面凹凸不大于 10mm。

(二)垫层施工

1.碎砖垫层

碎砖料应分层铺均匀，每层虚铺厚度不大于 200mm，适当洒水后进行夯实；碎砖料可用人工或机械方法夯实，夯至表面平整。

2.三合土垫层

三合土垫层是用石灰、砾石和砂的拌和料铺设而成，其厚度一般不小于 100mm。

石灰应用消石灰；拌和物中不得含有有机杂质；三合土的配合比(体积比)一般采用 1∶2∶4或 1∶3∶6(消石灰∶砂∶砾石)。

三合土可用人工或机械夯实，夯打应密实，表面平整。最后一遍夯打时，宜浇浓石灰浆，待表面灰浆晾干后进行下一道工序施工。

3.混凝土垫层

混凝土垫层用厚度不小于 60mm、等级不低于 C15 的混凝土铺设而成；混凝土的配合比由计算确定，坍落度宜为 10～30mm，要拌和均匀；混凝土采用表面振动器捣实，浇筑完后，应在 12h 内覆盖浇水养护不少于 7d；混凝土强度达到 1.2MPa 以后，才能进行下道工序施工。

三、面层施工

(一)整体面层施工

1.水泥砂浆地面

水泥砂浆地面面层的厚度为 15～20mm，用强度等级不低于 32.5MPa 的水泥和中粗砂拌和配制，配合比为 1∶2 或 1∶2.5(体积比)。

施工时，应清理基层，同时将垫层湿润，刷一道素水泥浆，用刮尺将满铺水泥砂浆按控制标高刮平，用木抹子拍实，待砂浆终凝前，用铁抹子原浆收光，不允许撒干灰收水抹压。压光一般分三遍：第一遍压光应在面层收水后，用铁抹子压光，压的要轻、抹得要浅；第二遍压光应在水泥砂浆初凝后、终凝前进行，一般以用手指按压不陷为宜，不漏压，要把砂眼、孔坑压平；第三遍压光时间以手指按压无明显指痕为宜。当砂浆终凝后(一般 12h)，覆盖草袋或锯末浇水养护不少于 7d。这是水泥砂浆面层不起砂的重要保证措施。

2.水磨石地面

水磨石面层做法是：1∶3 水泥砂浆找平层，厚 10～15mm；1∶1.5～1∶2 水泥白石子浆，厚 10～15mm。面层分格条按设计要求的图案施工。

水磨石地面的材料要求：水泥强度等级不低于 32.5 级；美术工艺水磨石采用白色水泥；石粒采用坚硬可磨的岩石，如白云石、大理石等；石粒应洁净无杂质，粒径为 6～15mm。

施工工艺：基层清理→浇水冲洗湿润→设置标筋→铺水泥砂浆找平层→养护→嵌分格条→铺抹水泥石子浆→养护→研磨→打蜡抛光。

铺水泥砂浆找平层后，养护 2～3d，可进行嵌条分格，如图 10.14 所示。

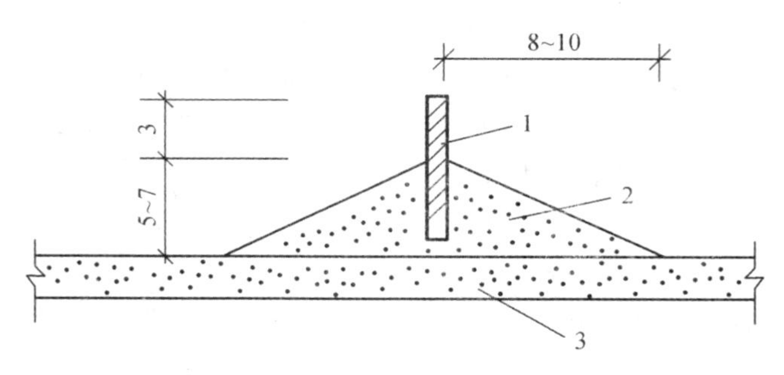

图 10.14 粘贴分格条

1—分格条；2—素水泥浆；3—垫层

嵌条后，浇水养护，待素水泥浆硬化后，铺面层水泥石子浆。

面层水泥石子浆的配比：水泥∶大八厘石粒为 1∶2，水泥∶中八厘石粒为 1∶2.5。水泥和颜料先干拌过筛，再掺入石渣拌匀后，加水搅拌，稠度宜为 3～5cm。

铺设水泥石子浆前，先刷素水泥浆一道，随即浇筑石子浆，铺设厚度高于分格条 1～2mm；先铺分格条两侧约 10cm 范围的石子浆，并轻轻拍压平实，再铺中间；铺设完毕，滚压一遍，隔 2h 再滚压一遍，直至压出水泥浆，用抹子抹平，次日开始养护。

水磨石开磨应先试磨，以表面石粒不松动方可开磨。头遍用 60～90 号粗金刚石磨，边磨边加水，磨匀磨平，直至全部分格条外露，用同色水泥浆涂抹填平细小空隙和凹坑，洒水养护 2～3d 再磨；第二遍用 90～120 号金刚石磨，磨至表面光滑为止，工序、要求同头遍；第三遍用 180～200 号金刚石磨，磨至表面石子颗粒显露，平整光滑，无砂眼细孔，用水冲洗后，涂抹溶化冷却的草酸溶液（热水∶草酸＝1∶0.35）一遍；第四遍用 240～300 号油石磨，研磨至砂浆表面光滑为止，用水冲洗晾干。

打蜡时，先将蜡洒在地面上，干后用安装在磨石机上的钉有细帆布（或麻布）的木块研磨，直至光亮为止，后铺锯末进行养护。

水磨石面层开磨时间如表 10.5 所示。

表 10.5 水磨石面层开磨时间

序　号	平均温度（℃）	开磨时间（d）	
		机　磨	人工磨
1	20～30	2～3	1～2
2	20～30	3～4	1.5～2.5
3	5～10	5～6	2～3

（二）块材面层施工

1. 陶瓷马赛克地面

陶瓷马赛克常用于游泳池、浴室、厕所、餐厅等面层，具有耐酸碱、耐磨、不渗水、易清洗、色泽多样等优点；铺设马赛克所用水泥为硅酸盐水泥、普通硅酸盐水泥或矿渣硅酸盐水泥，强度等级不宜低于 32.5 级；砂采用中粗砂；水泥砂浆铺设时配合比为 1∶2。

（1）操作程序：基层处理→贴灰饼、冲筋→做找平层→抹结合层→粘贴陶瓷锦砖→洒水、揭纸→拨缝→擦缝→清洁→养护。

(2)施工要点。

①清理楼面基底，无砂浆块、白灰砂浆，垫层不得疏松起砂。

②弹好水平标高线，四周做灰饼，以地漏处为最低处，门口处为最高处，冲好标筋(间距为1.5～2m)。

③基层浇水湿润，刷水泥浆一道，随即铺设1∶3干硬性水泥砂浆20mm厚(机械搅拌均匀，以手捏成团、落地即散为准)，刮尺刮平，木抹子接槎抹平。

④从房屋中间或门口开始铺贴马赛克，铺贴前，先撒掺有10%～20%TG胶的素水泥浆，并洒水湿润，接着湿润马赛克砖，随即铺贴，用橡胶锤拍实，以挤出水泥浆为止。

⑤洒水浸湿马赛克表面的纸面，15～30min揭纸。

⑥用白水泥嵌缝、灌缝、擦缝，及时洁净表面。

⑦铺完24h后进行养护，3～5d方可行走。

2.地砖(花岗石等)地面

(1)操作程序：基层处理→铺抹结合层→弹线、定位→铺贴。

(2)施工要点。

①挂线检查楼地面垫层平整度。

②清扫基层，并用水冲洗干净，凿毛光滑混凝土楼地面，铺前一天浇水。

③铺摊一层1∶3.5的水泥砂浆结合层(10mm)或干硬性水泥砂浆(厚度视标高而定)。

④据设计用尼龙线或棉线在墙面标高点上拉出地面标高线以及垂直交叉的定位线，以此作为铺贴依据。

⑤房屋面积小于40m^2，通常做T字形标准高度面(地砖背面摊抹1∶2水泥砂浆或水泥净浆，随即铺贴，用橡胶锤拍实，水平尺检查平整度，表面和标高控制线平齐)，房屋面积较大时，通常在房屋中心按十字形或X形做出标准高度面，便于多人同时施工。

⑥以标准高度面为基准铺贴大面地砖，注意平直、保证平整度、砖缝宽窄一致、拍实、防止空鼓现象。

⑦及时清洁地砖表面，保持干净。

⑧卫生间、洗手间，切记铺时做出1∶500的排水坡度。

⑨整幅地面铺贴完毕，养护2d，用白水泥干团擦抹砖缝，使缝内填满白水泥，最后将地砖表面擦净。

3.木地面

木板面层多用于室内高级装修地面。该地面具有弹性好，耐磨性好，不易老化等特点。

按照施工方法分为两种：一种是钉固地面；另一种是胶粘地面。

(1)钉固地面。木板面层有单层和双层两种：单层是在木搁栅上直接钉企口板；双层是在木搁栅上先钉一层毛地板，再钉一层企口板。木搁栅有空铺和实铺两种形式，空铺式是将搁栅两头搁于墙内的垫木上，木搁栅之间架设剪刀撑；实铺式是将木搁栅铺于钢筋混凝土楼板上或混凝土垫层上，木搁栅之间填以炉渣隔音材料。木地板拼缝用得较多的是企口缝、截口缝、平头接缝等，其中以企口缝最为普遍。

施工要点：

①安装木搁栅，在混凝土基层上弹出木搁栅中心线位置和标高控制线，木搁栅逐根就

位，接头要顶头接；用预埋的ϕ4 钢筋或 8 号铁丝固定牢固；整个房间木搁栅标高一致，可用 2m 直尺检查，空隙不大于 2mm；木搁栅与墙体之间应留出不小于 30mm 的缝隙。

②固定木搁栅，用炉渣混凝土将木搁栅窝牢并填平木搁栅之间的空隙，拍实；空铺时钉以剪刀撑固定。

③钉毛地板，毛地板条与木搁栅成 30°或 45°斜角方向铺钉，板间缝隙不大于 3mm，接头要错开，在毛地板企口凸榫处斜着钉暗钉，钉子钉入木搁栅内长度为板厚的 2.5 倍，钉头送入板中 2mm 左右，每块板不少于 2 个钉，毛地板与墙之间应留10～20mm的缝隙。

④铺钉硬木地板，由中央向两边进行，后铺镶边，硬木地板相邻接头要错开 200mm 以上，钉子长度为板厚的 2.5 倍，相邻两块地板边缘高差不大于 1.0mm，木板与墙之间应留 10～20mm的缝隙，并用踢脚板封盖。

⑤刨平、刨光、磨光硬木地板，硬木地板铺钉完后，即可用刨地板机先斜着木纹，后顺着木纹将表面刨光、刨平，再用木工细刨刨光，达到无刨刀痕迹，然后用磨砂皮机将地板表面磨光。

⑥刷涂料、打蜡，一般做清漆罩面，涂刷完毕后养护 3～5d 后打蜡，蜡要涂揩得薄而匀，后用打蜡机擦亮隔 1d 后就可上人使用。

(2)胶粘地面。将加工好的硬木条以粘结剂直接粘结于水泥砂浆或混凝土的基层上。

条板的规格有 150mm×30mm×9mm、150mm×30mm×10mm、150mm×30mm×12mm 等；含水率应在 12%以内；同房间地板料的几何尺寸、颜色要相同；接头的形式有平头接缝、企口接缝。

胶粘剂有沥青胶结料、“PPA”粘结剂、“SN”、“801”、“9311”及其他成品粘结剂(PPA：填料=1：0.5，水泥：硅砂：SN—2 型粘结剂=1：0.5：0.5。

基层地面应平整、光洁，无起砂、起壳、开裂。

施工要点：

①配置胶粘剂，随拌随用，成品胶粘剂按使用说明使用。

②刮抹胶粘剂，胶粘剂要成糨糊状，“PPA”、“801”、“9311”用锯齿形钢皮或塑料刮板涂刮成 3mm 厚愣状，SN—2 型粘结剂用抹子刮抹。

③粘结地板，边刮胶粘剂边铺地板，用力推紧、压平，并随即用砂袋压 6～24h，用 95%的酒精或揩布及时擦去板缝挤出的胶粘剂，操作人员须穿软底鞋。

④养护，地板粘贴后自然养护 3～5d。

四、楼地面工程质量要求

(一)整体面层

(1)设整体面层时，其水泥类基层的抗压强度不得小于 1.2MPa；表面应粗糙、洁净、湿润，不得有积水；铺设前宜涂刷界面处理剂。

(2)整体面层施工后，养护时间不应少于 7d；抗压强度达到 5MPa 后，方准上人行走；抗压强度达到设计要求后，方可正常使用。

(3)不采用掺有水泥拌和料做踢脚线时，不得用石灰砂浆打底。

(4)整体面层的允许偏差如表 10.6 所示。

表 10.6　整体面层的允许偏差

项次	项目	允许偏差(mm)						检验方法
		水泥混凝土面层	水泥砂浆面层	普通水磨石面层	高级水磨石面层	水泥钢(铁)屑面层	防油渗混凝土和不发火(防爆)面层	
1	表面平整度	5	4	3	2	4	5	用2m靠尺和楔形塞尺检查
2	踢脚线上口平直	4	4	3	3	4	4	拉5m线和用钢尺检查
3	缝格平直	3	3	3	2	3	3	

(二)板块面层

(1)设板块面层时,其水泥类基层的抗压强度不得小于1.2MPa。

(2)铺设板块面层的结合层和板块间的填缝采用水泥砂浆。

(3)板块的铺砌应符合设计要求,当设计无要求时,宜避免出现板块小于1/4边长的角料。

(4)板块类踢脚线施工时,不得用石灰砂浆打底。

(5)板块面层的允许偏差如表10.7所示。

表 10.7　板块面层的允许偏差

项次	项目	允许偏差(mm)									检验方法
		缸砖面层	水泥花砖面层	水磨石板块面层	大理石和花岗石面层	塑料板面层	水泥混凝土板面层	活动地板面层	条石面层	块石面层	
1	表面平整度	4	3	3	1	2	4	2	10	10	用2m靠尺和楔形塞尺检查
2	缝格平直	3	3	3	2	3	3	2.5	8	8	拉5m线和用钢尺检查
3	接缝高低差	1.5	0.5	1	0.5	0.2	1.5	0.4	2	—	用钢尺和楔形塞尺检查
4	踢脚线上口平直	4	—	4	1	2	4	—	—	—	拉5m线和用钢尺检查
5	板块间隙宽度	2	2	2	1	—	6	0.3	5	—	用钢直尺检查

情境 4　吊顶工程施工

能力目标

通过本情境的学习，能够应用所学知识，按照设计图纸、规范和施工工艺，组织吊顶工程施工。

学习内容

吊顶的组成和分类；常用吊顶材料及吊顶的施工方法；吊顶工程质量要求和安全技术。

任务引领

教师布置任务，帮助学生理解任务要求，辅导学生完成任务需要掌握的知识。

任务一　某教学楼会议室设计为木龙骨板条抹灰、钢丝网抹灰吊顶顶棚。

试简述其构造层次、施工要点，并编制出施工方案。

任务二　某酒店多功能会议厅设计为铝合金龙骨金属微穿孔吸声板吊顶顶棚。

试简述其构造层次、施工要点，并编制出施工方案。

任务三　结合工程实际，分组完成一定面积的木龙骨板条抹灰、钢丝网抹灰吊顶顶棚或纸面石膏装饰吸声板、石膏装饰吸声板、矿棉装饰吸声板、珍珠岩装饰吸声板、聚氯乙烯塑料天花板、聚苯乙烯泡沫塑料装饰吸声板、钙塑泡沫装饰吸声板、金属微穿孔吸声板、穿孔吸声石棉水泥板、轻质硅酸钙吊顶板、硬质纤维装饰吸声板、玻璃棉装饰吸声板等吊顶顶棚的施工。

问题导入

以下问题是完成任务必须掌握的知识，教师引导，学生完成。

1. 试述吊顶的作用及其组成。
2. 常见吊筋的固定方法有哪些？
3. 简述龙骨安装的程序。
4. 饰面板与龙骨的连接有哪些形式？
5. 简述吊顶工程质量要求及检验方法。

自主学习

学生以小组形式工作（4～6 人一组）。通过查资料、规范、学材以及网上资源解答以上问题；初步形成完成以上三项任务的思路和工作计划，组内学生讨论、向教师或辅导教师咨询，修改、完善计划，形成实施计划；实施计划，完成任务。

学生发言

各小组选派一名代表，回答问题，讲解本小组完成任务的过程及结果，小组其他成员补充。

学生互评

小组之间按照统一标准，对各小组回答问题、完成任务的过程及结果进行互评。

学生完成学习情境 4 成绩评定表

学生姓名________　教师________　班级________　学号____________

序号	考评项目	分值	考核内容	教师评价（权重 50%）	组长评价（权重 25%）	学生评价（权重 25%）
1	学习态度	15	出勤率、听课态度、实操表现等			
2	学习能力	25	上课回答问题、完成工作质量			
3	计算、操作能力	25	计算、实操记录、作品成果质量			
4	团结协作能力	15	自己在所在小组的表现，小组完成工作质量、速度			
合计		80				
综合得分						

知识拓展

教师提供 3～5 个吊顶工程的实例，供学生选择，加强实操练习。在规定期限内，学生编写出符合设计要求的吊顶施工方案。此项内容占情境 4 学习成绩的 20%。

学　材

吊顶是一种室内装修，具有保温、隔热、隔音和吸声作用，可以增加室内亮度和美观，是现代室内装饰的重要组成部分。

吊顶由吊筋、龙骨、面层三部分组成。

一、吊筋

吊筋主要承受吊顶棚的重力，并将这一重力直接传递给结构层；同时，还能用来调节吊顶的空间高度。

现浇钢筋混凝土楼板吊筋做法如图 10.15 所示。

预制板缝中设吊筋，如图 10.16 所示。

二、龙骨安装

（一）木龙骨

木龙骨多用于板条抹灰和钢丝网抹灰吊顶顶棚。如图 10.17 所示。

（二）轻钢龙骨和铝合金龙骨

U45 型系列吊顶轻钢龙骨的主件及配件见表 10.8。

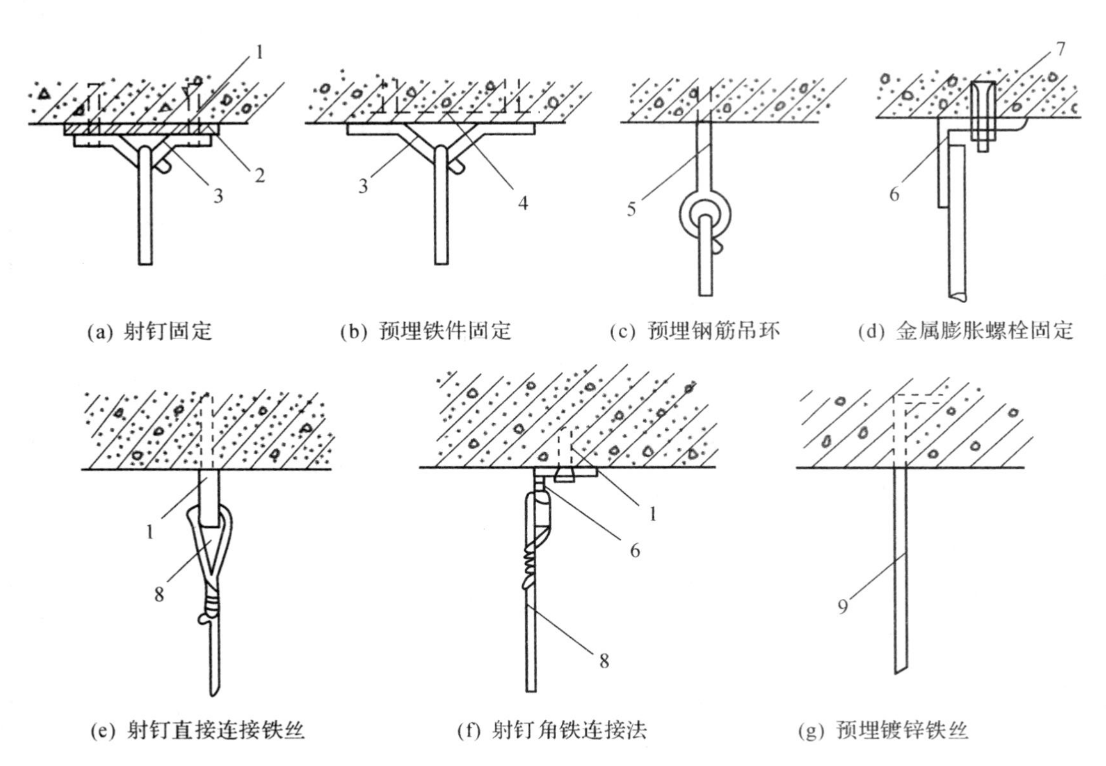

图 10.15 吊筋固定方法

1—射钉;2—焊板;3—钢筋吊环;4—预埋钢板;5—钢筋;6—角钢;

7—金属膨胀螺栓;8—铝合金丝;9—镀锌铁丝

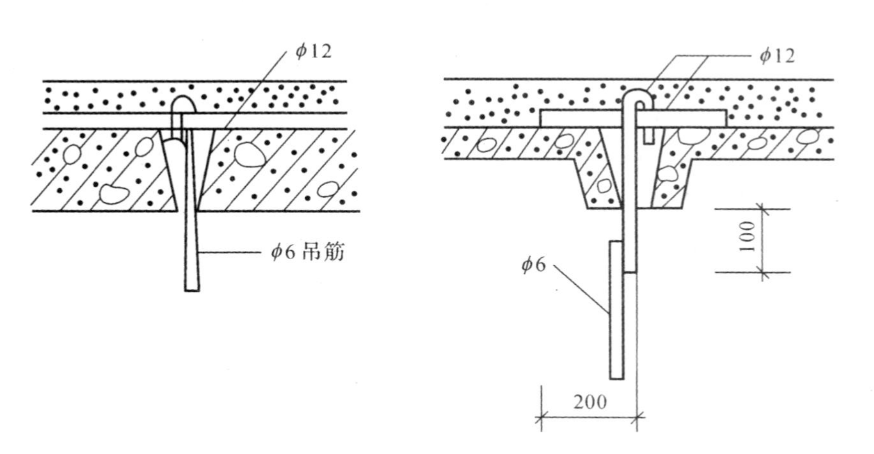

图 10.16 在预制板上设吊筋的方法

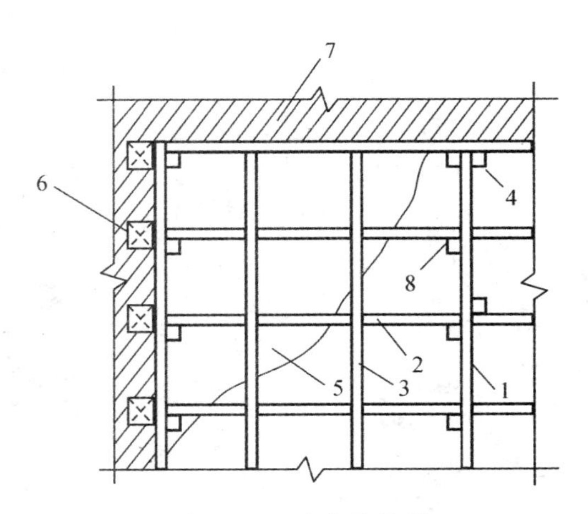

图 10.17　木龙骨吊顶

1—大龙骨；2—小龙骨；3—横撑龙骨；4—吊筋；5—罩面板；6—木砖；7—砖墙；8—吊木

表 10.8　U45 型系列(不上人)

名　称	主　件	配　件		
	龙　骨	吊挂件	接插件	挂插件
BD 大龙骨	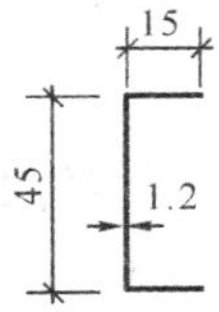	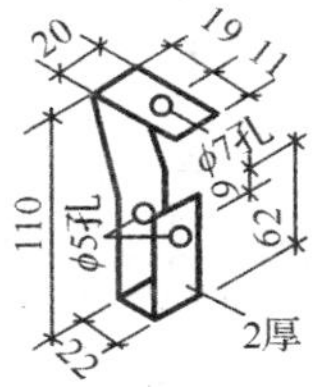	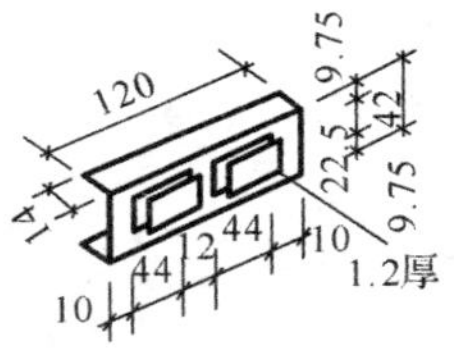	
UZ 中龙骨	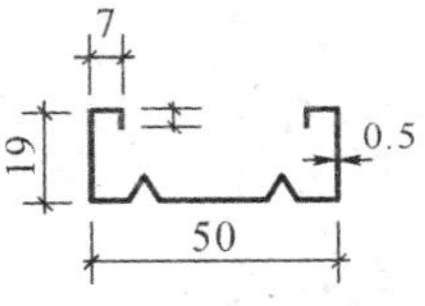	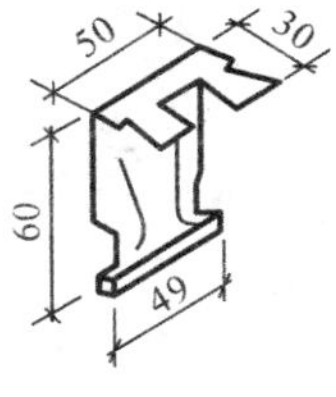	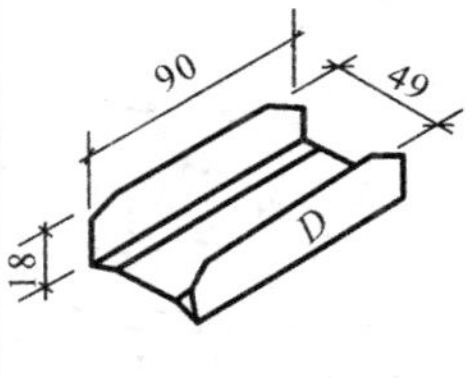	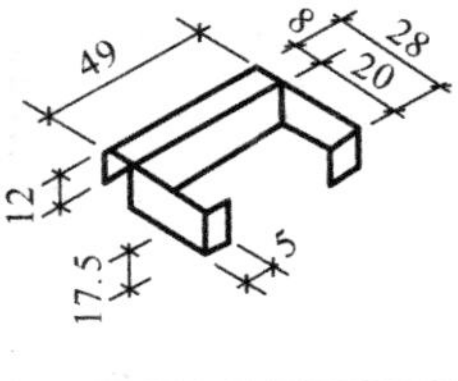
UX 小龙骨	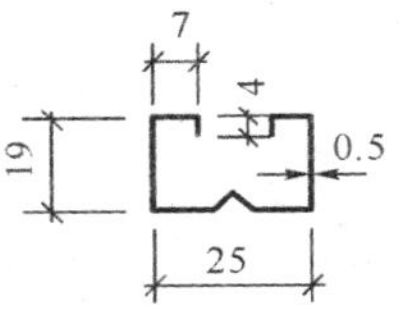	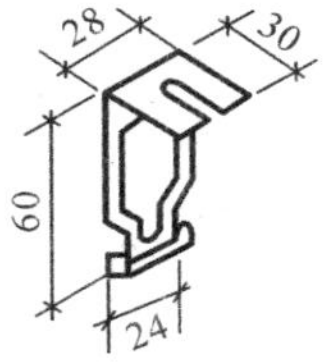	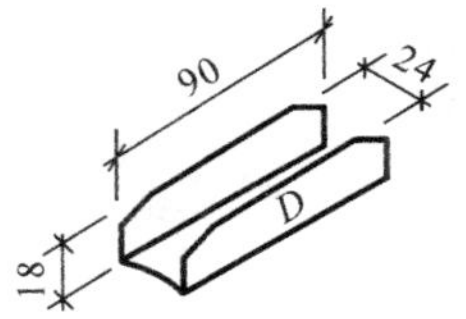	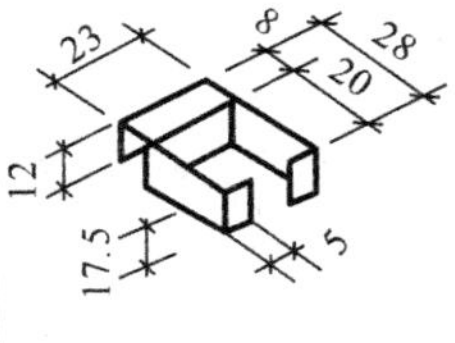

U 型龙骨吊顶安装示意如图 10.18 所示。

T 型铝合金龙骨安装示意如图 10.19 所示。

(三)龙骨施工程序

吊顶有暗龙骨吊顶和明龙骨吊顶之分。

龙骨的安装顺序：弹线定位→固定吊杆→安装主龙骨→固定次龙骨→固定横撑龙骨。

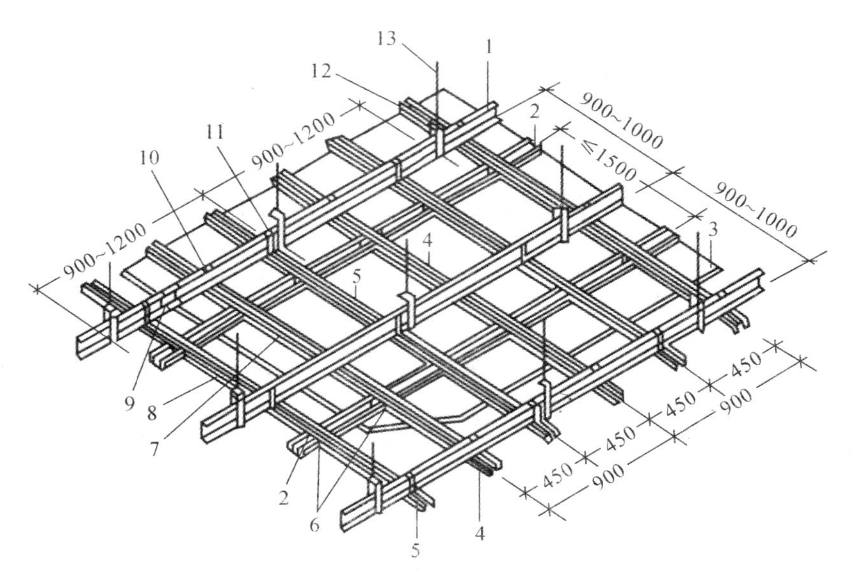

图 10.18　U 型龙骨吊顶示意

1—BD 大龙骨；2—UZ 横撑龙骨；3—吊顶板；4—UZ 龙骨；5—UX 龙骨；6—UZ3 支托连接；7—UZ2 连接件；8—UX2 连接件；9—BD2 连接件；10—UZ1 吊件；11—UX1 吊件；12—BD1 吊件；13—吊杆

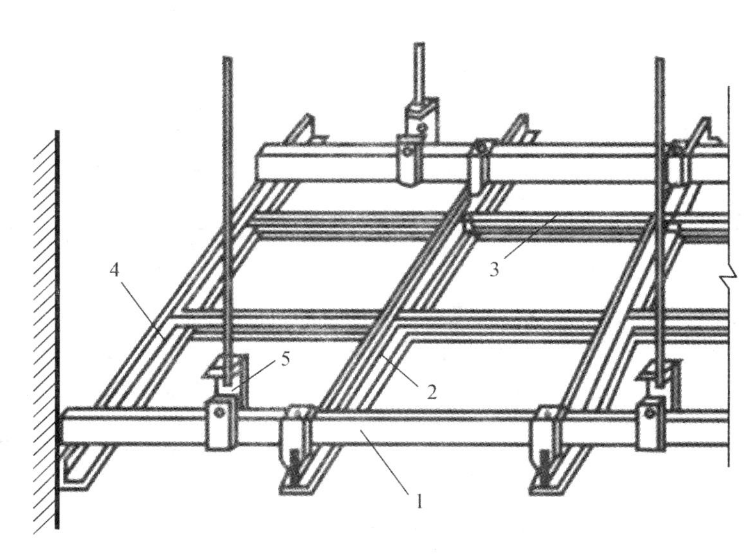

图 10.19　T 型铝合金吊顶示意

1—大龙骨；2—大 T；3—小 T；4—角条；5—大吊挂件

(1)弹线定位。根据楼层标高水平线，用尺竖向量至顶棚设计标高，沿墙四周弹出顶棚标高水平线，并沿顶棚标高水平线在墙上画好龙骨分档位置线。

(2)固定吊杆。按照墙上弹出的标高线和龙骨位置线，找出吊点中心，将吊杆焊接在预埋件上。

(3)安装主龙骨。吊杆安装在主龙骨上，根据龙骨的安装程序，因为主龙骨在上，所以吊件同主龙骨相连，再将次龙骨用连接件与主龙骨固定。

(4)固定次龙骨。次龙骨垂直于主龙骨布置，交叉点用次龙骨吊挂件将其固定在主龙骨上。

(5)固定横撑龙骨。横撑龙骨应用次龙骨截取。

三、饰面板安装

吊顶的饰面板材包括纸面石膏装饰吸声板、石膏装饰吸声板、矿棉装饰吸声板、珍珠岩装饰吸声板、聚氯乙烯塑料天花板、聚苯乙烯泡沫塑料装饰吸声板、钙塑泡沫装饰吸声板、金属微穿孔吸声板、穿孔吸声石棉水泥板、轻质硅酸钙吊顶板、硬质纤维装饰吸声板、玻璃棉装饰吸声板等。选材时要考虑材料的密度、保温、隔热、防火、吸音、施工装卸等性能，同时应考虑饰面的装饰效果。

饰面板与龙骨的连接：

(1)粘结法。用各种胶粘剂将板材粘贴于龙骨上或其他基板上。

(2)钉接法。用铁钉或螺钉将饰面板固定于龙骨上。

(3)挂牢法。指利用金属挂钩将板材挂于龙骨下的方法。

(4)搁置法。指将饰面板直接搁于龙骨翼缘上的做法。

(5)卡牢法。利用龙骨本身或另用卡具将饰面板卡在龙骨上的做法，常用于以轻钢、型钢龙骨配以金属板材等。

四、吊顶工程质量要求及检验方法

暗龙骨吊顶和明龙骨吊顶工程安装的允许偏差和检验方法如表10.9、10.10所示。

表10.9　暗龙骨吊顶工程安装的允许偏差和检验方法

项次	项目	允许偏差(mm)				检验方法
		纸面石膏板	金属板	矿棉板	木板、塑料板、搁栅	
1	表面平整度	3	2	2	2	用2m靠尺和塞尺检查
2	接缝直线度	3	1.5	3	3	拉5m线，不足5m拉通线，用钢直尺检查
3	接缝高低差	1	1	1.5	1	用钢直尺和塞尺检查

表10.10　明龙骨吊顶工程安装的允许偏差和检验方法

项次	项目	允许偏差(mm)				检验方法
		纸面石膏板	金属板	矿棉板	木板、塑料板、搁栅	
1	表面平整度	3	2	2	2	用2m靠尺和塞尺检查
2	接缝直线度	3	2	3	3	拉5m线，不足5m拉通线，用钢直尺检查
3	接缝高低差	1	1	2	1	用钢直尺和塞尺检查

情境 5　涂料、刷浆与裱糊工程施工

能力目标

通过本情境的学习，能够应用所学知识，按照设计图纸、规范和施工工艺，组织涂料与刷浆工程施工。

学习内容

涂料、刷浆与裱糊工程施工机具及材料种类；涂料工程施工工序及方法；刷浆工程的施工工序及方法；熟悉裱糊工程的工艺流程及施工方法；涂料、刷浆与裱糊工程的质量要求和安全技术。

任务引领

教师布置任务，帮助学生理解任务要求，辅导学生完成任务需要掌握的知识。

任务一　某套住宅，建筑面积约为 $120m^2$，欲重新装修。内墙采用仿瓷涂料。

试说明施工程序、施工要点，并编写出施工方案。

任务二　某住宅外墙表面，设计为素刷水泥净浆饰面。

试说明施工程序、施工要点，并编写出施工方案。

任务三　某酒店多功能会议厅内墙表面，设计为高级无纺贴墙布饰面。

试说明施工程序、施工要点，并编写出施工方案。

任务四　试结合实际工程，分组完成一定面积的内墙涂料、外墙或内墙刷浆和裱糊的工程施工任务。

问题导入

以下问题是完成任务必须掌握的知识，教师引导，学生完成。

1. 试述涂料成分及类型。
2. 涂料施工基层需怎样处理？
3. 简述涂料施工工艺和施涂方法。
4. 简述涂料施工质量要求与安全技术。
5. 简述刷浆材料的类型及施工前基层处理的要求。
6. 简述刷浆施工的施工工艺和施工方法。
7. 简述裱糊工程的基层处理要求、施工程序和施工要点。
8. 简述裱糊工程质量要求。

自主学习

学生以小组形式工作（4～6 人一组）。通过查资料、规范、学材以及网上资源解答以上问题；初步形成完成以上四项任务的思路和工作计划，组内学生讨论、向教师或辅导教师咨询，修改、完善计划，形成实施计划；实施计划，完成任务。

学生发言

各小组选派一名代表，回答问题，讲解本小组完成任务的过程及结果，小组其他成员补充。

学生互评

小组之间按照统一标准，对各小组回答问题、完成任务的过程及结果进行互评。

学生完成学习情境5成绩评定表

学生姓名________ 教师________ 班级________ 学号__________

序号	考评项目	分值	考核内容	教师评价（权重50%）	组长评价（权重25%）	学生评价（权重25%）
1	学习态度	15	出勤率、听课态度、实操表现等			
2	学习能力	25	上课回答问题、完成工作质量			
3	计算、操作能力	25	计算、实操记录、作品成果质量			
4	团结协作能力	15	自己在所在小组的表现，小组完成工作质量、速度			
合计		80				
综合得分						

知识拓展

教师提供3～5个涂料、刷浆或裱糊工程的实例，供学生选择，加强实操练习。在规定期限内，学生编写出涂料、刷浆或裱糊工程的施工方案。此项内容占情境5学习成绩的20%。

学 材

一、涂料工程

(一)涂料

涂料由胶结剂、颜料、溶剂和辅助材料等组成。

1. 外墙涂料

外墙涂料由主要成膜物质、次要成膜物质、辅助成膜物质和其他外加剂、分散剂等组成。常用的有硅酸盐类无机涂料、乳液涂料等。

2. 内墙涂料

内墙涂料较多，主要有乳液涂料和水溶型涂料两类。

3. 地面涂料

地面涂料的主要成膜物质是合成树脂或高分子乳液加掺和材料，如过氯乙烯地面涂料、聚乙烯醇缩甲醛厚质地面涂料、聚醋酸乙烯乳液厚质地面涂料等。

4.顶棚涂料

除了采取传统的刷浆工艺和选用内墙涂料外，为了提高室内的吸音效果，可采用凹凸起伏较大、质感明显的装饰涂料。

5.防火涂料

高聚物粘结剂一般具有可燃性。乳胶涂料因混入大量的无机填料及颜料而比较难燃，再选择适当的粘结剂、增塑剂及添加剂等来进一步提高涂膜的难燃性及防火性。

(二)基层处理

(1)新建建筑物的混凝土或抹灰基层涂饰涂料前应涂刷抗碱封闭底漆。

(2)旧墙面涂饰涂料前应清除疏松的旧装修层并涂刷界面剂。

(3)混凝土或抹灰基层涂刷溶剂型涂料时，含水率不得大于8%，涂刷乳液型溶剂时含水率不得大于10%，木材基层的含水率不得大于12%；基层腻子应平整、坚实、牢固，无粉化、起皮和裂缝，厨房、卫生间墙面必须使用耐水腻子。

(4)木材表面上的灰尘、污垢等施涂前应清理干净，木材表面的缝隙、毛刺、掀岔和脂囊修整后应用腻子填补，并用砂纸磨光。

(5)金属表面施涂前应将灰尘、油渍、鳞皮、锈斑、焊渣、毛刺等清除干净，潮湿的表面不得施涂涂料。

(三)涂料施工工艺

1.涂料工程的基本工序

涂料工程的基本工序见表10.11、10.12、10.13和10.14的规定。

表10.11 混凝土及抹灰外墙表面薄涂料工程的主要工序

项　次	工序名称	乳胶薄涂料	溶剂型薄涂料	无机薄涂料
1	修补	+	+	+
2	清扫	+	+	+
3	填补缝隙、局部刮腻子	+	+	+
4	磨平	+	+	+
5	第一遍涂料	+	+	+
6	第二遍涂料	+	+	+

表10.12 混凝土及抹灰内墙、顶棚表面薄涂料工程的主要工序

项　次	工序名称	水性涂料涂饰						溶剂型涂料涂饰	
		水溶性涂料		无机涂料		乳液性涂料			
		普通	高级	普通	高级	普通	高级	普通	高级
1	清扫	+	+	+	+	+	+	+	+
2	填补缝隙、局部刮腻子	+	+	+	+	+	+	+	+
3	磨平	+	+	+	+	+	+	+	+
4	第一遍满刮腻子	+	+	+	+	+	+	+	+

续表

项　次	工序名称	水性涂料涂饰						溶剂型涂料涂饰	
		水溶性涂料		无机涂料		乳液性涂料			
		普通	高级	普通	高级	普通	高级	普通	高级
5	磨平	+	+	+	+	+	+	+	+
6	第二遍满刮腻子		+		+	+	+	+	+
7	磨平		+		+	+	+	+	+
8	干性油打底							+	+
9	第一遍涂料	+	+	+	+	+	+	+	+
10	复补腻子		+		+	+	+		+
11	磨平		+		+	+	+	+	+
12	第二遍涂料	+	+	+	+	+	+	+	+
13	磨平						+	+	+
14	第三遍涂料						+	+	+
15	磨平								+
16	第四遍涂料								+

表 10.13　混凝土及抹灰外墙表面复层涂料工程的主要工序

项　次	工序名称	合成树脂乳液复层涂料	硅溶胶类复层涂料	水泥系复层涂料	反应固化型复层涂料
1	修补	+	+	+	+
2	清扫	+	+	+	+
3	填补缝隙、局部刮腻子	+	+	+	+
4	磨平	+	+	+	+
5	施涂封底涂料	+	+	+	+
6	施涂主层涂料	+	+	+	+
7	滚压	+	+	+	+
8	第一遍罩面涂料	+	+	+	+
9	第二遍罩面涂料	+	+	+	+

表 10.14　木料表面施涂溶剂型混色涂料的主要工序

项　次	工序名称	普通涂饰	高级涂饰
1	清扫、起钉子、除油污等	+	+
2	铲去脂囊、修补平整	+	+
3	磨砂纸	+	+

续表

项　次	工序名称	普通涂饰	高级涂饰
4	节疤处点漆片	+	+
5	干性油或带色干性油打底	+	+
6	局部刮腻子、磨光	+	+
7	第一遍满刮腻子	+	+
8	磨光	+	+
9	第二遍满刮腻子		+
10	磨光		+
11	刷涂底涂料	+	+
12	第一遍涂料	+	+
13	复补腻子	+	+
14	磨光	+	+
15	湿布擦净	+	+
16	第二遍涂料	+	+
17	磨光（高级涂料用水砂纸）	+	+
18	湿布擦净	+	+
19	第三遍涂料	+	+

2.常用施涂涂料方法

(1)刷涂法。它是用毛笔、排笔等工具在物体表面涂饰涂料的一种操作方法。一般程序:先左后右、先上后下、先难后易、先边后面。

(2)滚涂法。它是利用长毛绒辊、泡沫塑料辊等辊子蘸匀适量涂料,在待涂物体表面施加轻微压力上下垂直来回滚动,最后用滚筒按一定方向满滚一遍。

(3)喷涂法。它是借助喷涂机具将涂料成雾状或粒状喷出,分散沉积在物体表面上,喷涂施工根据所用涂料品种、黏度、稠度、最大粒径等确定喷涂机具的种类、喷嘴口径、喷涂压力和与物体表面的垂直距离。施工时,喷涂工具移动应保持与被涂面平行,一般直线喷涂70～80cm后,拐弯180°反向喷涂一下,两行重叠宽度控制在喷涂宽度的1/3～1/2。

(4)弹涂法。弹涂器的出口正对墙面,距离为300～500mm,按一定速度自上而下、自左至右地弹涂。

(5)抹涂法。先在底层上涂刷或滚涂1～2道底层涂料,待其干燥后,用不锈钢抹子将涂料抹到已不涂刷的底层涂料上,一般抹一遍成活,抹完间隔1h后再用不锈钢抹子压平。

(四)质量要求与安全技术

1.质量要求

(1)水性涂料涂饰。

①水性涂料涂饰工程所用涂料的品种、型号和性能应符合设计要求。

②应均匀涂饰、粘结牢固,不得有漏涂、透底、起皮和掉粉。

③涂料工程应待涂层完全干燥后,方能进行验收。

④检查时所用材料品种、颜色等应符合设计和选定的样品要求。

薄涂料的涂饰质量和检验方法见表10.15。厚涂料的涂饰质量和检验方法见表10.16。复合涂料的涂饰质量和检验方法见表10.17。

表10.15　薄涂料的涂饰质量和检验方法

项　次	项　目	普通涂饰	高级涂饰	检验方法
1	颜色	均匀一致	均匀一致	观察
2	泛碱、咬色	允许有少量轻微	不允许	
3	流坠、疙瘩	允许有少量轻微	不允许	
4	砂眼、刷纹	允许有少量轻微砂眼，刷纹通顺	无砂眼，无刷纹	
5	装饰线、分色线填线度允许偏差(mm)	2	1	拉5m线，不足5m拉通线，用钢尺检查

表10.16　厚涂料的涂饰质量和检验方法

项　次	项　目	普通涂饰	高级涂饰	检验方法
1	颜色	均匀一致	均匀一致	观察
2	泛碱、咬色	允许有少量轻微	不允许	
3	点状分布	—	疏密均匀	

表10.17　复合涂料的涂饰质量和检验方法

项　次	项　目	质量要求	检验方法
1	颜色	均匀一致	观察
2	泛碱、咬色	不允许	
3	喷点疏密程度	均匀，不允许连片	

(2)溶剂型涂料涂饰。

①溶剂型涂料涂饰工程所用涂料的品种、型号和性能应符合设计要求。

②颜色、光泽、图案应符合设计要求。

③应涂饰均匀、粘结牢固，不得有漏涂、透底、起皮和反锈。

色漆的涂饰质量和检验方法见表10.18。清漆的涂饰质量和检验方法见表10.19。

表10.18　色漆的涂饰质量和检验方法

项　次	项　目	普通涂饰	高级涂饰	检验方法
1	颜色	均匀一致	均匀一致	观察(手摸)
2	光泽、光滑	光泽基本均匀，光滑无挡手感	光泽基本均匀一致，光滑	
3	刷纹	刷纹通顺	无刷纹	
4	裹棱、流坠、皱皮	明显处不允许	不允许	
5	装饰线、分色线填线度允许偏差(mm)	2	1	拉5m线，不足5m拉通线，用钢尺检查

表 10.19　清漆的涂饰质量和检验方法

项　次	项　目	普通涂饰	高级涂饰	检验方法
1	颜色	均匀一致	均匀一致	观察(手摸)
2	木纹	棕眼刮平、木纹清楚	棕眼刮平、木纹清楚	
3	光泽、光滑	光泽基本均匀 光滑无挡手感	光泽基本均匀 一致,光滑	
4	刷纹	无刷纹	无刷纹	
5	裹棱、流坠、皱皮	明显处不允许	不允许	拉 5m 线,不足 5m 拉通线,用钢尺检查

2. 安全技术

(1)涂料材料和所用设备必须有专人保管,各类储油原料的桶必须有封盖。

(2)涂料库房内必须有消防设备,要隔绝火源,与其他建筑物相距 25～40m。

(3)使用喷灯时,油不得加满。

(4)操作者做好自身保护工作,坚持穿戴安全防护用具。

(5)使用溶剂时,应防护好眼睛、皮肤。

(6)熬胶、烧油应在建筑物 10m 以外进行。

二、刷浆工程

(一)刷浆材料

刷浆所用的材料主要是指石灰浆、水泥浆、大白浆和可赛银浆等。石灰浆和水泥浆可用于室内外墙面,大白浆和可赛银浆只用于室内墙面。

1. 石灰浆

由石灰膏加水调制而成。

2. 水泥浆

聚合物水泥浆的主要成分是白水泥、高分子材料、颜料、分散剂和憎水剂。

3. 大白浆

由大白粉加水制成。

4. 可赛银浆

由可赛银粉加水调制而成。可赛银粉是由碳酸钙、滑石粉和颜料研磨,再加入干酪素胶粉等混合均匀配制而成。

(二)基层要求

(1)刷浆工程的基层应干燥,刷石灰浆、聚合物水泥浆、涂料的基层,干燥程度可适当放宽。

(2)刷浆前,应将基层表面上的灰尘、污垢、砂浆流痕清除干净,表面的缝隙应用腻子填补齐平。

(3)刷无机涂料前,基层表面应用清水冲洗干净,待表面的水挥发后方可涂刷。

(三)施工工艺

1.室内外刷浆工序

室内外刷浆工序见表10.20、10.21。

表10.20 室外刷浆的主要工序

项 次	工序名称	普通涂饰	高级涂饰
1	清扫	+	+
2	填补缝隙、局部刮腻子	+	+
3	磨平	+	+
4	用乳胶水溶液或聚乙烯醇缩甲醛水溶液湿润		+
5	第一遍刷浆	+	+
6	第二遍刷浆	+	+

表10.21 室内刷浆工程的主要工序

项 次	工序名称	石灰浆	聚合物水泥浆	大白浆	可赛银粉
1	清扫	+	+	+	+
2	用乳胶水溶液或聚乙烯醇缩甲醛水溶液湿润	+	+	+	+
3	填补缝隙、局部刮腻子	+	+	+	+
4	磨平	+	+	+	+
5	第一遍满刮腻子			+	+
6	磨平			+	+
7	第二遍满刮腻子			+	+
8	磨平			+	+
9	第一遍刷浆	+	+	+	+
10	复补磨平	+	+	+	+
11	腻子	+	+	+	+
12	第二遍刷浆	+	+	+	+
13	磨浮粉			+	+
14	第三遍刷浆	+		+	+

2.刷浆

刷浆一般用刷涂法、滚涂法和喷涂法施工。

(1)刷涂法。它是最简易的人工施工方法,用排笔、扁刷进行刷涂。

(2)滚涂法。它是利用辊子蘸少量涂料后,在被滚墙面上轻缓平稳地来回滚动,避免歪扭蛇行,以保证涂层厚度一致,色泽、质感一致。

(3)喷涂法。它采用手压式喷浆机或电动喷浆机进行喷涂。

三、裱糊工程

裱糊工程是以普通壁纸、塑料墙纸、玻璃纤维布、无纺贴墙布等为材料的室内裱糊施工。

(一)材料

(1)墙纸和贴墙布。

(2)胶粘剂。有塑料墙纸胶粘剂、玻璃纤维墙布胶粘剂和普通墙纸粘结剂。

(二)基层处理

(1)新建筑物的混凝土或抹灰基层墙面刮腻子前应涂刷抗碱封闭底漆。

(2)旧墙面裱糊前应清除疏松的旧装修层,并涂刷界面剂。

(3)混凝土或抹灰基层含水率不得大于8%。

(4)木材基层的含水率不得大于12%。

(5)基层腻子应平整、坚实、牢固,无粉化、起皮和裂缝,腻子的粘结强度应符合《建筑室内用腻子》(JG/T 298—2010)N型的规定。

(6)基层表面平整度、立面垂直度及阴阳角方正应达到高级抹灰的要求,基层表面颜色应一致。

(7)裱糊前应用封闭底胶涂刷基层。

(三)裱糊技术

1.裱糊的主要工序

裱糊的主要工序如表10.22所示。

表10.22　裱糊的主要工序

项次	工序名称	抹灰面混凝土				石膏板面				木料面			
		复合壁纸	PVC布	墙布	带背胶壁纸	复合壁纸	PVC布	墙布	带背胶壁纸	复合壁纸	PVC布	墙布	带背胶壁纸
1	清扫基层、填补缝隙、磨砂纸	+	+	+	+	+	+	+	+	+	+	+	+
2	接缝处糊条					+	+	+	+	+	+	+	+
3	找补腻子、磨砂纸					+	+	+	+	+	+	+	+
4	满刮腻子、磨平	+	+	+	+								
5	涂刷涂料一遍									+	+	+	+
6	涂刷底胶一遍	+	+	+	+	+	+	+	+				
7	墙面画准线	+	+	+	+	+	+	+	+	+	+	+	+
8	壁纸浸水湿润		+		+		+		+		+		+
9	壁纸涂刷胶粘剂	+				+				+			
10	基层涂刷胶粘剂	+	+	+		+	+	+		+	+	+	
11	纸上墙、裱糊	+	+	+	+	+	+	+	+	+	+	+	+

续表

项次	工序名称	抹灰面混凝土				石膏板面				木料面			
		复合壁纸	PVC布	墙布	带背胶壁纸	复合壁纸	PVC布	墙布	带背胶壁纸	复合壁纸	PVC布	墙布	带背胶壁纸
12	拼缝、搭接、对花	+	+	+	+	+	+	+	+	+	+	+	+
13	赶压胶粘剂、气泡	+	+	+	+	+	+	+	+	+	+	+	+
14	裁边		+				+				+		
15	擦净挤出的胶液	+	+	+	+	+	+	+	+	+	+	+	+
16	清理修整	+	+	+	+	+	+	+	+	+	+	+	+

2.施工要点

(1)刷底层涂料。被贴墙面要刷一遍底层涂料,要求均匀而薄,不得有漏刷、流淌等缺陷。

(2)墙面弹线。目的是使墙纸粘贴后的花纹、图案、线条纵横贯通,必须在底层涂料干后弹水平线、垂直线,作为操作时的标准。墙纸水平式裱贴时,弹水平线;墙纸竖向裱贴时,弹垂直线。

(3)裁纸。根据墙纸规格及墙面尺寸统筹规划裁纸,纸幅应编号,按顺序粘贴。

(4)浸水。塑料墙纸遇水或胶水开始自由膨胀,约5~10min后胀定,干后则自行收缩。

(5)墙纸的粘贴。墙面和墙纸各刷胶粘剂一遍,阴阳角处应增涂胶粘剂1~2遍,刷胶要求薄而均匀,不得漏刷。墙面涂刷胶粘剂的宽度应比墙纸宽20~30mm。

(6)成品保护。在交叉流水作业中,人为的损坏、污染,施工期间与完工后的空气湿度与温度变化等因素,都会严重影响墙纸饰面的质量。

(四)质量要求

(1)壁纸、墙布的种类、规格、图案、颜色和燃烧性能等级必须符合设计要求及国家现行的有关标准。

(2)裱糊后各幅拼接应横平竖直,拼接处花纹、图案应吻合,不离缝,不搭接,不显拼缝。

(3)壁纸、墙布应粘贴牢固,不得有漏贴、补贴、脱层、空鼓和翘边。

情境6 门窗工程施工

能力目标

通过本情境的学习,能够应用所学知识,按照设计图纸、规范和施工工艺,组织门窗工程施工。

学习内容

门窗材料种类;各种门窗的安装固定方法;门窗工程的质量要求和安全技术。

任务引领

教师布置任务,帮助学生理解任务要求,辅导学生完成任务需要掌握的知识。

任务一 某教学楼工程,设计木门窗。

试说明木门窗施工方法、程序和施工要点,编写出施工方案。

任务二 某教学楼工程,设计钢窗。

试说明钢窗施工方法、程序和施工要点,编写出施工方案。

任务三 某教学楼工程,设计铝合金门窗。

试说明铝合金门窗施工方法、程序和施工要点,编写出施工方案。

任务四 结合实际工程,完成一定面积铝合金门窗的安装施工任务。

问题导入

以下问题是完成任务必须掌握的知识,教师引导,学生完成。

1. 简述木门窗安装工序和施工要点。
2. 试述木门窗安装的留缝限值、允许偏差和检验方法。
3. 试述钢门窗安装工序和施工要点。
4. 试述钢门窗安装的留缝限值、允许偏差和检验方法。
5. 试述铝合金门窗安装工序和施工要点。
6. 试述铝合金门窗安装的允许偏差和检查方法
7. 试述塑料门窗安装工序和施工要点。
8. 试述塑料门窗安装的允许偏差和检查方法

自主学习

学生以小组形式工作(4~6人一组)。通过查资料、规范、学材以及网上资源解答以上问题;初步形成完成以上四项任务的思路和工作计划,组内学生讨论、向教师或辅导教师咨询,修改、完善计划,形成实施计划;实施计划,完成任务。

学生发言

各小组选派一名代表,回答问题,讲解本小组完成任务的过程及结果,小组其他成员补充。

学生互评

小组之间按照统一标准,对各小组回答问题、完成任务的过程及结果进行互评。

学生完成学习情境6成绩评定表

学生姓名________ 教师________ 班级________ 学号________

序号	考评项目	分值	考核内容	教师评价(权重50%)	组长评价(权重25%)	学生评价(权重25%)
1	学习态度	15	出勤率、听课态度、实操表现等			
2	学习能力	25	上课回答问题、完成工作质量			
3	计算、操作能力	25	计算、实操记录、作品成果质量			
4	团结协作能力	15	自己在所在小组的表现,小组完成工作质量、速度			
合计		80				
综合得分						

知识拓展

教师提供3～5个门窗安装工程的实例，供学生选择，加强实操练习。在规定期限内，学生编写出符合设计要求的施工方案。此项内容占情境6学习成绩的20%。

学　材

一、木门窗

木门窗宜在木材加工厂定型制作，不宜在施工现场加工制作。门窗生产操作程序：配料→截料→刨料→画线→凿眼→开榫→裁口→整理线角→堆放→拼装。成批生产时，应先制作一樘实样。

(一)木门窗的制作允许偏差及检验

门窗制作的允许偏差和检验方法应符合表10.23的规定。

表10.23　门窗制作的允许偏差和检验方法

项次	项目	构件名称	允许偏差(mm)		检验方法
			普通	高级	
1	翘曲	框	3	2	将框、扇平放在检查平台上，用塞尺检查
		扇	2	2	
2	对角线长度	框、扇	3	2	用钢尺检查，框量裁口里角，扇量外角
3	表面平整度	扇	2	2	用1m靠尺和塞尺检查
4	高度、宽度	框	0，−2	0，−1	用钢尺检查，框量裁口里角，扇量外角
		扇	+2，0	+1，0	
5	裁口、线条结合处高低差	框、扇	1	0.5	用钢直尺和塞尺检查
6	相邻棂子两端间距	扇	2	1	用钢直尺检查

(二)木门窗的安装

木门窗框安装有先立门窗框(立口)和后塞门窗框两种。

1.先立门窗框(立口)

在墙砌到地面时立门樘，砌到窗台时立窗框。立框时应先在地面(或墙面)画出门(窗)框的中线及边线，而后按线将门窗框立上，用临时支撑撑牢，并校正门窗框的垂直度及上、下槛水平。

立门窗框时，注意门窗的开启方向和墙面装饰层的厚度，各门框进出一致，上、下层窗框对齐；砌两旁墙时，墙内应砌经防腐处理的木砖；垂直间隔0.5～0.7m一块，木砖大小为115mm×115mm×53mm。

2.后塞门窗框

在砌墙时先留出门窗洞口，然后塞入门窗框。门窗洞口尺寸要比门窗框尺寸每边大

20mm;门窗框塞入后,用木楔临时塞住,注意横平竖直,校正无误后,将门窗框钉牢于砌于墙内的木砖上。

木门窗安装的留缝限值、允许偏差和检验方法如表10.24所示。

表10.24 木门窗安装的留缝限值、允许偏差和检验方法

项次	项目		留缝限值(mm)		允许偏差(mm)		检查方法
			普通	高级	普通	高级	
1	门窗槽对角线长度差		—	—	3	2	用钢直尺检查
2	门窗框正、侧面垂直度		—	—	2	1	用1m靠尺和塞尺检查
3	框与扇、扇与扇接缝高低差		—	—	2	1	用钢直尺和塞尺检查
4	门窗扇对口		1～2.5	1.5～2	—	—	用塞尺检查
5	工业厂房双扇大门对口缝		2～5	—	—	—	
6	门窗扇与上框间留缝		1～2	1～1.5	—	—	
7	门窗扇与侧框间留缝		2～2.5	1～1.5	—	—	
8	窗扇与下框间留缝		2～3	2～2.5	—	—	
9	门扇与下框间留缝		3～5	3～4	—	—	
10	双层门窗内外框间距		—	—	4	3	用钢直尺检查
11	无下框时门扇与地面间留缝	外门	4～7	5～6	—	—	用塞尺检查
		内门	5～8	6～7	—	—	
		卫生间门	8～12	8～10	—	—	
		厂房大门	10～20	—	—	—	

二、钢门窗

工程中应用较多的钢门窗有薄壁空腹钢门窗和实腹钢门窗。

钢门窗是在工厂加工制作后整体运到现场进行安装的。

钢门窗现场安装前,应按照设计要求,核对型号、规格、数量、开启方向及所带五金零件是否齐全。凡有翘曲、变形者,调直修复后方可安装。

钢门窗采用后塞口方法安装。

钢门窗安装工序:弹控制线→立钢门窗→校正→门窗框固定→安装五金零件→安装纱门窗。

1. 弹控制线

门窗安装前应弹出离楼地面500mm高的水平控制线,按门窗安装标高、尺寸和开启方向,在墙体预留洞口四周弹出门窗就位线。

2. 立钢门窗、校正

安装时先用木楔块临时固定,木楔块应塞在四角和中梃处;然后用水平尺、对角线尺、线锤校正其垂直与水平。

3. 门窗框固定

门窗位置确定后，将铁脚与预埋件焊接或埋入预留墙洞内，用1∶2水泥砂浆或细石混凝土将洞口缝隙填实，养护3d后取出木楔；门窗框与墙之间缝隙应填嵌饱满，并采用密封胶密封。钢窗铁脚的形状如图10.20所示。

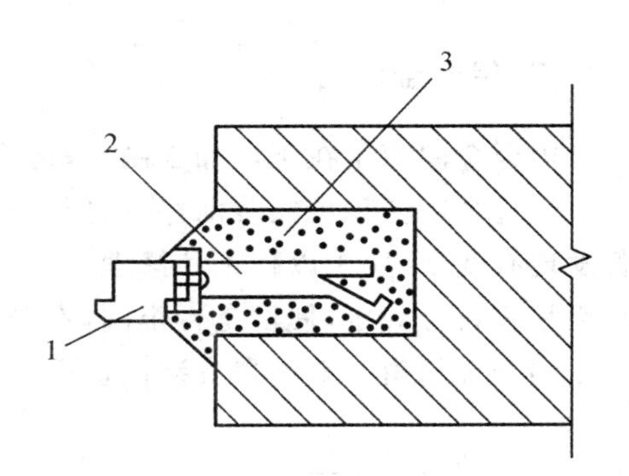

图10.20　钢窗预埋铁脚

1—窗框；2—铁脚；

3—留洞60mm×60mm×60mm

4. 安装五金零件

(1)安装零附件宜在内外墙装饰结束后进行。

(2)安装零附件前，应检查门窗在洞口内是否牢固，开启应灵活，关闭要严密。

(3)五金零件应按生产厂家提供的装配图试装合格后，方可进行全面安装。

(4)密封条应在钢门窗涂料干燥后按型号安装压实。

(5)各类五金零件的转动和滑动配合处应灵活，无卡阻现象。

(6)装配螺钉拧紧后不得松动，埋头螺钉不得高于零件表面。

(7)钢门窗上的渣土应及时清除干净。

5. 安装纱门窗

高度或宽度大于1400mm的纱窗，装纱前应在纱扇中部用木条临时支撑；检查压纱条和扇配套后，将纱裁成比实际尺寸宽50mm的纱布，绷纱时先用螺丝拧入上下压纱条再装两侧压纱条，切除多余纱头；金属纱装完后集中刷油漆，交工前再将门窗扇安在钢门窗框上。

钢门窗安装的留缝限值、允许偏差和检查方法见表10.25。

表10.25　钢门窗安装的留缝限值、允许偏差和检查方法

项次	项目		留缝限值(mm)	允许偏差(mm)	检查方法
1	门窗槽口宽度、高度	≤1500mm	—	3.5	用钢直尺检查
		>1500mm	—	2.5	
2	门窗槽口对角线长度差	≤2000mm	—	5	
		>2000mm	—	6	
3	门窗框的正、侧面垂直度		—	3	用1m垂直检测尺检查
4	门窗横框的水平度		—	3	用1m水平尺和塞尺检查
5	门窗横框标高		—	3	用钢直尺检查
6	门窗竖向偏离中心		—	4	
7	双层门窗内外框间距		—	5	
8	门窗框、扇配合间隙		≤2	—	用塞尺检查
9	无下框时门窗扇与地面间留缝		4～8	—	

三、铝合金门窗

铝合金门窗是在工厂加工制作，运至现场安装。

铝合金门窗现场安装前，应按照设计要求，核对型号、规格、数量及所带配件是否齐全，若发现有变形，应予以校正和修理；同时要检查预留门窗口标高线及几何形状，预埋件位置、间距是否符合规定，埋设是否牢固，不符合要求的，应按规定纠正后才能进行安装。

铝合金门窗一般是先安装门窗框，后安装门窗扇。常用固定方法如图 10.21 所示。

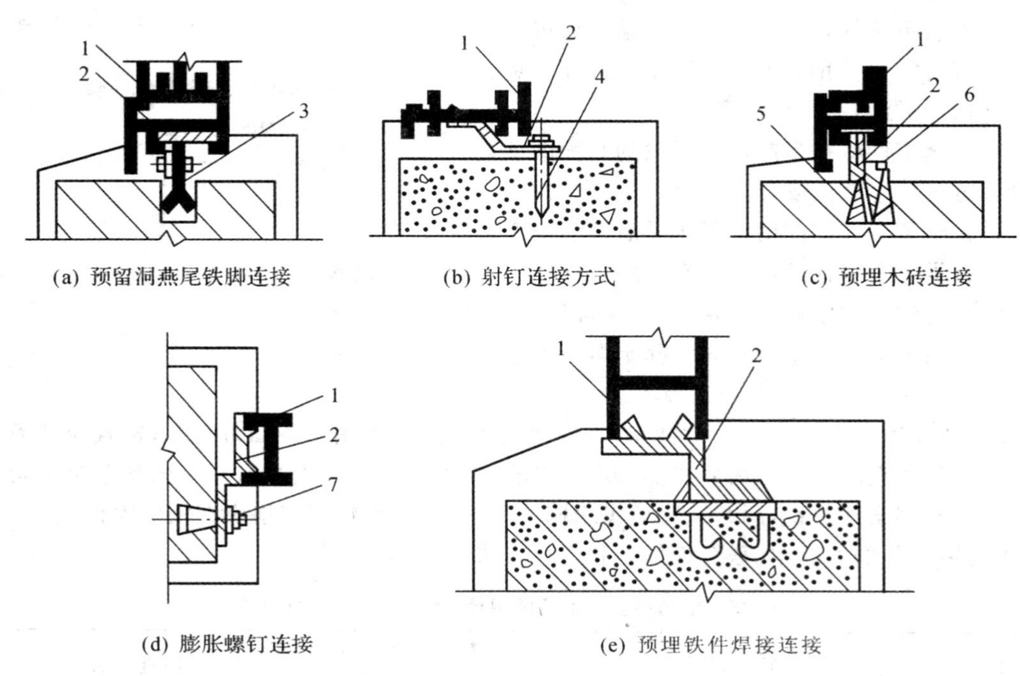

图 10.21 铝合金门窗框与墙体连接方式

1—门窗框；2—连接铁件；3—燕尾铁脚；4—射(钢)钉；5—木砖；6—木螺钉；7—膨胀螺钉

铝合金门窗框安装要求位置准确、横平竖直、高低一致、进出一致、牢固严密。

安装要点：

(1)将门窗框安放到预留门窗口中的正确位置，用木楔临时固定后，拉通线进行调整，使上、下、左、右的门窗分别在同一竖直线、水平线上，框边四周间隙与框表面距墙体外表面尺寸一致。

(2)其正、侧面垂直度、水平度及位置校正合格后，楔紧木楔，再校正一次。

(3)最后按设计要求固定门窗框。

铝合金门窗框填缝如图 10.22 所示。

铝合金门窗安装的允许偏差和检查方法见表 10.26。

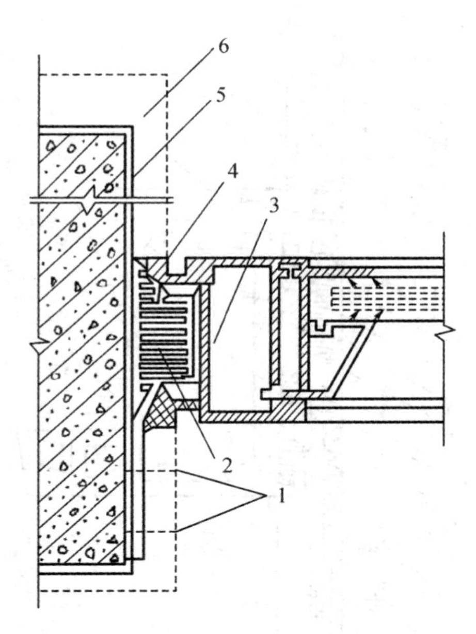

图 10.22　铝合金门窗框填缝

1—膨胀螺栓；2—软质填充料；3—自攻螺钉；4—密封膏；5—第一遍粉刷；6—最后一遍装饰面层

表 10.26　铝合金门窗安装的允许偏差和检查方法

项　次	项　目		允许偏差(mm)	检查方法
1	门窗槽口宽度、高度	≤1500mm	1.5	用钢直尺检查
		>1500mm	2	
2	门窗槽口对角线长度差	≤2000mm	3	
		>2000mm	4	
3	门窗框的正、侧面垂直度		2.5	用垂直检测尺检查
4	门窗横框的水平度		2	用 1m 水平尺和塞尺检查
5	门窗横框标高		5	用钢直尺检查
6	门窗竖向偏离中心		5	
7	双层门窗内外框间距		4	
8	推拉门窗扇与框搭接量		1.5	

四、塑料门窗

塑料门窗及其附件应符合国家标准，不得有开焊、断裂等损坏现象，应远离热源。

塑料门窗框子连接时，先把连接件与框子成 45°放入框子背面燕尾槽口内，然后顺时针方向把连接件扳成直角，最后旋进ϕ 4×15 自攻螺钉固定，如图 10.23 所示。

严禁锤击框子。

门窗框和墙体连接采用膨胀螺栓固定连接件，一只连接件不少于 2 只螺钉。

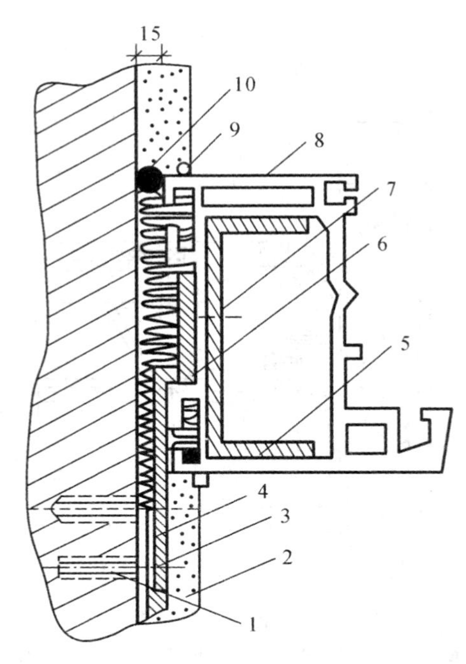

图 10.23 塑料门窗框装连接件

1—膨胀螺栓；2—抹灰层；3—螺丝钉；4—密封胶；5—加强筋；6—连接件；
7—自攻螺钉；8—硬 PVC 窗框；9—密封膏；10—保温气密材料

门窗洞口粉刷前，除去木楔，在门窗周围缝隙内塞入轻质材料，形成柔性连接，以适应热胀冷缩。

塑料门窗安装五金件时，必须在杆件上钻孔，然后用自攻螺丝拧入，严禁在杆件上直接锤击钉入。

塑料门窗安装的允许偏差和检查方法见表 10.27。

表 10.27 塑料门窗安装的允许偏差和检查方法

项 次	项 目		允许偏差(mm)	检查方法
1	门窗槽口宽度、高度	≤1500mm	2	用钢直尺检查
		>1500mm	3	
2	门窗槽口对角线长度差	≤2000mm	3	
		>2000mm	5	
3	门窗框的正、侧面垂直度		3	用 1m 垂直检测尺检查
4	门窗横框的水平度		3	用 1m 水平尺和塞尺检查
5	门窗横框标高		5	用 1m 水平尺和塞尺检查
6	门窗竖向偏离中心		5	
7	双层门窗内外框间距		4	
8	同樘平开门窗相邻扇高度差		2	

续表

项　次	项　目	允许偏差(mm)	检查方法
9	平开门窗铰链部位配合间隙	+2,−1	用塞尺检查
10	推拉门窗扇与框搭接量	+1.5,−2.5	用钢直尺检查
11	推拉门窗扇与竖框平行度	2	用1m水平尺和塞尺检查

参考文献

[1]冯广渊.建筑施工技术.北京:冶金工业出版社,1989.

[2]方承训,郭立民.建筑施工.北京:中国建筑工业出版社,1997.

[3]宁仁岐.建筑施工技术.北京:高等教育出版社,2002.

[4]赵志缙,应惠清.建筑施工(第四版).上海:同济大学出版社,2004.

[5]李继业,邱秀梅.建筑装饰施工技术.北京:化学工业出版社,2005.

[6]廖代广.建筑施工技术.武昌:武汉工业大学出版社,1997.

[7]中央电大建筑施工课程组.建筑施工技术(第二版).北京:中央广播电视大学出版社,2006.

[8]姚谨英.建筑施工技术.北京:中国建筑工业出版社,2000.

[9]朱永年.高层建筑施工(第二版).北京:中国建筑工业出版社,2007.

[10] 陈绍蕃.钢结构(上册)钢结构基础.北京:中国建筑工业出版社,2003.

[11]董卫华.钢结构.北京:高等教育出版社,2003.

[12] 徐占发.钢结构.北京:机械工业出版社,2001.

[13] 北京建工集团有限责任公司.建筑分项工程施工工艺标准(第三版).北京:中国建筑工业出版社,2008.

[14]台州标力建设集团有限公司. 建筑分项工程施工工艺标准. 2009.

某别墅建筑施工设计图纸

序号 SERIAL No.	图纸名称 TITLE OF DRAWINGS	图号 DRAWN No	规格 SPECS	附注 NOTE
1	施工图设计文件封面	建施 0-1	A3	
2	图纸目录	建施 0-2	A4	
3	门 窗 表	建施 0-3	A3	
4	建筑施工图设计总说明及建筑防火设计说明	建施 1	A1	
5	建筑构造统一做法表	建施 2	A1	
6	总平面图	建施 3	A1	
7	首层平面图	建施 4	A2	
8	二层平面图	建施 5	A2	
9	三层平面图	建施 6	A2	
10	屋顶平面图	建施 7	A2	
11	⑮-①立面图 ③-⑬立面图	建施 8	A2	
12	Ⓐ-Ⓝ立面图 1-1 剖面图	建施 9	A2	
13	楼梯大样图	建施 10	A2	
14	厨房、卫生间大样图	建施 11	A2	
15	门窗大样图（一）	建施 12	A2	
16	门窗大样图（二）	建施 13	A2	
17	节点大样图（一）	建施 14	A1	
18	节点大样图（二）	建施 15	A2	

深圳市建筑设计研究总院
SHENZHEN GENERAL INSTITUTE OF ARCHITECTURAL DESIGN&RESERCH

国家甲级工程设计证书编号：190141-sj NATIONAL ARCHITECTURAL DESIGN LICENSE No 190141-sj

审核 REVIEWED BY | 编制 EDITED BY

建设单位 CLIENT		合同号 CONTRACT. No.	A470303
工程名称 PROJECT	B1 型别墅	图别 DRAWING TYPE	建施
		图号 DRAWING No.	0-2
图纸目录 LIST OF DRAWINGS		日期 DATE	2004.9.
		共 1 页 PAGE TOTAL	
		第 1 页 PAGE No.	

门　窗　表

共1页第1页

类别	门窗编号	洞口尺寸(mm) 宽	高	门窗个数			合计	代号	编号	窗台高	附注
门	M1	900	2100				14	98ZJ601	GLM304-0921		成品夹板门
	M2	800	2100				12	98ZJ601	GLM304-0821		成品夹板门
	M3	1200	2100				10	98ZJ601	GLM304-1021		成品夹板门
	M4	1500	3100				2	建施	12		成品木夹板门
	M5	1500	2600				2	建施	12		白色塑钢推拉门
	M6	1200	2600				2	建施	12		白色塑钢平开门
	M7	800	2600				2	建施	12		白色塑钢平开门
卷帘门	JM1	4800	2050				2				成品卷帘门

说明：白色塑钢玻璃平开窗采用50系列,推拉窗采用90系列。推拉门采用120系列,厚度1.4mm. 门玻璃厚度:8mm. 窗玻璃厚度:5mm.

深圳市建筑设计研究总院 部门: SHENZHEN GENERAL INSTITUTE OF ARCHITECTURAL DESIGN&RESERCH 国家甲级工程设计证书编号:190141-sj NATIONAL ARCHITECTURAL DESIGN LICENSE No 190141-sj	建设单位 CLIENT		合同号 CONTRACT. No.	A470303
	工程名称 PROJECT	B1 型别墅	图别 DRAWING TYPE	建施
			图号 DRAWING No.	0-3
	门　窗　表		日期 DATE	2004.9.
审核 REVIEWED BY / 编制 EDITED BY			共 2 页 PAGE TOTAL	
			第 1 页 PAGE No.	

门　窗　表

共1页第1页

类别	门窗编号	洞口尺寸(mm) 宽	高	门窗个数				合计	代号	编号	窗台高	附注
窗	C1	1000	2700					4	建施	12	H+0.450	白色塑钢平开窗
	C2	1000	3000					4	建施	12	H+0.150	白色塑钢平开窗
	C3	3600	5700					2	建施	12	H+0.150	白色塑钢窗
	C4	1200	2700					2	建施	12	H+0.450	白色塑钢平开窗
	C5	1200	2500					10	建施	12	H+0.450	白色塑钢平开窗
	C6	1000	2800					2	建施	12	H+0.150	白色塑钢平开窗
	C7	1500	1550					4	建施	12	H+1.050	白色塑钢推拉窗
	C8	1000	1000					2	建施	12	H+1.300	白色塑钢窗
	C9	2100	1550					2	建施	12	H+1.050	白色塑钢推拉窗
	C10	800	1550					2	建施	13	H+1.050	白色塑钢平开窗
	C11	1440	2280					10	建施	13	H+0.270	白色塑钢平开窗
	C12	1200	1550					2	建施	13	H+1.050	白色塑钢推拉窗
	C13	900	900					4	建施	13	H+1.700	白色塑钢窗
	C14	2600	1450					2	建施	13	H+1.150	白色塑钢平开窗
	C15	1000	1800					10	建施	13	H+0.780	白色塑钢平开窗
	C16	800	1650					6	建施	13	H+0.900	白色塑钢推拉窗

说明：白色塑钢玻璃平开窗采用50系列,推拉窗采用90系列。推拉门采用120系列,厚度1.4mm。门玻璃厚度:8mm。窗玻璃厚度:5mm。

深圳市建筑设计研究总院

部门:

SHENZHEN GENERAL INSTITUTE OF ARCHITECTURAL DESIGN&RESERCH

国家甲级工程设计证书编号:190141-sj NATIONAL ARCHITECTURAL DESIGN LICENSE No 190141-sj

审核 REVIEWED BY	编制 EDITED BY

建设单位 CLIENT	
工程名称 PROJECT	B1 型别墅
门　窗　表	

合同号 CONTRACT. No.	A470303
图别 DRAWING TYPE	建施
图号 DRAWING No.	0-3
日期 DATE	2004.9.
共 2 页 PAGE TOTAL	
第 2 页 PAGE No.	

建筑施工图设计总说明及建筑防火设计说明

一. 工程概况:

1. 工程名称：台州东方太阳城A型别墅
2. 建设地点：浙江台州东方太阳城
3. 建设单位：台州东方太阳城房地产有限公司
4. 使用功能： 别墅
5. 建筑类别及耐火等级： 二 类多层 住宅 建筑， 耐火等级为 二级
6. 抗震设防烈度： 7 度
7. 建筑耐久年限： 二 级 50 年
8. 主要结构类型：框架

二. 设计依据

1. 台州市建设用地规划许可证
2. 台州市计划投资立项批准文件
3. 已报批的方案设计图
4. 甲方提供的主要设计任务书以及有关地形图、红线图
5. 台州市发展计划委员会《方案设计审查意见书》
6. 台州市公安消防支队《方案设计消防审核意见书》
7. 国家及浙江省现行的有关规范、规定及标准

三. 技术经济指标

1. 总用地面积：见各地块总图
2. 建筑占地面积：见各地块总图
3. 总建筑面积：见各地块总图
4. 计入容积率建筑面积：见各地块总图
5. 容积率：见各地块总图
6. B1型别墅建筑面积： 801.92 m^2
7. 建筑层数：3
8. 建筑总高度 11.65m
9. 建筑层高 一层 3.9m 二层3.3m 三层3.3m

四. 总平面

1. 本工程设计标高±0.000相当于绝对标高由现场定，室内外高差0.900。
2. 建筑定位放线，管道布置、道路、挡土墙等另详。
3. 注意各工种之间的配合，注意现有城市及小区的各种管线的走向与位置，避免对现有管道造成损坏。

五. 建筑主要构造做法要求

（一）防水

所有防水工程均应按《深圳建筑防水构造图集SJ—A》设防施工。（外地工程可参照执行或按当地做法）

凡防水材料均应采用非焦油型，凡卷材不宜采用热熔法施工，而宜采用冷粘贴工艺施工。

1. 屋面防水：
   防水层次：一道设防
   防水材料：合成高分子防水涂料
   设防要求：按倒置式屋面做法（防水层在下保温隔热层在上）；所有防水涂料的四周均卷至屋面泛水高度（约300mm），屋面竖井、女儿墙阴阳转角处应附加一层防水涂料；穿屋面板管道或泛水以上外墙穿管，待安装完后应用细石砼封严；管根周围应嵌填防水胶，与防水层闭合。
2. 厨房、卫生间、阳台防水
   设防标准：SJ—A做法Ⅱ
   防水材料：防水涂料或聚合物水泥砂浆
   防水层次：一道设防或复合防水。
   设防要求：坡向地漏的坡度应≥2%；空心砌块等轻质隔墙离地面200mm高处，应捣C_{20}砼墙基；同墙厚；卫生间内墙应全部作防水处理。
3. 外墙防水：
   设防标准：SJ—A做法Ⅰ
   防水材料：聚合物水泥基防水涂料，聚合物水泥砂浆。
   设防要求：空心砌块外墙门窗洞口周边200mm范围内应用实心砌体或者C_{20}细石砼填实。外墙不同材料交接处应在找平层中附加金属网，网宽为300mm。找平层的强度等级不应低于M7.5，与墙体基面的抗拉粘结强度不宜低于0.4MPa。外墙变形缝必须作防水处理。

（二）墙体（非承重墙）

1. 外墙：采用 240 厚MU7.5 空心砌块，M5水泥砂浆砌筑。
2. 内墙：采用 120 厚MU7.5 空心砌块，M5水泥砂浆砌筑。
3. 浴室、卫生间隔墙：采用 90 厚MU7.5 空心砌块 M5水泥砂浆砌筑；离地200mm高处捣C_{20}砼墙基；同墙厚。
4. 内地面以下外墙：采用 240 厚 MU7.5 红砖，M5水泥砂浆砌筑。
5. 凡不同墙体材料交接处加铺一层金属网，网宽300mm。
6. 砼空心砌块施工技术要求：须遵照深圳市《非承重砼小型空心砌块墙体技术规程》(SJG06—1997) 严格执行。
7. 凡墙上预留或后凿的孔洞，安装完毕后须用C_{20}细石砼填实，然后再做粉刷饰面层。

（三）楼地面

楼地面做法详见《建筑构造统一做法表》。

厨房、卫生间、阳台、外廊等地面结构板降低值分别为：厨房20mm，卫生间20mm，阳台、外走廊 50mm。

（四）建筑装修

1. 本工程室内装修除按《建筑构造统一做法表》规定的装修项目外，其余由二次室内装修设计确定，不列入土建施工范围。二次装修必须符合消防安全要求，同时不能影响结构安全和损害水电设施。
2. 各种装修材料的质量、颜色、规格尺寸等均应选好样品，经建设单位和设计单位协商认可后，才能订货、施工。
3. 凡风道、烟道、竖井内壁砌筑灰缝须饱满，并随砌随原浆抹平。有检修门的管道井内壁应作水泥混合砂浆粉刷。钢筋砼电梯井道不作粉刷。
4. 凡柱和门洞口阳角处均应做宽50、高2000、厚20的水泥砂浆护角。
5. 有吊顶的房间，其粉刷或装饰面层应做至吊顶标高以上100mm处。
6. 凡木砖或木材与砌体接触部位均应涂防腐油；凡金属铁件均应先除锈，后涂防锈漆一道，面层再油调和漆二道。

（五）门窗

1. 本工程所注门窗尺寸均为洞口尺寸，门窗立面为外视立面。
2. 铝合金门窗、玻璃幕墙型材及玻璃厚度由专业厂家计算确定，并对其安全质量负责，但不得小于如下规定：
   铝合金型材壁厚：门 ；窗 ；幕墙、玻璃屋顶： ；玻璃：门8mm；窗5mm。
3. 所有门窗的小五金配件必须齐全，不得遗漏。
4. 门窗立樘位置：外门外窗：除注明者外，一般居墙中。
   内门：与开启方向墙面平，卫生间门安装时，门扇宜高出地面20mm。
5. 门窗、幕墙的框、扇、玻璃所选材料系 列及颜色详见门窗表。
6. 凡防火门窗及防火卷帘均应采用深圳市消防局认可的合格产品。
7. 凡推拉窗均应加设防窗扇脱落的限位装置。
8. 玻璃幕墙须由具有设计资质的专业厂家二次设计，并对其安全及质量负责。玻璃幕墙必须采用预埋件连接固定，不得临时采用膨胀螺栓。玻璃幕墙与主体结构边缘应预留200~300mm 间距以作施工安装。
9. 外窗，玻璃幕墙性能要求
   抗风压强度 F≥3000Pa
   气密性 C2<1.5m³/m.h
   水密性 S2≥350Pa
   隔声性能 Rw≥30dB
10. 当窗台高度低于900时，必须做900高（从窗台算起）护栏。护栏杆件间净距不得大于110，护栏杆件不得横向布置，护栏由铝窗制造单位制造和安装。
11. 室内玻璃隔断，楼梯、阳台、平台、走廊和中庭的玻璃栏板单块面积大于1.5平米的窗玻璃和落地窗，必须使用安全玻璃。

（六）防火

1. 各防火分区、设备用房、电梯机房、楼梯间等均须用不燃烧材料的防火墙分隔；防火墙的耐火极限应不低于3h。
2. 防火墙、设备用房、地下室楼梯间、消防电梯机房等处的门应为甲级防火门；各种安全疏散楼梯间及前室的门应为乙级防火门，并向疏散方向开启；管道井的检修门应为丙级防火门。
3. 玻璃幕墙与每层楼板及隔墙处的缝隙，应采用不燃烧材料填塞，无窗间墙、窗槛墙的玻璃幕墙，应在每层楼板外沿设置高800的不燃烧实体。
4. 外露的金属结构构件应涂防火涂料作保护层，耐火极限为≥1.0h，防火涂料的厚度为：薄型防火涂料7mm，厚型防火涂料20mm。
5. 除风井外的所有管道井，当管线安装完毕后，应在每层楼板处现浇钢筋砼（厚度同该层楼板）作上下层防火分隔。

（七）其它

1. 土建施工过程中，应与水、电、空调、通风、煤气等工种密切配合，若发现有矛盾，应与设计单位协商解决。
2. 凡要安装设备的地方，待设备到货后，应与设计图纸核对，相符后才可施工；若不相符，应作相应修改。
3. 凡大面积细石混凝土面层均沿柱（或6m×6m）纵横用割机作分缝处理，缝宽20。
4. 凡有管道、井道穿屋面板、女儿墙处，安装完毕后均应随即用建筑密封胶作嵌缝处理。
5. 凡窗头、窗台、阳台、雨蓬、飘板底均作滴水线。
6. 本施工图除标高和总平面图尺寸以米为单位外，其余尺寸均以毫米为单位。
7. 本施工图建筑图上的标高为建筑完成面标高（除注明者外）。
8. 本工程施工及验收应严格执行国家现行有关建筑安装工程施工及验收规范。

建 筑 防 火 设 计 说 明

1. 工程概况:

本工程为两层别墅，总建筑面积 801.92 m^2，地上≤2层，建筑高度 ≤11.65m，采用 框架 结构。

本工程各层功能如下： 一~三层别墅

2. 设计依据

2.1 《建筑设计防火规范》GBJ16-87(2001年版)

2.2 《建筑内部装修设计防火规范》GB50222—95

2.3 台州市消防局的审批意见

3. 总图防火设计

3.1 防火间距

本建筑与周围建筑的防火间距均 ≥6m 符合防火规范要求。

3.2 消防车道

场地内设可到达每栋的消防车道，消防车道宽 4m；消防车道内侧距建筑物外墙不应小于3m；消防车道转弯半径为 9m

消防车道坡度 i≤10% 消防车道路基荷载按0 t/m^2 计算。

4 建筑防火设计

4.1 建筑类别及耐火等级

本建筑为 二 类建筑，耐火等级为 二 级。

4.2 防火分区

每栋划分为 一个防火分区，每个防火分区面积 ≤2500m^2；每个防火分区设安全出口

4.3 安全疏散

本建筑设 一 部楼梯。

会签 COORDINATION	
建筑 ARCH.	电气 ELEC.
结构 STRUCT.	采暖通风 HVAC
给排水 PLUMBING	

附注 DESCRIPTIONS

审定 APPROVED BY / 复审 REVIEWED BY / 项目负责 CAPTAIN / 专业负责 CHIEF ENGI. / 审核 EXAMINED BY / 校对 CHECKED BY / 设计 DESIGNED BY / 建筑方案设计 SCHEMATIC DESIGN / 制图 DRAWN BY

建设单位 CLIENT

工程名称 PROJECT: B1 型别墅

图名 TITLE: 建筑施工图设计总说明 及建筑防火设计总说明

合同号 CONTRACT No.: A470303

版次 EDITION No.: 1 日期 DATE: 2004.9.

图别 DRAWING TYPE: 建施 图号 DRAWING No.: 1

深圳市建筑设计研究总院

SHENZHEN GENERAL INSTITUTE OF ARCHITECTURAL DESIGN AND RESERCH

国家甲级工程设计证书编号：190141-sj

盖章位置

建筑构造统一做法表

用料做法

一、道路做法

路1：绿化路面（适用于室外绿化兼消防环道处）
1. 250厚种植土
2. 180厚C25混凝土（分块捣制，随打随抹平，每6米设缝，热沥青灌缝）
3. 300厚级配砂石垫层碾实
4. 路基碾压密实>98%（环刀取样）

路2：混凝土整体路面（320厚）（适用于小区车行道）
1. 120厚C25混凝土面层，（分块捣制密实，随打随抹平，每6米设缝，热沥青灌缝）
2. 200厚级配砂石垫层碾实
3. 路基碾压密实>98%（环刀取样）

路3：混凝土整体路面（500厚）（适用于室外车行道、消防环道）
1. 200厚C30混凝土面层（分块捣制密实，随打随抹平，每6米设缝，热沥青灌缝）
2. 300厚级配砂石垫层碾实
3. 路基碾压密实>98%（环刀取样）

路4：预制异形混凝土砌块路面（305厚）（适用于小区车行路）
1. 粗砂填塞缝隙
2. 铺预制80厚S型混凝土砌块震动压实
3. 25厚粗砂垫层
4. 200厚级配砂石垫层碾实
5. 路基碾压密实>98%（环刀取样）

路5：广场砖车行路面（515厚）（适用于车行道，消防环路）
1. 铺广场砖，水泥砂浆勾缝
2. 撒素水泥面，洒适量清水
3. 25厚1:3干硬性水泥砂浆结合层
4. 180厚C25混凝土（分块捣制，随打随抹平，每6米设缝，热沥青灌缝）
5. 300厚级配砂石垫层碾实
6. 路基碾压密实>98%（环刀取样）

路6：混凝土路面（210厚）（适用于小区人行道）
1. 60厚C25混凝土面层（分块捣制，随打随抹平，每6米设缝，热沥青灌缝）
2. 150厚级配砂石垫层碾实
3. 素土夯实

路7：水泥方格砖路面（225厚）（适用于人行道）
1. 50厚250X250水泥方格砖，粗砂填缝扫缝
2. 25厚1:3干硬性水泥砂浆
3. 150厚级配砂石垫层碾实
4. 素土夯实

路8：广场砖路面（235厚）（适用于小区人行道）
1. 铺广场砖，水泥砂浆勾缝
2. 撒素水泥面，洒适量清水
3. 25厚1:3干硬性水泥砂浆
4. 50厚C15混凝土
5. 150厚级配砂石垫层碾实
6. 素土夯实

路9：绿地（适用于室外绿地）
1. 50厚成品草皮
2. 200厚种植土
3. 素土夯实

路10：绿地式停车场（320厚）（适用于停车场）
1. 植缝植草中填种植土种植草皮
2. 铺100厚C25混凝土预制块
3. C20细石砼找平垫层
4. 200厚级配砂石垫层碾实
5. 路基碾压密实>98%（环刀取样）

路11：塑料跑道（423厚）
1. 18厚聚氨酯塑料面层
2. 25厚沥青砼面层
3. 50厚沥青砼
4. 130厚碎石（粒径20~40）
5. 200厚级配砂石
6. 素土夯实

二、地面做法

地1：混凝土地面（180厚）
1. 80厚C15混凝土随打随抹平，上撒1:1水泥砂浆压实赶光，（每6米分格设注）
2. 100厚C10素砼垫层
3. 素土夯实（用于厂房时应碾压密实）

地2：混凝土地面（320厚）（适用于停车库）
1. 120厚C20混凝土随打随抹平，上撒1:1水泥砂浆压实赶光，（每6米分格设注）
2. 200厚级配砂石垫层碾实
3. 素土碾压密实

地3：水泥砂浆地面（180厚）
1. 20厚1:2.5水泥砂浆抹面压实赶光
2. 刷素水泥浆一道
3. 10厚聚合物水泥防水砂浆
4. 100厚C10素砼垫层
5. 素土夯实

地4：水磨石地面（180厚）
1. 10厚1:2.5水泥磨石地面
2. 刷素水泥浆一道
3. 20厚1:3水泥砂浆找平层干后卧玻璃条分格（如作铜条应打眼穿22#镀锌铁丝卧牢每米4眼）
4. 10厚聚合物水泥防水砂浆
5. 100厚C10素砼垫层
6. 素土夯实

地5：地砖地面（180厚）
1. 8~10厚铺地砖地面，干水泥擦缝
2. 撒素水泥面，洒适量清水
3. 20厚1:4干硬性水泥砂浆结合层
4. 刷素水泥浆一道
5. 10厚聚合物水泥防水砂浆
6. 100厚C10素砼垫层
7. 素土夯实

地6：地砖防水地面（200厚）（适用于厨、厕等用水房间）
1. 8~10厚铺地砖地面，干水泥擦缝
2. 撒素水泥面，洒适量清水
3. 20厚1:4干硬性水泥砂浆结合层
4. 刷素水泥浆一道
5. 聚合物水泥基防水涂膜1.0厚
6. 1:2.5水泥砂浆找坡最低处15厚（1:2:4细石砼向地漏找坡最低处30厚，适用大面积卫生间）
7. 刷氯丁胶稀释液一道
8. 100厚C10素砼垫层
9. 素土夯实

地7：大理石（花岗石）地面（200厚）
1. 铺20厚大理石（花岗石），稀水泥浆擦缝
2. 撒素水泥面，洒适量清水
3. 30厚1:4干硬性水泥砂浆结合层
4. 刷素水泥浆一道
5. 10厚聚合物水泥防水砂浆
6. 100厚C10素砼垫层
7. 素土夯实

地8：硬木企口板地面（200厚）
1. 油漆
2. 粘贴16厚硬木企口板（木地板背面刷一层XY401胶粘剂，与水泥地面粘贴）
3. 20厚1:2.5水泥砂浆找平层
4. 防潮层：1.5厚聚合物水泥基防水涂料，四周沿墙上翻200高
5. 100厚C10素砼垫层
6. 素土夯实

地9：地毯地面（195厚）
1. 8~10厚铺地毯
2. 5厚橡胶海绵衬垫
3. 20厚1:2.5水泥砂浆找平层
4. 防潮层：10厚聚合物水泥砂浆
5. 100厚C10素砼垫层
6. 素土夯实

地10：塑料地板地面（122厚）
1. 1.5~2.0厚塑料地板
2. 聚氨酯胶黏剂粘贴
3. 108胶水泥腻子抹平满
4. 20厚1:2水泥砂浆找平
5. 素水泥浆结合层一道
6. 100厚C10砼垫层
7. 素土夯实

地11：抗静电活动地板地面（278～428厚）
1. 150~300高抗静电活动地板
2. 20厚1:2水泥砂浆抹面压光
3. 1.0厚聚合物水泥基防水涂料
4. 7.0厚聚合物水泥砂浆
5. 100厚C10砼垫层
6. 素土夯实

地12：耐酸地砖地面（172厚）
1. 20厚耐酸地砖铺面，水玻璃耐酸砂浆勾缝
2. 10厚水玻璃耐酸砂浆结合层
3. 20厚水玻璃耐酸砂浆找平层
4. 1.5厚聚合物水泥基防水涂料隔离层，四周沿墙上翻200高
5. 20厚1:2水泥砂浆找平，四周抹小八字角
6. 100厚C10砼垫层
7. 素土夯实

地13：塑料地面（418厚）（整体式，适用于室内体育场地）
1. 13厚由60%氯丁橡胶，40%聚氨酯以及其他成分组成，上刷聚氨酯油漆
2. 25厚沥青砼面层
3. 50厚沥青砼
4. 130厚碎石（粒径20~40）
5. 200厚级配砂石
7. 素土夯实

三、楼面做法

楼1：细石混凝土楼面（40厚）（适用于受机械冲击磨损的楼面）
1. 40厚C20细石砼随打随抹平
2. 素水泥浆结合层一道
3. 结构楼板

楼2：水泥砂浆楼面（20厚）
1. 20厚1:2.5水泥砂浆抹面压实赶光
2. 刷素水泥浆一道
3. 结构楼板

楼3：水磨石楼面（30厚）
1. 12厚1:2水泥石子磨光
2. 刷素水泥浆一道
3. 18厚1:3水泥砂浆找平层，干后卧玻璃条（或铜条）分格
4. 素水泥浆结合层一道
5. 钢筋砼楼板

楼4：地砖楼面（30厚）
1. 8~10厚铺地砖地面，干水泥擦缝
2. 撒素水泥面，洒适量清水
3. 20厚1:4干硬性水泥砂浆结合层
4. 刷素水泥浆一道
5. 结构楼板

楼5：地砖防水楼面（60厚）（适用于厨，厕等用水房间）
1. 8~10厚铺地砖地面，干水泥擦缝
2. 撒素水泥面，洒适量清水
3. 20厚1:4干硬性水泥砂浆结合层
4. 刷素水泥浆一道
5. 1.0厚聚合物水泥基防水涂膜
6. 1:2.5水泥砂浆找坡最低处15厚（1:2:4细石砼向地漏找坡最低处30厚，适用大面积卫生间）
7. 刷氯丁胶稀释液一道
8. 1:2.5水泥砂浆表面平整、补缺，四周抹小八字角
9. 结构楼板

楼6：大理石（花岗石）楼面（50厚）
1. 铺20厚大理石（花岗石）稀水泥浆擦缝
2. 撒素水泥面，洒适量清水
3. 30厚1:4干硬性水泥砂浆结合层
4. 刷素水泥浆一道
5. 结构楼板

楼7：硬木企口板楼面（36厚）
1. 油漆
2. 粘贴16厚硬木企口板（木地板背面刷一层XY401胶粘剂与水泥楼面粘贴）
3. 20厚1:2.5水泥砂浆找平层
4. 刷素水泥浆一道
5. 结构楼板

楼8：地毯楼面（35厚）
1. 8~10厚铺地毯
2. 5厚橡胶海绵地毯衬垫
3. 20厚1:2.5水泥砂浆找平层
4. 刷素水泥浆一道
5. 结构楼板

楼9：聚氨酯楼面（20厚）
1. 聚氨酯罩面层，配比：聚氨酯甲料：固化剂=1:0.05（重量比）
2. 聚氨酯二遍，配比：聚氨酯甲料：固化剂=1:0.03（重量比）
3. 聚氨酯底涂一遍，配比：聚氨酯甲料：固化剂：稀释液=1:1.5:0.75（重量比）
4. 20厚1:2.5水泥砂浆找平层
5. 刷素水泥浆一道
6. 结构楼板

楼10：防腐 防菌楼面（15厚）（适用于水池）
1. 刷防腐、防菌涂料（请专业厂家）
2. 15厚聚合物水泥砂浆
3. 1:2.5水泥砂浆表面平整，补缺
4. 结构楼板

四、外墙做法
凡外墙不同材料交界处均应在找平层中附加300宽金属网

外1：滚涂墙面（28厚）
1. 喷甲基硅醇钠憎水剂
2. 滚涂聚合物水泥砂浆
3. 7厚聚合物水泥砂浆防水层
4. 20厚1:2.5水泥砂浆找平层（加5%防水粉）

外2：涂料（乳胶漆）墙面（28厚）
1. 喷涂料面层
2. 7厚聚合物水泥砂浆防水层
4. 20厚1:2.5水泥砂浆找平层（加5%防水粉）

外3：贴面砖墙面（38厚）
1. 贴面砖（聚合物水泥砂浆勾缝）或贴釉面砖（白水泥擦缝）
2. 聚合物水泥砂浆5厚结合层
3. 7厚聚合物水泥砂浆防水层
4. 20厚1:2.5水泥砂浆找平层（加5%防水粉）

外4：马赛克墙面（34厚）
1. 贴马赛克，白水泥擦缝
2. 聚合物水泥砂浆5厚结合层
3. 7厚聚合物水泥砂浆防水层
4. 20厚1:2.5水泥砂浆找平层（加5%防水粉）

外5：贴碎拼大理石墙面（44厚）（适用于装饰性小面积墙面）
1. 贴8~12厚碎拼大理石，稀水泥浆擦缝
2. 聚合物水泥砂浆7厚结合层
3. 7厚聚合物水泥砂浆防水层
4. 20厚1:2.5水泥砂浆找平层（加5%防水粉）

外6：湿挂大理石（花岗石）墙面（50厚）（适用于较低标准的永久性建筑）
1. 稀水泥浆擦缝
2. 由板背面预留穿孔用18#铜丝与双向钢筋网固定，安装20厚花岗石（大理石）板
3. 钢筋网空隙用1:2.5水泥砂浆逐层灌实
4. 电焊ф6双向钢筋网，间距按板材尺寸，并与预埋钢筋焊接
5. 1厚聚合物水泥基防水涂料，预埋钢筋处用密封胶填实
6. 20厚1:2.5水泥砂浆找平层（加5%防水粉），与预埋钢筋ф10X8四槽
7. 钻孔锚栓预埋ф6钢筋长150（间距按板材尺寸）

外7：干挂大理石（花岗石）墙面（50～70厚）（适用于较高标准的永久性建筑）
1. 干挂20厚大理石（花岗石），耐候胶嵌缝
2. 钢龙骨构件与预埋铁件焊接
3. 聚合物水泥砂浆20厚，预埋铁件四周预留10X10凹槽，密封胶嵌缝
4. 预埋铁件和井灰膨胀螺栓

外8：水刷石外墙面（30厚）
1. 10厚1:1.5水泥石子，水刷表面（墙面分格线宽8~12，位置详立面图）
2. 刷素水泥浆一道
3. 20厚1:2.5水泥砂浆打底找平；对加气砼墙面则改为：15厚2:1:8水泥石灰砂浆，分两次打底找平；加气砼墙面刷108胶素水泥浆一道，配合比为108胶:水=1:4

外9：喷真石漆墙面（15厚）
1. 喷真石漆
2. 1厚聚合物水泥基防水涂膜
3. 12厚1:2.5水泥砂浆找平层（加5%防水粉）

五、内墙做法

内1：喷大白浆墙面（22厚）
1. 喷大白浆
2. 2厚纸筋灰罩面
3. 8厚1:2.5水泥砂浆找平层
4. 12厚1:3水泥砂浆打底

内2：乳胶漆墙面（25厚）
1. 乳胶漆面层
2. 墙面满刮腻子找平
3. 8厚1:2.5水泥砂浆找平层
4. 12厚1:3水泥砂浆打底

内3：贴墙纸墙面（23厚）
1. 贴墙纸（在纸背面及墙面均刷108胶）
2. 墙面满刮腻子找平
3. 8厚1:2.5水泥砂浆找平层
4. 12厚1:3水泥砂浆打底

内4：贴面砖墙面（30厚）
1. 贴5厚釉面砖，白水泥擦缝
2. 水泥胶结合层
3. 8厚1:2.5水泥砂浆找平层
4. 12厚1:3水泥砂浆打底

内5：贴面砖防水墙面（30厚）（适用于卫生间、公共厨房）
1. 贴5厚釉面砖，白水泥擦缝
2. 聚合物水泥砂浆5厚结合层
3. 聚合物水泥基防水涂膜1.0厚
4. 8厚1:2.5水泥砂浆找平层
5. 12厚1:3水泥砂浆打底

内6：防腐、防菌墙面（10厚）
1. 刷防腐、防菌涂料（请专业厂家）
2. 聚合物水泥砂浆10厚
3. 1:2.5水泥砂浆表面平整，补缺

内7：湿挂大理石（花岗石）墙面（50厚）
1. 稀水泥浆擦缝
2. 由板背面预留穿孔用18#铜丝与双向钢筋网固定，安装20厚花岗石（大理石）板
3. 钢筋网空隙用1:2.5水泥砂浆逐层灌实
4. 电焊ф6双向钢筋网，间距按板材尺寸，并与预埋钢筋焊接
5. 钻孔锚栓预埋ф6钢筋长150，双向间距按板材尺寸

内8：加气砼内外墙体粉刷饰面做法

A. 贴面砖墙面
1. 贴5~8厚面砖，白水泥擦缝或1:1水泥砂浆勾缝
2. 4~5厚1:1水泥砂浆加水重20%，108胶镶贴
3. 1厚聚合物水泥基防水涂料（无防水要求时可不做此层）
4. 15厚2:1:8水泥石灰砂浆分两次打底找平
5. 刷108胶素水泥浆一道，配合比为108胶:水=1:4

B. 涂料墙面
1. 喷或滚涂涂料二遍
2. 5厚1:2水泥砂浆抹光
3. 1厚聚合物水泥基防水涂料（无防水要求时可不做此层）
4. 15厚2:1:8水泥石灰砂浆分两次打底找平
5. 刷108胶素水泥浆一道，配合比为108胶:水=1:4

六、顶棚做法

棚1：喷大白浆顶棚（12厚）
1. 喷大白浆
2. 2厚纸筋灰罩面
3. 5厚1:2.5水泥砂浆罩面
4. 5厚1:3水泥砂浆打底
5. 刷素水泥浆一道（内掺水重5%的108胶）

棚2：乳胶漆顶棚（15厚）
1. 刷乳胶漆三道
2. 满刮腻子找平
3. 5厚1:2.5水泥砂浆罩面
4. 5厚1:3水泥砂浆打底
5. 刷素水泥浆一道（内掺水重5%的108胶）

棚3：轻钢龙骨石膏板吊顶
1. 刷涂料（乳胶漆）
2. 棚面刮腻子找平
3. 9厚纸面石膏板自攻螺丝拧牢
4. 轻钢龙骨（上人吊顶须做主龙骨搁置）
5. ф8钢筋吊杆，双向吊点中距900，与角钢焊接
6. ф12膨胀螺栓固定L36X4角钢长40

棚4：木龙骨夹板吊顶
1. 刷涂料（乳胶漆）
2. 棚面刮腻子找平
3. 5厚木夹板
4. 50X50小木龙骨中距450，找平后用50X50方木吊挂钉牢
5. ф12膨胀螺栓固定L36X4角钢长40，中距900，焊接ф8钢筋吊挂50X70大木龙骨

棚5：轻钢龙骨矿棉吸音板吊顶
1. 挂18厚轻钢龙骨矿棉吸音板
2. 轻钢龙骨（上人吊顶须做主龙骨搁置）
3. ф8钢筋吊杆，双向吊点中距900，与角钢焊接
4. ф12膨胀螺栓固定L36X4角钢长40

棚6：轻钢龙骨铝扣板吊顶
1. 挂0.8~1厚铝板
2. 轻钢龙骨（上人吊顶须做主龙骨搁置）
3. ф8钢筋吊杆，双向吊点中距900，与角钢焊接
4. ф12膨胀螺栓固定L36X4角钢长40

棚7：条形铝扣板吊顶（适用于小面积厨房、卫生间）
1. 挂0.8~1厚条形铝扣板
2. 于四周墙面固定铝合金龙骨，膨胀螺丝拧牢

七、屋面做法

屋1：I级防水有隔热层上人屋面（倒置式）
1. 铺浅色地砖（5厚聚合物水泥砂浆铺贴，水泥砂浆勾缝）
2. 40厚C25配筋细石砼（掺减水剂，双向配ф4@150，每6米设缝，密封胶嵌缝）
3. 30厚挤塑泡沫保温隔热板（或40厚聚苯板）
4. 1.5厚合成高分子防水卷材，四周翻起300高
5. 2厚合成高分子防水涂料，四周翻起300高
6. 基层处理剂：氯丁胶稀释液
7. 20厚1:2.5水泥砂浆找平层
8. 屋面板结构找坡（或1:8水泥陶粒建筑找坡，最薄处30厚）

注：防水材料均应采用不含焦油型

屋2：II级防水有隔热层上人屋面（倒置式）
1. 铺浅色地砖（5厚聚合物水泥砂浆铺贴，水泥砂浆勾缝）
2. 40厚C25配筋细石砼（掺减水剂，双向配ф4@150，每6米设缝，密封胶嵌缝）
3. 30厚挤塑泡沫保温隔热板（或40厚聚苯板）
4. 1.5厚合成高分子防水卷材，四周翻起300高（或3厚合成高分子防水涂料，无纺布加筋增强，四周翻起300高）
5. 基层处理剂：氯丁胶稀释液
6. 20厚1:2.5水泥砂浆找平层
7. 屋面板结构找坡（或1:8水泥陶粒建筑找坡，最薄处30厚）

注：防水材料均应采用不含焦油型

屋3：III级防水有隔热层上人屋面（倒置式）
1. 铺浅色地砖（3厚聚合物水泥砂浆铺贴，水泥砂浆勾缝）
2. 20厚1:2.5水泥砂浆保护层
3. 80厚水泥聚苯板（或水泥珍珠岩块），15厚水泥混合砂浆坐砌
4. 干铺纸胎油毡（或油毡）一层隔离层
5. 2厚合成高分子涂料
6. 基层处理剂：氯丁胶稀释液
7. 20厚1:2.5水泥砂浆找平层
8. 屋面板结构找坡（或1:8水泥陶粒建筑找坡）

注：防水材料均应采用不含焦油型

屋4：无隔热层不上人屋面（适用于小面积屋面）
1. 20厚1:2.5水泥砂浆保护层，每2米设分格缝，密封胶嵌缝
2. 5厚石灰砂浆
3. 2.0厚聚合物水泥基防水涂膜，四周翻起300
4. 刷氯丁胶稀释液
5. 1:3水泥砂浆建筑找坡找平层（最薄处15厚）

屋5：植被屋面（I级防水）
1. 种植土层
2. 无纺布（或玻纤布）隔离层
3. 轻质陶粒过滤层50厚
4. 50厚卵石滤水层
5. 40厚C25配筋细石砼防水层（双层双向ф4@150）
6. 0.5厚塑料薄膜隔离层或铺纸油毡
7. 1.5厚合成高分子防水卷材，四周翻起到种植土上面面
8. 2厚合成高分子防水涂料，四周翻起到种植土上面面
9. 20厚1:2.5水泥砂浆找平层
10. 屋面板

注：防水材料均应采用不含焦油型

屋6：植被屋面（II级防水）
1. 种植土层
2. 无纺布（或玻纤布）隔离层
3. 塑料定型板卸材提供滤水层
4. 1.5厚合成高分子防水卷材，四周翻起到种植土上面面
5. 30厚挤塑泡沫保温隔热板（或40厚聚苯板）
6. 2厚合成高分子防水涂料，四周翻起到种植土上面面
7. 20厚1:2.5水泥砂浆找平层
8. 屋面板

注：防水材料均应采用不含焦油型

屋7：贴陶瓦屋面（倾角<30°）（适用于坡屋顶）
1. 贴陶瓦
2. 1:2.5水泥砂浆满铺粘贴
3. 1:8膨胀珍珠岩隔热层80厚
4. 7厚聚合物水泥砂浆防水层
5. 1:3水泥砂浆找平层20厚

屋8：挂陶瓦屋面（倾角>30°）
1. ф6横筋，18#钢丝双层挂陶瓦，1:2.5水泥砂浆逐挂逐填实
2. 7厚聚合物水泥砂浆防水层
3. 15厚1:3水泥砂浆找平层与预埋钢筋予留10X10凹槽，密封胶嵌缝
4. 予埋ф6钢筋@150长@500

八、踢脚做法

踢1：水泥砂浆踢脚（100高）
1. 10厚1:2.5水泥砂浆压实赶光
2. 12厚1:3水泥砂浆打底扫毛
3. 刷素水泥浆一道

踢2：瓷砖踢脚（100高）
1. 贴8~10厚专用瓷砖踢脚板，白水泥擦缝
2. 水泥胶结合层
3. 12厚1:2.5水泥砂浆找平层
4. 刷素水泥浆一道

踢3：大理石（花岗石）踢脚（100高）
1. 稀水泥浆擦缝
2. 安装20厚大理石（花岗石）板
3. 20厚1:2水泥砂浆灌缝
4. 刷素水泥浆一道

踢4：硬木踢脚（100高）
1. 油漆
2. 粘贴18厚硬木踢脚（在踢脚板背面用长钉加固后刷一层XY401胶粘剂）
3. 12厚1:2.5水泥砂浆找平层
4. 刷素水泥浆一道

九、散水做法

散1：混凝土散水（散水宽700）
1. 60厚C15混凝土散水上撒1:1水泥砂浆压实赶光，与墙体连接处，转折处及每6米设缝，密封胶嵌缝
2. 100厚C10素砼垫层
3. 素土夯实，向外找坡4%

散2：水泥砂浆散水（散水宽700）
1. 1:2.5水泥砂浆15厚抹平
2. 40厚C15混凝土，与墙体连接处，转折处及每6米设缝，密封胶嵌缝
3. 100厚C10素砼垫层
4. 素土夯实，向外找坡4%

十、坡道台阶做法

坡1：水泥防滑坡道台阶
1. 20厚1:2水泥砂浆抹面，15宽金刚砂防滑条，中距80，凸出坡面
2. 100厚C25混凝土，每6米设缝，密封胶嵌缝
3. 200厚级配砂石垫层
4. 素土碾压密实

坡2：混凝土坡道台阶
1. 50厚C20细石砼面层，表面压出防滑条（特等处由外侧向内找坡）
2. 结构板

坡3：广场砖、地砖、大理石、花岗石坡道台阶
1. 铺广场砖（或地砖、大理石、花岗石），水泥砂浆勾缝或水泥浆擦缝
2. 撒素水泥面，洒适量清水
3. 30厚1:4干硬性水泥砂浆结合层（转等处由外侧向内找坡）
4. 结构板

十一、地下室做法

地防1：结构自防水＋涂料防水（外防水）

墙身防水（外防外涂）（总厚度：72+砼墙厚）
1. 20厚1:2水泥防水砂浆抹灰内墙面
2. 钢筋砼结构自防水，抗渗等级>0.8MPa，砼厚度>300
3. 20厚1:2水泥砂浆找平
4. 刷基层处理剂一遍
5. 2厚聚氨酯防水涂料
6. 30厚聚苯乙烯泡沫塑料板保护层，用聚醋酸乙烯胶粘剂点粘
7. 回填土分层夯实

底板防水（外防外涂）（总厚度：184+底板厚）
1. 20厚1:2水泥防水砂浆抹光地面（如为地下车库则随捣砼随提浆抹平一次成型）
2. 钢筋砼结构自防水，抗渗等级>0.8MPa，砼厚度>300
3. 40厚C20细石砼保护层
4. 点粘350号石油沥青油毡一层保护
5. 2厚聚氨酯防水涂料
6. 刷基层处理剂一道
7. 20厚1:2水泥砂浆找平
8. 100厚C10砼垫层
9. 素土夯实

注：防水材料均应采用不含焦油型

地防2：结构自防水＋卷材防水（外防水）

墙身防水（外防外贴）（总厚度：74+砼墙厚）
1. 20厚1:2水泥防水砂浆抹灰内墙面
2. 钢筋砼结构自防水，抗渗等级>0.8MPa，砼厚度>300
3. 20厚1:2水泥砂浆找平
4. 刷基层处理剂一道
5. 4厚SBS（或APP）改性沥青防水卷材（或2厚合成高分子防水卷材）
6. 30厚聚苯乙烯泡沫塑料板保护层，用聚醋酸乙烯胶粘剂点粘
7. 回填土分层夯实

底板防水（外防外贴）（总厚度：184+底板厚）
1. 20厚1:2水泥防水砂浆抹光地面（如为地下车库则随捣砼随提浆抹平一次成型）
2. 钢筋砼结构自防水，抗渗等级>0.8MPa，砼厚度>300
3. 40厚C20细石砼保护层
4. 4厚SBS（或APP）改性沥青防水卷材（或2厚合成高分子防水卷材）
5. 刷基层处理剂一道
6. 20厚1:2水泥砂浆找平
7. 100厚C10砼垫层
8. 素土夯实

注：防水材料均应采用不含焦油型

地防3：结构自防水＋卷材、涂料复合防水（外防水）

墙身防水（外防外涂）（总厚度：48+砼墙厚）
1. 20厚1:2水泥防水砂浆抹灰内墙面
2. 钢筋砼结构自防水，抗渗等级>0.8MPa，砼厚度>300
3. 20厚1:2水泥砂浆找平
4. 刷基层处理剂一道
5. 1.5厚聚氨酯防水涂料
6. 1.2厚氯化聚乙烯橡胶共混防水卷材
7. 5厚聚乙烯泡沫塑料保护层，用XY404胶粘剂点粘
8. 回填土分层夯实

底板防水（外防外涂）（总厚度：184+底板厚）
1. 20厚1:2水泥防水砂浆抹光地面（如为地下车库则随捣砼随提浆抹平一次成型）
2. 钢筋砼结构自防水，抗渗等级>0.8MPa，砼厚度>300
3. 40厚C20细石砼保护层
4. 点粘350号石油沥青油毡一层保护
5. 1.5厚氯化聚乙烯橡胶共混防水卷材
6. 1.2厚聚氨酯防水涂料
7. 刷基层处理剂一道
8. 20厚1:2水泥砂浆找平
9. 100厚C10砼垫层
10. 素土夯实

注：防水材料均应采用不含焦油型

地防4：地下室背水面防水（内防水）

墙身及底板（内防水：37厚+砼墙厚）
1. 25厚1:2.5水泥砂浆保护层
2. 5厚LB-21环氧乳液水泥砂浆（喷涂）或7厚LB-7氯丁胶乳水泥砂浆（喷涂）
3. 自防水钢筋砼底板及墙身，砼厚度>300
4. 100厚C10砼垫层

地防5：地下室背水面防水（内防水）

墙身及底板（内防水：106厚+砼墙厚）
1. 喷射100厚C25钢筋细石砼（双向ф6@150，砼中掺占水泥用量0.7%的基无水剂，钢纤维1kg/m^3）
2. 喷涂LB-21环氧乳液水泥浆，界面处理剂1厚（或喷涂LB-14弹性水泥5厚）
3. 自防水钢筋砼底板及墙身，砼厚度>300
4. 100厚C10砼垫层

十二、水池做法
底板及内侧壁（总厚度：55＋池壁（底板）厚）

内侧壁
1. 水泥素浆贴白色瓷砖，瓷砖缝擦涂901防腐、防霉涂料
2. 10厚聚合物水泥砂浆防水层
3. 20厚1:2水泥砂浆找平层
4. 钢筋砼池壁（底板）自防水，抗渗等级0.8MPa，壁厚详结施图

外侧壁

20厚1:2水泥砂浆粉刷外侧池壁，饰面层详立面图

顶板面（总厚度：42+砼板厚）
1. 20厚1:2水泥砂浆随手抹光
2. 2厚聚氨酯防水涂料（非焦油型）
3. 20厚1:2水泥砂浆找平
4. 钢筋砼板

十三、油漆

漆1：木材面调和漆
1. 木基层清理、除污、打磨等
2. 刮腻子、磨光
3. 底油一道
4. 调和漆二道

漆2：木材面清漆（高级油漆）
1. 木基层清理、除污、打磨等
2. 润粉
3. 刮腻子、磨光
4. 刷色
5. 清漆3~5道

漆3：金属面调和漆
1. 除锈
2. 防锈漆或红丹一道
3. 刮腻子、磨光
4. 调和漆二道

漆4：金属面银粉漆
1. 除锈
2. 防锈漆或红丹一道
3. 刮腻子、磨光
4. 银粉漆二道

十四、木结构防火

木防1：B60-2丙烯酸乳胶膨胀防火涂料
1. 木基层清理、除污、打磨等
2. 刮腻子、磨光
3. 刷B60-2防火涂料三~五道（耐火极限为30~40min）

木防2：A60-1改性氨基膨胀防火涂料
1. 木基层清理、除污、打磨等
2. 刮腻子、磨光
3. 刷A60-1防火涂料三~五道（耐火极限为35~43min）

十五、钢结构防火

钢防1：LB钢结构膨胀薄型防火涂料（7mm厚，耐火极限1.5h）
1. 钢结构构件表面除锈、除油污
2. 刷防锈漆二遍
3. 喷底层防火涂料二~三道（厚约4mm）
4. 刷或喷面层防火涂料一~二道（厚约3mm）

钢防2：LG钢结构厚型防火涂料（15mm厚，耐火极限1.5h）
1. 钢结构构件表面除锈、除油污
2. 刷防锈漆二遍
3. 喷LG防火涂料，每次喷涂厚度5~10mm，总厚度为15mm

十六、饰面层二次装修定的毛坯地面、楼面及内墙面做法

毛坯地（120厚）
1. 20厚1:2.5水泥砂浆找平
2. 100厚C10砼垫层
3. 素土夯实

毛坯楼1：（20厚）
1. 20厚1:2.5水泥砂浆找平
2. 钢筋砼楼板

毛坯楼2：（防水，41厚）
1. 20厚1:2水泥砂浆保护层
2. 1厚聚合物水泥基防水涂料，四周上翻200高
3. 刷氯丁胶稀释液一道
4. 20厚1:2.5水泥砂浆找平
5. 钢筋砼楼板

毛坯墙1：（20厚）
1. 8厚1:2水泥砂浆抹光
2. 12厚1:2.5水泥砂浆打底找平
5. 墙体

毛坯墙2：（防水，21厚）
1. 聚合物水泥基防水涂料1厚
2. 20厚1:2水泥砂浆打底找平
5. 墙体

装修部位表

项目	位置	构造做法
地面	客厅，卧室	毛坯地1
	阳台，楼梯	毛坯地1
	厨房，卫生间	毛坯地1
楼面	客厅，卧室	毛坯楼1
	阳台，楼梯	毛坯楼1
	厨房，卫生间	毛坯楼2
外墙	全部	外2 外3
内墙	客厅，卧室	毛坯墙1
	楼梯	毛坯墙1
	厨房，卫生间	毛坯墙2
顶棚	全部	毛坯
屋面	全部	屋4 屋8
踢脚	全部	踢4
散水	全部	散2

盖章位置

会签 COORDINATION：建筑 ARCHI.　电气 ELEC.　结构 STRUCT.　采暖通风 HVAC　给排水 PLUMBING

附注 DESCRIPTIONS

审定 APPROVED BY　复审 REVIEWED BY　项目负责 CAPTAIN　专业负责 CHIEF ENGI.　审核 EXAMINED BY　校对 CHECKED BY　设计 DESIGNED BY　建筑方案设计 SCHEMATIC DESIGN　制图 DRAWN BY

建设单位 CLIENT

工程名称 PROJECT：B1型别墅

图名 TITLE：建筑构造统一做法

合同号 CONTRACT No.：A470303

版次 EDITION No.：1　日期 DATE：2004.9.

图别 DRAWING TYPE：建施　图号 DRAWING No.：2

深圳市建筑设计研究总院
SHENZHEN GENERAL INSTITUTE OF ARCHITECTURAL DESIGN AND RESERCH

国家甲级工程设计证书编号：190141-sj

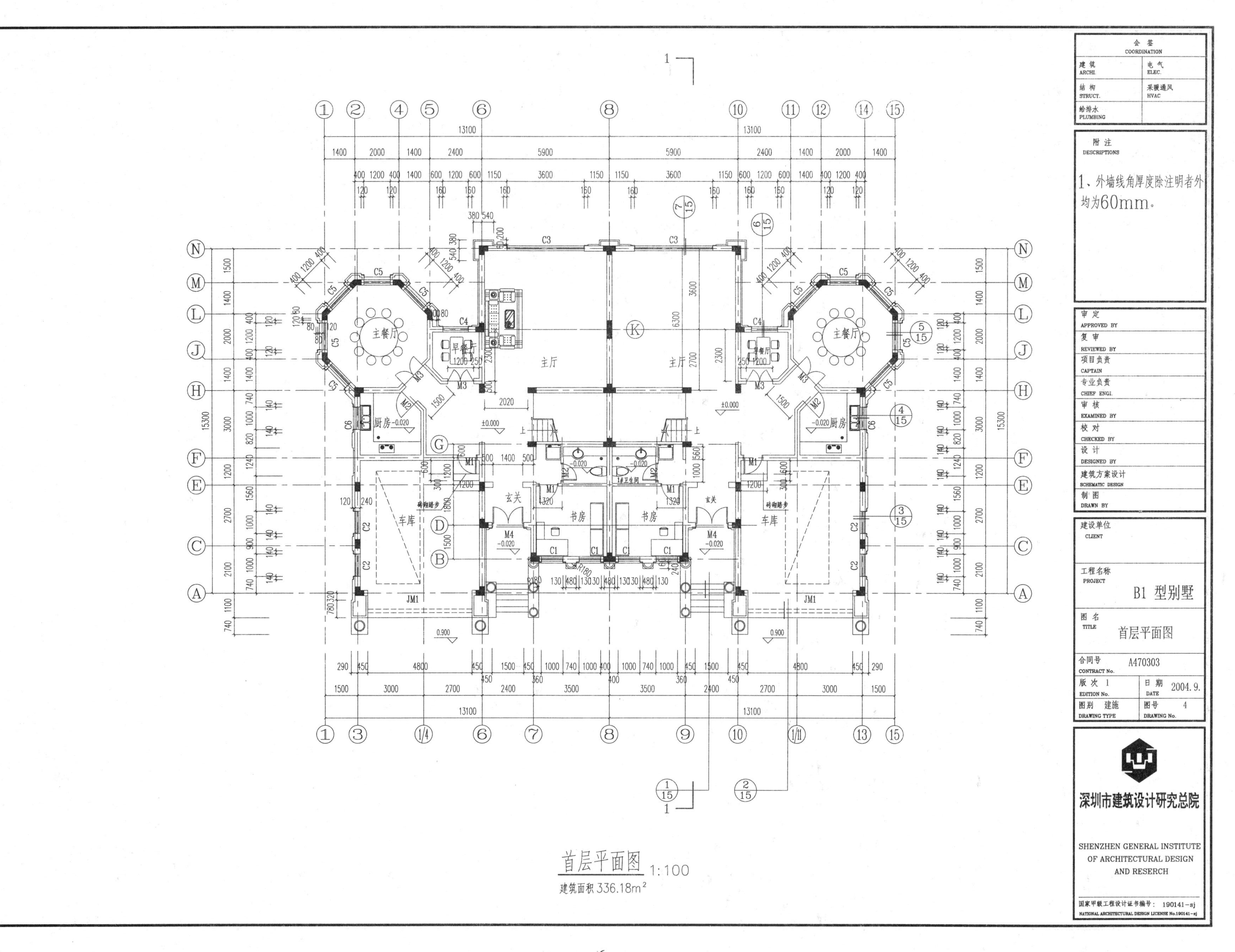
会签 COORDINATION
建筑 ARCHI.
电气 ELEC.
结构 STRUCT.
采暖通风 HVAC
给排水 PLUMBING
附注 DESCRIPTIONS
1、外墙线角厚度除注明者外均为60mm。
审定 APPROVED BY
复审 REVIEWED BY
项目负责 CAPTAIN
专业负责 CHIEF ENGI.
审核 EXAMINED BY
校对 CHECKED BY
设计 DESIGNED BY
建筑方案设计 SCHEMATIC DESIGN
制图 DRAWN BY
建设单位 CLIENT
工程名称 PROJECT
B1 型别墅
图名 TITLE
首层平面图
合同号 CONTRACT No. A470303
版次 EDITION No. 1
日期 DATE 2004.9.
图别 DRAWING TYPE 建施
图号 DRAWING No. 4
深圳市建筑设计研究总院
SHENZHEN GENERAL INSTITUTE OF ARCHITECTURAL DESIGN AND RESERCH
国家甲级工程设计证书编号：190141-sj
NATIONAL ARCHITECTURAL DESIGN LICENSE No.190141-sj
主餐厅
早餐厅
主厅
厨房
车库
玄关
书房
1#卫生间
砖砌踏步
首层平面图 1:100
建筑面积 336.18m²

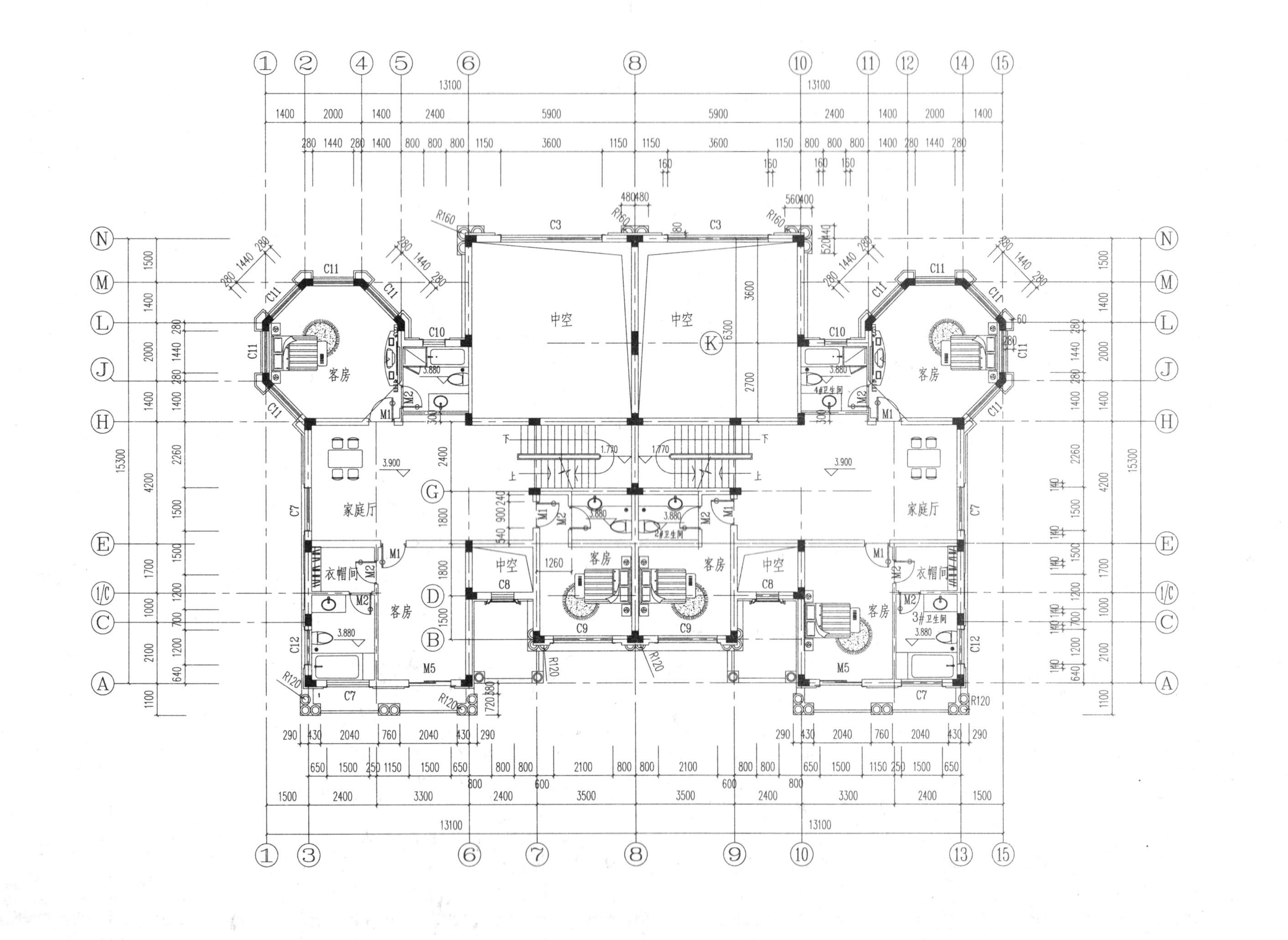

二层平面图 1:100

建筑面积247.40m²

会签 COORDINATION	
建筑 ARCHI.	电气 ELEC.
结构 STRUCT.	采暖通风 HVAC
给排水 PLUMBING	

附注 DESCRIPTIONS

1、外墙线角厚度除注明者外均为60mm。

审定 APPROVED BY	
复审 REVIEWED BY	
项目负责 CAPTAIN	
专业负责 CHIEF ENGI.	
审核 EXAMINED BY	
校对 CHECKED BY	
设计 DESIGNED BY	
建筑方案设计 SCHEMATIC DESIGN	
制图 DRAWN BY	

建设单位 CLIENT	
工程名称 PROJECT	B1 型别墅
图名 TITLE	二层平面图
合同号 CONTRACT No.	A470303
版次 EDITION No. 1	日期 DATE 2004.9.
图别 DRAWING TYPE 建施	图号 DRAWING No. 5

深圳市建筑设计研究总院

SHENZHEN GENERAL INSTITUTE OF ARCHITECTURAL DESIGN AND RESERCH

国家甲级工程设计证书编号：190141-sj

NATIONAL ARCHITECTURAL DESIGN LICENSE No.190141-sj

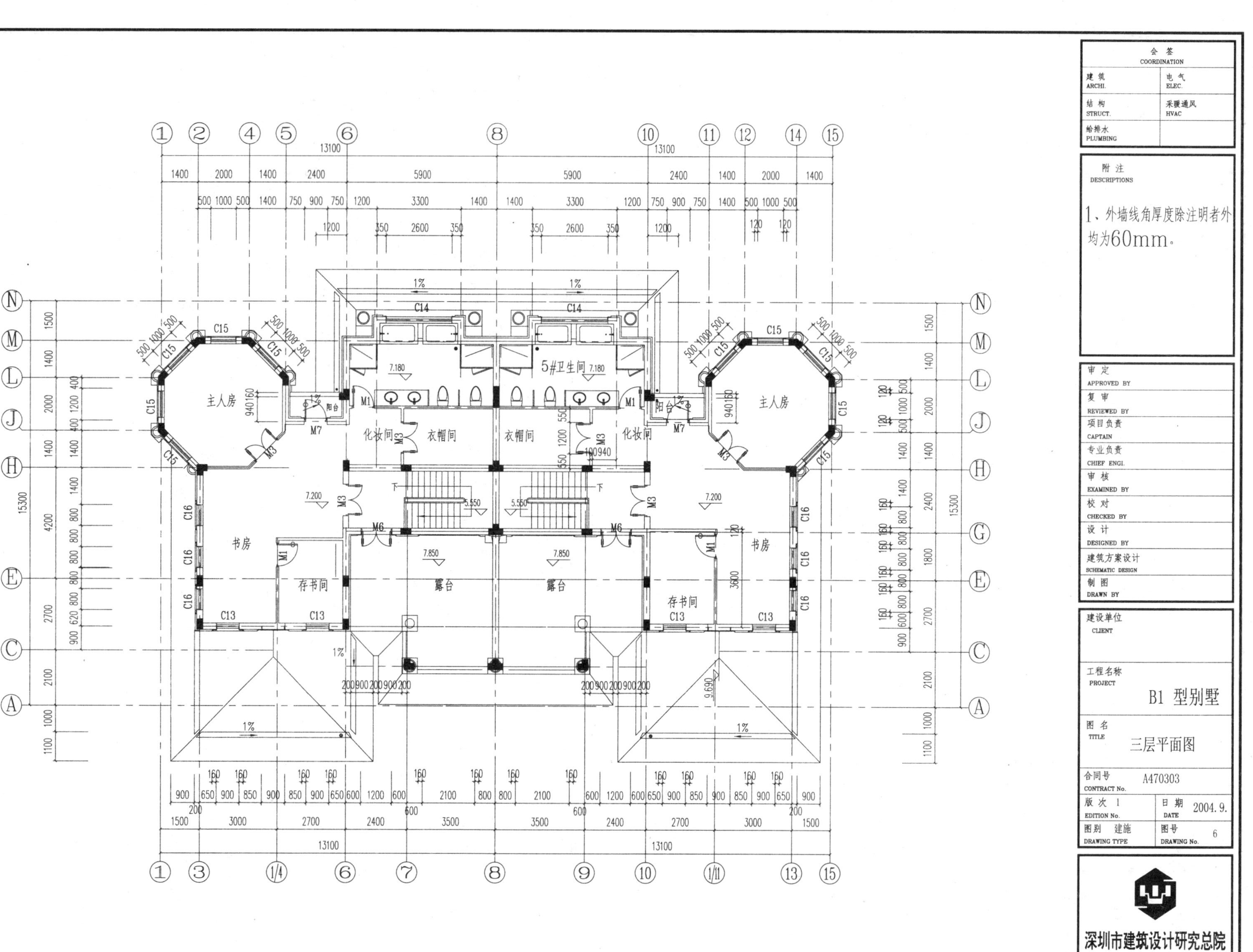

三层平面图 1:100

建筑面积 218.32m²

会签 COORDINATION	
建筑 ARCHI.	电气 ELEC.
结构 STRUCT.	采暖通风 HVAC
给排水 PLUMBING	

附注 DESCRIPTIONS

1、外墙线角厚度除注明者外均为60mm。

审定 APPROVED BY	
复审 REVIEWED BY	
项目负责 CAPTAIN	
专业负责 CHIEF ENGI.	
审核 EXAMINED BY	
校对 CHECKED BY	
设计 DESIGNED BY	
建筑方案设计 SCHEMATIC DESIGN	
制图 DRAWN BY	

建设单位 CLIENT			
工程名称 PROJECT	B1 型别墅		
图名 TITLE	三层平面图		
合同号 CONTRACT No.	A470303		
版次 EDITION No.	1	日期 DATE	2004.9.
图别 DRAWING TYPE	建施	图号 DRAWING No.	6

深圳市建筑设计研究总院

SHENZHEN GENERAL INSTITUTE OF ARCHITECTURAL DESIGN AND RESERCH

国家甲级工程设计证书编号：190141-sj

NATIONAL ARCHITECTURAL DESIGN LICENSE No.190141-sj

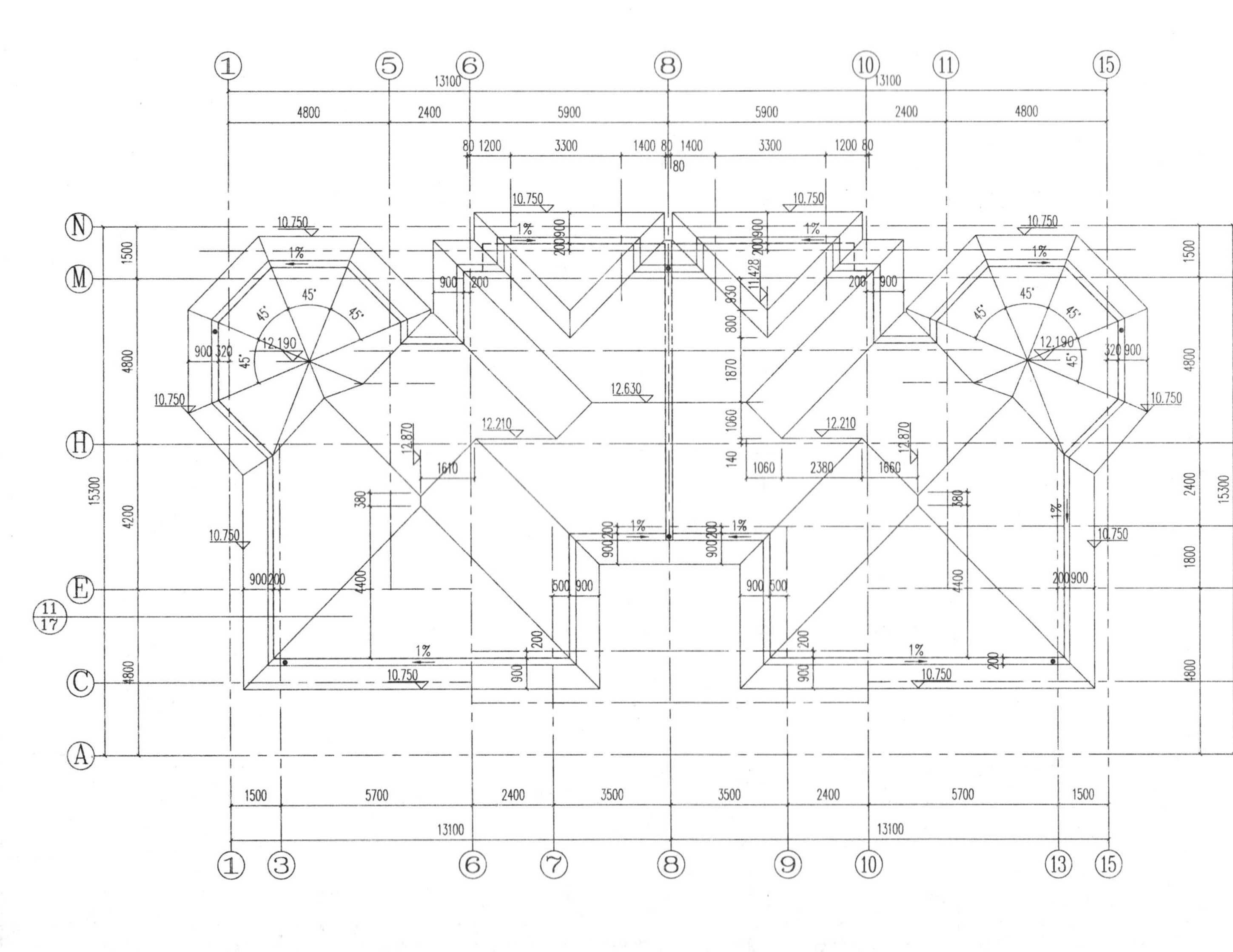

屋顶平面图 1:100

会签 COORDINATION	
建筑 ARCHI.	电气 ELEC.
结构 STRUCT.	采暖通风 HVAC
给排水 PLUMBING	

附注 DESCRIPTIONS

1、雨水沟宽250，详见墙身大样。

审定 APPROVED BY	
复审 REVIEWED BY	
项目负责 CAPTAIN	
专业负责 CHIEF ENGI.	
审核 EXAMINED BY	
校对 CHECKED BY	
设计 DESIGNED BY	
建筑方案设计 SCHEMATIC DESIGN	
制图 DRAWN BY	

建设单位 CLIENT	
工程名称 PROJECT	B1 型别墅
图名 TITLE	屋顶平面图
合同号 CONTRACT No.	A470303
版次 EDITION No. 1	日期 DATE 2004.9.
图别 DRAWING TYPE 建施	图号 DRAWING No. 7

深圳市建筑设计研究总院

SHENZHEN GENERAL INSTITUTE OF ARCHITECTURAL DESIGN AND RESERCH

国家甲级工程设计证书编号：190141−sj

NATIONAL ARCHITECTURAL DESIGN LICENSE No.190141−sj

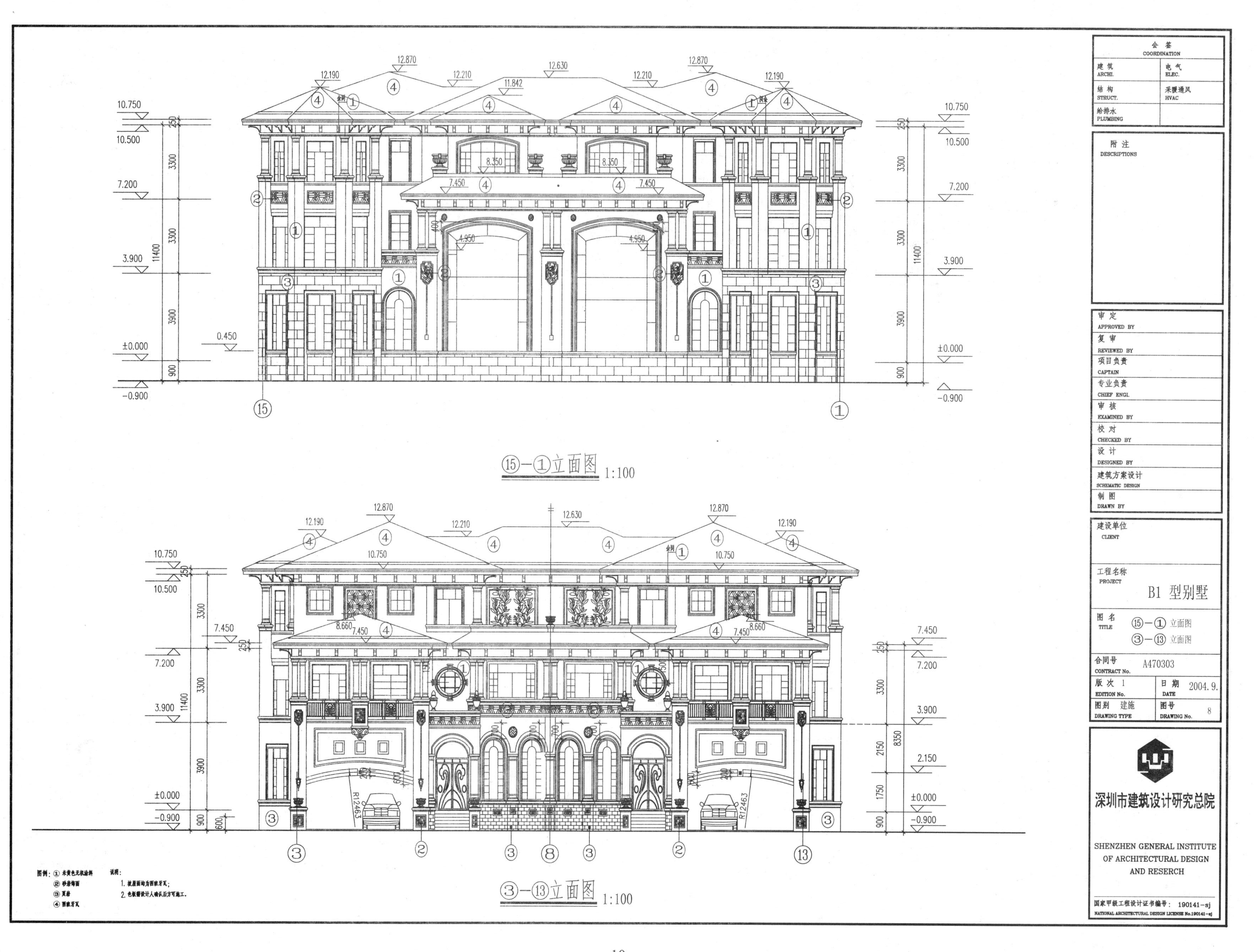
12.870
12.630
12.210
12.190
11.842
10.750
10.500
8.350
7.450
7.200
4.950
3.900
0.450
±0.000
-0.900
3300
3900
900
250
11400
⑮—①立面图 1:100
8.660
2.150
2150
1750
8350
600
R12463
③—⑬立面图 1:100
图例：① 米黄色无机涂料
② 砂岩饰面
③ 页岩
④ 西班牙瓦
说明：
1. 坡屋面均为西班牙瓦；
2. 色板需设计人确认后方可施工。
会签 COORDINATION
建筑 ARCHI.
电气 ELEC.
结构 STRUCT.
采暖通风 HVAC
给排水 PLUMBING
附注 DESCRIPTIONS
审定 APPROVED BY
复审 REVIEWED BY
项目负责 CAPTAIN
专业负责 CHIEF ENGI.
审核 EXAMINED BY
校对 CHECKED BY
设计 DESIGNED BY
建筑方案设计 SCHEMATIC DESIGN
制图 DRAWN BY
建设单位 CLIENT
工程名称 PROJECT
B1 型别墅
图名 TITLE
⑮—① 立面图
③—⑬ 立面图
合同号 CONTRACT No. A470303
版次 EDITION No. 1
日期 DATE 2004.9.
图别 DRAWING TYPE 建施
图号 DRAWING No. 8
深圳市建筑设计研究总院
SHENZHEN GENERAL INSTITUTE
OF ARCHITECTURAL DESIGN
AND RESERCH
国家甲级工程设计证书编号：190141-sj
NATIONAL ARCHITECTURAL DESIGN LICENSE No.190141-sj

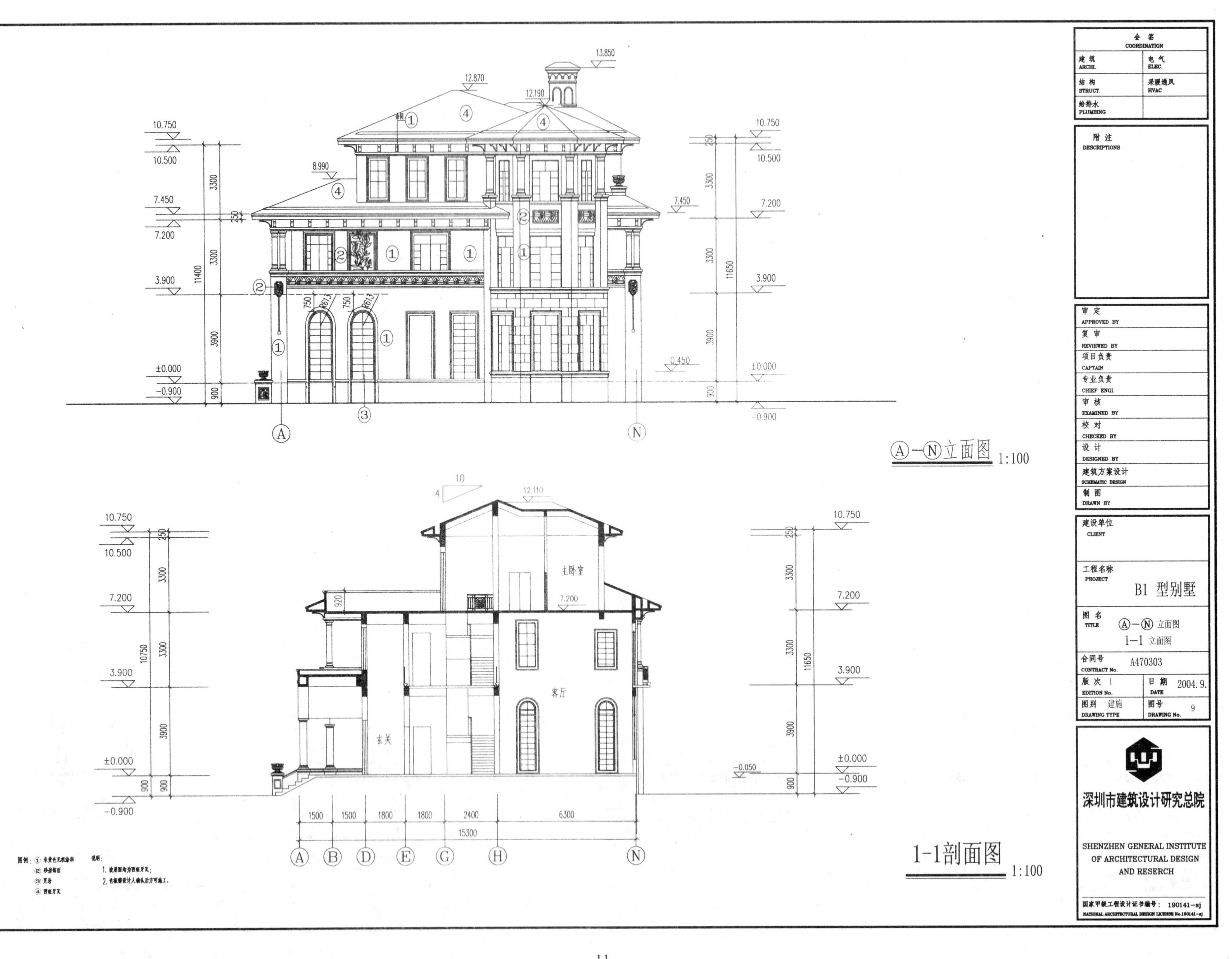

13.850
12.870
12.190
10.750
10.500
8.990
7.450
7.200
3.900
±0.000
−0.900
0.450
11400
11650
3300
3900
900
250
750
R613
A
N
1
2
3
4
Ⓐ—Ⓝ立面图 1:100
10
4
12.110
主卧室
客厅
玄关
920
10750
−0.050
1500
1800
2400
6300
15300
A
B
D
E
G
H
N
1-1剖面图 1:100
图例：① 米黄色无机涂料
② 砂岩饰面
③ 页岩
④ 西班牙瓦
说明：
1. 坡屋面均为西班牙瓦；
2. 色板需设计人确认后方可施工。
会签 COORDINATION
建筑 ARCHI.
电气 ELEC.
结构 STRUCT.
采暖通风 HVAC
给排水 PLUMBING
附注 DESCRIPTIONS
审定 APPROVED BY
复审 REVIEWED BY
项目负责 CAPTAIN
专业负责 CHIEF ENGI.
审核 EXAMINED BY
校对 CHECKED BY
设计 DESIGNED BY
建筑方案设计 SCHEMATIC DESIGN
制图 DRAWN BY
建设单位 CLIENT
工程名称 PROJECT
B1 型别墅
图名 TITLE
Ⓐ—Ⓝ立面图
1-1 立面图
合同号 CONTRACT No.
A470303
版次 EDITION No. 1
日期 DATE 2004.9.
图别 DRAWING TYPE 建施
图号 DRAWING No. 9
深圳市建筑设计研究总院
SHENZHEN GENERAL INSTITUTE OF ARCHITECTURAL DESIGN AND RESERCH
国家甲级工程设计证书编号：190141-sj
NATIONAL ARCHITECTURAL DESIGN LICENSE No.190141-sj

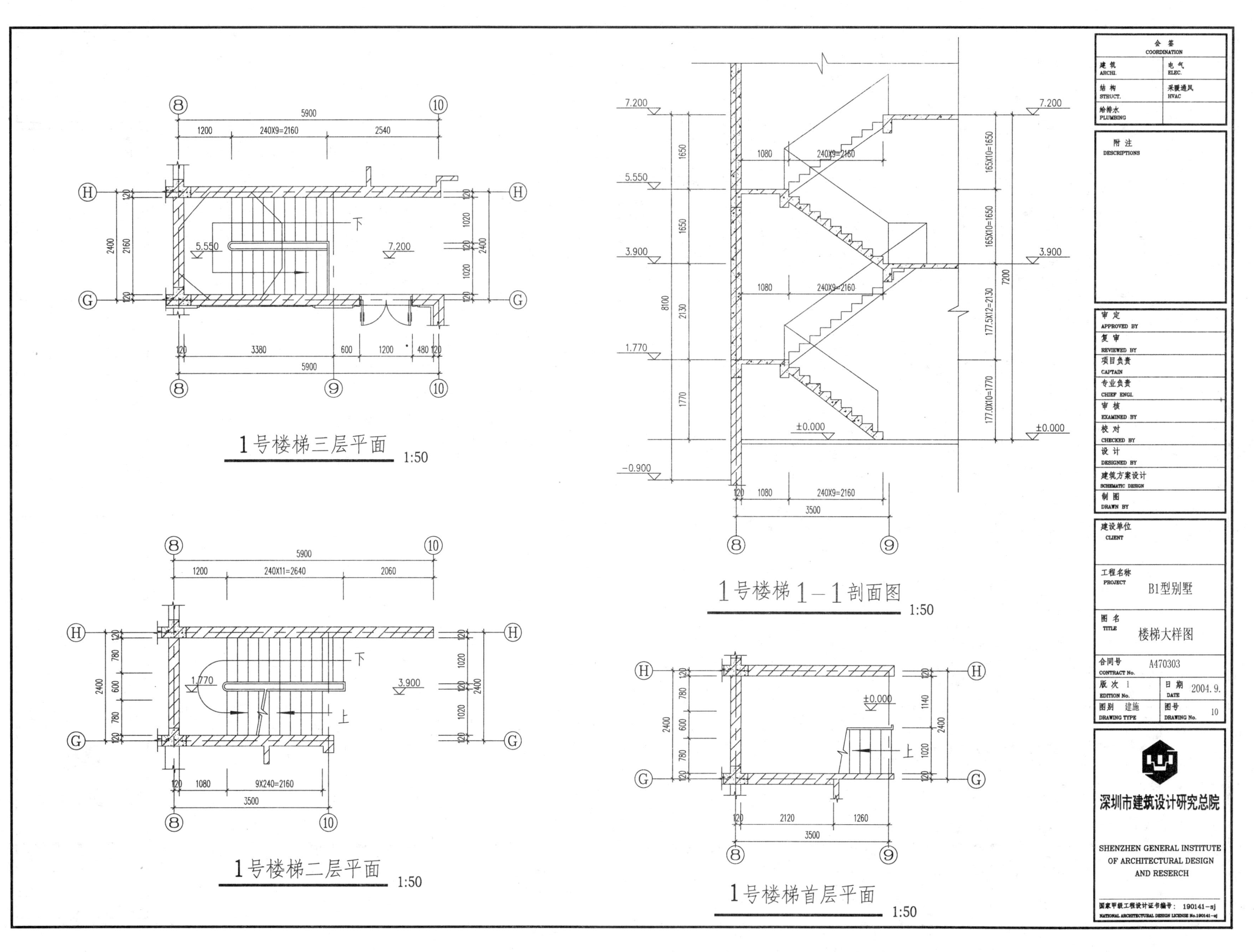

1号楼梯三层平面 1:50
1号楼梯二层平面 1:50
1号楼梯 1－1 剖面图 1:50
1号楼梯首层平面 1:50
会 签 COORDINATION
建筑 ARCHI.
电气 ELEC.
结构 STRUCT.
采暖通风 HVAC
给排水 PLUMBING
附注 DESCRIPTIONS
审定 APPROVED BY
复审 REVIEWED BY
项目负责 CAPTAIN
专业负责 CHIEF ENGI.
审核 EXAMINED BY
校对 CHECKED BY
设计 DESIGNED BY
建筑方案设计 SCHEMATIC DESIGN
制图 DRAWN BY
建设单位 CLIENT
工程名称 PROJECT B1型别墅
图名 TITLE 楼梯大样图
合同号 CONTRACT No. A470303
版次 EDITION No. 1
日期 DATE 2004.9.
图别 DRAWING TYPE 建施
图号 DRAWING No. 10
深圳市建筑设计研究总院
SHENZHEN GENERAL INSTITUTE OF ARCHITECTURAL DESIGN AND RESERCH
国家甲级工程设计证书编号：190141-sj
NATIONAL ARCHITECTURAL DESIGN LICENSE No.190141-sj

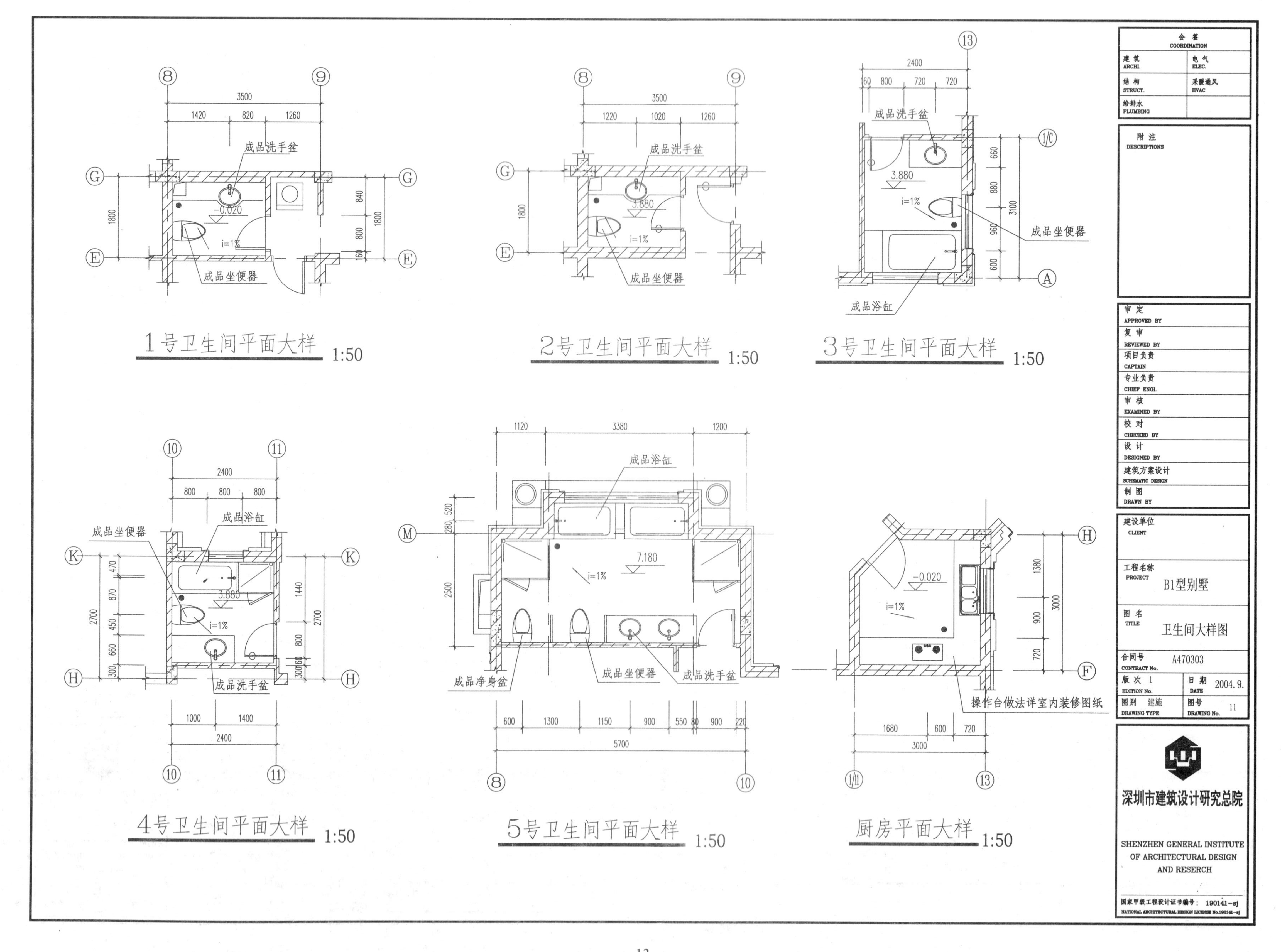

成品洗手盆
-0.020
i=1%
成品坐便器
1号卫生间平面大样 1:50
成品洗手盆
3.880
i=1%
成品坐便器
2号卫生间平面大样 1:50
成品洗手盆
3.880
i=1%
成品坐便器
成品浴缸
3号卫生间平面大样 1:50
成品坐便器
成品浴缸
3.880
i=1%
成品洗手盆
4号卫生间平面大样 1:50
成品浴缸
7.180
i=1%
成品净身盆
成品坐便器
成品洗手盆
5号卫生间平面大样 1:50
-0.020
i=1%
操作台做法详室内装修图纸
厨房平面大样 1:50
会签 COORDINATION
建筑 ARCHI.
电气 ELEC.
结构 STRUCT.
采暖通风 HVAC
给排水 PLUMBING
附注 DESCRIPTIONS
审定 APPROVED BY
复审 REVIEWED BY
项目负责 CAPTAIN
专业负责 CHIEF ENGI.
审核 EXAMINED BY
校对 CHECKED BY
设计 DESIGNED BY
建筑方案设计 SCHEMATIC DESIGN
制图 DRAWN BY
建设单位 CLIENT
工程名称 PROJECT B1型别墅
图名 TITLE 卫生间大样图
合同号 CONTRACT No. A470303
版次 EDITION No. 1
日期 DATE 2004.9.
图别 DRAWING TYPE 建施
图号 DRAWING No. 11
深圳市建筑设计研究总院
SHENZHEN GENERAL INSTITUTE
OF ARCHITECTURAL DESIGN
AND RESERCH
国家甲级工程设计证书编号：190141-sj
NATIONAL ARCHITECTURAL DESIGN LICENSE No.190141-sj

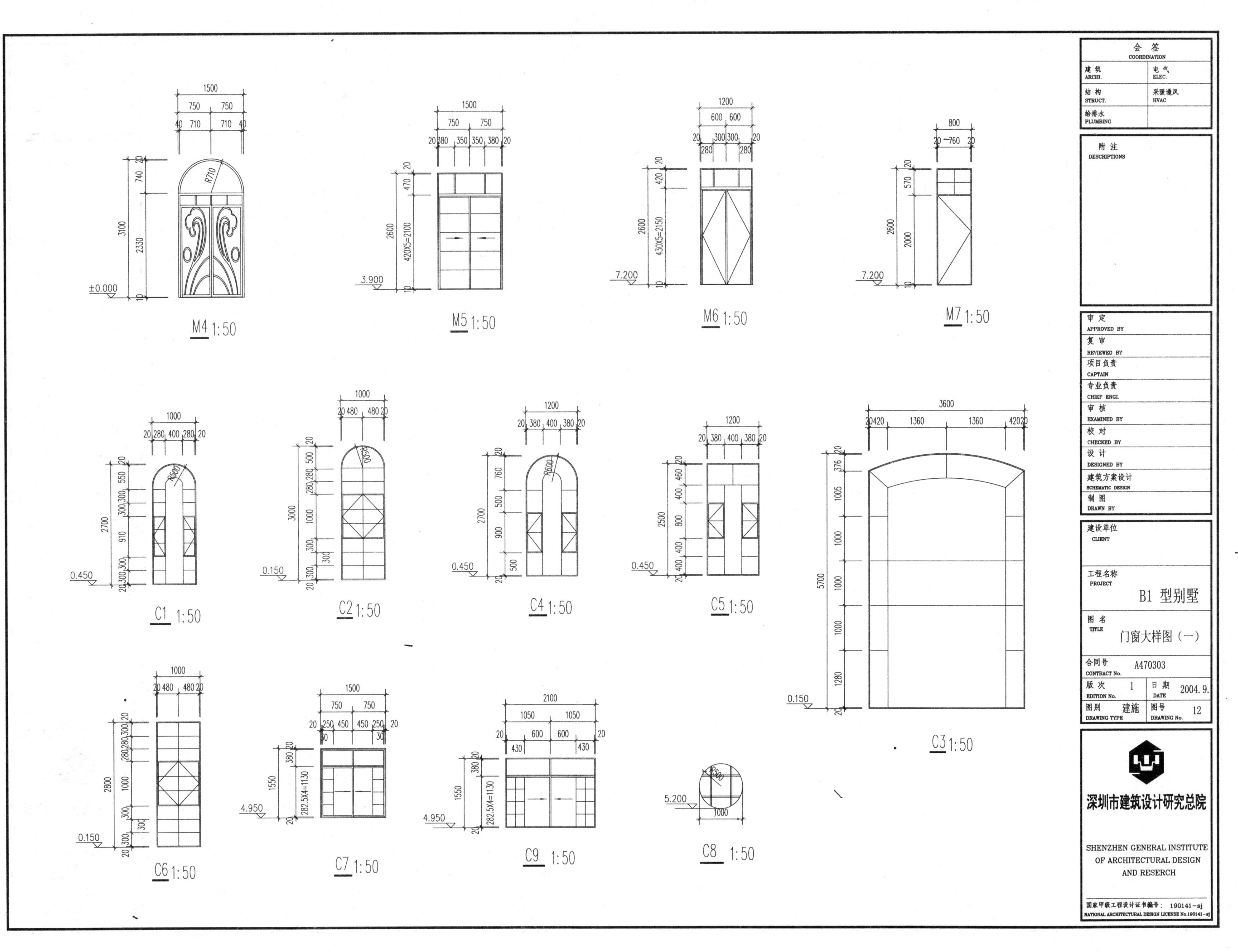

M4 1:50
M5 1:50
M6 1:50
M7 1:50
C1 1:50
C2 1:50
C4 1:50
C5 1:50
C3 1:50
C6 1:50
C7 1:50
C9 1:50
C8 1:50
会 签 COORDINATION
建筑 ARCHI.
电气 ELEC.
结构 STRUCT.
采暖通风 HVAC
给排水 PLUMBING
附注 DESCRIPTIONS
审定 APPROVED BY
复审 REVIEWED BY
项目负责 CAPTAIN
专业负责 CHIEF ENGI.
审核 EXAMINED BY
校对 CHECKED BY
设计 DESIGNED BY
建筑方案设计 SCHEMATIC DESIGN
制图 DRAWN BY
建设单位 CLIENT
工程名称 PROJECT
B1 型别墅
图名 TITLE
门窗大样图（一）
合同号 CONTRACT No. A470303
版次 EDITION No. 1
日期 DATE 2004.9.
图别 DRAWING TYPE 建施
图号 DRAWING No. 12
深圳市建筑设计研究总院
SHENZHEN GENERAL INSTITUTE OF ARCHITECTURAL DESIGN AND RESERCH
国家甲级工程设计证书编号：190141-sj
NATIONAL ARCHITECTURAL DESIGN LICENSE No.190141-sj

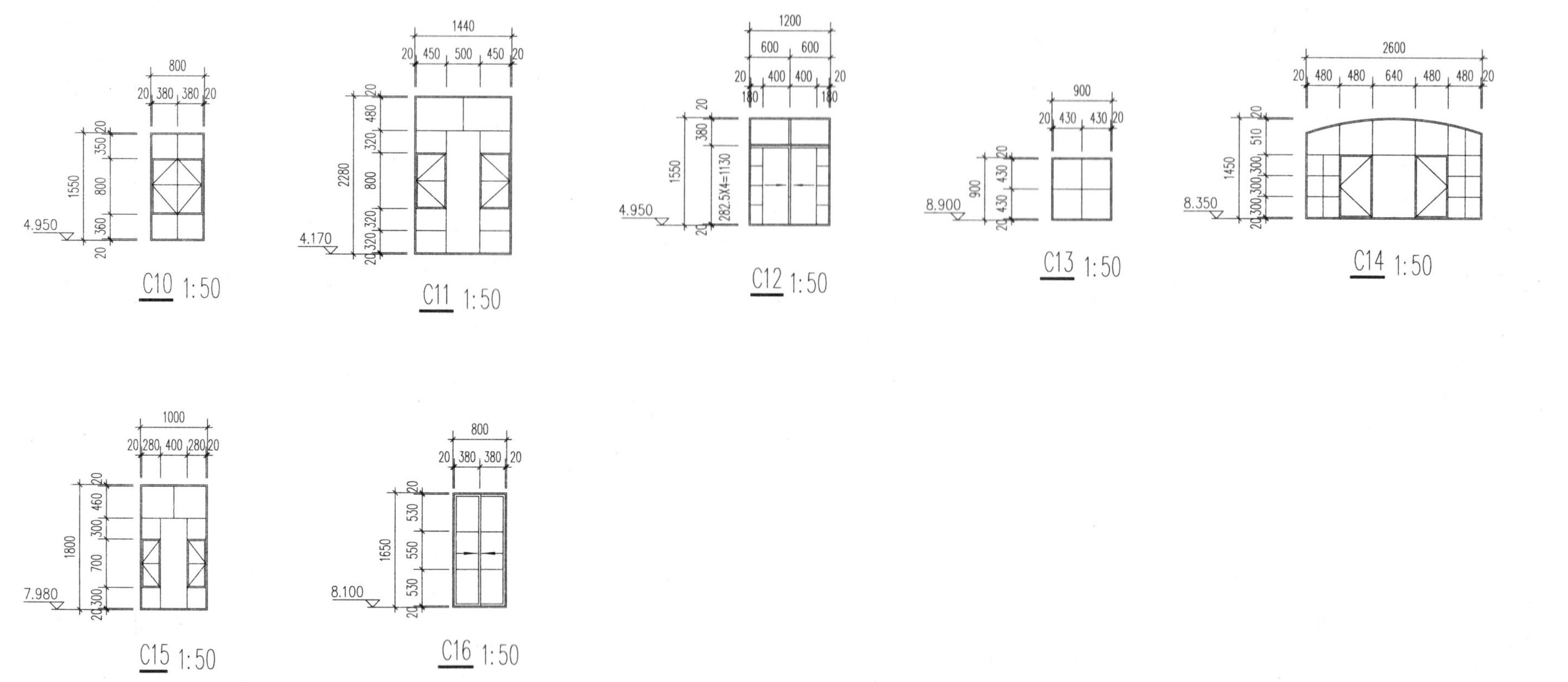

会签 COORDINATION	
建筑 ARCHI.	电气 ELEC.
结构 STRUCT.	采暖通风 HVAC
给排水 PLUMBING	

附注 DESCRIPTIONS

审定 APPROVED BY
复审 REVIEWED BY
项目负责 CAPTAIN
专业负责 CHIEF ENGI.
审核 EXAMINED BY
校对 CHECKED BY
设计 DESIGNED BY
建筑方案设计 SCHEMATIC DESIGN
制图 DRAWN BY

建设单位 CLIENT			
工程名称 PROJECT	B1 型别墅		
图名 TITLE	门窗大样图（二）		
合同号 CONTRACT No.	A470303		
版次 EDITION No.	1	日期 DATE	2004.9.
图别 DRAWING TYPE	建施	图号 DRAWING No.	13

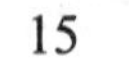

深圳市建筑设计研究总院

SHENZHEN GENERAL INSTITUTE OF ARCHITECTURAL DESIGN AND RESERCH

国家甲级工程设计证书编号：190141-sj
NATIONAL ARCHITECTURAL DESIGN LICENSE No.190141-sj

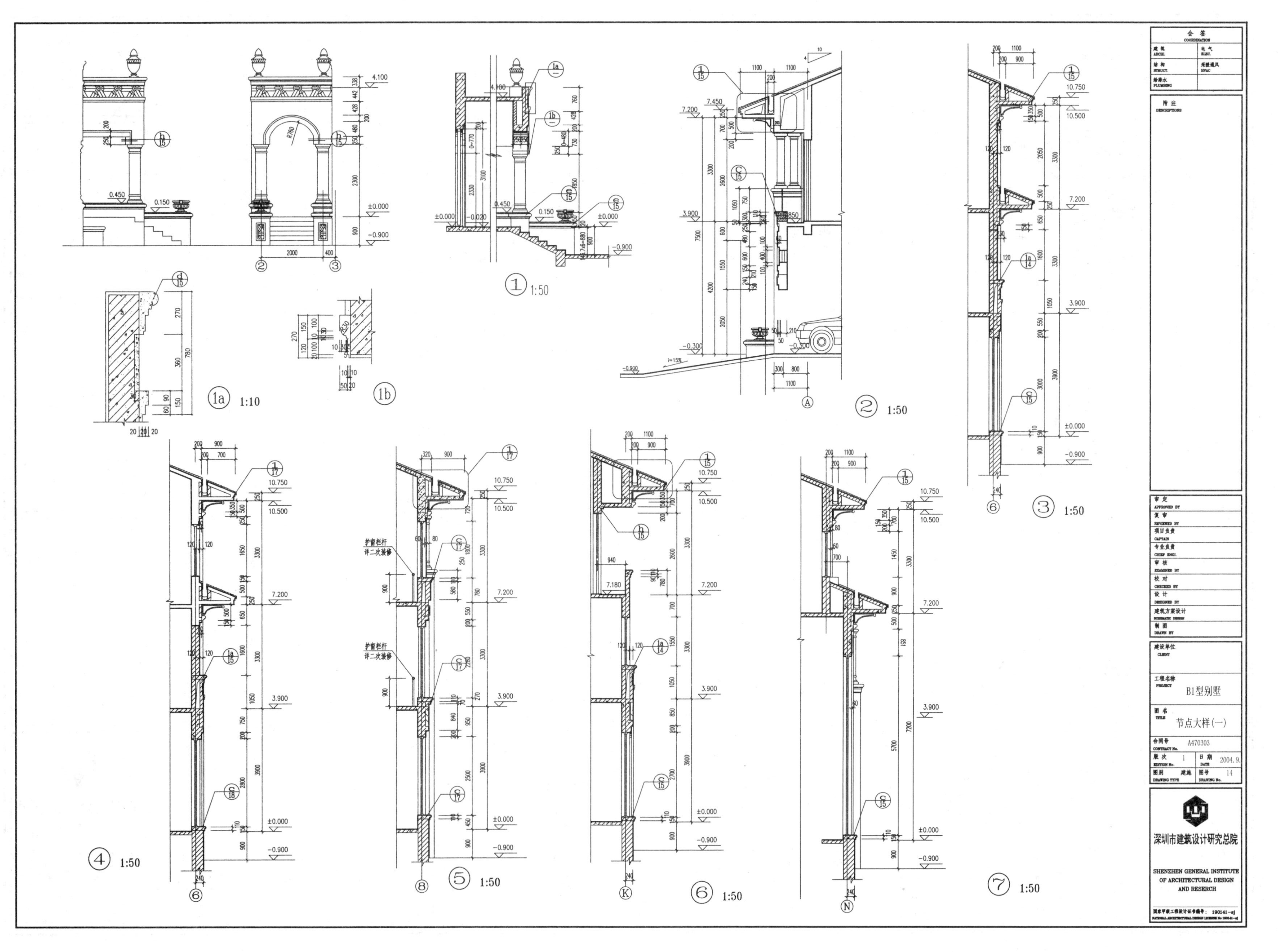
1:50
1:10
护窗栏杆
详二次装修
B1型别墅
节点大样(一)
A470303
2004.9.
14
深圳市建筑设计研究总院
SHENZHEN GENERAL INSTITUTE OF ARCHITECTURAL DESIGN AND RESEARCH

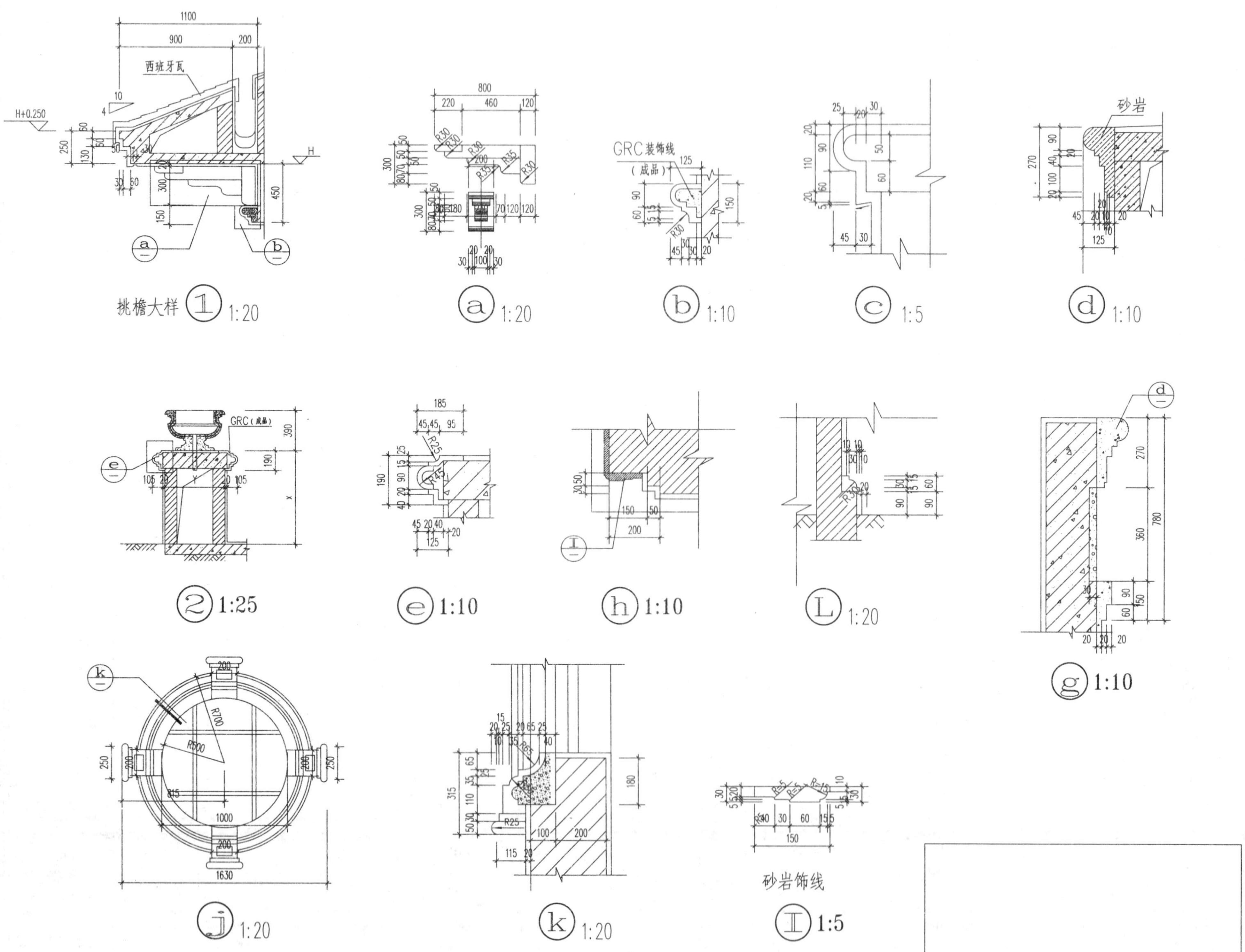

挑檐大样 ① 1:20

西班牙瓦

H+0.250

H

ⓐ 1:20

GRC装饰线（成品）

ⓑ 1:10

ⓒ 1:5

砂岩

ⓓ 1:10

GRC（成品）

② 1:25

ⓔ 1:10

ⓗ 1:10

Ⓛ 1:20

ⓖ 1:10

ⓙ 1:20

ⓚ 1:20

砂岩饰线

Ⓘ 1:5

会 签 COORDINATION	
建 筑 ARCHI.	电 气 ELEC.
结 构 STRUCT.	采暖通风 HVAC
给排水 PLUMBING	

附 注 DESCRIPTIONS

审 定 APPROVED BY	
复 审 REVIEWED BY	
项目负责 CAPTAIN	
专业负责 CHIEF ENGI.	
审 核 EXAMINED BY	
校 对 CHECKED BY	
设 计 DESIGNED BY	
建筑方案设计 SCHEMATIC DESIGN	
制 图 DRAWN BY	

建设单位 CLIENT	
工程名称 PROJECT	B1型别墅
图 名 TITLE	节点大样(二)
合同号 CONTRACT No.	A470303

版 次 EDITION No. 1	日 期 DATE 2004.9.
图别 DRAWING TYPE 建施	图号 DRAWING No. 15

深圳市建筑设计研究总院

SHENZHEN GENERAL INSTITUTE OF ARCHITECTURAL DESIGN AND RESERCH

国家甲级工程设计证书编号： 190141-sj
NATIONAL ARCHITECTURAL DESIGN LICENSE No.190141-sj

盖章位置

序号 SERIAL No.	图纸名称 TITLE OF DRAWINGS	图号 DRAWN No.	规格 SPECS	附注 NOTE
1	图纸目录	G-00	A4	
2	结构设计总说明	G-01	A2+	
3	梁柱墙表示法补充详图及说明	G-02	A1	
4	水泥搅拌桩平面布置图	G-03	A2	
5	基础平面图	G-04	A2	
6	柱结构施工图	G-05	A2	
7	二层梁平法施工图　楼梯结构布置图	G-06	A2	
8	二层板配筋图	G-07	A2	
9	三层梁平法施工图	G-08	A2	
10	三层板配筋图	G-09	A2	
11	四层梁平法施工图	G-10	A2	
12	四层板配筋图	G-11	A2	
13	屋面结构图	G-12	A2	
14	节点大样	G-13	A1	

深圳市建筑设计研究总院

SHENZHEN GENERAL INSTITUTE OF ARCHITECTURAL DESIGN&RESERCH

DEPARTMENT:

国家甲级工程设计证书编号：190141-sj　NATIONAL ARCHITECTURAL DESIGN LICENSE No 190141-sj

审核 REVIEWED BY　　编制 EDITED BY

建设单位 CLIENT		合同号 CONTRACT. No.	A470303
工程名称 PROJECT	B1型别墅	图别 DRAWING TYPE	结施
		图号 DRAWING No.	G-00
图纸目录 LIST OF DRAWINGS		日期 DATE	2004.09
		共 1 页 PAGE TOTAL	
		第 1 页 PAGE No.	

结构设计总说明

☑一、一般说明

1. 全部尺寸，除注明者外，标高以米为单位，其它均以毫米为单位。
2. 本图各条目之前划符号"✓"者为本工程所用。

☑二、设计依据

1.

建筑物安全等级	建筑物重要性类别	地震设防烈度	设计基本地震加速度	±0.00相当于绝对高程	砼结构的环境类别 ±0.00以上	±0.00以下
二 级	丙 类	六 度	0.05g	参建施图	一类	二a类

结构类型	结构体系	结构抗震等级	基本风压	基本雪压	地面粗糙度	设计使用年限	建筑物场地类别	地基基础设计等级
钢筋混凝土	框架结构	四 级	0.60KN/m²	0.35KN/m²	C 类	50年	三 类	丙 级

2. 本工程图上未注明者，均应按国家、部委及地方制定的设计、施工现行规范及规程执行。
3. 地质勘察报告：浙江省浙南综合工程勘察院 提供本工程详细勘察报告书（200年 月）。
4. 特殊楼面、地面可变荷载(使用荷载 标准值及主要设备控制荷载标准值见下表，其它常规荷载按照《建筑结构荷载规范》(GB50009-2001)

单位：KN/m²

部 位	房间	卫生间	阳台	楼梯	上人屋面	不上人屋面	
荷 载	2.0	6.0	2.5	2.0	2.0	0.5	

三、钢筋、钢材及焊条

☑1. 热轧钢筋：

钢筋种类、符号	HPB235(Ø)	HRB335(Ø)	HRB400(?)
f_y f'_y (N/mm²)	210	300	360
f_{yk} (N/mm²)	235	335	400

□2. ф-冷轧带肋钢筋：$f_y=f'_y$=360 N/mm² 应符合《冷轧带肋钢筋混凝土结构技术规范》(JGJ/95-95)

□3. 焊条：E43系列用于焊接HPB235钢筋、Q235B钢板及型钢；E50系列用于焊接HRB335钢筋；E55系列用于焊接RRB400钢筋。

四、地基基础

☑1. 本工程基础为 钢筋混凝土独立基础， 水泥搅拌桩处理后的粘土层， 持力层承载力特征值为120 KPa

☑2. 内地台以下墙体使用强度等级为 MU7.5砖， 强度等级水泥砂浆砌筑。

☑3. 若施工时发现地质情况与设计要求不符，应通知设计单位及地质勘察部门研究处理。

□4. 首层 120 厚隔墙允许砌筑在局部加厚的混凝土地坪上，做法详见图一(墙下土体为软弱地基或压实系数<0.90的新填土时均不得使用)。

☑5. 基础、承台浇灌完毕后，及时回填土并按规定分层压实，压实系数≥0.94 回填土不得采用杂填土及生活垃圾。

纵 3Ø8 横Ø6@300 地坪 150 150 300 150

图一 首层隔墙基础

五、钢筋混凝土

☑1. 混凝土强度等级

部位 / 标高 / 构件	全部构件						
柱、墙	C25						
梁、板	C25						

注：(1). 过梁、构造柱、圈梁统一为 C20. (2). 筏板基础 C25, 垫层 C10.

☑2. 受力纵筋混凝土保护层厚度，凡未注明者均按下列取值：

位 置	楼面梁	屋面梁	楼板	屋面板	基础	±0.000以下柱	±0.000以上柱		
保护层厚度	25	30	15	20	40	35	30		

☑3. 直径d>25的纵向受力钢筋的连接宜采用机械连接，框架梁、柱纵向钢筋接头，抗震等级一级和二级的各部分，以及三级的底层柱底，宜采用机械连接。

☑4. 楼板钢筋伸入梁内时，板底筋锚固长度≥15d及150；板筋伸入钢筋混凝土墙体、框架柱时，楼板面筋、底筋锚固长度均为35d.

☑5. 除注明者外，楼面梁或板钢筋需搭接时，上部钢筋在跨中1/3范围内搭接，底筋不得在跨中1/3范围内搭接。

☑6. 主体屋顶层屋面板的所有阳角处，应在板短跨1/3范围内用双向面筋、底筋加强Ø8@200，此加强面筋分别与图纸所标注的同方向板筋间隔放置，见图二。

☑7. 除注明者外，楼板受力钢筋的分布筋均为Ø6@250对于板底钢筋，短跨方向筋放在下层。

☑8. 未注明楼板支座面筋长度标注尺寸界线时，面筋下方的标注数值为面筋自梁（砼墙、柱）边起算的直段长度，见图三所示。

☑9. 除注明者外，楼面（屋面）板开洞时当洞口边长（直径）<300时板内钢筋可以自行绕过；当洞口300<洞口边长（直径<700时，应在洞口边的板面及板底设置加强钢筋上下各2Ø12 见图四。

Ø8@200 上下双向 L1 1/3L1

图二 楼板角部加强筋

L1 L2 标注长度

图三 板钢筋长度标注

360 上下各 2Ø12

图四 板洞口加强钢筋

☑10. 纵向受拉钢筋的最小锚固长度（抗震L_{aE}、非抗震L_a）括号内数值用于钢筋直径d≥28.

混凝土强度等级 钢筋类型	抗震等级	C20	C25	C30	C35	C40
HPB235	一、二级	35d	30d	30d	25d	25d
	三级	35d	30d	25d	25d	25d
	四级、非抗震	35d	30d	25d	25d	20d
HRB335	一、二级	45d (50d)	40d (45d)	35d (40d)	35d	30d(35d)
	三级	40d (45d)	35d(40d)	35d	30d(35d)	30d
	四级、非抗震	40d (45d)	35d(40d)	30d(35d)	30d	25d(30d)
HRB400	一、二级	55d(60d)	50d	40d(45d)	40d(45d)	35d(40d)
	三级	50d(55d)	45d(50d)	40d(45d)	35d(40d)	35d
	四级、非抗震	50d	40d(45d)	35d(40d)	35d	30d(35d)

注：1. 按上表计算的锚固长度L_a（L_{aE}）小于250(300)时，按250(300)采用；
2. 采用环氧树脂涂层钢筋时，其锚固长度乘以修正系数1.25；
3. 当钢筋在施工中易受扰动（如滑模施工）时，乘以修正系数1.1.

☑11. 纵向受拉钢筋的最小搭接长度（抗震L_{aE}、非抗震L_a）括号内数值用于搭接接头百分率为50%.

混凝土强度等级 钢筋类型	抗震等级	C20	C25	C30	C35	C40
HPB235	一、二级	45d(50d)	40d(45d)	35d(40d)	30d(35d)	30d(35d)
	三级	40d(50d)	35d(40d)	30d(35d)	30d(35d)	25d(30d)
	四级、非抗震	40d (45d)	35d(40d)	30d(35d)	30d	25d(30d)
HRB335	一、二级	55d (65d)	50d (55d)	40d (50d)	40d(45d)	35d(40d)
	三级	50d (60d)	45d(50d)	40d(45d)	35d(40d)	35d(40d)
	四级、非抗震	50d(55d)	40d(50d)	35d(45d)	35d(40d)	30d(35d)
HRB400	一、二级	65d(75d)	55d(65d)	50d(60d)	45d(55d)	45d(50d)
	三级	60d(70d)	50d(60d)	45d(55d)	45d(50d)	40d(45d)
	四级、非抗震	55d(65d)	50d(60d)	45d(50d)	40d(45d)	35d(45d)

注：1. 上表按纵筋直径d>25计算，分别按接头面积百分率为25%(50%)计算；
2. 按上表计算的搭接长度小于300时，按300采用；
3. 采用环氧树脂涂层钢筋时，其锚固长度乘以修正系数1.25；
4. 当钢筋在施工中易受扰动（如滑模施工）时，乘以修正系数1.1.

□12. 当梁宽与异型柱、剪力墙宽度相同或梁边平柱边时，梁纵筋按详图弯折后伸入柱内，同时增设架立筋。

□13. 后浇带＿＿楼面和屋面梁、板后浇带构造见图六，后浇带浇灌时的温度应低于原有混凝土浇灌时的温度，并加强养护。

□(1). 伸缩后浇带：在混凝土施工完成 60天后，经设计单位同意认可，用提高一级(C5)微膨胀混凝土（膨胀剂为：15%高效UEA）浇捣密实。

□(2). 沉降后浇带：在主体施工完毕后，经设计单位同意认可，用提高一级(C5)微膨胀混凝土（膨胀剂为：＿＿＿＿＿＿）浇捣密实。

异型柱、墙 a≥800 梁角部加强筋上下各2Ø10 l=a+2×250

图五 梁纵筋伸入异型柱、墙

1000 原有钢筋拉通 后浇带

图六 楼（屋）面梁、板后浇带

□14. 除注明者外，构造柱和圈梁配筋均为纵筋4Ø12，箍筋Ø6@200 施工时应先砌墙后浇构造柱。

六、填充墙

☑1. 填充墙砌块及砂浆、成品砖级

位 置	±0.00以下	±0.00以上				
砌块 材料	灰砂砖	混凝土空心砌块				
砌块强度等级（砌块材料强度）	MU7.5	MU5.0				
砂浆强度等级	M7.5	M7.5				
砂浆材料	水泥砂浆	混合砂浆				
砌块允许容重	19KN/M³	12KN/M³				

☑2. 框架填充墙应沿柱高每隔500配置2Ø6墙体拉筋，拉筋入墙长度不应小于墙长的1/5且不小于700（当一级、二级抗震等级时，墙体拉筋沿墙体通长设置），拉筋锚入柱内长度250，当砌体边为钢筋混凝土墙时，亦应按相同做法设置墙体拉筋。

☑3. 当外墙转角、内外墙交接处以及楼梯间墙转角、丁字交叉处无柱时，沿墙高每500设置2Ø6墙体拉筋，每边入墙长度700（一级、二级抗震等级时，墙体拉筋沿墙体通长设置）做法参见图七。

GZ GZ 30d 下上各4Ø12 附加筋 Ø6@200箍 上下各两根

图七 墙体拉筋　　图八 圈梁纵筋搭接

□4. 砌体结构填充墙应沿墙高每500设置2Ø6钢筋与承重墙或柱拉结，每边伸入墙内500见图七。

☑5. 墙高度大于4000时，应在墙高度中部（一般结合门窗洞口上方过梁位置）设置通长的钢筋混凝土圈梁，截面为墙宽X150，配纵筋4Ø10，箍筋Ø6@200；柱（砼墙）施工时预埋4Ø12与圈梁纵筋焊接或搭接，圈梁遇过梁时，分别按截面和配筋较大者设置，圈梁转角处纵筋搭接见图八。墙长度大于5000时，应在墙长度中部（避开门窗洞口位置）设置钢筋混凝土构造柱（GZ），GZ参图十一；GZ同墙连接参六之2条。

☑6. 除注明者外，填充墙洞顶按图九及填充墙过梁表设置钢筋混凝土过梁：

(1). 当洞口侧边离柱（砼墙）边不足支座长度a时，柱（砼墙）施工时在过梁纵筋相应位置预埋连接钢筋，填充墙过梁③号筋统一为Ø6@200，电梯门上过梁支座长度a=500，过梁设置见图九。

(2). 洞顶离梁底距离小于混凝土过梁高度时，采用与梁同浇的下挂板带代过梁，见图十。

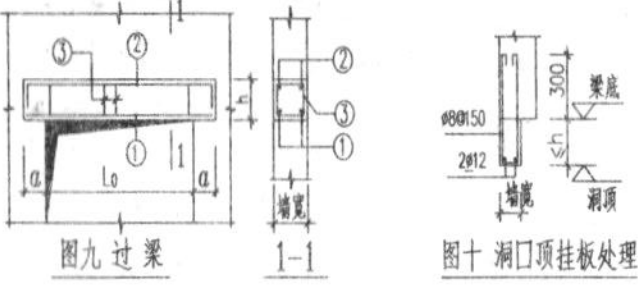

图九 过梁　　1-1

图十 洞口顶挂板处理

图十一 GZ

填充墙洞顶过梁表

洞口净跨 lo	Lo<1000	1000>Lo ≤1500	1500>Lo ≤2000	2000>Lo ≤2500	2500>Lo ≤3000	3000>Lo ≤3500	
梁 高 h	120	120	150	180	240	300	
支座长度a	240	240	240	370	370	370	
②	2Ø10	2Ø10	2Ø10	2Ø12	2Ø12	2Ø12	
①	2Ø10	2Ø12	2Ø14	2Ø14	2Ø16	2Ø16	

□7. 对于墙体为小型空心砌块时，除按上述要求施工外，节点构造等措施尚应符合深圳市标准《非承重混凝土小型空心砌块墙体技术规程》(SJG 06-1997)的要求。

□七、砌体结构承重墙

砌块及砂浆

1.

楼层 部位	标 高	墙 编 号	墙 厚 度	墙 砌块强度	墙 砂浆强度	砖柱 编 号	砖柱 截 面	砖柱 砌块强度	砖柱 砂浆强度

2. 构造柱与墙连接处宜砌成马牙槎，并沿墙高每500设2Ø6拉结钢筋，每边伸入墙内500见图七。构造柱不单独设置基础，从基础圈梁处（无圈梁时，从室外地坪以下500）开始设置。在构造柱与圈梁相交的节点处柱箍筋间距应为100，加密范围在圈梁上下不小于500或1/6层高。

3. 当外墙转角、内外墙交接处及楼梯间墙转角、丁字交叉处无柱时，沿墙高每500设置2Ø6墙体拉筋，每边入墙长度1000，参见图七。

八、其它

☑1. 凡新旧混凝土交界面必须按规定进行处理，经有关部门检查认可后方可浇筑混凝土。

☑2. 其它专业的预留孔洞（预埋件），必须按相关专业的要求预留，不得后凿。

☑3. 防雷接地对钢筋的联网焊接要求应配合电施图施工。

☑4. 建筑物的沉降观测：

(1). 观测点平面位置见 G-05共设 6 个点。观测点以符号 标注。

(2). 观测次数：首层施工完毕即观测一次，以后每施工完一层观测一次。在竣工验收以后，第一年不少于4次，第二年不少于2次，以后每年1次，直到下沉稳定为止。发生异常情况，应及时通知设计单位。

☑5. 本工程设计一般结构构件代号说明如下：

部位	代号	类 型	代号	类 型	代号	类 型	代号	类 型	代号	类 型
基础	J	基础	JL	基础梁	ZH	桩	CT	承台		
梁	KL	楼层框架梁	WKL	屋面框架梁	KZL	框支梁	JZL	井字梁	QL	圈梁
	L	楼层次梁	WL	屋面次梁	GL	过 梁	AL	暗梁	LL	连梁
	BKL	边框梁	XL	悬挑梁						
柱	KZ	框架柱	KZZ	框支柱	TZ	楼梯柱	GZ	构造柱		
	XZ	芯柱	LZ	梁上柱	QZ	墙上柱				
墙	Q	剪力墙墙身	YDZ	约束边缘端柱	YAZ	约束边缘暗柱	YYZ	约束边缘翼墙柱	YYZ	约束边缘转角墙柱
	GDZ	构造边缘端柱	GAZ	构造边缘暗柱	GYZ	构造边缘翼墙柱	GYZ	构造边缘转角墙柱		
	AZ	非边缘暗柱	FBZ	扶壁柱						
墙洞	JD	矩形洞口	YD	圆形洞口						

☑6. 楼板中埋线管时，板面以线管为中心每边伸出200设Ø6@200钢筋网。

☑7. 本工程图纸与国标03G101-1配合使用梁、柱构造及平面表示法规则详03G101-1. 图中未注明梁箍筋均为双肢箍，未注明主梁上次梁处在次梁两侧各设4根附加箍筋@50，附加箍筋直径同主梁箍筋。

会 签 COORDINATION			
建 筑 ARCH.		电 气 ELEC.	
结 构 STRUCT.		采暖通风 HVAC	
给排水 PLUMBING			

附 注 DESCRIPTIONS

审 定 APPROVED BY
复 审 REVIEWED BY
项目负责 CAPTAIN
专业负责 CHIEF ENGI.
审 核 EXAMINED BY
校 对 CHECKED BY
设 计 DESIGNED BY
建筑方案设计 SCHEMATIC DESIGN
制 图 DRAWN BY

建设单位 CLIENT

工程名称 PROJECT B1型别墅

图 名 TITLE 结构设计总说明

合同号 CONTRACT No.	A470303		
版 次 EDITION No.	1	日 期 DATE	2004.9.
图 别 DRAWING TYPE	结施	图 号 DRAWING No.	G-01

深圳市建筑设计研究总院

SHENZHEN GENERAL INSTITUTE OF ARCHITECTURAL DESIGN AND RESERCH

国家甲级工程设计证书编号：190141-sj

NATIONAL ARCHITECTURAL DESIGN LICENSE No 190141-sj

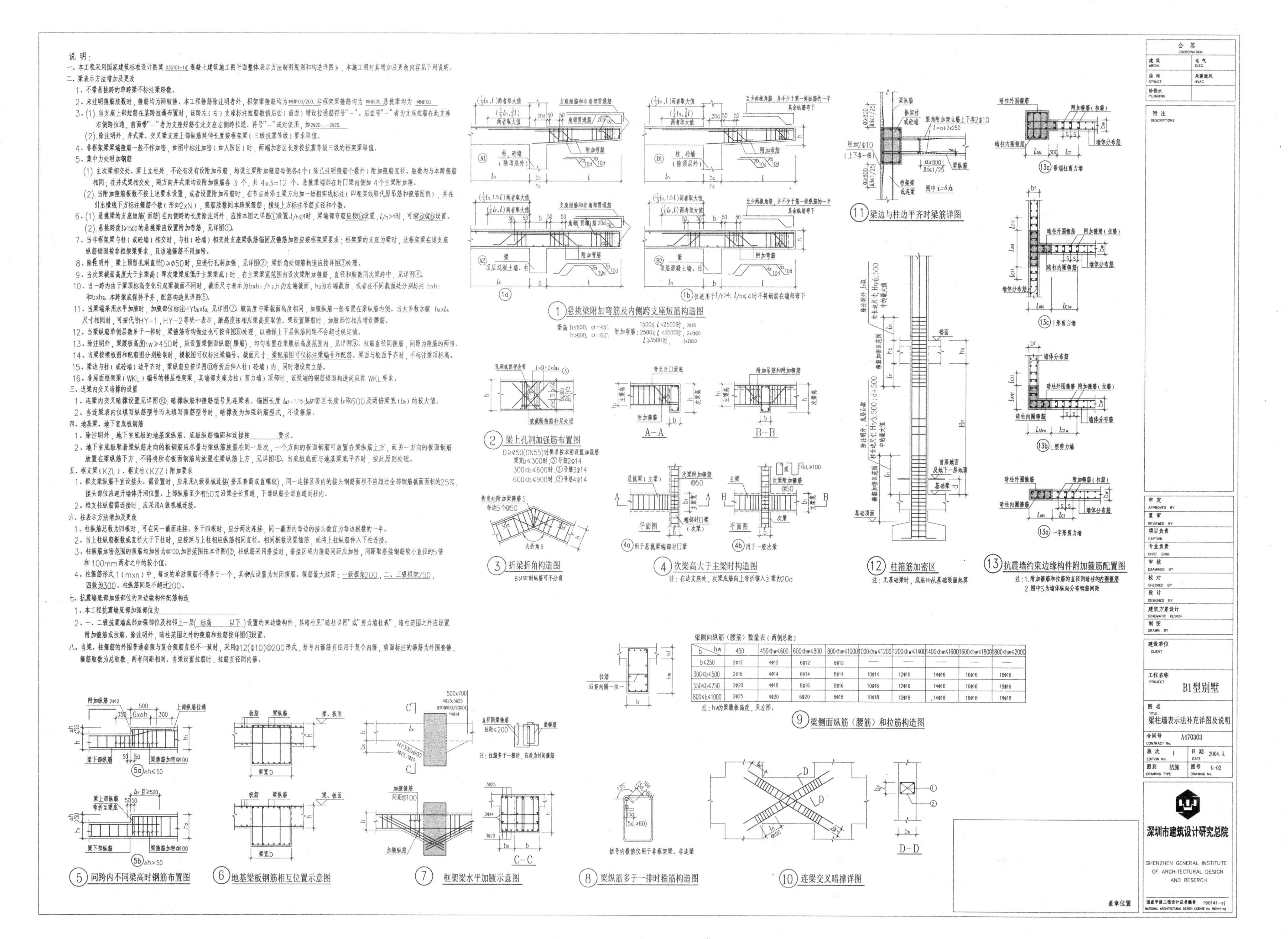

梁侧向纵筋（腰筋）数量表（两侧总数）

b \ hw	450	450<hw≤600	600<hw≤800	800<hw≤1000	1000<hw≤1200	1200<hw≤1400	1400<hw≤1600	1600<hw≤1800	1800<hw≤2000
b≤250	2Φ12	4Φ12	6Φ12	8Φ12	—	—	—	—	—
300≤b≤500	2Φ16	4Φ14	6Φ14	8Φ14	10Φ14	12Φ16	14Φ16	16Φ16	18Φ16
550≤b≤750	2Φ20	4Φ18	6Φ16	8Φ16	10Φ16	12Φ16	14Φ16	16Φ16	18Φ16
800≤b≤1000	2Φ25	4Φ20	6Φ20	8Φ18	10Φ18	12Φ18	14Φ18	16Φ18	18Φ18

注：hw为梁腹板高度，见左图。

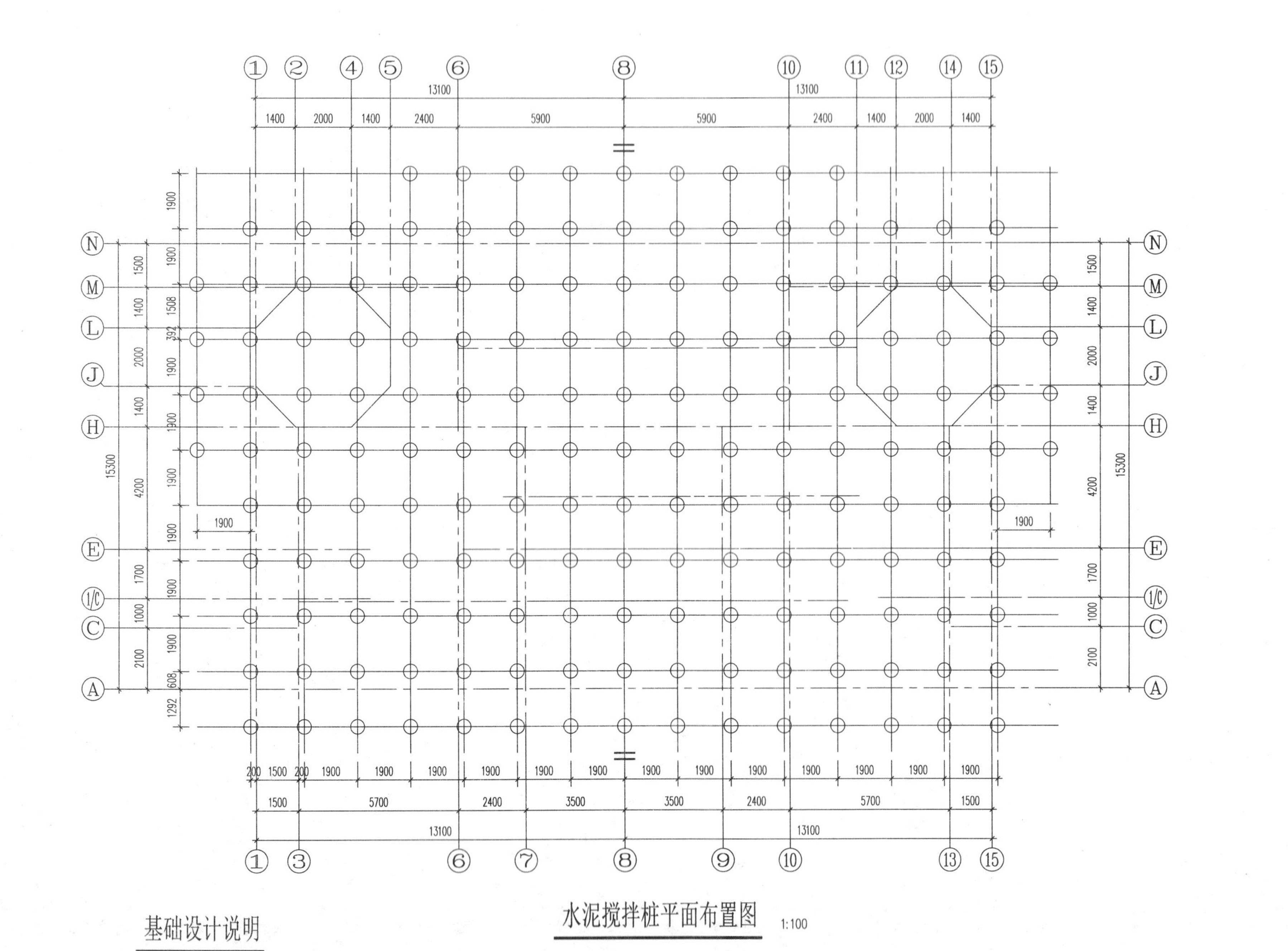

水泥搅拌桩平面布置图 1:100

基础设计说明

1>本工程场地需用水泥搅拌桩进行地基处理，经处理后的复合地基承载力特征值≥=120KPa；

2>水泥搅拌桩桩直径500，桩长约12M，单桩承载力特征值95KN；
水泥为425号普通硅酸盐水泥，水泥掺加入比暂定为15%，实际掺入比可根据当地施工经验并结合试桩结果确定；

3>水泥搅拌桩施工中，如遇到河流、水沟、水池、沉浆池或泥炭层时，应将塘泥或泥炭层挖除，并用细砂回填，细砂回填时应分层压实，分层厚度在0.3~0.5米之间；

4>复合地基面与基础底间设200mm厚C10素砼垫层。

会签 COORDINATION	
建筑 ARCHI.	电气 ELEC.
结构 STRUCT.	采暖通风 HVAC
给排水 PLUMBING	

附注 DESCRIPTIONS

审定 APPROVED BY
复审 REVIEWED BY
项目负责 CAPTAIN
专业负责 CHIEF ENGI.
审核 EXAMINED BY
校对 CHECKED BY
设计 DESIGNED BY
建筑方案设计 SCHEMATIC DESIGN
制图 DRAWN BY

建设单位 CLIENT

工程名称 PROJECT B1 型别墅

图名 TITLE 水泥搅拌桩平面布置图

合同号 CONTRACT No.	A470303		
版次 EDITION No.	1	日期 DATE	2004.9.
图别 DRAWING TYPE	结施	图号 DRAWING No.	G-03

深圳市建筑设计研究总院
SHENZHEN GENERAL INSTITUTE OF ARCHITECTURAL DESIGN AND RESERCH

国家甲级工程设计证书编号：190141-sj
NATIONAL ARCHITECTURAL DESIGN LICENSE No.190141-sj

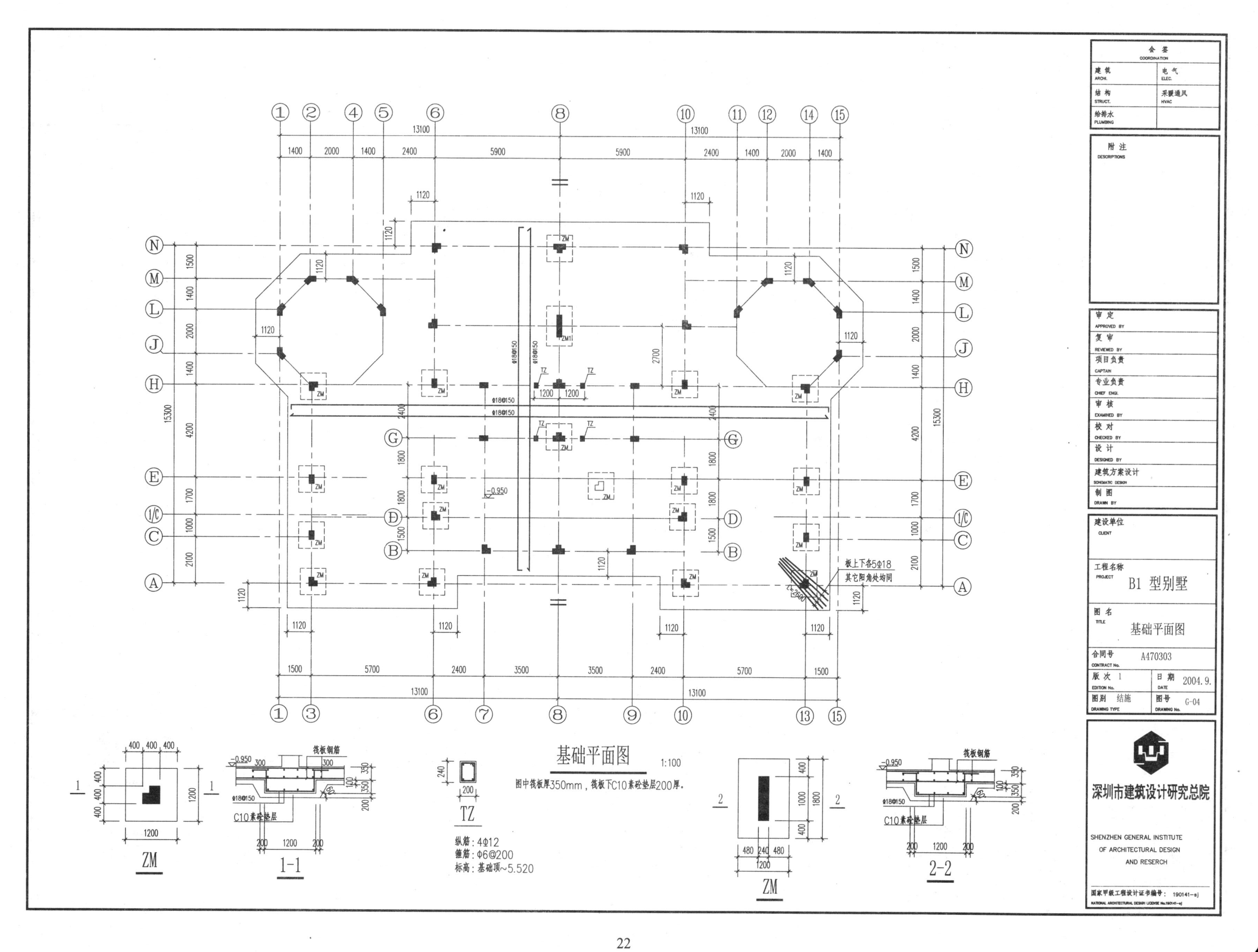
基础平面图 1:100
图中筏板厚350mm，筏板下C10素砼垫层200厚.
TZ
纵筋：4Φ12
箍筋：Φ6@200
标高：基础顶~5.520
ZM
1-1
2-2
筏板钢筋
C10素砼垫层
板上下各5Φ18
其它阳角处均同
深圳市建筑设计研究总院
SHENZHEN GENERAL INSTITUTE OF ARCHITECTURAL DESIGN AND RESERCH
工程名称 B1 型别墅
图名 基础平面图
合同号 A470303
版次 1
日期 2004.9.
图别 结施
图号 G-04
国家甲级工程设计证书编号：190141-sj

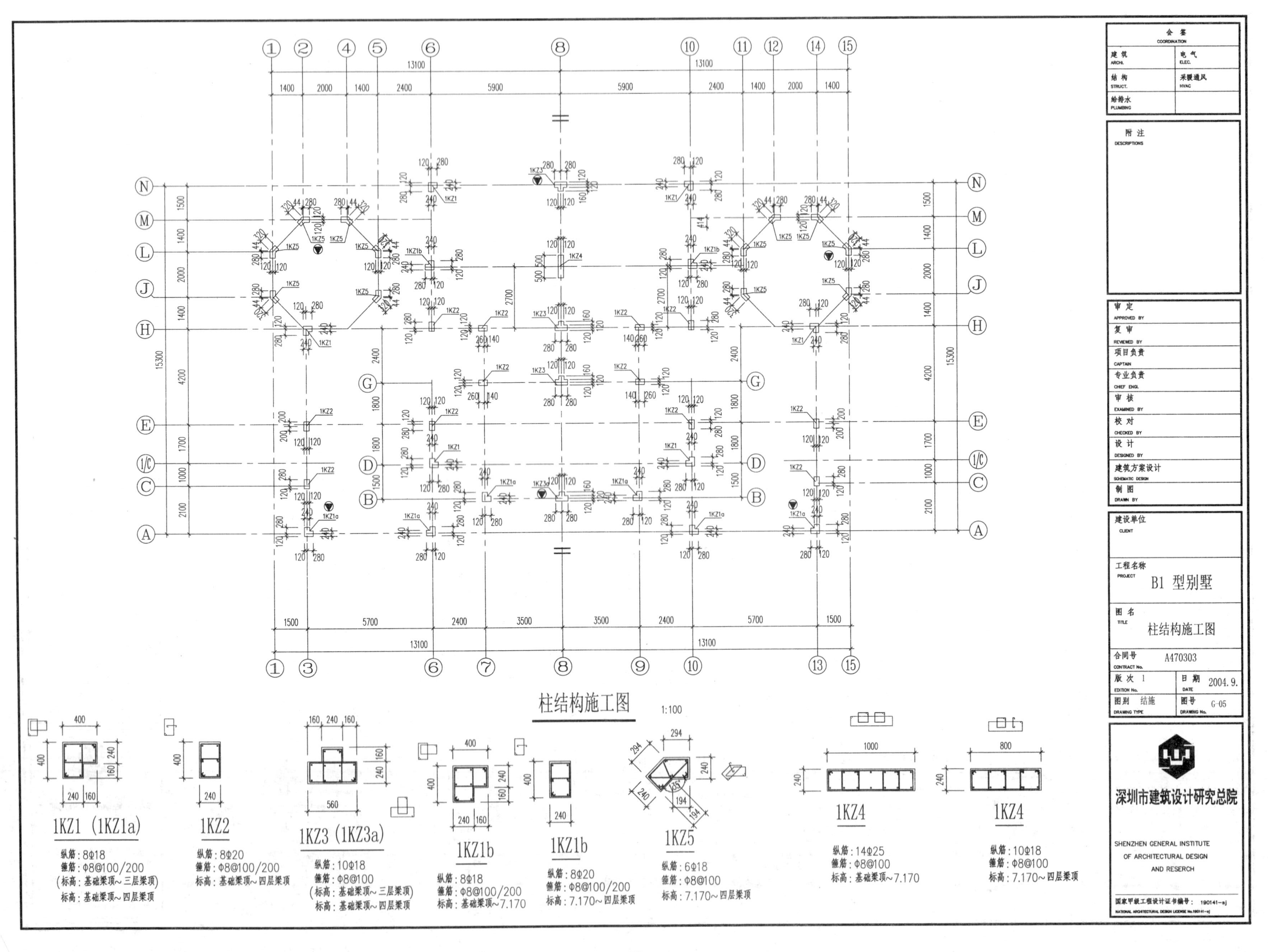

柱结构施工图
1:100
1KZ1 (1KZ1a)
纵筋：8Φ18
箍筋：Φ8@100/200
(标高：基础梁顶~三层梁顶)
标高：基础梁顶~四层梁顶
1KZ2
纵筋：8Φ20
箍筋：Φ8@100/200
标高：基础梁顶~四层梁顶
1KZ3 (1KZ3a)
纵筋：10Φ18
箍筋：Φ8@100
(标高：基础梁顶~三层梁顶)
标高：基础梁顶~四层梁顶
1KZ1b
纵筋：8Φ18
箍筋：Φ8@100/200
标高：基础梁顶~7.170
1KZ1b
纵筋：8Φ20
箍筋：Φ8@100/200
标高：7.170~四层梁顶
1KZ5
纵筋：6Φ18
箍筋：Φ8@100
标高：7.170~四层梁顶
1KZ4
纵筋：14Φ25
箍筋：Φ8@100
标高：基础梁顶~7.170
1KZ4
纵筋：10Φ18
箍筋：Φ8@100
标高：7.170~四层梁顶
会签 COORDINATION
建筑 ARCHI.
电气 ELEC.
结构 STRUCT.
采暖通风 HVAC
给排水 PLUMBING
附注 DESCRIPTIONS
审定 APPROVED BY
复审 REVIEWED BY
项目负责 CAPTAIN
专业负责 CHIEF ENGI.
审核 EXAMINED BY
校对 CHECKED BY
设计 DESIGNED BY
建筑方案设计 SCHEMATIC DESIGN
制图 DRAWN BY
建设单位 CLIENT
工程名称 PROJECT
B1 型别墅
图名 TITLE
柱结构施工图
合同号 CONTRACT No.
A470303
版次 EDITION No. 1
日期 DATE 2004.9.
图别 DRAWING TYPE 结施
图号 DRAWING No. G-05
深圳市建筑设计研究总院
SHENZHEN GENERAL INSTITUTE OF ARCHITECTURAL DESIGN AND RESERCH
国家甲级工程设计证书编号：190141-sj
NATIONAL ARCHITECTURAL DESIGN LICENSE No.190141-sj

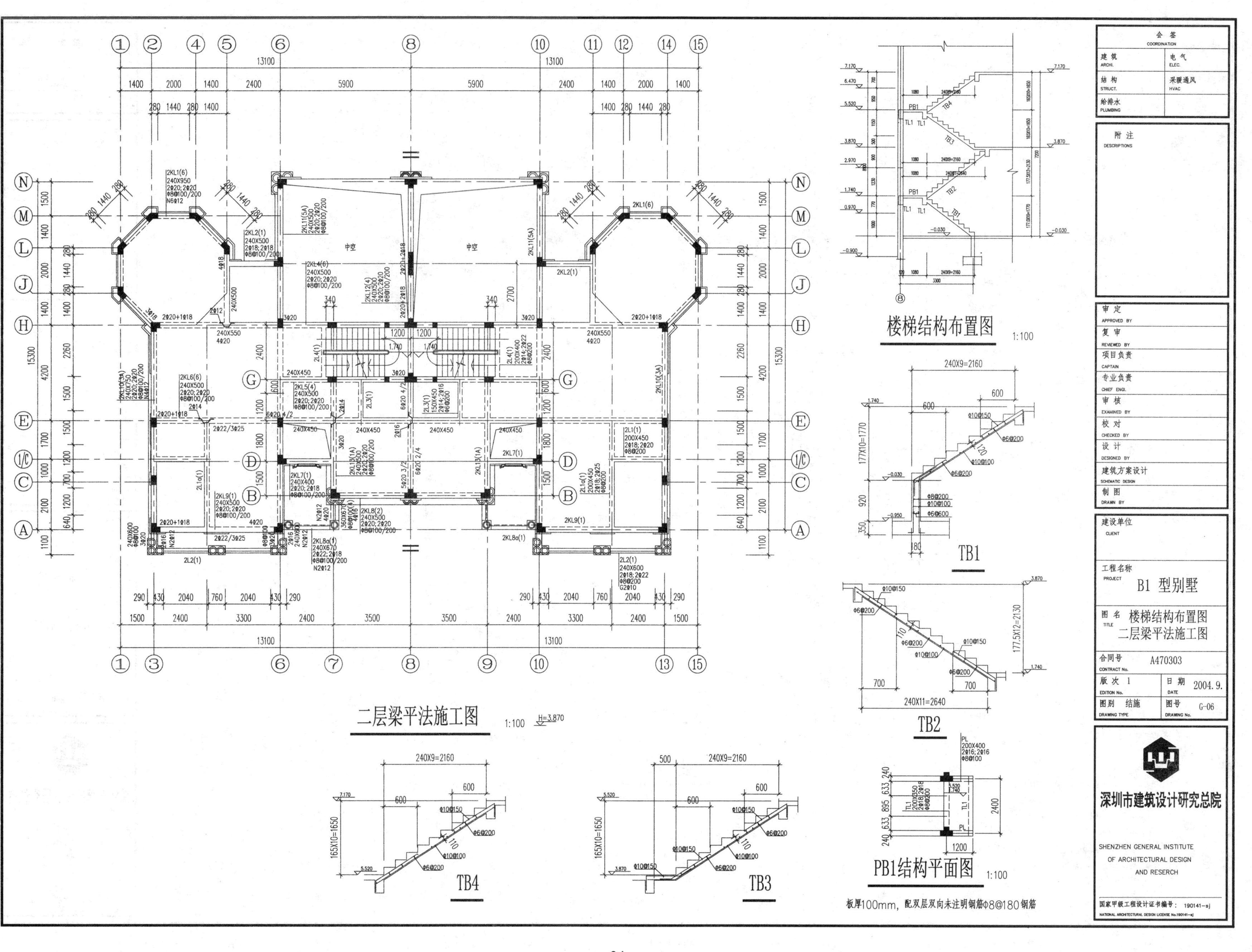

二层梁平法施工图 1:100 H=3.870
楼梯结构布置图 1:100
TB1
TB2
TB3
TB4
PB1结构平面图 1:100
板厚100mm，配双层双向未注明钢筋Φ8@180钢筋
会签 COORDINATION
建筑 ARCH.
电气 ELEC.
结构 STRUCT.
采暖通风 HVAC
给排水 PLUMBING
附注 DESCRIPTIONS
审定 APPROVED BY
复审 REVIEWED BY
项目负责 CAPTAIN
专业负责 CHIEF ENGI.
审核 EXAMINED BY
校对 CHECKED BY
设计 DESIGNED BY
建筑方案设计 SCHEMATIC DESIGN
制图 DRAWN BY
建设单位 CLIENT
工程名称 PROJECT
B1 型别墅
图名 TITLE
楼梯结构布置图
二层梁平法施工图
合同号 CONTRACT No. A470303
版次 EDITION No. 1
日期 DATE 2004.9.
图别 DRAWING TYPE 结施
图号 DRAWING No. G-06
深圳市建筑设计研究总院
SHENZHEN GENERAL INSTITUTE
OF ARCHITECTURAL DESIGN
AND RESERCH
国家甲级工程设计证书编号： 190141-sj
NATIONAL ARCHITECTURAL DESIGN LICENSE No.190141-sj

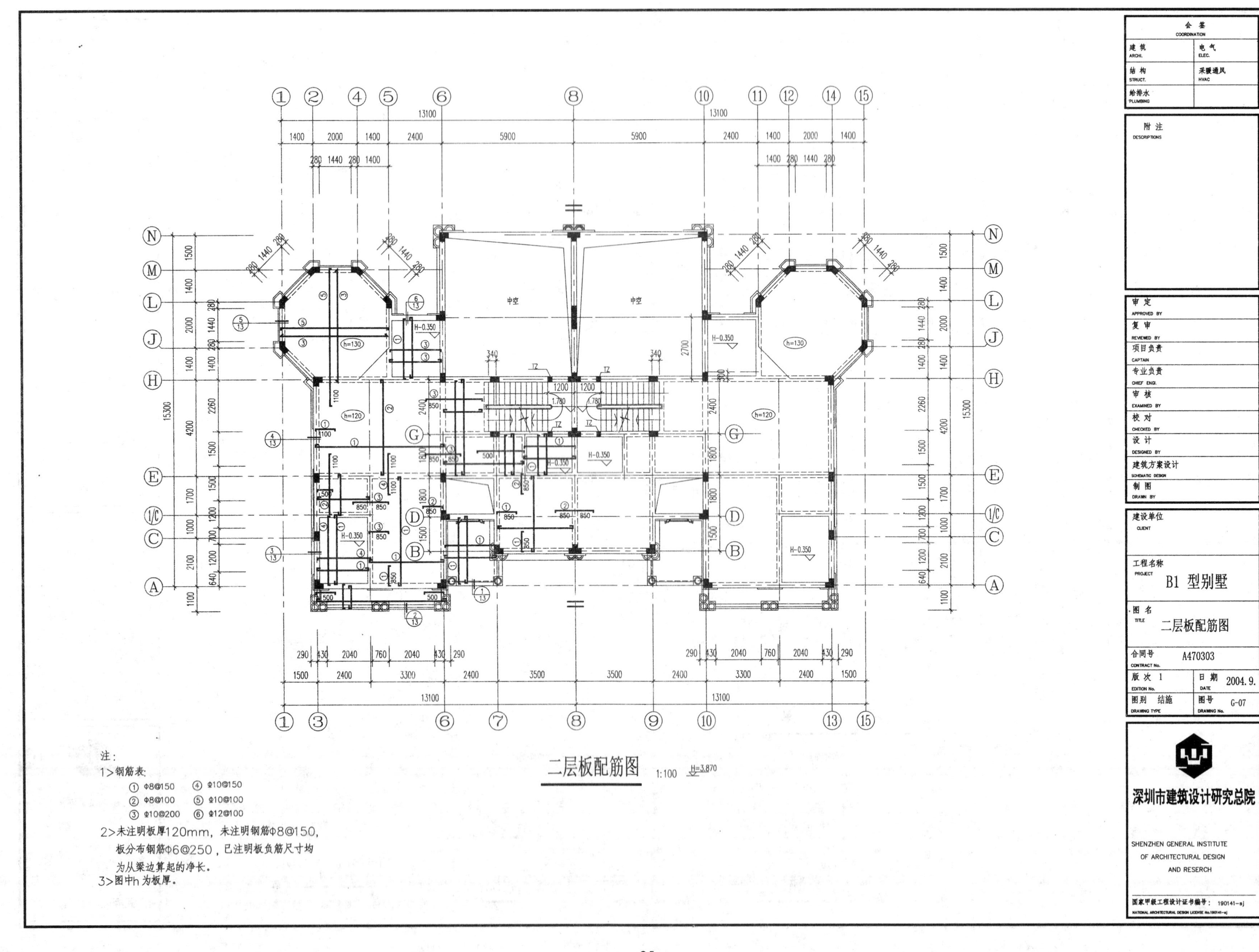
二层板配筋图 1:100 H=3.870
注:
1>钢筋表:
① Φ8@150 ④ Φ10@150
② Φ8@100 ⑤ Φ10@100
③ Φ10@200 ⑥ Φ12@100
2>未注明板厚120mm，未注明钢筋Φ8@150，
板分布钢筋Φ6@250，已注明板负筋尺寸均
为从梁边算起的净长。
3>图中h为板厚。
会签 COORDINATION
建筑 ARCHI.
电气 ELEC.
结构 STRUCT.
采暖通风 HVAC
给排水 PLUMBING
附注 DESCRIPTIONS
审定 APPROVED BY
复审 REVIEWED BY
项目负责 CAPTAIN
专业负责 CHIEF ENG.
审核 EXAMINED BY
校对 CHECKED BY
设计 DESIGNED BY
建筑方案设计 SCHEMATIC DESIGN
制图 DRAWN BY
建设单位 CLIENT
工程名称 PROJECT
B1 型别墅
图名 TITLE
二层板配筋图
合同号 CONTRACT No. A470303
版次 EDITION No. 1
日期 DATE 2004.9.
图别 DRAWING TYPE 结施
图号 DRAWING No. G-07
深圳市建筑设计研究总院
SHENZHEN GENERAL INSTITUTE
OF ARCHITECTURAL DESIGN
AND RESERCH
国家甲级工程设计证书编号：190141-sj
NATIONAL ARCHITECTURAL DESIGN LICENSE No.190141-sj

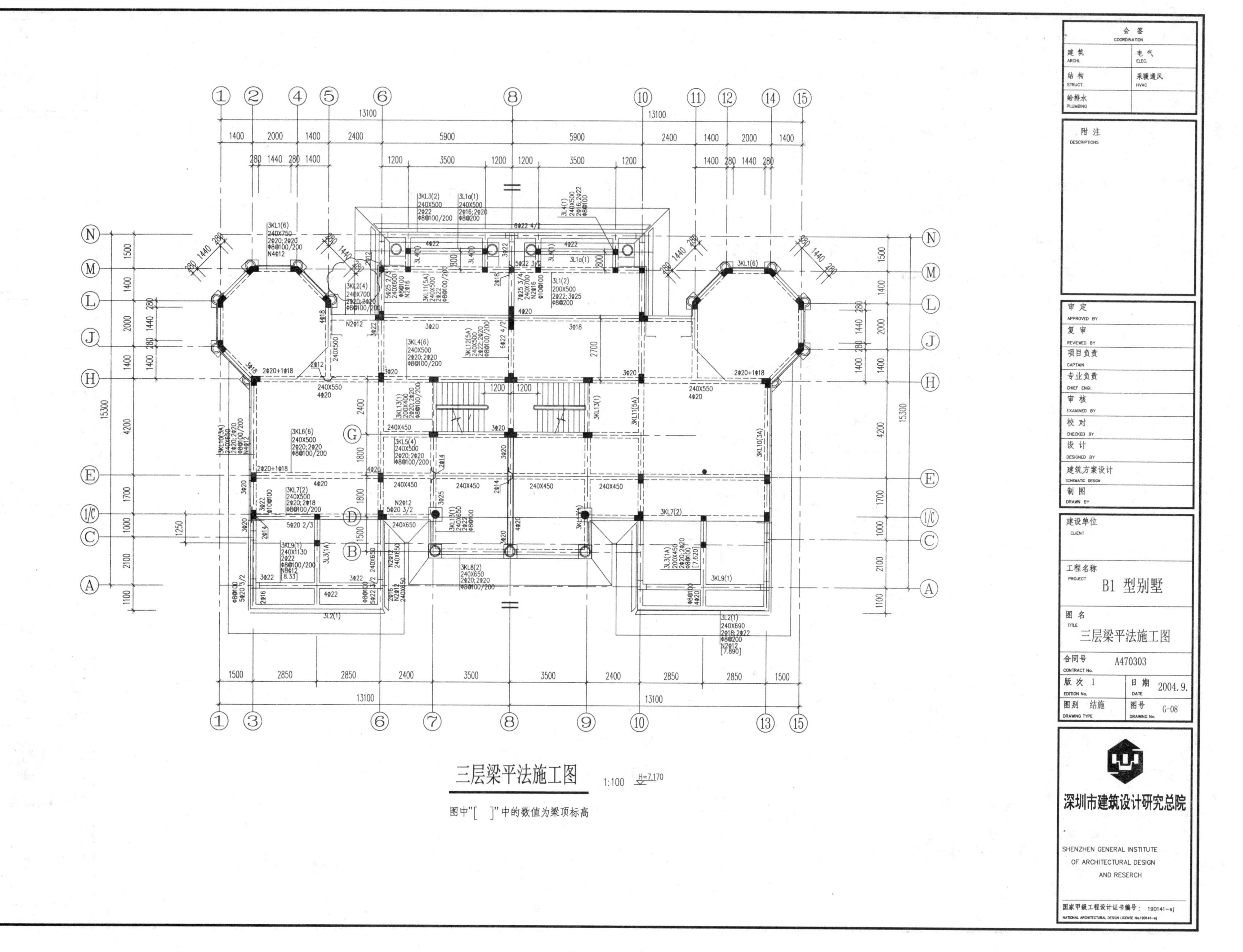

三层梁平法施工图 1:100 H=7.170

图中"[ ]"中的数值为梁顶标高

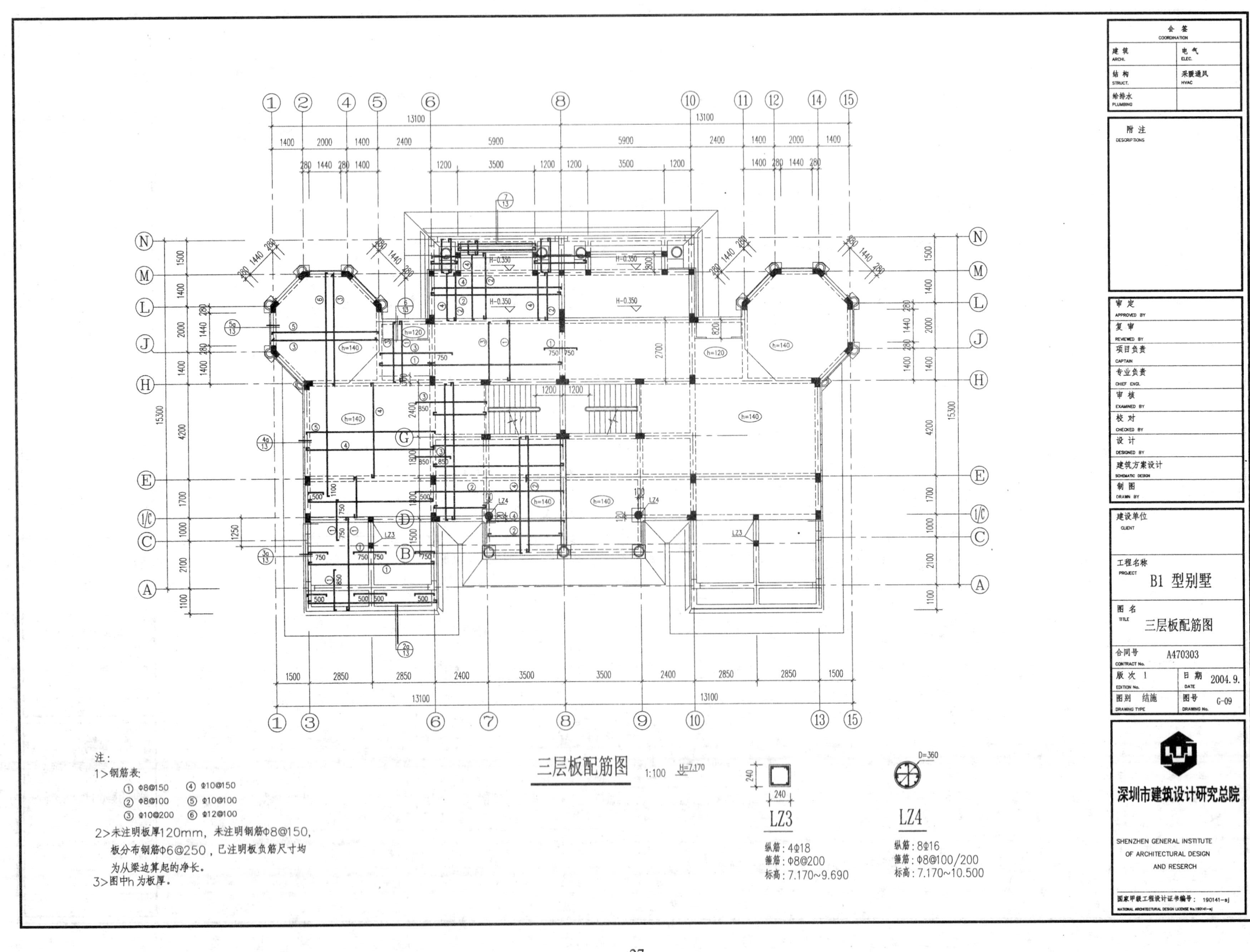
三层板配筋图 1:100 H=7.170
注：
1>钢筋表:
① Φ8@150 ④ Φ10@150
② Φ8@100 ⑤ Φ10@100
③ Φ10@200 ⑥ Φ12@100
2>未注明板厚120mm，未注明钢筋Φ8@150，板分布钢筋Φ6@250，已注明板负筋尺寸均为从梁边算起的净长。
3>图中h为板厚。
LZ3
纵筋：4Φ18
箍筋：Φ8@200
标高：7.170~9.690
LZ4
D=360
纵筋：8Φ16
箍筋：Φ8@100/200
标高：7.170~10.500
会签 COORDINATION
建筑 ARCHI.
电气 ELEC.
结构 STRUCT.
采暖通风 HVAC
给排水 PLUMBING
附注 DESCRIPTIONS
审定 APPROVED BY
复审 REVIEWED BY
项目负责 CAPTAIN
专业负责 CHIEF ENGI.
审核 EXAMINED BY
校对 CHECKED BY
设计 DESIGNED BY
建筑方案设计 SCHEMATIC DESIGN
制图 DRAWN BY
建设单位 CLIENT
工程名称 PROJECT B1 型别墅
图名 TITLE 三层板配筋图
合同号 CONTRACT No. A470303
版次 EDITION No. 1
日期 DATE 2004.9.
图别 DRAWING TYPE 结施
图号 DRAWING No. G-09
深圳市建筑设计研究总院
SHENZHEN GENERAL INSTITUTE OF ARCHITECTURAL DESIGN AND RESERCH
国家甲级工程设计证书编号：190141-sj
NATIONAL ARCHITECTURAL DESIGN LICENSE No.190141-sj

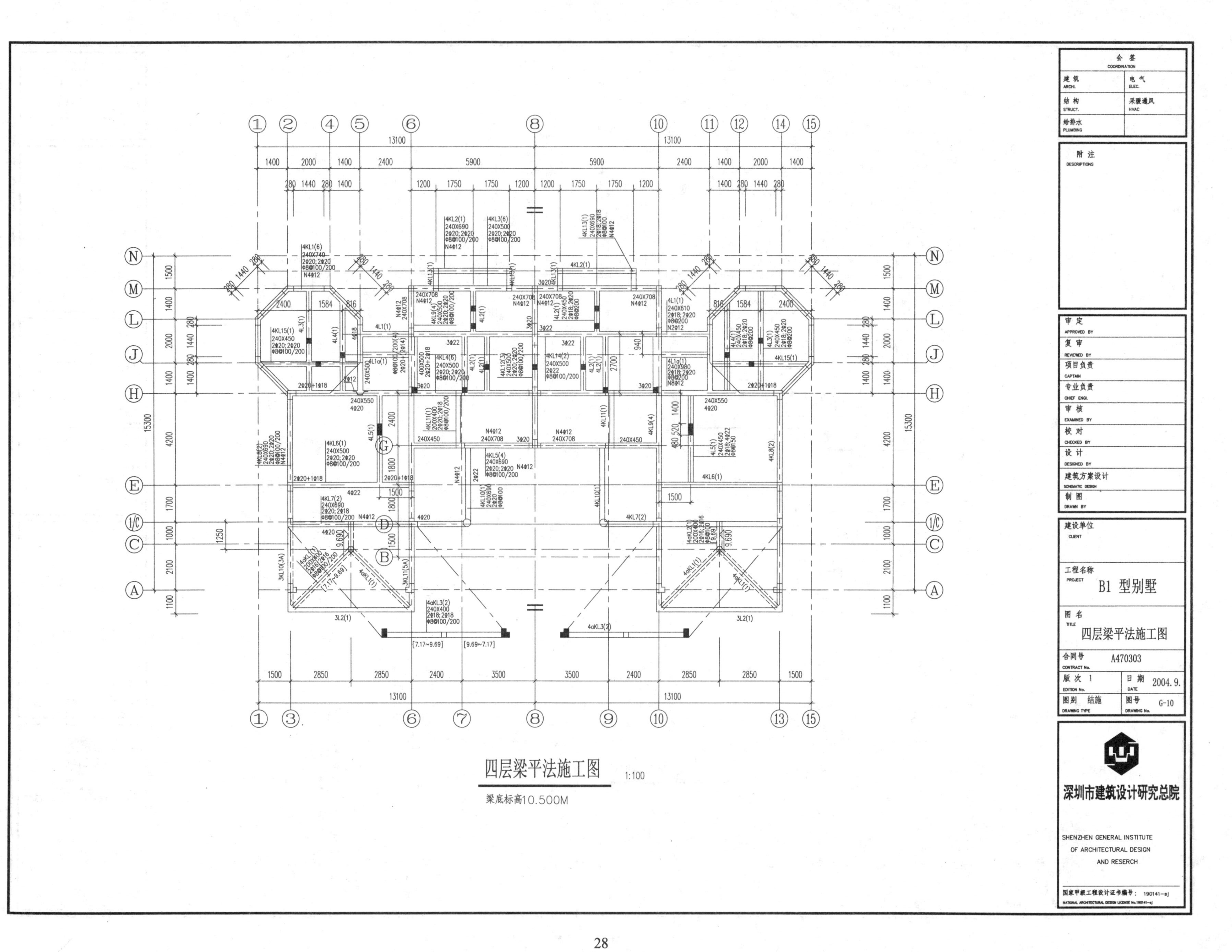
四层梁平法施工图 1:100
梁底标高10.500M
会签 COORDINATION
建筑 ARCH.
电气 ELEC.
结构 STRUCT.
采暖通风 HVAC
给排水 PLUMBING
附注 DESCRIPTIONS
审定 APPROVED BY
复审 REVIEWED BY
项目负责 CAPTAIN
专业负责 CHIEF ENGI.
审核 EXAMINED BY
校对 CHECKED BY
设计 DESIGNED BY
建筑方案设计 SCHEMATIC DESIGN
制图 DRAWN BY
建设单位 CLIENT
工程名称 PROJECT
B1 型别墅
图名 TITLE
四层梁平法施工图
合同号 CONTRACT No. A470303
版次 EDITION No. 1
日期 DATE 2004.9.
图别 DRAWING TYPE 结施
图号 DRAWING No. G-10
深圳市建筑设计研究总院
SHENZHEN GENERAL INSTITUTE
OF ARCHITECTURAL DESIGN
AND RESERCH
国家甲级工程设计证书编号：190141-sj
NATIONAL ARCHITECTURAL DESIGN LICENSE No.190141-sj

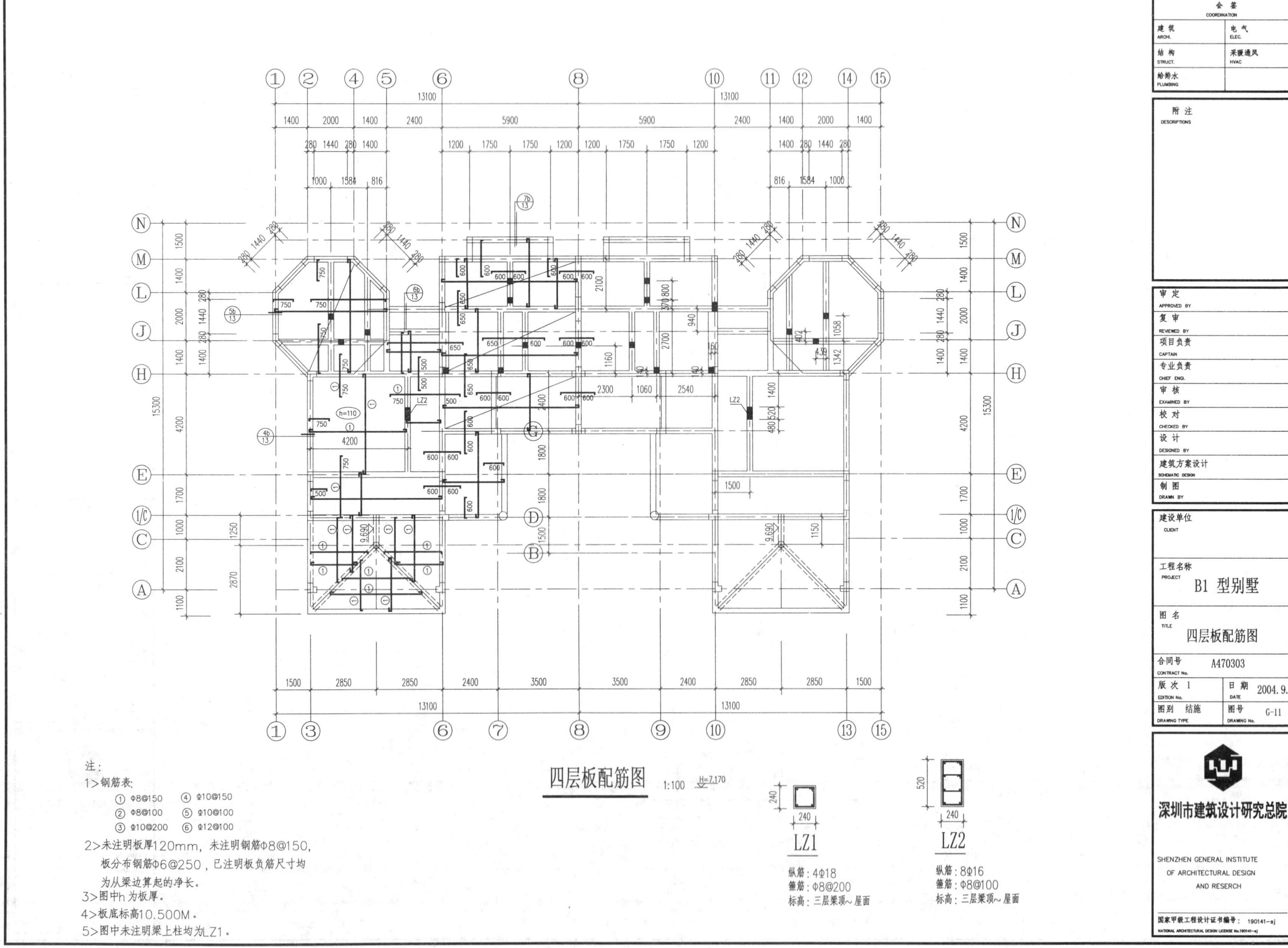

四层板配筋图 1:100 H=7.170

注：

1>钢筋表：

① Φ8@150 ④ Φ10@150

② Φ8@100 ⑤ Φ10@100

③ Φ10@200 ⑥ Φ12@100

2>未注明板厚120mm，未注明钢筋Φ8@150，板分布钢筋Φ6@250，已注明板负筋尺寸均为从梁边算起的净长。

3>图中h为板厚。

4>板底标高10.500M。

5>图中未注明梁上柱均为LZ1。

会签 COORDINATION	
建筑 ARCHI.	电气 ELEC.
结构 STRUCT.	采暖通风 HVAC
给排水 PLUMBING	

附注 DESCRIPTIONS

审定 APPROVED BY

复审 REVIEWED BY

项目负责 CAPTAIN

专业负责 CHIEF ENGI.

审核 EXAMINED BY

校对 CHECKED BY

设计 DESIGNED BY

建筑方案设计 SCHEMATIC DESIGN

制图 DRAWN BY

建设单位 CLIENT

工程名称 PROJECT B1 型别墅

图名 TITLE 四层板配筋图

合同号 CONTRACT No.	A470303		
版次 EDITION No.	1	日期 DATE	2004.9.
图别 DRAWING TYPE	结施	图号 DRAWING No.	G-11

深圳市建筑设计研究总院

SHENZHEN GENERAL INSTITUTE OF ARCHITECTURAL DESIGN AND RESERCH

国家甲级工程设计证书编号：190141—sj

NATIONAL ARCHITECTURAL DESIGN LICENSE No.190141—sj

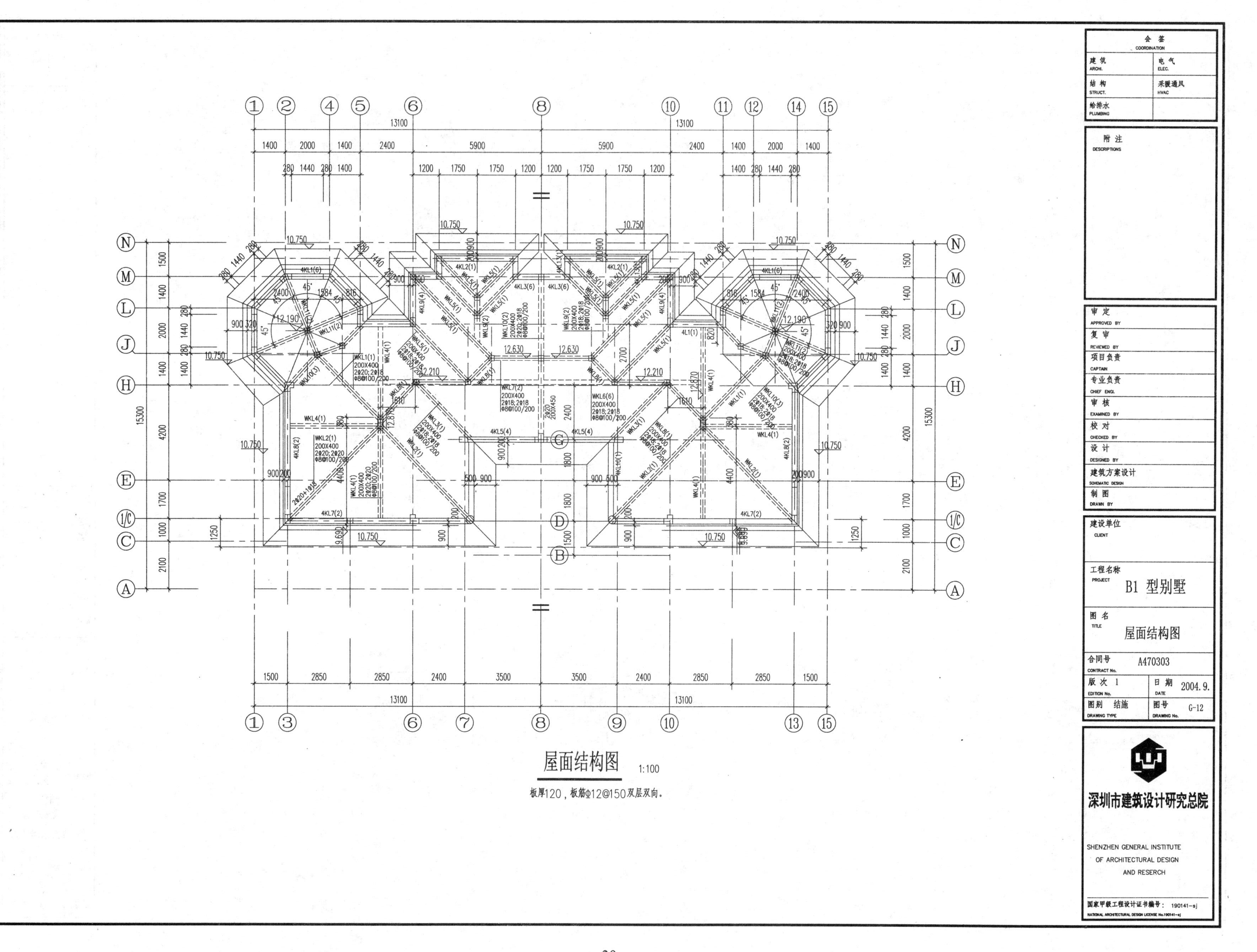
会签 COORDINATION
建筑 ARCHI.
电气 ELEC.
结构 STRUCT.
采暖通风 HVAC
给排水 PLUMBING
附注 DESCRIPTIONS
审定 APPROVED BY
复审 REVIEWED BY
项目负责 CAPTAIN
专业负责 CHIEF ENGI.
审核 EXAMINED BY
校对 CHECKED BY
设计 DESIGNED BY
建筑方案设计 SCHEMATIC DESIGN
制图 DRAWN BY
建设单位 CLIENT
工程名称 PROJECT
B1 型别墅
图名 TITLE
屋面结构图
合同号 CONTRACT No. A470303
版次 EDITION No. 1
日期 DATE 2004.9.
图别 DRAWING TYPE 结施
图号 DRAWING No. G-12
深圳市建筑设计研究总院
SHENZHEN GENERAL INSTITUTE
OF ARCHITECTURAL DESIGN
AND RESERCH
国家甲级工程设计证书编号：190141-sj
屋面结构图 1:100
板厚120，板筋Φ12@150双层双向。

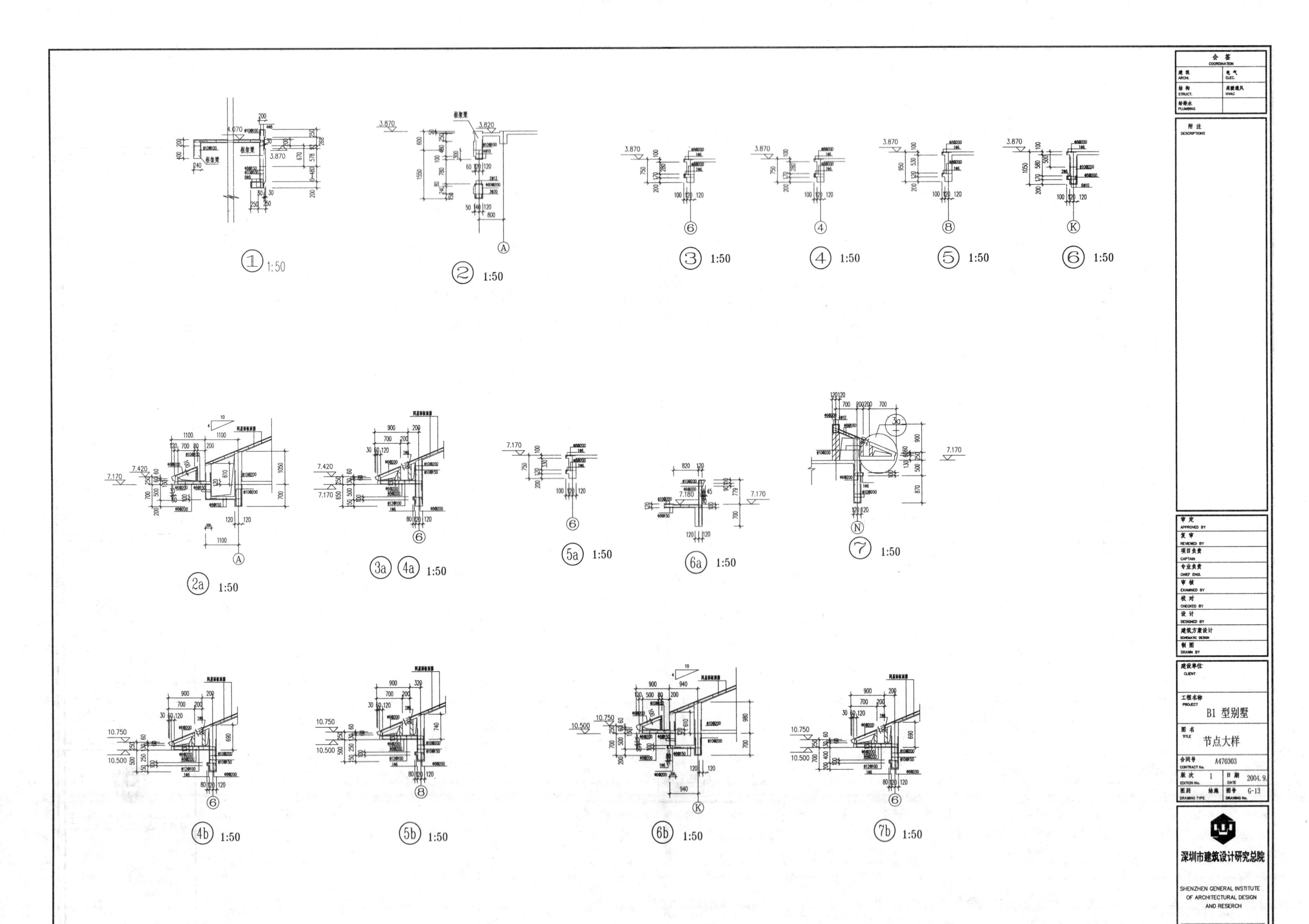
① 1:50
② 1:50
③ 1:50
④ 1:50
⑤ 1:50
⑥ 1:50
2a 1:50
3a 4a 1:50
5a 1:50
6a 1:50
⑦ 1:50
4b 1:50
5b 1:50
6b 1:50
7b 1:50
会签 COORDINATION
建筑 ARCH.
电气 ELEC.
结构 STRUCT.
采暖通风 HVAC
给排水 PLUMBING
附注 DESCRIPTIONS
审定 APPROVED BY
复审 REVIEWED BY
项目负责 CAPTAIN
专业负责 CHIEF ENGI.
审核 EXAMINED BY
校对 CHECKED BY
设计 DESIGNED BY
建筑方案设计 SCHEMATIC DESIGN
制图 DRAWN BY
建设单位 CLIENT
工程名称 PROJECT
B1 型别墅
图名 TITLE
节点大样
合同号 CONTRACT No. A470303
版次 EDITION No. 1
日期 DATE 2004.9.
图别 DRAWING TYPE 结施
图号 DRAWING No. G-13
深圳市建筑设计研究总院
SHENZHEN GENERAL INSTITUTE
OF ARCHITECTURAL DESIGN
AND RESERCH

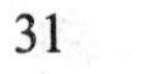